AF464609

V

LIBRAIRIE SCIENTIFIQUE, INDUSTRIELLE ET AGRICOLE DE LACROIX ET BAUDRY
QUAI MALAQUAIS, 15, A PARIS.

TRAITÉ PRATIQUE

DE LA FABRICATION ET DE LA DISTRIBUTION

DU GAZ D'ÉCLAIRAGE

ET DE CHAUFFAGE

PAR

SAMUEL CLEGG, M. INST. C.E., F.G.S.

TRADUIT DE L'ANGLAIS ET ANNOTÉ

PAR ÉD. SERVIER, INGÉNIEUR CIVIL
SOUS-CHEF DU SERVICE DES USINES DE LA COMPAGNIE PARISIENNE D'ÉCLAIRAGE ET DE CHAUFFAGE PAR LE GAZ.

Un volume in-4° avec de nombreuses figures sur bois
ET UN ATLAS IN-4° DE PLANCHES COTÉES,
gravées avec soin d'après les dessins qui ont servi à la construction des Appareils, des Usines, etc.

Prix : 35 francs

PROSPECTUS.

L'industrie du gaz acquiert chaque jour une nouvelle importance ; cependant les traités publiés en France sur cette industrie sont en petit nombre, déjà anciens, et pour la plupart épuisés.

Si la priorité de l'invention de l'éclairage par le gaz est disputée par l'Angleterre et par la France, on ne peut nier cependant que le premier de ces pays, par la multiplicité et la richesse de ses houillères, ne soit celui où la fabrication et l'emploi du gaz aient reçu les développements les plus rapides. Il est donc indispensable à nos ingénieurs d'avoir des documents précis sur l'état actuel de cette industrie en Angleterre, et nous croyons combler une lacune importante en publiant la traduction du Traité de la fabrication et de la distribution du gaz d'éclairage de M. Samuel Clegg, paru en Angleterre en décembre 1859.

M. Samuel Clegg, que la science a perdu depuis peu, est un des premiers ingénieurs qui aient construit des usines à gaz en Angleterre ; il a consacré sa vie entière à cette industrie, qui lui doit de nombreux perfectionnements.

Nous avons acheté le droit de traduction, réservé par l'éditeur anglais, et M. Servier, ingénieur civil, sous-chef des usines de la « Compagnie parisienne d'éclairage et de chauffage par le gaz, » a bien voulu se charger de ce travail en y ajoutant quelques notes importantes.

La dernière édition, sur laquelle notre traduction vient d'être faite, a été publiée, après la mort de l'auteur, par les soins et avec le concours de M. Rutter, ingénieur civil, bien connu par nombre de publications sur l'éclairage au gaz, et avec celui de M. Frédéric C. Bakewell, l'un des correspondants les plus actifs du *Journal of Gas-lighting*.

Des documents importants ont été fournis par M. T. G. Barlow ; — par M. Clegg, l'inventeur du compteur à gaz ; — par M. Lowe, ingénieur en chef de la « Chartered Company » ; — par M. A. King, de Liverpool ; — par M. Methven, ingénieur de la « Imperial Gas-Company » ; — par M. Robert Jones, ingénieur de la « Commercial Gas-Company » ; — par M. F. J. Evans, ingénieur de l'usine à gaz de la « Chartered Company » à Westminster ; — par M. Anderson, — par M. Croll, — et par M. W. Crosley. Les premiers ingénieurs de l'Angleterre ont donc concouru à faire de cette dernière édition de l'ouvrage de Clegg, une exposition complète de l'état actuel de l'industrie du gaz. Aussi y trouvera-t-on les découvertes les plus récentes et les derniers perfectionnements faits, tant dans la fabrication que dans la distribution du gaz d'éclairage. L'application des *cornues en terre*, entre autres, a été traitée avec une grande extension. L'emploi des *extracteurs*, les nouveaux *procédés d'épuration*, les perfectionnements apportés aux *gazomètres*, aux *compteurs*, aux *brûleurs* et aux *procédés photométriques* ont été l'objet de nombreuses additions. Enfin des chapitres entièrement nouveaux ont augmenté d'un tiers l'édition précédente et doublé le nombre des planches et des figures.

M. Servier a complété le chapitre des *houilles* par des documents empruntés aux beaux travaux de M. V. Regnault, de M. A. Marsilly et de M. Burat, relatifs aux houilles françaises et belges

Le chapitre qui a trait aux *fours à coke* « *Pauwels* et *Dubochet* » est dû en entier à M. Servier, qui, avec l'assentiment de M. Dubochet et des propriétaires actuels du brevet, a pu décrire ces fours en y ajoutant les modifications qui y ont été apportées. Ce chapitre contient des considérations importantes sur les conditions auxquelles doit satisfaire ce genre d'appareils.

TRAITÉ PRATIQUE

DE LA

FABRICATION ET DE LA DISTRIBUTION

DU GAZ D'ÉCLAIRAGE

ET DE CHAUFFAGE

Corbeil, typographie et stéréotypie de Crété.

TRAITÉ PRATIQUE

DE LA FABRICATION ET DE LA DISTRIBUTION

DU GAZ D'ÉCLAIRAGE

ET DE CHAUFFAGE

OUVRAGE ACCOMPAGNÉ DE 30 PLANCHES COTÉES

ET DE NOMBREUSES FIGURES DANS LE TEXTE

PAR

SAMUEL CLEGG

M. INST. C.E., F.G.S.

TRADUIT DE L'ANGLAIS ET ANNOTÉ

PAR ED. SERVIER, INGÉNIEUR CIVIL

SOUS-CHEF DU SERVICE DES USINES DE LA COMPAGNIE PARISIENNE D'ÉCLAIRAGE ET DE CHAUFFAGE PAR LE GAZ.

PARIS

LIBRAIRIE SCIENTIFIQUE, INDUSTRIELLE ET AGRICOLE

LACROIX ET BAUDRY

RÉUNION DE L'ANCIENNE MAISON MATHIAS ET DU COMPTOIR DES IMPRIMEURS

15, QUAI MALAQUAIS

1860

PRÉFACE

La troisième édition de l'ouvrage de Clegg a paru en Angleterre dans le dernier mois de 1859. Elle était attendue depuis longtemps, mais l'illustre ingénieur venait de mourir, et les nombreux perfectionnements apportés dans l'industrie du gaz nécessitaient le remaniement complet de l'œuvre qu'il laissait inachevée, afin de la mettre au courant des découvertes et des perfectionnements faits tant dans la fabrication que dans la distribution du gaz. Cette tâche était difficile à remplir : M. Rutter, bien connu par nombre de publications sur l'éclairage au gaz, s'en chargea; mais d'autres engagements l'obligèrent à abandonner son entreprise avant qu'il eût achevé le quart du volume. Ce fut alors que M. T. G. Barlow, qui s'intéressait vivement à cette nouvelle édition, désigna M. Frédérick C. Bakewell comme la personne la plus capable de conduire cette publication à bonne fin. M. Bakewell était, en effet, l'un des correspondants les plus actifs du *Journal of Gas-lighting*, et avait, depuis plusieurs années, publié d'autres ouvrages scientifiques dont M. Barlow avait pu apprécier le mérite.

Le travail de M. Rutter s'arrête à la fin du chapitre III; c'est encore à lui qu'est dû le chapitre sur les *Procédés de fabrication du gaz de houille*. Le reste de l'ouvrage a été remanié par M. Frédérick C. Bakewell, qui a ajouté quelques chapitres nouveaux pour donner plus de développement aux procédés imparfaitement connus lors de la publication de la dernière édition.

Les chapitres qui ont été conservés, ont été augmentés et appropriés à l'état actuel de l'industrie; l'application des cornues en terre, entre autres, a été traitée avec une grande extension. L'emploi des extracteurs, les nouveaux procédés d'épuration, les perfectionnements apportés aux gazomètres, aux compteurs, aux brûleurs et aux procédés photométriques ont exigé de nombreuses additions, et des chapitres entièrement nouveaux, qui ont augmenté l'ouvrage d'un tiers, et doublé le nombre des planches et des figures.

Des documents importants et des renseignements utiles ont été communiqués à M. Bakewell par M. T. G. Barlow; par M. Clegg, l'inventeur du compteur à gaz; par M. Lowe, ingénieur en chef de la « Chartered Company; » par M. A. King, de Liverpool; par M. Methven, ingénieur de la « Imperial Gas-Company; » par M. Robert Jones, ingénieur de la « Commercial Gas-Company; » par M. F. J. Evans, ingénieur de l'usine à gaz de la « Chartered Company » à Westminster; par M. Anderson, par M. Croll, et par M. W. Crosley. Les premiers ingénieurs de l'Angleterre ont donc concouru à faire de cette dernière édition de l'ouvrage de Clegg, une exposition complète de l'état actuel de l'industrie du gaz.

Quant à nous, en présentant à nos lecteurs une traduction de cet ouvrage, nous espérons qu'ils nous tiendront compte des difficultés particulières que présente toujours la traduction d'un ouvrage technique, en raison des renseignements utiles qu'ils pourront y puiser. Il n'existe, en effet, en France aucun traité pratique, analogue à celui de Samuel Clegg, sur l'industrie du gaz : l'ouvrage de Pelouze remonte à 1839 et celui de d'Hurcourt, qui est épuisé depuis cinq ans, à 1845 : et ni l'un ni l'autre ne contiennent de dessins cotés des appareils.

Le traité de Clegg présente en outre un intérêt particulier à un double point de vue : cet ingénieur est l'un des premiers qui se soient occupés de l'industrie du gaz en Angleterre; il y a voué sa vie entière, et cette industrie lui doit beaucoup de progrès importants; puis les documents scientifiques et industriels anglais sont peu connus en France, d'abord parce que la langue anglaise y est, en général, peu familière, et surtout à cause de la différence des unités de mesure en France et en Angleterre.

Nous nous sommes attaché à rendre le mieux possible la pensée de l'auteur, sans discuter la valeur des appareils et des procédés qu'il expose. Nous avons cru cependant pouvoir retrancher quelques passages qui nous ont semblé ne présenter aucune utilité en France, comme certains devis et cahiers de charges, dans lesquels les prix ne sont plus comparables aux prix actuels, surtout chez nous où le fer, la fonte, la houille..., etc... ont des valeurs tout autres qu'en Angleterre.

Le travail que nous présentons étant une traduction et non un ouvrage critique, nous avons été sobre de notes; nous n'en avons mis que pour expliquer certains passages ou relever quelques erreurs contenues dans le texte.

Non-seulement toutes les mesures anglaises ont été transformées en mesures françaises, mais nous avons rapporté toutes les expériences aux unités de mesure adoptées chez nous, afin d'en rendre les résultats comparables aux documents qui existent dans notre pays.

Enfin le chapitre des houilles a été complété par des documents empruntés aux travaux de MM. V. Regnault, de Marsilly et Burat, relatifs aux houilles françaises et belges.

Nous ferons remarquer à nos lecteurs que le développement qui est donné à tout ce qui concerne les houilles anglaises présente aujourd'hui un intérêt qui n'échappera à personne. En effet, la lettre de l'Empereur au Ministre d'État (1) en date du 5 janvier 1860 indique pour un avenir prochain la réduction des droits sur les houilles étrangères en France; les houilles anglaises ne peuvent donc manquer d'arriver en abondance sur le marché, et nous appelons tout particulièrement l'attention de nos lecteurs sur le chapitre qui les concerne.

La traduction de l'ouvrage de Clegg est donc appelée à combler une lacune dans les annales de l'industrie du gaz, et nous serons heureux si nous avons réussi à remplir convenablement cette tâche.

Ed. SERVIER.

Paris, mars 1860.

CONVERSION DES MESURES ANGLAISES

CONTENUES DANS CET OUVRAGE,

EN MESURES FRANÇAISES

Nous croyons utile de donner le tableau des chiffres qui nous ont servi de bases dans nos calculs, et qui pourront être utiles pour consulter d'autres ouvrages anglais.

MESURES DE LONGUEUR.

Mille anglais....	= en mètres,	1609^m,3149.	Pied anglais.....	= en mètres,	0^m,304.
Yard impérial...	= —	0 ,914	Pouce anglais...	= —	0 ,025

MESURES DE SURFACE.

Mille carré......	= en hectares,	258^h,9880.	Acre	= en hectares,	0^h,4046.

MESURES DE CAPACITÉ.

Boisseau (Bushel).	= en litres,	36^l,347.	Gallon..........	= en litres,	4^l,543.
Pied cube	= —	28 ,315	Pouce cubique..	= —	0 ,016

(1) Insérée au *Moniteur officiel* du 15 janvier 1860.

POIDS.

Tonne	= en kilogrammes,	1016k.
Quintal	= —	50,8.
Livre	= en grammes,	453gr.,414.
Once	= en grammes,	28gr.,338.
Grain	= —	0 ,065.

MONNAIES.

Livre sterling ...	= 25 francs.
Shilling	= 1fr.,25
Denier	= 0fr.,105

DEGRÉS DE TEMPÉRATURES.

Le nombre de degrés centigrades correspondant aux degrés de Fahrenheit s'obtient au moyen de la formule suivante :

$$C = \frac{5}{9}(F - 32)$$

dans laquelle C exprime les degrés centigrades et F les degrés de Fahrenheit. Elle est basée sur ce que le 0° de l'échelle centigrade correspond au 32° dans l'échelle de Fahrenheit, et sur ce que le degré d'ébullition de l'eau (100 degrés centigrades) est marqué par 212 dans le thermomètre anglais.

MESURES PHOTOMÉTRIQUES.

La lumière type employée en Angleterre, pour les observations photométriques, est celle tantôt d'une bougie de spermaceti ou blanc de baleine, brûlant 7,80 grammes à l'heure ; tantôt d'une bougie de même matière brûlant 9,10 grammes à l'heure. La première, qui est le plus générale-ment employée, équivaut à la bougie stéarique, dite bougie de l'Étoile, et brûlant 10 grammes à l'heure (1). Cette bougie elle-même équivaut à peu près aux 14/100 de la lampe Carcel consommant 42 grammes d'huile à l'heure.

Ed. S.

(1) Sous le rapport de l'uniformité et de la constance dans l'intensité lumineuse, la bougie stéarique, connue en France sous le nom de bougie de l'Étoile, surpasse de beaucoup les bougies ordinaires de spermaceti, et notre expérience nous a conduit à adopter cette bougie, brûlant 10 grammes à l'heure, comme équivalant, dans les essais photométriques à la bougie de spermaceti brûlant 120 grains (7,80 grammes).
(*Journal of Gas-lighting*, 8 novembre 1859).

TRAITÉ PRATIQUE

DE LA

FABRICATION ET DE LA DISTRIBUTION

DU GAZ D'ÉCLAIRAGE

APERÇU HISTORIQUE

SUR L'ORIGINE DE L'ÉCLAIRAGE AU GAZ.

Dès les temps les plus reculés, on trouve des indices de la connaissance d'un *air inflammable*, dont les propriétés étaient assez connues pour admettre la possibilité de son utilisation au chauffage et à l'éclairage. Les prétendus feux perpétuels et les lampes sacrées, qui occupaient une place si importante dans les cérémonies mystérieuses du paganisme, étaient très-probablement entretenus par des courants de gaz hydrogène carboné, qui s'échappaient spontanément du sol par des fissures, et prenaient naissance dans des couches d'asphalte (1), ou des sources de pétrole (2) situées à proximité de la surface.

Dans les temps modernes, on a découvert que le *grisou*, si dangereux et si destructeur dans les exploitations de mines, était ce même gaz qui est si précieux et si largement utilisé dans l'éclairage artificiel.

Mais, bien que quelques-unes des propriétés utiles de ce gaz naturel et beaucoup de ses propriétés nuisibles paraissent avoir été connues depuis longtemps, son histoire complète n'a pas été publiée avant 1658. Vers la fin de février de cette année, M. Thomas Shirley communiqua à la Société royale quelques expériences faites sur le gaz qui s'échappait d'un puits auprès de Wigan, dans le Lancashire. On trouve ce document dans les *Philosophical Transactions* (3) de juin 1667, et nous traduirons cet intéressant récit en tâchant de conserver le style naïf de l'auteur :

DESCRIPTION D'UN PUITS ET D'UNE TERRE SITUÉS DANS LE LANCASHIRE ET PRENANT FEU A L'APPROCHE D'UNE LUMIÈRE.

« Ce fait est communiqué par le savant et honorable gentleman Thomas Shirley, esq., témoin oculaire, dont nous allons rapporter les propres expressions :

« Vers la fin du mois de février 1659, revenant de voyage dans mon habitation à Wigan, on me parla d'une

(1) L'asphalte est une substance minérale, noire ou brune, composée de carbone, d'hydrogène et d'oxygène. On lui donne quelquefois le nom de poix minérale. (*Note du trad.*)

(2) Le pétrole est une espèce de bitume liquide que l'on rencontre souvent sur les eaux qui surgissent au pied des volcans. (*Note du trad.*)

(3) *Mémoires de la Société royale de Londres.*

source singulière située, si je ne me trompe, sur la propriété d'un M. Hawkley, à environ un mille de ville sur la route qui mène à Warrington et Chester.

« Le public de cette ville assurait hardiment que l'eau de cette source brûlait comme de l'huile ; c'est erreur dans laquelle on tombait, faute d'avoir observé les particularités suivantes.

« Quand nous arrivâmes en effet près de ladite source (nous étions cinq ou six personnes) et que n eûmes approché une lumière de la surface de l'eau, il est vrai qu'une large flamme se produisit subitem en brûlant avec énergie; à sa vue, ils se mirent tous à se moquer de moi, parce que j'avais nié ce qu m'avaient positivement affirmé; mais moi, qui ne me regardais pas comme battu par des plaisanteries s fondement, je me mis à examiner ce que je voyais; et, observant que la source jaillissait au pied d'un ar croissant sur un talus voisin, et que l'eau remplissait un trou qui se trouvait à l'endroit même où brûlai flamme, j'approchai la chandelle allumée de la surface de l'eau contenue dans le trou, et je trouvai, com je m'y attendais, que la flamme s'éteignait au contact de l'eau.

« Puis, je pris une certaine quantité d'eau à l'endroit où la flamme se produisait et j'y plongeai chandelle allumée, qui s'éteignit aussitôt; j'observai cependant qu'au même endroit l'eau bouillonnai écumait comme un pot au feu, bien qu'en y plongeant la main je ne pusse découvrir la moindre élévat de température.

« Je pensai que cette ébullition devait provenir du dégagement de vapeurs bitumineuses ou sulfureu d'autant plus qu'à moins de trente ou quarante yards de distance se trouvait l'orifice d'une mine de houi et, en effet, Wigan, Ashton, et toute la contrée à quelques milles à l'entour, sont riches en houillères. Al approchant ma main de la surface de l'eau, à l'endroit où la flamme s'était manifestée, je sentis un sou analogue à un violent courant d'air.

« Je fis faire alors un barrage pour empêcher l'arrivée d'une nouvelle quantité d'eau dans le trou, et puiser toute celle qui s'y trouvait; puis, approchant la chandelle allumée de la surface du terrain sec à l' droit même où l'eau brûlait auparavant, les vapeurs prirent feu en produisant une flamme forte et brilla cette flamme s'élevait à un pied et demi au-dessus du sol, en forme d'un cône dont la base était de la dim sion du bord d'un chapeau. Je fis alors jeter un seau d'eau sur la flamme qui s'éteignit, et mes compagno qui commençaient à croire que ce n'était pas l'eau qui brûlait, cessèrent de me plaisanter.

« Je ne remarquai pas que la flamme eût la couleur de celles produites par les corps sulfureux, ni qu' manifestât aucune odeur. Les vapeurs sortant de la terre ne présentaient pas d'élévation de températ sensible à la main, à ce que je me rappelle. »

La mention la plus ancienne que nous trouvions, après la précédente, d'un « gaz élastique infla mable, » et qui ait un rapport avec la houille, est le compte rendu de quelques expériences, faites le docteur Stephen Hales, sur la production de fluides élastiques au moyen d'un grand nombre substances, et qui sont relatées dans le premier volume de sa *Vegetable Statics* (1), publiée en 17

En 1733, sir James Lowther communiqua à la Société royale une note sur l'air humide s'échappait du puits d'une houillère près de Whitehaven. Lorsque ses ouvriers eurent creu le puits jusqu'à la profondeur de 42 toises (76^{m},805), au lieu de trouver de l'eau comme s'y attendaient, ils furent surpris par un courant d'air, qui prit feu à la lumière qui était là. flamme, d'une grande vivacité, avait environ 1 yard (0^{m},914) de diamètre sur 2 (1^{m},828) de ha teur, et les ouvriers furent tellement effrayés qu'ils sortirent immédiatement du puits, apr avoir éteint la flamme en agitant leurs chapeaux. A cette nouvelle, le surveillant des trava descendit lui-même dans le puits et ralluma ce gaz qui avait augmenté de volume. Il brûla viveme comme auparavant; la flamme était bleue à la base et plus brillante vers le sommet. On l'éteig comme auparavant; puis, ayant pratiqué un grand trou dans la couche de pierre noire, on la rallur de nouveau. La flamme avait alors 1 yard (0^{m},914) de diamètre, et 3 (2^{m},742) de hauteur enviro et elle produisait une telle chaleur dans le puits, qu'on fit tout ce qu'on put pour l'éteindre qu'on ne put y parvenir qu'avec une grande quantité d'eau. Il fut nécessaire d'établir un tuy

(1) *Statique végétale.*

pour conduire l'air inflammable au dehors du puits. Ce tuyau était élevé de 4 pieds (1^m,216) au-dessus de l'orifice, et le gaz en sortit, sans diminuer sensiblement en force et en quantité, pendant les deux années qui s'écoulèrent entre le forage du puits et le rapport de sir James Lowther à la Société royale. On emporta de ce gaz dans des vessies, et on le fit brûler à l'extrémité d'un petit tube ajusté à leur orifice.

Le révérend docteur John Clayton, doyen de Kildare (1), fit quelques expériences sur ce qu'il appelait « the spirit of coal » (l'esprit de charbon). Il fut un des premiers qui distilla de la houille en vase clos, et qui brûla le gaz ainsi produit et recueilli dans des vessies. Ces expériences sont rapportées dans les *Philosophical Transactions* de 1739, dans l'extrait suivant d'une lettre du gentleman que nous venons de nommer :

« J'avais vu, à deux milles (3208 mètres) de Wigan, dans le Lancashire, un fossé dans lequel l'eau brûlait comme de l'eau-de-vie ; la flamme était assez forte pour que plusieurs personnes y eussent fait cuire des œufs ; on disait même qu'une trentaine d'années auparavant, on y avait fait cuire une pièce de bœuf, et que, tandis qu'autrefois une grande pluie donnait à la flamme plus d'intensité, la pluie l'empêchait maintenant presque entièrement de brûler. Ce fut après une longue période de pluies continues que j'allai visiter cet endroit pour y faire quelques expériences, et j'eus beau promener un papier enflammé à la surface de l'eau, je ne pus parvenir à l'allumer. Je fis venir alors une personne pour faire un barrage et enlever l'eau, afin de voir si la vapeur qui s'échappait du fossé pourrait s'enflammer ; mais il n'en fut rien. Je poursuivis cependant mon expérience, et je fis creuser plus profondément ; quand le trou eut atteint la profondeur d'un demi-yard ($0,^m457$), nous trouvâmes un charbon feuilleté, et, en plaçant la lumière dans le trou, l'air prit feu et continua à brûler.

« Je pris un peu de ce charbon que je distillai dans une cornue chauffée à feu nu. D'abord il ne se produisit que de l'eau, puis une huile noire, et enfin, un *esprit* que je ne pus parvenir à condenser ; mais il s'échappa à travers le lut de la cornue qu'il brisa. Une fois, l'*esprit* fuyant à travers le lut, je m'approchai pour essayer d'y remédier, et je m'aperçus que l'esprit qui s'échappait prenait feu à la flamme d'une chandelle et continuait à brûler avec violence à mesure qu'il sortait à flots. Je pus l'éteindre et le rallumer alternativement à plusieurs reprises. Il me vint alors à l'idée d'essayer si je pourrais recueillir un peu de cet esprit ; je me servis dans ce but d'un récipient en serpentin, et, plaçant une lumière au bout du tuyau, pendant que l'esprit se dégageait, j'observai qu'il prenait feu et continuait à brûler à l'extrémité, quoiqu'on ne pût distinguer ce qui alimentait la flamme. Je l'éteignis et la rallumai plusieurs fois ; après quoi je fixai au tuyau du récipient une vessie dégonflée et vide d'air ; l'eau et l'huile se condensèrent dans le serpentin, tandis que l'esprit gonfla la vessie. Je remplis de cette façon un grand nombre de vessies, et j'aurais pu en remplir un nombre bien plus considérable encore, car l'esprit continua à se dégager pendant plusieurs heures et remplissait les vessies aussi vite qu'un homme aurait pu le faire en soufflant avec sa bouche, et cependant la quantité de charbon distillé était bien peu considérable. Je conservai cet esprit dans les vessies pendant un temps considérable et j'essayai en vain, par différents moyens, de le condenser ; quand je voulais divertir des étrangers ou des amis, je prenais souvent une de ces vessies que je perçais avec une aiguille, et, en la comprimant légèrement devant la flamme d'une chandelle, le jet prenait feu et continuait à brûler jusqu'à ce que la vessie fût vide, ce qui surprenait beaucoup, parce que l'on ne pouvait trouver aucune différence entre ces vessies et celles qui étaient remplies d'air ordinaire. »

Pendant la longue période qui s'écoula entre les années 1739 et 1792, plusieurs expériences furent faites sur l'air inflammable, principalement comme curiosité scientifique et sans qu'on s'occupât d'en tirer des résultats utiles et pratiques.

Toutefois, ces expériences n'étaient pas sans valeur. Elles eurent pour résultat d'attirer l'attention sur les différentes sortes et qualités de houille ; elles ouvrirent la voie à l'étude des produits résultant de leur distillation ; et elles amenèrent ainsi à faire réfléchir aux usages auxquels ces admirables produits pourraient être appliqués.

---

(1) Kildare, ville d'Irlande. (*Note du trad.*)

Nous ne pouvons nous empêcher d'exprimer notre étonnement de ce qu'à cette époque, des ex périmentateurs aussi habiles et des observateurs aussi fins (et le docteur Richard Watson mérit d'être cité tout particulièrement) aient étudié si longtemps, et quelques-uns d'entre eux si assid ment, les matières qui devaient donner naissance à une grande invention, sans en tirer quoi que c fût. A l'époque dont nous parlons, la production du gaz de houille et l'examen de ses propriét étaient une expérience commune de laboratoire. Il paraît étrange que cela soit resté une expérienc et rien de plus pendant près de trente années.

Le berceau de l'éclairage par le gaz fut Redruth, dans le duché de Cornouailles, et tout le mérit de cette invention, l'application pratique du gaz de houille à l'éclairage artificiel, appartient M. William Murdoch. On ne sait pas l'époque précise à laquelle ce gentleman commença ses exp riences sur la distillation de la tourbe, du bois, de la houille et d'autres substances inflammable Mais, en 1792, nous le voyons fabriquer du gaz avec un appareil construit par lui-même, et éclair sa maison et ses bureaux. Non content de cela, il étonne bien davantage encore ses voisins e appliquant le gaz à l'éclairage d'une petite voiture à vapeur, qui lui servait à se rendre aux mines qui se trouvaient à une distance considérable de son habitation, et de la direction desquelles s'occupait tous les jours. Lorsqu'il partit en Écosse, M. Murdoch continua ses expériences et e 1797 il éclaira sa propriété à Old-Cunnock, en Ayrshire, comme il l'avait fait cinq ans auparavan en Cornouailles.

Dans les récits qu'on a faits de la naissance de l'éclairage par le gaz, on a souvent avancé qu M. Lebon faisait ses expériences sur des gaz inflammables en France, à la même époque o M. Murdoch poursuivait ses recherches sur le même sujet en Angleterre. Il n'y a rien de plus com mun que de voir deux personnes éloignées l'une de l'autre et qui ne se connaissent pas, poursuivr des buts semblables, inventer les mêmes formes d'appareils, employer exactement les mêmes pr cédés, et arriver aux mêmes résultats. Cela est si fréquent et si connu dans les annales de la scienc qu'on peut s'y attendre toutes les fois qu'une invention réellement nouvelle et utile paraît au jou

Dans le cas qui nous occupe, il semble impossible de fixer la date précise à laquelle M. Murdoc porta son attention sur les usages économiques du gaz de houille. Il est également difficile de pr ciser le moment où M. Lebon commença ses expériences ; mais nous n'avons aucune incertitud sur les perfectionnements successifs et les progrès comparatifs des deux parties intéressées. Si l publicité peut être regardée comme un titre valable de priorité, il est bien évident que M. Murdoc a employé et montré publiquement l'éclairage au gaz de houille au moins dix ans avant qu'on ai entendu parler d'une semblable invention en France. Nous avons vu que l'éclairage au gaz étai appliqué à Redruth en 1792, et la première mention qui en soit faite de son application à Paris n remonte qu'à 1802 (1).

Le passage dans lequel les expériences de M. Lebon sont mentionnées incidemment, et qu

---

(1) Voici les dates précises qui peuvent servir à établir les titres de Philippe Lebon à l'invention de l'éclairage au gaz « L'art d'éclairer par le gaz, dit M. Girardin, a pris naissance en France. C'est Philippe Lebon, ingénieur, qui, dès 178 « à 1786, conçut la première idée de faire servir à l'éclairage de nos maisons les gaz combustibles qui se produisent pen « dant la combustion des bois. »

Il annonça sa découverte à l'Institut en l'an VII de la république. Il prit un brevet d'invention en l'an VIII, à la dat du 6 vendémiaire (septembre 1800). Le mémoire qu'il publia au mois de thermidor an IX (août 1801) est intitulé *Thermolampes ou poêles qui chauffent, éclairent avec économie, et offrent, avec plusieurs produits précieux, une forc motrice applicable à toute espèce de machine.* Il appliqua son invention dans les appartements et le jardin de l'hôte Seignelay, rue Saint-Dominique, à Paris, qui furent éclairés avec du gaz extrait de la houille. (*Note du trad.*)

précise leur date, mérite d'être rapporté. Il se trouve dans la déposition de M. James Watt jeune, fils du James Watt célèbre par sa machine à vapeur, devant la Commission de la Chambre des communes en 1809. Rappelant la cause des retards apportés dans la publication des inventions de M. Murdoch, M. Watt dit : « A la fin de l'année 1801, mon frère m'écrivit de Paris en me disant que, si nous avions l'intention de tirer parti de l'éclairage de M. Murdoch, il n'y avait pas de temps à perdre ; parce qu'il avait appris qu'un Français, nommé Lebon, s'occupait d'appliquer le gaz provenant de la distillation du bois au même usage. Il ajoutait que Lebon avait le projet d'éclairer une partie de Paris de cette manière. »

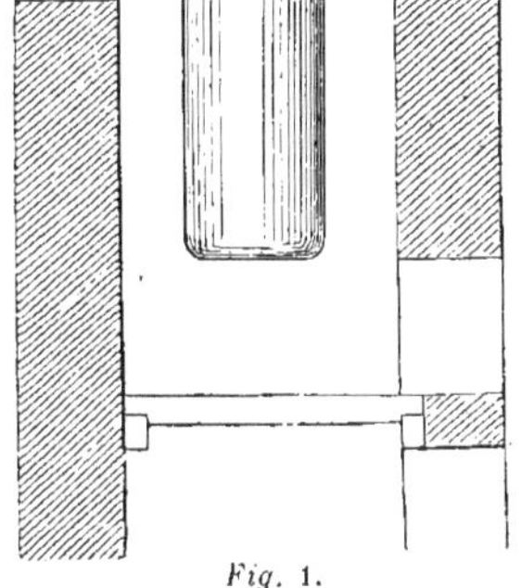
Fig. 1.

Ce fut en 1798 que l'éclairage au gaz fut substitué commercialement et économiquement aux lampes et aux chandelles. Dans le courant de cette année, M. Murdoch construisit un appareil pour la fabrication du gaz dans l'usine de MM. Boulton, Watt et Cie, à Soho, Birmingham. La figure ci-contre (*fig.* 1) montre la disposition de la cornue qu'il employa à cet effet (1).

En mars 1802, à l'occasion des illuminations publiques en l'honneur de la paix d'Amiens, M. Murdoch exhiba publiquement l'éclairage au gaz, en plaçant à chaque extrémité de l'usine de Soho ce qu'on appelait une lumière de Bengale. Il mit à cet effet une cornue dans un foyer placé au bas de la maison et dirigea le gaz dans un vase de cuivre. Ce fut le seul emploi du gaz dans cette occasion, le reste de l'usine étant éclairé par les petites lampes usuelles en verre et à l'huile, et non pas par le gaz, ainsi qu'on l'a dit à tort (2).

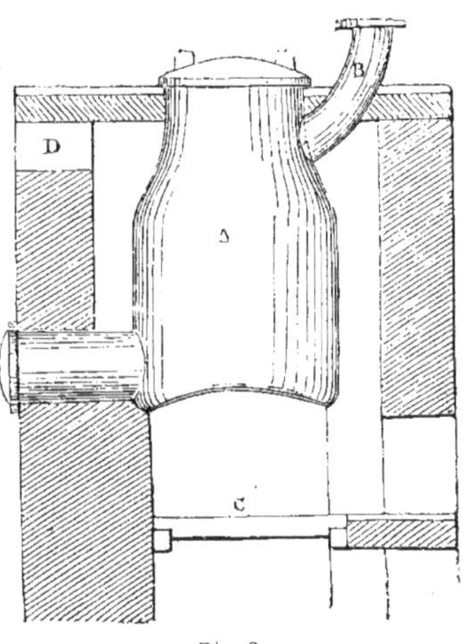

Fig. 2.

Environ un an après, la fonderie de Soho était éclairée au gaz. Les appareils de fabrication et de distribution qui furent employés, seraient considérés maintenant comme très-grossiers et imparfaits, bien qu'à cette époque ils fussent regardés sans doute comme très-surprenants. Le gaz était conduit directement, au sortir de la cornue, dans un gazomètre contenant environ 300 pieds cubes ($8^{m},502$), et se rendait de là, à travers des tuyaux de cuivre soudés, dans des becs en *ergot de coq*. Plus tard, M. Murdoch varia la forme de ses cornues. La forme ci-dessus lui parut incommode pour retirer le coke, et il les construisit comme le représentent les figures 2, 3 et 4.

Dans la figure 2, A est la cornue ; B, le tuyau de sortie du gaz ; C, le foyer ; et D, le carneau conduisant à la cheminée. Les inconvénients inhérents à cette forme apparurent bientôt ; le charbon, trop vivement attaqué par le feu, se recouvrait d'une couche superficielle carbonisée, qui empêchait la chaleur de pénétrer à l'intérieur de la masse.

(1) Les figures sont dessinées à l'échelle de $0^{m},041$ pour 1 mètre.

(2) M. Clegg, alors élève de MM. Boulton, Watt et Cie, était témoin oculaire de cette illumination.

La disposition représentée *fig.* 3 était une grande amélioration sur les précédentes, mais elle n'était pas si durable ni si économique que celle de la figure 4.

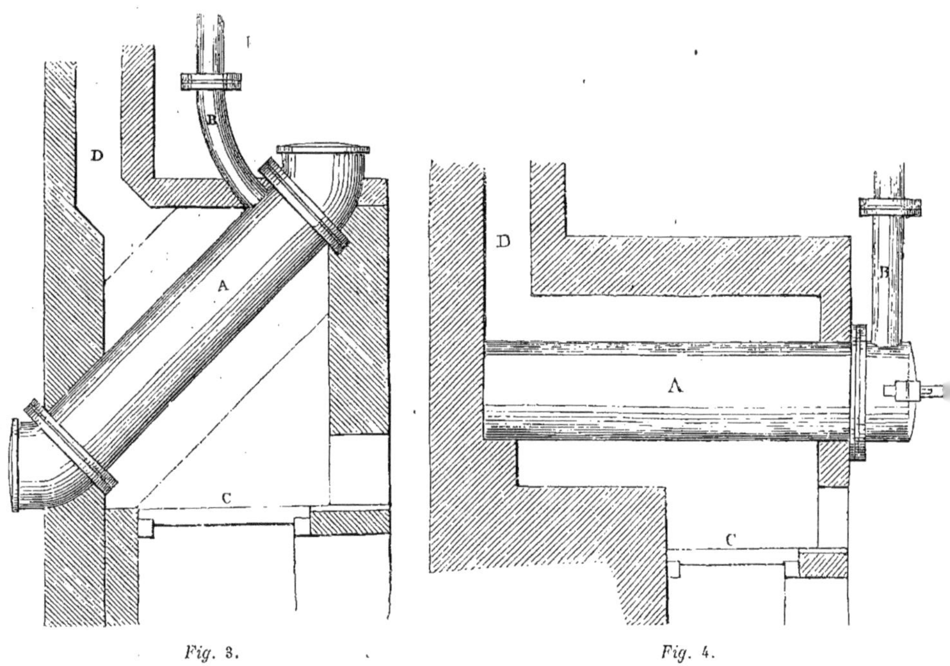

Fig. 3. *Fig.* 4.

La section transversale de cette dernière passa de la forme cylindrique à la forme ovale, et accidentellement à celle d'une oreille; mais la position horizontale et le mode de montage restèrent les mêmes.

La grande filature de coton de MM. Phillips et Lee, de Salford, fut éclairée au gaz par MM. Boulton, Watt et Cie, en 1805. L'usine entière fut construite sous la direction de M. Murdoch, qui était alors attaché à cet établissement. C'était la première qu'il exécutait sur commande. Ce travail suscita beaucoup de difficultés et dura près de deux ans. Plusieurs parties des appareils étaient très-défectueuses. Il fut nécessaire de placer des siphons, ou plutôt des puits à goudron, sur tout le parcours des tuyaux, pour recueillir le goudron qui s'y condensait. Le gaz n'était pas épuré, l'emploi de la chaux étant encore inconnu pour cet usage. Quelque nombreux que fussent les défauts, ils n'excédaient pas ce à quoi on pouvait s'attendre.

La cornue qui fut employée dans cette usine avait une forme analogue à celle représentée page 13, *fig.* 2. Elle était assez grande pour contenir 15 cwts. (762 kilog.) de houille, mais n'avait pas d'ouverture au fond. La houille y était introduite dans une cage, soulevée par une petite grue qui servait aussi à enlever le coke. A l'usage, on reconnut bientôt que les dimensions et la forme de cette cornue la rendaient incommode et coûteuse. Elle fut remplacée par d'autres, comme nous l'avons déjà dit.

Le compte rendu suivant, écrit par M. Murdoch, sur les appareils établis chez MM. Phillips et Lee, fut lu à la Société royale, le 25 février 1805. Il est intitulé :

COMPTE RENDU DE L'APPLICATION PRATIQUE DU GAZ EXTRAIT DE LA HOUILLE,

Par M. William Murdoch, communiqué par le très-honorable sir Joseph Banks, Bart.

« Les faits qui sont exposés dans cette note résultent d'observations faites pendant l'hiver dernier à la filature de coton de MM. Phillips et Lee, à Manchester, où l'usage du gaz extrait de la houille, comme éclairage, a lieu sur une très-grande échelle ; les appareils de fabrication et de distribution ont été construits par moi dans les ateliers de MM. Boulton, Watt et Cie, à Soho.

« Tous les ateliers de cette filature, qui est, je crois, la plus considérable du Royaume-Uni, ses bureaux et ses magasins, et la maison d'habitation de M. Lee qui est contiguë, sont éclairés par le gaz de houille. La quantité de lumière totale produite pendant les heures d'éclairage, déterminée par la comparaison des ombres, a été trouvée égale à la lumière donnée par 2,000 chandelles moulées, de six à la livre (1) ; chacune des chandelles, prises pour termes de comparaison, brûlait 4/10 d'once (11gr,375) de suif à l'heure.

« La quantité de lumière est nécessairement sujette à quelques variations, à cause de la difficulté de régler toutes les flammes de manière à ce qu'elles restent parfaitement constantes ; mais la précision et l'exactitude admirables avec lesquelles cette filature est conduite, m'ont fourni un excellent moyen de faire les essais comparatifs que j'avais en vue, pour me rendre compte de ce qui devait arriver en grand ; et les expériences ayant été faites sur une si grande échelle, et dans une période de temps considérable, on peut les regarder, je crois, comme suffisamment précises pour déterminer les avantages qu'on doit attendre de l'emploi de l'éclairage au gaz dans des circonstances favorables.

« Je n'ai pas l'intention, dans cette note, d'entrer dans la description détaillée des appareils employés pour la fabrication du gaz ; mais je dirai seulement que le charbon est distillé dans de larges cornues de fonte, qui sont constamment en travail pendant l'hiver, sauf les intervalles nécessaires pour les changer ; le gaz qui s'en échappe, est conduit par des tuyaux de fonte dans de grands réservoirs, ou gazomètres, où il est lavé et purifié, avant d'être porté, par d'autres tuyaux ou conduites, jusqu'à la filature.

« Ces conduites se divisent en une infinité de ramifications (formant une longueur totale de plusieurs milles (2), dont le diamètre diminue à mesure que la quantité de gaz qui doit y passer devient moins considérable. Les becs, où le gaz est brûlé, sont en communication avec ces tuyaux par de petits tubes, dont chacun est muni d'un robinet pour régler le passage du gaz dans chaque bec, et le fermer au besoin tout à fait. Cette dernière opération peut aussi s'opérer instantanément sur l'ensemble des becs d'une pièce, en manœuvrant un robinet dont chaque tuyau est muni à son entrée dans cette pièce. Les becs sont de deux espèces ; les uns sont construits sur le principe de la lampe d'Argaud, et lui ressemblent en apparence ; les autres se composent d'un petit tube coudé terminé par un cône percé de trois trous ronds d'environ un trentième de pouce de diamètre (8/10 de millimètre), l'un au sommet du cône, et les deux autres latéralement ; le gaz sort de ces trous en produisant trois jets de flamme divergents qui présentent l'aspect d'une fleur de lis. La forme et l'aspect de ce tube lui ont fait donner par les ouvriers le nom de bec en ergot de coq.

« Le nombre des becs de tout l'établissement se monte à 271 becs d'Argaud et 633 en ergot de coq ; chacun des premiers donne une lumière égale à celle de quatre des chandelles décrites ci-dessus, et chacun des autres une lumière égale à 2 1/4 des mêmes chandelles. Ainsi réglés, la totalité de ces brûleurs consomme par heure 1,250 pieds cubes (35,393 litres) de gaz extrait du cannel-coal ; la qualité supérieure et la quantité du gaz produit par cette matière lui ont fait donner la préférence sur toutes les autres sortes de charbon, malgré son prix élevé.

« La durée de l'éclairage, calculée sur une année entière, peut être évaluée en moyenne à 2 heures au moins par journée de 24 heures. Dans quelques filatures surchargées d'ouvrage, elle pourra être de 3 heures ; et, dans le petit nombre où on travaille la nuit, de près de 12 heures. Mais en prenant 2 heures comme durée moyenne pendant l'année, la consommation dans les manufactures de MM. Phillips et Lee serait de $1,250 \times 2 = 2,500$ pieds cubes (70,786 litres) de gaz par jour ; pour produire cette quantité de gaz il faut distiller 7 quintaux (355k,6) de houille. Le prix du meilleur cannel de Wigan (la qualité employée) est de 13 1/2 deniers (1fr41) par quintal, soit 22 schellings 6 deniers par tonne (27fr,90 par 1,000 kil.) rendue à l'usine, ce qui fait environ 8 schellings pour les sept quintaux (10fr,08 pour les 355k,6). En multipliant par le nombre de jours ouvrables de l'année (313), la consommation annuelle de cannel sera de 110 tonnes (111,760 kil.), coûtant 125 livres sterling (3,125 fr.).

(1) La livre anglaise vaut environ 453 grammes.
(2) Un mille anglais vaut 1604m,76.

« Environ un tiers de la quantité ci-dessus, soit 40 tonnes de bonne houille commune, coûtant 10 sc lings par tonne (12^{fr},40 par 1,000 kil.), est employé pour le chauffage des cornues; c'est une dépense 20 livres st. (500 fr.).

« Les 110 tonnes (111,760 kil.) de cannel-coal produisent par la distillation environ 70 tonnes (71,120 k de bon coke, qu'on vend sur les lieux à 1 sh. 4 d. par quintal (33^{fr},06 par 1,000 kil.), ce qui représe annuellement 93 liv. st. (2,325 fr.).

« La quantité de goudron produite par chaque tonne de cannel-coal varie de 11 à 12 gallons (49 à 54 li par 1000 kil.) dont je ne puis déterminer la valeur, n'en ayant pas encore vendu; mais quand on viendra en fabriquer en grande quantité, il ne pourrait pas influencer le prix de revient, à moins cependant qu n'en découvre de nouvelles applications.

« La quantité de matières liquides, condensées pendant le cours des observations dont je rends compte n'a pu être exactement déterminée, à cause de quelques infiltrations qui se sont produites dans le réserv mais, comme ces matières n'ont encore pu être appliquées à aucun usage, je puis en faire abstraction.

« L'intérêt du capital engagé dans la construction des bâtiments et des appareils, en tenant largem compte de l'usure et de la dépréciation, est estimé par M. Lee à environ 550 liv. st. (13,750 fr.), par an; fait la part de ce que les appareils étaient capables de fournir une quantité de gaz encore plus considéra que celle qui lui était nécessaire.

« M. Lee pense que le coût de la main-d'œuvre serait aussi élevé, si ce n'est plus, pour l'éclairage à chandelle que pour celui par le gaz; de sorte que, pour établir la comparaison entre ces deux systèmes, peut négliger cet élément.

« Le prix de revient pour une année peut donc s'établir comme suit :

	Tonnes anglaises.	Kilogrammes.	Liv. sterling.	Francs.
Coût du cannel-coal	110	111,760	125	3,125
— de la houille commune	40	40,640	20	500
			145	3,625
A déduire : valeur du coke	70	71,120	93	2,325
La dépense annuelle en charbon, déduction faite de la valeur du coke et sans tenir compte de celle du goudron, est donc de			52	1,300
A ajouter l'intérêt et l'amortissement du capital			550	13,750
TOTAL de la dépense annuelle pour le système au gaz			602	15,050

Celle de l'éclairage par des chandelles pour obtenir la même lumière s'élèverait à environ 2,000 liv. (50,000 fr.), chaque chandelle brûlant 4/10 d'once (11,375 grammes) de suif à l'heure ; cette somme éq vaudrait à 2,500 chandelles brûlant pendant une durée moyenne de deux heures par jour, et coûtant le p actuel de 1 schelling la livre (1^{fr},26).

« Si l'on établissait la comparaison pour une durée moyenne d'éclairage de trois heures par jour, l'ava tage serait encore plus du côté du gaz, l'intérêt du capital et l'usure des appareils restant à peu près mêmes que dans le premier cas; ainsi 1,250×3=3,750 pieds cubes (106,179 litres) de gaz par jour, exi raient 10 3/4 quintaux (546 kil.) de cannel-coal, qui, multipliés par le nombre de jours ouvrables, d nent 168 tonnes (170,688 kil.) par an, qui, au même prix que ci-dessus, représentent :

	Liv. sterl.	Francs.
	188	4700
Plus, 60 tonnes (60,960 kil.) de houille commune pour chauffage	30	750
	218	5450
A déduire : 105 tonnes de coke à 26 sh. 8 d. (106$^{t.\,fr.}$,680 à 33^{fr},07 la tonne)	140	3500
Reste pour la dépense de houille, déduction faite de la valeur du coke, et sans tenir compte du goudron	78	1950

« Ajoutant à cela l'intérêt et l'amortissement du capital comme précédemment, le coût total ann ne dépassera pas 650 liv. st. (16,250 fr.), tandis que l'éclairage au suif, établi comme ci-dessus, coûte 3,000 liv. st. (75,000 fr.).

« On voit aisément qu'à mesure que la durée de l'éclairage augmente, l'économie par l'emploi du gaz aussi plus grande, quoique, si cette durée dépassait trois heures, il deviendrait nécessaire d'augmenter c taines parties de l'appareil. Si l'on établissait la comparaison avec l'éclairage à l'huile, les avantages seraient moindres que pour le suif.

« L'introduction de ce mode d'éclairage dans l'usine de MM. Phillips et Lee s'est faite graduellement; on a commencé, dans l'année 1805, par éclairer deux salles de la filature, les bureaux et les appartements de M. Lee; on a étendu ensuite ce système à toute la manufacture et aussi vite que le permettait l'établissement des appareils. Tout d'abord quelques inconvénients résultèrent de l'imparfaite combustion et de l'incomplète épuration du gaz, qu'on peut attribuer, en grande partie, aux travaux que nécessitèrent les modifications successives apportées dans les appareils. Mais quand les appareils furent terminés et à mesure que les ouvriers se familiarisèrent avec leur maniement, cet inconvénient disparut, non-seulement dans la filature, mais aussi dans la maison de M. Lee, qui est brillamment éclairée au gaz, à l'exclusion de toute autre lumière artificielle.

« La douceur et l'éclat propres à cette lumière, ainsi que la constance de son intensité, l'ont mise en grande faveur auprès des ouvriers; et, comme elle est exempte du danger que présentent les chandelles par les étincelles qu'elles produisent, et de l'inconvénient qu'elles ont de devoir être mouchées fréquemment, elle offre l'avantage énorme de diminuer les chances d'incendie, auxquelles les filatures de coton sont si exposées.

« Ces faits montrent, comme on le voit, les avantages principaux que l'on peut attendre de l'éclairage au gaz; néamoins, la Société royale apprendra peut-être avec intérêt les circonstances qui m'ont conduit à en faire l'application pour remplacer économiquement l'huile et le suif.

« Il y a près de seize années, dans le cours des expériences que j'avais entreprises à Redruth, en Cornouailles, sur les quantités et les propriétés des gaz produits par la distillation de diverses substances minérales et végétales, je fus conduit, par quelques observations que j'avais faites précédemment sur la combustion de la houille, à essayer la combustibilité des gaz qu'elle produisait, aussi bien que de ceux produits par la tourbe, le bois et d'autres substances inflammables; frappé de la grande quantité de gaz que ces matières fournissaient, autant que de l'éclat de la lumière si facilement produite, je fis quelques expériences en vue de déterminer le prix auquel on pourrait obtenir cette lumière, comparé à celui de la lumière de l'huile et du suif.

« Mon appareil consistait en une cornue de fonte munie de tuyaux de fer et de cuivre, par lesquels le gaz était conduit à une distance considérable, aussi bien qu'aux points intermédiaires, pour être brûlé par des orifices de formes et de dimensions variées. Les expériences furent faites sur du charbon de qualités différentes, que je me procurai dans divers points du royaume, afin de savoir celui qui donnerait les résultats les plus économiques. Le gaz était lavé dans l'eau et purifié par d'autres moyens.

« Dans l'année 1798, je quittai le duché de Cornouailles pour me rendre à la fabrique de machines à vapeur de MM. Boulton, Watt et Cie, à la fonderie de Soho, où je construisis, sur une grande échelle, un appareil qui fut appliqué à l'éclairage de leurs bâtiments principaux pendant un grand nombre de nuits, et j'employai des moyens variés pour laver et purifier le gaz. Ces expériences continuèrent, avec quelques interruptions, jusqu'à la paix de 1802, époque à laquelle je montrai publiquement l'illumination de l'usine de M. Boulton, à Soho.

« Depuis ce moment, j'ai étendu, avec l'approbation de MM. Boulton, Watt et Cie, l'application du gaz, à la fonderie de Soho, à l'éclairage de tous les ateliers principaux, où il est en usage maintenant à l'exclusion de toute autre lumière artificielle; mais j'ai préféré indiquer les résultats donnés par les appareils construits chez MM. Phillips et Lee, à cause de leur plus grande importance, et de la plus grande uniformité de l'éclairage, qui permettait une comparaison plus facile avec les chandelles. A l'époque où je commençai mes expériences, j'avais sans doute connaissance des observations que d'autres avaient faites de la combustibilité du gaz provenant de la houille, et j'ai su depuis que le courant de gaz, qui s'échappait des fours à goudron de lord Dundonald, s'était souvent enflammé; je sais aussi que le docteur Clayton, dès l'année 1739, dans une note publiée dans le volume XII des *Transactions of the Royal Society* (1), a rendu compte de quelques expériences et observations qu'il avait faites, et qui démontrent clairement qu'il connaissait l'inflammabilité du gaz, qu'il appelle *l'esprit de houille*; mais l'idée de substituer économiquement ce gaz aux huiles et au suif ne paraît pas être venue à son esprit; et je crois pouvoir, sans trop de présomption, réclamer la priorité de l'idée et de la réalisation de l'application de ce gaz comme système économique. »

L'histoire de l'origine de l'éclairage au gaz serait incomplète sans ce document. Il mérite d'être

(1) *Mémoires de la Société Royale.*

lu attentivement par les personnes qui s'occupent de cette science, malgré les perfectionnements qu'elle a reçus depuis; car, outre les preuves qu'il contient des connaissances possédées par son auteur, ce « rapport » peut être pris comme modèle à beaucoup d'égards ; chaque chose y est décrite simplement et avec un désir évident de communiquer tout ce qu'il savait. On parviendrait difficilement à réunir des documents plus opposés que ceux contenus dans la note de M. Murdoch et dans d'autres, publiés à Londres en même temps ou peu après, sur ce qu'on prétendait être le même sujet. Dans la première, tout est complet et intelligible ; dans les autres, presque tout n'est qu'exagération, jactance et mystification.

A la même époque (1805) où M. Murdoch installait ses appareils chez MM. Phillips et Lee, M. Clegg, alors élève de MM. Boulton, Watt et Cie, s'occupait aussi d'éclairer la filature de M. Henry Lodge, à Sowerby-Bridge, près de Halifax.

Dans chacun de ces établissements, le gaz était envoyé aux brûleurs sans être purifié. Il devint bientôt évident qu'à moins d'adopter un moyen puissant de purification, le gaz ne pourrait être brûlé dans des endroits clos ; les émanations insalubres produites causaient des maux de tête, et souvent même irritaient les poumons. Pour remédier à ce grave défaut, M. Clegg, dans la première usine qu'il fut appelé à éclairer (c'était celle de M. Harris, de Coventry), introduisit de la chaux dans la citerne du gazomètre, en empêchant, au moyen d'un agitateur mis en mouvement de temps à autre, qu'elle ne se précipitât au fond. Un condenseur fut aussi ajouté au système. Dans les appareils précédemment montés, on avait dû, ainsi que nous l'avons déjà fait remarquer, placer des siphons de distance en distance le long des tuyaux, pour faire écouler le goudron et les condensations. Ce condenseur était formé d'une série de tuyaux verticaux placés dans le parcours du gaz entre les cornues et le gazomètre, et plongeant, à l'extrémité, dans la citerne du gazomètre, à 1 ou 2 pouces ($0^m,025$ à $0^m,050$) au-dessous de la surface de l'eau de chaux ; le gaz y barbottait et se trouvait ainsi purifié en partie. Pendant quelque temps, ce système parut répondre assez bien aux besoins, mais la difficulté de renouveler l'eau de chaux de la citerne était un obstacle sérieux à son adoption.

Parmi les différents établissements éclairés au gaz pendant cette période (1807, 1808), le « Catholic College » de Stonyhurst, dans le Lancashire, mérite d'être cité. Cet établissement fut le premier de ce genre qui adopta l'éclairage au gaz ; et M. Clegg reçut de grands encouragements, pour ses expériences et le perfectionnement de ses appareils, de la libéralité et de la bonté des professeurs du collége. M. Clegg jugea que le gaz ne pourrait être appliqué avec sécurité et agrément à l'éclairage des habitations particulières, s'il n'était parfaitement débarrassé de son impureté la plus insalubre, l'hydrogène sulfuré ; la coûteuse expérience qu'il avait faite à Coventry lui avait aussi appris que la méthode qu'il y avait adoptée n'était pas satisfaisante, à

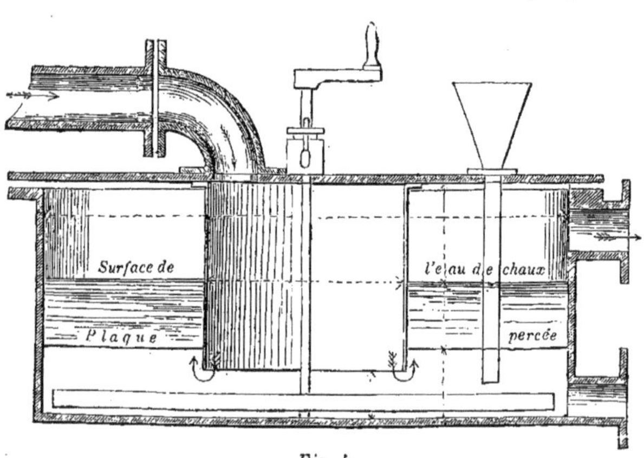

Fig. 5.

cause de la difficulté de remplacer la chaux épuisée. Il introduisit alors l'eau de chaux dans un appareil séparé, dans lequel la chaux pouvait être facilement renouvelée; le gaz y passait avant de se rendre dans le gazomètre, et était, par ce moyen, parfaitement pur. On voit cet appareil dans la figure ci-contre (*fig.* 5).

Lorsque cet appareil fut complet, M. Clegg invita le docteur Henry, de Manchester, à visiter le collége de Stonyhurst, pour examiner la méthode qu'il avait adoptée pour purifier et éprouver le gaz. Le docteur Henry avait fait précédemment quelques expériences chimiques sur l'affinité de la chaux pour l'hydrogène sulfuré, mais il avait émis l'opinion que « le gaz de houille ne pourrait pas être purifié de l'hydrogène sulfuré sur une grande échelle, au moyen de la chaux. » Son opinion était probablement fondée sur la difficulté pratique qu'il supposait devoir exister pour mettre en contact intime, sur une grande surface, le gaz et la chaux. Ses propres expériences de laboratoire avaient prouvé que la chaux se combinait avec l'hydrogène sulfuré, en laissant libre l'hydrogène carboné. Le docteur Henry était si convaincu de ce qu'il regardait comme une impossibilité, que ce ne fut qu'après avoir examiné le procédé et éprouvé le gaz à plusieurs reprises, qu'il dut reconnaître l'efficacité de l'appareil de M. Clegg. Enfin il se déclara satisfait, et avoua que le nouveau procédé de purification pouvait être employé dans de grandes usines.

Dans une note communiquée à la Société royale, en 1808, le docteur Henry réclama, comme son invention, l'usage de l'eau de chaux pour purifier le gaz en grand de l'hydrogène sulfuré : l'appareil de M. Clegg n'était pas même mentionné. Cela est d'autant plus extraordinaire que l'inventeur réel en avait parlé tout récemment au docteur Henry, à Stonyhurst, et lui avait expliqué toutes ses expériences et les dispositions de ses appareils. M. Clegg fut chagriné et désappointé de ce qu'il considéra toujours comme une grande injustice, à laquelle il ne devait pas s'attendre de la part d'un ami déjà ancien. Immédiatement après l'installation de l'épurateur à la chaux à Stonyhurst, un appareil semblable fut posé, par MM. Boulton, Watt et Cie, à l'usine de Soho.

Les progrès de cette nouvelle industrie furent principalement dus jusqu'alors aux efforts de M. Murdoch et de ses aides, et facilités par leurs relations avec l'usine de Soho. Il ne faut pas supposer, cependant, que MM. Boulton, Watt et Cie furent les seuls qui construisirent des appareils de fabrication du gaz. La réussite des expériences faites à Soho et leurs résultats pratiques attirèrent immédiatement l'attention. Savants, ingénieurs, mécaniciens et capitalistes se mirent à l'œuvre. Les chimistes démontraient, dans leurs laboratoires et dans leurs cours, les propriétés du gaz de houille et en développaient les applications économiques. Les ingénieurs et les mécaniciens recherchaient les meilleures dispositions d'appareils. Le prudent capitaliste calculait les économies réalisables par son emploi, jusqu'au moment où le spéculateur plus habile pensât aux bénéfices énormes qu'on pourrait faire dans cette industrie, avec une mise de fonds relativement très-petite.

A Leeds, vers 1805, M. Northern appela l'attention sur les avantages du gaz substitué aux lampes et aux chandelles. A Birmingham, à peu près à la même époque ou probablement même plus tôt, M. Pemberton s'occupa de construire un appareil pour fabriquer, condenser et épurer le gaz. Son procédé de purification, quoique le meilleur connu alors, était si imparfait qu'il mérite à peine ce nom. En 1806, il exhiba sur la façade de son usine une grande quantité de becs de gaz de formes variées. Déjà à cette époque, M. Pemberton cherchait activement à appliquer le gaz à quelques-uns des procédés de fabrication, pour lesquels Birmingham a depuis longtemps acquis une si juste renommée. Ses efforts furent couronnés de succès ; mais, comme beaucoup d'autres, il fut injustement privé de la gloire qu'il méritait. Un appareil à souder, qu'il construisit pour un fabricant de bijoux dorés, fut regardé comme si ingénieux et en même temps si utile, que le dessin et la description de cet appareil obtinrent la médaille d'argent à la Société des arts. Toutefois la médaille fut décernée à l'acheteur du procédé et non à son inventeur, le nom de M. Pemberton ayant été omis à dessein.

Mais retournons à l'année 1803, qui suivit celle où la première exhibition de l'éclairage au gaz eut lieu à Birmingham, et tâchons de déterminer quels en furent les résultats à Londres. En cette année, M. Winsor fit au « Lyceum Theatre » des leçons sur le gaz, dans lesquelles il démontrait avec quelle rapidité et quelle sûreté il pouvait être conduit d'un bâtiment dans un autre, et comment, avec des dispositions convenables, on pouvait obtenir de ce produit une lumière brillante et sans fumée. Il exposait aussi quelques-uns des faits avec lesquels nous sommes maintenant familiarisés, tels que l'économie du gaz sur les chandelles et les lampes, la sécurité qu'il présente par l'absence des étincelles; et il démontrait enfin qu'avec des dispositions de brûleurs, qu'on appelait convenables alors malgré leur imperfection, on pouvait obtenir une lumière aussi belle qu'utile. Le secret était gardé sur le procédé de fabrication et de distribution du gaz jusqu'aux brûleurs. Mais cela ne pouvait durer longtemps. Il est même étonnant qu'avec la connaissance de ce que M. Murdoch avait fait précédemment, on ait espéré pouvoir garder ce secret.

Il serait faux d'attribuer à M. Winsor le mérite de l'invention de l'éclairage au gaz. Quoi qu'il ait pu dire, et quelle que soit en réalité la part qu'il ait prise à cette époque dans les progrès de cette industrie, il n'y a aucune raison de croire qu'il ait fait aucune invention ou découverte originale dans une quelconque des parties de la fabrication. Possédant fort peu de connaissances scientifiques, et encore moins d'esprit inventif dans les arts mécaniques, il eut toujours recours aux autres pour la construction de ses appareils; aussi fut-il non-seulement trompé, mais souvent véritablement volé par les personnes qu'il employait. Plus de trois ans se passèrent avant qu'on fît à Londres quelque chose qui méritât le nom d'une application pratique du gaz.

En 1807, M. Winsor transporta ses appareils dans une maison de Pall Mall, après avoir pris un brevet, et obtint la permission d'appliquer le nouveau mode d'éclairage à quelques becs d'un côté de la rue. Il continua ses leçons et ses démonstrations, et devint encore plus célèbre par ses appels au public en faveur de son projet préféré, sous forme d'annonces, de brochures et de lettres dans les journaux.

Si M. Winsor avait réellement entendu quelque chose au sujet qu'il traitait dans ses leçons et ses écrits, il est probable que ses assertions ne seraient pas si entachées de merveilleux. Ne soyons pas cependant trop sévère à son égard. Il n'avait pas été jeté dans le même moule que M. Murdoch, et il serait injuste de le mesurer à son aune. Le premier était un savant investigateur, l'autre un impétueux faiseur. Chacun avait sa sphère d'action; chacun avait son mérite particulier, et tous deux sont dignes que leurs noms passent à la postérité. A l'un revient l'honneur de l'invention, à l'autre celui, à peine inférieur, d'avoir publié avec succès la science nouvelle.

En 1809, une demande fut présentée au Parlement pour la fondation d'une compagnie, appelée « The London and Westminster Chartered Gas-light and Coke Company (1). » Le but que se proposaient les fondateurs de cette compagnie, était de développer les essais faits par M. Winsor dans

(1) Compagnie privilégiée de Londres et de Westminster pour la fabrication du gaz et du coke.

Pall Mall, et c'étaient, en réalité, les propriétaires de la « National Light and Heat Company» (Compagnie nationale de lumière et de chaleur) fondée par ses soins. Mais les difficultés qu'ils rencontrèrent furent plus nombreuses et plus grandes qu'ils ne s'y attendaient. Quelques personnes considéraient leurs projets comme chimériques. D'autres entretenaient les préjugés contre l'introduction de l'éclairage au gaz, en le croyant rempli de dangers. M. Watt et M. Murdoch firent aussi opposition à la demande, sous le prétexte que M. Murdoch, ayant été le premier à proposer l'usage du gaz comme éclairage économique, avait droit au privilége exclusif de cette application. Ces diverses oppositions, autant que le manque de connaissances chimiques et scientifiques de ses promoteurs les plus actifs, firent rejeter la demande. A ce moment, M. Accum, chimiste, s'associa avec M. Winsor, à qui il ressemblait sous quelques rapports, en faisant un grand mystère de ce qu'il savait sur le gaz, et en se refusant à toute communication gratuite. Lorsqu'il fut interrogé devant la commission de la Chambre des communes, il fut fort malmené par monsieur (maintenant lord) Brougham. M. Accum se fit ensuite connaître par la publication d'un ouvrage intitulé « Death in the pot » (*La mort dans la marmite*), où il exposait les divers moyens alors en usage pour la falsification des denrées alimentaires.

Le nombre des personnes engagées dans cette entreprise, leur influence, les intérêts mis en jeu étaient trop grands pour que le découragement fût facile. Dans l'année suivante, 1810, la demande au Parlement fut renouvelée. Après une lutte acharnée contre une opposition puissante, et après de nouveaux frais qu'on considérait alors comme très-élevés, et qui, dans la législation actuelle, seraient regardés comme de peu d'importance, le but fut atteint. Un acte du Parlement autorisa Sa Majesté à délivrer un privilége avant trois ans. Il n'est pas nécessaire d'entrer ici dans les détails des conditions et stipulations. Ils n'auraient pas beaucoup d'intérêt aujourd'hui, mais on les trouvera dans les « Parliamentary Reports » (*Annales du Parlement*) de cette année-là. Pendant que tout cela se passait dans la métropole, quelques filatures de coton du Lancashire s'éclairaient par le gaz. Nous citerons, entre autres, le grand établissement appartenant à M. Greenaway, de Manchester, où M. Clegg inventa et mit en usage le *barillet :* cet appareil fut, depuis, universellement adopté presque sans modifications. En 1812, M. Clegg éclaira aussi la filature de coton de MM. Samuel Ashton et frères, à Hyde, près de Stockport, où il introduisit le purificateur à la chaux humide, d'un effet plus puissant. Il adopta des cornues cylindriques à têtes perfectionnées, et la disposition connue, appliquée au gazomètre, pour régulariser sa pression.

Dans la même année, M. Clegg éclaira l'établissement de M. Ackerman dans le Strand. L'éclairage au gaz, qui était alors une nouveauté, excita la surprise et l'admiration. A cette occasion, une dame de haut rang fut si étonnée et si ravie de l'éclat d'une lampe, fixée sur le comptoir, qu'elle pria de la lui laisser emporter dans sa voiture, offrant de payer n'importe quel prix une lumière si supérieure à tout ce qu'elle avait vu. Ceci prouve à quel point la nature du gaz d'éclairage était peu connue à cette époque. Le grand succès obtenu dans l'éclairage de cet établissement fit prendre M. Clegg comme Ingénieur à la « Chartered Gas-light and Coke Company ».

Quand les appareils de M. Ackerman eurent fonctionné pendant quelque temps, on eut la crainte d'être obligé d'y renoncer, à cause des plaintes causées par l'écoulement de l'eau de chaux dans les égouts. Pour remédier à cet inconvénient, on employa la chaux sèche ; mais on dut bientôt l'abandonner, à cause de la quantité qu'il fallait en employer. On ne savait pas encore qu'une grande surface était nécessaire à la réussite de ce procédé.

Depuis l'époque de la formation de la « Chartered Gas-light and Coke Company » jusqu'à l'année 1813, où M. Clegg devint son ingénieur, l'établissement et la direction des travaux avaient été confiés à MM. Winsor, Accum et Hargraves. Il est impossible aujourd'hui de comprendre comment leurs efforts pour construire un appareil à gaz étaient restés sans résultat. Il n'y a aucun déshonneur pour ces messieurs à n'avoir pas réussi. Il faut se rappeler qu'il ne fallait pas seulement inventer les principales parties du système, mais encore instruire deux classes d'ouvriers tout à fait distinctes. Les uns devaient savoir construire les différentes parties des appareils, et les autres, apprendre à s'en servir. Beaucoup de temps et d'argent furent ainsi dépensés inutilement ; et, en 1813, la Compagnie était presque sur le point de se dissoudre. M. Clegg avait, comme nous l'avons dit, reçu une institution d'ingénieur dans l'usine de MM. Boulton, Watt et Cie, et les ressources variées de sa profession lui étaient familières. L'expérience qu'il avait acquise en éclairant au gaz des établissements particuliers lui permit de diriger les affaires de la Compagnie avec plus d'habileté et de jugement. Cependant, quoique les choses fussent mises sur un meilleur pied, il y avait bien des erreurs à réparer et des difficultés à vaincre. Pour effectuer ces changements il fallut de nouvelles dépenses, avant que la Compagnie pût espérer rentrer dans une mise de fonds considérable. Une grande partie des appareils existants furent mises de côté, comme tout à fait inutiles, et il fallut en construire de nouveaux sur un meilleur plan.

Les préjugés contre l'introduction de l'éclairage au gaz étaient si forts, non-seulement dans le public, mais même parmi les savants, qu'ils furent sur le point d'entraver complétement son succès. L'éclairage d'une ville au moyen du gaz paraissait un projet presque chimérique. M. Davy, (depuis sir Humphry) le regardait comme si ridicule, qu'il demanda si l'on avait l'intention de prendre la cathédrale de Saint-Paul pour gazomètre ; à quoi M. Clegg répondit qu'il espérait voir le jour où des gazomètres ne seraient pas beaucoup plus petits.

Au commencement de ses opérations, la Compagnie du gaz appropria et éclaira gratuitement des boutiques et des maisons, afin de propager ce mode d'éclairage. Pendant près de deux ans, il n'y eut qu'un petit nombre de cornues en service. On croyait, sans raison, que les tuyaux de conduite du gaz devaient être chauds, car lorsqu'on éclaira les couloirs de la Chambre des communes, l'architecte insista pour que les tuyaux fussent placés à 4 ou 5 pouces (0m,10 ou 0m,125) du mur, crainte d'incendie ; et les curieux appliquaient souvent leur main contre les tuyaux pour se rendre compte de la température. Comme contraste, on peut dire qu'un M. Maiben, qui avait construit quelques petits appareils, prit un brevet pour des tuyaux de gaz en bois et en papier. A cette époque, il était si difficile de se procurer des tuyaux de distribution, qu'on les formait avec de vieux canons de fusils, vissés les uns au bout des autres.

Les compagnies d'assurance firent aussi une quantité d'objections contre l'emploi du gaz, dont l'une était celle-ci : « Si un bec restait ouvert par mégarde, quelle en serait la conséquence ? » Pour détruire ce nouvel obstacle, M. Clegg inventa le brûleur qui sera décrit plus loin, afin de vaincre l'opposition des compagnies d'assurance ; mais son prix élevé empêcha de s'en servir.

L'usine à gaz de Peter-Street, Westminster, fut commencée en 1813 sous la direction de M. Clegg.

Quelque temps après la mise en marche de cette usine, sir Joseph Banks et quelques autres membres de la Société royale furent chargés d'examiner les appareils et de faire un rapport. La députation engagea fortement le Gouvernement à obliger la Compagnie à construire des gazomètres ne contenant pas plus de 6,000 pieds cubes chacun (170 mètres cubes), et enfermés dans des bâtiments solides. Pendant que sir Joseph Banks et quelques autres membres de la députation se trouvaient dans le bâtiment du gazomètre, causant sur les dangers qui résulteraient de l'approche d'une lumière près d'une fuite d'un gazomètre, M. Clegg appela un ouvrier et lui fit apporter une pioche et une chandelle. Puis, il fit un trou dans le gazomètre et approcha la lumière du gaz qui en sortait, à la grande frayeur de tous les assistants, dont plusieurs se retirèrent promptement. A leur grand étonnement, aucune explosion n'eut lieu. Cette preuve matérielle de la sécurité des gazomètres ne put cependant détruire leur erreur, et la « Chartered Gas Company » fut astreinte à la dépense considérable de petits gazomètres entourés de constructions massives.

Dès l'origine de l'éclairage au gaz, l'usage des gazomètres de grande dimension fut regardé comme très-dangereux. Dans l'usine de Stonyhurst, la capacité du gazomètre était de 1,000 pieds cubes (28 m. c.). M. Wright, supérieur du collége, complimenta M. Clegg sur la réussite de son appareil, mais il l'engagea à diminuer les dimensions du gazomètre. Il trouvait la capacité de 1,000 pieds cubes trop imprudente, et insista beaucoup pour le remplacer par deux de 500 pieds (14 m. c.) chacun. Les gazomètres à télescope furent inventés environ vingt ans avant d'être employés d'une manière générale. Les gazomètres sans entourage pour les garantir étaient regardés comme une absurdité. Ceux que construisit M. Clegg à Chester et à Birmingham furent blâmés sous ce rapport ; et la « Chartered Company » eut, pendant plusieurs années, le projet de les entourer de murs.

A la fin de 1813, une sérieuse explosion eut lieu à l'usine de Westminster ; elle fut causée par le gaz qui s'échappa d'un purificateur placé dans le voisinage des ateliers de distillation, et qui s'enflamma au foyer des cornues. Les fenêtres des maisons voisines volèrent en éclats, et M. Clegg fut gravement blessé. On se mit en garde contre le retour d'un pareil accident, en faisant passer l'eau de chaux épuisée par un tube recourbé en siphon, qui contenait toujours une quantité d'eau suffisante pour opérer la clôture de la cuve. La crainte d'une nouvelle explosion effraya le public pendant longtemps.

Le 31 décembre 1813, le pont de Westminster fut éclairé au gaz. Il attira bientôt l'attention, et, tant que la nouveauté dura, ce fut un lieu de promenade fashionable. Les allumeurs avaient une telle crainte du nouveau système , qu'ils refusaient de travailler, et M. Clegg fut obligé pendant plusieurs jours d'allumer lui-même les réverbères.

Les autorités de la paroisse de Sainte-Marguerite, à Westminster, furent les premières qui firent un marché pour l'éclairage de leurs rues par le gaz. Le 1er avril 1814, les vieilles lampes à huile furent mises de côté, et de brillants becs de gaz prirent leur place. Des centaines d'individus suivaient les allumeurs pour les regarder. A cette époque, on se servait de torches pour l'allumage. On y renonça ensuite pour y substituer la lanterne à main inventée par M. Grafton.

Pendant longtemps il fut impossible de vaincre le préjugé contre les consoles appliquées aux maisons. Beaucoup de discussions et des débats désagréables eurent lieu entre la Compagnie du gaz et les autorités de la paroisse, pour obtenir la permission de placer des candélabres, tels qu'ils sont usités aujourd'hui.

Quand la « Chartered Company » eut vaincu les principales difficultés, et que les oppositions contre l'usage du gaz furent apaisées, d'autres compagnies se formèrent et construisirent des usines dans les différentes parties du royaume. A peu près à cette époque, M. Clegg dirigea les travaux pour l'éclairage de Bristol, Birmingham, Chester, Kidderminster et Worcester.

Les premières cornues posées à l'usine de Peter-Street, Westminster, étaient trop coûteuses comme disposition. Un tuyau d'appel était placé au-dessus des têtes de cornues, pour diriger la fumée et la flamme dans la cheminée, disposition qu'on croyait nécessaire pour la santé des ouvriers, et qui fut bientôt abandonnée. Les cornues, au nombre de deux par foyer, étaient placées l'une au-dessus de l'autre : cette méthode était coûteuse non-seulement à cause de la consommation inutile du combustible, mais aussi parce que, n'étant pas convenablement garanties, les cornues se détérioraient rapidement. Il ne serait pas utile, ni même possible, de décrire les formes et les dispositions variées, adoptées par les ingénieurs pour les cornues. Dès l'origine de l'éclairage au gaz, il y eut presque autant de dispositions différentes, pour monter et chauffer les cornues, qu'il y eut de personnes à s'occuper de cette industrie.

Lors des illuminations pour la paix de 1814, quand les souverains alliés vinrent en Angleterre, les devises en becs de gaz surpassèrent en splendeur tout ce qu'on avait fait jusqu'alors. Le principal sujet était une pagode, élevée par ordre du Gouvernement dans le parc de Saint-James ; sa forme était octogonale, elle était construite en bois, de 80 pieds de haut (20^{m},40), et munie à chaque angle d'un tuyau vertical percé de trous. Un tuyau horizontal était placé à l'angle de chaque étage, et terminé par une tête de griffon percée de trous qui laissaient échapper des jets de gaz. Près de l'orifice le plus bas de chacun des tuyaux verticaux, était fixée une petite lampe qui, allumée, enflammait le premier jet de gaz, qui propageait la flamme jusqu'au dernier. Par ce moyen, les becs prenant feu instantanément à chaque angle, la lumière du gaz s'élançait dans l'air avec la majesté d'une fusée volante ; la pagode, illuminée par plus de dix mille brûleurs, fut ainsi allumée en quelques secondes, en présentant l'aspect d'une masse solide de flammes. On fit l'essai de cette pièce devant le Prince régent et la plus grande partie de la famille royale, sur leur demande, la veille de l'illumination générale. Leurs Altesses jugèrent de l'effet produit en se promenant dans Carlton Gardens, et en exprimèrent toute leur satisfaction. La nuit suivante, où devait avoir lieu cette grande illumination publique, sir William Congreve, malgré le désir et les avis de M. Clegg, voulut faire partir des feux d'artifice de la pagode même, avant de l'illuminer. Elle fut totalement incendiée. Cet accident n'était pas seulement malheureux à cause des dépenses qu'avait faites la Compagnie du gaz, mais encore plus à cause des armes qu'il donnait aux adversaires de l'éclairage au gaz. Le lendemain, on faisait circuler le bruit que le gaz avait mis le feu à la pagode, et il fut impossible de détruire complétement cette erreur.

En 1815, Guildhall fut éclairé au gaz ; l'inauguration avait été réservée pour le plus grand jour de fête de la ville, le 9 novembre. En cette occasion, l'éclat de la lumière fut fort admiré. On disait « qu'elle traversait complétement l'atmosphère, et qu'elle était en même temps si douce pour la « vue qu'elle semblait pure comme la lumière du jour, en répandant une chaleur qui purifiait l'air « et réjouissait les sens. »

Le gaz se vendait à cette époque 15 sch. par 1,000 pieds cubes (0fr,58 le mètre cube). Le compteur n'était pas encore inventé. La quantité de gaz brûlé était estimée assez approximativement, quand on prenait les précautions convenables ; mais trop souvent, alors comme depuis, les estimations étaient loin de la vérité. Les actionnaires ne recevaient pas de dividende. Les revenus étaient absorbés en entier par les changements et les réparations, par la construction de nouvelles machines et de nouveaux appareils, et dans des tentatives continuelles pour arriver à des résultats meilleurs.

Tous les objets nécessaires dans une usine à gaz coûtaient extrêmement cher. Les cornues valaient 20 liv. par tonne (492 fr. par 1,000 kil.), les tuyaux de conduite, 14 liv. par tonne (265 fr. par 1,000 kil.) et les autres choses dans la même proportion. On ne pouvait, à aucun prix, se procurer des ouvriers habiles, indispensables à la réussite. Il fallait les créer, c'est-à-dire qu'il fallait d'abord trouver des hommes à la fois capables et désireux d'apprendre, et ensuite les instruire.

Il ne faut pas mettre sur le compte de l'opposition, des préjugés, ou de l'indifférence du public les difficultés inhérentes à la création d'une chose nouvelle, et surtout d'une branche d'industrie, telle que celle du gaz, dont l'application se rattache entièrement à la vie domestique. Il y a bien d'autres difficultés à vaincre et d'obstacles à surmonter. Combien de fois n'est-il pas arrivé que ceux qui avaient pris, ou à qui l'on avait confié la direction d'une entreprise nouvelle et importante, se soient montrés ensuite tout à fait incapables de remplir leurs fonctions ! Dans ce genre d'affaires, malgré tout ce que l'expérience a pu apprendre, les mêmes erreurs se commettent encore journellement comme dans les premiers jours du gaz, qui datent de plus de quarante ans; et l'argent, péniblement gagné, de souscripteurs confiants est perdu par l'ignorance et le défaut de soin.

Cependant, à l'époque dont nous parlons, il y avait des difficultés et des embarras inconnus maintenant. On peut dire avec quelque raison aujourd'hui, qu'on peut tout faire avec de l'argent. Cela n'était pas vrai, il y a quarante ans. S'il fallait aujourd'hui construire une usine à gaz, ou seulement une de ses parties les plus importantes, avec les idées, les sentiments et les impressions de ceux qui occupaient le premier rang dans cette industrie en 1812, on aurait de la peine à croire que la vie d'un homme pût y suffire.

Imaginons une compagnie non-seulement disposée, mais entièrement prête à fournir du gaz à des centaines de clients, et ne pouvant le faire, faute de conduites; supposons les appareilleurs arrêtés aussi par le manque de tuyaux pour l'intérieur des maisons. Le prix de fabrication des tuyaux en tôle et en cuivre était si élevé, qu'il équivalait à un manque absolu. On priait et on suppliait les fabricants de faire des tuyaux de dimensions voulues : ils s'y refusaient. Ils ne voulaient ni risquer leur argent, ni modifier leur outillage pour fabriquer des pièces, pour ce qu'ils se plaisaient à appeler « *la folle et désastreuse industrie du gaz.* » Après bien des pourparlers, l'affaire fut prise en main par M. James Russell, alors attaché à la forge de M. Aaron Manby, à Horsley. C'est à M. Russell qu'il faut attribuer l'idée de substituer les machines au travail manuel, pour la fabrication des tuyaux de gaz, ce qui rendit les tuyaux moins chers et meilleurs.

Les tuyaux de fer furent appelés pendant longtemps « *gun-barrels* » (canons de fusil), à cause de l'usage que l'on faisait de ces derniers comme tuyaux de gaz; ainsi que nous l'avons dit plus haut.

Quand on eut des tuyaux convenables pour la distribution du gaz, les espérances se ranimèrent et l'avenir s'éclaircit, mais toutes les difficultés n'étaient pas vaincues. Les robinets et les becs étaient si coûteux, qu'ils empêchaient l'adoption du nouveau mode d'éclairage. Leur fabrication fut entreprise par MM. Dixon et Vardy, de Wolverhampton, avec tant de succès et sur une si grande échelle, qu'en peu de temps on les obtint à des prix modérés.

L'usine ne fut pas plus tôt en marche, que le nombre des clients augmenta rapidement et qu'on s'aperçut que les tuyaux de distribution étaient trop petits. Il fallut remplacer par d'autres, d'un diamètre plus fort, deux tuyaux de 6 pouces ($0^m,15$) qui partaient de l'usine.

Ce fut en 1815 que M. Clegg inventa et fit breveter le compteur et le régulateur. Le premier compteur se composait de deux vessies, contenant le gaz et renfermées dans des caisses d'étain. Elles étaient soumises à une certaine pression; leur communication avec les brûleurs était alternativement ouverte ou fermée au moyen de soupapes hydrauliques au mercure. Les vessies furent bientôt détruites par l'effet des impuretés que le gaz y déposait. Le cuir et d'autres espèces de membranes, recouvertes d'un vernis et de feuilles d'or, furent essayés, mais ces matières devenaient raides, cassantes, et étaient hors de service au bout de quelques mois. On eut recours alors à des vases métalliques fonctionnant de la même manière que les vessies (1) ; mais la lumière était tellement irrégulière qu'un régulateur devenait nécessaire. Celui-ci rendit l'appareil trop dispendieux, et d'ailleurs il occupait trop de place. Le compteur sec fut alors abandonné, et le compteur à eau fut imaginé. Mais il subit bien des changements avant d'être propre au but qu'on se proposait. Quoique le principe de cet instrument paraisse excessivement simple aujourd'hui, sa construction fut très-compliquée dans le principe. Un perfectionnement important fut la substitution du tuyau coudé à l'axe creux par lequel le gaz entrait d'abord à l'intérieur du volant. Cette partie du compteur est due à un des employés de M. Clegg, feu M. James Malam. Ce ne fut guère que quand M. Samuel Crosley acheta la propriété du brevet, que le compteur commença à être en faveur auprès des compagnies du gaz, et encore ne fut-ce que lentement. Les changements et perfectionnements apportés au compteur par M. Crosley, furent surtout faits en vue de la facilité de construction et de manœuvre, de son exactitude dans le mesurage, et de sa durée. Dans ses mains, il devint un instrument industriel. Les avantages qu'il apporta dans l'éclairage au gaz sont incalculables. Ce ne fut cependant qu'au bout de dix ans que son usage devint général, et il fut adopté dans plusieurs villes de province beaucoup plus vite que dans la capitale.

Nous nous arrêterons ici. Nous entrons dans une période de l'histoire du gaz où la plupart des difficultés, sur lesquelles nous nous sommes étendu, s'effaçaient promptement ; les préjugés étant disparus en grande partie, une impulsion remarquable fut donnée à cette nouvelle industrie par la formation de compagnies, à Londres et dans beaucoup d'autres parties du royaume ; et, maintenant que la construction des appareils à gaz, au lieu d'être dédaignée, est devenue une branche de commerce importante, nous allons porter notre attention sur des sujets plus intéressants pour nos lecteurs. Tout instructive que soit l'histoire des progrès lents et difficiles qui ont été réalisés, il est plus utile encore de rendre compte des résultats actuels de ces perfectionnements, tels qu'ils sont réunis aujourd'hui dans quelques-unes des usines à gaz les mieux établies.

---

(1) La manière dont ces vases étaient construits n'est pas expliquée d'une manière satisfaisante ; mais on doit supposer qu'ils avaient des joints flexibles, en cuir, par exemple, à la manière des compteurs secs d'aujourd'hui.

CHAPITRE PREMIER

CHIMIE

SES APPLICATIONS A LA FABRICATION DU GAZ

Par le docteur FRANKLAND, F. R. S., F. C. S., etc.

Les procédés de fabrication du gaz d'éclairage et de chauffage sont essentiellement du ressort de la chimie; il faut donc absolument posséder quelques connaissances chimiques, pour diriger de la manière la plus satisfaisante et la plus économique les diverses opérations de cette industrie. On peut cependant acquérir ces connaissances sans faire une étude approfondie des lois de la science de la chimie; aussi n'ai-je pas l'intention d'écrire ici un traité de chimie, dont il existe un grand nombre qui sont excellents, mais simplement d'exposer les propriétés et les réactions des diverses substances qui peuvent présenter de l'intérêt et de l'importance au point de vue de la fabrication du gaz, ou qui sont susceptibles d'amener quelque perfectionnement dans cette branche importante de l'industrie.

Affinité chimique. — Lorsqu'un morceau de phosphore est exposé à l'air, il se produit une fumée blanche, lumineuse dans l'obscurité; le phosphore disparaît peu à peu, et, si l'expérience est faite dans un vase sec, celui-ci se recouvre d'une poudre blanche, que l'analyse démontre être un composé de phosphore et d'oxygène. Le phosphore s'est donc combiné avec un des éléments de l'air, l'oxygène, pour former un composé, blanc et pulvérulent, qu'on appelle l'acide phosphorique, et la force qui a déterminé cette combinaison se nomme *force* ou *affinité chimique*. L'étude des phénomènes, produits par cette force, et des lois qui la régissent, constitue la science de la chimie.

L'action de l'affinité chimique est généralement accompagnée de phénomènes remarquables. Elle détermine le plus souvent un changement complet dans les corps qui entrent en combinaison : ainsi, dans le cas que nous avons cité, le phosphore, qui est un corps neutre, solide, analogue à de la cire, éminemment combustible, insoluble dans l'eau; et l'oxygène, qui est un gaz incolore et invisible, produisent, par leur combinaison chimique, de l'acide phosphorique, solide, blanc, soluble dans l'eau, très-acide et incombustible; enfin un corps, dans lequel les propriétés des éléments qui le composent ont totalement disparu.

L'action de l'affinité chimique est aussi souvent accompagnée d'un changement de température, et quelquefois de production de lumière et d'électricité. Elle se distingue aussi de toutes les apparences de combinaison par cette circonstance remarquable que, quand des corps sont combinés chimiquement, ils le sont dans certaines proportions fixes et invariables. Les éléments d'un corps composé sont toujours unis exactement dans le même rapport, que la substance ait été formée il y a des siècles, par l'œuvre de la nature, ou tout récemment dans le laboratoire du chimiste.

Ainsi les éléments de l'eau, l'oxygène et l'hydrogène, sont toujours combinés dans la proportion de 8 parties en poids du premier, pour 1 partie du second; ou, en volumes, dans le rapport de 2 volumes d'hydrogène contre 1 d'oxygène. Ce poids de combinaison, particulier à chaque élément, est ce qu'on appelle l'*équivalent* ou le *poids atomique* de cet élément.

Deux éléments peuvent se combiner en diverses proportions, mais il est à remarquer que ces proportions sont entre elles dans un rapport très-simple, bien que le composé, produit par chaque proportion, n'ait souvent aucune ressemblance avec les autres. Ainsi, comme nous l'avons dit, 8 parties d'oxygène et 1 d'hydrogène forment de l'eau; mais 1 partie d'hydrogène peut aussi se combiner avec 16 parties d'oxygène, et produit alors un liquide qui possède des propriétés toutes différentes; il est très-corrosif, produit des ampoules sur la peau, et détermine des réactions très-violentes avec certaines substances. De même, 14 parties d'azote se combinent avec 8 parties d'oxygène, et aussi avec le double, le triple, le quadruple et même cinq fois autant d'oxygène, en produisant dans chaque cas un composé particulier, qui se distingue des autres par des propriétés différentes.

Dans le cas de gaz ou de corps susceptibles de se convertir en gaz ou en vapeurs, les proportions en volumes sont encore plus simples. Ainsi, 1 volume d'un gaz ou d'une vapeur se combine avec 1, 2 ou 3 volumes d'un autre, ou dans le rapport de 2 à 3, etc... Par exemple, 1 volume d'oxygène s'unit à 1 volume d'hydrogène pour produire le liquide corrosif dont nous avons parlé plus haut, et 1 volume d'oxygène se combine à 2 volumes d'hydrogène pour former de l'eau.

Il y a cependant des éléments que nous ne pouvons convertir en vapeurs, et par conséquent nous ne pouvons déterminer expérimentalement leur volume de combinaison. Dans ce cas, nous supposons l'existence d'un volume de combinaison, en nous guidant sur l'analogie existant entre l'élément non volatil et d'autres qui le sont, et dont les volumes de combinaison nous sont connus. Le carbone, par exemple, n'a pas encore été volatilisé, mais nous supposons que 6 parties, ou 1 équivalent, occupent le même espace à l'état gazeux que 8 parties d'oxygène, ou 1 équivalent, et nous disons que l'oxyde de carbone, qui contient 6 parties ou un atome de carbone, et 8 parties ou un atome d'oxygène, est composé d'un volume de *vapeur de carbone* et d'un volume d'oxygène; et que l'acide carbonique, qui contient un atome de carbone et deux d'oxygène, est composé de 1 volume de vapeur de carbone combiné avec 2 volumes d'oxygène.

Quand deux gaz ou vapeurs se combinent chimiquement, il se produit généralement une diminution de volume, mais le volume gazeux, qui résulte de la combinaison, est dans un rapport très simple avec le volume des deux gaz avant la combinaison. Ainsi, quand 1 volume d'oxygène se combine avec 2 volumes d'hydrogène, la vapeur d'eau qui en résulte occupe 2 volumes: la diminution de volume a donc été dans le rapport de 3 à 2. De même, 2 volumes de vapeur de carbone combinés avec 4 volumes d'hydrogène produisent 2 volumes de gaz oléfiant, ou exactement la moitié du volume de l'hydrogène avant la combinaison.

Le tableau suivant représente la composition en volume de tous les gaz ou vapeurs composés qui ont quelque importance dans la fabrication du gaz. La colonne intitulée: *Avant la combinaison*, représente le volume gazeux des éléments, gaz ou vapeurs, avant leur combinaison chimique; et la colonne intitulée: *Après la combinaison*, indique la contraction qui s'est produite par cette combinaison. Les lettres O, H et C représentent respectivement l'oxygène, l'hydrogène et le carbone.

	Avant la combinaison.		Après la combinaison.
Vapeur d'eau	1 vol. O + 2 vol. H	=	2 vol. HO.
Oxyde de carbone	1 vol. O + 1 vol. C	=	2 vol. CO.
Acide carbonique	2 vol. O + 1 vol. C	=	2 vol. CO^2.
Hydrogène carboné	1 vol. C + 4 vol. H	=	2 vol. CH^2.
Gaz oléfiant	2 vol. C + 4 vol. H	=	2 vol. C^2H^2.
Propylène	3 vol. C + 6 vol. H	=	2 vol. C^3H^3.
Butylène	4 vol. C + 8 vol. H	=	2 vol. C^4H^4.
Vapeur de naphthaline	10 vol. C + 8 vol. H	=	2 vol. $C^{10}H^4$.
Vapeur de térébenthine	10 vol. C + 16 vol. H	=	2 vol. $C^{10}H^8$.

Influence des autres forces sur l'affinité chimique. — L'affinité chimique se trouve modifiée et influencée par la chaleur, la lumière, l'électricité et la force de cohésion. Les modifications produites par la chaleur et la cohésion sont seules intéressantes au point de vue qui nous occupe. C'est l'action réciproque de ces deux forces contraires, qui ont été avec raison appelées *attractive* et *répulsive*, qui détermine l'état d'agrégation de tous les corps. Lorsque la force de cohésion l'emporte, elle produit l'état solide; l'équilibre des d[illegible] enfin, si la force répulsive a le dessus, c'est l'état gazeux o[illegible] qui a lieu. Or, comm[illegible] chimique n'agit qu'à des distances inappréciables, ou[illegible] d'autres termes, comme chaque atome des éléments doit se trouver en contact immédiat pour que la combinaison chimique puisse se produire, on comprend que l'état physique d'un corps doit modifier considérablement l'action de l'affinité chimique. Dans les corps solides, par exemple, où les atomes sont fortement agrégés, l'affinité s'exerce rarement, à cause du défaut de mobilité des atomes et de la rareté des points de contact entre les deux substances. Dans les gaz, la répulsion qui existe entre les atomes empêche le contact et nuit le plus souvent à la combinaison. L'état liquide est donc le plus favorable à l'action chimique. Toutes les particules d'un liquide ont une mobilité qui permet un mélange intime avec la substance qui doit entrer en combinaison, et elles sont assez voisines pour subir les lois de l'attraction chimique. Le vieil axiome des alchimistes est donc vrai : *Corpora non agunt nisi sint soluta.*

L'influence de la chaleur sur l'action de l'affinité chimique varie avec la nature des substances qui lui sont soumises. Elle paraît généralement accroître l'intensité de l'action chimique et favoriser la combinaison, à moins que son action répulsive n'éloigne les particules des éléments en présence, à une distance plus considérable que celle à laquelle l'attraction chimique peut s'exercer. Ainsi l'affinité du carbone pour l'oxygène est si faible à la température ordinaire, que ces éléments peuvent rester en contact pendant des siècles sans manifester la moindre tendance à se combiner; mais, si l'on élève la température au rouge sombre, la combinaison commence à s'opérer, et, si la chaleur est encore plus considérable, l'affinité devient telle, que le carbone peut séparer l'oxygène de presque toutes ses combinaisons.

L'affinité du carbone pour l'hydrogène semble être influencée par la chaleur d'une manière tout opposée. Sauf une ou deux exceptions, qui ont peu d'importance dans la fabrication du gaz, nous ne connaissons pas de moyen artificiel de produire la combinaison de ces deux éléments. Mis en présence, ils ne manifestent aucune tendance à se combiner, à quelque température qu'on les soumette. L'union de ces éléments ne peut s'opérer que par la *force vitale*, inhérente aux tissus des animaux et des végétaux. C'est donc à l'organisme animal et végétal que nous devons chaque atome hydrocarburé qui existe.

Lorsqu'on soumet à une température élevée un composé de ces deux éléments, la force qui les unit diminue à mesure que la température augmente. Ainsi les hydrocarbures les plus condensés tels que le gaz oléfiant, la naphtaline, etc., se décomposent au rouge ; une partie du carbone s sépare, et il se produit du gaz hydrogène carboné, qui lui-même se décompose, à une temp rature plus élevée, en ses deux éléments, carbone et hydrogène.

Ces deux faits, la nécessité de la force vitale pour la production des hydrocarbures, et la dim nution de l'affinité entre le carbone et l'hydrogène par un accroissement de température, sont d la plus haute importance au point de vue de la fabrication du gaz. La connaissance de ces fai aurait évité bien des pertes de temps et d'argent dans ces essais futiles, entrepris en vue d'aug menter le pouvoir éclairant du gaz, ou, en d'autres termes, pour y augmenter la quantit d'hydrocarbures en le faisant passer dans des cornues chauffées au rouge, chargées de coke, d plombagine ou d'autres matières carbonées. La combinaison du carbone et de l'hydrogène e tout à fait impossible dans ces circonstances.

Des substances contenues dans le gaz de houille, ou qui ont rapport à sa pr duct[illegible] [illegible]stances qui entrent dans la composition du gaz d [illegible] qui ont rapport à sa produc[illegible] à sa combustion, sont les suivantes :

Oxygène,	Acid[illegible] carbonique,	Hydrocarbures,
Hydrogène,	Eau,	Soufre,
Azote,	Ammoniaque,	Sulfure de carbone,
Carbone,	Hydrogène protocarboné,	Hydrogène sulfuré,
Oxyde de carbone,	Gaz oléfiant,	Cyanogène.

Nous allons décrire rapidement la nature et les propriétés de chacun de ces éléments c composés.

Oxygène. — Cet élément existe à l'état libre ; c'est un gaz incolore, invisible et inodore, trè peu soluble dans l'eau ; il n'a pu être liquéfié jusqu'ici ni par le froid, ni par la pression. Il s dégage des feuilles des plantes sous l'influence de la lumière, et forme environ la cinquièm partie de notre atmosphère. La plus grande quantité de l'oxygène existe à l'état de combinaisc avec d'autres éléments. Ainsi, neuf tonnes d'eau en renferment huit d'oxygène pur, et il form au moins le tiers du poids total de la croûte du globe terrestre. C'est donc le plus abondant d tous les éléments. Le gaz oxygène est plus lourd que l'air atmosphérique ; 100 pouces cubiqu à 60° Fahrenheit, sous la pression barométrique de 30 pouces, pèsent 34,193 grains, tand que 100 pouces cubiques d'air ne pèsent que 31,0117 grains (1 litre d'oxygène pèse $1^{gr},429$ à 0° sous la pression de $0^{m},76$, tandis que 1 litre d'air pèse 1,2932 dans les mêmes conditio [V. Regnault]). La densité de l'air étant prise pour unité, celle de l'oxygène est 1,102 (1,10563 [V. Regnault]). L'oxygène est essentiellement propre à la combustion : tous les cor combustibles, présentant quelques points en ignition, y brûlent avec une intensité plus cons dérable que dans l'air ; et la propriété, que possède l'air d'entretenir la combustion, est due à presence de ce gaz.

La combinaison de l'oxygène avec d'autres éléments est toujours accompagnée d'une élévatio de température. Quand cette combinaison est lente, comme dans la rouille du fer, la chaleu développée est inappréciable ; mais, quand elle s'effectue rapidement, il se produit à la fois de lumière et de la chaleur, comme dans une combustion ordinaire.

On a cru d'abord que la chaleur développée par la combustion était toujours proportionnée à quantité d'oxygène consumé ; mais de récentes expériences n'ont pas confirmé cette opinion

Nous devons à Berthier un procédé pratique, fondé sur ce fait, pour déterminer la valeur d'un combustible. Il mélange la substance à essayer avec plusieurs fois son poids d'oxyde de plomb (litharge), et expose le mélange, dans un creuset, à une chaleur assez forte pour le fondre. L'oxyde de plomb est un composé d'oxygène et de plomb, dans la proportion de 8 parties en poids du premier et 104 du second. A la chaleur rouge, la matière combustible s'empare de l'oxygène et réduit le plomb à l'état métallique. Ce dernier fond et se rassemble, sous forme d'un bouton, au fond du creuset. Comme les proportions dans lesquelles les corps se combinent sont constantes, il est évident que chaque partie de plomb réduit correspond à une certaine quantité d'oxygène, et que la portion combustible de la matière, soumise à l'essai, est proportionnelle au poids du bouton de plomb. Ce procédé n'est pas exempt d'erreurs, mais il suffit dans la plupart des cas.

L'oxygène entre généralement dans la composition du gaz de houille livré au consommateur, à cause de l'introduction inévitable de l'air dans les cornues et les purificateurs, au moment où on les ouvre. Sa présence nuit beaucoup au pouvoir éclairant du gaz, comme nous le dirons bientôt ; et, comme il n'y a pas de moyens prati[illegible]parer du g[illegible] il faut éviter son introduction autant que possible.

Hydrogène. — Comme l'oxygène, ce gaz, à l'état libre, est incolore, invisible, inodore et très-peu soluble dans l'eau. On le rencontre rarement dans la nature autrement qu'en combinaison ; on l'a découvert toutefois, récemment, à l'état libre dans les gaz qui s'échappent des volcans. A l'état de combinaison, il constitue la neuvième partie du poids total des eaux de notre globe, et il entre aussi en grande proportion dans la composition des êtres animés, des végétaux et des substances qui en viennent, telles que les huiles, la tourbe, la houille et le bitume.

Le gaz hydrogène, presque pur, se produit en grande quantité quand on fait passer de la vapeur d'eau sur du fer, du zinc et quelques autres métaux, réduits à un grand état de division et portés à la température rouge. Il se produit aussi en abondance, mais mélangé avec de l'oxyde de carbone et de l'acide carbonique, quand on fait passer de la vapeur d'eau sur du charbon de bois, du coke, ou d'autres substances carbonées, chauffées au rouge. Dans tous ces cas, la vapeur d'eau est décomposée : son hydrogène est mis en liberté, tandis que l'oxygène se combine au métal ou au carbone, en produisant, dans le premier cas, un oxyde solide, non volatil, qui recouvre le métal et empêche bientôt l'action de continuer ; et, dans le second cas, du gaz oxyde de carbone qui se dégage avec l'hydrogène, en laissant le carbone librement exposé à l'action d'une nouvelle quantité de vapeur d'eau. La partie de la vapeur d'eau, qui est convertie en hydrogène et oxyde de carbone, produit son propre volume de chacun de ces gaz ; la partie, qui est convertie en hydrogène et acide carbonique, produit son propre volume d'hydrogène et la moitié de son volume d'acide carbonique. La quantité de vapeur d'eau, qui subit cette dernière décomposition, diminue à mesure que la température s'élève, et, à la chaleur blanche, c'est à peine s'il se produit une trace d'acide carbonique.

L'hydrogène est le plus léger de tous les corps connus, sa densité n'étant que de 0,0691 (0,06926 [V. Regnault]) ; 100 pouces cubiques, à 60° Fahr., et sous la pression barométrique de 30 pouces, pèsent seulement 2,1371 grains (1 litre d'hydrogène pèse $0^{gr},089$ à 0°, sous $0^{m},76$). Il a une affinité considérable pour l'oxygène, et sa combustion développe une lumière à peine sensible. Toutefois, si l'on introduit dans la flamme de l'hydrogène des substances solides, telles que de la chaux, de la magnésie ou du platine, il se produit une lumière éclatante. Brûlé dans l'air ou dans l'oxygène, l'hydrogène se convertit en entier en vapeur d'eau, qui se condense sur les surfaces froides placées au-dessus de la flamme.

Un pied cube d'hydrogène, à 60° Fahr., à la pression barométrique de 30 pouces, brûle un demi-pied cube d'oxygène et produit un pied cube de vapeur d'eau ; il développe une chaleur capable d'élever la température de 1 livre 13 onces d'eau de 32° Fahr. à 212° Fahr., ou celle d'une chambre contenant 2,500 pieds cubes d'air de 60° Fahr. à 66°,4 Fahr. (1 litre d'hydrogène à 15°,5, à la pression barométrique de 0^m,76, brûle un demi-litre d'oxygène et produit 1 litre de vapeur d'eau ; il développe une chaleur capable d'élever la température de 29 grammes d'eau de 0° à 100°, ou celle d'une chambre de 2,500 litres de capacité de 15°5 à 19°,1.)

Eau. — Nous avons déjà dit que l'eau était formée de 2 volumes d'hydrogène et de 1 volume d'oxygène, ou de 1 partie en poids d'hydrogène et de 8 parties d'oxygène. L'hydrogène et l'oxygène, mélangés dans les proportions convenables pour former de l'eau, ne se combinent qu'autant qu'un point du mélange est élevé à la température rouge ; ils s'unissent alors en produisant une violente explosion. Quand on les mélange graduellement en projetant un jet d'hydrogène enflammé dans un flacon d'oxygène, ils brûlent doucement en donnant une flamme peu lumineuse, mais très-chaude, et produisent de l'eau pure.

Les propriétés de l'eau sont trop connues pour que nous les décrivions. La décomposition de la houille par la chaleur en produit toujours ; cela provient de deux causes : la présence de l'eau hygrométrique dans les charbons, et aussi celle des éléments de l'eau, qui entrent dans leur composition. La première portion sort la première des cornues ; la seconde ne se dégage que lorsque la décomposition de la houille a commencé. Cette eau se condense en entraînant en dissolution quelques-uns des produits les plus solubles provenant de la distillation. Outre son action dissolvante bien connue sur les solides, l'eau possède la propriété d'absorber et de dissoudre des gaz ; la connaissance de ce pouvoir dissolvant sur les différents gaz est d'une grande importance dans l'industrie du gaz.

Le tableau suivant indique le volume de différents gaz, que peuvent absorber 100 volumes d'eau à 60° Fahr. (15°,5 centig.), sous la pression barométrique de 30 pouces (0^m,76) :

Ammoniaque	7800 volumes.	Oxygène	3,7 volumes.
Acide sulfureux	3300 —	Oxyde de carbone	1,56 —
Hydrogène sulfuré	253 —	Azote	1,56 —
Acide carbonique	100 —	Hydrogène	1,56 —
Gaz oléfiant	12,5 —	Hydrogène protocarboné	1,60 —
Carbures d'hydrogène	(Indéterminés, mais probablement plus solubles que le gaz oléfiant.)		

Quand l'eau est saturée d'un gaz et soumise à l'action d'un autre, généralement une partie du premier se dégage et une quantité proportionnelle du second est absorbée. Ainsi, une petite quantité d'un gaz peu soluble peut chasser un grand volume d'un autre très-soluble ; nous en avons un exemple très-connu dans un verre de champagne qui a cessé de mousser ; en donnant un coup sec sur l'orifice du verre avec la paume de la main, il se produit une vive effervescence. Sous la pression ainsi produite, le vin absorbe une petite quantité d'air atmosphérique qui chasse une proportion considérable d'acide carbonique, plus soluble que lui.

Azote. — L'azote est aussi un gaz. Il existe à l'état libre dans l'atmosphère, et entre dans la composition d'un grand nombre de substances animales et végétales. Toutes les variétés de houille en contiennent de petites quantités. Lorsque l'azote est chassé d'une combinaison en présence de l'oxygène, il se produit généralement de l'acide hypoazotique ou de l'acide azotique; en présence d'un excès d'hydrogène, il se produit de l'ammoniaque. C'est sous cette dernière forme qu'il se dégage dans la fabrication du gaz.

L'azote est incolore, sans odeur ni saveur; sa densité est 0,976 (0,97137, V. Regnault). Il est incombustible et éteint les corps en ignition. Dans certaines circonstances, cependant, il est susceptible d'entretenir la combustion, comme quand il est exposé à une très-haute température en présence de l'oxygène. Cela a lieu, par exemple, quand une petite quantité d'azote est ajoutée à un mélange d'hydrogène et d'une proportion d'oxygène plus grande que celle qui est nécessaire pour former de l'eau, et qu'on met le feu au mélange; il se produit une violente explosion et une quantité considérable d'acide azotique est formée par la combustion de l'azote, ou, en d'autres termes, par sa combinaison avec l'oxygène. Cette production d'acide azotique a lieu sans doute aussi, à un degré moindre, pendant la combustion du gaz de houille, et comme la température nécessaire pour la formation de l'acide azotique est très-élevée, plus le volume de gaz brûlé par un bec dans un temps donné sera grand, plus grande aussi sera, relativement, la quantité d'acide azotique produit. La formation d'un produit aussi corrosif que l'acide azotique, dans ces circonstances, montre l'importance qu'il y a, à ne pas laisser les produits de la combustion du gaz se répandre dans les appartements.

La présence de l'azote libre dans le gaz de houille est probablement due à l'introduction de l'air atmosphérique et non au dégagement de l'azote contenu dans la houille, car ce dernier paraît se dégager seulement en combinaison avec l'hydrogène sous forme d'ammoniaque. L'azote étant incombustible, ce n'est pas seulement un élément inutile dans le gaz, mais, comme il enlève à la flamme une partie de sa chaleur, il diminue l'intensité de la lumière et, sous ce rapport, il est très-nuisible. Il faut donc, autant que possible, éviter l'introduction de cet élément.

Ammoniaque. — L'ammoniaque est un produit de la distillation de la houille et de toutes les substances organiques contenant de l'azote. Dans la distillation, l'azote se combine à l'hydrogène, dans la proportion de 14 à 3, pour produire de l'ammoniaque, dont la formule est AzH^3. C'est un gaz incolore, dont la densité est 0,5898 (0,596, Pelouze et Fremy); son odeur est piquante, et agit fortement sur l'odorat et les yeux quand on le respire. Elle se dissout dans une très-petite quantité d'eau, 1 volume de ce liquide pouvant en absorber 780 de gaz ammoniac; cette dissolution possède des propriétés semblables et se vend dans le commerce sous le nom d'*essence de corne-de-cerf* (en France, *alcali volatil*). L'ammoniaque est fortement alcaline, se combine facilement avec tous les acides, pour former des sels qui se subliment à une température peu élevée. Elle s'unit à l'hydrogène sulfuré pour produire une substance volatile très-dangereuse. Le gaz ammoniac, sans mélange d'autres gaz, est incombustible, mais avec le gaz de houille, il brûle en se convertissant en acide azotique.

La plus grande partie de l'ammoniaque, produite dans les usines à gaz, se trouve à la surface des condensations goudronneuses dans les citernes; on recueille ces eaux pour les vendre aux fabricants de sels ammoniacaux ou pour tout autre usage. On trouvera dans le chapitre des produits accessoires les meilleurs procédés employés dans la fabrication de ces sels.

Carbone. — Cet élément est bien connu sous la forme de diamant, de charbon, de noir de fumée et de coke, toutes substances qui sont du carbone mêlé à une petite quantité variable de matières étrangères. La connaissance des propriétés chimiques du carbone est d'une grande importance pour le fabricant de gaz, car cet élément est la base de tous les gaz éclairant

Comme nous l'avons déjà dit, le carbone ne se combine pas avec l'oxygène à la températu ordinaire, mais au contraire avec une grande énergie à une température élevée, en produisa une lumière vive, dont l'intensité croît avec la température. Ce ne sont pas cependant les pa ticules de carbone qui brûlent qui produisent cette lumière, mais celles qui sont portées à l'incan descence et tenues en suspension pour un instant dans la flamme avant d'être en contact av l'oxygène de l'air. Nous reviendrons sur ce fait important.

Le carbone ne se combine à l'hydrogène à aucune température, à moins qu'il ne soit sous l'in fluence de la force vitale, comme dans le corps des animaux ou le tissu des plantes. Sous cet influence, ces deux corps se combinent en proportions innombrables pour former une série trè étendue et très-importante de corps, connus sous le nom d'Hydro carbures.

Le carbone s'unit à l'oxygène en deux proportions, pour former l'oxyde de carbone et l'acie carbonique.

Oxyde de carbone. — Ce gaz est la combinaison la moins oxydée du carbone ; il contie 1 équivalent ou 6 parties de carbone, et 1 équivalent ou 8 parties d'oxygène. Ce gaz se pr duit lorsqu'on brûle le carbone dans une quantité limitée d'air ou d'oxygène, et aussi, comn nous l'avons dit, quand on fait passer de la vapeur d'eau sur du coke ou du charbon incande cent, ou encore quand du goudron et de la vapeur d'eau se rencontrent dans un vase chauffé a rouge. Il existe toujours dans le gaz de houille.

L'oxyde de carbone est un gaz incolore et inodore, un peu plus léger que l'air, et de la mêm densité que le gaz oléfiant, 0,9727 (0,967, Pelouze et Fremy). Il est très-peu soluble dans l'ea mais l'est au contraire beaucoup dans une solution ammoniacale de protochlorure de cuivre. est inflammable, et brûle avec une belle flamme bleue non éclairante. Le produit de sa co bustion est de l'acide carbonique. Un pied cube, à 60° Fahr., sous la pression barométrique 30 pouces, consume, en brûlant, un demi-pied cube d'oxygène, pour former un pied cube d'aci carbonique, et produit une chaleur capable d'élever 1 livre 14 onces (917^{gr},70) d'eau de 32° 212° Fahr., ou de porter la température d'une chambre contenant 2,500 pieds cubes d'air 60° à 66°,6 Fahr. (Un litre d'oxyde de carbone, à 0° centigr., et sous 0^{m},76, consume, en brûlar un demi-litre d'oxygène pour former un litre d'acide carbonique, et produit une chaleur capab d'élever 30 grammes d'eau de 0° à 100°, ou de porter la température d'une chambre contena 2,500 litres d'air de 15°,5 à 19°,2.)

Acide carbonique. — Ce gaz se produit quand on brûle du carbone dans un excès d'air c d'oxygène ; il se forme dans la fermentation, la putréfaction, et en petite quantité pendant première période de la décomposition de la houille dans les cornues ; c'est aussi un produit de décomposition de l'eau par le carbone incandescent.

L'acide carbonique diffère d'une manière étonnante de l'oxyde de carbone par ses propriété quoiqu'il en diffère seulement, dans sa constitution, par une proportion double d'oxygène ; dernier contient en effet 6 parties de carbone pour 8 d'oxygène, tandis que le premier en co tient 6 de carbone et 16 d'oxygène. L'acide carbonique a une saveur piquante et acide ; il se di sout dans son volume d'eau et lui communique ce goût si apprécié dans l'eau de Seltz ; il e beaucoup plus lourd que l'air, sa densité étant de 1,524 (1,529, Pelouze et Fremy). Ce gaz e ininflammable et ne peut entretenir la combustion ni la vie animale. Ses propriétés acides ne so pas très-marquées, mais il s'unit aux bases alcalines pour former des carbonates. C'est sur cett propriété qu'est fondé l'enlèvement de l'acide carbonique contenu dans le gaz de houille. En faisant passer le gaz de houille, contenant cet acide, à travers de la chaux éteinte, en poudre fine, ou dans un lait de chaux, tout l'acide carbonique se combine à la chaux et disparaît.

La chaux vive, éteinte de manière à n'être ni trop sèche ni sensiblement humide, est très-efficace pour absorber de fortes proportions d'acide carbonique ; une couche d'un pouce (0^m,025) d'épaisseur ne laisse pas passer une trace de cet acide.

La présence d'une petite quantité d'acide carbonique dans le gaz est à redouter, à cause de la perte de pouvoir éclairant qui en résulte ; 1 p. 100 d'acide carbonique dans le gaz diminue son pouvoir éclairant dans le rapport d'environ 6 p. 100. Quant à ce qu'il ajoute à la proportion d'acide carbonique qui se produit pendant la combustion, c'est d'une très-petite importance.

Hydrogène protocarboné. — Ce composé, connu aussi sous le nom de *gaz des marais*, se trouve toujours dans le gaz de houille ; c'est aussi un produit naturel de la décomposition lente de la houille et de la putréfaction en général. Ainsi, on le rencontre en grande quantité dans les couches de houille, et il se dégage des marais stagnants et des fossés qui contiennent des matières organiques en putréfaction. Ainsi produit, il est mêlé à de petites quantités d'acide carbonique et d'azote ; on peut cependant le préparer artificiellement à un grand état de pureté : mais ce n'est pas ici le lieu de décrire ces procédés.

L'hydrogène protocarboné pur est incolore, sans odeur ni saveur ; il est neutre aux papiers réactifs et presque insoluble dans l'eau ; sa densité est 0,5594 (0,556, Pelouze et Fremy), et 100 pouces cubiques à 60° Fahr., et sous la pression barométrique de 30 pouces, pèsent 17,4166 grains. (Un litre d'hydrogène protocarboné à 0° et sous la pression barométrique de 0^m,76 pèse 0^{gr},719). Il est impropre à la combustion et à la respiration, mais il est inflammable et brûle avec une flamme bleue ou légèrement jaune, et peu éclairante ; mêlé à une quantité convenable d'air ou d'oxygène, et enflammé, il détone violemment ; les produits de sa combustion sont de l'eau et de l'acide carbonique. Un pied cube d'hydrogène protocarboné, à 60° Fahr. et sous la pression barométrique de 30 pouces, consume deux pieds cubes d'oxygène et produit un pied cube d'acide carbonique ; sa combustion produit une chaleur capable d'élever la température de 5 livres 14 onces d'eau de 32° à 212° Fahr., ou celle d'une chambre contenant 2,500 pieds cubes d'air de 60° à 80°,8 Fahr. (Un litre d'hydrogène protocarboné à 0° et sous la pression barométrique de 0^m,76 consume deux litres d'oxygène et produit un litre d'acide carbonique ; sa combustion dégage une chaleur capable d'élever la température de 94 grammes d'eau de 0° à 100°, ou celle d'une chambre contenant 2,500 litres d'air de 15°,5 à 27°,1.)

L'hydrogène protocarboné, exposé à une température élevée, se décompose lentement, dépose du charbon et produit deux fois son volume d'hydrogène.

Gaz oléfiant. — Ce gaz se rencontre rarement dans la nature, mais comme il se produit en grande abondance quand les houilles ou d'autres matières bitumineuses sont exposées à une température élevée, on doit s'attendre à le rencontrer lorsque les couches de houille se trouvent exposées à la chaleur d'un volcan, et, en effet, on l'a quelquefois trouvé produit naturellement dans ces circonstances. On peut préparer le gaz oléfiant presque pur, en chauffant, dans une cornue de verre convenable, un mélange de 1 partie en poids d'alcool et de 5 ou 6 parties d'acide sulfurique concentré ; le gaz qui se dégage, doit traverser une solution de soude caustique, pour le débarrasser de l'acide sulfurique et de l'acide carbonique, qui sont entraînés avec lui.

Le gaz oléfiant est incolore et possède une odeur particulière et assez désagréable ; sa densité est 0,9784 (0,9852, Pelouze et Fremy). 100 pouces cubiques à 60° Fahr. et sous la pressio barométrique de 30 pouces, pèsent 30,3418 grains. (1 livre, à 0° et sous la pression barométriqu de 0m,76, pèse 1gr,274.) Il est composé de 2 volumes de vapeur de carbone et de 4 volume d'hydrogène, les six volumes se condensant en deux ; dans un volume donné, il contient don juste deux fois autant de carbone que l'hydrogène protocarboné. Le gaz oléfiant est inflam mable, mais n'entretient pas la combustion. Lorsqu'on enflamme un jet de ce gaz dans l'ai il brûle avec une flamme blanche en donnant une brillante lumière sans fumée. Sa combustio exige trois fois son volume d'oxygène et produit deux fois son volume d'acide carbonique. Si o le fait passer à travers un tube chauffé au rouge, ou qu'on l'expose à une température rouge d toute autre manière, il se décompose rapidement, en déposant du charbon et en produisant d l'hydrogène et probablement de l'hydrogène protocarboné; son pouvoir éclairant disparaît alo complétement. Le gaz oléfiant existe probablement toujours dans le gaz de houille et contribu puissamment, sinon exclusivement, à son pouvoir éclairant.

Hydrocarbures. — On a donné ce nom à un très-grand nombre de composés, qui se produisen principalement dans la distillation des corps organiques, et qui sont formés de carbone et d'hy drogène, mais en différentes proportions. Certains de ces composés sont gazeux, d'autres liquide et quelques-uns solides. Leur histoire est encore incomplète, leur composition et leurs propriét ayant été fort peu étudiées. Nous ne parlerons que des plus intéressants de ces corps, qui former une classe excessivement nombreuse.

Hydrocarbures gazeux. — Les hydrocarbures, qui sont à l'état gazeux à la température ordi naire et à la pression atmosphérique, sont de la plus haute importance dans l'industrie du gaz ; e effet, la fabrication du gaz pour l'éclairage a pour objet principal la production de la plus for proportion d'hydrocarbures gazeux, avec un poids donné de matière. Les seuls hydrocarbur gazeux, de composition connue, qu'on ait pu trouver dans le gaz de houille sont les deux qu nous avons décrits, sous le nom d'hydrogène protocarboné et de gaz oléfiant. Il y a tout lieu d penser cependant, que, outre une foule d'autres inconnus jusqu'ici, il y en a au moins deu autres dans le gaz de houille, dont la composition et les propriétés ont été étudiées : ce sont le *pr pylène* et le *butylène*. On prépare le premier artificiellement en faisant passer de la vapeur d'hui de pommes de terre à travers un tube chauffé au rouge ; et le second, qu'on rencontre dans le ga extrait de l'huile, se produit en décomposant le valérianate de potasse par l'électricité. Ces deu gaz sont incolores, possédant une légère odeur éthérée, et brûlant avec une flamme blanche écl tante, dont le pouvoir éclairant est de beaucoup supérieur à celui du gaz oléfiant ; ils se décom posent rapidement à la chaleur rouge. Le propylène est composé de 3 volumes de vapeur d carbone et de 6 volumes d'hydrogène, les neuf volumes se condensant en deux ; il contie donc, dans un volume donné, 50 pour 100 de carbone de plus que le gaz oléfiant. Sa densité e 1,4511. Le butylène est formé de 4 volumes de vapeur de carbone et de 8 volumes d'hydrogèn les douze volumes se condensant en deux ; il contient donc le double de carbone contenu dans u égal volume de gaz oléfiant. Sa densité est 1,9348.

Comme le pouvoir éclairant de ces gaz est directement proportionnel à la quantité de carbon contenu dans un volume donné, les valeurs lumineuses du gaz oléfiant, du propylène et du buty lène doivent être comme 1 : 1,5 : 2.

Hydrocarbures liquides. — Ils forment la partie principale du goudron produit dans la fabri cation du gaz, et composent les huiles qu'on extrait du goudron par la distillation. La portion l plus volatile se répand en vapeurs dans le gaz lui-même, et contribue pour une part assez considérable à son pouvoir éclairant, en raison de la grande quantité de carbone que renferment leurs vapeurs. Le nombre de ces hydrocarbures est très-grand, mais un petit nombre seulement d'entre eux a été étudié : nous ne nous occuperons que d'un ou deux, qui sont susceptibles de prendre une importance commerciale.

Benzine. — Cet hydrocarbure remarquable se trouve dans la portion des huiles liquides de goudron, qui distille entre 80 et 90 degrés centigrades (1). La benzine est un liquide incolore et transparent ; sa densité est égale à 0,85 ; elle possède une odeur agréable et éthérée, et bout à 80°,5 (86°, Pelouze et Fremy) ; à 0° elle se solidifie en une masse cristalline comme le camphre. Elle est très-inflammable ; sa vapeur prend feu à l'approche d'une lumière ; sa tension de vapeur, à la température ordinaire, est assez considérable pour qu'en faisant passer, à travers de la benzine, un courant d'hydrogène, ou même d'air, et en l'enflammant, il se produise une flamme blanche très-lumineuse. La benzine agit sur plusieurs substances comme un dissolvant puissant : elle dissout facilement beaucoup de résines, le mastic, le camphre, la cire, les matières grasses et les huiles essentielles, le caoutchouc et la gutta-percha ; la laque plate y est peu soluble, mais elle se mélange en parties égales à une solution saturée de laque dans l'esprit-de-bois ou l'alcool. La benzine, traitée par l'acide azotique, se convertit en *nitro benzine*, liquide qui possède une odeur très-agréable, analogue à celle de l'essence d'amandes amères, qu'il remplace aujourd'hui le plus souvent dans la parfumerie.

Acide carbolique ou *phénique.* — Ce composé remarquable se trouve dans la portion des huiles de houille qui bout entre 150 et 200° centigrades. En agitant ces huiles avec deux fois leur volume de lessive de soude, et traitant cette solution aqueuse par un acide, l'acide carbolique se dépose sous forme d'une huile lourde, qu'on purifie au moyen d'une petite quantité de potasse solide. L'acide carbolique a l'aspect d'un liquide huileux et incolore : sa saveur est brûlante, et son odeur pénétrante rappelle celle de la créosote ; sa densité est d'environ 1,062. Il est intéressant par ses relations chimiques avec l'indigo, par ses propriétés antiseptiques, qui ne le cèdent presque en rien à celles de la créosote, à laquelle on pourrait le substituer dans la plupart des cas.

Eupione. — C'est un liquide qu'on extrait du goudron de cannel-coal par des traitements successifs à l'acide sulfurique concentré, et une rectification sur de la lessive de soude ; il présente une agréable odeur de fruit, et pourrait probablement être substitué avec avantage au chloroforme pour la dissolution des gommes et des résines.

HYDROCARBURES SOLIDES. — Les principaux hydrocarbures solides contenus dans le goudron de houille sont la paraffine, la naphtaline, la paranaphtaline, le chrysène, le pyrène et le pittacal ; ils se trouvent tous en dissolution dans le goudron, et se séparent par la distillation.

La *paraffine* est une substance blanche, solide, ressemblant à la cire. Elle fond à 43° centigr. et distille, sans décomposition, à une température élevée ; sa densité est égale à 0,870. Moulée en bougies, elle produit une lumière blanche et pure, exempte de fumée, et tout à fait égale à celle des meilleures cires blanches. Dissoute dans les huiles les moins volatiles provenant du Boghead, elle forme ce qu'on appelle de l'huile de paraffine, qui ne le cède en rien, pour le graissage, à l'huile de baleine, qu'elle remplace fréquemment. La paraffine ne se rencontre en grande quantité que dans le goudron provenant du Boghead-cannel ; les dernières portions des huiles lourdes

(1) Voir la description des procédés d'extraction de la benzine dans une note publiée sur ce sujet par M. Mansfield.

extraites de ce goudron sont à moitié solides, à cause de la grande quantité de cristaux de paraffine qui y sont contenus. En les filtrant et les pressant dans un morceau de toile, on obtient la paraffine impure, qu'on purifie au moyen de l'acide sulfurique concentré.

Naphtaline, Paranaphtaline, Chrysène et *Pyrène.* — Ce sont des corps cristallins, blancs, qui se ressemblent beaucoup en apparence, mais qui diffèrent sous le rapport de la volatilité et de la composition chimique. La naphtaline, qui est la plus volatile, paraît exister toujours dans le gaz de houille, qui lui doit principalement sa mauvaise odeur. Quand on laisse sortir du gazomètre le gaz, chargé de vapeurs de naphtaline, à une température supérieure à celle des tuyaux de distribution, une portion de la naphtaline se dépose à mesure que le gaz se refroidit, et les dépôts successifs, qui se forment ainsi, finissent par obstruer les tuyaux d'une manière très-fâcheuse. On éviterait probablement cet inconvénient en faisant passer le gaz sur une large surface d'huile de houille avant son entrée dans les conduites; cette huile dissoudrait la naphtaline et en empêcherait le dépôt ultérieur (1).

La naphtaline n'a pas encore reçu d'application industrielle de quelque importance, mais, traitée par certains procédés chimiques, on en retire de l'acide chloro-naphtalique, qui possède à peu près la même composition et les mêmes propriétés que l'*alizarine*, qui est le principe actif de la garance; il y a donc lieu d'espérer qu'on arrivera un jour à convertir les immenses quantités de naphtaline, produites par les usines à gaz, en une matière tinctoriale de grande valeur.

Pittacal. — Cette substance remarquable a été trouvée par Reichenbach dans les huiles les plus lourdes du goudron. Les procédés de séparation et de purification de ce produit ne sont pas encore connus; on dit cependant que c'est un corps solide d'un très-beau bleu foncé, comme l'indigo; sa surface polie prend un reflet doré; il peut se fixer sur les tissus, et serait une matière colorante précieuse.

Sulfure de carbone. — Ce composé se forme quand du soufre et une matière carbonée sont portés ensemble à une température élevée; et, comme le soufre se trouve dans toutes les variétés de houille, il est probable que le sulfure de carbone existe toujours dans le gaz de houille.

Le sulfure de carbone est un liquide incolore, d'une odeur insupportable, analogue à celle de l'ail; il est très-volatil et bout à 42°,2 (45°, Pelouze et Fremy). Il ne se mêle pas à l'eau, mais se dissout dans l'alcool et l'éther; il est aussi très-soluble dans une dissolution de potasse ou de soude caustique, et dans les alcools méthylique, éthylique et amylique. Il est très-inflammable et engendre, par sa combustion, de l'acide sulfureux. Sa présence dans le gaz est donc très-nuisible; et comme on ne connaît aucun procédé de purification pour le séparer du gaz sur une grande échelle, c'est un problème très-important que d'arriver à ne pas le produire avec le gaz. Peu d'essais ont été faits pour le résoudre; mais M. Wright, l'habile ingénieur de la « Western Gas Company », a remarqué que sa production était diminuée, sinon entièrement empêchée, en opérant la distillation à une température modérée. J'ai eu souvent occasion de confirmer cette opinion en observant que le gaz, fourni par les compagnies qui distillent à une température élevée, contenait une grande quantité de ce produit nuisible, tandis que le gaz produit à une température plus basse, comme, par exemple, dans le procédé de M. White, n'en contenait que des traces. Bien qu'aucun procédé assez économique n'existe pour débarrasser le gaz des vapeurs de sulfure de carbone, on peut cependant tirer parti de la solubilité de ce produit dans une solution de potasse

(1) Outre la difficulté pratique, ce moyen aurait l'inconvénient d'enlever au gaz une notable partie de son pouvoir éclairant. *(Note du trad.)*

caustique, dans l'huile de pommes de terre (produit accessoire des distilleries), ou dans l'esprit-de-vin, afin de l'enlever du gaz brûlé dans les appartements, où les dégâts faits par l'acide sulfureux sont fort désagréables. En faisant passer le gaz sur une large surface d'un de ces liquides, contenu dans un petit purificateur particulier, on le débarrassera du sulfure de carbone.

On peut constater la présence de la vapeur de sulfure de carbone dans le gaz au moyen d'un appareil très-simple imaginé par M. Lewis Thompson. Dans cet instrument (1), les produits de la combustion d'un jet de gaz passent dans un petit tube de Liebig ; si le liquide qui s'écoule de ce condenseur rougit fortement le papier bleu de tournesol, la présence du sulfure de carbone est très-probable. Pour la confirmer, on recueille cinquante à soixante gouttes du liquide condensé dans un petit tube d'épreuve, et on y ajoute quelques gouttes d'acide azotique pur. En chauffant ce mélange jusqu'à l'ébullition sur une lampe à alcool, et en y ajoutant une ou deux gouttes de chlorure de baryum, si la liqueur devient plus ou moins laiteuse, ce fait accusera la présence du sulfure de carbone dans le gaz. Il faut remarquer qu'il y a lieu de s'assurer d'abord de l'absence de l'hydrogène sulfuré dans le gaz au moyen d'un papier imbibé d'acétate de plomb, qu'on expose pendant quelques minutes dans le courant du gaz non allumé.

Hydrogène sulfuré. — Ce gaz se forme par la combinaison de l'hydrogène et du soufre à la température rouge ; il se rencontre toujours dans le gaz de houille, qu'on en débarrasse d'ailleurs parfaitement par divers procédés de purification. On peut le préparer pur en décomposant le sulfure de fer par l'acide sulfurique étendu, et en recueillant le gaz qui se dégage dans une éprouvette, sur l'eau ou sur le mercure.

L'hydrogène sulfuré est un gaz incolore, d'une odeur nauséabonde, analogue à celle des œufs pourris ; sa densité est de 1,1747 (1,1912, Pelouze et Fremy). Il est inflammable et brûle avec une flamme bleue, sans lumière, en produisant une grande quantité d'acide sulfureux ; c'est surtout cette dernière circonstance qui rend sa présence dans le gaz inadmissible. Il est facilement absorbé par les solutions métalliques, par l'oxyde de fer, la chaux, à l'état sec ou humide ; on en constate facilement la présence dans le gaz, au moyen d'un morceau de papier imbibé d'acétate de plomb ; la coloration du papier indique la présence de l'hydrogène sulfuré.

Cyanogène. — Le cyanogène se produit en petite quantité dans la distillation de la houille ; il s'unit immédiatement à l'ammoniaque ou au sulfhydrate d'ammoniaque, pour former du cyanhydrate ou du sulfocyanhydrate d'ammoniaque, qui se dissolvent dans les eaux ammoniacales de condensation. Le cyanogène pur est un gaz incolore, d'une odeur particulière, et très-vénéneux. Il est inflammable et brûle avec une flamme pourpre. Combiné à l'hydrogène, il forme l'acide cyanhydrique ou prussique, et uni au fer il produit le *bleu de Prusse*. M. George Lowe a pris en 1832 un brevet pour la préparation du bleu de Prusse avec les résidus des usines à gaz ; mais ce procédé ne fut jamais appliqué, la quantité de cyanogène qui s'y trouve n'étant pas assez considérable pour rémunérer les frais d'extraction.

DE LA PRODUCTION DU GAZ DE HOUILLE.

Les procédés ordinaires de fabrication de gaz sont trop connus pour que nous nous y arrêtions ici, et, les méthodes d'épuration devant être décrites dans un autre endroit de cet ouvrage, nous ne

(1) On peut, je pense, se procurer cet instrument, indispensable à tout fabricant de gaz, en s'adressant à M. Wright, ingénieur de la « Western Gas Company », Paddington.

les discuterons pas maintenant ; il y a cependant quelques considérations chimiques, ayant ra port à la production du gaz, qui peuvent prendre place ici.

Les principes constituants du gaz de houille épuré sont l'hydrogène, l'hydrogène protocarbon l'oxyde de carbone, le gaz oléfiant, et d'autres gaz éclairants, possédant la formule généra C^nH^n, c'est-à-dire formés d'un nombre égal d'atomes de carbone et d'hydrogène, comme le g oléfiant ; puis, les vapeurs d'hydrocarbures, dont la formule est de la forme $C^nH^{(n-6)}$, da lesquels les atomes de carbone surpassent de six ceux de l'hydrogène, comme la benzine et prob blement d'autres hydrocarbures, dont la composition est encore inconnue. En outre, il s'y trou aussi de petites quantités d'azote, d'oxygène et de vapeur de sulfure de carbone, dont nous po vons cependant faire abstraction pour le moment.

Nous avons dit, d'une manière générale, que l'hydrogène et l'oxyde de carbone n'avaie aucun pouvoir éclairant, et que la lumière, donnée par le gaz de houille, était due à l'hydrogè protocarboné, au gaz oléfiant et à d'autres hydrocarbures; mais des expériences récentes o prouvé que l'hydrogène protocarboné ne possède, au point de vue pratique, aucun pouvoir écla rant; nous pouvons donc attribuer toute la lumière du gaz au gaz oléfiant et aux hydrocarbur qui l'accompagnent, tandis que l'hydrogène, l'hydrogène protocarboné et l'oxyde de carbon qui sont mêlés aux gaz éclairants, n'ajoutent rien à la lumière donnée par un volume détermi de ces derniers éléments.

Les éléments constituants du gaz de la houille, et aussi d'autres gaz employés pour l'éclairag peuvent donc se diviser en deux classes : les éléments lumineux et ceux qui ne le sont pas. Dans première classe, se rangent le gaz oléfiant et les autres hydrocarbures indiqués ci-dessus ; dans seconde, l'hydrogène, l'oxyde de carbone et l'hydrogène protocarboné. La première classe fourn les éléments gazeux qui donnent de la lumière, mais un, au moins, des gaz de la seconde e indispensable, car autrement la combustion des hydrocarbures s'effectuerait très-difficileme sans production de fumée, et, par suite, sans perte de lumière. Tous les éléments de la premiè classe se décomposent instantanément à une température élevée. Tous déposent leur carbone cette température sous forme de particules très-ténues, qui constituent autant de centres de radi tion de la lumière, dans la flamme du gaz. Plus le nombre de ces particules est grand, à un mome donné, dans une flamme, plus la quantité de lumière qu'elle émet est considérable. Ces cons dérations démontrent que la valeur de ces hydrocarbures, comme agents lumineux, est propo tionnelle à la quantité de carbone qu'ils renferment dans un volume donné. Les gaz et l vapeurs de la première classe, qui sont les plus denses, sont donc aussi les plus éclairants. Tous l éléments de cette classe sont, comme nous l'avons dit, plus ou moins rapidement décomposés à chaleur rouge, et, dans les procédés ordinaires de fabrication, les parois intérieures des cornu se couvrent assez vite d'une couche de carbone provenant de cette source. Cette décomposition d éléments éclairants du gaz dépend, en premier lieu, du temps pendant lequel ils restent expos à une température élevée, et, en second lieu, du nombre des particules de ces éléments qui se tro vent en contact avec les parois rouges de la cornue. Deux méthodes se présentent pour évit cette décomposition. La première consisterait à faire sortir rapidement le gaz de la cornue, et seconde à mélanger aux gaz éclairants des éléments non lumineux ; car il est évident que nombre des atomes de gaz éclairants, qui se trouveraient en contact avec une surface donné serait moitié moindre si ces gaz étaient mêlés à un volume égal d'hydrogène, que s'ils étaie seuls.

Ces deux méthodes ont été réunies dans un procédé de fabrication du gaz, récemment breveté, et connu sous le nom de Procédé White. Les résultats obtenus par cette nouvelle méthode sont très-remarquables et confirment en tous points les principes énoncés ci-dessus. La valeur de ce procédé, au point de vue commercial, dépend cependant du prix de revient du gaz hydrogène comparé à celui du gaz de houille ordinaire (1). Le tableau suivant indique les expériences faites sur le Boghead-cannel par les deux procédés :

MÈTRES CUBES DE GAZ PAR TONNE.		POUVOIR ÉCLAIRANT PAR TONNE EN BOUGIES DE SPERMACETI.		GAIN PAR TONNE PAR LE PROCÉDÉ WHITE.		GAIN POUR 100 PAR LE PROCÉDÉ WHITE.	
Par l'ancien procédé.	Par le procédé White.	Par l'ancien procédé.	Par le procédé White.	Quantité de gaz en mètres cubes.	Pouv. éclairant en bougies de spermaceti.	Quantité de gaz.	Pouv. éclairant.
368mc,975	1063mc,450	11161b	21031b	694mc,475	9870b	188,2	88,4

Ainsi, dans la distillation d'une tonne de Boghead-cannel, on a conservé une quantité d'hydrocarbures équivalente à 9,870 bougies de spermaceti, brûlant chacune 10 heures sur le pied de 7gr80 à l'heure.

L'analyse des gaz, produits dans les expériences ci-dessus mentionnées, prouve que l'excédant du gaz obtenu par le nouveau procédé était composé, en grande partie, d'hydrogène mêlé à une faible proportion d'oxyde de carbone, tous deux appartenant à la classe des gaz non éclairants. Outre l'utilité que possèdent les gaz de cette classe sous ce rapport, ils ont encore l'avantage de former un milieu dans lequel peuvent se répandre les vapeurs des hydrocarbures qui sont, à la température ordinaire, à l'état liquide ou même solide ; ils permettent donc d'ajouter une nouvelle quantité d'éléments éclairants à l'état gazeux, et qui restent tels, à moins que la température ne s'abaisse au-dessous du point de saturation. L'exemple suivant fera peut-être mieux saisir comment on obtient ainsi un gain de pouvoir éclairant. Supposons que 100 litres de gaz oléfiant, saturés de la vapeur d'un hydrocarbure volatil, contenant trois fois autant de carbone, dans un volume donné, qu'en contiendrait le même volume de gaz oléfiant, puissent dissoudre ainsi, ou tenir en suspension 3 litres de gaz oléfiant ; si nous prenons pour unité la valeur, en pouvoir éclairant, de 1 litre de gaz oléfiant, le pouvoir éclairant des 103 litres du mélange de gaz oléfiant et de vapeur d'hydrocarbure sera de 109. En mêlant maintenant ces 103 litres avec 100 litres d'hydrogène, le mélange pourra recevoir une nouvelle quantité de vapeur d'hydrocarbure égale à 3 litres, et le pouvoir éclairant des 206 litres deviendra égal à 118. Ainsi, l'hydrogène produit une augmentation de pouvoir éclairant égale à 9 litres de gaz oléfiant ou d'environ 4,5 p. 100 sur le volume total du mélange (2). En considérant que les huiles légères de houille contiennent des

(1) Pour de plus amples renseignements et le compte rendu des expériences faites sur le procédé White, voir le rapport de MM. Clegg et docteur Frankland sur la fabrication, la composition et le pouvoir éclairant du « White's Patent hydrocarbon Gas ».

(2) Sans critiquer le moins du monde le procédé White, ce que je ne pourrais faire d'ailleurs en l'absence d'une description plus détaillée, je ne puis cependant m'empêcher de réfuter complétement les déductions qui ressortent de ces considérations, qui sont fondées sur un calcul erroné.

En effet reprenons les chiffres ci-dessus :

hydrocarbures très-volatils, et qui se condensent, sans aucun doute, parce que le gaz en est saturé, on reconnaîtra toute l'importance des gaz combustibles non éclairants, sous ce rapport. Il est bon de remarquer que les gaz incombustibles ne peuvent servir au même but, à cause du refroidissement qu'ils apportent dans la flamme pendant la combustion du gaz, et qui diminue l'intensité de la lumière beaucoup plus que les vapeurs d'hydrocarbures ne peuvent l'accroître.

Il est évident que les trois gaz non éclairants, qui composent la seconde classe, sont susceptibles de remplir aussi bien le même but ; aussi n'avons-nous jusqu'ici aucune raison de préférer l'un ou l'autre comme dissolvant. Cependant, en étudiant la manière dont ils se comportent pendant la combustion, nous trouverons que, lorsque le gaz est employé à l'éclairage, l'hydrogène possède des qualités qui doivent le faire préférer aux deux autres. Quand le gaz est employé, comme éclairage, à l'intérieur des bâtiments, il est à désirer qu'il vicie l'air le moins possible, ou, en d'autres termes, qu'il brûle aussi peu d'air et produise aussi peu d'acide carbonique que possible ; la chaleur accablante que produit souvent, dans les appartements, l'éclairage au gaz explique aussi le grand avantage qu'il y a à ce qu'il produise le minimum de chaleur. Les pouvoirs calorifiques de l'hydrogène, de l'hydrogène protocarboné et de l'oxyde de carbone ayant été indiqués dans l'histoire de chacun de ces gaz, on verra, en comparant ces pouvoirs calorifiques et l'action viciante de chacun d'eux sur l'air, que l'hydrogène protocarboné doit être rejeté comme dissolvant, non-seulement à cause de la grande quantité d'acide carbonique qu'il produit et d'oxygène qu'il brûle, mais aussi en raison de la grande chaleur qu'il développe par sa combustion proportionnellement à son volume, ses effets calorifiques étant plus de trois fois aussi grands que ceux produits par les autres gaz. La quantité de chaleur développée par la combustion de volumes égaux d'oxyde de carbone ou d'hydrogène, et la proportion d'oxygène qu'ils consument sont presque les mêmes pour ces deux gaz ; mais la quantité d'acide carbonique produit par le premier, fait donner la préférence à l'hydrogène, comme dissolvant. Une comparaison analogue démontre aussi que, lorsque le gaz est employé pour le chauffage, et que les produits de la combustion sont envoyés au dehors, l'hydrogène protocarboné est le meilleur dissolvant.

Ces remarques indiquent les principaux objets qu'on doit avoir en vue dans la fabrication du gaz d'éclairage. Ce sont :

1° La production d'éléments éclairants et non éclairants, en proportions telles que, d'un côté, la combustion du gaz soit parfaite, sans fumée ni odeur désagréable, et que, de l'autre, le volume du gaz, nécessaire pour produire une certaine quantité de lumière, ne soit pas trop considérable ;

---

	100 litres de gaz ont un pouvoir éclairant de	100
	3 — d'hydrocarbures, id	9
	100 — d'hydrogène, ajoutés au mélange, id	0
	3 — d'hydrocarbures tenus en suspension, id	9
TOTAL....	206 litres, ayant un pouvoir éclairant total de	118

Le pouvoir éclairant de 100 litres du mélange total est donc de $\frac{118 \times 100}{206} = 57,2$,

tandis que le pouvoir éclairant de 100 litres du mélange, formé par 100 litres de gaz de houille et 3 litres d'hydrocarbures, était de $\frac{109 \times 100}{103} = 105,8$.

L'addition de l'hydrogène, bien loin d'augmenter le pouvoir éclairant, l'a donc diminué dans le rapport de 42,8 pour 105,8 ou de 40,4 pour 100. *(Note du trad.)*

2° La production de la plus forte proportion d'éléments gazeux éclairants, avec un poids donné de matières ;

3° La présence de la plus forte proportion possible d'hydrogène parmi les éléments non éclairants, aux dépens de l'hydrogène protocarboné et de l'oxyde de carbone, de manière à vicier le moins possible l'air des appartements dans lesquels le gaz est brûlé.

DE L'ANALYSE DU GAZ DE HOUILLE.

L'analyse exacte des mélanges gazeux est une des opérations les plus délicates de la chimie moderne. Cela tient, non-seulement à la difficulté d'empêcher l'introduction de l'air dans les gaz pendant la manipulation, mais aussi à ce que leur volume, qui est, dans la plupart des cas, le seul moyen d'estimer leur proportion, est susceptible d'éprouver de grandes variations par les changements de température et de pression atmosphérique, ainsi que par l'état de sécheresse ou d'humidité du gaz lui-même. Cette branche de l'analyse chimique doit beaucoup de son exactitude et de sa perfection aux recherches du professeur Bunsen.

Toutes les analyses de gaz doivent être faites sur le mercure, qu'on place dans une petite cuvette en bois dont les parois sont en glace. Les eudiomètres, ou tubes de jauge, doivent être soigneusement calibrés et gradués en centimètres cubes et dixièmes de centimètre, les autres subdivisions étant faites à l'œil, lorsque le volume du gaz doit être lu entre les divisions : cette appréciation s'obtient facilement avec un peu de pratique. Pour chaque détermination de volume, il est nécessaire que le gaz soit, ou parfaitement sec, ou saturé d'humidité. La première condition s'obtient en plaçant dans le gaz, pendant une demi-heure, une petite balle de chlorure de calcium fondu, suspendue à un fil de platine (1) ; on satisfait à la seconde condition en introduisant dans l'éprouvette une petite quantité d'eau avant de la placer sur le mercure. Les déterminations de volume doivent être faites en ayant soin que le mercure soit au même niveau à l'intérieur et à l'extérieur de l'eudiomètre, ou, ce qu'on fait souvent, la différence de niveau doit être mesurée avec le plus grand soin pour les corrections ultérieures. Chaque fois qu'on mesure le volume d'un gaz, il faut observer la hauteur du baromètre et la température de l'air ambiant, et l'on fait les corrections nécessaires relatives à la pression, à la température, et aussi à la tension de la vapeur d'eau dans le cas où le gaz est humide. Comme les tables et les règles relatives à ces corrections se trouvent dans la plupart des traités de chimie, il est inutile de les répéter ici.

La méthode d'analyse du gaz, décrite plus loin, se rapporte au gaz de houille purifié, la manière de découvrir les impuretés, qui peuvent s'y trouver, ayant été déjà indiquée dans la description des composés qui les constituent.

I. — DÉTERMINATION DE L'ACIDE CARBONIQUE.

On introduit quelques centimètres cubes de gaz dans un eudiomètre court et rendu humide,

---

(1) Ces balles, qui sont d'un usage constant dans les analyses du gaz, doivent être de la grosseur d'un pois. On les prépare facilement, quand la substance dont elles sont formées est fusible, comme le chlorure de calcium ou la potasse caustique, en fondant la matière dans un creuset et la coulant dans un moule à balles, où on a placé l'extrémité d'un fil de platine ; quand elle est froide, la balle se détache facilement du moule. Les balles de coke sont faites en remplissant le moule, qui contient le fil de platine, avec un mélange de 2 parties de coke et 1 de houille, finement pulvérisés, et en chauffant graduellement le moule jusqu'au rouge, pendant un quart d'heure.

comme il est dit ci-dessus ; on note le volume avec soin et en faisant les corrections convenables, et on introduit, sous le mercure, une boule de potasse caustique dans le gaz : elle doit y rester pendant au moins une heure ; en soustrayant du premier volume trouvé, celui qu'on détermine après cette opération, on obtient la proportion d'acide carbonique, qui a été absorbée par la potasse.

II. — DÉTERMINATION DE L'OXYGÈNE.

On détermine ce gaz avec une grande exactitude par la méthode de Liebig, qui est basée sur l'absorption rapide de l'oxygène par une solution de pyrogallate alcalin. Pour employer cette solution, on renverse une petite éprouvette sous le mercure, on la relève et on y introduit au moyen d'une pipette une solution saturée d'acide pyrogallique dans l'eau, puis une égale quantité d'une solution concentrée de potasse ; on introduit dans ce liquide une boule de coke attachée à un fil de platine, et on la laisse s'imbiber ; on la fait passer alors, toujours sous le mercure, dans l'eudiomètre contenant le gaz restant de l'expérience n° 1. En quelques minutes, l'oxygène est absorbé, et la diminution du volume, mesurée de nouveau, représente la quantité d'oxygène contenu dans le gaz. Il est essentiel que la boule de coke, après s'être saturée de solution de pyrogallate alcalin, ne se trouve pas en contact avec l'air avant son introduction dans le gaz.

III. — DÉTERMINATION DES ÉLÉMENTS ÉCLAIRANTS.

Diverses méthodes ont été employées pour la détermination de ce qu'on nomme le gaz oléfiant c'est-à-dire les éléments éclairants du gaz. La plus généralement employée est basée sur la propriété que possèdent le gaz oléfiant et la plupart des hydrocarbures, de se combiner avec le chlore en se condensant sous forme d'un liquide huileux. L'hydrogène et l'hydrogène protocarboné agissent de même lorsque leur mélange avec le chlore est exposé à la lumière diffuse ; mais la condensation du gaz oléfiant et des hydrocarbures s'effectuant dans la plus parfaite obscurité, on utilise cette circonstance, en observant la proportion de gaz qui se condense en l'absence de la lumière, et on regarde le volume qui disparaît comme indiquant la quantité du gaz oléfiant contenu dans le mélange. Cette méthode contient beaucoup de sources d'erreurs, qui en rendent les résultats peu dignes de confiance ; la même remarque s'applique à l'emploi du brôme au lieu du chlore. Outre que ces déterminations doivent être faites sur l'eau, qui apporte de l'air atmosphérique dans le gaz, et *vice versâ*, il se produit un liquide volatil, dont la tension de vapeur vient accroître le volume du résidu gazeux, et cet accroissement ne peut être déterminé par le calcul. La seule substance qui permette de déterminer avec exactitude les éléments éclairants du gaz, est l'acide sulfurique anhydre, qui condense immédiatement ces éléments, mais n'a aucune action sur les autres, même à la lumière solaire. L'opération se conduit comme suit : une boule de coke, préparée comme nous l'avons dit, et fixée à un fil de platine, est desséchée en la chauffant pendant quelques minutes, puis on la plonge rapidement dans une solution saturée d'acide sulfurique anhydre dans l'acide sulfurique de Nordhausen, où on la laisse pendant une minute ; on l'enlève alors, en laissant le moins possible d'acide en excès, et on la plonge rapidement dans le bain de mercure pour l'introduire dans le même gaz d'où on a enlevé l'acide carbonique et l'oxygène dans les expériences n°s 1 et 2. Elle doit y rester environ deux heures, pour assurer la complète absorption des hydrocarbures. Il ne faut pas encore mesurer le volume du résidu de gaz, à cause de la présence d'un peu d'acide sulfureux, provenant de la décomposition d'une partie de l'acide sulfurique. On l'absorbe en quelques minutes au moyen d'une boule humide de peroxyde de manganèse, qu'on fait facilement en broyant en pâte ferme du peroxyde de manganèse en poudre avec de l'eau, la roulant sous forme de boule et la fixant à un fil de platine courbé, de manière à ce qu'elle ne puisse s'en détacher ; on place la boule dans un endroit chaud où elle se sèche rapidement ; elle devient alors dure et possède une grande cohésion, même lorsqu'on la mouille avec de l'eau avant de l'introduire dans le gaz. Au bout d'une demi-heure, la boule de peroxyde de manganèse peut être enlevée et remplacée par une autre de potasse caustique pour enlever la vapeur d'eau, que la première a introduite dans le gaz ; après une autre demi-heure, on enlève cette boule et on observe le volume du gaz. La différence entre ce volume et le précédent donne le volume des éléments éclairants contenus dans le gaz. Cette méthode est très-exacte ; dans deux analyses du même gaz, la proportion trouvée diffère rarement de plus de 0,01 à 0,02 p. 100.

IV. — DÉTERMINATION DES ÉLÉMENTS NON-ÉCLAIRANTS.

Ces éléments sont l'hydrogène protocarboné, l'hydrogène, l'oxyde de carbone et l'azote. Les proportions de ces gaz se déterminent dans un eudiomètre gradué d'environ 2 pieds (0^m,60) de longueur et 3/4 de pouce (0^m,019) de diamètre intérieur; l'épaisseur du verre n'est pas de plus de 1/10 de pouce (0^m,0025). Cet eudiomètre est muni, vers son extrémité fermée, de deux fils de platine, fixés dans le verre, et destinés à faire passer une étincelle électrique. On met dans le fond de l'eudiomètre, avant de le remplir de mercure et de le renverser dans la cuvette, une goutte d'eau de la grosseur d'une tête d'épingle, destinée à saturer de vapeur d'eau les gaz qu'on y introduira. On fait passer dans l'eudiomètre environ un pouce cubique (16 cent. c.) du résidu de gaz de la dernière opération et on détermine son volume avec soin, puis environ 4 pouces cubiques (64 cent. c.) d'oxygène pur, et on lit de nouveau le volume (humide). On prépare l'oxygène au moment de l'employer, en chauffant, sur la flamme de l'esprit-de-vin ou du gaz, un peu de chlorate de potasse dans une petite cornue de verre, en laissant le gaz se dégager assez longtemps pour que tout l'air soit chassé de la cornue, avant de l'introduire dans l'eudiomètre. On appuie l'ouverture de l'eudiomètre sur une rondelle de caoutchouc placée au fond de la cuvette, et on fait passer une étincelle électrique dans le mélange gazeux. Si les proportions ci-dessus ont été bien observées, l'explosion sera faible, ce qui est nécessaire quand il y a de l'azote, car cet élément se convertirait en partie en acide azotique, ce qui fausserait les résultats ; on évite aussi, en employant un grand excès d'oxygène, le danger de briser l'eudiomètre par la force de l'explosion. On détermine de nouveau le volume après l'explosion, et on introduit dans le gaz une boule de potasse caustique, qui doit y rester jusqu'à ce que le volume ne diminue plus. Elle absorbe l'acide carbonique produit par la combustion de l'hydrogène protocarboné et de l'oxyde de carbone, ainsi que l'eau, et rend le gaz parfaitement sec. Le volume qui reste après l'absorption, déduit du volume après l'explosion, donne la proportion d'acide carbonique engendré par la combustion du gaz.

Le résidu du gaz ne contient plus que de l'azote et l'excès d'oxygène employé. On détermine le premier en cherchant la proportion d'oxygène contenu, et la déduisant du volume des deux gaz. A cet effet, on introduit une quantité d'hydrogène sec, au moins triple du résidu gazeux, et on détermine le volume du mélange ; on fait passer l'étincelle comme tout à l'heure, et (lit de nouveau le volume (humide). Le tiers de la contraction, opérée par cette explosion, repr sente le volume de l'oxygène, et celui-ci, déduit du volume du résidu de gaz après l'absorpti de l'acide carbonique, donne la proportion de l'azote.

L'action de l'oxygène sur les trois autres gaz non éclairants, par l'effet de l'explosion, no permet de trouver facilement leurs proportions respectives au moyen de trois équations, basé sur la quantité d'oxygène brûlé et sur la proportion d'acide carbonique produit par les trois gaz question. L'hydrogène brûle la moitié de son volume d'oxygène et ne produit pas d'acide ca bonique ; l'hydrogène protocarboné brûle deux fois son volume d'oxygène et produit son prop volume d'acide carbonique ; enfin l'oxyde de carbone brûle la moitié de son volume d'oxygè et produit son propre volume d'acide carbonique. Si nous représentons le volume des g mélangés par A, la proportion d'oxygène brûlé par B, et la quantité d'acide carbonique prod par C ; et d'autre part, les volumes de l'hydrogène, de l'hydrogène protocarboné et de l'oxyde carbone, respectivement par x, y et z, nous aurons les équations suivantes :

$$x + y + z = A;$$
$$\frac{1}{2}x + 2y + \frac{1}{2}z = B;$$
$$y + z = C;$$

d'où l'on déduit les valeurs suivantes de x, y et z :

$$x = A - C;$$
$$y = \frac{2B - A}{3};$$
$$z = C - \left(\frac{2B - A}{3}\right).$$

V — DÉTERMINATION DE LA VALEUR DES ÉLÉMENTS ÉCLAIRANTS.

Nous avons indiqué la manière de déterminer les quantités respectives de tous les élémer contenus dans le gaz de houille, mais les résultats de cette analyse ne nous indiquent rien sous rapport de son pouvoir éclairant ; ils nous donnent, il est vrai, la proportion des hydrocarbur éclairants contenus dans un volume donné du gaz, mais il est évident, d'après ce que nous avo dit des pouvoirs éclairants de ces hydrocarbures, que plus la proportion de carbone contenu da un volume donné sera grande, plus grande aussi sera la quantité de lumière produite par la com bustion ; et, comme le nombre des volumes de vapeur de carbone, contenus dans un volume d éléments constituants, qui sont susceptibles d'être condensés par l'acide sulfurique anhydre, va de 2,54 à 4,36 volumes, il est clair qu'il faudra déterminer avec soin, pour chaque échantillon (gaz, la proportion de vapeur de carbone qu'il contient, pour connaître la valeur de ce gaz comm agent lumineux. Heureusement, cela se fait aisément ; car connaissant, d'une part, la proporti d'acide carbonique produite par 100 volumes du gaz, et déterminant, d'autre part, par l'a nalyse, la proportion des hydrocarbures éclairants et aussi celle de l'acide carbonique prod par les gaz non éclairants, nous possédons tous les éléments de calcul du pouvoir éclairant du ga A cet effet, on introduit dans l'eudiomètre un volume connu (environ 16 cent. c.) de gaz, auqu on ajoute environ cinq fois son volume d'oxygène ; on fait passer l'étincelle électrique et on déte mine, comme on l'a dit ci-dessus, le volume d'acide carbonique engendré. Si nous désigno

par A la proportion d'hydrocarbures absorbés par l'acide sulfurique anhydre ; par B celle de l'acide carbonique produit par 100 volumes du gaz à analyser ; par C l'acide carbonique formé par la combustion des éléments non éclairants, restés après l'absorption des hydrocarbures du gaz, et par x le volume d'acide carbonique engendré par la combustion des éléments éclairants (hydrocarbures), nous aurons l'équation : $x = B - C$.
et la proportion d'acide carbonique engendré par un volume des hydrocarbures sera représentée par $\frac{B-C}{A}$.

Mais, comme un volume de vapeur de carbone engendre un volume d'acide carbonique, cette formule exprime aussi la quantité de vapeur de carbone contenue dans un volume des éléments éclairants. Pour faciliter la comparaison, il est cependant plus convenable de représenter la valeur de ces hydrocarbures par leur volume équivalent de gaz oléfiant, qui, dans un volume, contient 2 volumes de vapeur de carbone ; la dernière expression devient donc $\frac{B-C}{2A}$.

Ainsi, si un gaz contient 10 p. 100 d'un hydrocarbure, dont 1 volume contient 3 volumes de vapeur de carbone, la quantité de gaz oléfiant équivalente sera égale à 15.

L'application de cette méthode nous fournit un point de comparaison exact pour la valeur éclairante de tous les gaz ; et la comparaison des nombres ainsi obtenus, combinée aux résultats donnés par l'essai des mêmes gaz au photomètre, donne des renseignements exacts et très-pratiques.

VI. — DÉTERMINATION DE LA DENSITÉ DU GAZ.

Bien que la détermination de la densité des gaz ait peu d'importance au point de vue de leur valeur commerciale (à moins qu'on ne doive s'en servir pour le gonflement des ballons), cependant, comme beaucoup d'ingénieurs s'en servent et qu'elle sert à contrôler les résultats fournis par l'analyse chimique, nous donnerons une méthode facile et correcte pour déterminer la densité du gaz.

La densité des gaz doit être prise dans une pièce non chauffée, et où la température reste à peu près constante pendant le cours des opérations. Les appareils suivants sont nécessaires : 1° Un ballon en verre mince d'une capacité d'au moins 200 pouces cubiques ($3^{lit},2$) et muni d'un ajutage et d'un robinet en cuivre, capable d'empêcher toute rentrée d'air lorsqu'on fera le vide dans le ballon ; 2° une petite pompe à air qui peut s'ajuster au col du ballon ; 3° une balance sensible à 1/50 de grain (environ 1 milligramme), lorsque chaque plateau est chargé d'un quart de livre (113 grammes) ; 4° un tube de verre de 18 pouces de longueur ($0^m,45$) et d'un demi-pouce ($0^m,012$) de diamètre, garni de fragments de chlorure de calcium fondu, et fermé à chaque extrémité avec un bouchon de liége, muni d'un tube de verre dont les dimensions permettent de l'adapter, au moyen de tubes en caoutchouc, d'un côté au tuyau de sortie d'un petit gazomètre, et de l'autre au robinet du ballon. La méthode consiste à déterminer le poids de volumes égaux d'air atmosphérique et de gaz, ramenés par le calcul à la même température et à la même pression. A cet effet, on fait le vide dans le ballon au moyen de la pompe à air, et on détermine son poids exact, en ayant soin de laisser au ballon le temps de prendre la température de l'air ambiant. On fait alors communiquer le ballon avec une des extrémités du tube à chlorure de calcium, par l'intermédiaire d'un tube en caoutchouc volcanisé, et, en ouvrant légèrement le robinet, l'air s'introduit lentement dans le ballon en passant par le tube de chlorure de calcium où il se dépouille complétement d'humidité. On détache maintenant le ballon du tube desséchan et on le reporte sur la balance, où on le laisse au moins cinq minutes sans y toucher; on ouv le robinet un moment pour égaliser la pression, et on détermine le poids. La différence ent les deux pesées donne le poids de l'air renfermé dans le ballon. Le tube de chlorure de calciu est mis en communication avec le tuyau de sortie du gazomètre, et on y fait passer un coura de gaz jusqu'à ce que tout l'air en soit chassé; on fait de nouveau le vide dans le ballon, qu'. fixe à l'autre extrémité du tube, et, en ouvrant légèrement le robinet comme auparavant, le ga qui se dessèche sur le chlorure de calcium, s'introduit dans le ballon; celui-ci, auquel reste fi le tube desséchant, est mis pendant quelques minutes près de la balance, avant la fermeture robinet et l'enlèvement du tube desséchant. Le poids du ballon rempli de gaz sec est alors dét miné, et, en en soustrayant celui du ballon vide, on obtient le poids du gaz. Nous avons donc poids de volumes égaux de gaz et d'air à la même température et à la même pression, et le poi du premier, divisé par celui du dernier, donne la densité du gaz. Ainsi, supposons que le poids ballon vide soit de 2,000 grains (130 grammes), celui du ballon rempli d'air sec de 2,060 g (133gr,90), et rempli de gaz sec de 2,040 gr. (132gr,60); le poids du volume d'air conte dans le ballon serait de 60 grains (3gr,90), et celui du même volume de gaz de 40 grai (2gr,60); d'où $\frac{40}{60} = \frac{2,60}{3,90} = 0,6666$ = la densité du gaz, celle de l'air étant prise pour uni

A moins qu'on ne détermine au même moment la densité de plusieurs gaz, il est indispensa de prendre chaque fois le poids de l'air contenu dans le ballon. Il faut avoir soin que la tem rature de la chambre, dans laquelle . fait les pesées, ne varie pas de plus d'un degré entre différentes pesées du ballon, car au...ment les expériences seraient entachées d'une gran erreur. Il faut aussi, autant que possible, soustraire le ballon à la chaleur produite par le ray nement du corps de l'opérateur, pendant les diverses pesées.

CHAPITRE DEUXIÈME

DE LA HOUILLE.

Les géologues s'accordent à attribuer à la houille une origine végétale; cette opinion est fonc sur les empreintes de diverses plantes, telles que les fougères et les calamites, et quelquefois troncs d'arbres, qu'on rencontre dans beaucoup de variétés. Une preuve décisive de l'origi végétale des houilles, même les plus bitumineuses, a été découverte par M. Hutton. Il a trou qu'en coupant en feuillets très-minces une des trois variétés de houille des environs de Newcast et en les regardant au microscope, on pourrait reconnaître la structure végétale d'une mani plus ou moins marquée (1).

(1) « Dans ces variétés de houille, dit M. Hutton, même sur des échantillons pris au hasard, on découvre toujour texture plus ou moins prononcée des végétaux, ce qui prouve incontestablement l'origine végétale de la houille. Chac

La houille appartient au groupe des carbonifères ; elle est stratifiée en couches avec des grès des calcaires et des argiles, dans le sud-ouest de l'Angleterre et le sud du pays de Galles, où elle repose sur le vieux grès rouge. Dans le Yorkshire et les comtés du nord, on trouve des alternances de calcaire et de couches de houille ; puis, quand on a traversé le grès dur (pierre à meules) on rencontre un dépôt complexe de quelques centaines de pieds (un pied = $0^m,30$) d'épaisseur, formé de calcaires, de grès houiller et d'argile, puis, au-dessous, le grand banc de calcaire de montagne (1). « Quelques couches de houille sont d'origine d'eau douce, et paraissent s'être formées dans des lacs ; d'autres semblent s'être déposées dans des bras de mers ou des bouches de rivières, aux endroits occupés alternativement par l'eau douce et l'eau salée (2). »

Il y a dans les mines de houille du Yorkshire des bancs formés dans l'eau douce ; quelques-uns contiennent des coquillages. Le grand banc, dont on extrait la houille à gaz, se trouve dans les environs de Newcastle sur le Tyne. La forme et la structure de cette houille ne sont pas régulières ; son éclat est plus ou moins résineux ; sa couleur est [illegible]e, passant au gris dans les parties terreuses, souvent avec un reflet irisé. Sa cassure affecte l[illegible]orme cubique ou celle d'un prisme rhomboïdal ; elle possède un et quelquefois deux clivages.

Beaucoup de variétés de houilles contiennent du soufre et d'autres minéraux, accompagnés d'une matière saline. Leur densité varie entre 1,271 et 1,352, celle de l'eau prise pour unité. Les variétés dont la cassure présente l'aspect le plus résineux, et qui sont compactes dans le sens perpendiculaire au clivage, contiennent le plus de bitume, et sont les meilleures pour la fabrication du gaz (3).

Haidinger, dans sa traduction du *Traité de Minéralogie* de Mohs, fait les observations suivantes sur la houille :

« *Houille minérale bitumineuse.* — Forme et structure irrégulières ; cassure conchoïdale, inégale ; éclat résineux, plus ou moins distinct ; couleur noire ou brune, passant au gris dans les variétés terreuses ; stries invariables, devenant quelquefois d'un aspect mat ; se clive en différents sens ; dureté = 1,0 à 2,5 ; densité = 1,223, pour la houille de marais de Töplitz ; =

---

de ces trois variétés de houille, outre la texture rétiforme, présente d'autres cellules, remplies d'une matière de couleur vineuse, probablement bitumineuse, et assez volatile pour être chassée par la chaleur avant que les autres éléments de la houille aient subi la moindre altération. Le nombre et l'aspect de ces cellules varient avec chaque espèce de houille. Dans la houille *collante*, elles sont peu nombreuses et très-allongées. Dans les parties les plus fines de cette houille, dont la structure cristalline est très-développée et se voit dans la forme rhomboïdale de ses fragments, les cellules sont entièrement détruites. La houille *lamelleuse* contient deux espèces de cellules, remplies toutes deux d'une matière jaune bitumineuse. Les premières sont semblables à celles de la houille collante, tandis que les autres sont plus petites et d'une forme circulaire allongée. Dans les variétés qu'on nomme *cannel*, *parrot* et *splint coal*, la structure cristalline, si nette dans la houille collante, n'existe pas ; on y voit rarement la première espèce de cellules, mais toute la surface est remplie d'une série très-uniforme de la seconde espèce de cellules, qui sont remplies de matières bitumineuses et séparées les unes des autres par de petites fibres. » M. Hutton regarde comme très-probable que ces cellules viennent de la texture rétiforme de la plante mère, écrasées et confondues par l'énorme pression à laquelle la matière végétale a été soumise.

L'auteur établit ensuite « que, bien que l'état cristallin ou non cristallin, ou, en d'autres termes, le développement plus ou moins parfait des variétés de houille, change généralement avec le gîte houiller, il est facile de trouver, dans l'espace d'un pouce carré, un exemple des deux variétés. » Il conclut de ce fait, et de la similitude de la position qu'elles occupent dans la mine, que les différences dans les variétés de houille doivent être attribuées à la différence des végétaux qui les ont produites. (Dr Buckland, *Bridgewater Treatise.*)

(1) On appelle souvent ainsi le calcaire carbonifère. (*Note du trad.*)

(2) *Éléments de géologie* de Lyell, p. 422.

(3) Une cassure brillante n'est pas l'indice d'un charbon bitumineux, car quelques anthracites, entièrement dépourvus de bitume, sont très-brillants. L'éclat *résineux* est un guide bien plus sûr, mais il faut une grande expérience pour juger sûrement de la qualité d'une houille d'après l'aspect de sa cassure.

1,270, pour la houille brune commune de Eibiswald, en Styrie ; = 1,271, pour la houille noire de Newcastle ; = 1,288 pour le bois bitumineux ; = 1,329, pour la houille brune commune de Leoben, en Styrie ; = 1,423 à 1,25 pour le cannel-coal de Wigan, dans le Lancashire.

« *Variétés mixtes.* — Forme massive ; structure lamelleuse, à surfaces unies et polies à différents degrés ; texture grenue, souvent difficile à saisir, avec une cassure rugueuse, unie ou conchoïdale. Aspect ligniforme, dont la structure ressemble à celle du bois, quelquefois très-distincte, mais souvent confuse , à l'exception de quelques parties ; la cassure est alors conchoïdale, surtout en travers des fibres. Quelques variétés terreuses ont une texture lâche et sans cohésion. »

Dans les variétés de houilles minérales bitumineuses sont comprises les *houilles noire* et *brune* de Werner, excepté le *columnar coal* (houille en colonnes), qui rentre dans une nouvelle classe bitumineuse (Mohs, vol. III, p. 62) ; ces deux espèces sont très-difficiles à reconnaître, et encore plus les diverses qualités qu'elles renferment ; la couleur, la structure, et le genre d'éclat, propres à chacune, sont presque tout ce qui les distingue. La couleur de la *houille brune* est brune comme le nom l'indique ; elle possède une structure ligneuse et se compose de particules terreuses. La couleur de la *houille noire* est noire, ne tournant pas au brun, et elle n'a pas la structure du bois. Les variétés de houille brune sont les suivantes : — *Bois bitumineux*, lignite ou Bovey-coal (lignite brun-terreux) qui présente une texture ligneuse, et très-rarement une cassure à peu près conchoïdale, imparfaite et sans éclat. Il est cassant, et donne, en brûlant, une grande quantité de cendres blanches (1).

La *houille terreuse* (*earthly coal*) est composée de particules friables et sans cohésion.

La *houille marécageuse* (*moor coal*) ou houille brune trapézoïdale, se distingue par l'absence de structure ligneuse, par la propriété d'éclater et de se briser en fragments anguleux dans la manutention, et enfin par le peu d'éclat que présente sa cassure conchoïdale imparfaite.

La *houille brune commune* (*common brown coal*), qui présente des traces de texture ligneuse, présente une consistance plus grande que les autres variétés, et possède une cassure conchoïdale plus parfaite, dont l'éclat est très-grand.

La *houille schisteuse* (*slate coal*) possède une structure schisteuse plus ou moins grossière, qui paraît tenir plutôt à une composition lamelleuse qu'à une cassure réelle.

Toutes ces variétés ont peu de valeur pour la fabrication du gaz, tant à cause des matières étrangères qu'elles contiennent que par leur peu de rendement à la distillation. Avec un peu de pratique, on distingue facilement les variétés qui suivent, et qui donnent toutes de bons résultats.

La *houille résineuse* (*pitch coal*) est d'une couleur velours noir, tirant sur le brun ; elle possède un grand éclat et présente, dans tous les sens, une cassure conchoïdale large et parfaite.

Les *houilles feuilletée* et *grossière* (*foliated and coarse coal*) ont toutes deux une cassure brillante, mais se rapprochant de l'aspect grenu. Le *cannel-coal*, qui n'a pas un aspect bien déterminé, présente une cassure conchoïdale unie, ayant peu d'éclat, qui le distingue de la houille résineuse. Il ressemble plus à la houille marécageuse, mais, la différence de sa densité est plus grande qu'avec celle des deux autres variétés, ce qui est le meilleur moyen de les distinguer. La densité du cannel-coal est 1,4 ; celle de la houille marécageuse est 1,10.

La *houille paon* ou *irisée* (*peacock or iridescent coal*) tire son nom des teintes particulières

(1) Cette houille a été appliquée récemment à la cuisson des poteries, à la fabrique de Bovey Tracey, Devonshire.

qu'affecte sa couleur, et qui semblent être l'effet d'une petite quantité d'eau qui se trouverait à sa surface et entre ses faces naturelles. Ce reflet particulier, rare dans la plupart des houillères, se rencontre surtout dans la vieille mine de Silkstone, près de Barnsley, dans le Yorkshire. On ne sait pas bien s'il provient d'une très-petite quantité d'une matière étrangère déposée à la surface, ou, ce qui est plus probable, si cet aspect irisé dépend de l'état mécanique de la surface même, comme dans la nacre.

Les transitions entre les variétés de houille sont peu sensibles, et il faut une grande expérience pour distinguer les bonnes des mauvaises. Elles sont toutes formées de bitume et de carbone en diverses proportions; elles sont plus ou moins facilement inflammables, et brûlent avec flamme d'une odeur bitumineuse; quelques variétés s'amollissent au feu, ce qui est toujours un indice certain de la bonne qualité de la houille; d'autres, en se réduisant en coke, laissent un résidu plus ou moins terreux.

Les variétés appelées schisteuse, feuilletée, grossière et résineuse, concourent principalement à la formation houillère; quelques variétés de la houille résineuse, et aussi la houille marécageuse, le bois bitumineux, et la houille brune commune, se trouvent dans les formations supérieures à la craie; la houille terreuse et quelques variétés du bois bitumineux et de la houille brune commune, se rencontrent souvent dans les terrains d'alluvion. Dans les environs de Garstang et de Lancastre, ces dernières variétés sont au-dessous d'un lit de tourbe de 30 pieds (9 mètres) d'épaisseur; les fossiles y abondent, ce sont des troncs d'arbres, des noisettes et toutes sortes d'écorces et de fougères (1).

L'*anthracite* est une houille sèche, schisteuse, tout à fait dépourvue de bitume, et par conséquent impropre à la fabrication du gaz. L'anthracite le plus parfait que nous connaissons est celui de la mine de Bonville (Bonville's Court Colliery), près de Tenby, dans le sud du pays de Galles. Il est composé de carbone 94,18, — hydrogène 2,99, — azote 0,50, — soufre 0,59, — et cendres 0,98, et est entièrement dépourvu de matières volatiles. Beaucoup de variétés de houille galloise sont inférieures sous ce rapport; mais leur grande puissance calorifique les rend très-précieuses pour la navigation à vapeur. Par exemple : tandis qu'une livre (453 grammes) de Wigan-cannel n'évapore que 7,70 livres (3^k,488) d'eau à 212° Fahr. (100° centig.), le même poids d'anthracite de Bonville's Court en évapore 10,55 livres (4^k,779). Si l'on devait se servir de houille pour le chauf-

---

(1) M. V. Regnault, dans ses belles « *Recherches sur les combustibles minéraux*, » distingue quatre grandes formations renfermant ces combustibles; ce sont :

I. — La *grande formation carbonifère*, qui se compose des terrains de transition et du terrain houiller proprement dit. La formation carbonifère peut être distinguée très-nettement en deux étages, d'après la nature des combustibles qu'elle renferme : ces deux étages diffèrent en ce que, dans le premier (anciens terrains de transition), on n'a jamais rencontré qu'un combustible très-sec, difficile à brûler, ne perdant que très-peu de son poids à la calcination; c'est l'anthracite. Dans l'étage supérieur (terrain houiller proprement dit), on rencontre abondamment ces combustibles gras, renfermant beaucoup de matières volatiles, auxquels on donne plus particulièrement le nom de houilles.

II. — Les *terrains secondaires* qui se divisent aussi en deux étages : l'étage inférieur se compose du grès bigarré, muschelkalk, marnes irisées, et des terrains jurassiques; l'étage supérieur est formé du grès vert et de la craie.

III. — Les *terrains tertiaires*, qui renferment deux espèces de combustibles :

1° Une espèce de houille imparfaite à laquelle on donne le nom de *lignite*,

2° Les bitumes qui paraissent quelquefois s'être formés à la manière des houilles, et sont disposés en couches, et qui, d'autres fois, sont évidemment des produits de la décomposition des autres combustibles par l'action de la chaleur, et forment des amas irréguliers ou imprègnent les terrains à une certaine distance.

IV. — La *formation contemporaine*, qui renferme les combustibles qui se forment journellement sous nos yeux, tels que les *tourbes*. (*Note du trad.*)

fage des cornues, cette qualité donnerait donc d'excellents résultats, si on pouvait l'obtenir à bo marché.

Les mines de Staffordshire fournissent aussi de grandes quantités de houille propre à la fabr cation du gaz, et il est difficile de trouver une différence entre quelques variétés de cette houille celle de Newcastle. Elles exigent une plus haute température pour la distillation. La houille de forêt de Dean et d'autres variétés du Gloucestershire ont aussi de la valeur pour les usines à ga bien qu'elles ne donnent pas un rendement aussi élevé que les espèces précédentes.

Le cannel-coal de Wigan dans le Lancashire, et de Lismahago en Écosse, produit du gaz d meilleure qualité et en plus grande abondance que toute autre variété ; mais le Boghead, récen ment découvert, est probablement la substance connue la plus riche en gaz.

L'aperçu suivant sur les gîtes houillers de la Grande-Bretagne ne sera pas sans intérêt ; no commencerons par celui qui intéresse le plus les ingénieurs d'usines à gaz, la grande houillè du Northumberland et de Durham, ou, comme on l'appelle généralement, la houillère c Newcastle.

On estime que la houillère de Newcastle contient plus de 145,680 hectares de surface houillè dans le comté de Durham, et près de 60,700 hectares dans le Northumberland, dont 27,112 he tares sont en exploitation. L'épaisseur moyenne de la couche est d'environ $3^{m},60$, et, comme u hectare vaut 10,000 mètres carrés et qu'une tonne de houille équivaut à $0^{mc},763$, on peut dire qu la houillère a contenu plus de 10,000 millions de tonnes de houille, dont le huitième environ e probablement brûlé. On peut estimer la consommation annuelle d'aujourd'hui à environ 20 mi lions de tonnes, en y comprenant les quantités perdues. Les variétés de cette houille sont a nombre de trois : la houille commune collante, la houille grossière, appelée houille sèche, et cannel-coal. Elles sont toutes bitumineuses, mais à des degrés différents ; et la quantité et la qua lité du gaz qu'elles produisent diffèrent aussi ; le cannel est de beaucoup la variété la pl riche.

La houille est exploitée dans cette mine à une très-grande profondeur, qui dépasse quelquefo 1,800 pieds (540 mètres), et la surface de chaque exploitation est souvent très-considérable, va jusqu'à 500 ou même 1,000 acres (environ 200 à 400 hectares).

Les couches de houille alternent avec des grès et des schistes, et elles présentent beaucoup d crains (1) et de failles (2), quelquefois très-considérables. La méthode d'exploitation de la houil dans le bassin de Newcastle est celle *par piliers et compartiments* (pillar and stall) ; elle consis à exploiter une portion de la couche en ouvrant des galeries perpendiculaires les unes aux autre et en laissant de larges piliers pour supporter le toit. On enlève ensuite ces piliers en laissant toit s'écrouler, ce qu'on nomme, en termes techniques, *faire une écrasée*.

Il y a, dans cette contrée, environ deux cents fosses en exploitation, qui emploient probable ment 30,000 hommes et enfants. C'est seulement en se reportant à quelques documents statis tiques de l'industrie houillère, qu'on peut se faire une idée de son étendue et de son importance Il est presque impossible de trouver une branche de commerce ou une manufacture, où le char bon ne soit un des éléments de production, ou un moyen d'éclairage, ou le principal agent pou

(1) Le *crain* est un étranglement de la couche de houille, dont le toit et le mur sont très-rapprochés. (*Note du trad.*)

(2) La *faille* est une cassure du terrain qui a déplacé les portions de couche de chaque côté de la cassure, en causar des dénivellations plus ou moins prononcées. (*Note du trad.*)

les relations intérieures ou internationales. Il contribue si amplement au confortable, aux jouissances et aux nécessités domestiques de toutes les classes de la société, que ceux d'entre nous qui ont profité de ses avantages depuis leur naissance, s'imaginent difficilement ce qui arriverait si nous en étions privés. Dans les palais comme dans les chaumières, le charbon est une des nécessités de la vie ; il chauffe et éclaire le foyer domestique, et contribue de mille manières aux douceurs du *chez soi*.

D'après M. Hugh Taylor, président du comité des houillères du Northumberland et de Durham, nous savons que, il y a trente ans, la production totale des deux comtés était de 4,000,000 de tonnes, tandis qu'elle s'élevait en 1857 à 17,000,000 de tonnes. Il y a trente ans, la quantité totale de houille extraite dans le Royaume-Uni était au-dessous de 20,000,000 de tonnes. En 1857, elle s'élevait à 70,000,000 de tonnes, plus du double de la quantité extraite dans le reste du monde. Aujourd'hui, les demandes progressent si bien avec l'extraction, qu'on peut dire que l'exploitant est rémunéré proportionnellement au capital avancé et aux risques courus, et que l'ouvrier reçoit un salaire proportionné aux dangers et aux difficultés de son travail.

Le grand bassin houiller central de l'Angleterre se trouve dans le sud du Yorkshire, à Nottingham et à Derby. Il commence à environ 5 milles (8 kilomètres) au nord de Leeds, sur une largeur d'environ 25 milles (40 kilomètres), Leeds se trouvant un peu à l'est de la ligne-milieu ; sa longueur, qui se dirige vers le plein sud, est de 65 milles (104 kilomètres), Nottingham se trouvant à son extrémité sud-est, tandis que son extrémité sud-ouest est à 13 milles (environ 21 kilomètres) de la même ville. Chesterfield, Sheffield et Wakefield se trouvent au milieu de ce bassin houiller, dont l'étendue est d'au moins 650,000 acres (263,000 hectares). Les variétés de houille qu'on en extrait sont la houille bitumineuse, le cannel et l'anthracite, dont les qualités varient beaucoup suivant les localités. Il y a environ douze veines exploitables, dont l'épaisseur moyenne totale dépasse 30 pieds (9 mètres), la plus épaisse en ayant 10 (3 mètres). On estime l'épaisseur totale des terrains, supérieurs aux couches, à environ 550 yards (plus de 500 mètres).

La méthode d'exploitation employée dans ce bassin est généralement celle par *massifs longs*, qui se distingue de celle de Newcastle ou de la méthode par *piliers et compartiments* en ce qu'on enlève à la fois toute la houille exploitable, au lieu de n'en prendre d'abord qu'une portion en laissant l'autre sous forme de piliers. Le choix de la méthode dépend des conditions de la mine ; on emploie généralement les massifs longs, quand du minerai de fer se trouve avec la houille, que la couche de houille est d'une faible épaisseur, que le toit et le mur sont peu résistants, que la richesse est petite, les terrains supérieurs compactes et que l'eau est peu gênante. Quand, au contraire, il se dégage beaucoup de gaz, que la couche de houille est épaisse et riche, et que l'eau doit gêner les travaux, cette méthode n'est pas à employer.

Quand on emploie la méthode par massifs longs, on établit généralement deux galeries partant des puits d'extraction et qui se prolongent jusqu'à l'extrémité du champ d'exploitation ; puis, extrayant la houille à l'extrémité, on laisse le toit s'écrouler, en ménageant seulement une galerie d'aérage autour de l'écrasée, taillée dans la houille solide. On complète souvent le remplissage, formé par l'écrasée, au moyen des décombres provenant de l'exploitation.

Il existe quelques couches de houille isolées, ou amas (appelés *swilleys*) dans la partie nord du Yorkshire, mais dont l'importance n'est pas assez grande pour que nous en parlions ici.

Les mines du Lancashire et du Cheshire, ou grand bassin de Manchester, occupent, en y comprenant le district de Wigan, près de 50 milles de longueur (80 kilomètres) sur une largeur moyenne de 10 milles (16 kilomètres) ; la surface houillère est donc de près de 400,000 acres (près de 162,000 hectares) et se divise en trois parties principales : celle du milieu contient les couches épaisses, exploitées en différents points, celle de Wigan étant probablement la plus importante. Les principales variétés sont des houilles collantes (veine Arley ou Orell) ; il y a aussi une très-belle couche de cannel. En partant de l'extrémité sud-est de ce bassin important, et se dirigeant au sud, par le Cheshire et le Straffordshire, on trouve les mines de Cheadle, de Macclesfield et de Pottery, Newcastle-sur-Line se trouvant à l'extrémité sud. Aucun gîte houiller connu ne contient une quantité aussi considérable de minerai de fer. Vers l'extrémité nord du Lancashire, se trouve un autre gîte houiller, à moitié chemin entre Lancastre et Ingleton, mais il a peu d'étendue.

Le bassin de Cumberland ou de Whitehaven est une bande étroite en forme de croissant, qui s'étend depuis Whitehaven jusqu'à Penrith ; sa longueur est d'environ 45 milles (72 kilomètres) sur une largeur de 3 à 4 milles (5 à 6 kilomètres).

Le district central houiller du sud se trouve sur les limites du Leicestershire et du Straffordshire et occupe aussi quelques portions du Warwickshire, du sud du Straffordshire, et du Worcestershire.

Le bassin d'Ashby présente une forme irrégulière, commune à Burton-sur-Trent, puis s'avance à environ 15 milles (24 kilomètres) dans la direction de Leicester, avec une largeur moyenne de 6 milles (9,6 kilomètres).

Le bassin de Warwickshire part de Tamworth, à 19 milles (30 kilomètres), dans la direction sud-est, jusque près de Coventry et de Rugby, sur une largeur d'environ 3 milles (4,8 kilomètres) son extrémité nord-ouest s'élargissant jusqu'à environ 8 milles (12,8 kilomètres).

Le bassin de Dudley, dans le sud du Straffordshire et du Worcestershire, a de l'importance eu égard à son étendue limitée. Il commence près de Rugeley, à peu près à moitié chemin entre Strafford et Lichfield, et se dirige au sud-ouest sur une longueur de 20 milles (32 kilomètres) vers Stourbridge et Hales Owen, avec une largeur d'environ 4 milles (6,4 kilomètres). Le bassin de Dudley est renommé pour son charbon *ten-yard* (de dix yards) ou épais, ainsi nommé parce que la couche a une épaisseur de 30 pieds (9 mètres) ; ce charbon est d'excellente qualité. Quand il n'y a pas de failles et qu'elle est d'une qualité moyenne, cette couche de houille vaut, y compris les fines et les minerais de fer, au moins 1,000 livres par acre (62,000 francs par hectare). Ce fut dans ce district qu'on se servit pour la première fois de la houille, en 1619, pour fondre le fer.

Les districts houillers de l'ouest peuvent être divisés : en bassins du nord-ouest, qui comprennent les mines d'Anglesea et du Flintshire ; en bassins de l'ouest, ou du Shropshire ; et en bassins du sud-ouest, qui sont les trois bassins importants du sud du pays de Galles, celui du Monmouthshire et celui du Glocestershire et du Somerset. Une vallée remarquable traverse l'île d'Anglesea à une distance d'environ 6 milles (9,6 kilomètres) du détroit de Menai et presque parallèlement. Elle débouche au sud-ouest à l'embouchure du Maldraeth, et au nord-est dans la baie de Redwharf, et est bordée des deux côtés par des couches parallèles de calcaire carbonifère ; au milieu et dans l'enfoncement se trouve la houille, dont les couches sont épaisses et étendues.

Le bassin du nord du pays de Galles ou du Flintshire est une bande étroite, de 2 à 12 milles (3 à 19 kilomètres) de largeur, longeant la rive sud-ouest de l'embouchure du Dee et s'étendant au sud jusqu'à Oswestry ; sa longueur totale, depuis le cap de Ayr, est de 40 milles (64 kilomètres) et coupée par une faille au nord et au sud. La couche s'enfonce sous l'embouchure du Dee, et reparaît de l'autre côté, au sud de la presqu'île de Wiral, dans le Cheshire, où elle s'enfonce enfin sous des couches de nouveau grès rouge, pour reparaître peut-être dans le grand bassin du Lancashire. Ce district fournit de bon charbon bitumineux, du cannel et du charbon paon (peacock-coal).

Le grand bassin du sud du pays de Galles, qui s'étend depuis Pontypool à l'est jusqu'à la baie de Saint-Bride à l'ouest, occupe une surface de plus de 800 milles carrés (environ 207,200 hectares). Par son étendue et le caractère varié de ses nombreuses couches de houille et de minerai de fer, il peut être considéré comme le plus important de tous nos districts houillers, quoiqu'il ne fournisse que peu de *charbon à gaz*, mais de bonne qualité. Les couches supérieures donnent le meilleur charbon (à cendres rouges) pour l'usage domestique ; les couches inférieures sont bonnes pour les fonderies et les chaudières à vapeur. Dans la partie est du district, les houilles sont bitumineuses ; à mesure qu'on se rapproche de l'ouest, elles deviennent peu à peu semi-anthraciteuses, et dans l'extrémité ouest du district on ne trouve plus que de l'anthracite. La vallée de Neath peut être considérée comme la ligne de démarcation.

Le bassin de la Forêt de Dean a une forme elliptique irrégulière et occupe toute l'étendue de la forêt. Le plus grand diamètre, du nord-nord-est au sud-sud-ouest, a environ 10 milles (16 kilomètres), et le plus petit 6 (9,6 kilomètres). On estime qu'il occupe environ 45 milles carrés (11,650 hectares) ; l'épaisseur totale des couches est d'environ 3,000 pieds (900 mètres), sur lesquels il y a une épaisseur de 52 pieds (15^{m},60) de houille en 28 filons. Il est remarquable par la grande régularité des dépôts sur une grande portion de la surface ; les couches s'enfoncent doucement vers le milieu du bassin, et la couche de grès dur augmente et les entoure ; il y a cependant une faille importante et remarquable qui vient couper la masse. Il y a trois groupes de filons exploitables ; les plus profonds n'ont pas encore été bien exploités, excepté vers les points saillants où on est arrivé par des galeries pratiquées dans les flancs des collines. Quelques parties des couches les plus épaisses ont jusqu'à 12 pieds (3^{m},60).

Les dépôts houillers de la plaine de Shrewsbury sont peu importants, et nous passerons outre, pour arriver au bassin de Coalbrook Dale, qui commence à une ligne menée de Wellington à Newport, traverse la Severn à Iron Bridge, et se termine à près de 3 milles nord-ouest (4,8 kilomètres) de Bridgenorth ; sa longueur totale est d'environ 12 milles (19,2 kilomètres), et sa largeur moyenne de 3 milles (4,8 kilomètres). Les couches supérieures de ce bassin sont de la houille dite *puante*, qui est employée seulement par les chaufourniers. La meilleure houille qu'il produise est un mélange de houilles schisteuse et résineuse (slate-coal et pitch-coal) ; le cannel y est rare et la houille collante n'y existe pas. A quelques milles au sud de ce district s'en trouve un autre d'égale étendue, qui commence près de Bridgenorth, et s'étend, par Strafford, jusqu'à Stourport, sur la Severn. Les mines du Shropshire ont été probablement jadis réunies à celles du sud du Straffordshire ; et en effet, la ressemblance de quelques couches des deux districts peut donner quelque incertitude.

Le grand district houiller sud-ouest comprend le bassin du sud du pays de Galles, celui de la Forêt de Dean, et celui du sud de Glocester et de Somerset.

Il y a trois bassins houillers principaux en Écosse : le premier est celui de l'Ayrshire ; le second, celui de Clydesdale ; et le troisième, celui de la vallée du Forth, qui se réunit au second sur la ligne du Canal de l'Union. En traçant deux lignes, l'une de Saint-André sur la rive nord-est, à Kilpatrick sur la Clyde, et l'autre de Haddington à un endroit situé à quelques milles au su de Kirkoswald, dans le Ayrshire, elles renferment tout l'espace où la houille a été exploitée e Écosse. On peut diviser ces districts en bassin central, ou du Lanarkshire, et en grand bassi du sud, ou de la Clyde, et de Glasgow, qui peut être subdivisé en beaucoup d'autres.

La surface de ces bassins est extrêmement irrégulière, et difficile à définir ; elle est formée d'u grand nombre de surfaces houillères, séparées par des formations secondaires. Elle comprend tout la partie sud du Fifeshire, une grande partie du Lanarkshire (77,700 hectares environ), quelque portions du Ayrshire et du Renfrewshire, de l'est du Lothian, de Perth, Stirling, Dumbarton Linlithgow et Haddington. La totalité a une étendue d'environ 1,650 milles carrés (402,330 hect.)

L'Irlande renferme des mines puissantes d'anthracite et de houille bitumineuse, et deviendr sans doute une riche contrée houillère. Aujourd'hui les exploitations sont en petit nombre et leu valeur est inconnue. On dit que la houille abonde dans non moins de seize comtés. On trouv l'anthracite en grande quantité dans Leinster et Munster, et la houille bitumineuse dans Connaught et Ulster ; le premier district est le plus important.

La surface totale des bassins houillers, en Angleterre, en Écosse, dans le pays de Galles et e Irlande, se compose ainsi :

DÉSIGNATION DES PAYS.	SURFACE des BASSINS HOUILLERS SEULS. — hectares.	SURFACE TOTALE. — hectares.	RAPPORT de la SURFACE HOUILLÈRE à la SURFACE TOTALE.
Angleterre	1,564,030	12,856,600	0,1216
Ecosse et îles, non compris la surface des eaux.	445,138	7,666,090	0,0580
Nord du pays de Galles	54,388	... 1,922,990	0,1562
Sud du pays de Galles	246,040		
Irlande	761,429	8,255,130	0,0922
Iles Britanniques	»	452,890	»
TOTAUX	3,071,025	31,153,700	»

Nota. — Ne sont pas comprises dans ce tableau quelques formations de lignite et quelques petits gîtes mal définis.

Quoique les formations houillères de la Grande-Bretagne soient d'un intérêt plus immédiat pour les ingénieurs anglais, l'industrie du gaz se répand si rapidement dans le monde entier, que les pays qui fournissent la houille propre à sa fabrication doivent être connus. La Grande-Bretagne tient le premier rang sous le rapport de la quantité et de la qualité de ses charbons : sa production annuelle est d'environ 70 millions de tonnes. La Belgique produit annuellement 5 millions de tonnes ; la France, 4,200,000 ; les États-Unis d'Amérique, près de 3 millions de tonnes d'anthracite, et 2 millions de tonnes de houille bitumineuse; la Prusse 3,500,000 tonnes, et l'Autriche, environ 700,000 tonnes. Avec les facilités de transport et le bon marché relatif que procurent les chemins de fer, la production de la houille sur le continent ira en augmentant, et il n'y a rien d'impossible à ce que, dans un espace de temps déterminé, l'exportation de la houille anglaise devienne très-faible (1).

(1) Les exportations houillères de l'Angleterre dépassent 6 $^1/_2$ millions de tonnes, c'est-à-dire qu'elles sont égales à la production entière de la France. (*Note du trad.*)

La *Belgique* occupe le second rang pour la production de la houille. Elle est traversée de l'ouest-sud-ouest à l'est-nord-est par une large zone de houille bitumineuse, qu'on peut diviser en trois districts principaux : le district de l'Ouest ou du Hainaut, qui comprend les deux bassins connus sous le nom de Levant et Couchant de Mons, celui de Charleroi, et celui de Namur. Ce dernier occupe la province de Namur, et les deux premiers se trouvent dans la province du Hainaut et s'étendent dans le département du Nord, en France, où on en perd les traces un peu au-dessous de Douai.

Le district de l'Est ou de Liége commence dans la province de Namur, traverse la province de Liége et se dirige vers la Prusse Rhénane, où il communique avec les bassins d'Eschweiler et Rolduc et avec le duché de Limbourg, dans les Pays-Bas. La ligne de séparation entre celui-ci et le précédent est la gorge profonde et étroite où coule la rivière de Sampson, dans la province de Namur. La bande entière a environ cent milles (160 kilomètres) de longueur, ou, en y comprenant son prolongement en France, cent-cinquante milles (240 kilomètres). Les surfaces de ces bassins sont :

1. Dans la province du Hainaut................	75,600	hectares.
2. Dans celle de Namur.......................	16,600	—
3. Dans celle de Liége........................	41,600	—
Total.............	133,800	—

C'est-à-dire $\frac{1}{22}$ de la superficie de la Belgique.

Dans la province du Hainaut, on trouve toutes les variétés de houille, depuis l'anthracite jusqu'aux charbons les plus gras, y compris la houille flambante appelée *flénu*, qui se rapproche de celle de Newcastle sur le Tyne, et qui est propre à la fabrication du gaz. La province de Liége fournit quelques houilles d'excellente qualité, qui sont pour la plupart consommées sur place par de nombreuses fonderies.

La *France* tire la houille de cinquante-six de ses quatre-vingt-six départements ; il y a quatre-vingt-huit bassins principaux, outre un grand nombre de petits filons isolés moins bien connus. Ces districts possèdent les variétés de houille bitumineuse et non bitumineuse, de l'anthracite et du lignite.

On ne peut pas évaluer la production de la France à moins de 4,200,000 tonnes, tandis qu'au commencement de la révolution française la France entière ne produisait que 240,000 tonnes, dont la plus grande portion était tirée des deux bassins principaux ; et, à cette époque, la France recevait de l'étranger autant de charbon qu'elle en produisait. Aujourd'hui, bien que la production indigène se soit accrue, en l'espace de plus de soixante ans, dans la proportion énorme de 1700 pour 100, les importations en France ont augmenté de 792 pour 100, c'est-à-dire que la quantité de houille importée est plus de moitié de la production du pays (1).

(1) Nous croyons indispensable d'ajouter à ces notions des documents récents, tirés de la *Situation de l'industrie houillère en* 1859, par M. Burat. Voici, d'après cet ouvrage, l'évaluation de l'étendue et de la production, en 1858, des principaux éléments des trois groupes de bassins houillers, suivant lesquels se répartissent les richesses houillères de la France.

		Surface houillère évaluée en hectares.	Production en 1858 évaluée en tonnes.
Groupe du Nord...	Nord..............	55,000	1,700,000
	Pas-de-Calais........	40,000	500,000
	A reporter.....	95,000	2,[illegible]00,000

Sous le rapport de la qualité de la houille en France, on admet généralement qu'elle est in-férieure et ne supporte pas la comparaison avec celle de Newcastle, Durham, Sunderlan Staffordshire, du pays de Galles et de l'Irlande ; et quand on recherche de bons charbons, c'es aux mines de ces districts que recourent le gouvernement français et les compagnies particulières La rareté et la cherté de la houille et du bois en France, malgré l'importance de ses mines et d ses forêts, sont, avec les frais énormes du transport, la principale cause du peu de développemen de l'exploitation des mines et d'autres grandes entreprises dans ce pays. La marine à vapeu française elle-même tire la majeure partie de son charbon de la Grande-Bretagne. L'usage de l houille se répand chaque jour davantage en France. Il y a peu d'années, on n'eût pas trouv un feu de charbon de terre dans une maison de Paris, tandis qu'aujourd'hui ce n'est plu une chose rare. On peut prévoir avec quelque raison que l'accroissement de la consommatio et les facilités du transport par chemin de fer réduiront assez le prix de la houille française pou qu'elle puisse être employée dans les usines à gaz, sans qu'on ait besoin d'avoir recours au charbons étrangers. A cause de l'éloignement des mines, elle ne sera jamais à un prix aussi ba qu'en Angleterre ; mais elle pourra arriver, et arrivera sans doute, à des prix avantageux pou les industriels (1).

L'*Amérique* possède en abondance des houilles bitumineuses et de l'anthracite, et l'énergi qu'elle déploie dans tout ce qui est relatif au commerce, la placera en peu d'années au second ran

	Report	95,000	2,200,000
Groupe du Centre.	Loire	27,000	1,800,000
	Saône-et-Loire	40,000	700,000
	Allier	10,000	400,000
Groupe du Midi	Gard	30,000	550,000
	Aveyron	13,000	200,000
54 autres bassins houillers		125,000	650,000
		340,000	6,500,000

La richesse houillère de la France, dit M. Burat, se compose en réalité de plus de 500,000 hectares de terrains carbonifè concédés ; mais, si de cette surface on retranche les terrains de transition pauvres et stériles, les terrains à lignite, qui sont comparables aux terrains houillers ni sous le rapport de la richesse, ni sous le rapport de la qualité des charbo exploités, on arrive à évaluer la surface houillère à environ 340,000 hectares.

Quant à la consommation de la houille en France, elle peut être évaluée à 12 millions de tonnes, ainsi qu'il résulte tableau suivant, extrait du même ouvrage de M. Burat :

	Tonnes.	Tonnes.
Houilles belges	2,680,238	3,089,395
— sous forme de coke	409,157	
Houilles anglaises	1,137,465	1,315,297
— sous forme de coke	8,343	
— pour la marine	169,489	
Houilles allemandes	726,025	1,028,322
— sous forme de coke	302,297	
Divers		3,396
Totaux des houilles étrangères		5,436,410
Houilles des exploitations françaises		6,500,000
TOTAL GÉNÉRAL		11,936,410

(*Note du traducteur.*)

(1) La houille est beaucoup plus chère sur le carreau des mines en France qu'en Angleterre, et les frais de transport les dépenses accessoires en augmentent souvent le prix dans le rapport de 1 à 6, et en moyenne de 10 à 23 ; et cette moyen est trop basse, parce qu'elle comprend la totalité de la houille extraite, dont une portion est consommée sur place, sa qu'aucuns frais viennent en augmenter le prix. (*Traité de la fabrication et de la fonte du fer*, p. 1062. Paris, déc. 1845

comme contrée houillère; et l'on peut s'attendre à la voir marcher rapidement dans l'industrie du gaz, comme dans beaucoup d'autres industries. Il est vrai que les gîtes d'anthracite, occupant une grande étendue de pays, rendront nécessaire le transport de la houille bitumineuse dans les villes situées dans les districts anthraciteux ; mais les nombreuses voies ferrées rendront ce transport très-facile. Le transport de la houille par chemins de fer devient une source fertile de revenus ; ce mode de transport fait à la navigation une concurrence heureuse. Les chemins de fer pourront alimenter facilement et économiquement non-seulement les États-Unis, mais même lutter avec la navigation pour desservir le Canada.

Le tableau suivant indique les surfaces des bassins houillers de l'Amérique, d'après M. S. A. Mitchell, qui le publia en 1836.

ÉTATS.	SUPERFICIE DES ÉTATS. — Hectares.	SURFACES HOUILLÈRES. — Hectares.	RAPPORT de la SURFACE HOUILLÈRE à la SUPERFICIE TOTALE.	OBSERVATIONS.
1. Alabama	13,176,500	880,593	0,0668	Houille bitumineuse.
2. Géorgie	15,073,600	38,849	0,0025	A peu près la même proportion dans le nord de la Caroline.
3. Tennessee	11,582,400	1,113,430	0,0961	
4. Kentucky	10,104,800	3,495,590	0,3459	
5. Virginie	16,575,900	5,489,460	0,3311	
6. Maryland	2,804,690	142,449	0,0507	
7. Ohio	10,062,000	3,081,370	0,3062	
8. Indiana	9,013,130	1,994,280	0,2212	
9. Illinois	15,314,500	11,395,800	0,7441	
10. Pensylvanie	11,385,500	3,907,140	0,3431	Houille bitumineuse et anthracite.
11. Michigan	15,638,500	1,294,990	0,0828	
12. Missouri	15,639,300	1,553,990	0,0993	
TOTAUX	146,370,820	34,387,941	0,2349	Environ 1/4 de la surface des 12 États.

Près de Greensburg, dans le comté de Beaver, en Pensylvanie, se trouve une couche de cannel-coal, d'environ 8 pieds (2^m,40) d'épaisseur, au-dessus d'une couche de houille bitumineuse ordinaire de 3 pieds (0^m,90). Ce cannel est léger, compacte, s'enflamme aisément, et brûle avec une flamme brillante et vigoureuse. On rencontre une houille de qualité semblable dans le Kentucky, l'Ohio, l'Illinois, le Missouri, l'Indiana, et peut-être dans le Tennessee.

On n'a pas tenu compte, dans le tableau ci-dessus, des surfaces improductives à cause des accidents des couches, et des filons que la pioche du mineur n'atteindra probablement jamais ; néanmoins la surface exploitée actuellement est énorme, et on ne peut se faire une idée exacte de sa valeur ; mais si on réfléchit que l'exploitation de la houille en Amérique commença en 1820 par 365 tonnes, et que sa production actuelle est de 5 millions de tonnes, on peut prévoir ce qu'elle deviendra dans un temps rapproché.

Le *Canada* ne contient probablement pas de couches de houille exploitables ; mais on en a rencontré des couches puissantes dans d'autres provinces anglaises de l'Amérique du Nord, dans le New-Brunswick et la Nova-Scotia ; on dit même que Newfoundland (Terre-Neuve) en est riche ; mais la valeur d'aucun de ces charbons n'est connue sous le rapport de la fabrication du gaz. On pourrait cependant donner quelques documents statistiques intéressants sur ces gîtes, si les limites de cet ouvrage le permettaient ; les lecteurs qui désireraient de plus amples renseignements devront consulter l'excellent ouvrage de M. R. C. Taylor, *Statistics of Coal*, publié en 1846 par M. Chapman, 142, Strand.

Nous avons parlé des contrées houillères en proportion de leur importance actuelle ; il nous reste à dire quelques mots de la Prusse et de l'Autriche.

Le *Zollverein* est très-riche en gîtes houillers ; celui de la Ruhr, en Westphalie, est le plus important et a quelques rapports avec les gîtes anglais. La Silésie, les provinces du Bas-Rhin, la Saxe, la Bavière et le duché de Hesse produisent aussi de la houille, l'importance de leur production étant dans l'ordre où nous avons nommé ces pays. On a découvert des couches puissantes de houille à Buckau, petit village non loin de Berlin, qui promet de devenir important sous ce rapport. On emploie beaucoup la tourbe en Prusse, en Bavière et dans le Wurtemberg. Presque tous les ateliers de Berlin et des environs s'en servent et son application à la fabrication du gaz en développe la consommation.

L'*Autriche* possède des mines étendues, mais leur exploitation n'a pas encore été entreprise sérieusement, à cause de l'abondance et du bas prix du bois dans ce pays. On estime que les forêts couvrent plus du tiers du sol de l'empire, soit 17,763,000 hectares, et l'exploitation des mines de houille ne prendra de l'extension que quand l'étendue des forêts sera diminuée.

Tels sont les principaux districts houillers de notre globe. Il y en a cependant d'autres encore très-importants, et sans doute aussi qui n'ont pas encore été découverts. L'Espagne, le Portugal la Lombardie, le Tyrol, la Hongrie produisent tous de la houille. En Bohême elle abonde ; la variété bitumineuse, qu'on trouve dans l'ouest de la Bohême, est particulièrement bonne et abondante. Le bassin de Rakonitz a 40 milles (64 kilomètres) de l'est à l'ouest, et 10 à 12 milles (16 à 19,2 kilomètres), du nord au sud.

La *mine d'Entreveines* près d'*Annecy*, dans le duché de Savoie, donne un charbon très-bitumineux, qui sert exclusivement à la fabrication du gaz dans les filatures de coton d'Annecy.

La *Pologne* contient quelques bassins houillers. Dans quelques localités la houille remplace le bois pour le chauffage, mais l'exploitation en est très-négligée.

La *Suède* possède quelques mines de houille bitumineuse de qualité inférieure, mais l'exploitation en est très-limitée, et les bonnes houilles y sont importées d'Angleterre.

En *Russie*, sur le côté nord de la mer Noire, on a trouvé de la houille bitumineuse (brune) en abondance. Les mines les plus riches sont sur les bords de la mer d'Azoff, entre le Dnieper et le Donetz (fleuves). On dit que la houille égale en qualité les meilleures houilles anglaises, et peut être livrée sur les rivages du Dnieper ou du Don à environ 5 fr. à 6 fr. 25 la tonne. On connaît peu les gîtes du nord de la Russie. Saint-Pétersbourg est éclairé avec du gaz produit par la houille anglaise.

On n'a pas découvert de houille bitumineuse en *Norwége*. La *Hollande* en est aussi dépourvue.

Après les gîtes houillers de l'Europe et de l'Amérique, nous devons dire quelques mots de ceux de l'Afrique et de l'Asie. Un fabricant de gaz ne doit pas limiter ses observations à ce qui l'entoure. Malgré le champ immense qu'embrasse la science actuelle, elle est encore dans l'enfance. La sphère de son action s'accroît chaque jour : il lui reste encore beaucoup à faire. Quoique, dans beaucoup de parties du monde, le climat et les circonstances locales semblent défavorables à la fabrication et à l'emploi du gaz, il faut se rappeler que les difficultés ne sont pas des impossibilités, et qu'il y a peu de choses qu'on ne parvienne à accomplir avec de l'habileté et de l'énergie, quand elles ont été reconnues utiles et nécessaires.

En 1844, on rechercha la houille en *Égypte*, et on en rencontra plusieurs filons dans l'oasis de Ghenne, sur la partie arabe de la Thébaïde. Au printemps de 1846, plusieurs charges de houille arrivèrent du désert à Syout, en route pour la basse Égypte où elles étaient envoyées au Pacha. Cette houille ressemblait à celle d'Écosse ; et cette découverte, si elle se confirme, pourrait avoir quelque influence sur l'extension de l'éclairage au gaz. Le major sir W. C. Harris, qui est une autorité dans laquelle on peut avoir confiance sous tous les rapports, dit que, dans l'Afrique tropicale, il paraît exister des filons de cette houille tout le long de la frontière est de Shoa. Le même officier assure qu'on en trouve aussi sur les frontières de l'Abyssinie. On dit qu'il existe de la houille à Madagascar, en Mozambique, à Port-Natal et à environ 500 milles (800 kilomètres) du cap Town. Il y a donc toute raison de croire à la véracité de ce renseignement.

L'*Asie* est riche en dépôts de bitume et d'autres matières hydrocarbonées. Il y a aussi de bonnes raisons de croire que la houille y existe en abondance, et sera exploitée avec profit dans un temps donné. A Erekli, en *Anatolie*, à environ 150 milles est (240 kilomètres) de Constantinople, sur le côté sud de la mer Noire, se trouve, d'après de bonnes autorités, une formation de véritable houille bitumineuse, qu'on dit d'une étendue considérable, d'excellente qualité et bien située pour la facilité des transports. Sa composition, pour 100 parties, est de (1) :

Carbone	62,40	Matières terreuses	5,80
Matières volatiles	31,80	Total	100,00

La houille de *Syrie* est riche en bitume, mais très-sulfureuse, et convertit en sulfure de fer tout le fer qui se trouve en contact, au rouge, avec elle ; elle n'est donc pas convenable pour les usages industriels.

Sir Alexandre Burns dit qu'il existe de puissants districts de houille bitumineuse dans le Cabul (2), qui se trouve dans une position favorable pour les transports. La houille est connue depuis longtemps en *Tartarie*, où son usage est constaté non-seulement par Marco Polo, mais par beaucoup d'auteurs anciens. On exploite aussi beaucoup la houille au Japon, mais on n'a publié aucun détail à son sujet.

On a aussi découvert de la houille bitumineuse dans plus de cent localités de l'*Hindoustan ;* la meilleure est celle des districts de Narbudda et de Burdwan, et des régions situées au-dessus de Sylhet. Il n'y a pas encore d'exploitations en activité, ou du moins d'assez importantes pour ranger ces contrées dans les districts houillers. Dans l'avenir, si la houille existe réellement dans les districts où elle a été signalée, les progrès de la navigation à vapeur forceront à l'exploiter. Dans le Bengale, l'exploitation a été poussée assez loin pour rendre certaine l'existence de mines exploitables.

Dans un avenir éloigné, la *Chine* sera incontestablement une contrée houillère. On sait qu'on y trouve, entre autres variétés, la houille brune, de la houille bitumineuse d'espèces diverses, du cannel-coal et de l'anthracite, dont l'usage est général depuis des siècles dans cette remarquable contrée.

Nous ne savons si les Chinois ont adopté le gaz pour l'éclairage de leurs maisons et de leurs

(1) Rapport du professeur Hitchcock, dans les *Transactions of the Association of American geologists and naturalists*, 1843, vol. I, p. 392.

(2) Province d'Asie. (*Note du trad.*)

villes ; mais il est certain qu'il sort de terre des courants de gaz naturels et d'autres, produits artificiellement, qui brûlent depuis des siècles et sont employés à des usages industriels.

Un correspondant du « Edinburgh philosophical Journal » donne quelques détails qui prouvent que, si les Chinois ne *fabriquent* pas du gaz, ils l'*emploient* néanmoins sur une grande échelle, et depuis une époque bien antérieure à celle où son usage s'est répandu chez les Européens. Voici ce qui se passe : — On perce souvent des puits salants dans des couches de houille, quelquefois à une grande profondeur, et il en sort du gaz inflammable. La flamme qui se produit a quelquefois 20 à 30 pieds (6 à 9 mètres) de hauteur ; et, dans les environs de Thsee-Lieou-Teing, les salines sont à la fois chauffées et éclairées de cette manière. Des tuyaux de bambou dirigent le gaz à l'endroit où il doit être brûlé. Ces tuyaux se terminent par des tubes en terre de pipe, pour éviter qu'ils ne prennent feu, et un seul puits suffit au chauffage de plus de trois cents chaudières. On dit que le feu, ainsi obtenu, est si violent que ces chaudières sont hors de service en peu de mois. Quant à l'éclairage, d'autres tuyaux en bambou mènent le gaz dans les rues, les appartements et les cuisines ; de sorte que les habitants de ces localités jouissent, par un phénomène naturel, de la plupart des avantages que donne la fabrication du gaz.

L'*Australie* produit, outre l'or, d'autres minéraux utiles. Malgré les nombreuses tonnes de ce précieux métal, qui sont produites annuellement et envoyées en Angleterre, et bien que, d'après les rapports que nous recevons, ses mines paraissent inépuisables, il est facile de croire que les habitants de cette contrée si favorisée préféreraient voir s'épuiser plutôt leurs mines d'or que leurs mines de houille.

Dans la colonie du nouveau Pays de Galles méridional (1), il y a un *Newcastle* qui éveille les mêmes idées qui se rattachent à notre Newcastle sur le Tyne. Il est situé dans le comté de Northumberland, et est le port d'embarquement pour la houille produite à Newcastle et dans le pays environnant. La houille y est bitumineuse et d'assez bonne qualité. Elle n'est pas aussi dure et sa cassure n'est pas aussi brillante que celle des meilleures variétés du Newcastle anglais.

L'année dernière (1857) on a trouvé d'excellente houille près de Wollongong, ville qui s'élève à environ 40 milles (64 kilomètres) sud de Sydney, dans le district d'Illawara, et non loin de la côte.

Dans l'ouest de l'Australie, le docteur Von Saumer rapporte qu'on a découvert de la houille dans les circonstances les plus favorables, et qu'on pourra exploiter facilement sans avoir besoin de l'élever.

Dans la *Tasmanie* (2) (terre de Van Diemen), il y a de puissantes couches de houille, particulièrement près du Port Arthur et le long de la partie est de l'île.

La houille est abondante dans quelques parties de la Nouvelle Zélande, bien qu'elle n'ait été exploitée qu'au Port Nelson. On croit qu'il existe une mine importante près de la rivière Waikato, et aussi près du Havre de Préservation, à l'extrémité sud de l'île du Milieu.

Dans les autres parties du globe, il existe des indications assez précises pour qu'un œil exercé puisse en conclure qu'on trouverait de la houille si on la cherchait. Elle est emmagasinée jusqu'à ce qu'on en ait besoin. Nous ne connaissons pas l'avenir ; mais nous pouvons être certains qu'il a été ménagé, pour les besoins et les jouissances des générations futures, par une main aussi libérale que celle qui nous comble de tant de bienfaits.

---

(1) Contrée de l'Amérique du Nord. (*Note du trad.*)

(2) La Tasmanie ou Diéménie est une grande île de l'Océanie, au sud de l'Australie (ou Nouvelle-Hollande). (*Note du trad.*)

Il est de la plus haute importance pour l'ingénieur de connaître la valeur commerciale des diverses sortes de houilles, sous le rapport de la qualité et de la quantité de gaz qu'elles produisent, et de la qualité et des propriétés du coke. Ces renseignements ne peuvent s'obtenir par la seule inspection de la houille, qui est peu de chose pour déterminer sa valeur réelle. En général, on distingue aisément une houille *bitumineuse* et *flambante* d'une houille *sèche* ou d'un *anthracite ;* mais on s'exposerait à de graves méprises, si l'on ne faisait des expériences précises.

TABLEAUX D'ANALYSES

DES HOUILLES DE DIVERSES CONTRÉES DU GLOBE.

La quantité de matières gazeuses produites par une houille est un des guides les plus sûrs pour déterminer sa valeur relative : le tableau suivant indique les proportions de matières volatiles, de charbon et des autres produits des variétés de houille les plus importantes (1) :

CANNELS ET HOUILLES BITUMINEUSES de la GRANDE-BRETAGNE.	ANALYSE DE 100 PARTIES DE HOUILLE.		
	CARBONE.	BITUME, MATIÈRES volat. et eau.	CENDRES.
Boghead	9,25	69,00	21,75
Lismahago Cannel	39,43	56,57	4,00
Newcastle (de Ramsey)	»	»	»
Newcastle, Birtley	60,50	35,50	4,00
Wigan Cannel	52,60	44,00	3,40
Lancashire Cannel (moyenne générale)	56,00	38,50	5,50
Northumberland Tyne Works (mines sur le Tyne)	67,50	30,00	2,50
Derbyshire Cannel, Moreley Park	45,00	45,05	9,95
— Cannel, Alfreton	55,27	40,73	4,00
— Codnor Park, soft coal (houille tendre)	51,50	45,50	3,00
— Butterley, Cherry	57,00	40,00	3,00
— Kirby, main coal (charbon gailleteux)	64,15	33,85	2,00
— Dunshill, près Swanwick	55,77	40,73	3,50
— Swanwick, main coal (charbon gailleteux)	60,27	38,23	1,50
— Main upper hard (gailleteux, dur, veine supérieure) Duckmanton.	64,47	32,03	3,50
— Normanlow Corn, houille de Codnor Park	56,21	41,66	2,13
— Main soft coal (houille gailleteuse tendre)	56,49	37,76	5,75
— Alfreton Works, lower hard coal (mines d'Alfreton, houille dure, veine inférieure)	62,60	35,15	2,25
— Butterley Park Colliery (mine de Butterley Park)	61,14	34,11	4,75
— Moreley Park Works (mines de Moreley Park)	55,89	37,86	6,25
— Chesterfield	61,65	35,10	3,25
— Double or Minge coal	60,66	37,34	2,00
— Clod coal (houille en mottes)	61,21	37,29	1,50
— Buckland Hollow ou Kilburn coal	58,62	40,00	1,38
Yorkshire Low Moor (marais profond), meilleure veine	67,06	32,19	0,75
— Low Moor, black bed (veine noire)	71,42	27,08	1,50
— Bowling, better bed (meilleure veine)	64,25	32,55	2,00
— Bowling, Crow coal	66,15	33,85	1,00
— Parkgate, main coal (houille gailleteuse)	67,14	30,73	2,13
— Old Parkgate vein (vieille veine de Parkgate)	65,09	33,28	1,63
— Parkgate, top coal (houille de la surface) veine supérieure de 7 pieds (2m,10)	62,51	36,49	1,00
— Parkgate, bottom part (houille du fond)	66,94	31,56	1,50
— Birkenshaw coal	64,96	32,54	2,50
— Worsborough furnace coal (houille de fourneau)	60,32	38,18	1,50

(1) Nous sommes forcé de conserver aux houilles les noms qu'elles portent dans le texte et dont la traduction n'aurait plus aucun sens : nous indiquerons seulement en regard, quand il y aura lieu, la signification des mots anglais qui les désignent. (*Note du trad.*)

CANNELS ET HOUILLES BITUMINEUSES de la GRANDE-BRETAGNE.	ANALYSE DE 100 PARTIES DE HOUILLE.		
	CARBONE.	BITUME, MATIÈRES volat. et eau.	CENDRES.
Yorkshire. Un autre échantillon	56,45	40,85	2,50
— Milton, main coal (gailleteux), splint part (partie esquilleuse)	69,40	27,60	3,00
— Milton, main coal (gailleteux), roof or soft part (partie tendre)	62,71	36,04	1,25
— Thorncliffe, thin furnace coal (houille menue, de fourneau)	63,98	35,52	0,50
— Smithy Wood coal (ligneuse)	54,60	44,27	1,13
— Easley Park	69,12	30,00	0,83
— Yorkshire Kent coal	66,40	32,72	0,88
— Strafford, main coal (gailleteux), 5 pieds, partie du fond	62,08	35,67	2,25
— Strafford, gailleteux, partie supérieure	68,12	30,20	1,68
— Silkstone, gailleteux	65,08	32,29	2,63
— Silkstone, soft or clod coal (houille tendre ou en mottes)	63,10	35,15	1,75
Forest of Dean, Gloucestershire, Cinderford furnace (de fourneau), ou lower high-coal Delf (partie basse d'une couche puissante)	62,00	36,00	2,00
— Park-end coal, Coleford high Delf, top (du toit)	63,72	32,03	4,25
— Park-end coal, middle part (partie du milieu)	63,61	34,89	1,50
— Park-end coal, bottom part (partie du fond)	60,96	37,29	1,75
— Church-way coal, top (du toit)	60,33	35,67	4,00
— Church-way coal, bottom (fond)	64,13	34,74	1,23
— Rocky vein	61,73	36,14	2,13
— Starkey coal	61,53	36,72	1,75
— Park-end, little Delf (petite mine)	58,15	36,35	5,50
— Park-end, smith-end (houille maréchale)	63,36	34,89	1,75
Staffordshire, Corbyn's Hall, tow coal (houille étoupe), partie de 10 yards	51,90	40,60	7,50
— Corbyn's Hall, heathing coal	54,17	43,33	2,50
— Corbyn's Hall, brooch coal	50,49	47,76	1,75
Sud du Staffordshire, new mine (nouvelle mine), top coal (du toit)	52,77	45,10	2,13
— — Fire clay coal (houille à terre réfractaire)	51,40	46,35	2,25
— — New Main, bottom coal (houille du fond)	53,98	44,27	1,75
— — Bentley Estate, ten-yard coal (houille de 10 yards)	54,05	42,70	3,25
— — Bentley Estate, ten-yard, bottom part (partie du fond)	63,57	34,18	2,28
— — Bentley Estate, four-feet coal (houille de 4 pieds)	53,18	44,82	2,00
— — Bentley Estate, three-feet coal (houille de 3 pieds)	54,82	43,12	2,00
— — Bentley Estate, fire clay coal (houille à terre réfractaire)	54,84	42,91	2,25
— — Bentley Estate, bottom vein (veine du fond)	62,87	32,00	5,12
— — Bentley Estate, five-feet splint coal (houille esquilleuse de 5 pieds)	49,42	45,83	4,75
— — Bentley Estate, bottom coal (houille du fond)	79,78	10,72	9,50
Nord du Staffordshire, Lane-end, Bassey mine	58,30	38,70	3,00
— — Lane-end, little mine (petite mine)	62,30	35,20	2,50
— — Lane-end, best furnace coal (meilleure houille de fourneau)	65,20	32,30	2,50
— — Lane-end, ashes coal (houille à cendres)	61,32	37,18	1,50
— — Lane-end, great row coal (houille du grand banc)	57,38	39,74	2,88
— — Kidsgrove, little row coal (houille du petit banc)	63,08	34,67	2,25
— — Kidsgrove, seven-feet coal (houille de 7 pieds)	67,90	30,47	1,63
— — Kidsgrove, stony vein (veine pierreuse)	65,17	33,33	1,50
— — Kidsgrove, Banbury ou Harecas	63,84	35,16	1,00
— — Kidsgrove, Knowles's coal, delf lane (mine étroite)	59,64	37,86	2,50
— — Kidsgrove, peacock coal (houille paon), Fenton Park	60,42	37,08	2,50
— — Golden Hall, Spendcroft vein	58,67	39,58	1,75
— — Golden Hall, ten-feet coal (houille de 10 pieds)	58,89	39,11	2,00
— — Golden Hall, great row coal (houille du grand banc)	60,80	37,70	1,75
— — Golden Hall, little row coal (houille du petit banc)	62,47	34,53	3,00
Shropshire, stone coal (houille de pierre)	58,17	39,20	2,63
— Sulphur coal (houille sulfureuse)	55,72	42,03	2,25
— Clod coal (houille en mottes)	63,79	35,58	1,63
— Randle coal	64,19	32,81	3,00
— Flint coal (houille de caillou)	60,63	36,87	2,50
— Top coal (houille du toit)	64,10	34,77	1,13
— Best fungous coal (meilleure houille poreuse)	63,33	35,67	1,00
— Double coal (houille double)	57,87	41,38	0,75
Écosse, Clyde, upper vein, top (veine supérieure, du toit)	37,00	41,50	21,50
— Clyde, upper vein, bottom (veine supérieure, du fond)	53,45	44,80	1,75
— Clyde, seconde veine	42,10	48,34	9,56
— Clyde, troisième ou de fourneau	51,20	45,50	3,30
— Clyde, cinquième, houille feuilletée ou esquilleuse	53,40	42,40	4,20
— Clyde, splint coal, (houille feuilletée)	59,00	36,80	4,20

CANNELS ET HOUILLES BITUMINEUSES de la GRANDE-BRETAGNE.	ANALYSE DE 100 PARTIES DE HOUILLE.		
	CARBONE.	BITUME, MATIÈRES volat. et eau.	CENDRES.
Écosse, Clyde, clod coal (en mottes)	70,00	26,50	4,50
— Clyde, soft coal (houille tendre)	42,25	47,75	10,00
— Clyde, près Glasgow	64,40	31,00	4,60
— Calder, furnace coal (de fourneau), top (du toit)	49,98	43,82	6,20
— Calder, de fourneau, partie feuilletée	50,67	47,48	1,85
— Calder, de fourneau, gailleteuse, du toit	49,60	49,39	1,01
— Calder, de fourneau, du milieu	52,30	39,95	7,75
— Calder, de fourneau, du fond	51,60	44,51	3,89
— Calder, près Glasgow	51,00	45,00	4,00
— Middlerig	50,50	42,00	7,50
— Glen Buck, houille de fourneau	53,20	45,20	1,60
— Monkland, près Glasgow	56,20	42,40	1,40
— Glen Buck, inférieure	48,80	44,20	7,00
— Cleugh, houille de fourneau	47,08	42,25	10,67
— Marystone Pyat, show coal, top (du toit)	49,60	49,31	1,09
— Marystone Pyat, pine splint (de fragments de pin)	51,82	46,57	1,61
— Marystone Pyat, heavy splint (lourde)	54,67	39,25	6,08
— Govan coal, première veine, partie du toit	49,55	44,65	5,80
— Govan coal, première veine, partie inférieure	49,41	48,92	1,67
— Govan coal, seconde veine	48,20	48,34	9,46
— Govan coal, cinquième veine, feuilletée	48,84	49,79	1,37
— Govan coal, sixième veine, partie inférieure	»	»	»
— 1. Craw coal	51,58	44,60	3,82
— 2. Head coal	48,08	49,38	2,54
— 3. Ground coal	45,57	51,00	3,43
— Four-feet coal (houille de 4 pieds)	52,27	44,15	3,58
Irlande, Kilkenny Cannel	74,47	25,01	0,50
Nord du pays de Galles, Brymbo coal, houille de 3 yards, partie non pour coke	61,31	38,80	2,89
— — Brymbo coal, houille de 3 yards, partie pour coke	62,70	35,70	1,60
— — Brymbo coal, houille de 2 yards, pour coke	69,98	28,60	1,42
— — Brymbo coal, veine Brassy, pour coke	64,58	34,10	1,32
— — Brymbo coal, Crank coal	73,56	25,70	0,74
— — Brymbo coal, veine Drowsall	62,69	36,70	0,60
— — Brymbo coal, veine Powell	63,41	34,80	1,79
— — Dee bank, veine de 5 yards, partie du toit	61,89	36,20	1,91
— — Dee bank, veine de 5 yards, milieu	62,72	36,00	1,28
— — Dee bank, veine de 5 yards, fond	63,79	32,85	3,36
— — Dee bank, houille de 3 yards	62,88	36,00	1,12
— — Dee bank, houille de 2 yards	60,61	38,47	0,92
— — Dee bank, Bone coal	55,20	40,00	4,80
— — Pankey Iron Works, stone vein (veine de pierre)	61,95	35,67	2,38
— — Pant Iron Works, blast furnace coal (houille pour forge)	67,25	31,25	1,50
— — Coed Talon, houille pour forge	58,50	40,00	1,50
— — Sweeney Colliery, brassy vein (veine de cuivre)	49,94	34,56	15,50
— — Cefn Colliery, près Rhuabon Works	57,49	36,56	6,25
— — Cefn Colliery, brassy coal (houille à cuivre)	66,37	32,13	1,50
— — Black Park coal, veine de 2 yards	57,50	40,00	2,50
— — Black Park coal, veine de 1 yard 1/2	59,88	38,23	2,00
— — Llwyn-y-Onnion, houille de 1/2 yard	62,85	34,40	2,75
— — Chirke Bank Colliery, Strangers' coal	57,00	40,00	3,00
— — Delf Colliery, Yard coal, près Rhuabon	64,89	34,11	1,00
Sud du pays de Galles. — *Côté est du bassin.*			
— — Abersychan, meadow vein (veine de la prairie)	65,98	29,40	4,62
— — Abersychan, old coal (vieille houille)	71,10	27,40	2,50
— — Golynos Iron Works, three-quarter (trois quarts)	71,88	25,50	2,62
— — Golynos Iron Works, rock vein (veine de roche)	69,60	27,40	3,00
— — Golynos Iron Works, meadow vein (veine de la prairie)	68,00	27,50	4,53
— — Verteg Iron Works, red vein (veine rouge)	69,45	26,30	4,25
— — Verteg Iron Works, big vein (veine épaisse)	66,05	30,70	3,25
— — Verteg Iron Works, Droydeg and rock vein	64,45	32,30	3,25
— — Verteg Iron Works, three-quarter (trois quarts)	67,90	29,60	2,50
— — Verteg Iron Works, meadow vein (veine de la prairie)	69,25	30,50	9,25
— — Blaenafon Iron Works, three-quarter (trois quarts)	65,63	31,25	3,12
— — Blaenafon Iron Works, Droydeg and rock vein	65,55	28,95	5,50
— — Blaenafon Iron Works, meadow vein (veine de la prairie)	72,00	26,00	2,00

CANNELS ET HOUILLES BITUMINEUSES de la GRANDE-BRETAGNE.			ANALYSE DE 100 PARTIES DE HOUILLE. CARBONE.	BITUME, MATIÈRES volat. et eau.	CENDRE.
Sud du pays de Galles,		Llanelly Iron Works, three-quarter (trois quarts).....	72,70	25,30	2,00
—	—	Llanelly Iron Works, tach coal.....................	70,05	25,57	4,38
—	—	Blaina, big vein (veine épaisse)....	72,14	25,86	2,00
—	—	*Côté sud-est du bassin.*			
—	—	Mynyddyslwyn vein, de Powell....................	66,58	27,92	5,50
—	—	Mynyddyslwyn vein, de Morrison....	68,58	36,92	4,50
—	—	Mynyddyslwyn vein, Penner vein...................	60,25	33,00	6,75
—	—	Mynyddyslwyn vein, Cwm Dows (Morrison)..........	68,86	27,14	4,00
—	—	Mynyddyslwyn vein, de Prothero............	64,95	33,30	1,75
—	—	Mynyddyslwyn vein, Roper Williams.........	68,50	30,00	1,50
—	—	Beddws vein, de Phelps....................	68,00	30,00	2,00
—	—	Beddws vein, Abercarne...........................	66,88	28,37	4,75
—	—	Beddws vein, Cwm Carne..........................	62,63	31,10	6,25
—	—	Risca veins, upper rock vein (veine de roche supérieure)...	66,11	31,14	2,75
—	—	Risca veins, lower rock vein (veine de roche inférieure).....	61,78	34,28	3,94
—	—	Risca veins, big vein (veine épaisse)................	66,02	29,15	2,83
—	—	Risca veins, red vein (veine rouge).................	61,25	33,80	4,95
—	—	Risca veins, sun vein or meadow vein (veine du soleil ou de la prairie).................................	67,28	31,34	1,38
—	—	Cwm Brane coals, yard vein......................	63,03	32,60	4,37
—	—	Cwm Brane coals, rock vein (veine de roche)........	62,22	34,78	3,00
—	—	Cwm Brane coals, red vein (veine rouge)...........	60,65	31,35	8,00
—	—	Cwm Brane coals, meadow vein (veine de la prairie)..	66,34	28,16	5,50
—	—	Cwm Brane coals, old coal (vieille houille)..........	68,30	27,70	4,00
—	—	Blaen-dare Furnace coal, roch vein (veine de roche)..	68,86	28,64	2,50
—	—	Blaen-dare Furnace coal, meadow vein (veine de la prairie)	67,84	29,16	3,00
—	—	Pen Twyn Furnace coal, big vein (veine épaisse).....	71,88	25,50	2,62
—	—	Pen Twyn Furnace coal, meadow vein (veine de la prairie).......................................	53,65	32,60	3,75
—	—	Pen Twyn Furnace coal, old coal (vieille houille)....	68,50	27,50	4,00
—	—	Abersychan British Iron Company, red vein (veine rouge)...	72,95	25,30	1,75
—	—	Abersychan British Iron Company, big vein (veine épaisse).......................................	67,05	25,70	7,25
—	—	Abersychan British Iron Company, rock vein (veine de roche)..	69,30	25,70	5,00
—	—	*Côté sud du bassin.*			
—	—	Park, veines sud de ce bassin entre Pyle et Llantrissant........ : Cribbwr Vach............	72,36	26,14	1,50
		Beddws vein............	70,68	25,82	3.50
		Llangonydd..............	60,40	38,60	1,00
		Llangonydd n° 2.........	69,64	27,86	2.50
		Llangonydd, 20 pouces ...	70,22	28,28	1.50
		Herwain, commune..	69,34	29,16	1,50
		Llanharry...............	65,75	33,00	1,25
		Collena, 3 pieds	75,06	23,44	1,50
		Collena Cannel..	63,25	34,12	2,63
—	—	Mellin Criffin and Pentyrch, près Cardiff, petite veine..	70,66	27,34	2,00
—	—	Mellin Criffin and Pentyrch, près Cardiff, brassy vein (veine de cuivre)................................	61,00	30,00	9,00
—	—	Mellin Criffin and Pentyrch, près Cardiff, Pentyrch forked vein (veine fourchue).....................	64,63	31,87	4,50

Dans plusieurs des mines du sud du pays de Galles se trouvent des veines de houille semi-bitumineuse et d'anthracite, alternant avec des houilles plus riches en gaz ; quand la proportion de matières volatiles tombait au-dessous de 25 p. 100, nous ne les avons pas indiquées dans le tableau. Il est vrai qu'on se sert pour la fabrication du gaz de quelques houilles dans lesquelles la proportion de matières volatiles est encore moindre, mais celle de 25 p. 100 est déjà trop petite pour cette fabrication ; et, dans tous les cas, c'est la limite inférieure. Au-dessous de cette proportion jusqu'à l'anthracite, la houille peut être classée dans les variétés semi-bitumineuses. L'anthracite contient au plus 12 p. 100 de matières volatiles, et le plus pur environ 2 p. 100.

HOUILLES BITUMINEUSES D'AMÉRIQUE (1).

ÉTAT ET COMTÉ.	LOCALITÉ.	DÉSIGNATION des COUCHES DE HOUILLE.	NOM DU CHIMISTE QUI A FAIT L'ANALYSE.	DENSITÉ.	ANALYSE.		
					CARBONE.	MATIÈRES volatiles.	CENDRES.
Kentucky.	Hawsville...	Splint ou cannel-coal...	Dr Jackson.....	1,250	48,40	4,80	2,80
	Caseyville...	Houille bitumineuse....	Johnson... ...	1,392	44,49	3,82	23,69

HOUILLES GRASSES BITUMINEUSES DE L'OUEST DE LA VIRGINIE.

RAPPORTS OFFICIELS.

COMTÉS.	LOCALITÉS.	DÉSIGNATION DES COUCHES.	ANALYSE.		
			CARBONE.	MATIÈRES volatiles.	CENDRES.
		Série de houilles supérieures.			
	Clarksburg..................	Main Seams (filons puissants).....	56,74	41,66	1,60
	Id........................	Id..........................	49,21	45,43	5,36
	Pruntytown..............	Id..........................	57,60	39,00	3,40
	Morgantown.............	Id..........................	60,54	37,30	2,14
		Houilles inférieures. — Vallée de l'Ohio.			
Kanawha..	1. Coal Creek................	Judge Summers's Bank..........	55,55	41,85	2,60
—	2. Grand Creek..............	Id..........................	52,75	43,20	4,05
Logan.....	3. Wolf Creek, Big Sandy River.	Burning Spring (source brûlante).	47,15	48,00	4,85
Kanawha...	4. Big Coal River............	(Lewis's)....................	50,20	47,10	2,70
—	5. Three-mile Creek..........	Cartrell's....................	45,95	50,30	3,75
—	6. Elk River................	Friend's Mines................	55,90	39,90	5,20
Logan.....	7. Logan Court-house.........	Lawson's.....................	58,35	39,50	2,15
—	8. Guyandotte...............	Traa Fork....................	56,50	42,00	1,50
—	9. Big Sandy River...........	Pigeon Creek..................	55,00	41,00	4,00

(1) Les tableaux d'analyses sont extraits d'une longue série d'environ « onze cents espèces de combustibles minéraux disposés par ordre géographique, » contenue dans l'excellent ouvrage de M. R. C. Taylor, « *Statistics of coal,* » sur lequel nous appelons toute l'attention de nos lecteurs, que ce sujet intéresse.

HOUILLES MODÉRÉMENT BITUMINEUSES DE L'OUEST DE LA VIRGINIE.

COMTÉS.	LOCALITÉS.	DÉSIGNATION des COUCHES DE HOUILLE.	NOM DU CHIMISTE qui a fait l'analyse.	ANALYSE.		
				CARBONE.	MATIÈRES volatiles.	CENDRES.
		Formation Nc. XI. Rogers.				
FAYETTE....	Big Sewell Mountain, W. flank..........	Couche de Tyree.........	Wm. B. Rogers.	67,84	30,08	2,08
	—	Couche de Deem.........	—	71,73	27,13	1,14
	Mill Creek..........	Banc de Paris............	—	71,88	26,20	1,92
	Scrabble Creek.......		—	63,36	29,04	7,60
	Bell Creek.........		—	»	32,16	»
		Couches de houille inférieures dans la vallée de la Kanawha.				
	Keller's Creek........	Couche de Handsford......	Wm. B. Rogers. (Rapports officiels.)	60,92	37,08	2,00
	Second Seam.........	Mine de Storkton.........	—	74,55	21,13	4,32
	Campbell's Creek.....	Seconde couche de Ruffner.	—	55,76	32,44	11,80
	—	Couche de Noyes.........	—	64,16	32,24	3,60
	—	—	—	65,64	31,28	3,08
	Cox's Creek..........	Troisième couche.........	—	51,41	42,55	6,04
	Faure's Bank.........	Couche supérieure........	—	53,20	35,04	11,76
	L. Ruffner's Bank.....	—	—	49,84	44,28	5,88
	Bream's Bank........	Troisième couche.........	—	57,76	33,68	8,56
	Smither's Bank.......		—	54,52	29,76	15,76
	Hughes's Bank........		—	62,32	32,88	4,80
	D. Ruffner's Bank....	Couche supérieure........	—	57,28	35,08	7,64
	Warth's Bank........	—	—	54,00	39,76	6,24
		Bassins contenant les couches de houille inférieures.				
PRESTON....	Kingswood......... ..	Couche de Fairfax........	(Rapports officiels.)	53,77	31,75	14,48
	—	— du milieu......	—	65,32	27,77	6,91
	—	Bassin de Forman........	—	73,68	21,00	5,32
	Deck Hollow, c......	Couche de Martin.........	—	65,42	23,42	11,16
	Buffalo Lech run.....	— de Beatty.......	—	62,56	29,60	7,84
	N. Brandonville......	— de Morton........	—	65,28	30,80	3,92
	Cheat river, près Kingswood.............	— de Price..........	—	60,36	25,00	14,64
	Big Sandy, W. Side...	— de Seaport......	—	66,64	27,12	6,24
	Kingswood..........	— de Hagan........	—	68,32	26,48	5,20
	—		—	67,28	29,68	3,04
	Big Sandy Basin......	W. Side Cheat...........	—	60,04	26,88	13,08
	Kingswood..........	Cresaps.................	—	64,24	30,24	5,32

HOUILLES BITUMINEUSES DE L'EST DE LA VIRGINIE.

COMTÉS.	LOCALITÉS.	DÉSIGNATION des COUCHES DE HOUILLE.	NOM DU CHIMISTE qui a fait l'analyse.	ANALYSE. CARBONE.	MATIÈRES volatiles.	CENDRES.
		Bassins de Chesterfield, Powhatan, Goochland et Henrico.				
COTÉ SUD de JAMES RIVER.	1. Stonehenge........	Chesterfield..........	»	58,70	35,50	4,80
	2. Maidenhead.......	Engine Shaft............	»	63,97	32,83	3,20
	3. Heth's Pit.........	—	»	62,35	37,65	2,80
	4. Mill's and Reid's...	Creek-pit.................	»	57,80	38,60	3,60
	5. Will's Pit.........	»	»	62,90	32,50	4,60
	6.	Green-hole Shaft..........	»	67,83	30,17	2,00
	7. Heth's Deep Shaft..	Couche du fond.........	»	53,36	35,82	10,82
	—	— du milieu........	»	66,50	28,40	5,10
	—	— du toit..........	»	61,68	28,80	9,52
	8. Powhatan Pits.....	Finney..................	»	59,87	32,33	7,80
	9. Winterpock Creek..	Mine de Cox.............	»	65,52	29,12	5,36
	Cloverhill, Appomattox R............	Slate coal..............	G. W. Andrews, M. D.	53,00	38,50	6,50
	—	Moyenne de 4 espèces....	Johnson.	54,83	33,04	10,13
	Richmond Coal.......	»	Andrews.	59,25	32,00	8,75
	Mid Lothian...... ...	Fosse de Wooldridge.....	Johnson.	61,08	28,45	10,47
	—	Résultat moyen, houille de grosseur moyenne.....	—	53,01	33,25	14,74
	Creek Coal Co........	Moyenne de 6 essais.....	—	60,30	31,13	8,57
	Black Heath Pits......	— de 4 qualités...	—	58,79	32,57	8,64
	Tippecanoe Pits......	—	—	54,62	36,01	9,37
COTÉ NORD de JAMES RIVER.	10.	Randolph's.............	W. B. Rogers. (Rapports officiels.)	66,15	30,50	3,35
	11. Coal brook Dale...	Seconde couche..........	—	66,48	29,00	4,52
	12. Anderson's Pit....	Première couche.........	—	66,78	28,30	4,92
	17. Crouche's Lower Shaft...........	Couche supérieure, à 110 pieds de la surface.....	—	64,60	30,00	5,40
	18. Waterloo Shaft....	»	—	55,20	26,80	18,00
	20. Deep Run Pits....	»	—	69.84	25,16	5,00
	Will's Pit............	Veine supérieure.........	T. G. Clemson.	66,60	28,80	4,60
	Anderson's Pit.......	Couche du fond..........	R. C. Taylor..	64,20	26,00	9,80

HOUILLES TRÈS-BITUMINEUSES DE L'ÉTAT DE L'OHIO.

COMTÉS.	LOCALITÉS.	DÉSIGNATION des COUCHES DE HOUILLE.	NOM DU CHIMISTE qui a fait l'analyse.	DENSITÉ.	ANALYSE. CARBONE.	MATIÈRES volatiles.	CENDRES.
PORTLAND...	Talmage.........	Mine d'Upson.......	W. W. Mather.	1,264	53,404	44,298	2,288
JACKSON....	Lick Township....		—	1,283	49,882	47,327	2,221
	Madison Township.		J. L. Cassels.	1,560	39,950	44,800	14,620
		Cannel-coal.........	—	1,410	»	»	»
	Carr's Run.......		R. C T.	1,270	»	»	»
	Pomeroy........		Dr J. Percy.	»	76,70	18,70	4,60

HOUILLES TRÈS-BITUMINEUSES DE LA PENSYLVANIE.

COMTÉS.	LOCALITÉS.	DÉSIGNATION des COUCHES DE HOUILLE.	NOM DU CHIMISTE qui a fait l'analyse.	DENSITÉ.	ANALYSE.		
					CARBONE.	MATIÈRES volatiles.	CENDRES.
VENANGO ...	Shippensville	Sandy Ridge........	H. D. Rogers's. (Rapports officiels.)	»	49,80	43,20	7,00
	6.M.F. de Franklin.		—	»	29,54	52,78	17,68
BEAVER. ...	Greersburg		—	»	30,12	36,00	33,88
CRAWFORD ..	Conneant Lake....		—	»	59,45	38,75	1,80
MERCER	Greensville		—	»	57,80	40,50	1,70
	—		R. C. T.	1,25	»	»	»
	Orangeville		(Rapports officiels.)	»	53,45	43,75	2,80

HOUILLES BITUMINEUSES DE DIVERSES CONTRÉES D'AMÉRIQUE.

ÉTATS ET COMTÉS.	LOCALITÉS.	DÉSIGNATION des COUCHES DE HOUILLE.	NOM DU CHIMISTE qui a fait l'analyse.	DENSITÉ.	ANALYSE.		
					CARBONE.	MATIÈRES volatiles.	CENDRES.
INDIANA.							
Vermillion...	Brouillet's Creek.	»	D. D. Owen.	1,270	52,00	39,00	9,00
Vigo........	Honey Creek....	»	—	1,240	70,00	27,50	2,50
Sullivan.....	Busseron........	Lick Fork..........	—	1,240	70,00	28,00	2,00
Fountain....	Wabash........	Coal-creek mouth...	—	1,260	60,00	25,00	15,00
Spencer.....	Anderson Creek.	»	—	1,270	45,00	»	»
	White River....	»	—	1,270	56,40	»	»
	Terre haute....	»	—	1,240	50,80	»	»
	Cannelton	Cannel coal.........	W. R. Johnson.	1,272	59,47	36,59	3,94
ILLINOIS.......	Rock River.....	Coal...............	Dr D. D. Owen.	1,340	45,50	44,50	10,00
	Vermillion......	Danville............	A. Morfit.	»	48,50	47,20	4,30
	Western Port... (Port de l'Ouest.)	»	Johnson.	1,290	»	32,80	»
	Ottowa........	»	J. F. Fraser.	»	62,60	35,50	1,90
	Rockwell.......	»	C. U. Sheppard.	1,273	46,50	47,50	6,00
IOWA..	Duck Creek. ...	Banc ouest du Missis-sipi R............	Dr D. D. Owen.	1,270	48,53	44,00	7,50
	—	Mastodon vein, de 48 pieds d'épaiss..	Booth et Boye; J. R.	»	46,81	40,05	13,12
	—	»	Chilton, M. D.	1,252	50,81	34,06	15,13
MISSOURI	Côte s. dessein, Callaway co..	Mammouth vein, de 24 pieds..........	—	1,250	50,78	34,20	16,02
	Osage river.....	»	W. R. Johnson.	1,200	51,16	43,50	5,34
ARKANSAS......	Comté Johnson..	Spaldre's bluff......	J. F. Fraser.	1,396	62,60	28,90	8,50
MAINE.........	»	Peat...............	Dr Jackson.	»	21,00	72,00	7,00
Analyses diverses.							
ILE DE CUBA ..	Près la Havane..	Asphaltum........	T. G. Clemson.	1,190	34,97	63,00	2,03
	Près Matanzas ..	—	—	»	»	»	13,50
AMÉRIQ. DU SUD.	Chili...........	Arauco...........	W. R. Johnson.	1,324	67,62	30,00	2,38
	Brazil..........	»	Karsten.	1,289	57,90	40,50	1,60
	Pérou.........	Coxitambo	M. Boussingault.	»	»	»	»
	Brazil..........	»	Karsten.	1,483	38,10	33,50	28,40
ILE DE MADÈRE.	Brown coal	Houille brune ou li-gnite.............	Johnstone.	»	»	»	20,05
AMÉRIQUE ANGLAISE.							
NOUV. ÉCOSSE..	Pictou	Échantill. de Cunard.	Johnson.	1,325	60,73	26,76	12,51
	—	Mining Association..	—	1,318	56,98	29,63	13,39
CAP BRETON....	Sydney	Moyenne de 2 espèces.	—	1,338	67,57	26,93	5,50

HOUILLES BITUMINEUSES DE BELGIQUE.

CONTRÉES et variétés DE HOUILLE.	LOCALITÉS.	DÉSIGNATION des COUCHES DE HOUILLE.	NOM DU CHIMISTE qui a fait l'analyse.	DENSITÉ.	ANALYSE.		
					CARBONE.	MATIÈRES volatiles.	CENDRES.
		Province du Hainaut.					
Près Mons...	Dour........ ..	»	Berthier.	»	71,50	23,30	5,20
	—	»	—	1,307	88,00	»	2,50
	—	»	—	»	85,00	12,70	2,30
	—	»	M. Cauchy.	1,276	84,67	13,23	2,10
	—	»	—	1,292	83,87	12,47	2,68
	Bassin de Mons..	Plate veine....... ..	M. Chevalier.	1,273	»	»	1,98
	—		—	1,263	»	»	1,27
	—		Karsten.	1,307	85,50	12,00	2,50
	Canton de Dour.		Berthier.	1,270	71,50	23,30	5,20
	Près Mons......	Bouleau............	—	1,270	65,30	33,00	1,70
	—	Grand gaillet.......	—	»	58,50	38,50	3,00
	—	Veine gade.........	—	»	51,00	44,00	5,00
		Province de Liége.					
	Liége..........	Sainte-Marguerite...	C. Davreux.	»	78,30	17,80	3,90
	—	—	—	»	76,00	19,60	4,40
	—	Olisson............	—	»	69,90	23,40	6,70
	—	—	—	»	72,60	24,20	3,20
	—	Cerisier............	—	»	68,50	21,20	10,30
Houilles maigres	Harion.........	L'Harbe St-Michel...	M. Delvaux.	3,365	81,90	9,00	9,10
	Chokier........	Petit Hareng........	—	1,286	71,68	16,36	11,96
	Bonnier	Couche Moset.......	—	1,318	91,38	8,00	6,12

HOUILLES BITUMINEUSES D'ALLEMAGNE.

CONTRÉES et PROVINCES.	LOCALITÉS.	DÉSIGNATION des COUCHES DE HOUILLE.	NOM DU CHIMISTE qui a fait l'analyse.	DENSITÉ.	ANALYSE.		
					CARBONE.	MATIÈRES volatiles.	CENDRES.
Silésie supér. et infér.	Waldenberg....	Glanz coal...	Richter.	»	57,20	36,40	6,40
	Sabrze.........	—	—	»	63,20	32,93	3,90
	Bielschowitz....	—	—	»	58,17	37,89	8,93
	Leopold.-Grube.		Gay-Lussac.	»	61,50	35,62	2,88
	Friedrick zu Zawada		Karsten.	1,263	57,90	42,00	2,10
	Gustav Grube...		—	1,270	68,00	30,10	1,90
États Saxons..	Sälzer..........	Newark...........	—	1,288	81,60	17,70	0,70
	—	—	Gay-Lussac.	»	80,10	18,90	1,00
Saxe prussienne	Cercle de la Saale.	Wettin ou Wittenberg	Karsten.	1,466	56,70	18,90	24,40
Allemagne	Houille brune...	Shraplan...........	—	»	20,25	62,25	17,50
	Eschweiler.....	Flotz Gyr..........	Gay-Lussac.	»	32,40	16,42	1,18
	—	—	Karsten.	1,300	80,23	18,60	1,17
Saxe..........	Potts chapel....	Gateschicht.........	—	1,454	41,00	31,30	27,70
	Planitz.........	Houille résineuse....	—	1,860	63,40	35,50	1,10
Bohême.......	Elbogen........	Houille brune.......	M. Balling.	»	37,18	56,16	6,66
	Schlakenwerth..	Tourbe carbonisée...	M. Debette.	»	67,00	30,00	3,00
Wurtemberg...	Königsbrunn....	Tourbe crue........	M. Berthier.	»	24,40	70,60	5,00

HOUILLES FRANÇAISES ET BELGES.

(CHAPITRE ADDITIONNEL DU TRADUCTEUR.)

Le peu de développement donné, dans l'ouvrage de Clegg, à tout ce qui a rapport aux houilles Françaises et Belges, nécessite un chapitre additionnel sur ces houilles, qui forment la plus forte proportion de la consommation sur notre marché, et qui intéressent, par conséquent, au plus haut degré les industriels français.

L'étude des combustibles a été l'objet de beaucoup de travaux, dont les plus remarquables et les plus complets, sans contredit, sont celui de M. V. Regnault, publié dans les *Annales des mines* (3ᵉ série, tome XII), et celui, plus récent, de M. de Marsilly (*Annales des mines*, tome XII 1857). C'est à ces deux sources que je puiserai les documents qui vont suivre, en n'empruntant, bien entendu, que ce qui intéresse la fabrication du gaz.

M. V. Regnault divise les houilles en cinq genres, d'après leurs applications dans les arts. Ce sont :

I. Les *anthracites*, qui sont peu intéressants au point de vue où nous nous plaçons.

II. Les *houilles grasses et fortes* ou *dures*. — Ces houilles donnent un coke métalloïde boursouflé, mais moins gonflé et plus lourd que celui des houilles maréchales. Elles diffèrent de ces dernières par un plus grand contenu de carbone.

III. Les *houilles grasses maréchales*. — Ces houilles donnent un coke métalloïde très-boursouflé. Elles sont d'un beau noir et présentent un éclat gras caractéristique.

IV. Les *houilles grasses à longue flamme*. — Ces houilles donnent un coke métalloïde moins boursouflé que celui des houilles maréchales. Ce sont celles que l'on préfère pour la fabrication du gaz d'éclairage.

V. Les *houilles sèches à longue flamme*. — Elles donnent un coke métalloïde à peine fritté.

Il est inutile d'ajouter qu'il n'existe aucune séparation nette entre ces divers genres, et qu'au contraire il y a passage insensible de l'un à l'autre.

M. V. Regnault fait suivre cette classification du tableau suivant, qui renferme les compositions élémentaires des combustibles de la formation carbonifère.

TABLEAU.

DÉSIGNATION des OMBUSTIBLES.	LIEUX d'où ILS PROVIENNENT.	NATURE du COKE.	DENSITÉ.	COMPOSITION				DÉDUCTION FAITE DES CENDRES.				1000 ATOMES CARBONE unis à atomes.	
				C	H	O et Az	CENDRES	COKE à la calcinat.	C	H	O et Az	H	O
				Formation carbonifère.									
. Anthracites.....	Pensylvanie........	Pulvérul.	1,462	90,45	2,43	2,45	4,67	89,5	94,89	2,55	2,56	329	20
	Pays de Galles......	—	1,348	92,56	3,33	2,53	1,58	91,3	94,05	3,38	2,57	440	21
	Mayenne	—	1,367	91,98	3,92	3,16	0,94	90,9	92,85	3,96	3,19	522	26
	Rolduc............	—	1,343	91,45	4,18	2,12	2,25	89,1	93,56	4,28	2,16	560	17
I. Houilles grasses et dures........	Alais (Rochebelle) ..	Boursouflé.	1,322	89,27	4,85	4,47	1,41	77,7	90,55	4,92	4,53	666	38
	Rive-de-Gier (Henry).	—	1,315	87,85	4,90	4,29	2,96	76,3	90,53	5,05	4,42	684	37
Il. Houilles grasses maréchales	Rive-de-Gier (Grand'Croix) 1.	Très-bours.	1,298	87,45	5,14	5,63	1,78	68,5	89,04	5,23	5,73	719	49
	Rive-de-Gier (Grand'Croix) 2.	—	1,302	87,79	4,86	5,91	1,44	69,8	89,07	4,93	6,00	678	51
	Newcastle (Richardson)	—	1,280	87,95	5,24	5,41	1,48	»	89,19	5,31	5,50	729	47
V. Houilles grasses à long. flamme..	Flénu de Mons.. 1.	Boursouflé.	1,276	84,67	5,29	7,94	2,10	»	86,49	5,40	8,11	765	72
	Flénu de Mons.. 2.	—	1,292	83,87	5,42	7,03	3,68	»	87,07	5,63	7,30	782	64
	Rive-de-Gier. Cimetière 1.	—	1,288	82,04	5,27	9,12	3,57	70,9	85,08	5,46	9,46	786	85
	Rive-de-Gier. Cimetière 2.	—	1,294	84,83	5,61	6,57	2,99	69,1	87,45	5,77	6,78	808	59
	Rive-de-Gier. Couzon .. 1.	—	1,298	82,58	5,59	9,11	2,72	64,6	84,89	5,75	9,36	830	84
	Rive-de-Gier. Couzon .. 2.	—	1,311	81,71	4,99	7,98	5,32	65,6	86,30	5,27	8,43	748	75
	Lavaysse	—	1,284	82,12	5,27	7,48	5,13	57,9	86,56	5,56	7,88	787	70
	Lancashire (cannel-coal)...........	—	1,317	83,75	5,66	8,04	2,55	57,9	85,81	5,85	8,34	834	74
	Epinac............	—	1,353	81,12	5,10	11,25	2,53	62,5	83,22	5,23	11,55	769	106
	Commentry........	—	1,319	82,72	5,29	11,75	0,24	63,4	82,92	5,30	11,78	783	117
. Houilles sèches à long. flamme..	Blanzy	Fritté.	1,362	76,48	5,23	16,01	2,28	57,0	78,26	5,35	16,39	837	160
				Terrains secondaires.									
Étage infér.. Anthrac.	Lamure	Pulvérul.	1,362	89,77	1,67	3,99	4,57	89,5	94,07	1,75	4,18	227	34
	Macot	—	1,919	71,49	0,92	1,12	26,47	88,9	97,23	1,25	1,52	156	12
Étage infér.. Houilles.	Obernkirchen.......	Très-bours.	1,279	89,50	4,83	4,67	1,00	77,8	90,40	4,88	4,72	661	40
	Céral	Fritté.	1,294	75,38	4,74	9,02	11,86	53,3	84,56	5,32	10,12	771	92
	Noroy	Pulvérul.	1,410	63,28	4,35	13,17	19,20	51,2	78,32	5,38	16,30	841	159
. Étage supér. Jayet...	Saint-Girons........	Fritté.	1,316	72,94	5,45	17,53	4,08	42,5	76,05	5,69	18,26	916	184
	Belestat.	—	1,305	75,41	5,70	17,91	0,89	42,0	76,00	5,84	18,07	941	182
				Terrains tertiaires.									
. Lignite parfait...	Dax.	Pulvérul.	1,272	70,49	5,59	18,93	4,99	49,1	74,19	5,88	20,13	970	207
	Bouch.-du-Rhône....	—	1,254	63,88	4,58	18,11	13,43	41,1	73,79	5,29	20,92	878	217
	Mont-Mesiner.......	—	1,351	71,71	4,85	21,67	1,77	48,5	73,00	4,93	22,07	827	231
	Basses-Alpes.......	—	1,276	70,02	5,20	21,77	3,01	49,5	72,19	5,36	22,45	910	238
. Lignite imparfait	Grèce	Analog. au charbon de bois......	1,185	61,20	5,00	24,78	9,02	38,9	67,28	5,49	27,23	1000	309
	Cologne.	—	1,100	63,29	4,98	26,24	5,49	36,1	66,96	5,27	27,77	964	318
	Usnac (bois fossile)..	—	1,167	56,04	5,70	36,07	2,19	»	57,29	5,83	36,88	1247	492
l. Lignite passant au bitume....	Ellebogen..........	Boursouflé.	1,157	73,79	7,46	13,79	4,96	27,4	77,64	7,85	14,51	1238	143
	Cuba	—	1,197	75,85	7,25	12,96	3,94	39,0	78,96	7,55	13,49	1257	126
Asphalte........	»	—	1,063	79,18	9,30	8,72	2,80	9,0	81,46	9,57	8,97	1438	84

Les analyses de houilles faites par M. de Commines de Marsilly sont la première partie d'un travail con-
érable qui a pour but l'étude de la combustion dans les foyers des locomotives, et qui commence, comme

de raison, par l'élément le plus important : le combustible. Ce qui va suivre est emprunté à ce beau travail, dont nous avons condensé les documents qui intéressent l'industrie du gaz.

BASSIN DE MONS.

On distingue quatre sortes de houilles : la houille flénu, la houille dure, la houille fines-forges, et la houille sèche.

La houille flénu donne beaucoup de gaz, mais le rendement en coke n'est pas abondant ; ce qui caractérise le flénu, c'est qu'il se présente en morceaux bien taillés et rhomboèdres d'une régularité remarquable, dont les faces portent des stries caractéristiques, auxquelles on a donné le nom de *mailles du flénu.*

La houille dure produit moins de gaz que le flénu, mais donne plus de coke, et un coke meilleur. Elle présente à un moindre degré la forme de prisme rhomboïdal qui caractérise le flénu.

La houille fines-forges donne peu de gaz et beaucoup de coke.

La houille sèche ou maigre ne donne lieu à aucune exploitation importante dans le bassin de Mons.

Voici les résultats des analyses de M. de Marsilly sur les houilles de ce bassin.

BASSIN DE MONS.

DÉSIGNATION DE LA HOUILLE.	H	C	O et Az	CENDRES.	RÉSIDU de la calcination.	DÉDUCTION FAITES DES CENDRES. H	C	O et Az	RÉSIDU de la calcination.	RAPPORT du RÉSIDU de la calcination au C	OBSERVATIONS.
Houilles flénu sèches.											
Haut flénu	5,42	82,95	10,93	0,70	63,58	5,46	83,53	11,01	63,32	75	Coke fritté.
Belle et bonne. Petite Cossette, fosse nº 21	5,50	80,03	9,37	5,10	63,00	5,80	84,33	9,87	61,01	72	
Belle et bonne. Grande Houbarte, fosse nº 21	5,60	82,41	10,89	1,10	64,76	5,66	83,33	11,01	64,36	77	
Levant du flénu	5,22	82,91	10,13	1,74	66,96	5,31	84,38	10,31	66,37	78	
Couchant du flénu	5,38	81,73	9,77	3,12	65,48	5,55	84,36	10,09	64,36	76	
Midi du flénu. Maigre	4,92	79,96	8,89	6,23	66,02	5,24	85,27	9,49	63,76	74	
— Demi-gras	5,12	83,38	9,70	1,80	65,74	5,21	84,91	9,88	65,11	76	
Houilles flénu grasses.											
Grand Hornu	5,63	83,30	8,54	2,53	68,31	5,78	85,46	8,76	67,48	78	Coke bien formé.
Nord du bois de Boussu. Grand Gaillet-Sentinelle	5,34	82,25	9,51	2,90	68,16	5,50	84,70	9,80	67,20	79	
Nord du bois de Boussu. Fos. Alliance.	5,53	80,55	9,52	4,40	69,15	5,78	84,26	9,96	67,73	80	
Grand Buisson	5,49	83,40	7,76	3,44	70,10	5,59	86,37	8,04	69,03	79	
Houilles dures.											
Escouffiaux	5,49	85,10	7,25	2,16	72,90	5,61	86,98	7,41	72,30	83	Coke bien formé.
Baron de Mecklembourg	5,13	83,17	6,99	4,80	72,65	5,39	87,36	7,25	71,27	81	
Sainte-Hortense. Bonne veine	5,35	85,11	7,61	1,93	75,17	5,35	86,78	7,77	74,68	36	
Houilles fines-forges.											
Ferrand	4,60	86,13	7,92	1,35	74,71	4,67	87,30	8,03	74,36	85	Coke bien formé.
Elouges	5,04	86,69	6,86	1,41	74,86	5,11	87,93	6,96	74,50	84	
Agrappe. Veine 5 paumes	4,78	86,68	6,10	2,44	78,81	4,90	88,85	6,25	78,78	88	
— Veine Grande-Céreuse	4,87	85,30	6,49	3,34	80,33	5,04	88,25	6,71	79,65	90	
Bellevue. Fosse nº 8	4,48	86,38	6,09	3,05	80,58	4,62	89,10	6,28	79,96	89	
Jolimet et Roinge	4,87	88,85	4,46	1,82	80,51	4,96	90,49	4,55	80,14	88	

BASSIN DU CENTRE.

,e bassin du Centre est situé à l'est de Mons, il commence vers Strépy et Bracquegnies et s'étend jusqu'à laimont sur une longueur d'environ 12 kilomètres.

n y distingue trois qualités de charbon : le *gras*, le *demi-gras* et le *maigre*.

,es charbons gras sont bons pour la forge et la fabrication du coke ; ils ne sont pas employés pour la fabri-on du gaz.

,e charbon maigre ne colle point ou donne un coke à peine formé.

,e charbon demi-gras, qui tient le milieu entre les deux précédents, s'agglutine un peu, mais pas assez r donner de bon coke ; il est impropre à la fabrication du gaz.

'oici les résultats de l'analyse des houilles du Centre.

BASSIN DU CENTRE.

DÉSIGNATION : LA HOUILLE.	H	C	O	CENDRES.	RÉSIDU de la calcination.	DÉDUCTION FAITE DES CENDRES.				RAPPORT du RÉSIDU de la calcination au C	OBSERVATIONS.
						H	C	O	RÉSIDU de la calcination.		
Houilles grasses.											
aine-Saint-Pierre..	4,49	85,82	7,29	2,40	81,63	4,60	87,93	7,47	81,17	92	Coke bien formé, très-boursouflé.
ois du Luc.......	4,64	82,73	7,13	5,50	78,80	4,91	87,54	7,55	77,56	88	Coke boursouflé.
ırs-Longchamps...	4,52	84,61	6,58	4,29	81,61	4,72	88,40	6,88	80,78	91	
a Louvière.......	4,64	86,44	4,12	4,80	80,04	4,85	90,82	4,73	79,03	92	
'acquegnies......	4,69	88,40	5,21	1,70	80,22	4,77	89,93	5,30	79,87	88	Coke formé, très-boursouflé.
ariemont.........	4,68	87,36	5,68	2,28	81,05	4,79	89,40	5,81	80,60	90	Coke bien formé, boursouflé.
oussu...........	4,56	86,40	4,56	6,82	83,90	4,89	90,01	5,00	82,72	91	Coke un peu boursouflé.
Houilles demi-grasses.											
aine-Saint-Pierre..	4,43	83,40	5,84	6,33	82,84	4,73	89,14	6,23	81,46	91	Coke bien formé, à peine boursouflé.
ois du Luc.......	4,48	88,12	5,70	1,70	77,60	4,55	89,64	5,81	77,21	86	Coke formé, légèrement boursouflé.
ascoup...........	4,28	87,26	5,56	2,90	82,45	4,41	89,87	5,72	81,92	91	Coke bien formé, non boursouflé.
rs-Longchamps...	4,43	87,02	6,57	1,98	80,51	4,52	88,78	6,70	80,11	90	Coke à peine formé, non boursouflé.
ariemont........	4,31	88,62	4,77	2,30	83,70	4,41	90,70	4,89	83,31	91	Coke formé, non boursouflé.
ariemont........	4,57	84,76	5,61	5,49	84,66	4,38	89,68	5,94	83,76	93	Coke formé, un peu mieux agglutiné.
a Louvière.......	4,57	83,27	5,70	6,47	82,73	4,88	89,02	6,10	81,53	88	Coke formé, non boursouflé.
'acquegnies......	4,30	90,46	4,34	0,90	84,79	4,34	91,28	4,38	84,65	92	
oussu...........	4,85	87,47	4,72	2,96	83,50	4,99	90,14	4,87	82,99	92	Coke à peine formé.
ascoup..........	4,20	87,75	5,45	2,60	82,97	4,31	90,09	5,60	82,51	91	

BASSIN DE CHARLEROI.

Le bassin houiller de Charleroi fait suite à celui du Centre ; sa longueur est d'environ 30 kilomètres et sa largeur de 10 kilomètres.

On distingue trois qualités principales de houilles :

1° Houille *grasse* ou *fines-forges ;*

2° Houille *demi-grasse ;*

3° Houille *maigre.*

Le tableau suivant renferme les résultats de l'analyse d'un certain nombre d'entre elles.

BASSIN DE CHARLEROI.

DÉSIGNATION DE LA HOUILLE.		H	C	O	CENDRES.	RÉSIDU de la calcination.	DÉDUCTION FAITE DES CENDRES.				RAPPORT du RÉSIDU de la calcination au C	OBSERVATIONS.
NOMS DES MINES.	NOMS DES FOSSES ET DES VEINES.						H	C	O	RÉSIDU de la calcination.		
	Houilles grasses.											
Saint-Martin	Fosse St-Martin, n° 3, veine Ravette	4,62	86,23	5,81	3,34	79,48	4,77	89,20	6,03	78,77	88	Coke bien formé, boursouflé.
Tricukaisin	F. n° 6, V. 10 paumes.	4,68	86,47	5,30	3,55	84,43	4,85	89,65	5,50	83,86	93	
Poirier	Fosse Saint-Louis.....	4,47	83,21	5,80	6,52	83,60	4,78	89,01	6,21	82,45	92	
	Houilles demi-grasses.											
Bayemont	Fosse Saint-Charles...	4,06	80,64	5,67	9,63	85,75	4,49	89,23	6,28	84,31	94	Coke bien formé.
Tricukaisin	Fosse n° 4, Sébastopol.	4,06	88,64	4,36	2,94	89,40	4,18	91,32	4,50	89,08	97	
Sacré-Madame ...	Veine petite Sablonnière	4,37	88,34	4,52	2,77	87,55	4,49	90,86	4,65	87,19	95	
Lodelinsart	Fosse n° 7...........	4,26	86,29	4,41	5,04	87,02	4,39	90,87	4,74	86,33	95	Coke à peine formé, non boursouflé.
Sars-les-Moulins..	Fosse n° 7...........	4,25	88,69	5,26	1,80	85,57	4,32	90,32	5,36	85,30	94	
Ardinoises	F. Feignat, V. Engin.	4,03	86,02	4,74	5,21	86,66	4,25	90,74	5,01	85,92	94	
Carabinier-Franç.	Veine 8 paumes	3,85	83,90	5,58	6,58	88,50	4,12	89,91	5,97	87,69	97	
Carabinier-Franç.	V. 11 paumes, F. n° 2.	4,13	87,85	5,53	2,49	88,15	4,24	90,09	5,67	87,74	97	
Gouffre	Fosse n° 3, vieux Gros-Pierre	3,87	83,94	6,20	5,99	88,15	4,13	89,28	6,59	87,40	97	
	Houilles maigres.											
Roton	Veine Greffler	3,91	84,50	5,10	6,50	87,17	4,17	91,37	5,46	86,34	95	Coke non formé ou en partie seulem. Le résidu est en poussière ou tombe en poussière au moindre choc.
Pont-de-Loup....	Nord	3,90	89,12	5,61	1,37	89,82	3,96	90,36	5,68	89,67	99	
Falnuée	Grande Veine.........	3,97	89,30	5,13	1,60	88,90	4,03	90,75	5,22	88,72	97	
Beaulet	F. n° 1, V. des Haies...	3,65	90,89	3,98	1,48	91,86	3,70	92,26	4,04	91,74	99	
Bois d'Heigne....	F. n° 1, V. des Haies..	3,83	89,22	4,52	2,43	91,35	3,93	91,43	4,64	90,92	99	

BASSIN DE VALENCIENNES.

Le bassin de Valenciennes commence à peu de distance de Quiévrain et s'étend jusqu'à Douai.

Les veines sont nombreuses, mais leur puissance est en général plus faible que celle des veines exploi-es en Belgique.

Le tableau suivant donne les résultats des analyses de M. de Marsilly sur les houilles de ce bassin.

BASSIN DE VALENCIENNES.

DÉSIGNATION DE LA HOUILLE.			H	C	O	CENDRES.	RÉSIDU de la calcination.	DÉDUCTION FAITE DES CENDRES.				RAPPORT du RÉSIDU de la calcination au C	OBSERVATIONS.
	FOSSES.	VEINES.						H	C	O	RÉSIDU de la calcination.		
	Houilles grasses à longue flamme.												
DIVISION de DEKAIN.	Renard	Marck	5,47	82,55	7,68	4,30	66,68	5,72	86,25	8,03	65,18	75	Coke bien formé, très-boursouflé.
	Renard	Président	5,46	85,54	7,50	1,50	67,35	5,54	86,85	7,61	66,85	76	
	Renard	Marie	5,32	86,39	6,99	1,30	67,50	5,39	87,53	7,08	67,07	76	
	Renard	Paul	5,21	85,68	7,21	1,90	69,62	5,31	87,35	7,34	68,93	78	
	Orléans	Grande-Veine	5,23	83,28	8,09	3,40	68,82	5,41	86,21	8,38	67,72	78	
	Napoléon	Périer	5,53	84,84	6,83	2,80	67,75	5,69	87,28	7,03	66,77	76	
	Napoléon	Marie-Louise	5,18	87,10	6,82	0,90	70,28	5,23	87,89	6,88	70,01	79	
	Mathilde	Zoé	5,07	81,12	8,11	5,70	69,09	5,38	86,02	8,60	67,22	78	
	Ernestine	»	5,09	84,10	6,01	4,80	71,19	5,34	88,34	6,32	69,73	78	
	Jean Bart	Edouard	4,93	83,85	7,22	4,00	72,07	5,13	87,34	7,53	70,91	81	
	Le Bret	Nouvelle-Veine	4,95	86,34	6,81	1,90	72,83	5,05	88,01	6,94	72,30	82	
	Le Bret	2e Nouv.-Veine	4,91	87,05	5,04	3,00	74,56	5,06	89,74	5,20	73,77	82	
DIVISION de SAINT-WAAST.	Davy	Curochon	4,54	81,10	7,86	6,50	71,90	4,85	86,73	9,42	69,94	80	
	Du Temple	Taffin	5,24	85,95	6,31	2,50	72,10	5,37	88,15	6,48	71,38	80	
	Houilles grasses maréchales à courte flamme.												
DIVISION de SAINT-WAAST.	Réussite	»	5,03	85,90	6,57	2,50	75,91	5,16	88,10	6,74	76,83	87	Coke bien formé.
	Grosse-Fosse	»	4,90	86,47	5,53	3,10	77,55	5,06	89,22	5,72	75,29	83	
	Tinchon	»	4,68	86,73	5,59	3,00	78,08	4,82	89,41	5,77	77,40	86	
	Ernest	No 19	4,78	86,15	5,97	3,10	78,90	4,93	88,91	6,16	78,22	86	
	Houilles demi-grasses.												
DIVISION de SAINT-WAAST.	Temple	1re veine du Nord.	4,61	85,98	4,91	4,50	81,58	4,83	90,03	5,14	80,71	89	Coke formé, peu boursouflé.
	Grosse-Fosse	»	4,41	88,95	3,84	2,80	85,80	4,54	91,50	3,96	85,89	93	Coke formé, à peine boursouflé.
DIVISION D'ANZIN.	Chaufour	Grande-Veine	4,35	83,50	6,35	5,80	80,74	4,62	88,64	6,74	79,55	89	
	La Cave	Rosière	4,81	82,90	6,51	5,70	75,42	5,11	88,00	6,89	73,93	94	Coke boursouflé, houille grasse.
	Bleuse-Borne	Georges	4,50	87,89	4,81	2,80	85,73	4,63	90,42	4,95	84,32	94	
	Saint-Louis	Deladie	4,43	89,53	4,54	1,50	86,15	4,50	90,89	4,61	85,93	94	Coke non boursouflé.
	Moulin	Nord	4,15	88,03	4,32	3,50	87,33	4,30	91,22	4,48	86,87	95	
	Houilles maigres.												
VIEUX-CONDÉ.	Sarteau	6 paumes	3,83	91,16	3,61	1,40	92,28	3,88	92,46	3,66	90,14	97	Le coke n'est pas formé.
	Vieille Machine	Veine à sillon	3,51	86,39	4,20	5,90	92,23	3,73	91,81	4,46	91,67	99	
FRESNES.	Bonnepart	Toussaint	3,66	90,54	2,70	3,10	93,17	3,78	93,44	2,78	92,95	99	
	Bonnepart	Grande-Veine	3,49	86,47	3,84	6,20	89,95	3,72	92,18	4,10	89,28	96	

BASSIN DU PAS-DE-CALAIS.

Le bassin houiller du Pas-de-Calais est le prolongement de celui de Valenciennes. Il y a dix ans à peine que le bassin du Pas-de-Calais est découvert ; il produit aujourd'hui 300,000 à 400,000 tonnes.

Le tableau qui suit renferme les résultats des analyses de quelques houilles de ce bassin.

BASSIN DU PAS-DE-CALAIS.

DÉSIGNATION DE LA HOUILLE.	H	C	O et Az	CENDRES.	RÉSIDU de la calcination.	DÉDUCTION FAITE DES CENDRES.				RAPPORT du RÉSIDU de la calcination au C	OBSERVATIONS.
						H	C	O	RÉSIDU de la calcination.		
Bruai	5,56	79,86	12,38	2,20	62,49	5,68	81,66	12,66	61,64	75	
Martes	5,56	79,64	11,00	3,80	62,77	5,78	82,78	11,54	61,29	74	Coke boursouflé.
Bully	5,82	83,34	7,84	3,00	65,09	6,00	85,92	8,08	64,01	74	
Billy-Montigny	5,81	85,36	7,53	1,60	68,16	5,60	86,75	7,65	67,64	77	
Hersin	5,18	87,00	6,62	1,20	71,55	5,24	88,05	6,71	71,20	80	
Lens	5,31	85,68	6,41	2,60	76,85	5,45	87,96	6,59	76,23	86	Coke bien formé.
Nœux	4,98	86,78	5,84	2,40	77,05	5,10	88,91	5,99	76,48	86	
Hénin-Liétard	5,40	86,34	5,86	2,40	77,64	5,53	88,47	6,00	77,09	87	Coke boursouflé,
Gayant	4,86	86,89	5,65	2,60	82,49	4,99	89,21	5,80	82,02	91	bien formé.
Escarpelle	4,00	90,75	3,58	1,80	89,56	4,07	92,41	3,52	89,36	96	Coke non formé.
Courrières	4,48	82,68	4,54	8,60	87,62	4,57	90,46	4,97	86,45	95	Coke en poussière.

DE LA HOUILLE

(SUITE DU CHAPITRE DE L'OUVRAGE DE CLEGG.)

Le tableau qui suit donne la composition moyenne de quelques variétés de houille, plus ou moins propres à la fabrication du gaz, qui n'ont pas été indiquées précédemment. La valeur d'une houille à gaz ne peut pas se déterminer exactement par une analyse précise, mais on peut dire généralement *qu'elle est directement proportionnelle au nombre d'atomes d'hydrogène et inversement proportionnelle au nombre d'atomes d'oxygène.* On trouve le nombre relatif des atomes en divisant la proportion de chaque élément par son poids atomique ; ainsi :

WIGAN CANNEL.

Carbone	79,23 : 6 = 13,20 =	nombre d'atomes.
Hydrogène	6,08 : 1 = 6,08 =	Id.
Oxygène	7,24 : 8 = 0,90 =	Id.

HOUILLE D'ARLEY.

Carbone	82,61 : 6 = 13,77 =	nombre d'atomes.
Hydrogène	5,86 : 1 = 5,86 =	Id.
Oxygène	7,44 : 8 = 0,93 =	Id.

Les produits de la distillation d'un charbon ne dépendent pas, cependant, de sa composition centésimale, mais de l'arrangement atomique des éléments, qui détermine la quantité d'hydrogène qui s'unira au carbone pour former les composés éclairants, et la quantité qui deviendra libre ou se dégagera à l'état d'hydrogène protocarboné, l'hydrogène n'ayant aucun pouvoir éclairant et le dernier gaz n'en possédant que peu.

LOCALITÉS ET NOMS DES HOUILLES.	CARBONE.	HYDROG.	OXYGÈNE.	AZOTE.	SOUFRE.	CENDRES.	°/₀ DE COKE produit par la distillation.
Houilles de Newcastle.							
Andrew's House (Tanfield)	85,58	5,31	4,39	1,26	1,32	2,14	65,13
Willington	86,81	4,96	5,22	1,05	0,88	1,08	72,19
Haswell Wallsend	83,47	6,68	8,17	1,42	0,06	0,20	62,70
Haswell Coal Co.'s steam-boat Wallsend	83,71	5,30	2,79	1,06	1,21	5,93	61,38
Bowden Close	84,92	4,53	6,66	0,96	0,65	2,28	69,69
Broomhill	81,70	6,17	4,37	1,84	2,85	3,07	59,20
Newcastle Hartley	81,81	5,50	2,58	1,28	1,69	7,14	64,61
Hedley's Hartley	80,26	5,28	2,40	1,16	1,78	9,12	72,31
Bates's West Hartley	80,61	5,26	6,51	1,52	1,85	4,25	72,31
Buddle's West Hartley	80,75	5,04	7,86	1,46	1,04	3,85	72,31
West Main Hartley	81,85	5,29	7,53	1,69	1,13	2,51	59,20
Hasting's Hartley	82,24	5,42	6,44	1,61	1,35	2,94	35,60
Carr's Hartley	79,83	5,11	7,86	1,17	0,82	5,21	60,63
Davison's West Hartley	83,26	5,31	2,50	1,72	1,38	5,84	59,49
North Percy Hartley	80,03	5,08	9,91	0,98	0,78	3,22	57,18
Derwentwater Hartley	78,01	4,74	10,31	1,84	1,37	3,73	54,83
Original Hartley *	81,18	5,56	8,03	0,72	1,44	3,07	58,22
Cowpen and Sydney Hartley	82,20	5,10	7,97	1,69	0,71	2,33	58,59
Houilles du Lancashire.							
Balcarres Arley ou Orrel	83,54	5,24	5,87	0,98	1,05	3,32	62,89
Balcarres High Yard	82,26	5,47	5,64	1,25	1,48	3,90	66,09
Balcarres Lindsay	83,90	5,66	5,53	1,40	1,51	2,00	57,84
Balcarres five-feet (5 pieds)	74,21	5,03	8,69	0,77	2,09	9,21	55,90
Blockley Hurst	82,01	5,55	5,28	1,68	1,43	4,05	57,84
Blackbrook Little Delf (petite mine)	82,70	5,55	4,89	1,48	1,07	4,31	58,48
Blackbrook Rushy Park	81,16	5,99	7,20	1,35	1,62	2,68	58,10
Rushy Park main	77,76	5,23	8,99	1,32	1,01	5,69	56,66
Johnson and Wirthington's Rushy Park	79,50	5,15	9,24	1,21	2,71	2,19	57,52
Laffak Rushy Park	80,47	5,72	8,33	1,27	1,39	2,82	56,26
Ince Hall Co.'s Arley	82,61	5,86	7,44	1,76	0,80	1,53	64,00
Ince Hall, Pemberton Yard	80,78	6,23	7,53	1,30	1,82	2,34	60,60
Ince Hall, Pemberton four-feet (4 pieds)	77,01	3,93	5,52	1,40	1,05	1,09	57,10
Ince Hall, Pemberton five-feet (5 pieds)	68,72	4,76	18,63	2,20	1,35	14,34	56,50
Ince Hall Co.'s Furnace vein (veine à fourneau)	74,74	5,71	13,52	1,53	0,96	4,04	58,40
Haydock Little Delf (petite mine)	79,71	5,16	10,65	0,54	0,52	3,42	58,10
Haydock Higher Florida	77,33	5,56	12,02	1,01	1,03	3,05	51,10
Moss Hall, Pemberton four-feet (4 pieds)	75,53	4,82	7,98	2,05	3,04	6,58	55,70
Moss Hall, Pemberton five-feet (5 pieds)	76,16	5,35	10,13	1,29	1,05	6,02	56,10
Moss Hall Co.'s New Mine (nouvelle mine)	77,50	4,84	12,16	0,98	1,36	3,16	57,70
King coal	73,66	5,30	9,06	1,68	1,58	8,72	62,40
Caldwell and Thompson's Rushy Park	76,17	5,46	14,87	1,09	0,91	1,50	58,70
Caldwell and Thompson's Higher Delf	75,40	4,83	19,98	1,41	2,43	5,95	54,20
Johnson and Wirthington's Sir John	72,86	4,98	8,15	1,07	1,54	11,40	56,15
Wigan four-feet (4 pieds)	78,86	5,29	9,57	0,86	1,19	4,23	60,00
Wigan Cannel	79,23	6,08	7,24	1,18	1,43	4,84	60,33
Houilles Écossaises.							
Dalkeith Jewel Seam (veine-bijou)	74,55	5,14	15,51	0,10	0,33	4,37	49,80
Dalkeith Coronation Seam (veine du couronnem.)	76,94	5,20	14,37	trace.	0,38	3,10	53,50
Wallsend Elgin	76,09	5,22	5,05	1,41	1,53	10,70	58,45
Wellewood	81,36	6,28	6,37	1,53	1,57	2,89	59,15
Kilmarnock Skerrington	79,82	5,82	11,31	0,94	0,86	1,25	49,30
Fordel Splint	79,58	5,50	8,33	1,13	1,46	4,00	52,03
Grangemouth	79,85	5,28	8,58	1,35	1,42	3,52	56,60
Eglinton	80,08	6,50	8,05	1,55	1,38	2,44	54,94
Anthracite	94,18	2,99	0,76	0,50	0,59	0,98	»
	91,44	3,46	2,58	0,21	0,79	1,52	92,90

Liste des Autorités. — Phillips et Conybeare, *Geology of England and Wales.* — Traité de Bridgewater, Buckland. — D. Muchet, sur le fer et l'acier. — Catalogue officiel de l'Exposition, 1851. — R. C. Taylor, *Statistics of Coal.* — *Rapports sur la houille propre à la navigation à vapeur*, par Sir H. de la Bèche et le docteur Lyon Playfair.

* Cette mine, située à environ 10 milles (16 kilomètres) nord-est de Newcastle, et 2 milles du port de Seaton Sluice, est une des plus anciennes du district, et a donné son nom à la houille de Northumberland. Les cinq premières houilles sont du comté de Durham.

Le rapport suivant du docteur Fyfe développe les avantages du Boghead pour la fabrication du gaz :

« J'ai analysé et examiné le chargement de Boghead cannel-coal envoyé à Aberdeen, en « vue de déterminer sa valeur pour la fabrication du gaz ; voici les résultats de mon travail : — « Ce charbon est d'une couleur brune, à l'exception de quelques morceaux noirs. Il est très- « dur. Sa densité est 1180, celle de l'eau étant 1000. »

« 100 parties donnent à l'analyse :

Matières volatiles.......... ..	69				
Coke........................	31	composé de	Carbone...	9,25 =	30 p. 100
			Cendres...	21,75 =	70 —
	100			31,00	100

« Les cendres contiennent 71 p. 100 de silice. Le reste, 29 p. 100, est composé de chaux, de « magnésie, d'alumine, et d'une petite quantité de fer en combinaison avec du soufre. La pro- « portion de soufre est de 0,13, ce qui équivaut à près de 3 livres par tonne de houille (1^k,337 « par 1000^k).

« La quantité et la qualité du gaz produit par la distillation varient, mais peu, suivant la tem- « pérature. Le tableau suivant donne la moyenne de 10 essais. La *durée* était déterminée par « la consommation d'un seul jet de gaz, sortant d'un trou de 1/33 de pouce (0^{mm},769) de dia- « mètre, produisant une flamme de 5 pouces (0^m,125) de hauteur. Le pouvoir éclairant était « mesuré au moyen du photomètre de Bunsen, le gaz brûlant dans un bec d'Argand, sur le « pied de 2 1/2 à 3 1/2 pieds cubes par heure (70 à 98 livres), suivant les circonstances. La « lumière type était une bougie de spermaceti, brûlant 140 grains (9^g,10) à l'heure, et réduite « à 120 grains (7_g,80) par le calcul :

MÈTRES CUBES DE GAZ par tonne de charbon.	POIDS SPÉCIFIQUE.	CONDENSATION pour 100 par le chlore.	DURÉE : 100 lit. brûlant pendant	POUV. ÉCLAIRANT 100 lit. = bougies brûlant : 9gr,10 à l'heure.	POUV. ÉCLAIRANT 100 lit. = bougies brûlant : 7gr,80 à l'heure.	100 LITRES = grammes de spermaceti.	LE GAZ produit par 1 tonne = kil. de spermaceti.	KIL. DE COKE produit par tonne de charbon.
438^{mc},490	0,726	23,37	4^h 59′ 15″	31^b,43	36^b,66	286^{gr},013	1253^k,800	339^k,15

« La quantité de soufre, déjà indiquée, était de près de 3 livres par tonne (1^k,337 par 1000^k). « En supposant que toute cette proportion passe à l'état d'hydrogène sulfuré dans la distillation, « la quantité produite serait d'environ 36 pieds (1^{mc},008), c'est-à-dire d'à peu près 2 1/2 « p. 1000 de gaz, quantité si petite qu'il y a à peine lieu d'en parler. Aussi est-il facile de s'en « débarrasser par les procédés ordinaires de purification à la chaux. En effet, le gaz ne conte- « nait pas trace de soufre au sortir du purificateur à la chaux ; il était aussi exempt d'acide « carbonique et d'ammoniaque.

« Quant au coke, il est très-friable et se réduit facilement en poussière. Cette circonstance et « la petite quantité de carbone qu'il contient me le font regarder comme d'une valeur nulle « comme combustible.

« Ce qui précède démontre que le Boghead cannel-coal est un charbon de qualité supérieure ;

« comparé à ceux actuellement en usage dans les usines à gaz. Le tableau suivant indique la « valeur comparative des gaz produits par quelques-uns de ces charbons, ainsi que celle des « charbons sous le rapport de la lumière produite par la combustion de leurs gaz. Le charbon « anglais, inscrit dans le tableau, est celui employé dans quelques usines de Londres, sous le « nom de New Pelton et South Pearcth Coal. La valeur du charbon Lesmahago est le résultat « de nombreux essais, que j'ai faits sur des chargements provenant de différentes fosses. Je « rapporte la moyenne de tous les essais.

CHARBONS.	MÈTRES CUBES de GAZ PAR TONNE.	POUVOIR ÉCLAIRANT 100 lit. = bougies de 7gr,80 à l'heure.	VALEUR COMPARATIVE DES GAZ sous le rapport du pouvoir éclairant.		VALEUR COMPARATIVE DES HOUILLES sous le rap. du pouvoir éclairant et de la quantité de gaz produit.	
Meilleur charbon anglais collant.	275mc,960	11,230	1,00	»	1,00	»
Lesmahago moyen	288 , 130	30,972	2,75	1,00	2,88	1,00
Boghead moyen...............	438 , 490	36,694	3,26	1,18	5,19	1,80

« On voit ainsi que, sous le rapport du pouvoir éclairant et de la quantité de gaz produite, ce « Boghead cannel-coal vaut plus de cinq fois la houille collante anglaise dont nous avons parlé, « et surpasse de 80 p. 100, le charbon Lesmahago moyen pour la production de la lumière.

« Le tableau précédent donne la valeur des charbons et celle de leurs gaz, déterminée au « photomètre. Mais, en faisant l'évaluation au moyen du chlore, la valeur du Boghead devient « encore plus grande ; ce qui est dû à la grande quantité de gaz qu'il produit, à la plus grande « durée de ce gaz et à la proportion des produits condensables par le chlore.

« Le tableau suivant montre la valeur comparative, au moyen du chlore, non-seulement des « charbons ci-dessus mentionnés, mais aussi d'autres espèces en usage dans les usines à gaz. « Pour établir cette comparaison, on a tenu compte à la fois de la quantité de gaz produite par « les charbons, de la durée de leurs gaz, et de la proportion condensable par le chlore.

CHARBONS.	MÈTRES CUBES de gaz par tonne.	CONDENSATION par le chlore pour 100 parties.	DURÉE pour un jet de gaz de 0m,025 ; 100 litres brûlent :	VALEUR DU GAZ sous le rapport de la condensation par le chlore et sous celui de la durée.	VALEUR DES CHARBONS sous le rapport de la qualité et de la quantité du gaz produit.	VALEUR COMPARATIVE des charbons d'Écosse en tenant compte seulem. de la qualité et de la quantité du gaz.
Houille collante anglaise.	275mc,960	6,50	2h 58′ 56″	1,00	1,00	»
Engbish Parrot.........	297 , 309	7,60	2 37 9	1,02	1,09	»
Marquis de Lothian.....	283 , 152	13,00	3 31 54	2,35	2,42	1,00
Lesmahago	288 , 135	17,50	4 7 13	3,72	3,88	1,60
Wemyss...............	283 , 152	19,50	4 24 52	4,44	4,60	1,90
Kirkness..............	272 , 392	20,75	4 43 35	5,06	4,97	2,05
Boghead...............	436 , 490	23,37	4 57 57	6,09	9,48	3,91

« En considérant la différence entre la valeur des charbons, déterminée par le photomètre « et par le chlore, je pense qu'elle est due à ce que nous ne savons pas bien brûler les gaz d'un « très-fort pouvoir éclairant, tels que ceux qui, comme le gaz de Boghead, contiennent une « grande quantité de produits condensables par le chlore ; et sous ce rapport, le Boghead est très-

« riche. Sa valeur n'est pas due seulement à la grande quantité de gaz qu'il produit et au fort « pouvoir éclairant de ce gaz, tel qu'on peut le déterminer au photomètre ; mais il est très-riche « en matière condensable par le chlore, et qui est la principale source de lumière. En effet, si « l'on mélange du gaz de Boghead avec ceux de variétés inférieures de Parrot et de houille col- « lante anglaise, il augmente beaucoup leur pouvoir éclairant ; ou, ce qui revient au même, en « étendant le gaz de Boghead avec du gaz produit par ces charbons inférieurs, bien que la quan- « tité de gaz soit augmentée, le pouvoir éclairant, déterminé au photomètre, ne sera probable- « ment que très-peu diminué. J'en conclus que le Boghead sera très-utile pour les usines à gaz « qui emploient des charbons de qualités inférieures, tels que les cannel-coals maigres d'Écosse « et surtout les houilles collantes anglaises.

« Les observations précédentes sur la valeur comparative des charbons, ne tiennent compte « que de la quantité et de la qualité des gaz produits ; on n'a pas eu égard au coke et aux autres « produits de la distillation, tels que le goudron et les eaux ammoniacales. Il faut donc déduire « de la valeur du Boghead, dont le coke n'a aucune valeur comme combustible, celle du coke « produit par les autres charbons, et qui a une valeur réelle. »

Après le rapport du docteur Fyfe, M. Barlow fit une longue série d'expériences pour déterminer la valeur relative du meilleur charbon de Newcastle et du Boghead et autres cannels pour la production du gaz ; les résultats de ces expériences ont été publiés *in extenso*, dans le troisième volume du *Journal of Gas-lighting*. Les essais étaient faits dans un appareil approprié à la distillation de la millième partie d'une tonne (1 kilogramme environ), de charbon cassé en morceaux ne dépassant pas la grosseur d'un œuf de pigeon, et on notait avec soin le temps employé à la production de chaque pied cube de gaz à différentes températures. Bien qu'on ne puisse s'attendre, ainsi que le fait observer M. Barlow, à obtenir sur une grande échelle les mêmes résultats qu'en petit, il s'était assuré qu'ils ne différaient pas de plus de 3 à 5 p. 100, et il pense que les résultats de ces expériences sont suffisamment rapprochés de ce qui a lieu en grand, pour servir de base et permettre de déterminer les *valeurs relatives* des matières employées industriellement. Nous donnons ci-dessous les résultats de quelques-unes de ces expériences, en commençant par la

HOUILLE COLLANTE DE NEWCASTLE (PELTON GAILLETEUX).

A UNE TEMPÉRATURE MODÉRÉE.

TEMPS EMPLOYÉ A LA DISTILLATION de chaque pied cube.	PIEDS CUBES. 1 = 28 lit.	TOTAL DU TEMPS.	PIEDS CUBES SUCCESSIFS.	TEMPS EMPLOYÉ A LA DISTILLATION de chaque pied cube.	PIEDS CUBES. 1 = 28 lit.	TOTAL DU TEMPS.	PIEDS CUBES SUCCESSIFS.
2′ 44″	1	0′ 0″	0	4′ 48″	1	26′ 22″	7
3 4	1	5 48	2	4 50	1	31 12	8
3 32	1	9 20	3	4 52	1	36 4	9
3 45	1	13 5	4	4 36	1	40 40	10
4 0	1	17 5	5	1 0	0,11	41 40	10,11
4 29	1	21 34	6				

PRODUITS.

280^{mc} de gaz par	1000 kilogrammes.
698^{k},257 de coke par	—
31,738 de goudron par	—
58,942 d'eaux ammoniacales par	—

Chaque pied cube de gaz (28 litres environ), brûlant dans un petit bec en *aile de chauve-souris*, équivalait à 232 grains (15g,080) de spermaceti, (1mc de gaz équivalait à 532 grammes de spermaceti) ; ainsi $\frac{280 \times 532}{1000}$ donne le pouvoir éclairant du gaz produit par une tonne de houille, soit 148k,960 de bougies de spermaceti. Ce mode de combustion fut reconnu imparfait dans les expériences suivantes, et l'on obtint un résultat plus avantageux en brûlant le gaz dans un bec d'Argand. Ainsi, pour une production de gaz de 9,500 pieds (268mc,992) la valeur lumineuse du gaz variait dans les proportions suivantes, suivant le bec employé :

Petit bec en aile de chauve-souris........ 9500 × 208 : 7000 (1) = 282 liv. de spermaceti.
Bec large en aile de chauve-souris....... 9500 × 250 : 7000 = 339 —
Bec d'Argand, 16 trous.................. 9500 × 311 : 7000 = 422 —

HOUILLE COLLANTE DE NEWCASTLE (PELTON GAILLETEUX).

A UNE TEMPÉRATURE ÉLEVÉE.

TEMPS EMPLOYÉ A LA DISTILLATION de chaq. pied (28 lit.)	PIEDS CUBES. 1 = 28 lit.	TOTAL DU TEMPS.	PIEDS CUBES SUCCESSIFS.	TEMPS EMPLOYÉ A LA DISTILLATION de chaq. pied (28 lit.)	PIEDS CUBES. 1 = 28 lit.	TOTAL DU TEMPS.	PIEDS CUBES SUCCESSIFS.
2′ 1″	1	0′ 0″	0	3′ 9″	1	15′ 32″	6
2 17	1	4 18	2	3 16	1	18 48	7
2 27	1	5 45	3	3 32	1	22 20	8
2 41	1	8 26	4	4 10	1	26 30	9
2 57	1	12 23	5	2 14	0,5	28 44	9,5

Quand on arrêta l'expérience, le gaz se produisait sur le pied de 0pc,23 (6l,51), et était tout à fait privé de pouvoir éclairant.

PRODUITS.

264mc de gaz par................ 1000 kilogrammes.
697k,620 de coke par............ —
40 de goudron par......... —
35 d'eaux ammoniacales par. —

On ne fit pas d'essais sur la densité et le pouvoir éclairant du gaz, qui devait être mélangé avec du gaz d'une qualité supérieure.

La valeur moyenne de la houille collante de Newcastle, déterminée avec un bec d'Argand, était:

MÈTRES CUBES de GAZ PAR TONNE.	100 LITRES DE GAZ équivalent A GRAMMES DE SPERMACETI.	100 LITRES PAR HEURE équivalent A BOUGIES ÉTALONS.	VALEUR DU GAZ d'une tonne de houille EN KILOGS DE SPERMACETI.
264	71,4	9,0	188kil,496

Des expériences semblables sur le cannel de Newcastle ont donné 10,000 pieds cubes (278mc,7) à une température élevée, et 9,500 (264 mètres cubes) à une chaleur modérée. La valeur

(1) 7000 est le nombre de grains contenus dans une livre. (*Note du traducteur.*)

moyenne de ce charbon fut trouvée égale à 379 kil. de spermaceti par 1000 kilos, son produit en gaz de 274 mètres cubes, chaque mètre cube équivalant à 1391 grammes de spermaceti.

Les expériences sur le Wigan cannel, ont donné 11,400 pieds cubes (317^{mc},7 par 1000^{k}) à une température élevée et 10,000 pieds cubes (278^{mc},7) à une température modérée ; le produit moyen était de 302^{mc},2 par 1000 kilos, chaque mètre cube équivalant à 1069 grammes de spermaceti, et le pouvoir éclairant du gaz d'une tonne (française) de houille équivalait à 325^{k},254 de spermaceti.

Le Boghead cannel, soumis aux mêmes expériences, a donné un produit en gaz très-différent, suivant la température, comme l'indiquent les tableaux suivants :

BOGHEAD CANNEL.

A UNE BASSE TEMPÉRATURE.

TEMPS EMPLOYÉ A LA DISTILLATION de chaque pied cube.	PIEDS CUBES. 1 = 28 lit.	TOTAL DU TEMPS.	PIEDS CUBES SUCCESSIFS.	TEMPS EMPLOYÉ A LA DISTILLATION de chaque pied cube.	PIEDS CUBES. 1 = 28 lit.	TOTAL DU TEMPS.	PIEDS CUBES SUCCESSIFS.
2′ 25″	1	0′ 0″	0	2′ 35″	1	18′ 27″	8
1 57	1	4 22	2	2 50	1	21 17	9
2 4	1	6 26	3	3 16	1	24 33	10
2 12	1	8 40	4	4 29	1	29 2	11
2 18	1	10 56	5	6 27	0,5	35 29	11,5
2 24	1	13 20	6	6 5	0,132	41 34	11,632
2 32	1	15 52	7				

PRODUITS.

324^{mc} de gaz par .... 1000 kilogrammes.
318^{k} de coke par................ —
321 de goudron par............. —
Pas d'eaux ammoniacales.

Chaque mètre cube de gaz, brûlant dans un bec en *queue-de-poisson* n° 1 de Londres, était égal à 2943 grammes de spermaceti; donc $\frac{324 \times 2943}{1000}$ donne le pouvoir éclairant du gaz d'une tonne (française) de ce charbon, soit 953^{k},532 de bougies de spermaceti.

BOGHEAD CANNEL.

A UNE TRÈS-HAUTE TEMPÉRATURE.

TEMPS EMPLOYÉ A LA DISTILLATION de chaque pied cube.	PIEDS CUBES. 1 = 28 lit.	TOTAL DU TEMPS.	PIEDS CUBES SUCCESSIFS.	TEMPS EMPLOYÉ A LA DISTILLATION de chaque pied cube.	PIEDS CUBES. 1 = 28 lit.	TOTAL DU TEMPS.	PIEDS CUBES SUCCESSIFS.
1′ 51″	2	0′ 0″	0	2′ 11″	1	14′ 38″	10
1 14	1	3 5	3	2 14	1	16 52	11
1 7	1	4 12	4	2 24	1	19 16	12
1 24	1	5 36	5	2 45	1	22 1	13
1 45	1	6 1	6	4 0	1	26 1	14
1 36	1	8 37	7	4 35	0,5	30 36	14,5
1 50	1	10 27	8	13 35	0,4	44 11	14,9
2 0	1	12 27	9				

PRODUITS.

415^{mc} de gaz par....	1000 kilogrammes.
321^{k} de coke par..............	—
316,5 de goudron par......... ..	—
Pas d'eaux ammoniacales.	

Chaque mètre cube de gaz, brûlé comme ci-dessus, équivalait à 2198 grammes de spermaceti ; et la valeur éclairante d'une tonne de Boghead cannel était de 912^{k},170 de bougies de spermaceti. Cette expérience montre que le pouvoir éclairant était moindre quand le cannel était distillé à une très-haute température qu'à une chaleur moins élevée, et que la proportion de gaz était plus grande. Le produit moyen d'une tonne de Boghead cannel, qui ressort de ces expériences, était de 371 mètres cubes; et le pouvoir éclairant, égal à 916 kil. de bougies de spermaceti. Comparé aux autres charbons, 100 tonnes de Boghead produisent autant de lumière que

487 tonnes de Pelton gailleteux ;
394 — de Lochgelly cannel ;
286 tonnes de Wigan cannel ;
ou 242 — de Newcastle cannel.

On fit aussi quelques expériences avec des mélanges de houille de Newcastle et de Boghead distillés ensemble, et avec les gaz de chaque espèce de charbon distillés séparément, et mélangés ensuite. Elles ont démontré que le gain était de 10 p. 100 en distillant les charbons simultanément. Cet avantage est cependant détruit par la détérioration du coke, produite par le mélange des charbons. Les proportions employées dans ces expériences étaient de 3/4 de Pelton et de 1/4 de Boghead, et le produit moyen était de 356^{mc},5 par 1000 kilos. Les mêmes proportions de charbons, distillés séparément, donnaient seulement 304^{mc},2.

L'objection, fondée sur la détérioration du coke produite par le mélange des charbons à la distillation, n'existe pas pour le mélange du Boghead avec les cannels de qualité inférieure, dont le coke est presque sans valeur, et les expériences ont montré qu'il y a le même avantage à distiller le Boghead avec un autre cannel qu'avec de la houille de Newcastle. Un mélange de 9/10 de Lochgelly cannel et de 1/10 de Boghead ont produit 252^{mc},2 de gaz par 1000 kilos, avec un pouvoir éclairant de 345^{k},1 de bougies de spermaceti; tandis que les mêmes proportions, distillées séparément, n'ont produit que 246 mètres cubes, avec un pouvoir éclairant de 278^{k},4.

ANALYSE DE LA HOUILLE.

Un fabricant de gaz doit savoir reconnaître les éléments constituants des diverses variétés de houille, et déterminer non-seulement la quantité et la qualité des gaz éclairants que chacune peut produire, mais aussi leurs pouvoirs calorifiques relatifs, et la quantité et la qualité des produits accessoires.

La houille étant de formation végétale, ses éléments constituants sont naturellement analogues à ceux qui forment la base des matières végétales, mélangés de certaines substances terreuses et minérales, qui doivent s'être mélangées aux plantes pendant leur transformation en houille, opérée par les phénomènes de la nature. Parmi les impuretés de la houille, le soufre existe toujours, généralement en combinaison avec le fer, et quelquefois, mais rarement, avec les éléments organiques de la houille. On peut conclure de là que, parmi les végétaux de la formation houillère, quelques-uns étaient capables de s'assimiler le soufre, comme cela arrive pour la moutarde, le cresson et d'autres variétés de la famille des crucifères. Un fait digne de remarque est l'absence constante de l'arsenic dans la houille, aussi bien que dans les pyrites de fer de la formation houillère, tandis que les pyrites de fer ordinaires, ou le mundick (1), extraits des bancs de craie ou de sable, produisent toujours de l'acide arsénieux au grillage. Sans cette exception providentielle, la houille n'aurait pu servir ni comme chauffage domestique, ni comme éclairage, sans de grands dangers. L'expérience a d'ailleurs prouvé que les racines des plantes refusaient d'absorber l'arsenic, qui les fait périr, sous quelque forme qu'il leur fût présenté; de sorte que l'absorption du minéral vénéneux par les plantes est rendue impossible.

Dans la pratique, on ne considère que trois sortes de charbons : l'anthracite, la houille bitumineuse et le cannel-coal; mais il y a une grande quantité de substances carbonées, qui comprennent différentes variétés de tourbe, telles que le lignite, l'asphalte et même le schiste bitumineux, qui ont été appliquées à la production du gaz d'éclairage. Toutefois, ces substances n'ont pas une relation immédiate avec la formation houillère, et ne peuvent être rangées dans la classe de la houille véritable.

Les caractères généraux d'une houille sont : sa couleur ; sa structure, soit en masse, soit en plaques ou en concrétions de forme particulière; son éclat, soit brillant, soit terne; sa cassure, qui se produit quelquefois en deux sens, comme dans quelques cannel-coals, l'une lamelleuse, en couches presque ou entièrement parallèles, et l'autre en travers, plus ou moins à angle droit avec la première; sa densité et sa dureté. Ces caractères généraux se déterminent, pour la plupart, par l'observation, mais ils ne donnent que des indices imparfaits de la qualité réelle de la houille pour la fabrication du gaz. Pour un examen sérieux, il est nécessaire d'avoir recours à l'analyse chimique. On trouve dans les volumes II et III du *Journal of Gas-lighting*, une série d'articles intéressants, par M. Lewis Thompson, sur la manière de faire cette analyse, et nous ferons de larges emprunts à ce travail pour la description de cette méthode.

Commençons par la densité : un excellent moyen de la déterminer consiste à prendre un morceau de houille d'environ 500 grains (32gr,5), qu'on suspend par un fil à l'un des plateaux d'une balance sensible, en lui faisant équilibre avec des poids placés sur l'autre plateau. Si l'on place alors le morceau de houille, ainsi suspendu, dans un vase contenant de l'eau, il flottera à la surface, jusqu'à ce qu'on ait chargé le plateau, auquel il est accroché, assez pour qu'il plonge dans l'eau. Pour une houille ordinaire, il faudra environ 400 grains (26 grammes) pour obtenir ce résultat, et ce poids représentera celui d'un volume d'eau égal à celui du morceau de houille. En divisant 500 grains (poids du charbon dans l'air) par 400, nombre de grains nécessaires pour obtenir l'immersion, le quotient, 1,25, donnera la densité de la houille comparée à celle de l'eau. On peut aussi déterminer la densité, mais moins exactement, en remplissant d'eau un vase jusqu'au bord, puis en y introduisant un morceau de charbon d'un poids connu. En divisant le poids du charbon par celui de l'eau qui sort du vase, le quotient représentera aussi la densité.

Après la densité, il faut déterminer les quantités de matières volatiles et de coke. A cet effet, on peut employer un petit creuset de fer, muni d'un couvercle percé d'un trou. On introduit dans ce creuset 100 grains (6gr,5) de houille, pesés avec soin; puis, après avoir mis le couvercle,

(1) Le mundick ou mondique est un minéral qu'on trouve dans les mines d'étain. (*Note du traducteur.*)

on le porte au rouge, jusqu'à ce que le dégagement du gaz à travers le trou du couvercle ait cessé. On retire alors le creuset du feu, et on le laisse refroidir, après quoi on pèse le coke produit. La perte de poids représente la proportion des matières volatiles contenues dans la houille. Il est convenable de faire trois opérations successives sur chaque espèce de houille à analyser, et de prendre la moyenne des résultats, qui ne doivent pas différer l'un de l'autre de plus de 1 grain (0gr,065).

On détermine ensuite la matière combustible du coke. Pour cela, on le porte au rouge dans un moufle, en laissant l'air y pénétrer. Le carbone brûle, et il ne reste que de la cendre incombustible, qu'on pèse exactement. Pour éviter les pertes, il est convenable de placer le coke sur une feuille de platine courbée, qu'on introduit dans le moufle, et qui permet de retirer toute la cendre sans en perdre.

Pour déterminer la nature de cette cendre, on note la couleur, et on emploie quelques réactifs très-simples. Si elle est blanche, on en traite une petite portion au chalumeau, avec une solution faible de nitrate de cobalt, en exposant la cendre, pendant quelques secondes, à la partie extérieure ou oxydante de la flamme. La présence de l'alumine est indiquée par une perle bleue; la magnésie donne une teinte pâle, couleur de chair; la chaux, un noir grisâtre, et l'oxyde de fer et l'alumine combinés donnent une nuance vert sale. Quand on suppose qu'il y a beaucoup d'alumine, et qu'on veut en connaître approximativement la quantité, on fait fondre, presque au rouge, un poids donné de cendre avec deux fois autant de sulfate de potasse; on laisse refroidir, on fait bouillir le produit dans l'eau pendant quelques minutes, et on filtre. Cette solution, évaporée et refroidie, laissera déposer des cristaux d'alun contenant environ 10 p. 100 d'alumine. On peut faire cette opération dans une petite capsule, et si on a employé 100 grains (6gr,5) de cendre et 200 grains (13 grammes) de bisulfate de potasse, il faut dissoudre le résidu dans au moins 3 ou 4 onces (85 à 114 grammes) d'eau bouillante, qu'on réduit à 1 once (28gr,338) par l'évaporation avant de laisser cristalliser. Toutes les cendres contenant du silicate d'alumine produiront aussi de l'alun.

La proportion de cendres contenues dans la houille bitumineuse est très-faible, et d'une composition très-uniforme. Dans le cannel-coal, elles présentent beaucoup des caractères du feldspath décomposé, et c'est encore plus marqué dans le Boghead cannel. Les cendres de la houille bitumineuse, au contraire, sont principalement composées de chaux et d'oxyde de fer, et en si petite quantité, qu'ils paraissent avoir existé dans les plantes qui ont formé la houille elle-même.

Il faut ensuite déterminer la quantité de soufre contenue dans la houille et la proportion qui se dégage avec les matières volatiles. Pour cela, on réduit en poudre fine 100 grains (6gr,5) de houille, qu'on mélange avec environ 30 grains (1gr,95) de carbonate de soude effleuri, et on place le tout dans une petite cuiller sur un feu vif. Les éléments bitumineux et carbonés de la houille brûlent peu à peu, tandis que le soufre se combine à la base métallique de la soude, pour former du sulfure de sodium. Pour éviter qu'il ne se transforme en sulfate de soude, ce qui arriverait si on le laissait longtemps sur le feu, on projette un peu de nitrate de potasse en poudre sur la masse, pendant qu'elle est rouge (1). Quand la déflagration a eu lieu, on élève la température pendant quelques minutes, après lesquelles on laisse refroidir la cuiller. On dissout les produits solubles

(1) Ce n'est pas pour éviter qu'il ne se forme du sulfate de soude, mais bien au contraire pour transformer le sulfure en sulfate, qu'on ajoute du nitrate de potasse. (*Note du traducteur.*)

dans de l'eau bouillante, et on filtre la solution. On sursature la solution filtrée avec de l'acide nitrique pur, puis on traite par un excès de solution de nitrate de baryte. On recueille le précipité formé sur un filtre taré, et après l'avoir bien lavé avec de l'eau distillée bouillante, on le sèche et on le pèse. Chaque 117 grains indique 16 grains de soufre (7gr,29 correspondent à 1 gramme de soufre), ce qui permet de déterminer la proportion pour 100 grains de houille.

Pour trouver la quantité de soufre qui se dégage avec les matières volatiles, il suffit de chauffer 100 grains de houille dans le creuset de fer employé à déterminer la proportion de produits volatils. On réduit le coke en poudre, et on le mélange avec du carbonate de soude, puis on opère comme pour la houille; on détermine ainsi la proportion de soufre que le coke contient, et la différence entre cette quantité et celle contenue dans la houille représente celle qui passe à la distillation. Cette dernière est d'une grande importance à constater pour le fabricant de gaz, car, bien qu'il arrive souvent que le soufre existe dans la houille à l'état de bisulfure de fer, auquel cas il se partage en deux parties égales dans les matières fixes et volatiles, il y a cependant quelques charbons, tels que le Boghead et le Capeldrac, desquels le soufre se dégage tout entier dans les produits volatils. La solution de cette question donnera souvent la raison de l'inégalité d'action des purificateurs, si fréquemment inexpliquée.

Il faut avoir égard à l'effet de la volatilité du soufre dans la plupart des cannel-coals, en déterminant la nature des impuretés qui accompagnent le gaz ; car un examen attentif du gaz impur provenant du cannel et du charbon bitumineux, prouve que la proportion de sulfure de carbone, comparée à celle de l'hydrogène sulfuré, est plus grande dans le premier que dans le second, tandis que l'inverse a lieu si l'on considère la proportion totale du soufre. En d'autres termes, quoique ordinairement le gaz de cannel-coal contienne moins de soufre que celui extrait de la houille bitumineuse, le premier contient cependant plus de sulfure de carbone que le second ; de sorte que, après l'épuration, le gaz de cannel contient réellement plus de soufre, à cause de la difficulté plus grande qu'on éprouve à enlever le sulfure de carbone.

On peut attribuer la formation du sulfure de carbone dans le gaz de cannel à ce que, quand le soufre volatilisé passe sur du coke rouge, il se combine avec le carbone du coke ; mais la conversion du soufre des pyrites de fer, contenues dans la houille bitumineuse, en sulfure de carbone exige une température blanche bien soutenue. Si on se rappelle qu'il n'existe aucun moyen connu de débarrasser le gaz de houille du sulfure de carbone, l'état dans lequel se trouve le soufre dans la houille, et qui peut faciliter la formation de ce composé, mérite d'être pris en sérieuse considération.

L'humidité de la houille, quoique accidentelle et ne formant pas partie intégrante de la houille elle-même, est néanmoins une impureté qui produit des effets très-nuisibles. Quand on charge dans une cornue une grande quantité de charbon humide, sa surface se convertit en coke par l'action de la chaleur, et le bisulfure de fer en protosulfure, sur lequel la vapeur d'eau qui se dégage de la masse produit le même résultat que si le protosulfure était soumis au rouge à l'action de la vapeur d'eau. Il se décompose et il se produit de l'oxyde de fer et de l'hydrogène sulfuré, de sorte que de cette manière, tout le soufre contenu dans la houille bitumineuse se dégage et la purification devient deux fois plus difficile et plus coûteuse.

Dans quelques houilles bitumineuses, une quantité appréciable de carbonate de chaux se trouve interposée dans les fissures, et cette substance possède la propriété remarquable de retenir le soufre dans le coke. Le carbonate de chaux, en présence du gaz impur, se transforme en sulfure de calcium, tandis que son acide carbonique passe très-probablement à l'état d'oxyde de carbone.

Pour déterminer le pouvoir calorifique de la houille, du coke ou d'autres combustibles, M. Lewis Thompson a imaginé l'appareil représenté dans la figure ci-contre. Il est fondé sur le principe suivant qu'il a démontré : — 1° La chaleur latente de la vapeur d'eau est égale à 967° Fahr. (519°c,44) ; 2° la houille, brûlée dans l'oxygène pur, produit la même quantité de chaleur que lorsqu'elle est brûlée complétement dans l'air atmosphérique. Admettant que la chaleur latente de la vapeur soit 967° (519°c,44), il en résulte que, si 967 parties d'eau sont élevées de 1 degré, elles absorbent autant de chaleur qu'en absorberait 1 partie d'eau, à 212° Fahr. (100°c) pour être évaporée. Si la même quantité d'eau est élevée de 10 degrés, la chaleur employée ferait évaporer 10 parties d'eau, et ainsi de suite ; le thermomètre indiquera donc le nombre de parties d'eau qui seraient réduites en vapeur, par la quantité de chaleur dégagée. Si donc 1 grain (0g,065) de houille est brûlé sous 967 grains d'eau (62g,855), l'élévation de la température donnera le nombre de grains d'eau que cette quantité de houille serait susceptible de réduire en vapeur, depuis le point d'ébullition. Il est convenable toutefois d'employer plus d'un grain de houille, soit 30 grains (1g,95), et la quantité d'eau proportionnelle, soit 967 × 30 = 29,010 grains (1885g,65).

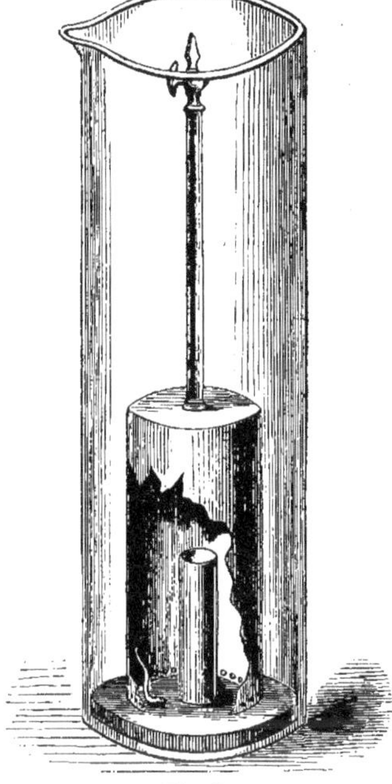

Fig. 6.

Voici la description de l'appareil ; son but est de brûler le charbon sous l'eau. Un fort tube de cuivre, d'environ 0,8 de pouce de diamètre (0m,02), de 2,8 pouces de longueur (0m,07), fermé à l'une de ses extrémités, sert de foyer. Un condenseur fait avec une forte feuille de cuivre, et de 2 pouces (0m,05) de diamètre sur 6 pouces (0m,15) de longueur, fermé à son extrémité supérieure, est muni d'un tube fin, de 6 pouces de long (0m,15), surmonté d'un robinet. L'extrémité inférieure de ce condenseur est percée d'un grand nombre de trous, et disposée de manière à s'appliquer exactement sur un anneau élastique, placé sur un disque de plomb mince de 3 pouces (0m,075) de diamètre. Le vase qui doit recevoir l'eau a 14 pouces (0m,35) de hauteur sur 4 pouces (0m,10) de diamètre intérieur.

Pour employer cet appareil, on pulvérise finement 30 grains (1g,95) du charbon à essayer, qu'on mélange avec environ dix fois autant de chlorate et de nitrate de potasse, pulvérisés, et secs, préalablement mêlés ensemble dans le rapport de 3 parties du premier pour 1 du second. On introduit le tout dans le petit tube, et on comprime le mélange, de manière à ce qu'il soit uniformément serré, en frappant à plusieurs reprises le fond du tube sur une matière résistante. On place à la partie supérieure de la poudre une petite mèche, fabriquée en faisant bouillir une tresse de coton dans une solution, saturée de nitrate de plomb, et en la desséchant à 212° (100°c) ; cette mèche a environ un demi-pouce (0m,012) de longueur. On met dans le vase de verre 29,010 grains (1885g,65) d'eau, dont on détermine la température au moyen d'un thermomètre très-sensible.

On met le feu à la mèche et on recouvre le tube avec le condenseur, qu'on pose sur le disque de plomb ; puis on introduit le tout dans l'eau, après avoir fermé le robinet du tube supérieur. En peu de temps, la masse s'enflamme, la chaleur dégagée se communique à l'eau, et l'acide carbonique qui se produit, s'échappant à travers les trous inférieurs, traverse l'eau en bulles qui la mettent en mouvement. Lorsque la combustion est terminée, on ouvre le robinet pour laisser l'eau pénétrer dans le cylindre, et on agite, pour que toutes les parties acquièrent une température uniforme. On détermine alors la température au moyen du thermomètre, et le nombre de degrés dont elle s'est élevée donne, par le calcul, le nombre de kilogrammes d'eau qu'un poids donné de houille réduirait en vapeur, depuis son point d'ébullition.

Une partie de la chaleur produite est absorbée, pendant l'opération, par l'appareil ; il est donc nécessaire d'en déterminer la proportion par des essais antérieurs et d'en tenir compte dans chaque opération. Les résultats donnés par cette méthode, confirmés par la combustion de la houille dans l'oxygène, démontrent que le pouvoir calorifique d'un charbon est proportionnel à l'hydrogène non oxydé (1) qu'il contient, et non à son coke. La valeur calorifique de la houille de Newcastle varie de 15 à 16 ; celle du meilleur cannel d'Écosse, de 17 à 18 (les cendres étant réduites à une moyenne) ; celle du meilleur anthracite du pays de Galles, de 13 à 14,5 ; celle du charbon de bois de chêne ordinaire est de 12 ; celle du lignite varie de 7 à 8 ; celle de la cire et du blanc de baleine (spermaceti), de 18 à 19 ; et celle du sucre est de 6,5.

EXPÉRIENCES SUR LES PRODUITS DE LA HOUILLE.

Nous avons déjà fait observer qu'il était non-seulement difficile, mais dans beaucoup de cas, impossible, de distinguer les bonnes qualités de houille des mauvaises, et il serait imprudent dans de grandes exploitations de s'en rapporter à l'œil ou au jugement. Des hommes d'une grande expérience se sont quelquefois complétement trompés. Un échantillon présentant une cassure et un éclat parfaits, peut produire un gaz inférieur, tandis que celui que son aspect ferait rejeter peut donner du gaz d'excellente qualité et en abondance. Il est donc nécessaire d'essayer le charbon avant de se prononcer sur sa valeur et ses qualités ; c'est ce qu'on peut faire avec les appareils représentés dans les figures 7 et 7 *bis* (2).

A est une cornue de fonte, de 4 pieds (1^{m},20) de longueur, 12 pouces (0^{m},30) de largeur, et 4 pouces (0^{m},10) de hauteur, placée dans un four où elle est directement exposée à la chaleur du foyer, la flamme passant au-dessous et au-dessus d'elle, sans obstacle d'aucun genre : elle est fixée par les côtés au moyen des saillies, *b*,*b*. PP est un tube de fer d'environ 3/8 de pouce (9^{mm},4) de diamètre intérieur, entrant dans la cornue en B, et la parcourant dans toute sa longueur (3). En B, il se recourbe en dehors en forme de siphon, et n'a pas moins de 3 pieds (0^{m},90) de B en C. Dans l'emboîture D, à un pied de la courbure (0^{m},30), on fixe un tube de verre d'environ 24 pouces (0^{m},60) de longueur, avec un peu de plâtre de Paris. Le tube tout entier, depuis

(1) L'auteur entend, par hydrogène *non oxydé*, la proportion d'hydrogène qui reste lorsqu'on déduit de la quantité totale celle chimiquement équivalente à l'oxygène contenu dans la houille. (*Note du trad.*)

(2) Ceci ne s'applique qu'à un charbon tout à fait inconnu, d'une provenance nouvelle, et dont il faut déterminer toutes les propriétés par l'expérience.

(3) Ce tube doit être fermé à son extrémité. (*Note du trad.*)

la cornue jusqu'au commencement du tube de verre, est enveloppé de flanelle ou de linges de laine aussi épais que possible, pour maintenir la température constante. On verse du mercure par le tube de verre jusqu'à ce qu'il apparaisse en D, puis on chauffe la cornue au rouge vif et on la maintient ainsi pendant quelques heures pour décomposer la vapeur dans le siphon. A mesure que le mercure s'élève, on marque sur le verre des traits 1, 2, 3, etc., en s'arrêtant à un point (6 par exemple) qui représente la température à laquelle on veut opérer la distillation, et que nous supposerons être de 27° du thermomètre de Wedgwood ; l'appareil est alors prêt à recevoir le charbon (1). La houille doit être préparée comme suit : — On en fait passer une certaine quantité dans des cribles dont les mailles ont environ 3/8 de pouce (9mm,4) de côté, puis à travers un plus fin, de sorte que les plus petits morceaux de charbon employés soient de la grosseur de grains de café. On en pèse exactement 1 3/4 livre (1k,472), qu'on étale sur une surface de 360 pouces carrés (22,5 décimètres carrés), c'est-à-dire, sur une plaque de tôle de 10 pouces (0m,25) de largeur sur 36 pouces (0m90) de longueur, relevée sur les bords. On prépare le tampon de la cornue, et quand le mercure arrive à 6, on introduit le charbon sur le plateau, et assujettit immédiatement le tampon.

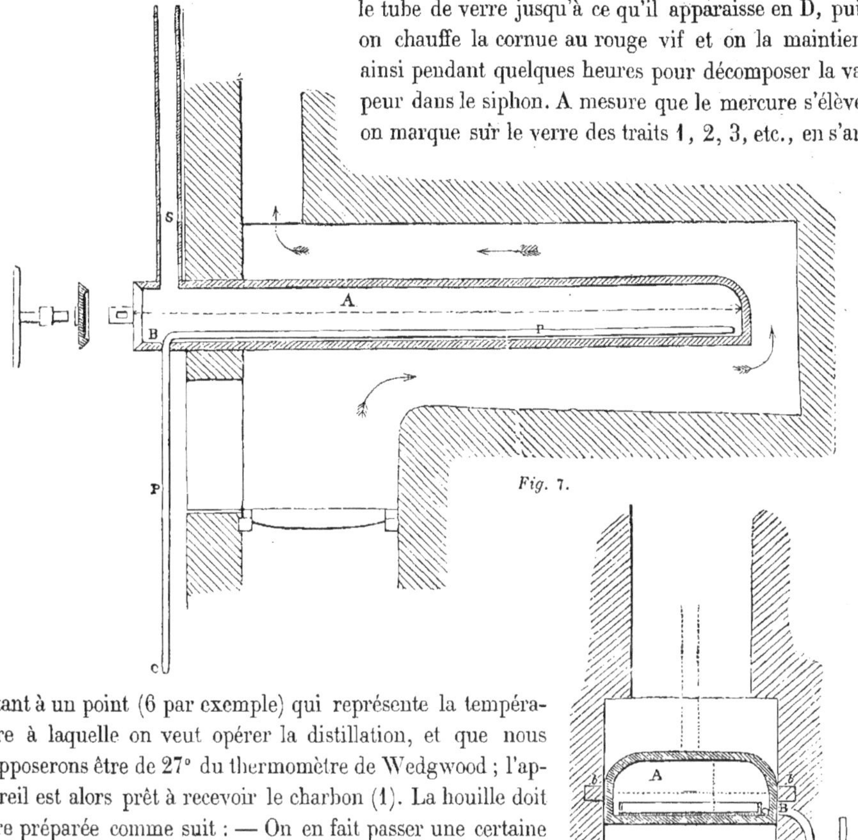

Fig. 7.

Fig. 7 bis.

Avant de décrire le reste de l'appareil, il est nécessaire de dire quelques mots sur le tube à mercure fixé à la cornue. Si la température à laquelle la dis-

(1) Il est toujours bon d'avoir un degré fixe de température, tel que le point de fusion de l'étain pour point de départ 1

tillation est opérée n'était pas uniforme dans toutes les expériences, surtout avec la même espèce de charbon, les résultats varieraient de 25 à 30 p. 100, tant pour la quantité que pour la qualité du gaz. Si la cornue est à une température trop basse, l'azote et l'hydrogène se dégageront en trop grande quantité, et formeront de l'ammoniaque par leur combinaison. La vapeur de bitume, au lieu de se convertir en gaz, se condensera et formera du goudron ; tandis que la vapeur d'eau, se condensant et absorbant l'ammoniaque et l'hydrogène sulfuré, produira des eaux ammoniacales. Dans les conditions de température les plus favorables, ce que nous décrivons est exactement ce qui se passe dans la fabrication du gaz ; mais les proportions des composés qui se forment varient beaucoup avec l'état de la cornue au moment de la charge et pendant le cours de la distillation. De même, si la cornue est trop chaude, les hydrocarbures riches en carbone se dédoubleront en charbon et hydrogène. Les produits gazeux seront beaucoup plus considérables que dans le premier cas, mais la densité du gaz sera moindre, et son pouvoir éclairant diminuera dans le même rapport. La température de 27° Wedgwood, qui est celle de la fusion du cuivre, a été trouvée la plus convenable pour la distillation de la houille de Newcastle; le bitume est décomposé, il se dégage de l'hydrogène qui se combine avec les proportions voulues de carbone pour produire des composés hydrocarbonés, de l'hydrogène et de l'oxyde de carbone; la densité du gaz produit est souvent de 0,47. La quantité de gaz de cette densité, produite par 3 1/4 livres (1^k,472) de Pelaw main (Newcastle) peut être d'environ 19 pieds cubes (0^{mc},538) en un quart d'heure (1). Il ne faut pas prolonger l'opération trop longtemps, car le pouvoir éclairant du gaz serait altéré par un excès d'oxyde de carbone et d'hydrogène. Presque toutes les variétés de houille réclament des températures différentes pour leur distillation, et la durée de la charge doit aussi varier. Il faut faire au moins trois essais sur chaque sorte de charbon, même lorsqu'on a déterminé avec soin la température et la durée de distillation les plus convenables.

Revenons maintenant à la cornue d'essai. Le gaz, à mesure qu'il se produit, se dégage par le tuyau montant S, qui doit avoir 6 à 7 pieds (1^m,8 à 2^m, 1) de longueur. Une partie des vapeurs bitumineuses, qui se condensent dans ce tuyau, retombent dans la cornue et se convertissent en gaz. Le gaz doit être conduit au gazomètre par deux ou trois tuyaux verticaux, ou *réfrigérants*, qui facilitent la condensation. Des robinets sont placés à la partie inférieure de ces tuyaux pour faire écouler les condensations, goudron et eaux ammoniacales. Le gazomètre doit être construit de manière à fonctionner dans la plus petite quantité d'eau possible ; la citerne est formée de deux cylindres concentriques, laissant entre eux un espace d'environ 2 pouces (0^m,05) qui est rempli d'eau. On emploie les dispositions connues pour donner à la cloche une pression uniforme pendant toute sa course ; il faut aussi pouvoir prendre de petites quantités du gaz contenu et le conduire aux brûleurs comme l'exigeront les circonstances.

Dès que le gaz est fait, il ne faut pas perdre de temps pour l'analyser, ce qui se fera par les procédés décrits dans un chapitre précédent, page 43.

La valeur du gaz comme éclairage est de la plus haute importance. Nous décrirons à leur

---

de l'échelle. — Le point de fusion du plomb sera 2 et ainsi de suite, parce que les erreurs se font moins facilement et que les souvenirs se fixent mieux dans la mémoire. Le mercure atteint toujours le même point pour le même degré de température.

(1) Cela équivaut à 365 mètres cubes par 1000 kilogrammes. (*Note du trad.*)

place, quand nous traiterons de la photométrie, les moyens de déterminer cette valeur et aussi la manière de faire les corrections relatives au changement de volume par la température et l'humidité.

La méthode d'expérimentation, que nous venons de décrire en peu de mots, est plus souvent l'affaire du chimiste que celle de l'ingénieur. Quelque bonne qu'elle soit, et quelque nécessité qu'il y ait à s'en servir pour l'essai d'un nouveau charbon, elle ne donne cependant pas tous les renseignements nécessaires. Le fabricant de gaz doit travailler avec une nouvelle sorte de charbon avec ses propres ressources. Il doit la soumettre à ses procédés de fabrication ordinaires, et en quantités suffisantes pour pouvoir apprécier les résultats qu'il doit en attendre. Il peut désirer connaître les propriétés du charbon sous le rapport de la quantité de gaz qu'il produira, de son pouvoir éclairant, de la proportion d'impuretés qu'il contient, et de la qualité du gaz qu'il produit. Mais ce n'est pas tout. Il y a quelque chose de plus à connaître, pour se faire une idée juste des qualités d'un charbon pour la fabrication du gaz, ou de sa valeur commerciale.

Les essais en petit, avec quelque soin qu'ils soient conduits, ne donnent qu'une idée approximative sous ce rapport. Ils ont leur utilité, mais il est impossible d'y attacher trop d'importance, et il ne faut s'y fier qu'avec réserve. Il faut les regarder comme des guides qui ont besoin de preuves, et non comme les preuves elles-mêmes.

Le fabricant de gaz a des points de comparaison : ce sont les résultats de son expérience dans le traitement de la houille commune à sa localité, et qu'il connaît nécessairement bien. Ce ne sont pas des règles idéales ou expérimentales, mais des jalons qui lui sont bien connus. Un charbon peut donner à l'essai une quantité convenable de gaz, facile à épurer et de bonne qualité, et un produit satisfaisant en coke. Mais ce dernier produit, malgré la quantité donnée par chaque tonne de houille, et son apparence pour un œil exercé, peut être très-mauvais sous le rapport du chauffage. Il peut être très-bon pour des usages ordinaires, aussi bon peut-être que celui produit par la houille employée habituellement ; mais, s'il ne peut maintenir la chaleur des cornues, c'est un grave défaut. Cet exemple, entre autres, montre la différence qu'il y a entre une pratique grossière et des essais minutieux. Dans les deux cas, on a pesé, mesuré et observé attentivement ; mais, tandis que d'un côté les opérations ont été conduites dans la tranquillité du laboratoire à un grain et un dixième de pied près, et seulement pendant quelques heures ; de l'autre, on a opéré, au milieu d'un atelier chaud et bruyant, sur des tonnes de houille, des charretées de coke, et des milliers de pieds cubes de gaz par jour ou par semaine, selon que les circonstances l'exigent.

Dans quelques-unes de nos usines de Londres, où un chargement de navire suffit à peine à la consommation d'un jour, et où le coke est vendu pour une infinité d'usages, on a plus d'occasions d'employer des sortes différentes de houille que dans les usines de province, où l'uniformité de la qualité du coke a plus d'importance.

CHAPITRE TROISIÈME

DES PROCÉDÉS DE FABRICATION DU GAZ DE HOUILLE

Les opérations de la fabrication du gaz n'ont jamais été vues d'un œil favorable par le public. Elles se sont toujours rattachées dans l'esprit public à la saleté, la fumée et la mauvaise odeur, et il n'est pas facile de détruire des préjugés aussi bien enracinés. Nous n'avons pas l'intention de nier ou d'excuser tous les désagréments que cette fabrication procure aux voisins des usines. Il est très-certain que, grâce à la négligence habituelle des directeurs d'usines, les accusations sont trop souvent méritées sous le rapport de la saleté et de la mauvaise odeur.

Dans beaucoup d'usines, où de grandes quantités de matières brutes sont transformées, et surtout où on emploie, sur une grande échelle, la chaleur et les agents chimiques, il est impossible de prévenir entièrement le dégagement des odeurs particulières qui se produisent dans le cours des opérations. Dans ce cas, il faut employer toutes les précautions possibles pour éviter au voisinage non-seulement les inconvénients de la malpropreté, mais aussi les ennuis et même les impressions désagréables. La libre jouissance de l'air atmosphérique est un privilége ; mais ce privilége a des limites, bien qu'il soit difficile de les définir. Il ne nous est pas permis de souiller « le ciel qui est au-dessus de nos têtes, » ni « la terre qui est sous nos pieds » ou « l'eau qui coule sous le sol. » Tout cela a été créé pour le bien de l'homme, en vue de son existence, de sa santé et de son plaisir. Il faut faire de grandes concessions, des concessions aussi étendues que possible, aux nécessités du commerce ou aux besoins de la société, mais il ne faut pas empiéter sur le bien-être, et encore moins sur les droits des autres.

Pendant de longues années, les usines à gaz ont eu le malheur d'être placées en première ligne dans la liste des industries désagréables; et on a dit pis encore d'elles. Le manque complet de connaissances et de discernement qui préside en général aux opinions du public, et contre lequel il y a peu de recours, a fait regarder la fabrication du gaz, ou plutôt les odeurs qui résultent de quelques parties de la fabrication, comme très-préjudiciables à la santé. Il n'y a jamais rien eu de plus faux. L'expérience et l'observation de plus de vingt-cinq années ont peut-être quelque valeur. Nous n'hésitons pas à affirmer que, pendant ce laps de temps, nous n'avons pas eu occasion de constater un cas de maladie, soit subit, soit éloigné, qui pût être attribué aux effets soi-disant délétères des gaz produits dans les usines à gaz. Les ouvriers employés dans les différentes parties de la fabrication sont aussi sains et vigoureux que ceux de tout autre métier. Ils exercent leur profession pendant des années ; et plusieurs, que nous connaissons pour n'avoir pas fait d'autre état pendant plus de vingt ans, supporteraient la comparaison avec bien des mécaniciens et des laboureurs du même âge et vivant dans le même pays.

Rien n'est plus difficile que de faire comprendre à quelques personnes, et surtout à celles qui s'occupent de la salubrité, que des odeurs désagréables ne sont pas nécessairement malsaines. L'opinion générale à ce sujet est que *désagréable* et *malsain* sont presque toujours synonymes, et que tout ce qui répugne à l'un de nos sens (l'odorat) doit nécessairement nuire à notre santé. Il n'en est pas ainsi. Nous croyons même qu'on peut dire qu'un corps purement gazeux n'a jamais engendré aucune maladie. Il est bien plus probable que les miasmes sont des *vapeurs* et non des *gaz* (1). Les gaz qui se dégagent des égouts, des canaux, des mares stagnantes, et d'autres sources d'infection, se trouvent mêlés de vapeur; et les gaz, par leur élasticité, par leur propriété de se répandre de toutes parts, dès qu'ils se trouvent en liberté, et d'absorber et d'emporter avec eux l'humidité, suivant la température, sont certainement les moyens par lesquels les composés organiques vénéneux, qui résultent de la décomposition des substances végétales et animales, sont divisés et dilués. Mais les matières organiques vaporisées, dont nous parlons, ne sont pas plus des *gaz*, que la vapeur d'eau contenue dans l'atmosphère n'est de l'*air*. L'odeur désagréable des gaz doit être regardée comme une de leurs plus importantes propriétés. Elle nous avertit du danger en agissant si vivement sur un de nos organes les plus délicats.

Dans la fabrication du gaz de houille, il se produit de grandes quantités d'hydrogène sulfuré (acide sulfhydrique). Quand on le laisse s'échapper dans l'air, on le reconnaît bientôt à son odeur caractéristique; sa puanteur et sa tendance à se répandre sont encore augmentées par l'ammoniaque avec lequel il se combine facilement, pour former du sulfhydrate d'ammoniaque. Mais quoique bien des ouvriers des usines à gaz respirent en une heure plus de ces gaz, prétendus délétères, qu'aucun des habitants des districts les plus malsains du royaume n'en respire en une semaine ou un mois, leur santé n'en est pas le moins du monde altérée. Les effets de ces gaz sur les organes respiratoires et le cerveau, quand ils ne sont pas suffisamment dilués, ne peuvent être mis en doute ni discutés. Mais ce ne sont pas les conditions dans lesquelles ils se présentent ordinairement dans les usines à gaz et leur voisinage. Les limites exactes de sécurité et de bien-être sont bien établies dans la pratique; et, pour qu'un inconvénient sérieux se produise, et surtout un accident, il faut des dispositions bien défectueuses, ou une bien mauvaise direction, ou une négligence extraordinaire. Il est impossible de nier que l'odeur de ces gaz soit extrêmement désagréable, et beaucoup plus pour certaines personnes que pour d'autres; mais il s'agit ici non pas du désagrément qu'elles procurent à l'odorat, mais bien du tort qu'elles peuvent faire à la santé d'après l'opinion générale. Tant que l'odorat sera affecté dans le voisinage des usines à gaz par une odeur particulière, et dans les rues éclairées au gaz par une autre aussi désagréable, il n'y aura pas d'arguments ni de faits capables de détruire les doutes et les préjugés à cet égard. Quoi qu'il en soit, c'est un fait bien établi que certains gaz, et ceux dont nous avons parlé en font partie, peuvent posséder des odeurs très-désagréables sans pour cela être le moins du monde malsains; tandis que ces mêmes gaz, se dégageant naturellement pendant la fermentation ou la putréfaction, et unis aux éléments vénéneux de ce que nous appelons les miasmes ou le mauvais air, engendrent et propagent les maladies.

---

(1) Des expériences faites par M. Lewis Thompson, et rapportées tout au long dans le second volume du *Journal of Gas-lighting*, prouvent que la vapeur recueillie dans une salle d'hôpital et dans un égout, maintenue pendant quelques heures à une température élevée, et examinée au microscope, contient une multitude de plantes et d'insectes. Ces substances organiques ne se rencontrent pas dans la vapeur qu'on condense dans des lieux salubres, quoique dans les deux cas les éléments constituants de l'air soient les mêmes. M. Thompson a aussi découvert que la vapeur condensée provenant d'endroits infectés, et mélangée avec de l'eau de goudron, de l'eau camphrée ou alliacée, ne donnait plus trace de corps animés. Cela semble démontrer, selon lui, « que les divers hydrocarbures volatils exercent une action salutaire, et il est « probable que la grande quantité d'huiles essentielles qui se dégagent constamment, pendant les chaleurs, des fleurs et « des plantes, sont un moyen employé par le Créateur pour détruire ce qui peut donner naissance à des maladies pestilentielles. »

C'est devenu une espèce de mode que de pérorer sur les choses nuisibles, les mesures de salubrité et la santé publique. Ceux qui se plaignent le plus haut et qui prétendent aux connaissances les plus étendues, sont généralement ceux qui sont le moins à même d'avoir une opinion juste sur de tels sujets. Une odeur désagréable, quelle qu'en soit la cause, devient si vite une chose nuisible, une violation des règlements de salubrité, une cause d'épidémie, que si la millième partie des prédictions faites à ce sujet s'était réalisée, il y a longtemps que l'Angleterre serait la contrée la plus malsaine du globe. Il y a bien des sujets de plainte réels, bien des choses qui devraient être défendues, bien d'autres auxquelles il faudrait remédier, bien d'autres enfin qui n'auraient jamais dû exister. Il y a des incommodités communes à tous les endroits très-peuplés, qui doivent être soumises à des principes généraux; d'autres sont locales et toutes spéciales et doivent être traitées tout différemment. Mais il est inutile d'exagérer l'étendue du mal, quand, en réalité, on ne cherche qu'à dissimuler son ignorance d'un remède convenable.

Il est à désirer qu'on étudie avec soin les effets des odeurs désagréables, en les distinguant des accumulations d'ordures, et ceux des gaz qui se dégagent dans diverses opérations industrielles quand ils se trouvent en présence de matières solides ou liquides. Ces derniers comprendraient naturellement les émanations des usines à gaz, se dégageant soit des produits tout à fait inutiles, soit de ceux dont on tire parti. Les phénomènes qui se rattachent à ces diverses matières, méritent d'être étudiés. Il faudrait en observer et en déterminer les propriétés et enfin tout ce qui s'y rapporte.

C'est là, pour l'industrie du gaz, le seul moyen de prendre et de garder le rang qui lui appartient dans les industries du pays. Est-ce trop attendre de ceux qui dirigent des usines à gaz que de leur demander de prendre l'initiative en pareille matière? S'ils manquent des connaissances nécessaires, comment pourront-ils défendre les droits des compagnies de gaz, réfuter les accusations injustes, ou faire disparaître des inconvénients réels, s'ils existent?

Quelles que soient les difficultés, et tout ce qui s'est fait à Londres, et dans quelques villes de province depuis quelques années, montre qu'elles sont nombreuses, il est certain que de grands changements se préparent; et il faut qu'à tout prix, un bon système d'égouts et de désinfection soit établi. Au lieu d'entasser les résidus des fabriques, les ordures des rues et des habitations comme si on voulait en augmenter l'énergie et les rendre plus propres à engendrer des maladies, il faut les disperser et neutraliser leurs éléments volatils. Ce problème est un des plus importants de l'époque. Chacun doit y apporter ses efforts, son intelligence, s'il désire sa santé, celle des siens et de la postérité.

Nous avons indiqué la distinction qu'il fallait faire dans les effets des corps gazeux, toutes désagréables que sont leurs odeurs. Quand ils ne contiennent pas de matières nuisibles surtout à l'état liquide ou semi-fluide, il y a tout lieu de croire qu'ils sont parfaitement innocents; mais quand ces matières les accompagnent, ils aident sans aucun doute à répandre les émanations nuisibles. Ceci nous montre que les produits liquides des usines à gaz ne doivent pas être écoulés dans les égouts. Il n'y a pas de discussion possible à ce sujet.

Disons maintenant quelques mots d'une autre classe d'odeurs qui donnent lieu à des plaintes fréquentes, et qui sont regardées à la fois comme désagréables et malsaines. Elles se produisent quelquefois dans les routes ou les rues dans lesquelles passent des tuyaux de gaz. Elles proviennent de fuites de gaz ou de petites quantités de naphthaline, et les émanations sont généralement très-fortes dans le voisinage des tuyaux découverts ou des tranchées fraîchement ouvertes. Ces odeurs peuvent être désagréables, mais ne sont pas malsaines. Les propriétés antiseptiques du gaz et les hydrocarbures qui se condensent dans les tuyaux, neutralisent les impuretés que la terre absorbe et le même effet se produit dans les égouts.

Nous ne nous posons pas ici en avocats pour la production d'odeurs désagréables. De quelque manière qu'elles soient produites, et il y en a trop pour les énumérer, elles occasionnent beaucoup d'ennuis et très-souvent des craintes inutiles. Il faut les éviter quand cela est possible ; et, quand on ne peut y arriver complétement, il faut s'efforcer d'étendre ou de modifier les exhalaisons nuisibles à la santé ou à la propreté. Il est nécessaire aussi de différencier les classes d'odeurs désagréables et d'étudier leurs propriétés respectives ; il faut assigner à chacune sa place, ne pas imputer à l'une ce qui appartient à l'autre, et ne pas confondre les odeurs qui, toutes désagréables qu'elles sont pour nos sens, ne sont aucunement nuisibles, avec celles qui sont aussi insupportables que malsaines (1).

L'opinion générale est que la fabrication du gaz est très-simple. Quant à la malpropreté et aux désagréments de cette opération, ils n'ont jamais été mis en doute ; et ceux qui prétendent en savoir plus que leurs voisins la décrivent ainsi : entretenir de grands feux, jeter de la houille dans des cornues rouges, et recueillir et séparer les différents produits. A cette dernière description il n'y a rien à répondre : elle est parfaitement correcte.

Un simple visiteur, complétement ignorant en mécanique, qui ne connaît rien des propriétés des corps gazeux ou des vapeurs, de la puissance et de la résistance des fluides, et des éléments de la chimie, trouvera peu d'intérêt à visiter une usine à gaz. Il n'y verra pas ces exemples frappants du génie inventif, ces machines si agiles, si flexibles, si sensibles, qu'elles semblent douées de la pensée et de l'intelligence. Mais avec un peu d'observation et le désir d'apprendre, de s'instruire, un visiteur instruit trouvera que la fabrication du gaz, avec ses défauts, est autre chose que le procédé brutal, grossier et primitif qu'on suppose et qu'on représente généralement. Outre qu'elle exige des connaissances chimiques, elle demande aussi le secours de machines puissantes, dont

---

(1) Une enquête, faite à ce sujet par le gouvernement belge, mérite d'être mentionnée. Depuis quelques années, on prétendait que certaines usines étaient nuisibles à la santé et à la végétation, et l'opinion publique s'en était tellement émue, surtout dans la province de Namur, que le gouvernement en fit un rapport au ministère de l'intérieur à Bruxelles. On nomma une commission composée de deux chimistes et deux botanistes, qui commencèrent leur enquête en juin 1855 ; elle dura plusieurs mois, pendant lesquels ils bornèrent leurs recherches aux fabriques d'acide sulfurique, de soude, de couperose et de chlorure de chaux. Les deux chimistes se rendirent compte des procédés de fabrication et analysèrent les gaz qui s'échappaient des cheminées. Ils arrivèrent à la conclusion que les fabriques de soude étaient les plus nuisibles, et que les cheminées élevées étaient plus dangereuses que les basses, en raison de la plus grande étendue sur laquelle elles déversaient les vapeurs ; ils pensaient, en outre, que les cheminées hautes, en augmentant le tirage, entraînaient des gaz qui autrement se seraient décomposés dans leur parcours. Ils arrivaient donc, contrairement à l'opinion généralement admise, à conclure que les vapeurs délétères se répandaient moins facilement avec une cheminée courte qu'avec une élevée.

De leur côté, les botanistes montrèrent, comme on devait s'y attendre, que l'effet produit sur la végétation se faisait principalement sentir dans la direction des vents prédominants, et beaucoup plus pendant les pluies ou le brouillard que pendant la belle saison. Ils mirent hors de doute l'effet pernicieux de la fumée due à la présence d'acide sulfurique ou chlorhydrique, et trouvèrent que la distance la plus considérable, à laquelle son effet se faisait sentir, était de 2000 mètres, et la plus petite de 600 mètres. Ils comptèrent 34 espèces d'arbres qui paraissaient susceptibles d'être endommagées, depuis le charme (*carpinus betulus*) jusqu'à l'aune, entre lesquels ils plaçaient le hêtre, le sycomore, le tilleul, le peuplier, le pommier, le rosier et le houblon. Quant aux effets produits sur la santé des hommes et des animaux, la commission trouva que la proportion des décès était moindre dans la population environnante qu'avant la construction des usines ; elle était tombée à 1 décès pour 66 personnes, de 1 pour 58 qu'elle était auparavant. On peut attribuer ce fait à l'accroissement de bien-être résultant des salaires gagnés dans ces usines. Cependant, la commission fut d'avis que la santé des hommes et des chevaux n'avait rien à redouter du voisinage des usines, et la végétation si peu de chose, que les fermiers pouvaient mettre leurs craintes de côté et le gouvernement s'abstenir de toute intervention. — *Journal des Chambres*, 29 mai 1857.

quelques-unes supportent très-bien la comparaison avec celles employées dans d'autres industries. Les différentes opérations de la fabrication du gaz ne peuvent être abandonnées à elles-mêmes. Il faut y apporter de la réflexion, des efforts, de l'intelligence, du soin, de l'habileté et une attention constante surtout, car le travail n'arrête jamais. La fabrication du gaz est continue ; elle marche jour et nuit.

CHAPITRE QUATRIÈME

DES AVANTAGES DE L'ÉCLAIRAGE PAR LE GAZ

Il est à peine nécessaire, aujourd'hui, d'insister sur la supériorité du gaz sur les autres modes d'éclairage. Il reste encore cependant des préjugés à détruire contre son emploi dans les habitations particulières; et quelques-uns des avantages propres au gaz méritent d'être mieux connus. Nous réfuterons d'abord les objections faites à l'usage du gaz dans les habitations, et qui sont fondées sur le danger et l'insalubrité dont on l'accuse.

La meilleure réponse à faire contre le prétendu danger du gaz est peut-être la suivante : les Compagnies d'assurance contre l'incendie sont tellement convaincues de son innocuité, qu'elles ne réclament aucun supplément de prix dans les endroits où l'on en fait usage, ni aucun avis quand on l'établit dans une maison. Cette raison pratique de la sécurité du gaz est fondée sur l'expérience acquise, que les maisons éclairées au gaz courent moins de chances d'incendie que celles où on emploie des chandelles et des lampes, qui peuvent constamment lancer des étincelles, dont on laisse tomber les mouchures non éteintes, et qu'on transporte çà et là.

On attribue l'insalubrité du gaz aux fuites accidentelles, à la corruption de l'air par la combustion et à la chaleur accablante qu'elle produit. On peut répondre à la première de ces objections qu'une petite quantité d'hydrogène carboné, mêlée à l'air que nous respirons, n'est pas nuisible à la santé. Et, en admettant le contraire, l'odeur du gaz le dénonce si facilement que la moindre fuite se découvre et peut se réparer de suite. La perfection actuelle des appareils à gaz a aussi beaucoup diminué les chances de fuites, dont on a d'ailleurs exagéré les inconvénients et les dangers.

La corruption de l'air par la combustion est une objection qu'on peut adresser à tous les genres d'éclairage, et plus encore aux chandelles et aux lampes qu'au gaz. Les observations suivantes de M. Lewis Thompson éclaircissent d'ailleurs ce point d'une façon péremptoire.

« Il y a beaucoup de personnes qui sont persuadées que le gaz de houille produit en brûlant des gaz très-délétères, dont la cire, le suif, l'huile et même les charbons sont complétement exempts ; et cette opinion semble corroborée par la production de certaines maladies ou par l'avis erroné de quelques médecins. La vérité est que les avocats de cet étrange préjugé ne savent faire aucune différence entre le gaz brûlé comme tel ou non ; car dans toutes les circonstances où l'on brûle de la cire, du suif. de l'huile, etc..., c'est du gaz, et rien que du gaz qui brûle ; la seule différence est que le gaz de houille est toujours purifié avant sa combustion, tandis que le gaz qui se produit dans une chandelle ou une lampe, brûle sans être purifié ; il en résulte que, à égalité de lumière, il doit vicier et vicie l'air d'un appartement beaucoup plus que le gaz de houille. Si donc il est vrai que le gaz soit insalubre, la cire et l'huile doivent l'être à bien plus forte raison, puisque toutes les impuretés qu'elles dégagent se répandent dans les lieux qu'elles éclairent ; tandis que la majeure partie au moins de celles produites par le gaz de houille restent dans les usines. La question est donc de savoir, non pas si la combustion du gaz est nuisible à la santé, puisque, dans un cas comme dans l'autre, c'est toujours du gaz que l'on brûle pour produire de la lumière ; mais bien s'il vaut mieux brûler du gaz pur ou impur (1). »

La production du gaz d'éclairage a, en effet, beaucoup d'analogie avec celle de la flamme produite par la combustion directe du suif, de la cire et de l'huile. Ces substances consistent principalement, de même que la houille, quoique sous une forme plus pure et plus concentrée, en carbone et en hydrogène, susceptibles de se transformer par la chaleur en gaz hydrogène carboné. Dans la chandelle ou la lampe, les tubes capillaires de la mèche font l'office des cornues dans lesquelles on distille la houille pour la fabrication du gaz ; la chaleur de la flamme, produite par la combustion, suffit pour décomposer l'huile à mesure qu'elle monte dans la mèche, et une nouvelle quantité de gaz se produit ainsi continuellement et entretient la flamme. Dans la lampe et dans la chandelle, il faut d'abord que l'huile ou le suif se décompose et se convertisse en gaz, pour que la flamme se produise, absolument comme si on les chauffait dans une cornue et qu'on conduisît le gaz produit, par un tuyau, jusqu'au brûleur.

Toute la différence qui existe entre l'éclairage au gaz, et l'opération qui se passe en petit dans une lampe ou une chandelle, consiste en ce que l'appareil de distillation est éloigné au lieu d'être dans la mèche, et que le gaz, après avoir été emmagasiné dans un gazomètre, est envoyé à travers des tuyaux, pour être brûlé à mesure qu'il sort du bec, au lieu d'être brûlé au moment et dans l'endroit même où il se produit.

Ceux qui ont des préventions contre l'éclairage au gaz diront peut-être que, en admettant même que la flamme d'une chandelle résulte de la combustion d'un gaz qui se forme au fur et à mesure, la matière est plus pure que la houille et par conséquent moins malsaine. Mais les expériences de M. Lewis Thompson ont réfuté cette opinion. La comparaison était faite entre la cire pure et le gaz ordinaire (dit de 13 bougies). L'analyse donna pour 100 parties en poids de cire : carbone, 78,2 — hydrogène, 12,1 — oxygène, 9,7. Et l'analyse du gaz donna : carbone, 72,1 — hydrogène, 26,4 — oxygène, 1,5.

On détermina que 5 pieds cubes (140 litres), ou 1064 grains (69gr,16) de gaz donnaient autant de lumière que 1885 grains (122gr,525) de cire, quand la mèche était arrangée avec le plus grand soin. Mais les 1885 grains de cire contenant, d'après l'analyse, 1474 grains (95gr,810) de carbone, doivent produire par la combustion 5404 grains (351gr,26) d'acide carbonique ; tandis que le gaz, contenant seulement 767 grains (49gr,855) de carbone, ne produira que 2812 grains (182gr,78) d'acide carbonique. Ainsi pour la production d'une même quantité de lumière par la combustion de la cire et du gaz de houille, l'air sera vicié par près de deux fois autant d'acide carbonique avec la cire qu'avez le gaz.

(1) *The Nature and Chemical Properties of Coal-Gas*, par Lewis Thompson. (De la nature et des propriétés chimiques du gaz de houille.)

Les autres modes d'éclairage ont donné à peu près les mêmes résultats. On a brûlé séparément, dans une quantité d'air donnée, du gaz de houille et d'autres corps combustibles donnant la même proportion de lumière, et on a noté le temps après lequel la flamme s'éteignait par suite de la corruption de l'air. On a trouvé les résultats suivants :

L'huile de colza s'éteignait en......	71 minutes.	Les bougies de cire s'éteignaient en	79 minutes.
L'huile d'olive..................	72 —	Les bougies de sperma ceti.........	83 —
Le suif de Russie................	75 —	Le gaz de houille (13 bougies)......	98 —
L'huile de blanc de baleine.........	76 —	Le gaz de cannel (28 bougies)......	152 —
L'acide stéarique.................	77 —		

Les nombres précédents indiquent la salubrité comparative de ces matières éclairantes, et l'on peut en conclure que l'atmosphère d'une chambre close, éclairée par du gaz de cannel, entretiendrait la respiration deux fois aussi longtemps que celle de la même chambre éclairée d'une manière égale au moyen de chandelles de suif.

La chaleur produite par l'éclairage au gaz est une objection qui n'est pas plus fondée que sa prétendue insalubrité. Il peut être vrai qu'une chambre éclairée au gaz soit plus chaude qu'éclairée avec des chandelles ; mais la cause en est, non pas dans la plus grande chaleur dégagée par le gaz, mais en ce que le gaz est employé pour donner plus de lumière. Si l'on se contentait de la même quantité de lumière, à laquelle on est habitué avec les chandelles, ou si on augmentait le nombre de ces dernières de manière à avoir autant de lumière qu'avec le gaz, on trouverait que la chaleur fournie par le gaz est moindre qu'avec les lampes ou les chandelles. L'expérience a prouvé, en effet, que la combustion de l'huile de colza produit près de deux fois autant de chaleur que la flamme du gaz de cannel, pour le même pouvoir éclairant, et que, comparée au gaz ordinaire (dit de 13 bougies de spermaceti), la quantité de chaleur est dans le rapport de 78 à 68. Une chambre éclairée par une forte lampe modérateur, alimentée avec de l'huile de colza, est aussi échauffée que par une flamme de gaz qui fournit une plus grande quantité de lumière.

Après avoir montré que les objections, élevées contre l'introduction du gaz dans les appartements, étaient sans fondements, il ne sera pas difficile de prouver que son adoption présente de grands avantages. L'économie de l'éclairage au gaz est généralement admise ; et M. Rutter l'a clairement établie dans une petite brochure intitulée « Gas in Dwelling houses » (le gaz dans les appartements), publiée par MM. Parker et fils, et dont voici un extrait :

« La seule manière exacte d'apprécier le prix relatif de l'éclairage au gaz et de celui produit par le suif, la cire et l'huile, est de faire la comparaison pour une quantité égale de lumière, en employant chacune des substances éclairantes dans les circonstances les plus favorables, et dans les conditions où on s'en sert dans la pratique. Dès qu'on installe le gaz, il est rare qu'on se contente de la même quantité de lumière qu'auparavant. Cependant, tant qu'on reste dans des limites raisonnables, cet excès n'influe pas beaucoup sur les résultats des calculs suivants, parce qu'avec un peu de soin il n'y a aucune perte dans l'usage du gaz, tandis qu'avec les précautions les plus grandes, on ne peut éviter les pertes dans l'emploi des chandelles et des lampes. En adoptant les prix suivants comme termes de comparaison :

Chandelles de suif plongées..	0f, 63	la liv. (453 gram.)	Bougies de cire.............	2f, 92	la liv. (453 gram.)
Chandelles de suif moulées...	0, 84	—	Solar oil (huile solaire).....	5, 00	le gall. (4lit,543.)
Bougies factices...........	1, 25	—	Huile de blanc de baleine....	10, 00	—

le prix relatif de quantités de lumière égales, fournies par chacune de ces matières, en comparaison avec le gaz, est donné dans le tableau suivant.

PRIX COMPARATIF DE LA LUMIÈRE DES CHANDELLES, DES LAMPES ET DU GAZ (1).

	QUANTITÉS ET PRIX des CHANDELLES ET DE L'HUILE.		QUANTITÉS ET PRIX DU GAZ.		
			litres.	0f,309 par m. cub.	0f,264 par m. cub.
(2) Chandelles de suif (plongées)	1 liv. (453 gr.)	0f,63	588	0f,182	0f,155
Chandelles de suif (moulées).	Id.	0,84	588	0,182	0,155
(3) Bougies factices...........	Id.	1,25	700	0,216	0,184
Bougies de cire...........	Id.	2,92	700	0,216	0,184
(4) Solar oil (huile solaire).....	1 gall. (4l,543)	5,00	4900	1,514	0,293
Huile de blanc de baleine....	Id.	10,00	6076	1,877	1,604

On verra, en se reportant à ce tableau, que si le prix du gaz est, par exemple, de 0f,264 par mètre cube, la quantité nécessaire pour produire une lumière égale à celle donnée par une livre de chandelles de suif à 0f,84, ne coûtera que 0f,155, c'est-à-dire moins du quart du prix des chandelles. Comparé avec les bougies de cire, le prix du gaz n'est que le seizième; de même, par rapport aux huiles les moins chères, le prix de l'éclairage au gaz est quatre fois moindre, et, par rapport à l'huile de baleine, il est six fois moindre. »

Dans le tableau ci-dessus, on a comparé la lumière du gaz avec celle de l'huile et des chandelles en supposant le prix du gaz à 0f,264 et 0f,309 par mètre cube, qui est bien plus élevé que celui auquel il est vendu dans la plupart des grandes villes d'Angleterre. Le prix ordinaire du gaz (dit des 13 bougies de spermaceti) est, à Londres, de 0f,198, et, dans la cité de Londres, seulement de 0f,176 ; par conséquent, le prix relatif du gaz est le tiers de celui donné dans le tableau. Si l'on prenait comme point de comparaison le prix et la qualité du gaz de Liverpool, le coût de tous les autres modes d'éclairage serait encore plus disproportionné. La qualité du gaz dans cette ville est de 24 bougies spermaceti, et son prix est seulement de 0f,165 par mètre cube ; par conséquent, si 700 litres de gaz ordinaire donnent une lumière égale à celle d'une livre de bougies de cire, 378 litres du gaz de Liverpool donneront la même quantité de lumière, et le prix ne sera que de 0f,062, comparé aux 2f,92 que coûte la livre de bougies de cire.

(1) Les prix des chandelles et de l'huile, quoique sujet à des variations, sont sensiblement uniformes dans toutes les parties du royaume. Il n'en est pas ainsi, et cela n'aura jamais lieu pour le gaz, dont le prix peut varier dans de grandes limites suivant les circonstances locales. On ne se rend pas bien compte de cela, et il faut en donner l'explication. La houille étant la matière première employée dans la fabrication du gaz, et son prix le plus bas variant, suivant les localités, de 5 francs à 28 francs 75 centimes la tonne, il est évident que le prix du gaz doit nécessairement varier aussi. Ce n'est pas la seule cause des différences de prix du gaz; le coût de la fabrication, toutes choses égales d'ailleurs, est plus considérable dans les petites usines que dans les grandes. Il serait aussi peu raisonnable de s'attendre à ce que, dans une petite ville, le gaz pût être vendu au même prix que dans une ville dix ou vingt fois plus considérable, qu'il le serait de penser qu'un châle ou une pièce de calicot reviendrait aussi bon marché fabriqué à la main qu'avec une machine.

(2) Bien que les chandelles plongées coûtent moins cher que celles moulées, il y a une perte plus considérable, et par conséquent la lumière revient aussi cher ou même plus qu'avec les dernières.

(3) La durée moyenne des bougies factices et en cire est de deux heures moindre que celle des chandelles communes, mais elles donnent plus de lumière dans la proportion de 6 à 5.

(4) Si l'on brûle l'huile commune dans une lampe qui ne soit pas disposée de manière à assurer sa parfaite combustion, il y a perte d'huile et de lumière, au point que le prix de la lumière devient le double de ce que nous l'indiquons.

Un rapport du docteur Letheby aux commissaires des égouts de la Cité, en date du 10 mai 1852, donne les détails suivants sur la valeur comparative du gaz comme éclairage artificiel :

« 140 litres de gaz donnent une lumière égale à celle de 23 chandelles moulées de six à la livre, brûlant chacune sur le pied de 9gr,425 à l'heure ; ou à celle de 18 lampes ordinaires, brûlant chacune 8gr,645 de bonne huile de spermaceti à l'heure ; ou à celle de 2,5 lampes d'Argand, brûlant chacune 29gr,25 de la même huile à l'heure ; ou à celle de 13 bougies de spermaceti de six à la livre, brûlant chacune 8gr,645 à l'heure ; ou enfin à celle de 15 bougies factices de six à la livre, brûlant chacune 8gr,840 à l'heure. Si donc nous recherchons les prix relatifs de ces différents modes d'éclairage, nous trouverons que :

Le gaz égale	1
L'huile de blanc de baleine brûlée dans une lampe d'Argand	8
Les chandelles de suif moulées, de six à la livre	12
L'huile de blanc de baleine brûlée dans une lampe sans verre	17
Les bougies de spermaceti, de six à la livre	24
Les bougies factices, de six à la livre	29
Les bougies de cire, de six à la livre	30

« En d'autres termes, en mettant le prix du gaz à 0f,176 par mètre cube, le prix des chandelles moulées à 0f,63 par livre, celui de l'huile de blanc de baleine à 10 francs par gallon (4lit,543), et celui des bougies de cire de spermaceti et factices à 2f,50 par livre, on peut dire que, pour 1 franc de gaz, on aura autant de lumière que pour 8 francs d'huile de blanc de baleine brûlée dans une lampe d'Argand, ou que, pour 12 francs de chandelles moulées, ou 17 francs d'huile de blanc de baleine brûlée dans une lampe sans verre, ou 24 francs de bougies de spermaceti, ou 29 francs de bougies factices, ou 30 francs de bougies de cire. »

Les proportions de matières éclairantes équivalentes à 1,000 pieds cubes (28mc,315) de gaz (de 13 bougies), sont données par M. Lewis Thompson comme suit :

1000 pieds cubes de gaz égalent	44 $\frac{4}{7}$	livres de bougies de spermaceti.
	48 $\frac{4}{7}$	— de bougies de cire.
	5 $\frac{1}{7}$	— de bougies stéariques (1).
	52 $\frac{9}{10}$	— de bonnes chandelles moulées.
	54 $\frac{1}{7}$	— de bonnes chandelles plongées.
	6 $\frac{1}{2}$	gallons d'huile de colza purifiée (densité 0,91).
	5 $\frac{9}{10}$	— d'huile de blanc de baleine (densité 0,883) (2).

Ce tableau permet de déterminer facilement la valeur comparative des différentes matières éclairantes. Ainsi, par exemple, si le gaz coûte 4 s. 6 d. (5f,63) par mille pieds (0f,198 par mètre cube), le prix des bougies de cire, à 2 s. 4 d. (2f,92) par livre, qui produiraient autant de lumière, serait de 5 f. 14 s. (142f,50).

---

(1) Il y a évidemment une erreur typographique dans ce chiffre de 5 $\frac{1}{7}$ livres de bougies stéariques, car les bougies stéariques sont à peu près équivalentes aux bougies de spermaceti. *(Note du trad.)*

(2) Ces résultats, transformés en mesures françaises, et rapportés au mètre cube de gaz, donnent :

1 mètre cube de gaz équivaut à	712	grammes de bougies de spermaceti.
	781	— de bougies de cire.
	82	— de bougies stéariques. (?)
	846	— de bonnes chandelles moulées.
	877	— de bonnes chandelles plongées.
	1,042	litre d'huile de colza.
	0,946	— d'huile de blanc de baleine.

(Note du trad.)

Outre les avantages que le gaz présente comme moyen économique d'éclairage, il y a beaucoup de circonstances où il se substitue avec économie aux autres combustibles pour le chauffage. Il ne peut certainement pas lutter avec la houille pour la cuisine et le chauffage des appartements ; mais quand on a besoin de feu accidentellement et pour peu de temps, le gaz est non-seulement très-convenable, mais plus économique que le charbon. Le tableau suivant, qui donne le résultat de plusieurs expériences, montre la dépense relative pour mettre en ébullition un gallon (4^{lit},543) d'eau dans une bouilloire en cuivre avec de la houille allumée exprès et avec un fourneau à gaz, et le temps employé dans les deux cas :

	HOUILLE EMPLOYÉE.	BOIS EMPLOYÉ.	TEMPS NÉCESSAIRE.	DÉPENSE TOTALE.
Avec du feu........	1^k,925	0^f,021	1 heure.	0^f, 08
Avec le gaz.........	112 litres à 0^f,198 le mètre cube.		20 minutes.	0 , 022

On voit donc que, dans certains cas, il y a une économie d'argent dans le rapport de 3,5 à 1, et une économie de temps des deux tiers par l'usage du gaz ; et, en outre, on a évité l'ennui d'allumer le feu, la fumée et la poussière.

Diverses dispositions ont été adoptées pour donner aux fourneaux à gaz l'aspect gai et brillant d'un feu de houille. Ainsi, on forme une grille avec des tubes percés de trous, qui sont en communication avec les tuyaux de gaz, et on les garnit avec des substances poreuses incombustibles qui rougissent et imitent parfaitement un feu de charbon de terre. Le docteur Bachhoffner a aussi employé le platine dans le même but, et a construit un appareil qu'il nommait le « polytechnic fire » (feu polytechnique) ; mais le prix du métal s'opposait à un usage général. Ce mode de chauffage ne peut se généraliser tant que les prix relatifs du charbon et du gaz resteront ce qu'ils sont ; mais il y a des circonstances où on peut l'adopter avec avantage, et la commodité que présente le gaz de s'allumer instantanément le rend précieux pour les usages accidentels.

Quelque grands que soient les avantages du gaz pour l'éclairage des boutiques et des appartements, ils sont bien plus grands encore au point de vue de l'éclairage public. Aucun autre mode d'éclairage n'est aussi efficace et économique pour les villes que le gaz de houille, et l'on admet généralement que son usage a considérablement diminué le nombre des crimes et délits publics, en même temps qu'il contribue au bien-être des habitants. Les avantages généraux et particuliers de l'éclairage au gaz sont, en effet, si manifestes et si connus, qu'il paraît étrange qu'il y ait dans le royaume une ville où il ne soit pas adopté. Une petite ville ne peut être éclairée au gaz à aussi bon marché qu'une grande, parce que le coût des appareils, la main-d'œuvre et les frais généraux sont plus grands en proportion ; cependant, une ville où il y aurait seulement 200 abonnés, peut être éclairée au gaz à un prix inférieur à celui que dépensent les habitants en huile et en chandelles. Quelques chiffres vont le démontrer. Prenons pour point de comparaison la lampe à huile la plus économique, c'est-à-dire la lampe solaire, alimentée avec l'huile de poisson. Une telle lampe, bien en état, donnera une lumière égale à environ cinq chandelles moulées de six à la livre ; et, en admettant qu'elle brûle en moyenne 4 heures par jour pendant l'année, soit pendant 1,460 heures, elle consommerait environ 70^{lit},41 d'huile qui, à 1^f10 le litre, coûteront 77,45 francs par an. Un bec de gaz d'Argand, brûlant 91 litres à l'heure, donnerait aussi une lumière égale à 5 chandelles moulées, et consommerait, pendant 1,460 heures, 132^{mc},860 ; et, en tenant compte de l'intérêt des appareils et du compteur, le gaz à 0^{f},44 le mètre cube serait meilleur marché, et l'on sait aujourd'hui combien le gaz est plus sûr, plus brillant et plus agréable ; mais cette manière d'apprécier le prix comparatif du gaz n'est pas la meilleure. Quand il faut plus d'une lampe pour éclairer la devanture d'une boutique, par exemple, l'économie du gaz est bien plus considérable, car un bec d'Argand à seize trous, brûlant 140 litres de gaz ordinaire à l'heure, donne une lumière égale à treize chandelles, dont l'équivalent en huile pour une année est de 181^{lit},72, coûtant 200 francs.

Au prix de 0^{f},44 par mètre cube, 200 brûleurs produiraient 11,375 francs de recette brute ; et, en admettant que les dépenses de fabrication et de distribution s'élèvent à 0^{f},22 par mètre cube (ce qui est un maximum), l'intérêt serait de plus de 10 p. 100 du capital dépensé, pour une ville dans de mauvaises conditions (1).

On connaît si bien maintenant les frais de premier établissement, de main-d'œuvre, la quantité de houille et d'autres matières à dépenser, et le produit qu'on doit en attendre, et on peut les calculer avec tant d'exactitude, que l'argent, engagé dans l'établissement d'usines à gaz, rapporte presque aussi sûrement son intérêt que dans les fonds publics. Ce n'est plus une spéculation, mais une opération analogue à la fondation d'une fabrique pour la production d'un autre article de commerce.

Quand nous parlons ainsi du succès certain d'une usine à gaz, il est bien entendu que nous supposons que les appareils en sont disposés et exécutés avec soin. Quelques personnes, voyant les bénéfices produits par ce genre d'établissements, ont été amenées à faire construire des usines à leurs frais en attendant le même succès; mais, dans bien des cas, elles ont échoué en employant des gens ignorants, et c'est une des raisons qui ont retardé la généralisation de l'éclairage au gaz.

Les usines construites par des gens incompétents sont les seules qui n'aient pas répondu aux espérances des capitalistes. Il est toujours désagréable d'avoir à blâmer, mais on ne peut nier qu'il y ait des personnes sans expérience qui se croient capables de diriger une usine à gaz : leur ignorance est toujours cause d'insuccès. C'est réellement une tromperie que de se charger, sans des connaissances suffisantes, de travaux de la bonne exécution desquels dépend le succès ; et ceux qui se laissent ainsi tromper, ne reconnaissent souvent leur méprise que trop tard.

La fabrication du gaz semble à première vue très-facile, et c'est une des causes des erreurs qui y sont commises. Les opérations paraissent certainement très-simples, et cependant il y en a peu qui demandent plus de science, de jugement et de soin. Les cornues, par exemple, doivent être disposées de manière à exiger la plus petite quantité possible de combustible, et de manière à ce qu'on ne puisse les trop chauffer ; il faut les surveiller attentivement pour que le dépôt intérieur de carbone soit aussi faible que possible et ne mette pas les cornues hors de service avant le temps

---

(1) 200 brûleurs, à 140 litres par heure, brûlent pendant une année (1460 heures) 40880 mètres cubes :

Dépenses de fabrication et de distribution 40880 × 0,22 =	8993^{f},60
Recette brute........... =	11375,00
Différence..................	2381^{f},40

qui représentent, à 10 p. 100, un capital de 23814 francs. (*Note du trad.*)

voulu. Tout cela ne s'apprend que par la pratique et varie avec la qualité de la houille, la forme et la capacité des cornues elles-mêmes. Il faut aussi une grande expérience pour déterminer les dispositions les plus convenables pour les condenseurs, les purificateurs, etc., et pour proportionner la fabrication du gaz à la consommation ; mais, ce qui peut-être demande le plus d'expérience, est la bonne disposition de la canalisation, dont on verra l'importance dans le chapitre qui traitera de ce sujet.

L'alimentation de l'éclairage public seul ne peut s'entreprendre avec profit, les plus grands bénéfices ne s'obtenant que lorsqu'on distribue une grande quantité de gaz dans un petit parcours. Plus l'éclairage est disséminé, moindre est le profit, à cause de l'étendue de la canalisation et du service des appareils.

CHAPITRE CINQUIÈME

DES CORNUES.

La bonne disposition des cornues dans lesquelles on distille la houille, et la conduite bien entendue de la distillation, constituent les parties essentielles de la direction d'une usine à gaz. La quantité de gaz qu'on peut obtenir, dans un temps donné, d'une quantité de houille déterminée ; la dépense de combustible nécessaire à la production de cette quantité de gaz ; le degré de détérioration auquel l'appareil distillatoire est soumis ; l'uniformité, pour ainsi dire, du gaz lui-même : tout cela dépend des conditions convenables et des principes suivant lesquels la fabrication est conduite ; et, en dernière analyse, toutes ces circonstances déterminent le prix auquel on pourra livrer le gaz aux consommateurs.

La forme et les dimensions des cornues, et les matières qui entrent dans leur composition, sont très-variées ; leur mode de fabrication varie aussi. Il sera donc utile de décrire celles qui se distinguent le plus par leur forme, et les avantages qui résultent de leur construction propre. Avant de décrire cependant ces différentes particularités, il sera nécessaire d'indiquer quelques-unes des formes communes à la plupart des cornues.

La forme généralement adoptée pour les cornues de fonte, comme remplissant le mieux les conditions requises pour soumettre à l'action de la chaleur la surface et l'épaisseur de houille les plus considérables, est, en coupe, celle d'un arc de cercle se reliant à une base rectiligne par des côtés verticaux. C'est ce qu'on appelle la cornue en D. La hauteur de l'arc est plus ou moins grande par rapport à sa largeur, et les dimensions varient aussi ; mais les dimensions ordinaires sont d'environ $0^m,375$ de largeur sur $0^m,325$ de hauteur, les côtés verticaux ayant $0^m,150$ avant le commencement de l'arc de cercle. La longueur habituelle d'une cornue est de $2^m,10$ à $2^m,70$, mais on se sert maintenant, dans les grandes usines, de cornues de 6 mètres de longueur, ouvertes aux deux extrémités et munies de tampons à chaque bout.

Autrefois, toutes les cornues étaient en fonte, d'une épaisseur d'environ $0^m,03$; leur poids, pour une longueur de 2^{m},10, une hauteur de 0^{m},35, et une longueur de 0^{m},25, était d'environ 762 kilogrammes. La figure 8 montre cette sorte de cornue en plan et en coupe, et l'on voit qu'elle se rétrécit vers la tête.

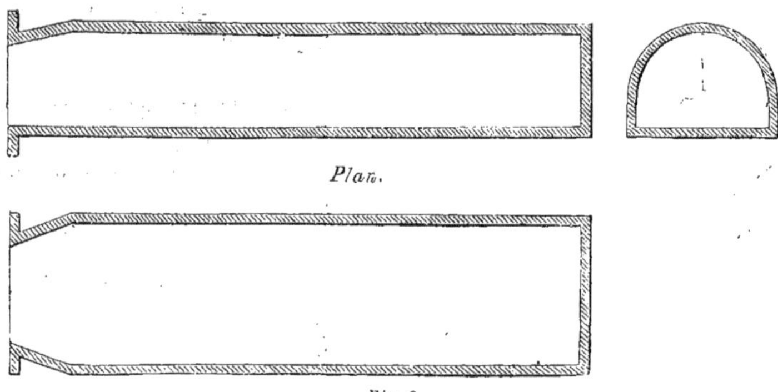

Fig. 8.

L'usage des cornues de terre s'est beaucoup répandu depuis quelque temps, et leur bon marché et leur durée les font substituer aux cornues de fonte. Il y a différents genres de cornues de terre : les unes sont faites d'une seule pièce ; d'autres sont en plusieurs longueurs, réunies bout à bout ; d'autres enfin sont construites en briques, comme des fours à coke. Les cornues de terre, faites d'une seule pièce, se construisent plus facilement dans la forme circulaire ou ovale, parce qu'il est difficile de faire cuire de la poterie plate sans qu'elle se fendille vers les angles. Quand on les construit avec des briques, la forme en D est préférable et convient mieux à la distillation.

Toutes les cornues sont munies d'une tête en fonte, par laquelle on les charge et on les délute. Ces têtes sont représentées planches I, II et III. Dans cette dernière planche, les têtes et leurs tampons sont gravés à une plus grande échelle en élévation, plan et vue de côté dans les figures 5, 6 et 7. La tête a environ 0^{m},25 de longueur, et 0^{m},018 d'épaisseur. On peut faire venir à la fonte une tubulure qui reçoit le *tuyau montant* par lequel s'échappent les produits de la distillation. Cette tubulure doit reposer sur la tête par l'intermédiaire d'un bout de tuyau, comme l'indiquent les planches, parce que, quand le joint est fait tout près de la surface, il absorbe beaucoup de chaleur, à cause de son épaisseur, et décompose le goudron qui s'accumule vers cet endroit, ce qui engorge le tuyau. Ce bout de tuyau, qui peut avoir de 0^{m},10 à 0^{m},12 de longueur, obvie à cet inconvénient.

Pour les cornues de fonte, les têtes s'ajustent au moyen de boulons qui passent au travers de brides, venues de fonte, aux cornues et aux têtes, et entre lesquelles on met du mastic. Le mastic de fonte est le meilleur pour ces sortes de joints, et s'emploie pour tous ceux qui sont exposés à la chaleur. Il est composé ainsi : 1 partie de sel ammoniac, 1 partie de fleur de soufre, et 32 parties de limaille de fonte bien propre ; on mélange bien le tout, qu'on conserve dans un endroit sec (1). Quand on veut se servir de ce mastic, on y ajoute de l'eau, et quand il

(1) Il vaut mieux ne préparer ce mastic qu'au moment de s'en servir, sans quoi le fer s'oxyde et le mastic perd sa cohésion. (*Note du trad.*)

la consistance convenable, on le laisse en repos pendant quelques heures, puis on le bourre dans le joint, qu'on serre. On ménage entre les brides un espace d'environ 0m,01, au moyen de cales en bois, et on tasse le mastic dans cet intervalle au moyen d'un ciseau carré à pointe émoussée appelé *mattoir*. Une bague de tôle, placée entre les deux brides, empêche le mastic de s'échapper; on l'enlève quand le joint est fait. Il se produit une vive réaction entre les matières qui composent le mastic, et entre celui-ci et la surface des brides de fonte, qui se trouvent réunies ainsi par une sorte de pyrite dont toutes les parties adhèrent fortement entre elles. M. Watt prétend qu'on améliore ce mastic en y ajoutant un peu de sable fin provenant d'une meule à repasser.

Il est quelquefois plus convenable, pour les joints qui ne sont pas exposés à la chaleur, de se servir de mastic au minium d'une consistance convenable, appliqué de chaque côté d'un morceau de toile épaisse ou de carton imbibé d'huile de lin, et qu'on serre fortement dans le joint. Cette sorte de joint est étanche et durable; on l'emploie généralement pour les pièces qu'il faut ouvrir accidentellement, et pour celles qu'il faut disjoindre à plusieurs reprises avant de les ajuster définitivement. On gratte et on lime, s'il le faut, la surface de jonction, afin d'enlever les saillies qui pourraient nuire à la confection du joint; mais une pièce bien fondue exige rarement cette opération.

Les têtes s'ajustent autrement sur les cornues de terre. Les figures 9 et 10 représentent, à une échelle de 0m,041 pour 1 mètre, une vue de face et une coupe en plan de la disposition imaginée par M. P. J. Evans, ingénieur de l'usine à gaz de Westminster, pour faire venir de fonte trois têtes de cornues en une seule pièce.

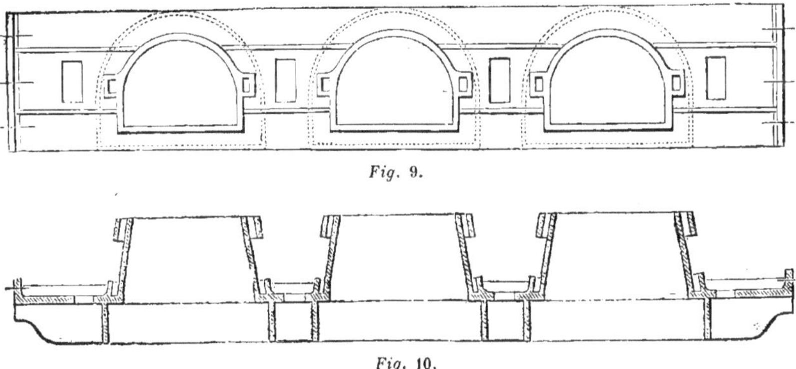

Fig. 9.

Fig. 10.

Les têtes qu'on emploie généralement pour les cornues de terre sont semblables à celles employées pour les cornues de fonte ; les boulons se placent dans les trous pratiqués dans l'épaisseur du bord de la cornue, où ils sont maintenus soit par des clavettes, soit par des écrous (1).

Les tampons des cornues sont représentés planche III, figures 6 et 7. On fixe le tampon sur la tête de cornue au moyen d'un *lut*, formé d'un mélange de chaux sortant des épurateurs et d'un

(1) Il est plus simple de pratiquer, avant la cuisson de la cornue, des entailles en forme de T, dans lesquelles on place des boulons dont la tête a la même forme; les écrous de ces boulons, en serrant sur la bride de la tête de cornue, appuient la tête du boulon sur l'épaulement de l'entaille. (*Note du trad.*)

peu d'argile (1), et on l'assujettit au moyen d'une forte vis à filet carré, passant dans une traverse en fer (appelée *fléau*), dont les extrémités passent dans les *oreilles e, e*, contre lesquelles elles s'appuient quand on serre la vis. On emploie d'autres moyens pour fixer le tampon, entre autres un levier coudé formant excentrique, et tournant autour du fléau ; mais la vis est le plus généralement employée. On emploie maintenant avec avantage des tampons en tôle, surtout pour les cornues larges, à cause de leur légèreté, comparée au poids des tampons en fonte (2).

Les *tuyaux montants*, par lesquels le gaz sort de la cornue, sont représentés en B, B, figures 1 et 2, planche I. Ils ont $0^m,075$ à $0^m,100$ de diamètre à la partie supérieure, et $0^m,125$ à $0^m,150$ à la partie inférieure, afin d'empêcher le goudron de s'accumuler dans le bas de ces tuyaux et d'éviter les obstructions. Le tuyau montant, qui s'élève à 3 mètres environ au-dessus de la tête de cornue, se relie à la partie supérieure avec un tuyau courbe appelé « tuyau en H ou en M, » ou coude, relié lui-même au tuyau descendant C, qui conduit le gaz dans le barillet E. Ce « *plongeur*, » ainsi qu'on l'appelle, descend à l'intérieur du barillet, sur lequel il est fixé, et son extrémité inférieure plonge de $0^m,025$ à $0^m,050$ dans le goudron qui y est contenu. Les trous, par lesquels les plongeurs entrent dans le barillet, sont généralement percés et ajustés sur place pendant le montage des appareils, parce que, étant à des distances inégales, il serait désagréable à l'œil de voir des tuyaux montants placés d'une façon irrégulière (3). La hauteur des plongeurs, mesurée depuis la surface du goudron dans le barillet jusqu'à l'extrémité inférieure du coude, doit être suffisante pour recevoir la hauteur du goudron qui y est soulevé par la pression du gaz. Une hauteur de $0^m,90$ suffit presque toujours, mais la planche indique $1^m,50$, ce qui n'est peut-être pas nécessaire.

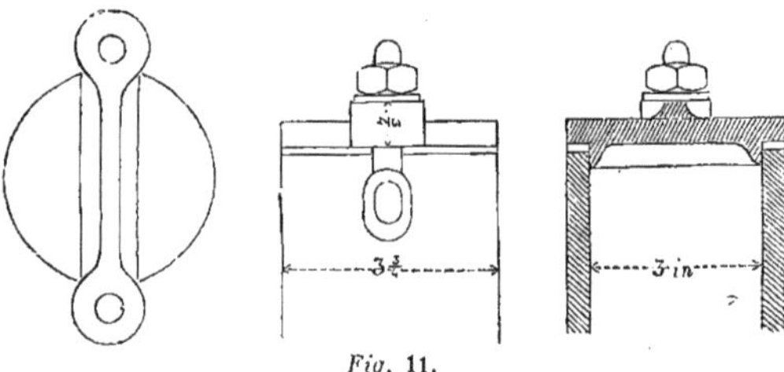

Fig. 11.

L'extrémité supérieure du tuyau montant et celle du plongeur portent des bouchons D, D, qu'on peut enlever pour nettoyer les tuyaux ; le joint en est fait avec du carton et du minium, comme on l'a dit précédemment ; ils sont représentés figure 11 (4).

Le barillet s'étend sur toute la longueur de la batterie de cornues, dans une position parfaite-

(1) Ce lut est peu employé depuis qu'on se sert d'oxyde de fer, en remplacement de la chaux, pour l'épuration du soufre ; il a d'ailleurs le grave inconvénient de brûler les mains des ouvriers qui préparent les tampons ou d'être d'un emploi incommode quand ils se servent de spatules pour le poser ; on emploie généralement comme lut, de la terre à four (terre jaune légèrement argileuse) gâchée avec de l'eau. (*Note du trad.*)

(2) Il y a une autre raison en faveur des tampons en tôle, c'est leur économie ; un tampon en tôle emboutie coûte, en effet, à peu près le même prix qu'un tampon de fonte, qui pèse plus de deux fois autant ; les tampons en fonte se cassent souvent lorsque les ouvriers les jettent ou les laissent tomber, et il faut renouveler environ le tiers du matériel de tampons par année, ce qui n'a pas lieu avec les tampons en tôle qui nécessitent seulement quelques réparations à la forge. (*Note du trad.*)

(3) On évite ce travail énorme de percer sur place les trous du barillet en les faisant venir à la fonte, et en remplaçant les tuyaux de fonte en M par des coudes en plomb, dont l'élasticité permet un peu de jeu dans le montage. Ces coudes en plomb, terminés par des brides venues de fonte ou battues, sont fixés sur les brides des plongeurs et des tuyaux montants, au moyen d'anneaux en fer serrés par des boulons, après quoi on matte le plomb pour rendre le joint étanche. (*Note du trad.*)

(4) Ce genre de bouchons n'est pas à employer, car si le plongeur vient à s'obstruer, le gaz qui se produit dans la cornue exerce une pression considérable, et, ces bouchons étant fixés solidement, il faudra que la cornue casse pour donner pas-

ment horizontale, et à une hauteur suffisante pour être à l'abri des flammes qui sortent des cornues quand on les charge. On le place quelquefois du côté opposé à celui indiqué sur la planche, et on le fait reposer sur les fours mêmes ; mais cela présente des inconvénients quand il faut réparer le briquetage.

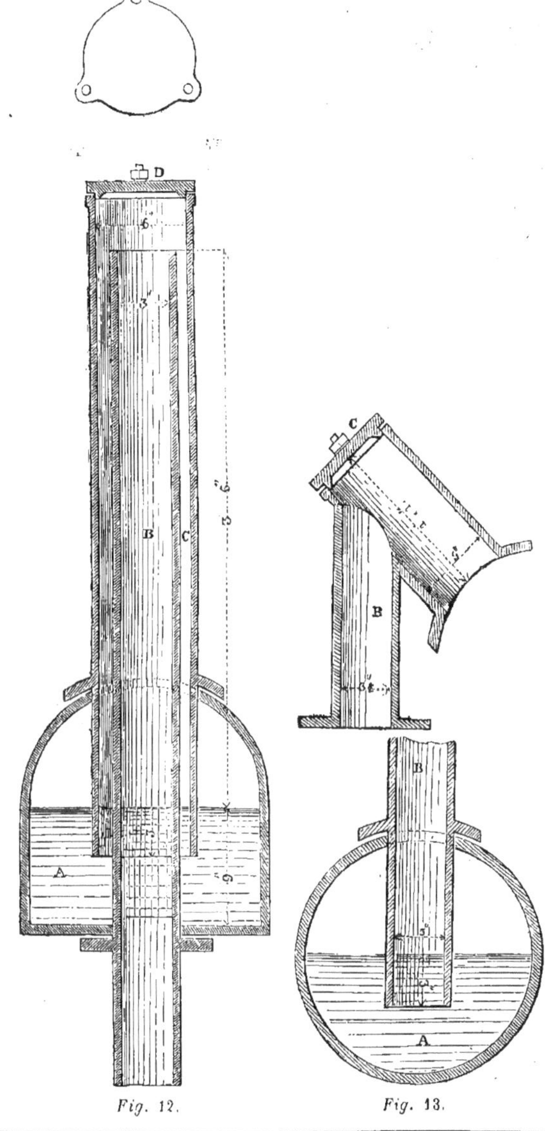

Fig. 12. Fig. 13.

Le barillet est fondu par pièces de longueur convenable, et les joints sont faits avec du mastic de fonte. Il sert à isoler les cornues les unes des autres, quand on en ouvre une ou plusieurs. Comme il est à moitié rempli de goudron, sur la surface duquel le gaz agit, et que les extrémités des plongeurs y sont immergées, ceux-ci se trouvent parfaitement fermés (1). Il y a d'autres manières de relier les cornues au barillet ; elles sont indiquées figures 12 et 13.

Dans la figure 12, A est le barillet ; le fond est plat, pour lui donner plus de capacité et rendre le joint du tuyau montant B plus facile à exécuter. Le plongeur C coiffe le tuyau montant et plonge dans le goudron du barillet. L'espace annulaire qui existe entre ces deux tuyaux doit présenter une surface plus grande que la section du tuyau montant. D est un bouchon qu'on peut enlever pour nettoyer les tuyaux. Cette disposition a un aspect élégant et est économique ; mais son grand inconvénient est la difficulté du nettoyage du barillet entre les tuyaux montants.

La figure 13 indique une manière de placer le barillet au-dessous du sol.

---

sage au gaz. Il est bien préférable de mettre des bouchons mobiles, lutés avec de la terre à four, et dont le poids est calculé de manière à être suffisant pour résister à la pression maximum qui doit se produire dans la cornue en marche régulière ; si cette pression vient à être dépassée, le bouchon se soulève et donne issue au gaz, et l'on peut remédier au mal sans détériorer la cornue. (*Note du trad.*)

(1) La pression du gaz sur la surface du goudron fait monter ce liquide dans les plongeurs, qui sont en rapport avec les cornues ouvertes, à une hauteur égale à celle qui représente cette pression. Les dimensions du barillet doivent être

On ne peut l'utiliser que dans les cas où les cornues sont montées seules ou par deux, et lorsqu'il y a une fosse pour le coke. Elle est cependant très-simple, et peut être adoptée avec avantage dans quelques cas. A est le barillet ; B est le plongeur, qui est relié à la cornue par un coude qui s'ajuste à la tête de cornue, comme d'habitude ; C est un bouchon qui permet de nettoyer à la fois et le plongeur et le coude.

On commence à se servir de barillets en tôle ; ils ont été employés avec succès à l'usine à gaz de la *Phœnix Gas Company*, et dans d'autres établissements. Ils ont plus de diamètre que ceux en fonte, et on les fabrique en longueurs plus considérables. On les fait avec des tôles de chaudières de 0m,01 d'épaisseur, de forme circulaire, plate à la partie supérieure, comme l'indique la figure 14.

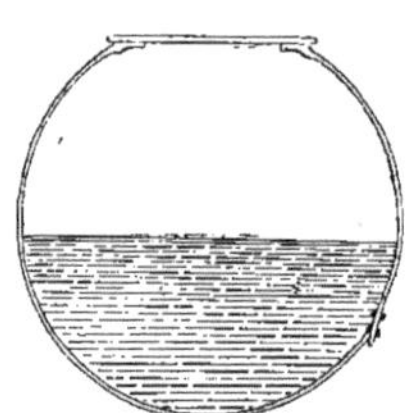

Fig. 14.

Le barillet en tôle de l'usine du *Phœnix* a 0m,612 de diamètre, et est construit par longueurs de 6m,90, dont chacune reçoit 21 plongeurs. Le prix de ce barillet, y compris le montage, est de 418 francs par 1000 kilos.

Il y a deux choses à observer dans la disposition du barillet : d'abord, son diamètre doit être suffisant pour que l'ascension du goudron dans les plongeurs ne fasse pas baisser le niveau au-dessous de leurs extrémités ; et ensuite la partie, vide de goudron, qui conduit le gaz aux condenseurs, doit être disposée de manière à ce que le goudron ne s'y élève pas assez haut pour obstruer le libre passage du gaz ou augmenter sans nécessité la pression sur les cornues. Le diamètre du barillet représenté planche I est de 0m,45, dimension très-suffisante pour les 15 cornues disposées comme elles le sont.

A est une colonne creuse en fonte, qui supporte le barillet au milieu de chaque portion ; elle s'appuie sur une poutre en fonte qui supporte le carrelage de l'atelier.

Le gaz se rend du barillet au condenseur par le tuyau G, qui est muni d'une valve, qui permet d'isoler le barillet des autres batteries de cornues, en cas de réparations ou de nettoyage.

L'excès de goudron qui se condense dans le barillet s'écoule par un petit tuyau H, dans la fosse à goudron placée sous le carrelage ; son extrémité inférieure plonge dans le goudron de la fosse ou dans un vase dont le trop plein tombe dans cette fosse, ce qui est préférable.

Quand on construit de grands ateliers de distillation, il est bon de bâtir une cave pour le coke, pour la facilité de l'approvisionnement. La planche I indique la disposition générale. Le carrelage de l'atelier est supporté sur des voûtes, en briques de 0m,225, qui recouvrent la fosse à coke qui est assez élevée pour qu'on puisse s'y tenir debout ; une ouverture d'environ 0m,600 de largeur, ménagée devant chaque four, sert à recevoir le coke au sortir des cornues. Le carrelage doit être construit en matériaux assez solides pour résister à des chocs réitérés.

Celui qui est figuré planche I est construit en dalles du Yorkshire ; quelques personnes préfèrent la fonte, mais les deux sont aussi bonnes l'une que l'autre (1). Les voûtes surbaissées, qui

---

assez grandes pour qu'il forme un réservoir capable de fournir la quantité de goudron nécessaire à tous les plongeurs sans qu'ils cessent d'être immergés, ce qui établirait une communication entre les cornues fermées et les cornues ouvertes.

(1) On fait des dalles très-économiques et très-dures en poterie, et composées comme suit : 45 parties de mâchefer, 35 terre de Montereau, 20 argile commune. Elles ont 0m,40 de côté, et 0m,07 d'épaisseur. (*Note du trad.*)

supportent le carrelage, s'appuient sur des poutres en fonte fixées d'un côté dans le massif des fours et de l'autre dans le mur de l'atelier.

Les planches I et II et les figures qui suivent montrent les détails du foyer et la circulation des flammes.

L est le foyer : sa largeur est de 0m,35. La longueur des barreaux de la grille est de 0m,60 ; ils sont représentés figure 15.

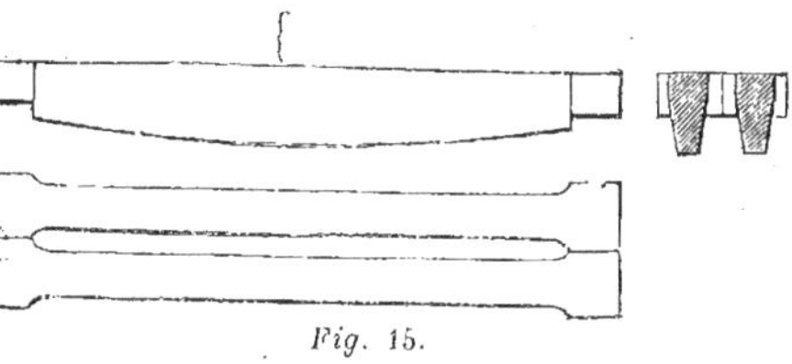

Fig. 15.

Les barreaux sont simplement posés sur les sommiers, de manière à pouvoir les soulever facilement et les débarrasser du mâchefer qui y adhère. On se sert beaucoup aujourd'hui de barreaux de foyer en fer de 0m,05 en carré, au lieu de barreaux de fonte. Un des avantages des barreaux en fer consiste en ce que, quand le milieu est brûlé, on peut les couper en deux et resouder les deux extrémités, qui ne sont pas rongées, pour faire un nouveau barreau.

M, M (pl. I) sont des ouvertures latérales de 0m,075 en carré, ménagées pour le passage des flammes.

N, N sont des murs de 0m,112, construits en briques réfractaires ; ils supportent les carreaux réfractaires T, sur lesquels reposent les cornues inférieures. Les flèches indiquent la direction des flammes.

P, P sont des briques réfractaires, posées sur bout, et surmontées d'un bloc réfractaire qui supporte les deux cornues supérieures. La chaleur à laquelle ces dernières sont exposées étant moins forte, il n'est pas nécessaire de les protéger, comme les autres, par des carreaux réfractaires.

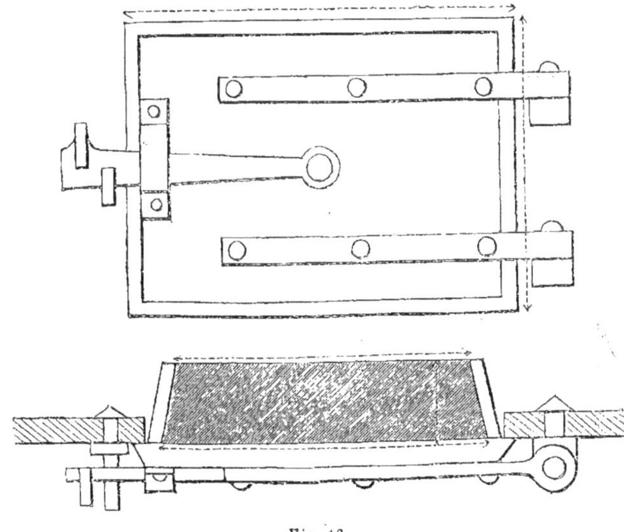

Fig. 16.

O, O sont des ouvertures de 0m,075 sur 0m,112, faisant communiquer l'intérieur du four avec la cheminée courante.

Q est un carneau : chaque four communique avec un carneau semblable.

R est une cheminée courante qui règne sur toute la longueur des batteries et aboutit à la cheminée où tous les carneaux se réunissent. Entre la cheminée courante et chaque carneau se trouve un registre Z pour régler le tirage dans les foyers.

S', S' sont des *regards* en fonte, munis d'un bouchon, au travers desquels on juge de la température des cornues.

V est la porte du foyer qui est protégée par un carreau réfractaire, ainsi que l'indique la figure 16.

W est un châssis en fonte, de $0^{m},037$ d'épaisseur, muni de gonds sur lesquels tourne la porte, et qui sert aussi à protéger la portion de la face du four qu'il recouvre. Dans l'axe de ce châssis et à environ $1^{m},15$ au-dessus de la porte, se trouve un trou carré pour le passage d'une gouttière en fer dans les cas où l'on veut brûler du goudron.

X est une *cuvette* en fonte placée dans le cendrier, pour évaporer les eaux ammoniacales ou les liquides dont on ne peut se débarrasser autrement.

Y, Y sont des ouvertures ménagées dans les murs N, par lesquelles on retire les matières entraînées par le courant du foyer.

La charge la plus convenable, pour une cornue de $2^{m},10$ de longueur et de $0^{m},35$ de largeur, est de 1 $\frac{1}{2}$ quintal ou $76^{kil},2$ de houille par cornue, distillée en six heures. Cette charge couvrira la cornue sur une épaisseur d'environ $0^{m},125$: si le charbon est un peu fin, l'épaisseur sera plutôt moindre. A une température de 27° Wedgwood, point de fusion du cuivre, chaque charge doit produire environ $18^{mc},2$ de gaz, de 0,400 de densité (1), avec de la houille de Newcastle, ce qui fait, pour les cinq cornues, 91 mètres cubes en six heures.

Pour introduire la houille dans les cornues, il faut employer une espèce de cuiller, de préférence à l'ancien système de la pelle. Cette cuiller est une moitié de cylindre en tôle, qui, pour des cornues courtes, comme celles de la planche I, a $1^{m},95$ de longueur et $0^{m},30$ de diamètre; elle est munie d'un manche à son extrémité, comme le représente la figure 17.

On met dans cette cuiller la charge d'une cornue; un homme tient le manche, et deux autres, la prenant par l'autre bout, la soulèvent à la hauteur de la cornue. Ils la poussent alors jusqu'au fond, la retournent et l'enlèvent immédiatement, puis ils étalent le charbon dans la cornue.

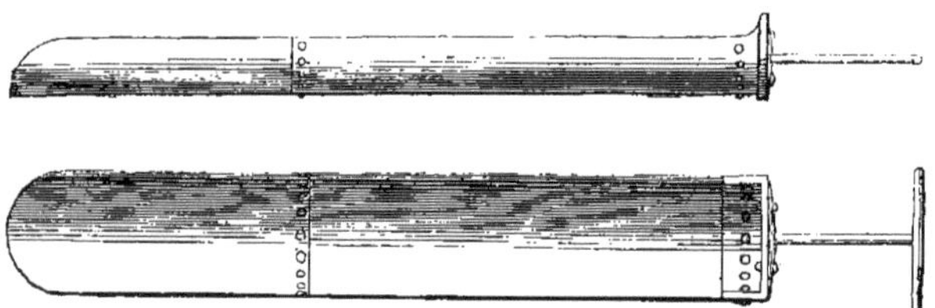

Fig. 17.

On applique ensuite rapidement sur l'ouverture de la cornue le tampon, qu'on a préalablement luté et qu'on serre fortement.

On comprend que, par cette méthode, la perte du gaz est très-faible, toute l'opération ne durant pas 40 secondes; tandis qu'avec la pelle, la houille est jetée par portions dans la cornue, et la longueur de l'opération fait perdre plus de gaz.

Avant de décharger les cornues (ce qu'on appelle *déluter*), on desserre les tampons, en commençant par les cornues supérieures, et on enflamme le gaz qui s'échappe. Cette précaution est nécessaire pour éviter l'explosion qui détériore les cornues.

La durée des cornues dépend beaucoup de la manière dont elles sont chauffées. Si la chaleur est trop vive, les cornues de fonte se détruisent rapidement; si elle est trop basse, la distillation doit être prolongée, et le gaz est de qualité inférieure : on dépense inutilement beaucoup de combustible,

(1) La densité varie entre 0,39 et 0,42, selon la température des cornues, la durée de la distillation et la qualité de la houille. La densité du gaz est cependant un mauvais moyen d'apprécier son pouvoir éclairant.

de temps et de peine, et les cornues sont bientôt hors de service, à cause de la répartition inégale de la chaleur. On n'est arrivé à la méthode actuelle de chauffage des cornues qu'après bien des expériences coûteuses. On ne mettait d'abord qu'une seule cornue dans chaque four, et les flammes circulaient librement au-dessous et au-dessus. On mit ensuite quelques plaques de fer pour les préserver, puis un plus grand nombre : mais cela revenait très-cher, jusqu'au moment où on employa des carreaux de terre réfractaire dans le même but.

La grande difficulté de chauffer plus de deux cornues avec un seul foyer, consistait à conduire la chaleur autour des cornues de manière à les chauffer également. M. Rackhouse, en 1815, construisit un four à plusieurs cornues dans le système actuellement en usage. Le combustible, nécessaire pour le chauffage des cornues sans plaques de garde, était moindre d'environ 1/10 de ce qu'il faut avec ces plaques ; mais la durée des cornues, ainsi protégées, compense et au delà l'excès de combustible employé.

Le four, représenté planche I, contient cinq cornues de fonte pour une petite usine à gaz. Dans les grandes usines, on en met généralement sept, et quelquefois dix par four. Quand on emploie des cornues courtes, on peut les poser dos à dos, comme l'indique la coupe longitudinale, planche I. La chaleur sort du foyer par les ouvertures carrées M, placées de chaque côté, et se trouve ainsi également répartie sur toute la longueur des cornues ; puis elle passe entre les murs N, et monte contre les parois des cornues inférieures. La flamme ne vient frapper contre aucune partie, mais se distribue également dans tout le four, et les cornues sont uniformément chauffées. Les cornues inférieures, qui se trouveraient exposées à la chaleur directe du foyer, en sont préservées par les carreaux réfractaires, qui empêchent en même temps la fonte de se bomber. Les ouvertures O, pratiquées à la partie supérieure de la voûte du four, font l'office de valves en réglant la sortie de l'air chaud ; et, comme elles sont réparties sur toute la longueur du four, elles n'attirent pas la flamme en un seul point.

Tout l'intérieur du four, et les parties qui se trouvent en contact avec la flamme, doivent être construits en briques réfractaires et terre à four. La voûte, de 1^{m},80 de portée et d'une demi-brique d'épaisseur, est construite avec des briques, dites *en couteau*, et les joints sont faits aussi soigneusement que possible. Comme cette voûte doit rester, il faut mettre beaucoup de soin à sa construction.

Une batterie de cornues, ainsi disposées, doit durer de 12 à 14, et même 15 mois. Il ne faut jamais laisser les cornues se refroidir, parce que l'oxyde de fer, qui s'est formé à la surface du fer, se fendille et tombe, en laissant à nu une nouvelle surface qui se trouve exposée à l'oxydation. Lorsqu'à l'approche de l'été il devient nécessaire de réduire le nombre des cornues en feu, il faut choisir celles qui sont presque hors de service : ou s'il n'y en a pas en cet état, on les laisse refroidir très-graduellement, en fermant bien toutes les entrées d'air et le registre, après avoir enlevé le feu : le refroidissement complet dure une semaine. On prendra la même précaution pour les remettre en feu, c'est-à-dire qu'on n'ouvrira le registre que peu à peu.

Quand une batterie de cornues est récemment montée, il faut la sécher très-doucement, avant de la chauffer.

La démolition et la reconstruction d'une batterie à 5 cornues en D, y compris la voûte, peut s'évaluer à 950 francs environ.

Voici les résultats obtenus de 1000 kilogrammes de houille de Newcastle, distillée dans des cornues disposées comme ci-dessus, ainsi que la quantité de combustible employée pour la distillation.

HOUILLE DE BERWICK'S WALLSEND.

Gaz d'une densité de 0,400	240 mèt. cub.
Coke de bonne qualité	700 kilogr.
Eaux ammoniacales	55,9 litres.
Goudron épais	53,6 —
Goudron brûlé pour le chauffage	84,9 —
Chaux employée à l'épuration	38,3 kilogr.

HOUILLE DE HEATON'S MAIN.

Gaz d'une densité de 0,390	242 mèt. cub.
Coke de bonne qualité	11,1 hectolitres.
Eaux ammoniacales	55,2 litres
Goudron épais	55,9 —
Houille brûlée pour chauffage	208 kilogr.
Chaux employée à l'épuration	47,4 litres.

HOUILLE DE RUSSELL'S WALLSEND.

Gaz d'une densité de 0,400	239 mèt. cub.
Coke	693 kilogr.
Eaux ammoniacales	55,9 litres.
Goudron épais	52,5 —
Coke brûlé pour chauffage	300 kilogr.
Chaux pour l'épuration	37,4 —

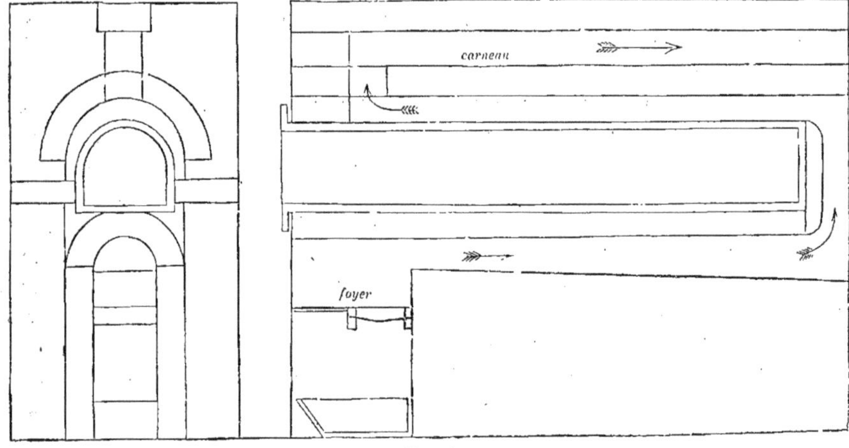

Fig. 18.

Dans les villes de province, où la quantité de gaz à produire en hiver ne dépasse pas 285 mètres

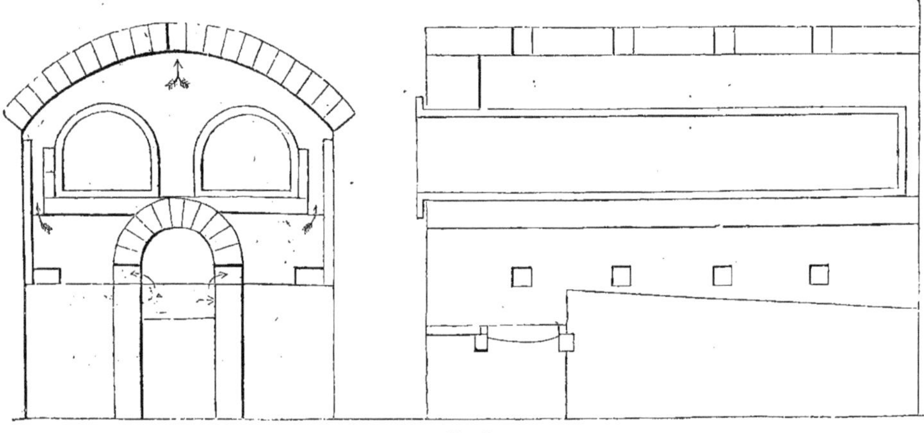
Fig. 19.

cubes par 24 heures, on peut monter les cornues isolément, comme l'indique la figure 18; la flamme passe au-dessous et au-dessus de la cornue, qui repose sur une voûte d'une demi-brique, aplatie à l'extrados pour la recevoir ; le fond en est protégé par un carreau réfractaire épais.

Quand la production de gaz ne doit pas excéder 850 mètres cubes, et qu'elle doit tomber à 35 mètres en été, on peut placer deux cornues dans chaque four (*fig.* 19). Les carneaux sont disposés comme dans un grand four.

Le combustible peut être de la houille ou du coke, suivant la valeur relative de ces deux matières. Si on emploie la houille, un four bien mené exigera 18 à 20 kilogrammes par 100 kilogrammes de houille distillée. L'usage du coke est plus ordinaire, surtout dans les endroits où la houille est chère, comme dans les environs de Londres, et dans ceux où le coke est moins recherché par les industriels. La quantité de coke, brûlé pour le chauffage des cornues, variera entre 30 et 35 p. 100 de la quantité produite, pour la houille de Newcastle. L'usage du goudron comme combustible s'est assez répandu depuis peu, et c'est la meilleure manière de l'utiliser ; car on retire plus de profit à le brûler qu'à le vendre 6f94 l'hectolitre. La quantité nécessaire pour la distillation d'un hectolitre de houille varie entre 8 et 9 litres.

Lorsque M. Croll dirigeait l'usine de la « Chartered Gas-Company » (Brick lane station), il imagina une manière d'employer le coke au chauffage. La charge, au sortir des cornues, était immédiatement portée, au moyen d'un petit chariot en tôle, dans les foyers qui en avaient besoin. L'économie résultant de cette méthode bien simple s'élevait à 10 ou 12 p. 100 du coke employé. La raison en est évidente : quand on introduit une certaine quantité de coke froid dans un foyer, la température s'abaisse parce que la chaleur est employée à allumer le coke. Si au contraire on y met du coke rouge, il y a peu de chaleur perdue, et la température du four se maintient. Une méthode, encore plus simple et plus économique, est employée à l'usine à gaz Impériale, à King's Cross, dirigée par M. Methven. Le coke tombe des cornues supérieures dans une cavité d'où on le pousse directement dans le foyer. On économise ainsi non-seulement du combustible, mais de la main-d'œuvre.

Le foyer pour la combustion du goudron est ordinairement le même que pour d'autres combustibles ; il est alimenté par un petit filet de goudron qui s'écoule d'un tuyau de fer, adapté à un réservoir placé sur les fours, dans une gouttière en tôle, qui sort de quelques centimètres de la porte du foyer, et s'avance dans le foyer lui-même, comme le montre la figure 20, où elle répand le goudron sur du coke préalablement porté au rouge.

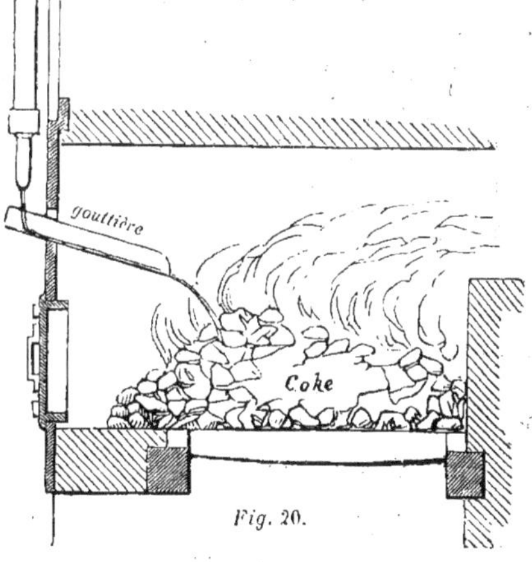

Fig. 20.

Quand les cornues sont en service depuis quelques mois, leur paroi intérieure se recouvre d'un dépôt carboné très-dur, analogue à la plombagine. Au bout d'un certain temps, il se forme une croûte épaisse de carbure de fer et des parties les moins fusibles du coke ; il est nécessaire de l'enlever, pour éviter la destruction de la cornue, et permettre à la chaleur de pénétrer jusqu'au charbon qu'elle contient. On enlevait auparavant ce dépôt avec beaucoup de peine au moyen d'une *pince*, mais on a remarqué qu'en laissant la cornue ouverte et laissant l'air pénétrer à l'intérieur, le dépôt brûlait et disparaissait. M. Kirkham, ingénieur à la « Imperial Gas-Company », s'est servi d'un soufflet de forge dans le même but, ce qui est plus prompt et plus efficace. Voici comment il opérait. — Un tuyau de fer, d'environ 0m,075 de diamètre s'étend le long des fours, à une petite distance des cornues supérieures. Sur ce tuyau et au-dessus de chaque cornue se trouve une emboîture à vis fermée par un bouchon ; on enlève le bouchon et on visse un tuyau de fer d'environ 0m,025 de diamètre, dont l'autre extrémité entre dans la cornue ouverte. Le tuyau principal est en communication avec une pompe soufflante, mue par une machine à vapeur ; de cette manière, on peut diriger le courant d'air sur tous les points du dépôt, qui cède peu à peu et se détache alors sans difficulté.

Le *graphite*, ainsi qu'on appelle ce dépôt, est appliqué dans les piles voltaïques pour remplacer le platine et l'argent platiné. On le taille pour cela en plaques de différentes épaisseurs, et il agit aussi bien que ces métaux coûteux.

On a employé divers moyens pour retirer le coke des cornues. On le fait tomber dans une fosse bâtie exprès ; ou on le jette sur le carrelage pour être emporté dans des brouettes ; ou bien on le reçoit directement dans des chariots en tôle. Dans tous les cas, on éteint le coke avec de l'eau ; sans quoi il se consume à l'air et se détériore. Cependant l'eau tend à désagréger le coke et lui ôte de sa valeur, et il serait préférable d'étouffer le feu au moyen de l'acide carbonique produit par le coke lui-même. Pour cela il suffirait de couvrir avec des couvercles les brouettes dans lesquelles on le reçoit.

Après avoir décrit la construction générale des cornues, la meilleure manière d'utiliser la chaleur, et les dispositions convenables pour conduire le gaz au barillet, nous allons examiner les modifications les plus importantes imaginées pour tirer de la houille la plus grande quantité possible de gaz éclairant, avec la moindre dépense de combustible.

CORNUES EN FORME D'OREILLE.

Dans le but d'augmenter la surface de chauffe on a construit des cornues concaves à leur partie inférieure et arrondies sur les côtés. Leur coupe ressemble à une oreille, ce qui leur a fait donner ce nom.

La planche III représente l'élévation et la coupe de trois cornues, ainsi qu'elles étaient disposées à l'usine de M. Clegg près de Liverpool.

La figure 1 est l'élévation d'un four à 3 cornues.

La figure 2 est une coupe transversale.

La figure 3 est une coupe longitudinale suivant l'axe du four.

La figure 4 est un plan suivant la ligne AB de la figure 2.

Les figures 5, 6 et 7 représentent les différentes vues d'une tête à une échelle de 0m,83 pour 1m, dont nous avons déjà parlé page 106. Ces figures indiquent la méthode en usage pour fixer le tampon sur les cornues ordinaires. Ce procédé, simple et efficace, n'a pas été changé depuis que M. Murdoch l'a employé pour la première fois en 1805. On y a bien fait quelques modifications pour dire qu'on faisait du nouveau, comme de faire tourner le fléau, qui porte la vis, autour d'un gond à l'une de ses extrémités, et d'assujettir l'autre par une goupille, ou de substituer un levier coudé à la vis ; mais aucune de ces modifications n'est aussi peu coûteuse, aussi pratique ni aussi durable.

Le grand défaut des cornues en forme d'oreille est que les côtés inférieurs s'incrustent de carbone dur, et qu'alors elles se fendent. Le principe sur lequel elles sont construites est bon, et, si on les chargeait convenablement, c'est-à-dire avec une couche de houille de $0^{m},075$ à $0^{m},085$ d'épaisseur, et bien égale, on trouverait qu'elles produisent plus et de meilleur gaz que les cornues en D et circulaires, parce que la chaleur se répartit plus uniformément. Dans tous les cas, à égalité de température, plus la couche de houille est mince et meilleur est le gaz.

On peut monter ces cornues exactement comme dans les planches I et II.

CORNUES A ACTION RÉCIPROQUE DE LOWE.

Ce système de cornues, inventé par M. George Lowe, a pour but de produire une plus grande quantité de gaz, d'un pouvoir éclairant plus considérable, en soumettant la vapeur et le gaz, qui se dégagent d'abord, à l'action de la chaleur dans une autre portion de la même cornue. Cette disposition est représentée planche V.

La figure 1 est une vue de face de 2 paires de cornues. A^1, A^2, A^3, A^4 sont les cornues ; B, B, les tuyaux montants ; C^1, C^2, C^3, C^4, des valves pour établir ou intercepter la communication entre les cornues et le barillet D.

La figure 2 est une vue par derrière du même four ; E, E sont les tuyaux qui réunissent l'intérieur des cornues ; F^1, F^2 sont des valves pour fermer cette communication au besoin.

La figure 3 est le plan de la paire de cornues inférieure. L'opération se conduit ainsi : — Le four étant à une température convenable, on enlève les tampons des cornues A^1 et A^3, et on introduit le charbon par les deux extrémités, au moyen de cuillers (d'une longueur égale à la moitié de la cornue), puis on replace immédiatement les tampons : les valves F^1 et F^2 sont ouvertes, et celles C^1 et C^3 fermées. Les vapeurs bitumineuses, qui se dégagent d'abord, passent par les tuyaux E, E, circulent dans toute la longueur des cornues rouges A^2 et A^4, où elles se convertissent en gaz, qui passe dans le barillet par les tuyaux montants qui portent les valves C^2 et C^4 qui sont ouvertes. Quand la distillation a atteint la moitié de la durée de la charge, c'est-à-dire trois heures, on ouvre les valves C^1 et C^3, on ferme F^1 et F^2, et le gaz des cornues A^1 et A^3 se dégage par les tuyaux montants qui les surmontent. Les cornues A^2 et A^4 sont alors chargées à leur tour ; on met les tampons, on ouvre de nouveau les valves F^1 et F^2, et on ferme C^2 et C^4. L'opération est renversée : les vapeurs passent dans les deux premières cornues chargées jusqu'à ce que toute leur charge soit épuisée ; quand C^2 et C^4 sont ouvertes, et F^1 et F^2, fermées, on retire la charge. On recharge immédiatement ces cornues, puis on recommence la manœuvre des valves.

Cette méthode paraît compliquée, mais ces valves n'étaient pas indiquées dans le brevet original de M. Lowe. C'est une addition, mais certainement pas un perfectionnement. Ce genre de cornues a été appliqué pendant quelques années à l'usine de la « Imperial Gas-Company » à Fulham ; on a trouvé qu'elles fonctionnaient bien, et produisaient du gaz de qualité moyenne et en plus grande abondance que par la méthode ordinaire. La raison, pour laquelle le gaz produit est seulement de qualité moyenne, est que l'hydrogène bicarboné, qui se forme lorsque la production des vapeurs bitumineuses a cessé, dépose une portion de son carbone en passant sur le coke rouge de l'autre cornue, de sorte que le gaz riche produit par la décomposition des vapeurs bitumineuses sert seulement à atténuer la perte de pouvoir éclairant occasionnée.

Si, au lieu de deux cornues, on en porte le nombre à six, et qu'après la première heure de distillation, on laisse le gaz se dégager par la voie ordinaire, on augmentera la quantité de gaz en même temps que sa qualité.

Dans la disposition originale de M. Lowe, la complication des valves n'existe pas, et les chances de décomposition du gaz sont diminuées, à cause de la moindre longueur des cornues et, par suite, la plus petite surface rouge sur laquelle passe le gaz. La figure 21 représente le projet indiqué dans sa description de brevet, dont ce qui suit est extrait :

« Quant à ma méthode de distillation, je me sers de cornues environ deux fois aussi longues que celles en usage dans les usines à gaz, et je les préfère en tôle, d'environ 0m,012 d'épaisseur ; elles sont ouvertes aux deux extrémités qui portent des têtes à la manière ordinaire. Ces têtes sont reliées chacune à un tuyau montant, qui communique au barillet, comme de coutume, par un coude et un plongeur ; on a soin seulement que le plongeur B¹ ne s'enfonce pas autant dans le liquide du barillet que le plongeur B² ; ce plongeur plus court peut être fermé au moyen d'une valve hydraulique M, mue par un levier N, de manière à forcer le gaz, à un moment donné, à sortir par le plongeur B².

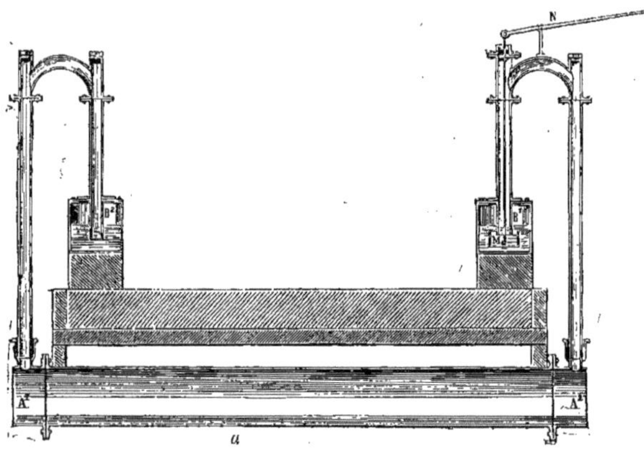

Fig. 21.

« On peut placer dans le même four autant de cornues qu'on le jugera convenable. Je vais maintenant décrire la manière d'opérer avec ces cornues.

« Au lieu d'y mettre à la fois toute la charge de houille, et de recueillir le gaz par un seul côté de la cornue, j'opère comme suit :

« Je suppose que la cornue A¹ A², soit vide ; je charge seulement la moitié de sa longueur, ou à peu près, soit de A¹ en *a*, en laissant la valve M baissée ou ouverte, comme l'indique la figure ; de cette manière le gaz passe par B¹, et est soumis à l'action de la chaleur de la partie vide de la cornue. Le gaz doit nécessairement suivre ce chemin, puisque le plongeur B¹, plonge moins profondément que le plongeur B². Si nous supposons une charge de huit heures, après quatre heures de distillation on ouvre l'extrémité A², de la cornue, et on charge la portion vide, de A² en *a*, avec de la houille et on remet le tampon. On ferme alors la valve hydraulique M au moyen du levier N ; la profondeur de cette valve étant plus grande que la quantité dont B² plonge dans le liquide, le gaz ne passera plus en B¹, mais en B², en forçant le gaz, produit par la quantité de houille nouvellement chargée, de traverser la partie chargée en premier lieu ; on arrive ainsi à effectuer la combinaison des gaz produits pendant chaque période de la distillation ; au bout des huit heures, on retire le tampon A¹ de la cornue, et on enlève la partie de la charge située entre A¹ et *a*, qui est privée de gaz, pour charger une nouvelle quantité de houille ; puis on remet le tampon. En même temps, la valve hydraulique qui fermait le plongeur B¹, doit être ouverte pour laisser le gaz passer par B¹ ; le gaz produit par la nouvelle charge de houille traverse ainsi l'espace compris entre *a* et A² de la même manière qu'il traversait d'abord celui compris entre *a* et A¹, et avec les mêmes résultats. Toutes les quatre heures ces opérations se renouvellent alternativement, ce qui m'a fait appeler mes cornues, Cornues à action réciproque (Reciprocating Retorts).

« Par ce procédé, le gaz et les vapeurs des premières heures de la charge se combinent et se mélangent avec ceux des dernières heures, et l'on produit beaucoup plus et de meilleur gaz que par aucun autre procédé, tandis que la quantité de goudron et d'eaux ammoniacales est moins considérable.

« Pour faire du gaz de goudron avec ces cornues, il suffit d'introduire dans chaque cornue près de la tête, et au moment de la charge, un vase en fer contenant du goudron. Il est utile de remarquer que, si l'on fait des charges de six heures, il faudra alterner toutes les trois heures et ainsi de suite. »

Cette disposition n'a pas le danger que présentait la première décrite, dans le cas où on oublierait l'ouverture des valves, puisqu'ici l'on n'a qu'une fermeture hydraulique au lieu de trois valves. La perte de gaz, résultant de l'ouverture des cornues pour en déluter et en recharger la moitié pendant que l'autre est en distillation, est très-faible; car toute l'opération ne dure pas une minute; et, à cette période de la distillation et pendant un temps si court, il ne se produit pas plus de 112 litres de gaz, qui seront toute la perte.

CORNUE A TOILE SANS FIN DE CLEGG.

Cette cornue est disposée de telle sorte que la houille s'y distille en couche mince et se convertit en gaz instantanément. Les avantages de cette méthode sont nombreux; — tous les éléments de la houille se trouvent mis en liberté à peu près en même temps, et se combinent les uns aux autres en proportions telles, qu'il se produit du gaz d'un pouvoir éclairant supérieur et en plus grande abondance que lorsque la houille est distillée en masse. Les vapeurs bitumineuses, qui se condensent sous forme de goudron dans la méthode ordinaire, se trouvent par ce moyen converties presque entièrement en gaz oléfiant.

La figure 1, planche VI, est une coupe longitudinale suivant la ligne AB de la figure 3.

La figure 2 est une coupe transversale suivant CD de la figure 1.

La figure 3 est une vue de l'extrémité du four, montrant le tambour et les tuyaux montants.

La figure 4 représente la cornue vue de dessus et en coupe horizontale, le foyer et la toile sans fin.

La figure 5 est une vue du tambour à une plus grande échelle.

E est une trémie contenant la houille; F est le distributeur; G, la cornue; H est la toile sans fin, formée de plaques de tôle sur lesquelles la houille est versée par le distributeur; I,I sont les tambours qui font mouvoir le plan H; K est le foyer; L,L sont les carneaux qui passent au-dessous et au-dessus des cornues et aboutissent dans la cheminée courante; M est un conduit dans lequel tombe le coke; son extrémité inférieure peut plonger dans l'eau ou être fermée hermétiquement par une porte.

La cornue et la chambre dans laquelle tourne le tambour, sont formées de plaques de tôle rivées de manière à être parfaitement étanches. Les seules portions sujettes à se détériorer sont les parties de la cornue voisines des carneaux et la chaîne sans fin, qui sont soumises à l'action de la chaleur; la chaîne sans fin, cependant, n'est jamais assez chauffée pour que sa forme soit altérée. Voici la marche de cet appareil :

Il faut broyer toute la houille et la tamiser, de manière à ce que les plus gros morceaux ne dépassent pas la grosseur d'un grain de café; puis on en met pour vingt-quatre heures dans la trémie, qu'on ferme avec un tampon luté. Le distributeur, qui a $0^{m},225$ de diamètre, est composé de six bras; il tourne d'un mouvement uniforme, avec la chaîne, et fait quatre tours par heure. A cet effet, on établit deux arbres, qui occupent toute la longueur des fours, et dont l'un porte les tambours et l'autre les distributeurs; une courroie relie ces deux arbres. Le diamètre des tambours hexagonaux est déterminé de telle sorte que, pour une révolution, la houille qui tombe sur le plan parcourt toute la longueur de la cornue. Il faut quinze minutes pour convertir en gaz la houille ainsi distribuée. Chaque chaînon de la toile en tôle a $0^m,35$ de longueur sur $0^m,60$ de largeur, ce qui fait une surface de 21 décimètres carrés, sur laquelle se répandra le contenu d'un des compartiments du distributeur, c'est-à-dire environ $1^{lit},9$ de houille sur une épaisseur d'à peu près 9 millimètres. Chaque compartiment du distributeur recevant la même quantité, une révolution entière de ce distributeur et du tambour correspond à $11^{lit},4$ de houille, pesant $9^k,5$, répandus sur une surface chauffée de $1^{mq},26$, et qui se convertissent en gaz.

Par ce procédé, en faisant passer, par vingt-quatre heures, $914^k,4$ dans chaque cornue, une tonne de houille de Wallsend produit 334 mètres cubes de gaz.

Les cornues sont beaucoup plus coûteuses de premier établissement que celles en usage, mais M. Clegg pense que, somme toute, elles sont plus économiques. Selon lui, ce procédé est très-avantageux et le plus rationnel de tous ceux existants : il n'y a pas de main-d'œuvre, sauf celle de l'entretien du foyer et du chargement de la trémie une fois par vingt-quatre heures. On ne perd pas de gaz, et il ne se produit pas de goudron. La quantité de coke produit est d'environ 25 p. 100 plus considérable, mais sa qualité est inférieure à celle du coke produit par le procédé ordinaire, excepté cependant pour les fourneaux de cuisine.

On peut employer comme force motrice une roue hydraulique, de préférence à une machine à vapeur, excepté dans de grandes usines, où cette dernière pourrait servir à d'autres usages. Une roue à auges, de $1^m,80$ de diamètre et de $0^m,225$ de largeur, peut desservir douze cornues à la vitesse requise.

La dépense de premier établissement de quatre cornues, semblables à celles indiquées dans la planche, non compris le briquetage, s'élève à 3,532 francs.

Ce prix paraîtra élevé par rapport à celui indiqué pour les cornues ordinaires ; mais M. Clegg dit qu'en comparant au bout de douze mois les comptes débiteurs et créditeurs des deux méthodes, on trouve un grand avantage au profit de la dernière. Voici en quoi consiste sa supériorité :

La quantité de gaz produite par cinq cornues D, semblables à celles de la planche I, sera d'environ 396^{mc} par vingt-quatre heures, d'une densité de 0,39 à 0,40 ; tandis que celle produite par quatre des cornues proposées est évaluée à $1222^{mc},5$ environ, d'une densité de 0,47 à 0,49.

Après quinze mois de service, les cinq cornues ordinaires peuvent être remontées pour $953^f,75$. En supposant que l'usure des cornues proposées soit la même, il faudra les remplacer aussi au bout de quinze mois, ce qui coûtera environ $1097^f,50$. Tout l'appareil, excepté les cornues et les plaques de tôle, peut durer des années, sans réparations autres que celles nécessitées par les accidents auxquels toutes les machines sont sujettes.

Le moindre avantage de ce système est le peu de place qu'il occupe ; il exige moins de chauffeurs ; la chaleur n'est pas plus considérable que dans une chambre de chaudières à vapeur, et l'atelier peut être maintenu propre, salubre et exempt de vapeurs suffocantes.

La toile sans fin se répare facilement à un moment donné. Lorsqu'elle a servi quelque temps, les plaques de tôle dont elle est faite sont transformées, par leur contact avec le carbone à la chaleur rouge, en excellent acier, qui peut être vendu à un prix qui paie la construction d'une toile neuve.

Toutes les personnes, compétentes dans l'industrie du gaz, savent qu'il est bon que la houille soit distillée en couche mince. La chimie en donne la raison, et nous avons déjà démontré que la quantité de goudron et d'eaux ammoniacales augmente beaucoup lorsqu'on distille lentement la houille, ce qui arrive *toujours* quand elle est décomposée sous une grande épaisseur. Par la méthode décrite ci-dessus, la décomposition des vapeurs et des produits riches de la houille s'effectue convenablement, et, le gaz se dégageant au fur et à mesure de sa production, il ne se forme pas de dépôt de graphite. Ces avantages, combinés avec l'économie de main-d'œuvre et d'outillage, semblent justifier ce que nous avons dit de ce mode de distillation.

CORNUE DE BRUNTON.

M. Brunton, à l'époque où il dirigeait l'usine du West Bromwick, y introduisit une cornue qui recevait la houille par une trémie, et dont on retirait le coke au moyen d'un piston mû au travers d'un stuffing-box, pour le jeter dans l'eau.

La figure 1, planche IV, représente l'élévation d'un four de quatre cornues Brunton.

A, A sont les têtes de cornues, dont les tampons portent les stuffing-boxes.

B, B sont des trémies, pouvant recevoir de 10 à 14 kilogrammes de houille; elle tombe dans la cornue quand on ouvre la valve C, qu'on referme immédiatement.

E est le foyer.

F, F sont des manivelles pour manœuvrer le piston, qui se meut dans la tête A.

La figure 2 est une coupe transversale de la moitié du four. Les cornues G, qui sont représentées circulaires, peuvent varier de forme.

E est le foyer; la direction des flammes est indiquée par des flèches.

La figure 3 est une coupe longitudiuale par l'axe du foyer.

H est un court tuyau ouvert du côté de la cornue, et qui plonge dans l'eau par sa partie inférieure : c'est par ce tuyau que le coke tombe dans l'eau, chassé par le piston qu'on fait avancer après l'introduction d'une nouvelle charge de houille par la trémie B.

I est le tuyau par lequel le gaz passe dans le barillet.

La figure 4 est une élévation du derrière du four.

La figure 5 est un plan au-dessous des cornues. (Les mêmes lettres correspondent aux mêmes parties dans toutes les figures.)

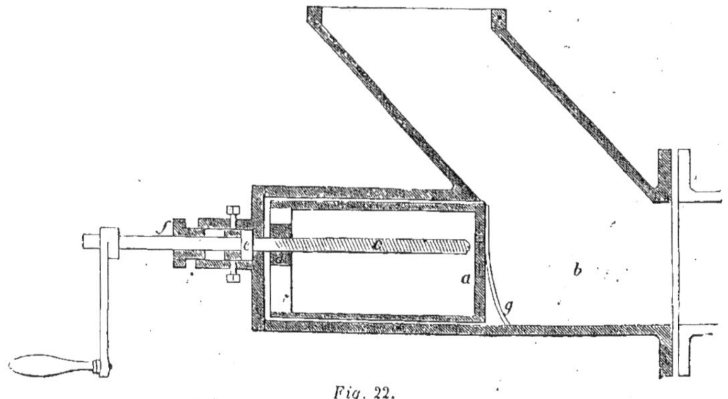

Fig. 22.

a figure 22 ci-contre indique les détails de construction du piston dont nous avons parlé.

a est le piston, dans la position où il se trouve quand on charge la cornue; la valve étant ouverte, la houille tombe dans l'espace *b*, et est poussée à l'intérieur de la cornue lorsqu'on tourne la vis *c*, qui agit sur l'écrou *d* fixé à l'arrière du piston.

La tige de la vis porte un collet *e*, qui s'appuie d'un côté sur le fond du stuffing-box, et, de l'autre, sur une rondelle maintenue en place par quatre vis de serrage. Le stuffing-box est fait comme d'ordinaire.

g est un bouclier fixé à la face du piston et destiné à balayer la houille qui reste dans la tête de la cornue. Dès que la charge est entrée dans la cornue, on fait mouvoir le piston en arrière, afin de le soustraire à l'action de la chaleur.

La partie de la cornue exposée aux flammes est seule sujette à se détériorer.

Le coût de premier établissement d'un four complet à trois cornues s'élève à 2,393 fr.

La proportion de houille nécessaire pour le chauffage est d'environ 25 p. 100 de la quantité distillée.

Malgré les avantages importants que M. Brunton attribue à ces cornues, on a renoncé à leur emploi depuis que M. Brunton a quitté l'usine du West-Bromwick, et elles n'ont pas été essayées ailleurs. Ce qui venait détruire l'avantage que présentaient ces cornues sous le rapport de la quantité de gaz produite, c'est que les produits accessoires étaient invendables; car le coke, qui se trouvait éteint dans le goudron, ne pouvait être employé d'une manière générale.

CORNUES EN TERRE.

On a beaucoup discuté sur la valeur relative des cornues de fonte et des cornues de terre, mais il est bien établi aujourd'hui qu'après deux ou trois semaines de service, les cornues de terre fabriquées en une seule pièce, en plusieurs tronçons, ou par morceaux rassemblés de manière à être parfaitement étanches, sont plus économiques que les cornues de fonte.

Voici un extrait du rapport du jury de la grande exposition de 1851, sur la fabrication des cornues en terre réfractaire, qui était représentée par plusieurs exposants :

« MM. Joseph Cowen et Cie, de Blaydon Burn, Newcastle sur le Tyne, exposent des produits en terre réfractaire, des briques et des cornues réfractaires, qui sont d'une qualité supérieure et jouissent d'une grande réputation ; le jury leur accorde une médaille.

« L'usage de la terre réfractaire n'est pas ancien, et s'est beaucoup répandu depuis peu d'années. Elle se trouve presque exclusivement, en Angleterre, dans les mines de houille, et varie considérablement en qualité suivant les districts. La terre de Stourbridge est la meilleure connue, mais il y en a d'autres qui sont presque, sinon tout à fait, aussi bonnes pour les usages auxquels elles sont destinées; elles ne contiennent pas non plus de terres alcalines ni de fer, dont la présence rend la terre fusible à une température élevée. Les proportions de silice et d'alumine varient beaucoup dans ces terres, la première en contenant quelquefois un peu plus de 50 p. 100, tandis que d'autres en contiennent jusqu'à 70; les autres éléments varient depuis moins de 1 1/2 jusqu'à plus de 7 p. 100.

« La fabrique de MM. Cowen et Cie est une des plus considérables de l'Angleterre, et ils tirent leur matière première de neuf extractions différentes, ce qui leur permet des mélanges de toutes sortes pour les différents produits qu'ils fabriquent.

« Au sortir de la mine, la terre est exposée à l'air, quelquefois pendant des années, et préparée alors avec le plus grand soin. Ils en font principalement des briques réfractaires et des cornues à gaz; ces dernières s'emploient beaucoup maintenant, et sont préférées aux cornues de fonte à cause de leur plus grande durée.

« Ces cornues étaient d'abord (il y a vingt ans) faites en dix pièces par les exposants actuels; ils ont réduit le nombre de ces pièces successivement à quatre, trois, deux, et en 1844 ils ont fait breveter un procédé pour les construire en une seule pièce; aujourd'hui ils en font qui n'ont pas moins de 3 mètres de longueur sur 0^{m},90 de largeur intérieure. M. Ramsay, de Newcastle, expose aussi des cornues à gaz de très-bonne qualité; il fabrique aussi de très-bonnes briques réfractaires. »

Au commencement de leur mise en service, les cornues en terre sont poreuses, et la perte de gaz est souvent très-considérable. On a conseillé de les charger à plusieurs reprises avec un mélange de coke et de goudron, de les vernir intérieurement avant de les employer; et cela peut être bon quand on peut le faire. Après une semaine de marche, les pores se bouchent avec le graphite qui se forme par la décomposition du gaz; ce graphite s'accumule ensuite, comme dans les cornues de fonte, et forme une croûte épaisse, surtout si l'on ne prend pas de soins. Le dépôt de graphite est plus considérable dans les cornues de terre que dans celles en fonte, parce qu'elles sont chauffées à une température plus élevée : si l'on veut empêcher le dépôt de prendre des proportions excessives, il faut se servir d'exhausteurs, pour enlever le gaz au fur et à mesure de sa production. Quand on n'emploie pas d'exhausteurs, il est bon, toutes les six semaines, de laisser les cornues ouvertes et vides pendant un jour ou deux : l'air qui s'introduit dans la cornue fait détacher le dépôt.

L'avantage des cornues en terre repose sur la question de savoir s'il vaut mieux brûler du fer ou de la houille. La matière dont elles sont faites est un mauvais conducteur de la chaleur : l'absorption du calorique est donc moins rapide, et, quoiqu'elles conservent mieux leur température que les cornues de fonte quand on les charge, elles exigent cependant plus de combustible que ces dernières (1). Il est bon d'observer que les cornues en terre de petite dimension sont moins économiques que celles d'une grande dimension, à cause de la plus forte proportion de combustible qu'elles exigent.

CORNUES EN BRIQUES, DE GRAFTON.

M. Grafton eut le premier l'idée de substituer la terre réfractaire au métal dans la construction des cornues; il prit un brevet pour cette invention en 1820. La première cornue de cette espèce fut construite à la fabrique de MM. Butcher, à Wolverhampton. Cette cornue était carrée, mais on lui donna bientôt la forme ovale ou en D, et M. Grafton en fit construire un grand nombre dans différentes parties de l'Angleterre et dans quelques villes du continent.

On comprendra leur construction par l'examen de la planche VII. La sole de chaque cornue est exposée à l'action directe de la chaleur; elle est légèrement courbe, afin de mieux conserver sa forme. L'intérieur de la cornue et les joints étaient enduits d'une composition qui se vitrifiait et ne laissait pas filtrer le gaz, même sous une pression considérable (2).

Les cornues en terre réfractaire peuvent être construites pour être chauffées soit au coke, soit au goudron. Des cornues comme celles représentées planche VII conservent parfaitement leur

(1) Quelques partisans des cornues en terre prétendent qu'elles exigent moins de combustible que celles en fonte, et qu'en outre elles produisent plus de gaz. Mais on peut affirmer que leur principal mérite est leur plus longue durée.

(2) « *Ciment pour les joints des cornues de terre.* — Pour le joint des têtes de cornues, on prend 20 parties de plâtre qu'on gâche avec de l'eau; on ajoute 10 parties de limaille de fonte, mêlée à une forte solution de sel ammoniac. On mélange bien le tout jusqu'à la consistance voulue. Pour les joints des divers tronçons des cornues de terre, on emploie 10 parties de plâtre et 20 parties de limaille de fonte, qu'on traite de la même manière. » (*Journal of gas lighting*, 10 mai 1852)

température lorsqu'on les charge de houille, et l'introduction d'une nouvelle charge agit moins sur elles que sur des cornues de fonte. On s'est assuré à Cambridge, où les cornues de terre sont d'un usage général, que l'on produisait par tonne, avec la même houille, 28 mètres cubes de gaz de plus que la moyenne de Londres, et la consommation de combustible n'excédait pas 22 à 24 kilogrammes de coke par 100 kilogrammes de houille de Newcastle distillée, en prenant la moyenne de six mois de travail.

Quand elles sont bien construites, ces cornues ne sont pas sujettes à se casser et à laisser échapper le gaz; elles résistent au contraire très-bien à la pression la plus forte à laquelle elles doivent être exposées. Le coke qui s'y forme est de meilleure qualité et fournit moins de poussier.

Les avantages des cornues en terre, et leur longue durée, se reconnaissent chaque jour davantage, et leur emploi deviendra général. A l'usine de Cambridge, où ce genre de cornues est employé, depuis l'origine, sous diverses formes, on n'a pas remplacé une seule cornue (en 1853) pendant quatre années consécutives. La plus ancienne, qui avait sept ans de service, était en parfait état de conservation, et fabriquait aussi bien que les premiers jours de sa mise en marche.

Le dépôt de graphite qui se forme dans les cornues de terre a conduit M. Grafton à en chercher la cause et à en découvrir le remède. Voici le compte-rendu de ces expériences intéressantes qui ont conduit à l'idée de diminuer la pression à l'intérieur des cornues.

« Après une série d'expériences faites en 1839 à l'usine de Cambridge, et après avoir vainement offert un prix convenable pour cette découverte, je me suis mis à rechercher moi-même la cause du dépôt considérable de graphite qui se forme dans les cornues à gaz, ainsi que la cause du mal. Les savants les plus éminents, consultés à ce sujet, attribuaient ce dépôt à la haute température et à la trop grande surface de chauffe.

« Pour juger de la valeur de cette assertion, je commençai mes expériences avec un certain nombre de cornues, dont je variais les longueurs en remplissant plus ou moins le fond avec des briques, les autres dimensions restant les mêmes.

« Des essais réitérés à des températures différentes n'amenèrent aucune diminution dans le dépôt; pourtant il ne s'accumulait pas aussi rapidement, mais, finalement, il se forma une couche de la même substance, aussi épaisse dans les cornues courtes que dans les longues.

« J'observai que, dans tous les cas, le dépôt commençait à se former dans le fond de la cornue, en avançant graduellement vers l'ouverture; comme c'est au fond (surtout dans les cornues cylindriques en fonte) que la houille commence à se décomposer, j'en déduisis que les éléments riches, c'est-à-dire les hydrocarbures, ayant de la peine à s'échapper, se décomposaient en laissant un dépôt carboné.

« Je disposai alors deux cornues munies d'un tuyau montant à chaque extrémité, de telle sorte que le courant de gaz se divisait en deux parties égales, en réduisant la longueur de sa course sur la surface chauffée de 2^m,10 (longueur de la cornue) à 1^m,55, et en permettant au gaz, produit dans toutes les portions de la cornue, de s'échapper également. Au bout de trois mois de service continu, le dépôt était considérablement diminué au fond de la cornue; mais il se formait autant à la partie supérieure et couvrait bientôt toute la surface intérieure, comme auparavant, en diminuant la capacité des cornues et augmentant la quantité de combustible brûlé.

« La résistance, opposée au dégagement du gaz par les purificateurs et le poids des gazomètres, était mesurée par une colonne d'eau de 0^m,205, indiquée par le manomètre placé sur la tête de la cornue; cette pression varia par le changement de poids des gazomètres en été et en hiver. Je remarquai que le dépôt ne se formait pas aussi rapidement en été, alors que la pression était moindre. J'augmentai immédiatement la pression jusqu'à 0,^{m}35 au manomètre, en conservant la même température. Dans cette expérience la cornue était en briques et de forme ovale; elle avait 2^m,325 de longueur, 1^m,50 de largeur et 4^m,40 de profondeur, et pouvait distiller 58 kilos de houille par heure, ou 348 kilos en six heures. A la fin de la première semaine, le dépôt avait environ 0^m,025 d'épaisseur, et, une fois formé, il augmentait rapidement en couvrant toute la surface intérieure jusqu'à 0^m,30 de la tête : au fond, il remplit rapidement la cornue, en conservant une épaisseur uniforme, et, au bout de deux mois, il avait 0m,60 d'épaisseur, remplissant la cornue sur le quart de sa longueur. A la partie supérieure et sur les côtés des cornues, la couche n'avait pas plus de 1m,050 à 1m,075 d'épaisseur ; en quatre mois le dépôt aurait rempli toute la cornue.

« Le graphite fut coupé en deux pour l'enlever ; son poids, en tenant compte de quelques morceaux détachés, était de 568 kilos.

« La houille distillée pendant la durée de cette expérience s'élevait à 68 tonnes de houille de Woodside Wallsend, qui avait servi à presque toutes les autres expériences : le poids du dépôt était donc 1/2 p. 100 de la houille distillée, *et, sans aucun doute, occasionné par la compression du gaz dans la cornue*, immédiatement après sa formation.

« Je cherchai les moyens de supprimer la pression, ce à quoi je parvins, excepté pour celle occasionnée par l'immersion du plongeur (0m,01) dans le barillet. La même cornue travailla alors pendant quatre mois avec des houilles de Woodside, et j'eus la satisfaction de ne voir presque aucun dépôt au bout de ce temps.

« Si je ne me trompe, cette découverte sera utile à toutes les compagnies de gaz, et surtout à celles qui distillent la houille de Newcastle. »

CORNUES EN BRIQUES, DE SPINNEY.

La cornue de terre, qui a suivi la précédente, est celle de M. Thomas Spinney, de l'usine de Cheltenham ; elle était construite entièrement en briques réfractaires. Bien que l'emploi de ces cornues ne soit pas satisfaisant, à cause de la grande épaisseur des briques, surtout à la sole, leur construction a de l'importance parce qu'elle a conduit à une disposition meilleure, qu'on commence à employer avec avantage.

La figure 1 de la planche VIII représente l'élévation d'une cornue de M. Spinney, munie d'une valve hydraulique. La figure 2 est une coupe transversale à travers le foyer. La figure 3 est une coupe longitudinale suivant l'axe de la cornue A et le carneau.

La sole et les côtés sont construits en briques réfractaires de Newcastle ; le dôme est construit en briques composées de terre de Stourbridge, mêlée d'environ 10 pour 100 de sable fin de rivière et de terre à pipe, dont l'addition a pour but d'empêcher les briques de se fendre et de les améliorer sous d'autres rapports. Les dimensions intérieures de cette cornue sont 0m,95 de largeur, 0m,20 de la sole à la naissance de la voûte, et 0m,15 de flèche à la voûte.

Les briques qui composent la voûte de la cornue, ainsi que les carreaux qui forment la sole et les côtés, portent, du côté du joint, une rainure curviligne dans laquelle on comprime la terre à four qui forme le joint, pour rendre la cornue étanche.

B est une plaque de fonte, fixée contre l'ouverture de la cornue avec des boulons encastrés en *aa*, fig. 1 ; le bord de la cornue porte une rainure, indiquée en *bb* (fig. 3), et qui permet de faire le joint avec la plaque. Quand la cornue est chauffée, ce joint se trouve légèrement comprimé contre la plaque par suite de la dilatation de la cornue ; car les boulons qui assujettissent cette plaque, étant comparativement froids, conservent leur longueur primitive et la maintiennent à sa place.

C est la tête, boulonnée sur le plateau de fonte B ; le joint est fait avec du mastic de fonte, comme d'ordinaire. Le tampon, étant beaucoup plus large que pour les cornues ordinaires, est assujetti au moyen de deux fléaux à vis S, S (fig. 4 et 5); et, lorsqu'on l'enlève, il est supporté par une petite potence T, tournant dans une douille, venue de fonte sur le côté de la tête.

D est le foyer qui communique avec les carneaux F, F par les ouvertures E, E. La planche fait bien comprendre cette disposition.

G est le tuyau montant, terminé à sa partie supérieure par une valve hydraulique. Quand la cornue est en marche, on baisse le levier H (fig. 6), et la cloche I se trouve soulevée au-dessus de la surface du liquide contenu dans le cylindre, de sorte que le gaz peut sortir par le tuyau K. Quand on veut décharger la cornue, on met la cloche I dans la position indiquée sur la figure, et le tuyau montant se trouve fermé par une hauteur de liquide de 0^{m},25.

L'emploi de ce genre de valve est recommandé par M. Spinney, en remplacement du barillet ordinaire, parce que la cornue ne se trouve exposée ainsi à aucune pression ; et, comme on ne délute que toutes les douze heures, il n'y a pas d'inconvénients à ouvrir une valve, comme il y en aurait pour des cornues ordinaires.

L, L sont des bouchons qui forment les regards, par lesquels on juge de la température du four et de la cornue.

La construction d'une de ces cornues, tout compris, revient à 2,250 francs ; son entretien est d'environ 175 francs par an.

La charge ordinaire de ces cornues est de 254 kilogrammes de houille du pays de Galles, produisant, selon M. Spinney, 67^{mc},920 de bon gaz en douze heures. La quantité de coke produite par une tonne de houille est de 710 à 760 kilogrammes.

La quantité de houille, brûlée pour le chauffage, est de 50 pour 100 de la quantité distillée. Si l'on emploie le coke, la proportion s'élève à 75 pour 100. Cette consommation énorme provient de la disposition défectueuse et de l'épaisseur inutile de la cornue.

CORNUES EN BRIQUES, DE CLIFT.

Après M. Grafton et M. Spinney, M. Clift, de Birmingham, construisit des cornues en briques d'un système différent, qui donnèrent des résultats bien plus satisfaisants qu'aucune des cornues de terre employées jusqu'alors.

Selon M. Clift, l'expérience prouve que les cornues de terre, contrairement à l'opinion générale, peuvent produire autant de gaz que celles de fonte avec la même consommation de combustible. « On peut expliquer ce fait en partie, » fait remarquer M. Clift, « parce que les cornues de terre perdent moins de calorique par leur exposition à l'air pendant la durée de la charge ; ou, en d'autres termes, parce que la plus grande masse de la terre réfractaire agit comme réservoir de chaleur, et ne s'épuise pas aussi vite, mais conserve, au contraire, une température plus uniforme pendant le cours des opérations. On vérifie aisément ce fait en observant la petite quantité de gaz qui se produit dans une cornue de fonte pendant la première heure de la distillation, comparativement à ce que produit une cornue de terre. Cela tient aussi à ce que les cornues de fonte, telles qu'on les monte, et couvertes comme elles le sont par des carreaux de terre, pour prévenir leur destruction, ont plutôt les propriétés des cornues de terre que de fonte (1). »

Le tableau suivant, qui indique la moyenne d'un grand nombre d'expériences, donne la quantité de gaz produite, d'après les indications du compteur, avec des cornues de fonte et de terre, par demi-heures, avec la même quantité et la même qualité de houille :

---

(1) Note lue à la Société des Ingénieurs mécaniciens, juillet 1852.

	CORNUES DE FONTE.	CORNUES DE BRIQUES.
1re demi-heure.	7,078 litres.	13,591 litres.
2e —	17,838	50,967
3e —	37,942	56 630
4e —	65,124	56,630
5e —	73,619	65,124
6e —	74,753	65,124
7e —	73,619	69,655
A reporter...	349,973 litres.	377,721 litres.
Report...	349,973 litres.	377,721 litres.
8e —	73,619	67,956
9e —	48,135	56,630
10e —	46,154	46,154
11e —	50,683	24,351
12e —	19,821	15,573
TOTAUX	588,385 litres.	588,385 litres.

Les cornues de M. Clift sont entièrement construites en briques ; des plaques de fonte, fixées sur la face du four portent les têtes et relient le briquetage. On construisait primitivement des batteries de trois cornues, comme l'indique la figure 23, qui est une vue de face. A, A sont les plaques de fonte, de 28 millimètres d'épaisseur. B, B sont des armatures en fer, de $0^{m},10$ sur $0^{m},037$, fixées dans la maçonnerie par des crampons à leur partie inférieure, et en haut par des tirants fixés à des armatures semblables, placées de l'autre côté du four. C est la porte du foyer. D, D sont deux têtes de cornues, de $0^{m},375$ sur $0^{m},375$. E est la tête de la grande cornue. F, F, sont les regards qui permettent d'examiner les carneaux et d'enlever les poussières qui se déposent sur la surface extérieure des cornues.

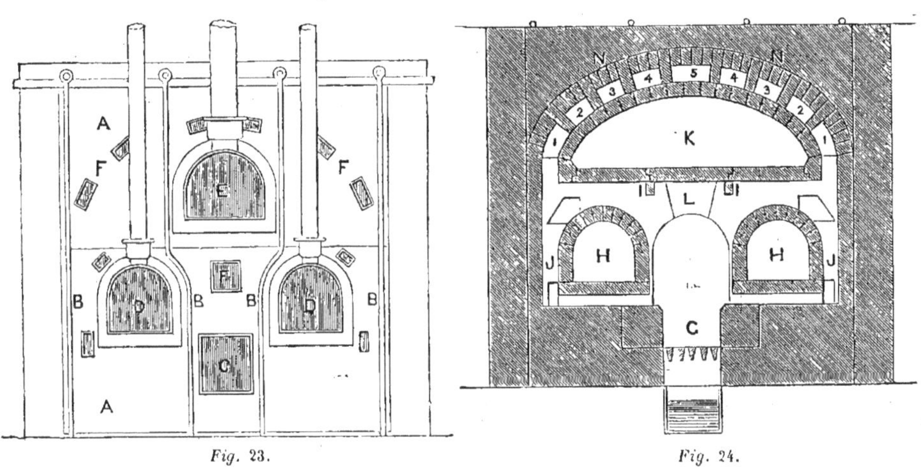

Fig. 23. *Fig.* 24.

La figure 24 est une coupe transversale. G est le foyer, H, H sont les deux cornues inférieures qui ont $0^{m},375$ de largeur, $0^{m},375$ de hauteur et 6 mètres de longueur, avec une tête à chaque extrémité. Les carreaux réfractaires, qui forment la sole et les côtés de la cornue, ont $0^{m},40$ de longueur et $0^{m},075$ d'épaisseur ; les briques qui forment la voûte ont $0^{m},225$ de longueur sur $0^{m},087$ d'épaisseur. Les joints transversaux ne doivent pas se correspondre, et les faces de joint longitudinales portent une rainure, comme l'indique la figure 25. Ces rainures sont garnies, au moment de la pose, de terre réfractaire, gâchée dure, qui forme, par la cuisson, une languette solide de $0^{m},012$. Ces languettes ont deux effets : elles empêchent le passage du gaz en bouchant le joint, et donnent de la résistance à la voûte de la cornue.

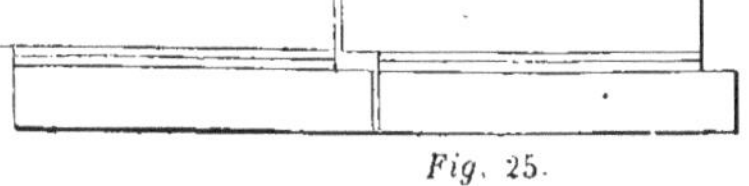
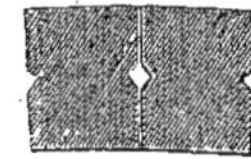

Fig. 25.

K est la cornue large supérieure : elle a $1^m,575$ de largeur et 6 mètres de longueur, et est ouverte à ses deux extrémités ; elle est construite avec des briques semblables à celles des cornues inférieures ; L est un voussoir de $0^m,125$ d'épaisseur, qui forme clef, et dont la surface supérieure, qui est plane, couvre les joints transversaux de la sole de la cornue supérieure ; les joints longitudinaux sont couverts par des briques cintrées, indiquées en I. J, J sont les carneaux latéraux, et N, N les carneaux longitudinaux qui sont détaillés figure 26 ; cette figure est un plan fait au niveau du dessus de la cornue supérieure, et qui montre la direction des flammes. Au sortir du foyer, la chaleur

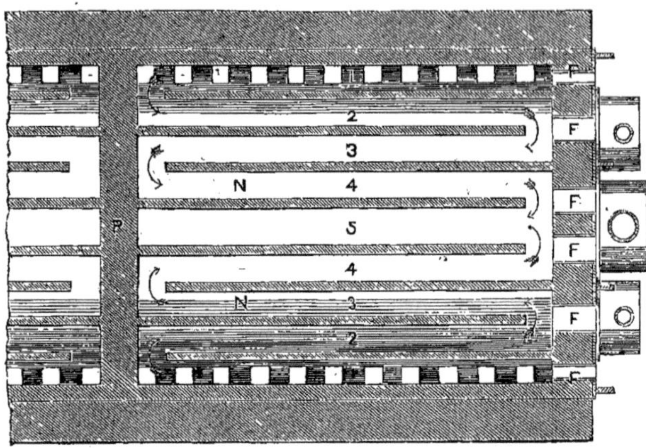

Fig. 26.

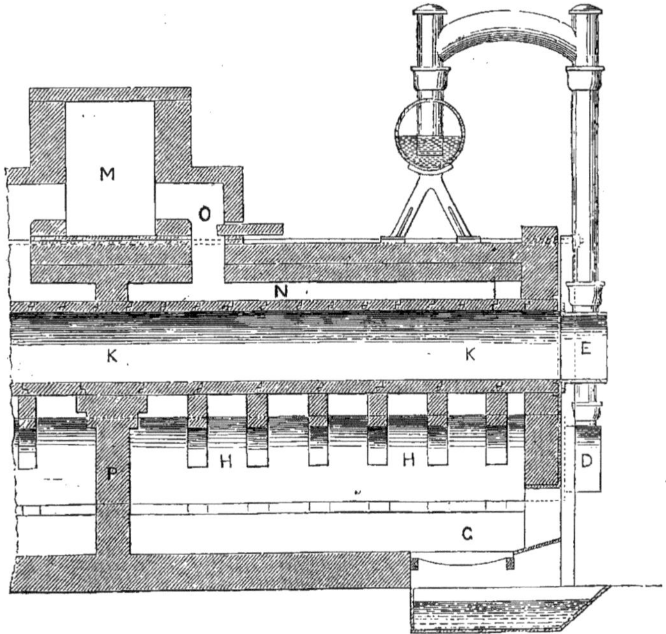

Fig. 27.

passe, partie au-dessous et partie au-dessus des petites cornues, puis dans le premier carneau n° 1, elle va jusqu'au fond du four où elle rencontre le mur de séparation ; elle revient sur le devant par le carneau n° 2, retourne au fond par le n° 3, revient encore par le n° 4, et rencontre enfin dans le n° 5 l'air chaud qui a circulé de la même manière dans la seconde moitié du four ; enfin l'air chaud sort dans la cheminée courante M, indiquée figure 27, dans la coupe longitudinale. De cette manière, l'air chaud parcourt 15 mètres de longueur sur la surface de la cornue, depuis le moment où il quitte le foyer jusqu'à celui où il entre dans la cheminée courante.

La figure 27 est une coupe longitudinale suivant l'axe de la cornue supérieure K. Elle montre la pénétration du carneau ascendant dans la cheminée courante M, avec le registre O destiné à régler le tirage. Dans cette figure, on voit la position des voussoirs L qui supportent la grande cornue et couvrent les joints de sa sole, ainsi que le mur P qui sépare les deux foyers et les carneaux, et supporte la cheminée courante.

La figure 28 est le plan des cornues inférieures ; ce plan montre les deux foyers G,G avec le mur de séparation P, les carneaux latéraux I,I, et la coupe des cornues inférieures H,H.

On verra par la figure 26, que les regards F,F sont disposés de manière à permettre l'examen des carneaux longitudinaux et latéraux, de sorte qu'on peut à tout moment observer l'allure des cornues et réparer les fuites.

M. Clift fait remarquer, quant à la durée de ces cornues, qu'il en a monté douze batteries en 1842, qui ont constamment fonctionné depuis, sauf quelques interruptions, jusqu'en 1849, où elles ont été démolies à cause de changements dans l'usine ; on les a alors trouvées en bon état et elles auraient pu fonctionner encore quelques années avec des réparations peu importantes.

M. Clift attribue la longue durée et l'économie des cornues construites de cette manière, d'abord à ce qu'elles sont composées d'un grand nombre de pièces, au lieu d'une seule ; de sorte que lorsque la température change, soit par défaut de soin des chauffeurs, soit par l'extinction de la cornue, chaque joint s'ouvre un peu, d'une quantité égale à la contraction d'une brique

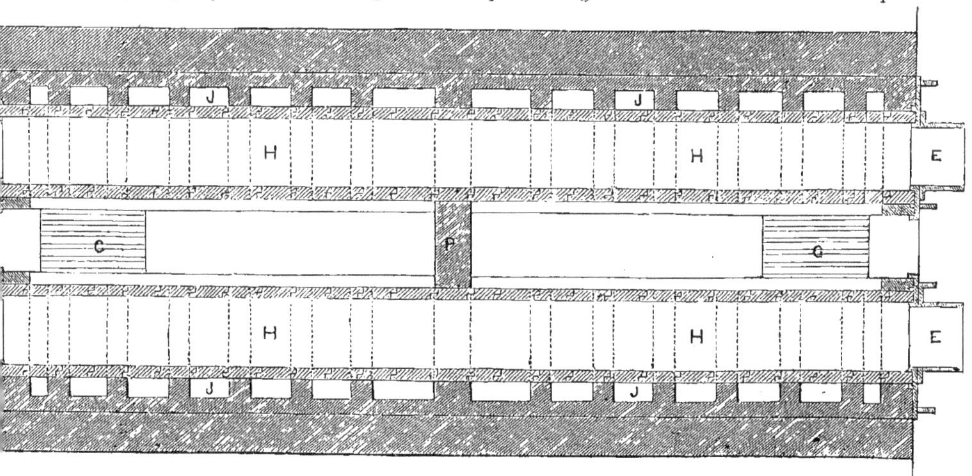

Fig. 28.

de $0^m,205$, et empêche la cornue de se fendre. De même, lorsqu'on met le four en feu (ce qui est le moment où beaucoup de cornues en terre d'un seul morceau se détériorent), si une portion de la cornue s'échauffe plus qu'une autre, les joints cèdent à la dilatation ; ou bien, si la maçonnerie est très-humide, et que la dilatation qui en résulte soit forte, on peut desserrer les écrous des tirants, ce qui permet un certain jeu à la maçonnerie ; mais lorsque l'humidité est chassée, elle revient à sa place et est aussi parfaite qu'auparavant. Quand une batterie de ces cornues est mise en marche, soit pour la première fois, soit après avoir été éteinte, elle perd par les joints pendant environ 24 heures ; mais les fuites cessent peu à peu, et alors, si la température est convenable, les cornues restent étanches sous une pression de 0m,25 à 0m,30 de hauteur d'eau.

M. Clift dit qu'une expérience suffisamment longue lui a prouvé que les cornues de briques, construites de cette manière, durent pendant dix ans, avec une dépense d'entretien de 25 francs par an, tandis que les cornues de fonte ne durent pas plus d'un an et demi dans les circonstances les plus favorables.

M. Clift établit le coût comparatif de vingt batteries de cornues en fonte et en briques, pouvant produire chacune 680 mètres cubes de gaz par vingt-quatre heures, en tenant compte des dépenses d'entretien pour chaque système pendant dix ans. Il arrive aux chiffres suivants :

Cornues de fonte : 1er établissement de 20 batteries de 5 cornues, soit 100 cornues.		27,925 f. 00 c.
Renouvellement des cornues, et remontage tous les dix-huit mois	19,250 f. 00 c.	
A déduire, pour la vente des vieilles cornues et les briques qui peuvent servir de nouveau	2,812 50	
Différence	16,447 50	
Ce renouvellement devant avoir lieu six fois et demie en dix ans, il faut multiplier cette somme par 6 ½, ce qui donne		106,908 75
TOTAL de la dépense en dix ans pour les cornues de fonte		134,833 75
Cornues de briques : 1er établissement de 20 batteries.		19,575 f. 00 c.
Entretien en dix années, à 25 francs par batterie et par an	5,000 f. 00 c.	
A déduire la valeur des vieilles plaques de fonte	625 00	
Différence	4,475 00	4,475 00
TOTAL de la dépense en dix ans pour les cornues de briques		24,050 00

Comme la quantité de gaz produite est supposée la même pour les deux systèmes de cornues, par exemple de 41,318,000 mètres cubes en dix ans, il en résulte que le gaz produit dans les cornues de fonte supporte, de ce chef, une dépense de 3 fr. 26 c. par 1,000 mètres cubes, et, dans les cornues de briques, 0 fr. 58 c. par 1,000 mètres cubes, ce qui fait une économie de 80 p. 100 en faveur des cornues en briques.

Un des grands avantages des cornues de briques, suivant M. Clift, est qu'on peut facilement les réparer à tout moment, sans les arrêter. On peut les examiner au travers des regards, et lorsqu'une fuite apparaît, on peut enlever et remplacer une brique par ces regards qui sont assez larges pour la laisser passer : tout cela se fait sans qu'on ait besoin d'abaisser la température. M. Clift fait encore remarquer que, quand on démolit une cornue de briques, on trouve que le carbone déposé par le gaz, bouchait toutes les fissures en adhérant à la surface rugueuse de la brique.

M. Clift faisait d'abord des cornues courtes, posées dos à dos ; mais il adopta ensuite le système de M. Methven, en les construisant d'une longueur double, avec une tête à chaque extrémité. Les cornues courtes, et fermées à une extrémité, s'encrassaient rapidement par le dépôt de carbone, surtout au fond, où il était très-dur et prenait une épaisseur de plusieurs centimètres ; il fallait donc arrêter les cornues et les laisser refroidir, tous les huit mois environ, pour enlever le dépôt qui se détachait par le refroidissement. Au contraire, dans les cornues longues et ouvertes aux deux extrémités, le dépôt ne peut s'accumuler, et le courant d'air, qui passe au travers de la cornue chaque fois qu'on l'ouvre, fait fissurer le graphite qui se détache beaucoup plus facilement; et M. Clift a reconnu que les cornues pouvaient fonctionner beaucoup plus longtemps. De plus, le milieu du four, qui est la partie la plus chaude, était occupé inutilement par le fond des cornues, tandis que maintenant il se trouve utilisé, puisqu'il n'y a plus que l'épaisseur d'une brique, qui sépare les carneaux; on augmente donc ainsi la surface de chauffe et la capacité des cornues, sans augmenter les dimensions du four ni la dépense. Un autre avantage inhérent aux longues cornues est qu'elles ne sont pas sujettes à des avaries, causées par le choc du crochet contre le fond quand on retire le coke.

FOUR A TROIS CORNUES DE TERRE.

Nous avons déjà dit que l'usage des cornues en terre était général en Écosse, dans les petites comme dans les grandes usines; la description suivante d'un four à trois cornues, donnée par un

Fig. 29. *Fig.* 30.

habile ingénieur dans le *Journal of Gas lighting*, indique la construction et la marche de ce four et les résultats qu'on peut attendre des cornues de terre sur une aussi petite échelle.

La figure 29 est une vue de face du four, dans laquelle on a supprimé la plaque de fonte de la devanture et la porte du foyer : la figure 30 montre la disposition intérieure du four, en plan, avec une seule cornue en place.

C,C,C, sont des piliers en briques qui ne sont pas reliés aux murs du four, de manière à ne pas ébranler la voûte. Les blocs D,D, sur lesquels la voûte E du foyer est assise, reposent sur C,C,C. La voûte E, qui recouvre le foyer, est destinée à supporter et à protéger les parties les plus voisines du feu. Une ouverture F est ménagée entre cette voûte et la devanture du four. La voûte E s'étend un peu au delà de la moitié de la longueur des cornues et supporte le pilier K, destiné à soutenir la cornue supérieure en son milieu. Le fond des cornues repose sur un mur de 0^m,112, I, et un pilier saillant C. Les deux cornues inférieures étant en place, on introduit la cornue supérieure qui s'appuie sur le pilier K en son milieu, et sur les arceaux L,L qui reposent sur les cornues inférieures. Les têtes sont assujetties avant la pose des cornues, et ces dernières sont en une ou deux pièces.

La sortie des flammes, M, est à 0^m,225 de la face du four, et aboutit au carneau supérieur O, le registre N est placé devant ce carneau ; il y a une seconde sortie de flammes, munie aussi d'un registre et placée à 0^m,30 du fond de la voûte. Ces deux sorties de flammes permettent, en réglant convenablement les registres, de répartir uniformément la température dans le four.

Les figures 31 et 32 montrent la manière dont se montent les cornues en plusieurs pièces et

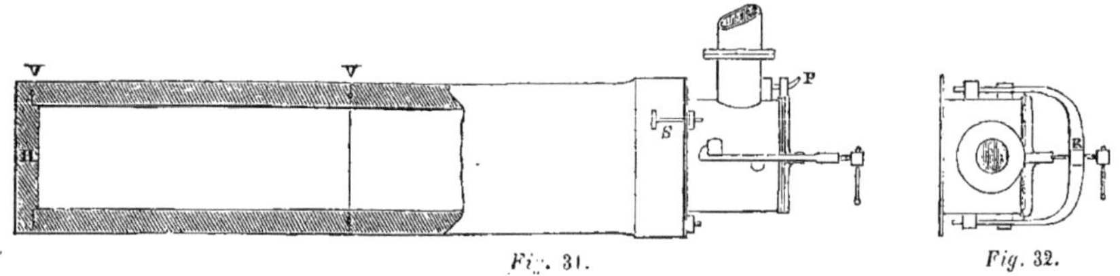

Fig. 31. Fig. 32.

s'assujettissent les têtes. Ces dernières sont fondues aussi légères que possible, et les tampons peuvent être enlevés et mis en place avec la plus grande facilité, sans avoir trop ni trop peu de jeu. Chaque tête porte une large bride à travers laquelle passent 4 ou 5 boulons avec tête en forme de T ; celle-ci se place dans l'épaisseur de la cornue, comme on le voit en S ; on a eu soin de préparer la surface de joint de la cornue en la taillant, avec un marteau tranchant, à la manière d'une meule de moulin. On introduit dans le joint du mastic de fonte, *sans soufre*, mêlé avec un poids égal de terre réfractaire, puis on serre le joint. On garnit l'emplacement des boulons avec la même matière. Les surfaces des joints pour le milieu et le fond de la cornue sont préparées de la même manière; on y fait en outre une rainure triangulaire, comme on le voit en VV, dans laquelle on tasse bien de la terre réfractaire tamisée et gâchée avec de l'eau.

Il est utile de laisser sécher le four pendant quelques semaines avant de le mettre en feu, et, lorsqu'on l'éteint, il faut avoir soin de boucher toutes les entrées d'air et les communications avec la cheminée. Un mastic très-bon pour le joint du tuyau montant avec la tête de cornue, est un mélange de craie (blanc d'Espagne) avec moitié de son poids de sel commun, le tout gâché avec de l'eau jusqu'à consistance plastique : il s'applique comme le mastic de vitrier.

La dépense de remontage d'un four à trois cornues, tel que celui que nous venons de décrire (démolition et reconstruction de l'intérieur du four), est de 522 francs.

Un four à trois cornues, ainsi monté, marchera pendant quarante à quarante-cinq semaines, et produira, avec du cannel-coal, une moyenne de 2,688^{mc},5 de gaz par semaine.

Nous n'avons pas de données positives sur la consommation du combustible dans ce four ; comme le goudron ne se vendait pas, on le brûlait en entier dans le foyer avec de la houille d'Écosse à bas prix. Le coke était vendu en totalité. Quoiqu'on n'ait pas d'estimation exacte du coût du chauffage, on estime qu'il n'excède pas celui des cornues de fonte.

Il est bon de remarquer, en faveur de ces petites cornues de terre, qu'elles restent généralement propres à l'intérieur, et que leur température est plus uniforme que celle des cornues de fonte, tandis que ces dernières s'encrassent par le carbure de fer qui s'y forme ; ce dépôt occasionne une déperdition de chaleur, et accélère la destruction de la cornue, en agissant comme fondant lorsque la température est élevée.

CORNUES DE BRIQUES, D'EVANS.

La planche XI représente, en élévation et coupe longitudinale, la disposition imaginée et adoptée par M. F. J. Evans, ingénieur de l'usine à gaz de Westminster, pour des fours de huit cornues construites en briques et carreaux réfractaires.

La figure 1 est une vue de face, dans laquelle les têtes de cornues sont supprimées ; elle montre la forme des cornues, la manière dont elles sont disposées, et la direction des flammes. Les briques et les carreaux réfractaires, dont les cornues sont formées, sont faites dans l'usine avec un mélange de terre réfractaire et de ciment qu'on obtient en réduisant en poudre grossière les débris des vieilles cornues ; on les moule, on les sèche, puis on les cuit dans un four spécial. Ces briques présentent une surface courbe du côté de l'intérieur de la cornue : elles sont plates à l'extérieur. En adoptant cette forme, les briques sont moins sujettes à se déformer avant la cuisson, parce qu'en les séchant et en les cuisant on les pose sur leur face plane. La quantité de vieilles briques qui entrent dans la fabrication des neuves s'élève aux 9/10 du poids total, de sorte qu'il y a peu de retrait à la cuisson, et que la forme des briques se conserve mieux que lorsqu'il entre dans leur composition une grande proportion de terre neuve.

La figure 2 représente les cornues munies de leurs têtes et des tuyaux montants. Les têtes de cornues de chaque étage sont fondues d'une seule pièce sur une plaque de fonte, qui les relie et s'ajuste sur les cornues ; cette disposition est indiquée sur une plus grande échelle, en coupe et en élévation, dans les figures 9 et 10, page 107.

La coupe longitudinale (*fig.* 3) complète les détails de la disposition générale ; elle indique les foyers placés à chaque extrémité du four, la direction des flammes, et l'aspect extérieur des cornues.

Voici un aperçu du coût de premier établissement d'une batterie de 18 fours du système de M. Evans, chaque four contenant huit cornues en D, de 0^{m},500 de largeur sur 0^{m},325 de hauteur et 6^{m},00 de longueur :

Pièces de fonte et de fer	14,830 fr.	00 c.
Briquetage des fours, matières et main-d'œuvre	35,458	00
Cornues et montage (tout l'intérieur des fours compris)	109,980	00
TOTAL	160,268 fr.	00 c.

Soit, par cornue :

Pour les pièces de fonte et de fer	102 fr.	08 c.
Pour le briquetage des fours	246	23
Pour les cornues et le montage	763	75
Total par cornue à deux têtes	1,112 fr.	96 c.

CORNUES DE TERRE, EN UNE OU PLUSIEURS PARTIES.

Nous nous proposons de décrire dans ce chapitre les meilleures dispositions de fours à cinq, six, sept et dix cornues de terre, non plus construites en briques et en carreaux réfractaires comme les précédentes, mais faites d'une seule pièce ou en plusieurs tronçons réunis ensuite.

La planche XIII indique la disposition d'un four à cinq cornues avec foyer fumivore à goudron, dans le système de M. Robert Corteen, ingénieur de l'usine à gaz de Douglas. La figure 1 représente une vue de face et une coupe transversale. La première montre les têtes de cornues, la porte du foyer, et le tuyau qui l'alimente de goudron. La coupe indique la disposition des cornues. La figure 2 est une coupe longitudinale suivant l'axe du four. La figure 3 est le plan dans lequel on voit une portion de la voûte du foyer, la position des piliers et une cornue en place (celle désignée par le chiffre 4 dans la figure 1).

A représente le foyer, qui est sans barreaux et formé d'une sole en briques. B est un carneau dans lequel la fumée se brûle, le voisinage du foyer le maintenant au rouge. En *a* se trouve l'ouverture, par laquelle passe la gouttière qui amène le goudron et s'introduit une partie de l'air pour la combustion : le complément de l'air nécessaire passe par l'ouverture *b*, ménagée dans la porte du foyer. Les lettres *c*, *c*, *c*, *c*, indiquent les piliers sur lesquels reposent la voûte du foyer et les cornues inférieures. Le carneau B est couvert par des carreaux réfractaires *d*, l'issue des flammes se trouvant en *e*. Les cornues 2 et 3 sont supportées par les blocs *f*, *f*, *f*, *f*, dont les intervalles sont remplis de manière à intercepter le passage de l'air chaud. La cornue supérieure est supportée par les blocs *g*, *g*, *g*, *g*, dont les intervalles sont libres, comme on le voit en *i*, *i*, *i*, *i*. Les passages des flammes sont indiqués en *h*, *h*, *h*, *h* et les flèches montrent la direction de l'air chaud. Les blocs *n*, *n*, qui supportent la voûte du foyer, sont assis sur les piliers *c*, *c*.

Le four à cinq cornues de M. Henry Gore, de Leeds, est représenté planche XIV ; cette disposition s'applique soit aux cornues ordinaires, fermées par un bout, soit aux cornues ouvertes aux deux extrémités. Dans ce système, la cornue supérieure est beaucoup plus large que les autres. Elle a $0^m,60$ de largeur sur $0^m,325$ de hauteur, tandis que les cornues latérales n'ont que $0^m,375$ de largeur sur $0^m,300$ de hauteur. Les cornues sont formées de deux tronçons, de chacun $2^m,55$ de longueur, et réunis bout à bout avec du ciment. Les carneaux ascendants ont $0^m,225$ sur $0^m,112$, et la cheminée courante a 45 décimètres carrés de section. La voûte des fours a $1^m,80$ de largeur sur $2^m,60$ de hauteur sous clé.

La planche XV représente un four à six cornues de M. C. B. Robinson, chauffées par un seul foyer : la voûte a $1^m,95$ de largeur. Ce système a été employé avec avantage dans quelques grandes villes de province pendant plusieurs années, durant lesquelles la production moyenne du gaz a été de 141,5 mètres cubes par cornue et par jour. La consommation du combustible n'a jamais dépassé 25 kil. de coke ou de houille par 100 kil. de houille distillée.

Le même système a été appliqué pendant 25 ans à des fours mixtes, comme l'indique la planche, où les deux cornues supérieures sont en verre, et les quatre cornues inférieures en fonte : leur durée était de 14 mois.

M. Robert Jones, ingénieur de la « *Commercial Gas Company,* » monte sept cornues de terre dans un four : trois de ces cornues sont ovales et quatre circulaires, comme on le voit planche XVI, en plan, coupe et élévation. Les cornues circulaires ont 0^m,375 de diamètre, et les cornues ovales 0^m,525 sur 0^m,375.

La voûte du four est formée de trois rangées de briques (la rangée intérieure est en briques réfractaires) ; elle s'appuie sur des pieds-droits de 0^m,35, qui ont 2^m,25 de hauteur sur 2^m,325 d'écartement et 6^m,00 de longueur.

Les cornues ont 6 mètres de longueur, non compris les têtes ; elles sont formées de quatre tronçons de 1^m,50 chacun, réunis avec du mortier de terre de Stourbridge (terre réfractaire).

Les cornues sont supportées dans toute leur longueur par une série de murs de 0^m,225 qui forment des chambres, comme l'indique la coupe longitudinale. L'air chaud monte dans ces chambres par les ouvertures B ménagées dans la voûte du foyer. Les murs portent des ouvertures A, A, de 10 centimètres en carré, sauf le mur C qui n'en porte pas, afin que l'air chaud ne puisse passer dans l'autre moitié du four.

Les deux cornues inférieures, placées de chaque côté du foyer, recouvrent un carneau par lequel passent les produits de la combustion qui ont circulé dans le four, comme l'indiquent les flèches ; ils entrent alors dans la cheminée courante qui aboutit à la grande cheminée.

La voûte du foyer s'appuie sur les flancs des deux cornues inférieures, et supporte la cornue centrale. Cette voûte est munie, sur toute sa longueur, d'ouvertures qui communiquent avec les chambres D dont nous avons parlé plus haut.

Un foyer existe à chaque extrémité du four.

Les tuyaux montants et les plongeurs ont 0^m,15 de diamètre.

Avec cette disposition, la température est uniforme et les sept cornues peuvent facilement distiller deux tonnes de houille en cinq heures.

A l'usine Impériale de King's Cross, qui est la plus importante de Londres, M. D. Methven a construit des fours à 10 cornues de terre, disposées en cinq étages. Les cornues, qui ont 5^m,70 de longueur, se chargent par les deux extrémités. On voit, planche XVI, l'élévation d'un de ces fours, et il y en a seize semblables dans un des ateliers de distillation de cette usine. Les quatre cornues supérieures se chargent et se délutent au moyen d'une plate-forme mobile sur des roues, et sur laquelle se tiennent les ouvriers. Au moyen d'une disposition très-ingénieuse, due à M. T. N. Kirkham de l'usine de Fulham, et perfectionnée par M. Methven, le coke rouge tombe directement dans le foyer au sortir des quatre cornues du milieu. A cet effet, on adapte devant les têtes de cornues des trémies en tôle, dans lesquelles on fait tomber le coke rouge, qui passe dans une autre trémie, et, de là, dans le foyer. Cette disposition procure une grande économie, non-seulement de main-d'œuvre, mais aussi de combustible, parce que le coke est introduit à l'état incandescent dans le foyer.

La forme des cornues est indiquée, planche XVI, figure 1. Elles ont 1^m,525 dans leur partie la plus large, et 0^m,325 de hauteur ; chaque four peut distiller de 9 à 9,5 tonnes de houille par jour, avec une consommation de 26 hectolitres de coke. Dans cette usine, la cuiller à charger est posée sur un support élevé de quelques centimètres au-dessus du sol, ce qui en rend la manœuvre plus facile.

La figure 2 représente les coupes longitudinales suivant la ligne AB et suivant la ligne CD. Il faut remarquer que les carneaux sont disposés de telle sorte, que l'on peut, au moyen des registres H,H, régler la température des cornues supérieures et inférieures ; l'air chaud passe ensuite dans la chambre médiane par les ouvertures K, pour se rendre dans la cheminée courante.

Les figures 3, 4, 5, sont des plans suivant les lignes EF, GH, LM de l'élévation.

Les avantages de cette disposition sont les suivants : on peut fabriquer, dans le même espace de terrain, une plus grande quantité de gaz que dans les dispositions ordinaires, ce qui est très-important lorsqu'on se trouve dans un endroit resserré. Ainsi à la « *Imperial Gas Company* », par exemple, qui fournit pendant les mois d'hiver jusqu'à 113,000 mètres cubes de gaz par jour avec son usine de King's Cross, cette disposition a rendu de grands services. Il y a aussi économie de combustible ; un four à 10 cornues n'exige pas plus de coke que 5 ou 6 cornues, montées dans le système ordinaire.

Fig. 33.

M. Methven a imaginé une disposition du barillet qui mérite d'être signalée ; elle est plus spécialement applicable aux cornues longues et ouvertes aux deux extrémités. Les tuyaux montants, qui partent de chaque extrémité de la cornue, communiquent avec un seul barillet qui leur est commun et qui se trouve placé dans l'axe de la batterie. La figure 2, planche XVI, indique cette disposition ; elle a pour effet de forcer chaque tuyau montant à fournir la même quantité de gaz, tandis qu'autrement presque tout le gaz passerait par un seul de ces tuyaux, s'il y avait la moindre différence dans l'immersion des deux plongeurs.

CORNUES DE TERRE ET DE FONTE.

SYSTÈME LOWE.

Il résulte de la haute température à laquelle les cornues de terre doivent être chauffées, que l'air, qui sort des carneaux, emporte une grande quantité de chaleur qu'on peut utiliser. M. Lowe a pensé à appliquer cette chaleur perdue à la distillation de la houille dans des cornues

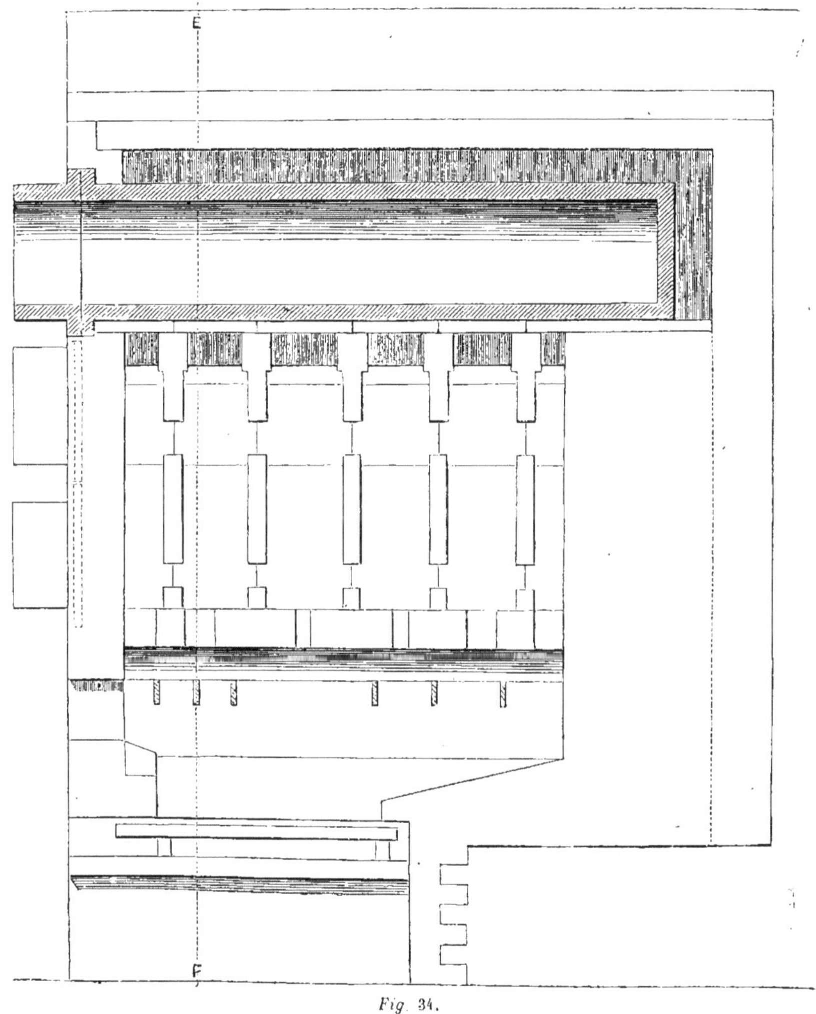

Fig. 34.

de fonte, qui exigent une température plus basse, et, dans ce but, il a disposé dans le même four des cornues de terre et des cornues de fonte. Son brevet pour ce système de four date de 1829.

Les figures 33 et 34 montrent, en coupe longitudinale et en coupe transversale, la disposition adoptée par M. Lowe. Les trois cornues supérieures, qui sont en terre, sont exposées les premières à la chaleur du foyer ; puis l'air chaud, qui a parcouru toute la surface de ces cornues, est conduit par des carneaux sur le côté des cornues inférieures, qui sont en fonte. Par cette disposition, les cornues de fonte sont chauffées par la chaleur perdue, ce qui procure une grande économie de combustible. La figure 33 est une coupe suivant la ligne EF de la figure 34, et la coupe longitudinale est faite suivant la ligne GH.

Comme les cornues de terre durent beaucoup plus longtemps que celles de fonte, il était bon de pouvoir remplacer les dernières, sans, pour cela, remonter tout le four ; à cet effet, M. Lowe pose les cornues de fonte sur des blocs peu résistants, indiqués en K et disposés de telle sorte qu'en les enlevant il est facile de remplacer les cornues de fonte par de nouvelles. Le combustible nécessaire au chauffage d'un four à cinq cornues de ce système, ne s'élève pas à plus de 20 p. 100 du coke produit.

SYSTÈME CROLL.

M. Croll, suivant l'idée de M. Lowe d'utiliser la chaleur perdue dans l'emploi des cornues en terre, imagina plusieurs dispositions, dans lesquelles les deux espèces de cornues sont montées dans des fours séparés.

Dans son premier système, indiqué figure 35, les cornues de terre et celles de fonte, bien que séparées par un mur en briques F, se trouvent dans la même voûte. Un espace vide est ménagé entre la partie supérieure de ce mur et la voûte, pour permettre à l'air chaud, qui a passé sur les cornues de terre, de descendre dans le compartiment où sont placées les cornues de fonte. Les flammes, qui suivent la direction des flèches, sortent du foyer A, passent en B, circulent autour des cornues 1 et 2, puis descendent autour des cornues de fonte 3, 4.

Fig. 35.

M. Croll a placé ensuite les cornues de terre et celles de fonte dans des fours distincts. Les figures 36 et 37 représentent cette disposition pour des usines très-grandes et pour de plus petites. Les cornues circulaires du compartiment supérieur sont en terre ; elles sont chauffées par un foyer étroit avec une grille aussi petite que possible, ce qui est un des points saillants du système de M. Croll. Les flèches indiquent la direction des flammes.

Ce système de four, où les cornues de terre et de fonte sont combinées, est maintenant en pleine activité à l'usine de la « Surrey Gas Consumers' Company, » dirigée par M. Croll. Il y a douze batteries composées chacune, dans la voûte supérieure, de six cornues en terre de 5^{m},55 de longueur, 0^{m},375 de diamètre et 0^{m},075 d'épaisseur ; les cornues sont faites en quatre tronçons, réunis avec du mortier de terre. La voûte inférieure contient huit cornues de fonte en D, de 5^{m},55 de longueur, 0^{m},312 de largeur et 0^{m},034 d'épaisseur. Les cornues sont ouvertes aux deux extrémités, et chaque batterie est chauffée par deux foyers placés dans la voûte supérieure. Les dimensions des foyers sont : 0^{m},25 de largeur, 0^{m},90 de longueur, 0^{m},575 de profondeur. Chaque batterie occupe 14,4 mètres carrés, et les douze produisent, en 24 heures, 32,600 mètres cubes de gaz.

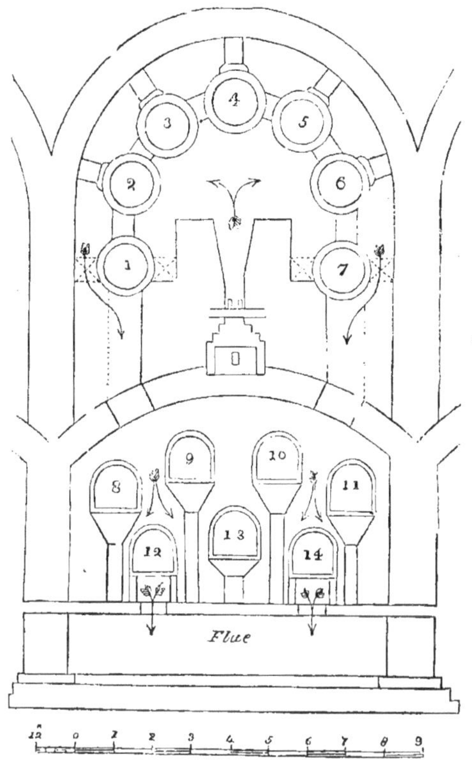

Fig. 36.

Fig. 37.

Dans les fours existants, les cornues les plus vieilles ont duré 27 mois, mais la durée moyenne est de 21 mois. La quantité de gaz produite par tonne de houille était de 260 mètres cubes ; et le combustible brûlé n'était que de 15 p. 100 du coke produit.

FOUR D'ANDERSON AVEC FOYER A GOUDRON.

La grande quantité de goudron de houille, qui existe aujourd'hui sur le marché, en a tellement fait baisser la valeur, qu'il est plus avantageux de brûler le goudron que de le vendre aux prix offerts par les fabricants de naphte et de combustible artificiel, qui en sont les principaux acheteurs. La combustion du goudron exige cependant une disposition particulière du foyer pour pouvoir le brûler avec avantage, sans produire de fumée et sans détériorer les cornues.

M. George Anderson a fait breveter un foyer spécial pour brûler le goudron dans les meilleures conditions. Il consiste en un plan incliné en briques, qui se termine, comme le montre la planche XVII, à peu de distance de la sole du foyer et de l'autel.

Le goudron est introduit comme à l'ordinaire, par une gouttière, sur la partie supérieure de ce plan incliné. Il prend feu immédiatement, au contact des briques rouges, coule en brûlant sur le plan incliné et se trouve complétement volatilisé et consumé avant d'arriver à l'extrémité de ce plan. Le résidu terreux, que laisse le goudron, est poussé dans le cendrier au travers de l'ouverture ménagée près de l'autel. Lorsque le four est en marche, le cendrier est rempli de cette braise à la température rouge.

L'air s'introduit par une ouverture pratiquée dans la porte du cendrier; il traverse la braise rouge et ne vient se mêler aux produits de la combustion du goudron qu'au moment de quitter le foyer pour se rendre sous les cornues; cette introduction d'air chaud produit une combustion parfaite du goudron et sans la moindre fumée.

M. Anderson a appliqué son système dans plusieurs usines et, paraît-il, avec un succès complet. Quand il emploie ce procédé sur une grande échelle, M. Anderson place les cornues dans trois fours qui fonctionnent simultanément (planche XVII); les cornues des deux fours latéraux sont en terre et au nombre de sept, et le four central en contient six en fonte. Le four de droite est chauffé au goudron, et celui de gauche au coke. La chaleur de ces deux fours passe, par des carneaux, dans le four central qui, comme on le voit, n'a pas de foyer : les cornues de fonte placées dans ce four sont chauffées par la chaleur perdue des deux autres fours.

Une batterie de 20 cornues, de $2^m,70$ de longueur sur $0^m,375$ de diamètre, produira de 2,400 à 2,500 mètres cubes de gaz par jour avec de la houille de Newcastle, en en distillant environ 9 tonnes par vingt-quatre heures; et l'on brûlera un peu plus de 13 hectolitres de coke et 405 à 454 livres de goudron.

La quantité de goudron produite par chaque batterie est moindre que celle qui est nécessaire pour le chauffage; on ne peut donc établir tous les fours d'après ce système, et il faut en avoir quelques-uns chauffés seulement au coke. De cette manière, et en ne brûlant pas de goudron pendant un ou deux mois de l'été, au moment où le coke est bon marché, on peut ensuite alimenter les foyers avec du goudron, quand il est plus économique d'en brûler.

Pour de petites usines, M. Anderson établit de neuf à cinq cornues par four avec un foyer à goudron dans chacun d'eux; le foyer est disposé de la même manière que pour les fours plus grands.

Nous ne pouvons mieux terminer le chapitre des cornues en terre et en fonte, qu'en citant les observations suivantes du président de la Compagnie de gaz de la cité de Londres, à l'assemblée semestrielle du mois de janvier 1858. Son avis impartial, fondé sur une expérience de plusieurs années, est la meilleure preuve de la supériorité des cornues en terre.

« Je pense que les Compagnies de gaz ont généralement trouvé un grand avantage dans l'emploi des cornues en terre; et je suis bien persuadé que, si les cornues de terre n'avaient pas remplacé celles de fonte, bien des compagnies, au lieu de donner 5 p. 100 de dividende, pourraient à grand'peine continuer à travailler. Les meilleures cornues de fonte ne fonctionnent pas convenablement pendant plus de dix mois, et le montage de ces cornues est presque aussi coûteux que celui des cornues en terre. Jugez maintenant de la différence. Nous avons actuellement 486 cornues de terre, dont 196 avaient quatre ans de service en novembre dernier, sans avoir été remontées. Celles qui ont été démolies l'année dernière étaient âgées de cinq ans, dont quatre de service effectif; et toutes étaient en parfait état pour la production du gaz. »

CHAPITRE SIXIÈME

FOURS PAUWELS ET DUBOCHET

(CHAPITRE ADDITIONNEL DU TRADUCTEUR.)

Le chapitre de l'ouvrage de Clegg, relatif aux fours Pauwels et Dubochet, décrivant ces fours tels qu'ils étaient dans le principe, nous avons cru pouvoir nous permettre, avec l'assentiment de M. Dubochet et des propriétaires actuels des brevets, de modifier entièrement ce chapitre. Nous décrirons ce système avec les derniers perfectionnements et les simplifications qui y ont été apportés, en relatant les résultats des expériences faites dans les usines mêmes de la Compagnie parisienne.

Nous indiquerons les principes généraux sur lesquels ces appareils doivent être construits, les conditions auxquelles ils doivent satisfaire, et la marche de la fabrication la plus convenable pour obtenir du coke propre aux fonderies et aux locomotives. Nous donnerons les éléments du prix de revient du gaz dans ces fours, éléments qui permettront de comparer le coût du gaz dans les fours et dans les cornues. Nous présenterons enfin des considérations générales sur l'extraction du gaz, qui est intimement liée à tous les systèmes de fours, dans lesquels la chambre de distillation est formée de plusieurs pièces, et offre, par la multiplicité des joints, une issue facile au gaz, si l'on ne s'y oppose pas par une extraction du gaz opérée dans des conditions parfaites.

DESCRIPTION DES FOURS.

Le but de l'invention de MM. Pauwels et Dubochet est la fabrication de coke propre aux locomotives et aux fonderies, tout en produisant, en même temps, du gaz d'un pouvoir éclairant convenable. Ces fours font l'objet de trois brevets, pris en 1850, 1851 et 1852. Ils sont appliqués dans deux usines de la Compagnie Parisienne, à la Villette où il en existe cinquante-six, et à Ivry où il y en a quinze. Il y en a aussi en marche dans différentes localités de France et de Belgique : quatre-vingt-dix à Saint-Étienne; six à Calais ; trente à Élouges et trente aux mines des Produits, près Jemmapes.

La chambre de distillation est construite en briques, et assez grande pour distiller à la fois 6 tonnes de houille. Cette chambre est ouverte aux deux extrémités, et la sole en est horizontale. La houille arrive dans des waggonnets, qui roulent sur des rails placés sur la batterie, pour être chargée dans le four par une ouverture ménagée au centre de la voûte. Les ouvriers l'étalent, au fur et à mesure, en couche uniforme, qui s'élève jusqu'à la naissance de la voûte, sur une hauteur de $0^m,60$ à $0^m,70$. La sole seule est chauffée, par une circulation de flammes qui a lieu sous sa partie inférieure ; cette sole agit comme réservoir de chaleur, et elle tend à maintenir la température au degré voulu, lorsque l'on vient à charger le four, en dégageant la chaleur qu'elle avait emmagasinée pendant la fin de la distillation précédente. Il n'y a qu'un foyer à chaque four.

Les fours sont placés côte à côte, et fermés à chaque extrémité par une porte en fonte, maintenue par des verrous qui entrent dans un cadre, aussi en fonte, fixé sur la face du four ; cette porte est lutée avec de la terre à four. Chaque pied-droit, qui forme la séparation des différents fours, est muni, sur chaque face de la batterie, d'une armature ; les armatures de chaque face, encastrées dans le sol par une extrémité, sont réunies à celles de l'autre face par un tirant.

Le gaz s'échappe par un tuyau, placé sur la voûte du four, et indépendant de l'ouverture par laquelle on introduit la houille ; ce tuyau communique à la conduite générale, qui dessert tous les fours, par l'intermédiaire d'une clé hydraulique.

La distillation d'un four contenant cinq à six tonnes, dure soixante-douze heures ; lorsqu'elle est terminée, on ouvre les verrous des portes et on détache le lut ; puis on ferme la clé hydraulique. On allume alors le gaz, qui s'échappe autour des portes, puis on les enlève au moyen d'un treuil, qui roule sur des rails placés au-dessus de chaque face de la batterie ; ces rails sont maintenus dans des coussinets, venus de fonte à la partie supérieure des armatures des fours.

Le coke est enlevé au moyen d'un *repoussoir*, et le four se trouve prêt à recevoir une nouvelle charge. Devant la façade de la batterie par laquelle sort le coke, se trouve un quai, qui est de plein pied avec la sole ; il est subdivisé par des murs, qui se trouvent dans le prolongement des pieds-droits de chaque four et qui ont environ la hauteur de la couche de coke incandescent qui se trouve dans le four. Ces murs forment des sortes de cases, dans lesquelles le coke est envoyé par le repoussoir ; et là, on l'étouffe avec une couche de cendres qu'on y laisse pendant 24 heures.

Le repoussoir roule, devant l'autre face de la batterie, sur des rails parallèles à cette face.

La planche IX représente les fours Pauwels et Dubochet, tels qu'ils sont exécutés à l'usine à gaz de la Compagnie parisienne, à la Villette.

La figure 1 est une élévation, du côté du foyer, c'est-à-dire sur la face du four devant laquelle se meut le repoussoir.

La figure 2 est une coupe transversale suivant la ligne ABCD de la figure 4 ; elle passe par le foyer F et montre les descentes des flammes V,V, dans les carneaux X,X, qui les conduisent dans la cheminée courante Y, commune à toute la batterie ; on voit aussi l'emplacement des registres, destinés à régler le tirage, et placés dans les descentes V, V.

La figure 3 est une autre coupe transversale suivant A'B', et passant par l'axe de la gueule G par laquelle on introduit la houille dans le four. On voit, au-dessus, le waggonnet W dans lequel la houille est amenée, et qui roule sur les rails.

La figure 4 est une coupe longitudinale suivant l'axe du four ; on y voit l'ensemble des dispositions : la gueule G précédemment indiquée, le tuyau T par lequel le gaz s'échappe du four, et la clé hydraulique H qui permet d'isoler le four de la conduite générale I pendant le délutage. Le waggonnet W se trouve sur la voie ferrée par laquelle arrivent les waggonnets pleins, et W' sur celle par laquelle ils s'en vont lorsqu'ils sont vides. Les treuils K,K, qui se meuvent sur des rails au-dessus de chaque face, sont destinés à soulever les portes de la chambre de distillation.

La figure 5 est un plan passant sous la sole, au-dessus du foyer. Ce plan indique la circulation des flammes sous cette sole. M, M sont deux murs, placés de chaque côté du foyer, qui servent à la fois de supports à la sole et de chicanes pour les flammes ; ils ne se prolongent pas jusqu'à l'extrémité du four, de sorte que l'air chaud suit la direction des flèches, pour se rendre dans les descentes V,V. Les petits murs *a*,*a*,*a*,*a*..... supportent la sole.

Les dimensions des parties importantes du four sont indiquées sur la planche.

Ainsi que nous l'avons dit plus haut, le coke est enlevé du four au moyen d'un *repoussoir*. Cet appareil est représenté en plan et en élévation, planche X. Il se compose essentiellement d'une longue poutre en tôle P, munie, dans toute sa longueur, d'une crémaillère G en fonte. La poutre glisse, sur des galets, au-dessus d'une autre poutre P′ en tôle, portée sur deux ou trois paires de roues R, se mouvant sur des rails T. (La longueur de l'appareil ne permet d'indiquer que la partie du repoussoir la plus importante, et une seule des paires de roues est représentée.) La poutre P porte, à son extrémité, un *bouclier* B, muni de galets de chaque côté, afin de le guider dans l'intérieur de la chambre de distillation sans détériorer la maçonnerie. Un système d'engrenages, mû par deux manivelles à angle droit M, M, et agissant sur la crémaillère G, met en mouvement la poutre et le bouclier, qui balaie toute la longueur de la chambre de distillation.

Voici les résultats d'expériences faites, à l'usine à gaz de la barrière Fontainebleau, par M. Barlow, sur la production du gaz dans les fours Pauwels et Dubochet.

PRODUCTION DU GAZ, PAR HEURE,

DANS NEUF FOURS, CHARGÉS DE 50 TONNES DE HOUILLE DE DENAIN, DISTILLÉE EN 72 HEURES.

1re JOURNÉE Houille distillée = 16,866 kilogrammes.		2e JOURNÉE. Houille distillée = 16,866 kilogrammes.		3e JOURNÉE. Houille distillée = 16,000 kilogrammes.	
1re heure.	138 mètres cubes.	1re heure.	138 mètres cubes.	1re heure.	143 mètres cubes.
2e —	141 —	2e —	129 —	2e —	124 —
3e —	108 —	3e —	115 —	3e —	115 —
4e —	111 —	4e —	109 —	4e —	127 —
5e —	138 —	5e —	133 —	5e —	151 —
6e —	149 —	6e —	156 —	6e —	159 —
7e —	150 —	7e —	171 —	7e —	163 —
8e —	151 —	8e —	169 —	8e —	163 —
9e —	151 —	9e —	171 —	9e —	165 —
10e —	151 —	10e —	179 —	10e —	165 —
11e —	145 —	11e —	165 —	11e —	170 —
12e —	152 —	12e —	175 —	12e —	160 —
13e —	150 —	13e —	175 —	13e —	170 —
14e —	150 —	14e —	170 —	14e —	165 —
15e —	145 —	15e —	175 —	15e —	162 —
16e —	140 —	16e —	170 —	16e —	167 —
17e —	155 —	17e —	165 —	17e —	168 —
18e —	135 —	18e —	165 —	18e —	167 —
19e —	140 —	19e —	165 —	19e —	170 —
20e —	135 —	20e —	160 —	20e —	166 —
21e —	135 —	21e —	150 —	21e —	170 —
22e —	140 —	22e —	152 —	22e —	160 —
23e —	135 —	23e —	150 —	23e —	170 —
24e —	140 —	24e —	148 —	24e —	158 —
	3,385 mètres cubes, soit 200mc par 1,000k.		3,755 mètres cubes, soit 222mc par 1,000k.		3,798 mètres cubes, soit 237mc par 1,000k.

Il est nécessaire de dire que les expériences doivent toujours être faites pendant une période de trois jours, puisque, la durée de la distillation étant de soixante-douze heures, le tiers des fours est chargé chaque jour. Le produit total du gaz a donc été de 10,938 mètres cubes de gaz pour 49,732 kilogrammes de houille distillée, ce qui fait un rendement moyen de 220 mètres cubes par 1,000 kilogrammes, tandis que dans les cornues on obtient 250 mètres cubes; le rendement dans les fours est donc inférieur de 12 p. 100 au rendement dans les cornues, mais on verra plus loin que cette infériorité est largement compensée par la supériorité du coke produit.

COKE DE FOURS.

L'élément le plus important, pour la fabrication de bon coke de fours, est évidemment la houille. Toutes les houilles ne sont pas propres à cette fabrication, et les sortes mêmes qui sont convenables, sont sujettes à des variations dans la qualité, qu'il est nécessaire de prendre en considération. Mais la qualité du coke dépend encore de beaucoup d'autres conditions.

Le coke de fours, en effet, doit satisfaire aux conditions suivantes : il doit être dense, bien agrégé, contenir peu de cendres, et présenter un aspect métallique qui, s'il n'ajoute rien à la qualité, a l'énorme avantage de le rendre plus *marchand.* Ces diverses conditions, auxquelles doit satisfaire le bon coke de fours, dépendent principalement :

1° La densité, — du mode de distillation employé et de la préparation de la houille ;

2° La cohésion, — de la nature de la houille, de la récence de son extraction, et de sa teneur en cendres ;

3° La teneur en cendres, — de la qualité de la houille ;

4° L'aspect métallique, — du mode d'extinction du coke.

Densité. — La densité du coke dépend de la pression à laquelle la houille est soumise pendant la distillation, c'est-à-dire, de la hauteur sous laquelle elle est chargée. Dans les cornues horizontales, la houille ne se trouve que sous une épaisseur d'environ $0^m,10$, tandis que, dans les fours, la hauteur de la charge varie de $0^m,70$ à $1^m,10$, de sorte que, au fur et à mesure que les produits volatils se dégagent, les particules se rapprochent par la pression des couches supérieures, ce qui n'a pas lieu dans les cornues.

Cohésion. — Il serait trop long d'énumérer toutes les sortes de houille propres à faire du coke bien agrégé, et l'on trouvera d'ailleurs ce renseignement dans le chapitre qui traite des houilles. On désigne toutes les variétés convenables pour ce genre de fabrication sous le nom de *houilles collantes.*

La récence de l'extraction de la houille est une condition importante et bien connue de tous les fabricants de coke. Tous disent que le vieux charbon ne colle pas bien.

M. de Marsilly, dans le travail que nous avons déjà cité plusieurs fois, rapporte des expériences qu'il a faites pour vérifier l'exactitude de cette assertion. Il dit :

« J'ai fait fabriquer en Belgique deux tonnes de coke avec des charbons gras de Jolimet et Roinge, qui, depuis six mois, étaient restés sur le rivage ; on avait eu soin de les enfourner dans un four bien chaud placé au centre d'un groupe de fours en bonne allure ; la cuisson a duré quarante-huit heures comme à l'ordinaire ; elle a été conduite dans les mêmes conditions que celle des fours voisins, où l'on avait enfourné des charbons frais.

« Cependant le coke que l'on a obtenu était mal formé, en partie pulvérulent et trop mauvais pour être livré au commerce.

« Ce résultat ne pouvait provenir que d'une chose : du départ, par l'exposition à l'air, du principe gras qui fait coller le coke. »

La teneur en cendres n'influe sur la cohésion du coke qu'en tant qu'elle dépasse certaines proportions.

Teneur en cendres. — La proportion des cendres contenues dans la houille est des plus variables, surtout dans les charbons tout-venants ; elle est beaucoup plus considérable dans les fines que dans la gailleterie, et le coke de fours doit être fait exclusivement avec de la gailleterie, soit achetée directement à la mine, soit extraite, par un tamisage, du charbon tout-venant. Il est important de faire fréquemment des incinérations sur des échantillons des houilles que l'on reçoit, pour s'assurer de leur teneur en cendres, parce qu'ordinairement les chemins de fer, auxquels la plus grande partie du coke de fours est destinée, font une réduction sur le prix du coke à partir d'une certaine proportion de cendres ; cette limite est généralement 7 p. 100.

Aspect métallique. — L'aspect métallique du coke dépend presque uniquement du mode d'extinction employé. On éteint le coke de deux manières : soit avec de l'eau, soit en l'étouffant sous la cendre.

L'extinction par l'eau donne au coke un aspect terne et noirâtre ; tandis que l'extinction sous la cendre lui donne l'aspect métallique, recherché par les consommateurs.

Mode de préparation de la houille. — Le mode de préparation de la houille, avant sa distillation, est excessivement important. Il consiste à réduire la houille en poudre très-fine : cette simple opération a pour effet de donner au coke la *densité* et la *cohésion* au plus haut degré possible, et de le rendre parfaitement homogène ; elle a, en outre, l'avantage de disséminer la cendre dans la masse à un degré tel que, quand on brûle le coke dans les locomotives, les cendres ne s'agglomèrent plus en formant du mâchefer, mais sont entraînées à l'état de poudre fine par le tirage de la cheminée.

ÉLÉMENTS DU PRIX DE REVIENT COMPARATIF DU GAZ

DANS LES CORNUES ET DANS LES FOURS.

La dépense totale de fabrication dans les fours est à peu près la même que dans les cornues, parce que la plus grande dépense de chauffage et de préparation du charbon est compensée par une dépense moins grande de main-d'œuvre et d'entretien. La qualité du coke est tellement supérieure, que le prix net du mètre cube de gaz est, somme toute, inférieur à celui du gaz provenant des cornues, d'environ 3 centimes.

Comme nous l'avons dit précédemment, on distille dans les fours de la gailleterie, achetée directement à la mine, ou provenant du passage à la claie du charbon tout-venant. Le charbon tout-venant, de composition moyenne, doit produire environ 30 p. 100 de gailleterie par le passage à la claie de 4 centimètres d'écartement.

Préparation du charbon.

Dépenses. — La préparation du charbon se compose du passage à la claie et de l'égrugeage.

Passage à la claie. — Pour produire 17,000 kilogrammes de gailleterie, on a employé dix-neuf heures d'homme à 0 fr. 30 c. l'heure, soit 5 fr. 70 c. ou pour 1,000 kilogrammes 0 fr. 33 c.

Égrugeage. — L'égrugeage de 50,000 kilogrammes de gailleterie a nécessité :

1 charretier à	3	00	pour porter le charbon du tas au moulin	22 fr. 00 c.	37 fr. 00 c.
2 chevaux	10	00			
3 chargeurs à	3	00			
3 hommes pour alimenter le moulin			5 hommes à 3 fr.	15 00	
1 — à la chaîne à godets					
1 — aux waggonnets					

Machine à vapeur. — La machine, faisant fonctionner le moulin et la chaîne à godets, a exigé :

11 hectos de coke pour le chauffage, à 1 fr. 15 c. l'hecto	12 fr. 65 c.	
1 chauffeur à 4 fr.	4 00	
Entretien de la machine	1 00	
Intérêt du capital	2 00	
	19 fr. 65 c.	
Cette machine faisant mouvoir d'autres appareils qui absorbent la moitié de sa puissance, il faut diviser cette somme en deux parties, soit environ		10 00
Total		47 fr. 00 c.

Ce qui représente, pour les 50,000 kilos égrugés, $\frac{47}{50}$ = 0 fr. 90 par 1,000 kilos.

Distillation. Main-d'œuvre. — Le personnel employé aux fours se compose de :

2 chefs d'équipe à 3 fr. 50 c.	7 fr. 00 c.	38 fr. 00 c.
4 tamponniers à 3 fr. 25 c.	13 00	
6 déluteurs à 3 fr.	18 00	
Ces hommes chargent en outre 4,000 kilos de coke, dont on peut évaluer le chargement à 0 fr. 50 c. par 1,000 kilos. *A déduire*		2 00
Reste		36 fr. 00 c.

Somme pour laquelle on a distillé 17,000 kilos, soit $\frac{36}{17}$ = 2 fr. 11 c. par 1,000 kilos.

Chauffage. — Un four consomme 12 hectolitres de coke de cornues par jour pour son chauffage, soit 6 hectolitres par tonne de houille distillée.

Premier établissement et entretien des fours. — Un four, pouvant contenir 5 à 6 tonnes, coûte environ 6,000 francs.

Les frais d'entretien s'élèvent à 220 francs par an, pour une distillation annuelle d'environ 750 tonnes.

Aspiration. — On peut évaluer le coût de l'aspiration du gaz à 0 fr. 35 c. par 100 mètres cubes de gaz.

Produits. — *Coke.* Une tonne de gailleterie produit :

630 kilogrammes gros coke dont la valeur varie de 33 à 38 francs la tonne, selon la qualité, qui dépend de la qualité du charbon et de sa préparation ;

37 kilogrammes petit coke dont la valeur est d'environ 25 francs la tonne.

$0^{hect},80$ poussier à 0 fr. 40 c. l'hectolitre.

Goudron. — Une tonne produit 50 kilogrammes de goudron.

Gaz. — Le rendement en gaz est inférieur de 12 p. 100 au rendement dans les cornues.

Ces éléments permettront de se rendre compte du prix du gaz dans les fours, d'après le prix auquel la houille pourra être obtenue, et l'on trouvera, comme nous l'avons avancé, que le coût net du mètre cube est inférieur de 3 centimes environ à celui du gaz produit dans les cornues.

AVANTAGES DES FOURS A COKE.

Les fours, tels que nous les avons décrits, ont, sur le système des cornues, d'autres avantages sur lesquels il est nécessaire de nous arrêter un moment.

On chauffe les fours avec du coke de cornues ; il est donc intéressant pour de grandes usines qui produisent beaucoup de ce coke, d'avoir une partie de leur matériel dans ce système, afin de ne pas encombrer le marché de coke de cornues, et par suite d'en faire baisser le prix.

Le personnel ouvrier, nécessaire pour la distillation, est moins nombreux pour les fours que pour les cornues, et le travail est aussi moins dur ; les ouvriers sont donc plus faciles à trouver et à conserver, et leur surveillance est plus facile.

Le coke de fours étant employé par les chemins de fer et les fonderies, qui sont des industries qui ne chôment pas, peut être livré au fur et à mesure de sa fabrication, et n'exige pas une surface de terrain considérable pour l'emmagasiner en été, ce qui est un des inconvénients inhérents au coke de cornues, qui est employé surtout comme chauffage domestique.

Toutes ces considérations doivent engager à employer les fours, dans les usines qui conservent, pendant tout le courant de l'année, une partie notable de leur matériel en feu ; mais elles assignent aussi une limite à la proportion dans laquelle il faut les employer simultanément avec les cornues. Supposons, en effet, que, par le défaut d'espace ou par toute autre cause, on ait intérêt à ne pas emmagasiner de coke de cornues pendant l'été, il faudra proportionner le nombre des fours à coke, qui restent en feu toute l'année, de telle sorte que les cornues en service pendant l'été, puissent produire assez de coke pour alimenter les foyers des fours : ainsi, si une cornue produit, en sus de ce qui est nécessaire à son chauffage, 4 hectolitres de coke par jour, il faudra conserver en feu, pendant l'été, 3 cornues contre un four à coke, puisque le foyer d'un four à coke consume 12 hectolitres de coke par 24 heures. On peut donc donner comme règle : qu'il ne faut pas avoir en service plus de 2 fours à coke par four à 7 cornues, devant rester allumé à l'époque où la consommation du gaz est le moins considérable.

Il est inutile de faire remarquer que la proportion respective de ces deux systèmes d'appareils dépend d'ailleurs d'un grand nombre de considérations locales et commerciales, sur lesquelles nous ne pouvons nous arrêter ici.

DE L'EXTRACTION DU GAZ.

La multiplicité des joints qui existent dans les fours, dits fours à coke, nécessite une disposition parfaite des extracteurs, qui permette de maintenir exactement dans les fours une pression égale à la pression atmosphérique : en effet, pour peu que cette pression soit supérieure à celle de l'atmosphère, le gaz passant par les joints, la production sera presque nulle ; si, au contraire, elle lui devient tant soit peu inférieure, il y aura rentrée d'air dans la chambre du four, et, par suite, diminution dans le pouvoir éclairant du gaz.

Il est donc nécessaire d'établir les conditions auxquelles doit satisfaire l'extraction du gaz, appliquée aux fours en général, pour en obtenir le maximum de production en gaz d'un pouvoir éclairant convenable. Ces considérations s'appliquent évidemment aussi bien à l'extraction du gaz des cornues, bien que, dans ces dernières, l'imperfection des appareils soit moins préjudiciable.

Je ne puis mieux faire que d'emprunter ces considérations à un rapport adressé au comité d'exécution de la Compagnie parisienne par M. Arson, ingénieur, chef du service des usines de cette compagnie. C'est lui qui a étudié les idées de M. Pauwels sur cette question, et qui leur a donné la forme pratique et matérielle, dans l'exécution de l'extracteur Pauwels et Dubochet, appliqué pour la première fois à l'usine de la barrière Fontainebleau, à Paris. La perfection avec laquelle ce système fonctionne suffirait, à elle seule, à démontrer la justesse de ses observations, que voici :

« Considérons un extracteur interposé sur une conduite de gaz venant de la fabrication et allant au gazomètre, et voyons ce qui arrivera lorsqu'on mettra cet extracteur en mouvement d'une manière progressive :

« Tant qu'il n'engendrera pas un volume égal à la production, il restera un obstacle à l'écoulement du surplus, et, si le gaz ne trouve pas une autre voie d'écoulement, la pression ira en croissant rapidement, jusqu'à ce qu'elle ait forcé les clôtures hydrauliques des appareils, auquel cas le gaz se perdra (1).

« Lorsqu'il atteindra juste un volume égal à la production, il cessera de faire obstacle, et, pour peu qu'il ait dépassé ce terme, il déterminera l'abaissement de la pression sur la fabrication.

« Si l'on suppose qu'il continue à engendrer un volume plus grand que celui du gaz produit, la pression finira par baisser au-dessous de la pression atmosphérique, jusqu'à ce que l'air soit appelé par les cornues ouvertes ou par les fuites des cornues fermées, ou par les joints des fours, ou enfin par les siphons et les fermetures hydrauliques des appareils ; et, attendu que la garde hydraulique des plongeurs dans le barillet est souvent réduite à quelques millimètres par suite du dénivellement des barillets, la rentrée de l'air pourra avoir lieu par cette voie, pour peu que la pression descende au-dessous de la pression atmosphérique.

« Un appareil extracteur doit donc remplir les conditions suivantes :

« 1° Absorber tout le gaz, dans quelque proportion qu'il puisse se produire ;

« 2° Ne jamais faire baisser la pression au-dessous d'une limite assignée, dans le cas même où la production viendrait à baisser subitement ;

« 3° Ne pas interrompre le libre écoulement du gaz, dans le cas où l'appareil aspirateur s'arrêterait brusquement.

« C'est pour répondre à cette triple condition, qui se complique de l'irrégularité incessante de la production et de celle plus capricieuse encore des moteurs, que M. Pauwels m'avait dicté cette ingénieuse solution :

« *Aspirer à tout instant plus que la production, et rendre la différence à la fabrication par un régulateur.*

« Cette solution n'offre aucune incertitude pratique, car la production a une limite *maxima* parfaitement déterminée, qui permet de régler la puissance *maxima* de l'extracteur. Les dimensions du régulateur sont aussi déterminées par cette autre considération, qu'il n'aura jamais à livrer passage à un volume plus grand que celui maximum engendré par l'extracteur, ce qui arriverait dans le cas où la fabrication serait complétement suspendue. »

---

(1) Cet accident est évité par le clapet de communication directe entre l'entrée et la sortie de l'extracteur, appelé *bypass* par son inventeur, M. Beale. (*Note du trad.*)

Ces conditions indispensables s'appliquent à tout système d'extraction du gaz, et, comme nous l'avons déjà dit, il faut qu'elles soient remplies pour obtenir avec des fours le maximum de production en gaz sans nuire au pouvoir éclairant.

CHAPITRE SEPTIÈME

ATELIERS DE DISTILLATION

Après avoir décrit les différentes formes et les divers modes de montage des cornues, adoptés en vue d'obtenir les meilleurs résultats, nous parlerons de la construction des ateliers de distillation.

La planche XVIII représente à une échelle de $0^m,02$ pour 1^m, les coupes et le plan d'un atelier de distillation contenant 30 fours à cornues, d'une puissance de production de 4,392 mètres cubes de gaz par 24 heures, avec de la houille de Newcastle.

Les dimensions intérieures sont : longueur, $34^m,975$; largeur, $13^m,400$; la hauteur du carrelage de l'atelier au-dessus du sol est de $2^m,537$, et celle des murs au-dessus du carrelage est de $4^m,200$; leur hauteur totale est donc de $6^m,737$. L'épaisseur du soubassement des murs est de $0^m,450$, et celle des murs, depuis le carrelage jusqu'à la naissance du toit, est de $0^m,350$.

Au niveau du soubassement, et sur toute la longueur du bâtiment, se trouvent des voûtes demi-circulaires, sauf aux extrémités où ces voûtes sont remplies afin de donner plus de solidité au bâtiment. Ces voûtes ont pour effet d'établir une circulation d'air dans la fosse à coke, et si on a le soin de bien étaler le coke au sortir des cornues, la chaleur est très-supportable.

L'espace occupé par les fours a $30^m,850$ de longueur sur $4^m,775$ de largeur ; à chaque extrémité est ménagé un espace vide de $1^m,575$ de largeur.

Les pieds-droits des voûtes ont $0^m,450$ d'épaisseur sur $4^m,775$ de profondeur ; ils s'élèvent à $0^m,975$, hauteur à laquelle commencent les voûtes demi-circulaires ; ils sont construits en briques de $0^m,225$. La façade des voûtes est faite en briques de $0^m,225$, mais l'intervalle entre les deux faces est un remplissage en briques rouges.

Dans l'axe de chaque pied-droit et à la hauteur du sommet des voûtes, se trouvent les poutres en fonte G,G sur lesquelles s'appuient les voûtes surbaissées qui supportent le carrelage ; ces poutres sont encastrées d'un côté dans la façade des voûtes principales et de l'autre dans le soubassement du mur. La flèche des voûtes surbaissées est d'environ $0^m,300$; elles sont construites en briques bien cuites et s'étendent depuis le mur extérieur jusqu'à environ $0^m,60$ de la façade des fours. Elles se prolongent de l'autre côté du mur dans le magasin de charbon, comme le montre la coupe transversale. Les poutres sont scellées avec du mortier.

Les fours sont divisés en deux par un mur de $0^m,350$ qui s'étend sur toute la longueur de la batterie. Dans la partie voisine du foyer, il faut le construire en briques réfractaires.

Les murs de chaque côté du foyer doivent être en briques réfractaires de Stourbridge, de

$0^m,225$ d'épaisseur; ils s'élèvent jusqu'à la hauteur de la naissance de la voûte, qui a $0^m,112$ d'épaisseur, et qui est appareillée avec des briques de même espèce. L'intervalle entre les murs du foyer est de $0^m,350$. Toutes les parties pleines sont en briques rouges.

Les joints des voûtes doivent être exécutés avec un grand soin, et, pour cela, il faut faire le mortier avec de la terre fine et le bien travailler. Les briques doivent être moulées *en couteau*. Les carneaux sont faits en briques de $0^m,225$ et les murs de séparation des fours en briques rouges.

HH est le barillet.

PP est l'axe des colonnes de fonte qui le supportent.

Q est le tuyau qui mène le gaz au condenseur SS; il doit parcourir toute la longueur de l'atelier avant de se réunir au condenseur, afin que le gaz reste en contact avec le goudron qui s'y condense.

La toiture est en tôle et de la forme indiquée sur la planche; il y a onze fermes, supportées en leur milieu par des piliers en fonte qui s'appuient sur les murs de séparation des fours. Les arbalétriers sont des fers T de $0^m,075$ sur $0^m,015$; les tirants sont en fer rond de $0^m,031$. La lanterne est aussi en tôle.

Dans le plan d'un atelier de distillation, il y a beaucoup de choses à prendre en considération. Outre les dimensions nécessaires pour le nombre de fours déterminé, il faut d'abord avoir égard à la nature du sol, dont dépendent la profondeur et la largeur des fondations, etc... Dans les terrains de remblai ou marécageux, il faut bâtir sur pilotis, ou sur un massif de béton, composé de cailloux de rivière, bien exempts d'argile, et de mortier de chaux intimement mêlé avec de l'eau; le béton doit être jeté dans la fouille d'une hauteur de quelques pieds. Ensuite le constructeur doit avoir égard aux ressources pécuniaires dont il dispose; c'est là un point important et c'est un grand mérite que de savoir ne pas dépasser un devis : de cette dernière considération dépendra l'installation des fours, de la fosse à coke et des magasins de charbon.

Le coût de premier établissement d'un atelier de distillation des dimensions ci-dessus, pour la portion au-dessus du sol, sera :

Mur extérieur, voûtes supportant le carrelage, y compris les poutres de fonte et le carrelage, etc.	49,375 fr.
Toiture en tôle	7,000
Fours, y compris les 150 cornues montées	15,000
Cheminée de 36 mètres de hauteur	4,500
	75,875 fr.

La capacité du magasin de charbon doit être déterminée avec soin; il faut qu'il puisse contenir la quantité de houille nécessaire pour six semaines de fabrication en hiver, surtout dans les localités desservies par la navigation, parce que, pendant les froids rigoureux, les canaux ne sont pas navigables. Ceci ne s'applique pas aux localités voisines des houillères, mais à celles où la houille n'est amenée que difficilement et à un prix élevé par toute autre voie que les canaux (1).

Une tonne de houille occupera de $1^{mc},13$ à $1^{mc},35$ suivant la densité et la grosseur des morceaux; ainsi, dans une usine comme celle que nous allons décrire, où l'on produit 3,396 mètres

(1) Le transport de la houille est souvent aussi bon marché par les chemins de fer que par les canaux, et comme leur service est assuré, les usines qui se trouvent près des chemins de fer n'ont pas besoin d'un grand approvisionnement, surtout si elles ont un embranchement spécial.

cubes de gaz par vingt-quatre heures, il faudrait des magasins susceptibles de contenir 600 tonnes de houille, ou ayant une contenance de 747 mètres cubes. Il est rare qu'on satisfasse à cette condition, et généralement les magasins contiennent pour deux semaines d'approvisionnement,

Fig. 38.

l'excédant étant placé au dehors et couvert avec des bâches; c'est alors ce charbon qu'on distille en premier lieu.

Dans l'exemple que nous avons pris, le magasin est divisé dans sa longueur en trois parties par des passages de 1^{m},50 de largeur; la longueur du magasin est de 21 mètres, et les espaces réservés pour le charbon ont 13^{m},50 sur 3^{m},60 pour ceux des extrémités, et, pour celui du milieu, 9 mètres sur 3^{m},60; on pourrait aisément y emmagasiner 200 tonnes. On maintient les tas de charbon au moyen de madriers de 0^{m},075 placés verticalement, et espacés de manière à pouvoir enlever le charbon.

Pour contrôler la consommation de la houille, on marque sur les murs du magasin des hauteurs correspondantes à 5 ou 10 tonnes; et on pèse chaque charge qu'on note.

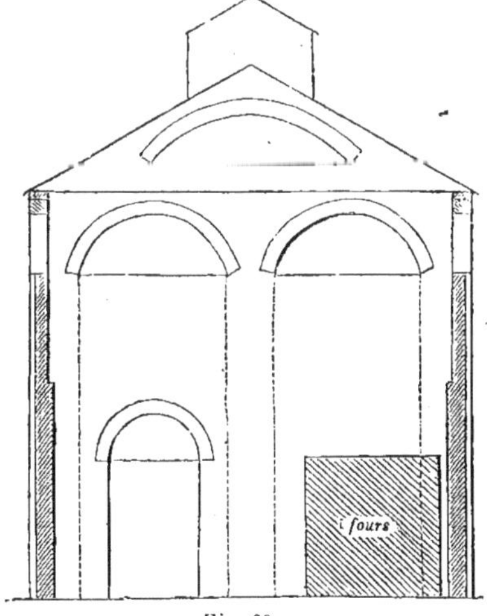

Fig. 39.

Les figures 38 (vue de face) et 39 (vue de profil) représentent un atelier de distillation, bâti en briques, d'une construction très-simple et convenable pour l'éclairage d'une ville consommant 2,264 mètres cubes de gaz dans la nuit la plus longue d'hiver ou 419,000 mètres cubes par an. Comme il n'y a pas de fosse pour le coke, on le reçoit dans des brouettes en tôle et on l'étale dans la cour pour l'éteindre.

Les murs extérieurs sont calculés de manière à avoir la solidité nécessaire en employant le moins de matériaux possible. Les piliers *a*,*a* ont 0m,450 d'épaisseur à la base, et font saillie de 0m,112 sur la maçonnerie qui remplit l'espace intermédiaire. A mi-hauteur du mur il y a un retrait de 0m,112, ce qui réduit l'épaisseur des murs, qui était de 0m,35, à 0m,225. Le comble est en fer et couvert en tuiles communes. La lanterne est en bois.

Le devis pour ce bâtiment, y compris une cheminée de 21 mètres de hauteur, s'élève à 13,750 francs. Le coût des fours, au nombre de huit, est de 1,425 francs, et les cornues, y compris le montage, coûtent 2,575 fr.

Il y a cinq cornues par four et huit fours, soit quarante cornues ; deux des fours sont destinés à en remplacer d'autres en réparation.

En vingt-quatre heures, trente cornues distilleront 87hect,1 ou 9,144 kilogrammes de houille de Newcastle, qui produiront 2,320 mètres cubes de gaz.

Nous donnons ci-après le prix de revient moyen de 100 mètres cubes de gaz dans une usine de cette importance.

DÉPENSES.

Houille, à 22 fr. 14 c. par 1,000 kilos produisant 256 mètres cubes		8 fr. 65 c.
Chauffage (30 p. 100 de coke produit, à 1 fr. 40 c. l'hectolitre)		2 06
Main-d'œuvre		1 76
Entretien des cornues		1 20
Chaux pour l'épuration		0 18
Entretien des conduites et des bâtiments		1 24
Total		15 fr. 09 c.

PRODUITS.

Coke vendu, à 1 fr. 40 c. l'hectolitre	3 fr. 45 c.	3 81
Poussier, goudron, etc.	0 36	
		11 fr. 28 c.
A quoi l'on peut ajouter pour les frais de distribution et les pertes par les fuites		2 12
Coût de 100 mètres cubes		13 fr. 40 c.

Dans l'exemple suivant (fig. 40), on a profité de la pente du terrain, pour faire une fosse à coke, ce qui a économisé une grande dépense de maçonnerie. Le coke, au sortir des cornues, tombe à travers l'ouverture ménagée devant les fours, sur un plan incliné qui le conduit dans la fosse qui se trouve derrière,

Cet atelier est beaucoup plus grand que celui que nous avons décrit précédemment ; on peut y produire annuellement 594,615 mètres cubes de gaz ; il est pourvu d'un magasin à charbon. Il est peut-être utile de répéter ici que le charbon doit être emmagasiné à couvert autant que possible, parce que, lorsqu'il est humide, l'hydrogène, qui résulte de la décomposition de l'eau, nuit à la qualité du gaz. Un magasin à charbon suffisamment grand procure donc une économie réelle.

Le coût du bâtiment, de 21 mètres de longueur, avec une cheminée de 27 mètres de hauteur et non compris les fondations, était de	30,000 fr.
Charpente en fer, couverte en ardoises	4,750
Lanterne en bois, couverte en ardoises	1,075
Total	35,825 fr.

Onze fours complets ont coûté 5,500 francs ; les cornues, 6,703 francs. Sur les cinquante-cinq cornues que contient l'atelier, dix sont destinées à remplacer celles en réparation. Les quarante-cinq cornues restantes distillent, par vingt-quatre heures, 131 hectolitres ou 13,720 kilo-

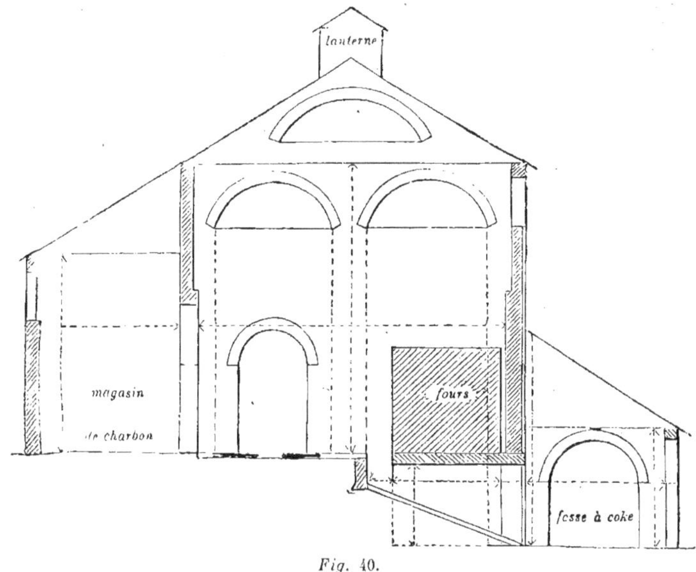

Fig. 40.

grammes de houille, qui produisent 3,396 mètres cubes de gaz, soit 247 mètres cubes par 1,000 kilogrammes.

Un atelier de distillation de 60 mètres de longueur et 16^m,2 de largeur (largeur nécessaire pour des cornues placées dos à dos ou pour des cornues longues se chargeant par les deux bouts), mais semblable, sous tous les autres rapports, à celui représenté planche XVIII, coûtera :

Maçonnerie, poutres en fonte, carrelage et voûtes supportant les fours	98,750 fr.
Charpente en fer, couverte en ardoises	17,500
Cheminée de 60 mètres de hauteur	4,500
	120,750 fr.
250 cornues, montées comme celles des planches I et II, y compris le barillet, les plongeurs et le montage	125,000
Coût total de l'atelier de distillation	245,750 fr.

L'atelier de distillation de l'usine de l'Ouest, à Kensal Green, est d'une construction toute particulière ; il possède un système complet de ventilation qui mérite d'être décrit. Les figures 41 et 42 représentent le plan de l'atelier à une échelle de 28 millim., et la coupe à une échelle de 43 millim. pour 1 mètre. Dans la figure 41, les lettres A,A,A indiquent les fours à cornues ; B,B,B, les cheminées courantes ; et C, un magasin à charbon. Dans la figure 42, les lettres D,D indiquent les cheminées courantes ; E,E, les conduits de ventilation. Cette disposition est décrite en entier, dans le « *Journal of gas lighting,* » volume VI, comme suit :

L'atelier de distillation est un polygone de douze côtés, d'environ 45 mètres de diamètre; au centre, se trouve un bâtiment polygonal concentrique qui a le même nombre de côtés, dans lequel on avait d'abord placé les purificateurs. On avait primitivement eu l'intention d'adosser les fours contre le mur extérieur, et le projet comprenait 228 cornues de fonte en D, de 0m,525 de largeur sur 0m,250 de hauteur et 1m,900 de longueur. En supposant la puissance de distillation d'une cornue de 85 mètres cubes par jour, l'atelier complet aurait produit journellement 19,180 mètres cubes; mais lorsque les deux tiers seulement des cornues étaient en feu,

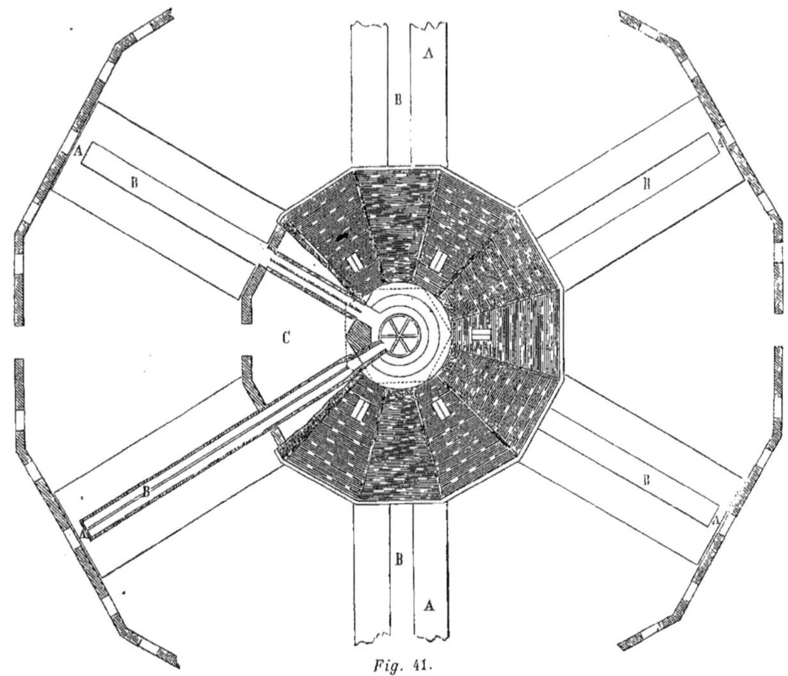

Fig. 41.

la température de l'atelier devenait si accablante, que la santé des chauffeurs était compromise, et qu'il fallut songer à modifier entièrement la disposition. Ces modifications ont été faites sous la direction de M. Alexandre Wright, ingénieur actuel de la Compagnie, dont l'œil expérimenté saisit de suite le parti qu'on pouvait tirer de la disposition des bâtiments, pour doubler la puissance de production de l'atelier, tout en assurant sa parfaite ventilation. Il enleva d'abord les purificateurs, placés au centre du bâtiment, pour y construire une nouvelle cheminée, qui devait servir en même temps à renouveler l'air de l'atelier, en chassant au dehors les produits de la combustion; puis il substitua aux fours construits le long des murs extérieurs, des batteries suivant la direction des rayons. Chaque batterie contient cinq fours à six longues cornues de terre circulaires, de 0m,40 de diamètre sur 6 mètres de longueur; la puissance totale de production de l'atelier, ainsi disposé, est de 45,846 mètres cubes de gaz par jour. La cheminée a 39m,15 de hauteur au-dessus du sol. La cheminée centrale, qui porte au dehors les produits de la combustion, a 1m,95 de diamètre intérieur, et débouche à 24m,3 au-dessus de l'entrée de l'air chaud. Elle est circulaire et construite en briques de 0m,225, posées les unes en *boutisses* et les autres en *carreaux* (1); la cheminée d'aérage, qui l'enveloppe, a 3m,60 de diamètre intérieur, et 29m,1 de hauteur au-dessus de l'entrée de l'air froid; son épaisseur à la partie inférieure est de 0m,90, et à la partie supérieure de 0m,45. Le couronnement est en fonte. Un escalier de 72 marches est construit en hélice dans l'espace annulaire que forment les deux cheminées; les marches en fonte sont encastrées dans la cheminée extérieure, en ne faisant que toucher la cheminée centrale; elles

(1) En construction, une pierre ou brique plus longue en parement qu'en queue porte le nom de carreau; celle, au contraire, qui est plus longue en queue qu'en parement s'appelle boutisse. (*Note du trad.*)

liées entre elles par une corde en fil de cuivre de 0m,009, communiquant n paratonnerre, formé par une corde semblable de 0m,015 de diamètre et terpar deux pointes ou *aiguilles*, se faisant face à 1m,20 au-dessus du couronnee la cheminée.

ɛspace libre au centre du bâtiment sert de magasin à charbon; c'est là qu'on a houille pour la mettre dans les cornues; et, comme ce magasin commu- par une voie de fer avec le canal, la main-d'œuvre de transport de la houille à ue est bien moins élevée que d'ordinaire.

nouveauté de ce système est dans la cheminée de ventilation, qui s'élève à u-dessus de l'orifice de la cheminée intérieure qui conduit la fumée; de anière toute la chaleur qu'emportent les produits de la combustion, est emà accroître la puissance d'aspiration de la cheminée de ventilation. Dans la cheminée de l'usine de Hambourg, les deux conduits débouchent à la même , de sorte que la puissance d'aspiration résulte seulement de la différence a densité de l'air contenu dans la cheminée de ventilation, et qui s'échauffe act de la maçonnerie de la cheminée des fours, et la densité de l'air extérieur; lle qui peut résulter du calorique contenu dans les produits de la combustion, ent où ils sortent de la cheminée, est ainsi perdue.

xpérience seule peut indiquer la valeur des différentes dispositions, adoptées e de l'Ouest pour augmenter l'efficacité de la cheminée d'aérage; mais les ces déjà faites prouvent que, quand toutes les cornues sont en feu, l'appel tenu est mesuré par une colonne d'eau de 0m,012 de hauteur. Cela suffirait ouveler tout l'air de l'atelier en trois minutes; et, comme la couverture est t que l'air, entrant par des ouvertures pratiquées dans les murs extérieurs,

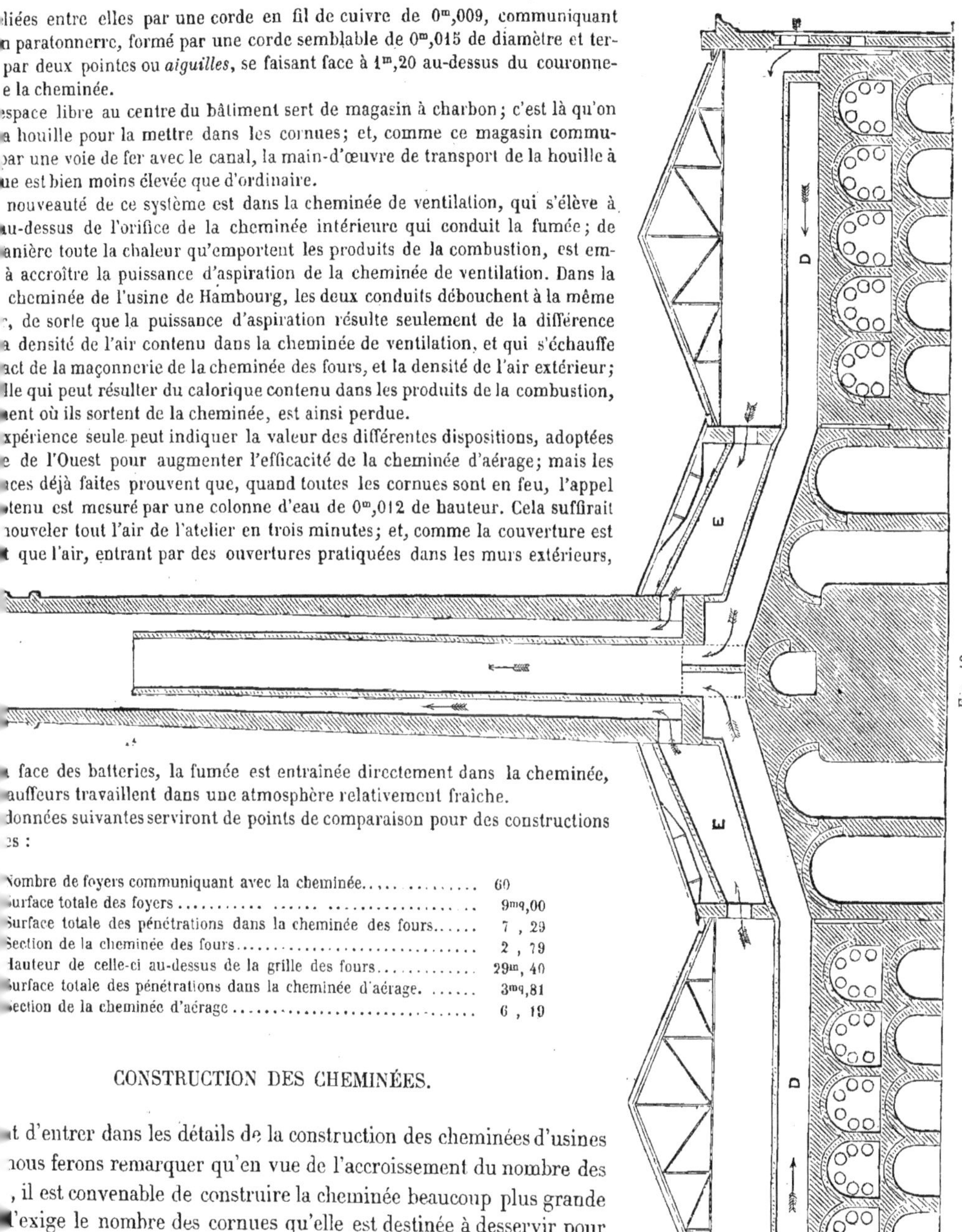

Fig. 42.

face des batteries, la fumée est entraînée directement dans la cheminée, auffeurs travaillent dans une atmosphère relativement fraîche.

données suivantes serviront de points de comparaison pour des constructions s :

Nombre de foyers communiquant avec la cheminée	60
Surface totale des foyers	9mq,00
Surface totale des pénétrations dans la cheminée des fours	7 , 29
Section de la cheminée des fours	2 , 79
Hauteur de celle-ci au-dessus de la grille des fours	29m, 40
Surface totale des pénétrations dans la cheminée d'aérage	3mq,81
Section de la cheminée d'aérage	6 , 19

CONSTRUCTION DES CHEMINÉES.

t d'entrer dans les détails de la construction des cheminées d'usines nous ferons remarquer qu'en vue de l'accroissement du nombre des , il est convenable de construire la cheminée beaucoup plus grande l'exige le nombre des cornues qu'elle est destinée à desservir pour ent, car l'accroissement des dimensions augmente peu la dépense. rage, rigoureusement nécessaire pour le chauffage des cornues, s considérable; il faut cependant donner une grande hauteur à la cheminée, afin de disperser la fumée qui nuirait au voisinage (1). Mais quelle que soit sa hauteur, sa section doit être égale de haut en bas. La hauteur d'une cheminée ne diminue pas la quantité de fumée, mais elle la répand sur une surface plus étendue et, par cela même, en diminue les inconvénients.

Pour éviter l'excès de tirage, il est bon de placer à la partie inférieure un registre pouvant donner accès à l'air extérieur. Les registres des carneaux des fours peuvent bien régler le tirage, mais il ne faut pas trop compter sur le soin des ouvriers. Il arrive souvent, si la surveillance fait défaut, que, pendant la nuit, la température des fours descend au-dessous du degré convenable par suite de négligence ; et alors, pour y remédier, les ouvriers ouvrent les registres et poussent les foyers, ce qui détériore les cornues, brûle du combustible inutilement et produit du gaz de qualité inférieure. Si l'on a ménagé une entrée d'air à la cheminée, cela ne peut avoir lieu et la négligence aura des résultats moins fâcheux.

Moyennant cette précaution, on pourra bâtir avec avantage, même pour un petit nombre de cornues, une cheminée de 21 mètres de hauteur.

Les fondations d'une construction, présentant un grand poids sur une faible surface, demandent des soins tout particuliers. Si le sol naturel n'est pas convenable, il faut faire une fondation soit en béton, soit sur pilotis ; le béton suffit généralement. Il faut reconnaître, au moyen de sondages, les différentes couches du terrain sur lequel on veut construire, jusqu'à ce qu'on arrive à une couche bien définie : l'épaisseur de cette couche donnera une idée de l'étendue de la fouille à faire. Dans tous les cas, la fondation doit être d'une résistance égale, c'est-à-dire que tous ses points doivent pouvoir résister à la même pression ; si cette condition n'est pas remplie, on est sûr qu'il y aura un tassement inégal. Les terres de remblai doivent toujours être enlevées. Si le terrain qui se trouve immédiatement au-dessous est formé d'argile (2), de sable, de calcaire, ou d'une autre couche solide, on peut y arrêter la fouille et y faire les fondations. Dans les environs de Londres le terrain est généralement composé de terre végétale, au-dessous de laquelle se trouve le terrain solide à différentes profondeurs, ne dépassant pas souvent 3m,60 ; alors, pour économiser la maçonnerie, on fait un béton, en laissant au-dessous du sol une épaisseur seulement suffisante pour couvrir la base de la cheminée, comme on le voit figure 43.

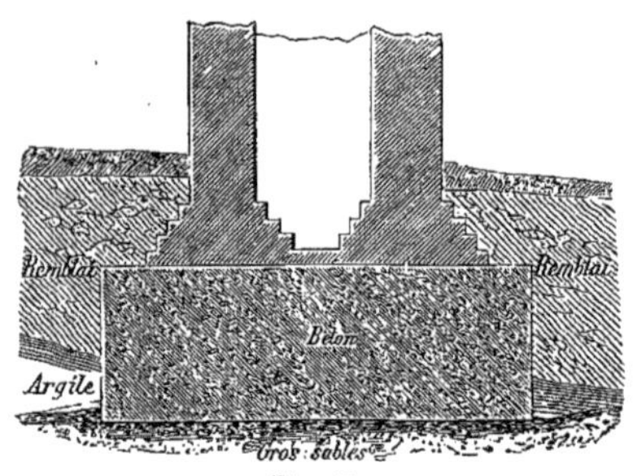

Fig. 43.

Quand la fondation est convenablement faite, on peut commencer la maçonnerie. Les briques doivent être sonores, bien cuites et les joints minces. La composition du mortier varie suivant la qualité de la chaux ; mais, en général, les meilleures proportions sont : une partie de chaux, provenant du calcaire gris, comme celle de Dorking, et trois parties de sable fin de rivière, ou une partie de chaux du lias et deux parties de sable ; la chaux provenant de la craie n'est pas bonne pour cet usage. Tous les 1m,50 de hauteur, on place un cercle en fer de 0m,062 de largeur sur

(1) La cheminée de l'usine à gaz d'Édimbourg a 99 mètres de hauteur ; celle de l'usine de produits chimiques de Glasgow en a 126.

(2) On ne peut fonder sur l'argile à une profondeur moindre que 1m,80.

$0^m,012$ d'épaisseur dans la maçonnerie, afin d'empêcher les fissures. La surface intérieure de la cheminée reçoit un enduit composé de terre réfractaire et de paille hachée, qu'on applique comme du plâtre.

Le prix d'une cheminée dépend de l'importance des fondations et du degré de fini et d'ornementation qu'on lui donne. Mais une cheminée circulaire, bien proportionnée, est décorée par elle-même ; tout ce qui est nécessaire est une simple moulure au socle et un couronnement à la partie supérieure (1).

La position de la cheminée dans une usine à gaz peut être soit à l'extrémité de l'atelier, soit sur le côté, ou à quelque distance de ce bâtiment. Si l'atelier a une grande étendue, on élève généralement la cheminée au centre, de manière à diviser les batteries en quatre sections.

BRIQUES RÉFRACTAIRES.

Les parties des fours exposées à une haute température se construisent en briques réfractaires, faites avec une argile exempte de terres alcalines et de fer, et plus ou moins infusible; on choisit celle qui est la plus convenable pour résister à la température à laquelle les briques seront exposées. Elles sont connues dans le commerce sous le nom de briques de Neath, de Stourbridge, de Newcastle, du pays de Galles et de Windsor (2). Les premières sont composées presque entièrement de silice, et sont infusibles à la plus haute température d'un fourneau à courant d'air forcé; mais elles coûtent très-cher et sont peu employées. Les briques de seconde qualité sont faites avec l'argile des environs de Stourbridge (3), qui se trouve en couches d'une grande épaisseur dans les mines de houille inférieures. On les emploie dans la construction des fourneaux qui doivent supporter une forte chaleur, tels que les hauts fourneaux, les fourneaux de verrerie, etc... et quelquefois pour l'intérieur des fours à cornues; mais, pour ce dernier usage, elles sont trop dispendieuses, excepté pour la voûte du foyer où la chaleur est très-intense. La troisième qualité est composée d'argile qu'on trouve au-dessus des couches de houille du Northumberland ; ces briques sont les plus convenables pour les foyers et les fours des usines à gaz. Toutes les parties des fours peuvent se construire en briques de Newcastle, excepté la voûte du foyer. Les briques du pays de Galles se fendent à la chaleur, à cause de la présence d'argile de qualité inférieure et de matières étrangères. Les briques de Windsor, qu'on fait dans le village de Hedgesley, sont

---

(1) Le temps nécessaire à l'exécution de 1 mètre cube de maçonnerie, pour ce genre de cheminées, est en moyenne de :

17 heures de briqueteur ;
20 — de manœuvre.

Le mètre cube revient à Paris à environ :

80 francs en briques de Bourgogne ;
60 — en briques de pays. (*Note du trad.*)

(2) En France, les briques réfractaires les plus estimées sont celles de Forges-les-Eaux et celles de Bourgogne. (*Note du trad.*)

(3) La célèbre argile de Stourbridge se trouve à environ $4^m,50$ au-dessous de la plus profonde des trois couches de houille (de $1^m,80$ chacune d'épaisseur moyenne) exploitées à Stourbridge dans les gîtes inférieurs de l'extrémité sud-ouest du bassin de Dudley. La couche d'argile a $1^m,20$ d'épaisseur; sa composition, suivant Berthier (*Minéralogie de Dufresnoy*, vol. III, p. 259), est : silice, 63,70 ; — alumine, 22,70 ; — oxyde de fer, 2,00 ; — eau, 11,60.

bonnes et coûtent le même prix que celles de Newcastle. On fait des blocs de terre réfractaire de toutes formes et de toutes dimensions ; les briques qui se vendent couramment, ont de 0m,100 à 0m,150 de largeur, sur 0m,300 à 0m,900 de longueur. Les carreaux réfractaires ont de 0m,037 à 0m,075 d'épaisseur, sur 0m,225 à 0m,600 de longueur : nous avons déjà parlé de leur usage.

Il faut avoir soin, dans la pose des briques, d'employer pour les joints la même terre qui a servi à les fabriquer, et de les bien garnir ; à cet effet, on détrempe la terre avec un peu d'eau, et on applique la brique ou le bloc sur un lit de ce mortier ; si le bloc a de grandes dimensions, on le frappe avec un marteau pour comprimer le joint. Il faut laisser sécher la maçonnerie avant de mettre le feu, et l'on doit même n'élever la température que graduellement.

CHAPITRE HUITIÈME

CONDENSEURS

Le gaz de houille, tel qu'il sort des cornues, contient quelques impuretés qui le rendent impropre, dans cet état, à l'éclairage des boutiques, des appartements et même des établissements publics. Ces impuretés consistent principalement en un excès de vapeur bitumineuse, en huiles essentielles, ammoniaque, hydrogène sulfuré, acide carbonique, naphtaline et sulfure de carbone. Une grande partie des matières volatiles, contenues dans le gaz, se condense par un simple abaissement de température, et cette portion de la purification du gaz s'effectue en faisant passer le gaz à travers un appareil réfrigérant, appelé condenseur. La séparation des impuretés, qui sont combinées chimiquement au gaz, exige l'emploi de réactifs chimiques dont nous nous occuperons dans un chapitre spécial.

Une grande proportion des vapeurs bitumineuses et de l'ammoniaque se dépose dans le barillet ; le gaz est tellement saturé de ces matières volatiles, au moment où il sort des cornues, que la légère diminution de température, qu'il éprouve dans son passage à travers les tuyaux montants et le barillet, fait condenser beaucoup de goudron et d'eau ammoniacale. La quantité de goudron qui se condense dépend beaucoup de la qualité de la houille, et de la manière dont la distillation est conduite. Les houilles éminemment bitumineuses, et surtout les cannel-coals, produisent beaucoup plus de goudron que les autres qualités de houille, de quelque manière qu'on effectue la distillation. Mais, si la vapeur bitumineuse est bien volatilisée et incorporée avec le gaz avant sa sortie de la cornue, une plus grande quantité sera réduite à l'état gazeux, à moins que la température ne soit très-basse. Comme ce sont les vapeurs carburées, incorporées avec le gaz hydrogène protocarboné, qui donnent au gaz ses propriétés éclairantes, il est à désirer qu'il en arrive aux becs la plus grande quantité possible. Mais, en même temps, il est nécessaire que le gaz se dépouille, avant son entrée dans le gazomètre, de toute la vapeur bitumineuse qui se déposerait dans le parcours des conduites.

L'impureté la plus volatile contenue dans le gaz est la naphtaline, qu'on ne peut enlever ntièrement par un simple refroidissement; on la trouve souvent, sous forme de cristaux flocon-eux, dans les conduites à de grandes distances de l'usine. Les inconvénients que cause ce dépôt nt bien connus des directeurs d'usines à gaz, et il faut chercher à s'en débarrasser complé-ment.

Les huiles essentielles de la houille ont une ande affinité pour la naphtaline, et le moyen plus simple de mettre cette dernière en contact ec les huiles consiste à prolonger le tuyau de rtie du barillet autant que possible avant sa nction avec le condenseur. Le diamètre de ce yau doit augmenter avec sa longueur, et on ut admettre, comme règle approximative, que, ur une pression de 0m,050 dans les cornues, e longueur de 3 mètres doit correspondre à ,025 de diamètre. Pour un accroissement de ession, la longueur croîtra dans le rapport des cines carrées de ces pressions : ainsi une pres-n de 0m,100 exigera une longueur de 4m,3 lieu de 3 mètres.

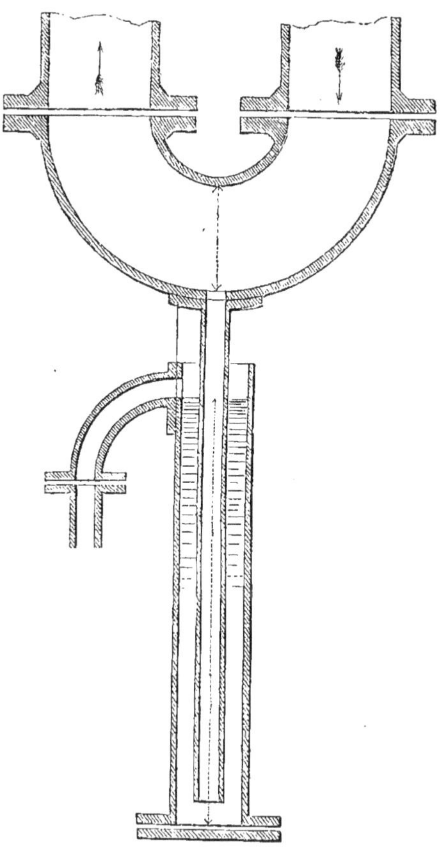

Fig. 44.

C'est un axiome chez les fabricants de gaz *'une bonne condensation est une purifica-n à moitié faite;* la condensation peut ce-ndant être poussée trop loin; car lorsque le z de houille est exposé à une température in-ieure à 7° centigrades, il se condense beau-up de vapeurs carburées dont dépend le pou-ir éclairant, et la qualité du gaz se trouve oindrie. Il est donc utile d'avoir le moyen de gler la condensation de manière à ce que le z ne soit jamais refroidi au-dessous de 7° cen-rades.

Tous les gaz de houille perdent du pouvoir airant lorsqu'ils sont exposés à une basse température, et les plus riches en perdent le plus, mme l'indique le tableau suivant :

DÉSIGNATION DES GAZ.	HYDROCARBURES CONDENSÉS pour 1000 mètres de gaz exposé à la tempér. de 0° (glace fondante).
Boghead	4mc,42
Ince hall	0 , 37
Methyl	0 , 33

Le genre de condenseur le plus employé consiste en une série de tuyaux verticaux, indiqués S,S, planche XVIII; leur nombre et leur longueur se règlent sur la quantité de gaz qui doit y passer. Leur hauteur peut être égale à celle du mur de l'atelier de distillation, et l'on peut les refroidir avec l'eau contenue dans un réservoir placé sur le bâtiment ; plus ils sont élevés, plus ils agissent avec efficacité. Dans l'origine on plaçait, à la partie inférieure de chaque couple de tuyaux, un siphon, représenté fig. 44, par lequel les condensations s'écoulaient dans une fosse séparée ; les condensations des derniers tuyaux sont celles qui ont le plus de valeur.

La figure 45 indique une meilleure disposition des siphons. L'extrémité inférieure des tuyaux plonge dans une série de compartiments qui contiennent de l'eau ; le goudron et l'eau ammoniacale s'y réunissent et sortent par un siphon. Les tuyaux du condenseur sont quelquefois immergés dans de l'eau, qu'on renouvelle fréquemment ; mais il est préférable de faire couler sur leur surface, exposée à l'air, des filets d'eau, dont l'évaporation produit un refroidissement plus considérable que l'immersion des tuyaux, à moins qu'on n'établisse une circulation d'eau, et, dans ce cas, il vaut mieux placer les tuyaux horizontalement.

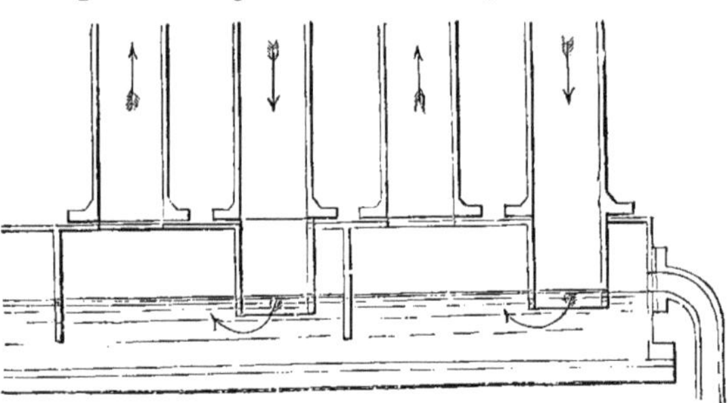

Fig. 45.

L'action réfrigérante comparative de l'air et de l'eau pour la condensation du gaz a été déterminée expérimentalement par Péclet ; voici les résultats :

EXCÈS DE TEMPÉRATURE DU GAZ.	QUANTITÉ DE CHALEUR PERDUE PAR UNITÉ DE SURFACE EXTÉRIEURE DU TUYAU.	
	PAR LE RAYONNEMENT A L'AIR.	PAR L'IMMERSION DANS L'EAU.
Pour un excès de 10°	8	88
— 20°	18	266
— 30°	29	5353
— 40°	40	8944
— 50°	53	13437

Ce tableau montre que la condensation produite par le contact de l'eau croît rapidement avec la différence de température ; de telle sorte que, par le rayonnement de l'air, la perte de chaleur varie à peu près en progression arithmétique avec l'accroissement de température ; tandis que, par l'immersion dans l'eau, lorsque l'excès de température est de 50 degrés, la chaleur absorbée s'élève à 153 fois autant que pour un excès de 10 degrés.

Avec les tuyaux verticaux ordinaires, le gaz qui passe dans la partie centrale, ne se trouvant pas en contact avec la surface rayonnante du tuyau, ne peut se refroidir. Pour augmenter la surface refroidissante, M. Kirkham a imaginé un condenseur à ventilation, muni de tuyaux intérieurs ouverts aux deux extrémités ; le gaz passe dans l'intervalle annulaire compris entre les deux tuyaux.

Si nous supposons que le diamètre nécessaire pour les tuyaux du condenseur soit de $0^{m},300$, sa surface sera de $0^{mc},0706$ par mètre de longueur ; tandis que la disposition annulaire, présentant la même section pour le passage du gaz, donnerait une surface de $0^{mc},179$. Les espaces annulaires des différentes colonnes de condensation communiquent par un tuyau à leur partie supérieure, et la partie inférieure est réunie à la bâche à goudron. La figure 46 indique cette disposition.

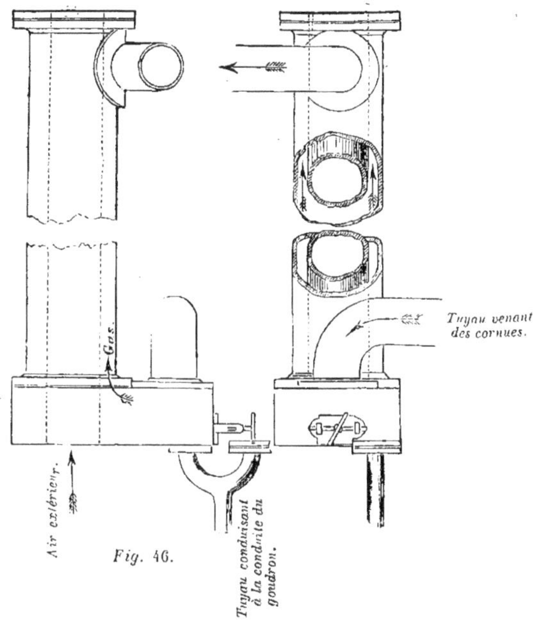

Fig. 46.

A l'usine impériale de King's Cross, où ce genre de condenseurs est employé, il y a dix tuyaux cylindriques de $1^{m},05$ de diamètre, posés sur une bâche contenant de l'eau, et réunis à la partie supérieure par des chambres rectangulaires. Des couvercles mobiles peuvent fermer les tuyaux intérieurs, dans la saison d'hiver, afin d'empêcher le gaz de se refroidir plus qu'il ne convient. Dans la saison chaude, un filet d'eau, qui tombe d'un réservoir, refroidit les tuyaux, dont la température est indiquée par des thermomètres.

Dans la modification apportée par M. Wright au condenseur de M. Kirkham, et représentée figure 47, le gaz, au lieu de passer dans les tuyaux annulaires alternativement de haut en bas et de bas en haut, y passe toujours dans le même sens, c'est-à-dire de haut en bas, de sorte que, par cette disposition, le gaz suit toujours une direction opposée à celle du courant d'air intérieur.

Les différents états, dans lesquels le gaz se trouve à son entrée dans les condenseurs, rendent impossible de donner une règle fixe pour déterminer la surface qui doit être exposée au refroidissement. Il peut même être dangereux d'en indiquer une générale ; mais l'expérience prouve qu'une surface de 48 mètres carrés par 100 mètres cubes de gaz à l'heure suffit lorsque la couche de gaz n'a pas plus de $0^{m},075$ d'épaisseur, et cela sans arroser les tuyaux.

Voici les résultats d'expériences faites sur huit condenseurs à ventilation, construits sur le principe de M. Wright ; la température de l'air était de 12°,7 centigrades, une pluie d'eau tombait sur l'appareil, et les couvercles des tuyaux de ventilation étaient enlevés ; il passait à l'heure 350 mètres cubes de gaz. La température du gaz dans les colonnes successives était comme suit :

TEMPÉRATURE DU GAZ.

A l'entrée.	Col. 1.	Col. 2.	Col. 3.	Col. 4.	Col. 5.	Col. 6.	Col. 7.	Col. 8.
39°,4	26°,1	19°,7	16°,1	14°,4	13°,6	13°,3	13°,0	12°,7

Ces observations montrent que le gaz n'était réellement refroidi que dans les quatre premières colonnes, l'abaissement de température produit par les quatre autres n'étant que de 1°,7.

Quelques variétés de houille exigent des appareils de condensation plus puissants que d'autres. Les houilles des provinces du centre, par exemple, produisent à la distillation une quantité de

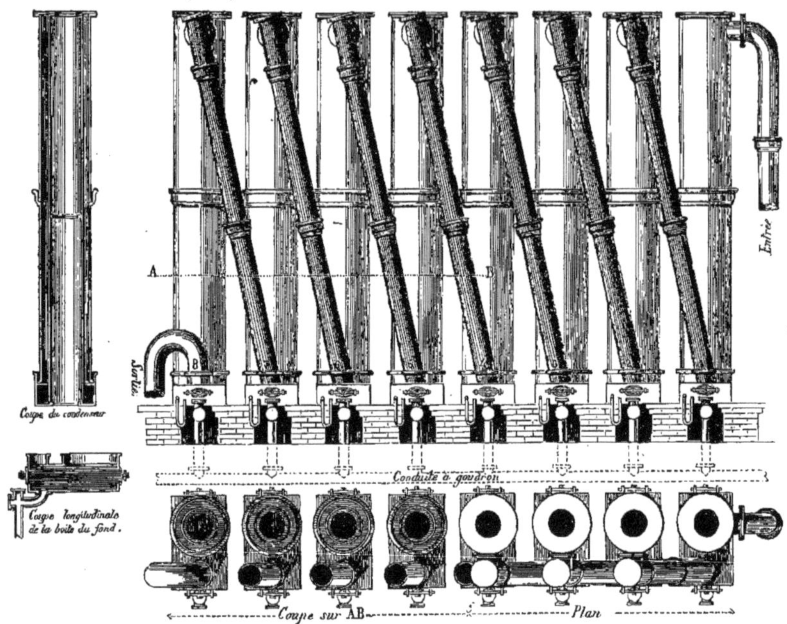

Fig. 47.

vapeur d'eau double de celle que produit la houille de Newcastle ; il est donc utile de pouvoir régler la puissance de condensation suivant la qualité du charbon et la température de l'air extérieur. Les condenseurs à ventilation permettent de le faire jusqu'à un certain point, puisqu'on diminue le refroidissement en bouchant les tuyaux intérieurs.

On a beaucoup employé un condenseur horizontal, inventé par M. Malam. Il se composait d'une caisse rectangulaire en tôle, munie intérieurement de plateaux superposés et contenant de l'eau. Le gaz, entrant par le fond, était obligé de traverser successivement tous ces plateaux avant de sortir, et le goudron et l'eau ammoniacale, qui se condensaient dans les plateaux, se rendaient dans un réservoir d'où ils s'écoulaient, par un siphon, dans la fosse à goudron. Une modification récente, due à M. Spice, de l'usine à gaz de Richmond, supprime les plateaux intérieurs, qui présentent des inconvénients à cause de la nécessité de changer l'eau fréquemment. Le condenseur de M. Spice se compose d'une série de chambres plates en tôle, présentant une grande surface et communiquant par des tuyaux. Les vapeurs contenues dans le gaz se condensent dans ces chambres, où le gaz se trouve en contact avec la surface de l'eau, et qui peuvent être refroidies par une pluie d'eau. Ce condenseur est à la fois peu dispendieux et efficace.

Si l'épuration doit se faire à la chaux sèche après la condensation, quelques ingénieurs font passer le gaz à travers un laveur ; mais c'est un système qu'on a abandonné. La planche XXII représente un laveur. Le gaz, qui entre par le tuyau A, passe à travers les ouvertures *b*, *b*, *b* pratiquées sur les parois de la boîte en tôle B, en déplaçant une colonne d'eau d'environ $0^{m},075$ de hauteur, puis il s'échappe par la fente continue *cc*, dont la surface doit être égale à la section des tuyaux d'entrée et de sortie, c'est-à-dire, pour cet exemple, à $0^{mc},314$, le diamètre des tuyaux étant de $0^{m},20$; enfin le gaz traverse l'eau. La fente *cc* a pour effet de diviser le gaz en couche mince et de le distribuer sur une plus large surface. Plus le gaz est divisé, plus le laveur a d'action.

D est le tuyau de sortie (1).

E est un siphon destiné à maintenir l'eau à la même hauteur ; la partie qui entre dans le laveur plonge jusqu'au fond de l'eau, afin que les dépôts puissent s'en aller. La partie supérieure est ouverte, sans quoi il agirait comme un véritable *siphon*, et viderait le laveur.

F est une partie d'un condenseur, appelé « jeu d'orgue » par les ouvriers.

CHAPITRE NEUVIÈME

EXTRACTEURS

On s'est beaucoup occupé, dans ces derniers temps, des moyens de diminuer la pression du gaz dans les cornues, pression occasionnée par la résistance des plongeurs du barillet, des purificateurs, et par le poids des gazomètres. Les expériences de M. Grafton, en vue de déterminer la cause du dépôt de graphite dans les cornues (expériences que nous avons rapportées plus haut), ont bien démontré les fâcheux effets de la compression du gaz dans les cornues. Les résultats de ces expériences, suivies pendant longtemps dans des circonstances variées, ont prouvé que la principale cause de l'incrustation des cornues était la compression du gaz au moment de sa production. Le carbone qui se dépose, non-seulement obstrue les cornues et empêche l'action de la chaleur, mais ce dépôt se fait encore au préjudice de la qualité du gaz. L'adoption des cornues de terre a aussi rendu nécessaire l'usage d'un extracteur pour supprimer la pression ; car, sous une pression qui, dans quelques cas, s'élève à $0^{m},75$ de hauteur d'eau, le gaz s'échappe par les fissures et les joints.

On a imaginé différentes machines pour aspirer le gaz des cornues, car tel est le but des extracteurs, de manière à diminuer la pression, sans cependant qu'elle s'abaisse au-dessous de la pression atmosphérique. Dans quelques circonstances, on a employé des ventilateurs, qui forment un vide partiel en agissant comme des pompes à force centrifuge, mais leur effet n'est pas suffisant et on se sert maintenant soit de pompes conjuguées, soit de pompes rotatives. On règle leur action d'après la quantité de gaz produite, et elles sont reliées à un régulateur ou compensateur qui empêche le vide d'être poussé trop loin, ce qui ferait entrer de l'air dans les cornues. On peut placer l'extracteur soit entre le barillet et les condenseurs, soit entre les condenseurs et les purificateurs : cette dernière disposition est le plus généralement adoptée.

---

(1) Les lignes ponctuées indiquent une meilleure disposition du tuyau de sortie, qui ne peut ainsi recevoir de l'eau.

L'exhausteur imaginé par M. Grafton était très-simple et très-efficace. Il consistait simplement en un compteur mû mécaniquement en sens inverse de celui où il tourne quand il indique la quantité de gaz. Ce compteur-extracteur servait en même temps de purificateur, et pour cela on remplaçait l'eau par de l'eau de chaux. Cet appareil, quoique fonctionnant bien, exige beaucoup de force motrice, à cause de la résistance de l'eau lorsque le volant tourne rapidement.

La figure 48 représente l'extracteur de M. Methven, ingénieur de l'usine de la Compagnie Impériale, à King's Cross; il est très-bon, et comme il n'y a aucun frottement entre les différentes parties solides de l'appareil, la résistance est réduite au minimum.

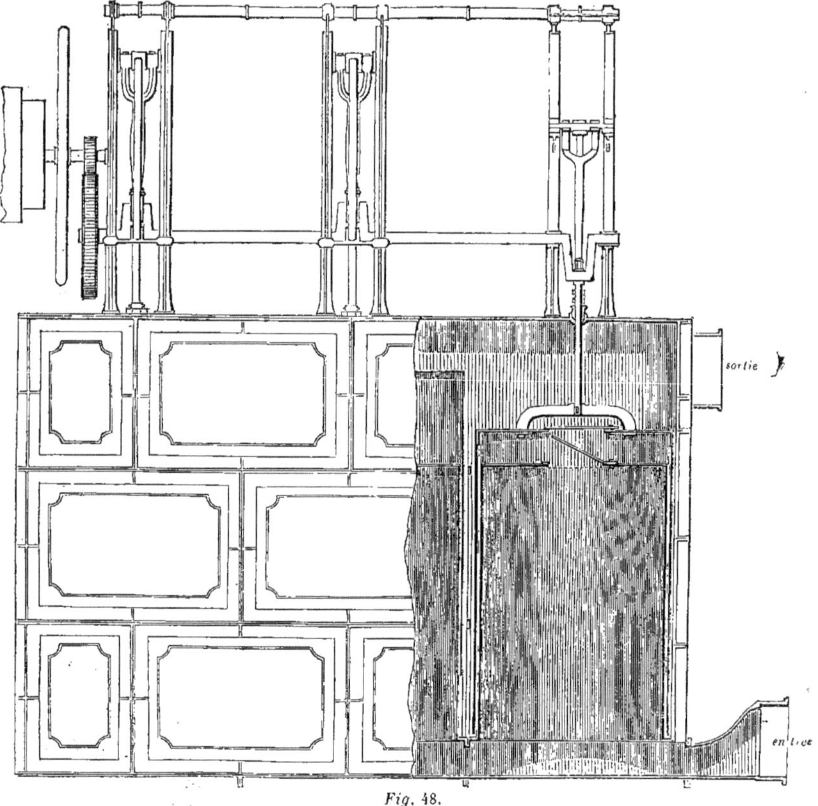

Fig. 48.

L'appareil se compose d'un jeu de trois cloches en tôle, renversées dans un réservoir d'eau; elles s'élèvent et s'abaissent au moyen de manivelles agissant sur des tiges, qui sont dirigées par des guides. Chacune de ces cloches recouvre une chambre circulaire en fonte, dont l'intérieur communique avec le barillet; une soupape, placée à la partie supérieure de cette chambre, permet au gaz de passer dans les cloches mobiles lorsqu'elles s'élèvent. Les cloches sont aussi munies d'une soupape à la partie supérieure; cette soupape s'ouvre lorsque la cloche descend, et le gaz passe dans la partie supérieure du réservoir, qui communique avec les purificateurs et le gazomètre. Le réservoir contient assez d'eau pour que, quand la cloche monte, le gaz qui y est contenu ne puisse communiquer avec celui qui est contenu dans le réservoir.

La rapidité de l'action de cet appareil est réglée au moyen d'une poulie conique sur laquelle agit la courroie, afin de régler l'aspiration autant que possible suivant la quantité de gaz produite ; mais, pour empêcher la pression de descendre, dans le barillet, au-dessous de la pression atmosphérique, un régulateur est relié à l'extracteur. Ce régulateur consiste en une chambre qui communique avec les tuyaux d'entrée et de sortie ; mais ces tuyaux se trouvent séparés, lorsque l'aspiration est convenable, par une soupape conique mise en mouvement par un flotteur dont l'action dépend de l'exhausteur lui-même. Le mouvement du flotteur est transmis aux valves au moyen d'une tige et d'un levier, avec la fermeture hydraulique habituelle ; lorsque la machine fait baisser la pression du gaz dans le barillet au-dessous de celle de l'atmosphère, le flotteur du régulateur, en s'abaissant, établit la communication entre le tuyau d'entrée et le tuyau de sortie de manière à rétablir l'équilibre.

L'extracteur de M. Methven fut d'abord appliqué aux « Commercial Gas-Works » ; les trois cloches mobiles, marchant à leur plus grande vitesse, aspiraient 1,698 mètres cubes de gaz à l'heure, sous une pression de 0m,075 ; la force motrice ne dépassait pas trois chevaux. Les extracteurs actuellement en usage aux « Imperial Gas-Works », à King's Cross, ont 1m,05 de diamètre et 0m,45 de course.

MM. Pauwels et Dubochet, de Paris, dont nous avons décrit les fours, ont compris dans leur brevet de 1850 un extracteur dont le principe est le même que celui de l'extracteur de M. Methven, mais les cloches sont beaucoup plus grandes, de sorte que l'aspiration se fait avec un mouvement plus lent. Une autre différence de cet appareil est la substitution de fermetures hydrauliques aux soupapes employées par M. Methven. Ces extracteurs sont employés avec succès à l'usine de la « London Gas Company ». Un des avantages qui les distinguent est la régularité avec laquelle se fait l'aspiration, et l'absence des oscillations, qui se produisent généralement dans les appareils alternatifs.

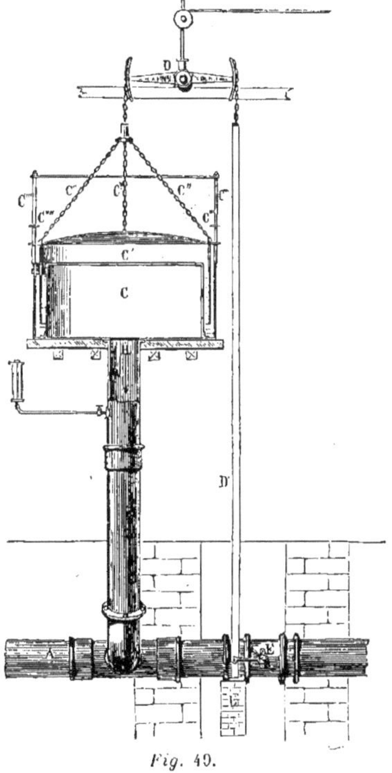

Fig. 49.

Le régulateur, indiqué figure 49, est de l'invention de MM. Pauwels et Dubochet. Son action dépend, non pas des pressions comparatives du gaz et de l'atmosphère, mais de la variation de la production du gaz dans les cornues ; il agit à la fois en arrêtant la sortie du gaz et en ralentissant la vitesse de la machine à vapeur. Le tuyau horizontal A, qui conduit le gaz à l'extracteur, porte un tuyau vertical H, qui aboutit à une boîte hydraulique C, dans laquelle se trouve une cloche C', analogue à un gazomètre : le mouvement de cette cloche est guidé et sa course est limitée par les tiges C''', C''' ; elle est suspendue au balancier D. Un accroissement de pression dans la cloche, causé par une production plus rapide du gaz, tend à soulever la cloche. Si, au contraire, la pression diminue, la cloche descend. Ces mouvements d'oscillation produisent les résultats suivants : quand la pression du gaz soulève la cloche, le contre-poids E, fixé à l'extrémité de la tige D, fait tourner la valve E' de manière à donner un plus grand passage au gaz à travers le tuyau A. Quand la pression diminue, la cloche descend; la valve est alors fermée de manière à diminuer la section de passage proportionnellement à la quantité de gaz produite. L'ascension et la descente de la cloche agissent aussi sur le papillon de la machine à vapeur au moyen de la tige A. Cet appareil règle donc à la fois la vitesse de l'extracteur et l'écoulement du gaz dans le tuyau.

M. George Anderson a imaginé un extracteur, dont l'action est analogue à celle d'un cylindre de machine à vapeur ; il est animé d'un mouvement rapide et décharge le gaz alternativement de chaque côté du piston : l'aspiration est parfaite même avec un seul corps de pompe. L'avantage de cet extracteur consiste dans la simplicité de sa construction et dans son prix peu élevé. M. Anderson dit que le prix de cet appareil, y compris la machine à vapeur, la chaudière et les accessoires, est de 3,000 à 4,500 francs pour une quantité de gaz de 140 à 280 mètres cubes par heure. La fondation est commune à l'extracteur et à la machine à vapeur, ce qui diminue la dépense et ménage l'espace. Pour de plus grandes dimensions, l'extracteur et la machine à vapeur sont attelés aux deux extrémités d'un arbre coudé, supporté par un bâti commun aux deux machines; on réserve sur cet arbre la place d'une poulie ou d'une roue d'engrenage pour transmettre le mouvement à une pompe, etc.

On a établi deux de ces extracteurs à l'usine du « Great Central » à Bow-Common, dans l'automne de 1853. Ils étaient calculés pour refouler 1,415 mètres cubes de gaz à l'heure sous une pression de $0^{m},90$ de hauteur d'eau. Les cylindres avaient $0^{m},60$ de diamètre et $0^{m},375$ de course. Jusqu'à l'année dernière on n'a pas employé plus d'un extracteur à la fois, et la fabrication s'élevait souvent à 1,981 mètres cubes à l'heure. Dans l'été de 1857, on en a établi deux autres à l'usine du « Great Central », en tout semblables au premier, et on a profité de la circonstance pour examiner l'intérieur de celui-ci, qui a été trouvé en parfait état. Ces extracteurs sont employés aussi avec succès à l'usine de « Surrey Consumers' », à Huddersfield, Gloucester, Maidstone, et d'autres usines d'Angleterre.

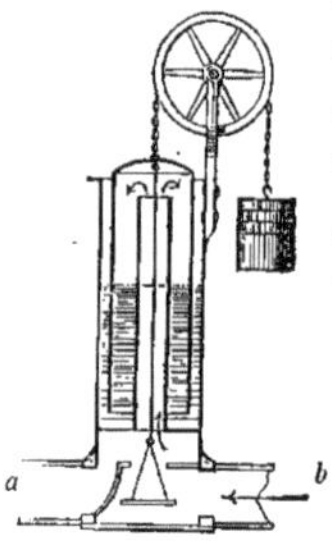

Fig. 50.

Le compensateur de M. Anderson est un appareil très-simple, représenté dans la figure ci-contre.

Son tuyau *a* est branché sur l'entrée et celui *b* sur la sortie de l'extracteur. Lorsque l'aspiration est trop forte, la petite cloche, à laquelle est suspendue la soupape conique, s'abaisse et celle-ci établit la communication entre l'entrée et la sortie de l'extracteur.

L'extracteur rotatif, inventé par M. J. T. Beale, d'East Greenwich, est excellent et peut-être plus répandu que tous les autres. Les figures 51 et 52 en représentent la coupe transversale et l'élévation.

L'axe est placé excentriquement dans le cylindre ; ses extrémités passent dans des boîtes cylindriques plus larges que leur diamètre, et entre l'axe et la paroi de ces boîtes se trouvent des galets. Une des boîtes est munie d'un stuffing-box, au travers duquel passe le prolongement de l'axe pour la transmission. Deux ou plusieurs plaques, formant pistons, glissent dans l'épaisseur de l'axe; elles sont bordées par des tiges rondes qui dépassent, et dont les extrémités entrent dans des rainures circulaires servant de guides, et pratiquées dans les couvercles du cylindre. La partie frottante de ces pistons est en métal rapporté, pour pouvoir la remplacer quand elle est usée. Quand

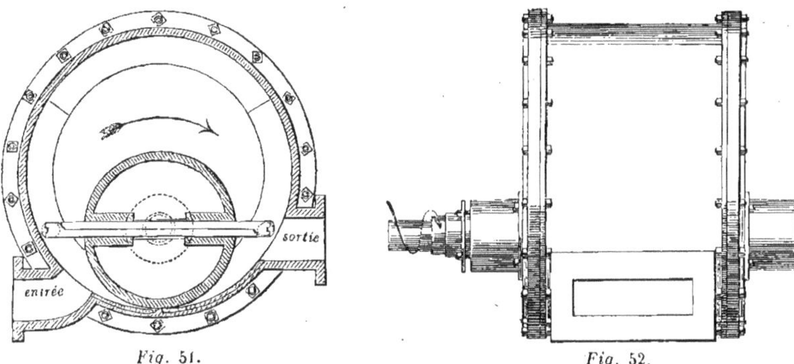

Fig. 51. *Fig.* 52.

l'axe tourne, les pistons, guidés par la rainure circulaire, sortent à mesure que l'intervalle entre l'axe et la paroi du cylindre augmente, et ils rentrent, quand cet intervalle diminue, poussés par la paroi intérieure du cylindre. Les pistons ont donc un mouvement de va-et-vient lorsque l'axe tourne, et ils se trouvent constamment en contact avec la surface du cylindre, de sorte que le gaz, qui s'introduit par le tuyau d'entrée, est refoulé par le tuyau de sortie de l'appareil. Au moment où l'une des plaques glissantes passe devant la sortie et où son action cesse, la plaque opposée commence à agir, et l'aspiration est continue. Un extracteur de cette espèce, de $1^m,20$ de diamètre, aspire 3,962 mètres cubes de gaz à l'heure.

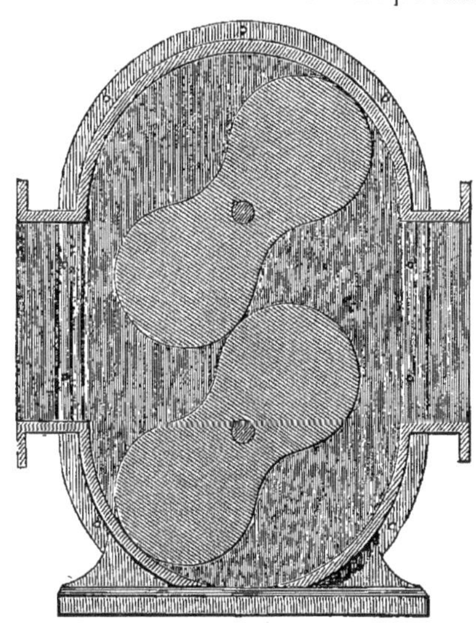

Fig. 53.

M. Beale a fait breveter un régulateur hydraulique, qui agit sur le papillon de la machine à vapeur pour diminuer la vitesse de l'extracteur lorsque la production du gaz diminue. Il a aussi imaginé ce qu'il appelle un « *by-pass* » qui consiste en une soupape en métal, placée de manière à permettre au gaz de passer indépendamment de l'extracteur, dans le cas où la machine s'arrêterait ou que l'extracteur s'obstruerait (1).

L'extracteur, représenté figures 53 et 54, est dû à M. George Jones, de la fonderie de Lionel-street, à Birmingham. Sa construction diffère de celle de tous ceux que nous avons décrits : l'aspiration est produite par la rotation en sens opposé de deux cames, comme on le voit figure 53. Les parties intérieures sont ajustées avec le plus grand soin, et les cames tournent en restant en

(1) Cet appareil consiste en une soupape métallique, qui s'ouvre et fait communiquer les tuyaux d'entrée et de sortie, dès que l'extracteur s'arrête, c'est-à-dire aussitôt que la pression du gaz est égale de chaque côté de la soupape, de sorte que le gaz passe directement et que l'arrêt de la machine ne peut causer aucun accident. (*Note du trad.*)

contact, mais sans frotter. Les ouvertures qui se trouvent de chaque côté sont l'entrée ou la sortie du gaz, suivant le sens dans lequel tournent les cames. L'appareil est mis en mouvement au moyen d'une poulie montée sur l'arbre de l'une des cames. Les deux cames portent à chaque extrémité un pignon (*fig.* 54), et les dents de ces pignons s'engrènent de manière à donner aux

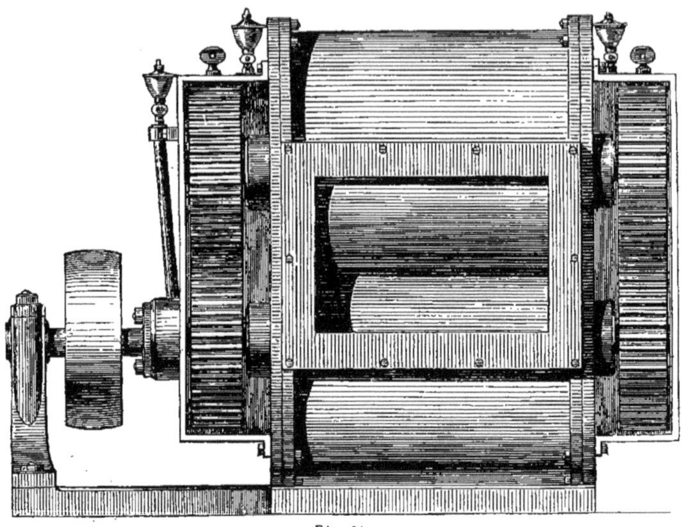

Fig. 54.

cames un mouvement régulier et en sens contraire. Chaque révolution de la poulie motrice produit quatre passages successifs du gaz, de sorte que le courant est sensiblement continu. L'appareil aspire par heure, suivant ses dimensions, de 28 à 2,800 mètres de gaz, avec une force motrice peu considérable. Cet extracteur est employé à l'usine de la « *Chartered Company* » dans Brick-lane, et dans beaucoup d'autres usines d'Angleterre et du continent.

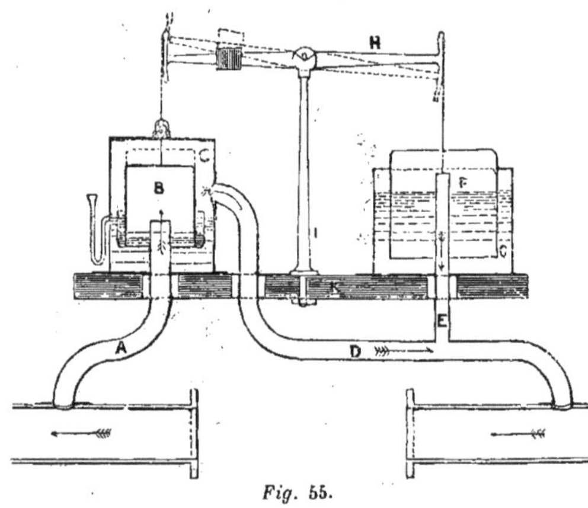

Fig. 55.

La figure 55 représente un extracteur-compensateur de M. William Hall, de Vaise-lès-Lyon. Le grand tuyau de droite conduit le gaz des cornues à l'extracteur, et celui de gauche va au gazomètre : l'espace intermédiaire est occupé par l'extracteur. Les petites cloches B et F, qui plongent dans l'eau, sont suspendues par une chaîne aux deux extrémités du balancier H. Le tuyau A, branché sur le tuyau qui va au gazomètre, débouche au-dessus de l'eau, contenue dans le cylindre fermé C, sous la cloche B. Le tuyau D, branché sur le tuyau qui vient des cornues, communique avec le cylindre C, et un autre tuyau E établit aussi une communication avec le cylindre et la cloche F, qui est plus large que celle suspendue à l'autre extrémité du balancier ; la cloche F peut monter et descendre dans le cylindre G, ouvert à l'air libre et presque rempli d'eau. Tout l'appareil est fixé sur la plaque K, et le balancier oscille sur le support I. Lorsque l'extracteur marche à une vitesse plus grande que celle qui est nécessaire, et produit un vide partiel dans les cornues, la pression atmosphérique agit sur la cloche F qui s'abaisse, et la cloche B s'élève au-dessus du niveau de l'eau dans le cylindre fermé C, ce qui établit la communication entre le tuyau qui vient des cornues et celui qui va au gazomètre. La pression se rétablit et la cloche F s'élève de nouveau et intercepte la communication. Le vide ne peut donc jamais se faire dans les cornues. On règle l'appareil au moyen du contre-poids qui glisse sur le balancier, de manière à donner plus ou moins de poids à la cloche F. Un tuyau recourbé est adapté au cylindre C et permet de remplacer l'eau qui s'évapore.

M. Alexandre Wright a inventé un extracteur-compensateur, fondé aussi sur la pression de l'atmosphère sur une cloche suspendue. Dans cet appareil cependant, lorsque l'aspiration est trop rapide, la descente de la cloche, au lieu d'établir une communication entre l'entrée et la sortie de l'extracteur, comme dans le régulateur de M. Hall, ouvre un papillon placé dans un tuyau de jonction, comme dans le compensateur de M. Beale.

CHAPITRE DIXIÈME

PURIFICATION

Au sortir des condenseurs et des exhausteurs, le gaz doit être débarrassé autant que possible de l'hydrogène sulfuré, de l'acide carbonique, de l'ammoniaque et du goudron qui s'y trouve encore en excès. M. Clegg a employé la chaux comme agent de purification, en 1805, et bien que beaucoup d'autres substances aient été essayées depuis, il n'y en a pas d'aussi efficace que cette matière. Elle a, en outre, l'avantage d'être peu coûteuse ; et s'il n'y avait pas à considérer autre chose que la purification du gaz par le moyen le meilleur et le moins dispendieux, il n'y a aucun doute que la chaux n'eût la préférence sur toutes les autres matières. Mais lorsque la fabrication du gaz a lieu dans des districts populeux, on est obligé d'avoir égard aux effets nuisibles de la chaux épuisée, et l'ammoniaque et l'hydrogène sulfuré, qui s'en dégagent, nécessitent des précautions particulières ou l'emploi d'un autre mode de purification.

Les substances qu'on a substituées à la chaux sont les oxydes métalliques, les sulfate et muriate de manganèse, de fer, de zinc et de nickel ; on a employé aussi les sels de plomb, de bismuth, de cuivre, d'étain et d'antimoine, mais leur prix élevé empêche de les appliquer industriellement. Ces sels métalliques absorbent l'hydrogène sulfuré et l'ammoniaque, mais ils n'ont aucune affinité pour l'acide carbonique contenu dans le gaz, et il est nécessaire de faire passer le gaz en dernier lieu à travers la chaux pour absorber cette impureté.

Les procédés de purification ont une si grande importance dans la fabrication du gaz, qu'il est essentiel de bien comprendre les principes chimiques sur lesquels ils reposent, afin d'appliquer le mieux possible les moyens qu'on a à sa disposition pour séparer les impuretés du gaz sans altérer son pouvoir éclairant. Dans un précédent chapitre de cet ouvrage, dû au docteur Frankland, les différents produits de la distillation de la houille ont été étudiés, et l'on a exposé leurs caractères généraux et leurs affinités chimiques ; la connaissance des éléments constituants du gaz, tel qu'il sort des cornues, et de leurs affinités respectives donne le moyen de séparer ceux qui en diminuent le pouvoir éclairant ou qui deviennent nuisibles par la combustion. Mais la théorie et la pratique sont si souvent en désaccord, lorsqu'on arrive à opérer sur une grande échelle, qu'il ne faut pas s'en rapporter à la théorie seule. Son principal mérite est de prémunir l'expérimentateur et l'industriel contre l'adoption de procédés basés sur des principes erronés, et les connaissances théoriques ont une grande importance, car, sans elles, on dépense bien du temps et de l'argent pour essayer des méthodes de purification qui sont physiquement impossibles.

Dans une série d'articles sur la chimie du gaz de houille, publiés dans le second et le troisième volume du « *Journal of Gas-lighting* », l'application des principes théoriques de la purification du gaz est expliquée avec une parfaite connaissance du sujet, et nous ne pouvons mieux faire que d'emprunter à ce travail les parties qui ont rapport à notre sujet.

Le gaz impur, tel qu'il sort du condenseur, contient de l'ammoniaque, de l'hydrogène sulfuré et de l'acide carbonique, à peu près dans les proportions suivantes, pour la houille commune de Newcastle : 1$^{\text{part.}}$,5 d'ammoniaque, 8 d'hydrogène sulfuré et 25 d'acide carbonique pour 1,000 de gaz. Il en résulte que la quantité d'ammoniaque contenue n'est pas capable de saturer l'hydrogène sulfuré et encore moins l'acide carbonique. Par conséquent les sels métalliques neutres, tels que le sulfate de fer, n'enlèveront pas la totalité de l'hydrogène sulfuré ; et les sels neutres terreux, tels que le muriate de chaux, n'enlèveront pas non plus tout l'acide carbonique. La difficulté de l'épuration provient donc d'un défaut et non d'un excès d'ammoniaque, puisque l'emploi d'un autre alcali ou d'une base alcaline (et la chaux est la moins chère) est nécessaire.

La chaux commune, sèche, est l'agent le plus puissant, le plus économique et le moins dangereux pour débarrasser le gaz de ses impuretés ; on peut aussi employer la chaux humide, bien qu'elle soit moins efficace et qu'elle n'absorbe pas tout l'acide carbonique contenu dans le gaz. Ceci ne s'applique, bien entendu, qu'à l'absorption des éléments acides du gaz, tels que l'acide carbonique et l'hydrogène sulfuré. Cependant la chaux agit aussi sur les éléments alcalins. Le carbonate de chaux et le sulfure de calcium n'ont aucune affinité pour les vapeurs bitumineuses qui donnent au gaz son pouvoir éclairant. Ainsi la chaux, saturée d'acide carbonique et d'hydrogène sulfuré, n'absorbe aucun des principes éclairants du gaz, qui y passe sans altération. Les oxydes, les carbonates et les sulfures métalliques ont une action toute différente (1).

Bien que la chaux hydratée n'enlève pas l'ammoniaque, les sels de chaux ont la propriété d'absorber celle contenue dans le gaz ; et, comme la chaux n'enlève pas de substances éclairantes, il en résulte que les sels de chaux sont préférables à toute autre substance pour la séparation des

(1) Les oxydes métalliques n'altèrent pas plus le pouvoir éclairant du gaz que la chaux ; seulement, comme ils n'absorbent pas l'acide carbonique et que ce gaz altère beaucoup le pouvoir éclairant, il est nécessaire d'absorber ultérieurement l'acide carbonique par la chaux ; mais le gaz, épuré successivement avec les oxydes métalliques et la chaux, a autant de pouvoir éclairant que le même gaz épuré avec la chaux seule. (*Note du trad.*)

impuretés alcalines ou ammoniacales. C'est un fait généralement admis que, quand le gaz passe d'abord sur un sel de chaux, tel que le nitrate, le sulfate ou le muriate, et ensuite à travers un purificateur à la chaux sèche, on obtient le degré le plus parfait d'épuration.

Le muriate de chaux a plus d'action que le sulfate, et la manière d'en faire usage dans la purification du gaz, brevetée par M. Laming, possède de grands avantages. Mais quelle que soit la méthode adoptée, l'application des sels de chaux est également satisfaisante en théorie et en pratique. L'ammoniaque en combinaison avec l'acide carbonique est retenue par les sels de chaux ; une double décomposition s'opère et il se produit deux nouvelles substances, qui n'ont aucune affinité pour les éléments éclairants du gaz. On peut indiquer d'une manière très-simple cette décomposition. Ainsi, si nous supposons l'emploi du muriate de chaux, nous aurons :

Dans le gaz	acide carbonique	Acide muriatique	dans la matière épurante.
	ammoniaque	Chaux	

qui, par un simple échange d'éléments, formeront du muriate d'ammoniaque et du carbonate de chaux, deux sels dépourvus d'action sur tous les hydrocarbures.

La chaux épuisée, telle qu'elle sort du purificateur, est un mélange de plusieurs sels. Les seuls à considérer en pratique sont le carbonate de chaux et le sulfure de calcium, qui s'y trouvent en forte proportion. L'analyse démontre que plus de la moitié de la masse consiste en carbonate de chaux, près d'un quart en sulfure de calcium ; environ un cinquième est de la chaux non décomposée, et le résidu renferme des cyanures, de la silice et d'autres impuretés contenues dans le calcaire, avec une proportion variable de sulfhydrate d'ammoniaque, retenu mécaniquement dans la masse. Il n'est donc pas étonnant que ce mélange répande une odeur fétide à son exposition à l'air ; car le sulfhydrate d'ammoniaque se dégage, tandis que le sulfure de calcium, en présence de l'acide carbonique de l'air, donnera lieu à la formation de carbonate de chaux et d'un dégagement abondant d'hydrogène sulfuré. C'est principalement par l'absence de ce dégagement d'hydrogène sulfuré que le procédé de purification par l'oxyde de fer se recommande; car l'affinité de l'oxyde de fer pour l'hydrogène sulfuré est plus considérable que pour l'acide carbonique. Il s'ensuit que le sulfure de fer qui sort des purificateurs ne dégage aucune odeur à l'air, tandis que le sulfure de calcium se décompose facilement en produisant une odeur fétide.

L'analyse de la chaux impure, ayant servi à l'épuration, est basée sur des propriétés chimiques très-simples. La chaux hydratée et le sulfure de calcium se dissolvent facilement dans une solution tiède de chlorhydrate d'ammoniaque, tandis que le carbonate de chaux ne s'y dissout pas en quantité appréciable. Si donc l'on pèse 100 grammes de chaux impure, et qu'on les fasse digérer dans une solution de chlorhydrate d'ammoniaque, dans un vase clos, pendant quelques minutes à une température de 26° centigrades, la chaux et le sulfure de calcium se dissoudront et le carbonate de chaux restera au fond. Si alors on verse dans la solution filtrée une certaine quantité de chlorure de cuivre, saturé préalablement d'ammoniaque, il se formera un précipité noir, qu'on recueillera sur un filtre, et qu'on lavera, d'abord avec du vinaigre étendu, puis avec de l'eau, et qu'on dessèchera enfin à une température d'au moins 100 degrés centigr. ; le poids de ce précipité, divisé par 3, donnera la proportion du soufre contenu dans la chaux ; et, comme 16 de soufre correspondent à 28 de chaux, on obtiendra le poids de la chaux en combinaison avec le soufre en multipliant le poids du soufre par 7 et divisant le produit par 4. On ajoute alors à la solution bleue, qui a passé au travers du filtre, une certaine quantité de carbonate d'ammoniaque :

il se forme un précipité blanc qu'on laisse se déposer pendant quelques minutes, puis on le lave sur un filtre, d'abord avec une solution d'ammoniaque, puis avec de l'eau ; enfin on le dessèche à une température un peu supérieure à celle de l'eau bouillante; et on le pèse. Chaque 50 grammes de ce précipité représentent 28 grammes de chaux, et, si du poids ainsi obtenu on déduit celui de la chaux qui se trouvait combinée avec le soufre, le reste est la quantité de chaux perdue, ou du moins inutilisée dans l'épuration. Elle ne doit jamais excéder un quart de la quantité employée, et, lorsqu'il y a une surface d'épuration assez grande, il ne faut pas compter sur plus d'un cinquième.

On a fait beaucoup d'essais pour obvier aux inconvénients inhérents à l'emploi de la chaux, en désinfectant la vieille chaux par une ventilation. M. G. H. Palmer a pris, en octobre 1847, un brevet pour cet objet; il faisait passer à travers la chaux épuisée un courant d'air forcé, de manière à oxyder le sulfure de calcium et à désinfecter la masse. A peu près à la même époque, M. F. J. Evans, alors directeur adjoint des usines de la Compagnie impériale et continentale à Berlin, adopta un système analogue, qu'il mit en pratique ensuite à l'usine de la « Chartered Gas Company » à Westminster, de la manière suivante : le purificateur étant isolé du gazomètre et du courant de gaz impur, on établissait, au moyen d'une valve, la communication par des tuyaux étroits entre le purificateur et la cheminée de l'usine ; en même temps, on laissait entrer l'air par l'ouverture qui donnait d'abord accès au gaz impur. Il résultait de cette disposition que le sulfhydrate d'ammoniaque était enlevé, et que le sulfure de calcium se transformait en hyposulfite de chaux, tandis que le carbonate de chaux et la chaux restaient intacts et pouvaient de nouveau servir dans le purificateur. L'économie de ce procédé était telle qu'un hectolitre de chaux pouvait épurer 1,180 mètres cubes de gaz de houille commune de Newcastle, et les gaz chassés de la chaux par la ventilation ne causaient aucun inconvénient.

Ce procédé de neutralisation de la vieille chaux, qui en détruit les mauvais effets, n'est pas encore bien apprécié, et on peut l'employer avec grand avantage. Ainsi, après une seconde ventilation, la chaux contiendra une quantité assez forte d'hyposulfite de chaux, substance très-convenable pour absorber l'ammoniaque du gaz impur, en l'employant entre le condenseur et le purificateur ; cette substance produira du carbonate de chaux et de l'hyposulfite d'ammoniaque et formera un engrais excellent et peu coûteux. On peut aussi extraire l'hyposulfite de chaux, contenu dans la chaux ventilée, au moyen de l'eau chaude, et, en précipitant cette solution par du sulfate ou du carbonate de soude, on obtiendra, par l'évaporation de la solution filtrée, de l'hyposulfite de soude, qui est un sel très-employé par les fabricants de papier sous le nom de *anti-chlore*. Il n'y a pas de raison pour ne pas tirer parti des impuretés du gaz et faire disparaître de toutes les usines à gaz bien dirigées le compte « *dépense de purification.* »

Nous examinerons maintenant les procédés de purification du gaz au moyen des sels métalliques, et plus particulièrement de l'oxyde de fer, qu'on emploie beaucoup maintenant dans les endroits populeux, où il est important d'éviter le dégagement de l'hydrogène sulfuré dans l'air.

Tous les oxydes métalliques, à un certain état, ont la propriété d'absorber l'hydrogène sulfuré du gaz : le prix relatif de ces matières en détermine le choix. Les oxydes de manganèse, de fer, de zinc, de plomb, de cuivre et d'antimoine ont tous été employés dans ce but, quoique les oxydes de fer, de plomb et d'antimoine soient maintenant les seuls en usage en Angleterre.

On a tant parlé depuis quelque temps du procédé d'épuration par l'oxyde de fer, et il y a tant de prétendants à son introduction, qu'il nous paraît indispensable de donner un exposé des différents systèmes qui ont été proposés pour épurer le gaz par cet agent.

Quelques essais d'épuration du gaz au moyen de l'oxyde de fer ont été faits à Paris avant l'obtention d'aucun brevet en Angleterre pour cet objet; mais la personne qui prit le premier brevet pour cette invention fut M. Phillips, d'Exeter, en 1835. M. Phillips décrivait l'emploi de l'oxyde de fer dans un purificateur à la chaux humide, mais ce procédé était peu efficace. En juillet 1840, M. Croll fit breveter l'usage des oxydes de fer et d'autres métaux dans un purificateur à chaux sèche, et il ajoutait à cette invention un procédé de révivification du sel métallique au sortir de l'épurateur, qui consistait à en chasser le soufre par la chaleur, après quoi il pouvait servir de nouveau. Le brevet de M. Croll comprend aussi un moyen d'enlever l'ammoniaque du gaz au moyen du chlorure et du sulfate de manganèse, du chlorure de fer et des acides sulfurique et muriatique, la séparation de l'ammoniaque précédant l'usage de l'oxyde de fer. Le principal défaut du procédé de M. Croll était l'embarras et la dépense causés par le grillage de l'oxyde épuisé, pour sa révivification : cette opération était inutile, comme l'ont découvert ensuite M. Laming et M. F. J. Evans, car la révivification s'opère, quoique plus lentement, par une simple exposition à l'air.

Le premier brevet pris par M. Laming, en novembre 1847, ne fait pas mention de la révivification de l'oxyde de fer, et ce qui le distingue surtout du brevet de M. Croll est la séparation de l'ammoniaque et de l'hydrogène sulfuré dans la même cuve. Au lieu d'employer, comme M. Croll, le muriate de manganèse pour arrêter l'ammoniaque, M. Laming employait le muriate de chaux, et, au lieu d'en faire usage dans une cuve séparée, il le mélangeait avec l'oxyde de fer de manière à l'employer dans le même purificateur, et repoussait complétement l'usage de cet oxyde seul. Le système de M. Laming, tel que l'indique la description de son brevet, consistait à faire absorber par de la sciure de bois sèche une dissolution concentrée de chlorure de calcium, de manière à former une masse en poudre grenue et humide ; puis il la mélangeait avec une proportion convenable de carbonate ou d'oxyde de fer, et exposait alors cette matière à l'action du gaz impur dans un purificateur à chaux sèche.

Jusqu'alors on n'avait rien trouvé de véritablement pratique, car, bien que le procédé de révivification de M. Croll puisse être regardé comme le précurseur de la méthode suivante de révivification de l'oxyde métallique, le prix élevé de cette opération devait empêcher de l'adopter industriellement. Le grillage de l'oxyde de fer serait plus coûteux que la cuisson de la vieille chaux, et l'on sait que cette dernière opération n'est pas avantageuse.

M. Laming est le premier qui imagina de révivifier l'oxyde de fer par une exposition à l'air ; son brevet, pris en France, date du 22 février 1849 ; voici ce qu'il y expose :

« La cinquième partie de cette invention consiste à extraire du gaz tout l'acide sulfhydrique qu'il contient, au moyen du peroxyde de fer hydraté ; et la sixième partie consiste à renouveler l'hydrate de peroxyde de fer, après sa conversion en sulfure de fer, par une exposition à l'air. » Cependant M. Laming ne paraît pas avoir importé son invention en Angleterre, et M. F. J. Evans avait découvert et appliqué le procédé de révivification naturelle de l'oxyde de fer dans ce pays, à l'usine de Westminster, dans l'été de la même année. Sa découverte fut à la fois le résultat du hasard et celui de l'observation, et il le mit en pratique en août 1849, avant qu'aucun brevet ne fût pris en Angleterre pour cet objet. M. Evans employait le chlorure de calcium et l'hydrate de peroxyde de fer, mais la révivification n'avait lieu que pour le sulfure métallique, ce qui constitue l'avantage réel de ce procédé.

Le brevet que prit M. F. C. Hills pour un procédé perfectionné de purification du gaz au moyen de l'hydrate d'oxyde de fer, et qui donna lieu à un procès si coûteux, date du 24 novembre 1849, — au moins trois mois après la découverte et la mise au jour en Angleterre du procédé de M. Evans pour la révivification naturelle du sulfure de fer. Le titre du brevet de M. Hills ne donne aucune indication sur les parties essentielles qu'il réclame comme son invention, car l'ancienne loi sur les brevets permettait une certaine latitude et un certain vague dans leur titre, ce qui serait fatal aujourd'hui pour le monopole que le brevet confère. Le brevet de M. Hills était intitulé « : Méthode perfectionnée pour comprimer la tourbe dans le but d'en faire du combustible ou du gaz, et pour fabriquer du gaz et obtenir certaines substances applicables à sa purification. » Dans ce brevet, qui a subi plusieurs modifications par suite d'opposition, M. Hills réclame comme son invention : « la séparation de l'hydrogène sulfuré, du cyanure et de l'ammoniaque contenus dans le gaz, par son passage à travers du sulfate de protoxyde de fer, de l'oxychlorure ou de l'oxyde de fer hydraté et précipité, soit seul, soit combiné au sulfate de chaux, au sulfate ou au muriate de magnésie, de baryte, de strontiane, de soude ou de potasse, et mélangé avec de la sciure de bois, des cendres, ou autres matières poreuses susceptibles d'être traversées par le gaz ; puis la révivification de ces matières épuisées, par le passage d'un courant d'air. »

Après avoir donné un aperçu de l'histoire de la purification du gaz au moyen de l'oxyde de fer, — procédé qui est encore l'objet d'un procès, — nous allons expliquer les phénomènes chimiques qui se passent pendant l'action de ce réactif sur le gaz impur.

L'oxyde de fer enlève au gaz l'hydrogène sulfuré et le cyanogène, qui forment, au plus, les deux septièmes des impuretés qu'il contient. Pour enlever l'acide carbonique, qui constitue la plus grande partie des impuretés restantes, il faut employer la chaux en presque aussi grande quantité que si l'on ne s'était pas servi d'oxyde de fer. Le sesqui-oxyde de fer agit de la même manière sur l'hydrogène sulfuré, qu'il soit hydraté ou à l'état anhydre, sauf que l'oxyde anhydre est plus actif et dégage plus de chaleur que l'oxyde hydraté. Dans les deux cas, il se produit de l'eau, du soufre se dépose, et il se forme du protosulfure de fer ; dans les deux cas aussi, l'eau qui se forme ne se combine pas avec le sulfure métallique et peut être entraînée par l'action continue d'un courant de gaz hydrogène, chauffé à 100 degrés centigrades.

Quel que soit le peroxyde de fer employé, le résultat est le même ; il se produit du soufre libre et du protosulfure de fer anhydre, imprégné d'eau ou non, suivant les circonstances. Toutefois, quand ce mélange est exposé à l'air, le fer absorbe l'oxygène et le soufre se sépare ; une petite portion absorbe aussi de l'oxygène et forme de l'acide sulfurique, surtout s'il se trouve dans la matière de l'ammoniaque ou quelque autre substance alcaline ; et, comme il n'y avait pas d'eau combinée au sulfure avant cette oxydation, l'oxyde de fer qui en résulte est anhydre, quel que soit d'ailleurs l'état dans lequel l'oxyde avait été employé. Cela explique ce fait, qui ne pourrait s'expliquer autrement, que quand on emploie le sesqui-oxyde hydraté pour la première fois, il ne purifie que moitié moins de gaz que la deuxième ou la troisième fois, où il est devenu tout à fait anhydre. On a trouvé par expérience qu'une quantité donnée d'oxyde de fer hydraté, servant pour la première fois dans un purificateur à chaux sèche, n'épurait que 42^{mc},4 de gaz ; la deuxième fois, après avoir été exposé à l'air, elle en épurait 67,9 ; après une seconde exposition à l'air, 86^{mc},3 ; enfin, après une nouvelle exposition à l'air, la quantité de gaz purifiée s'élevait à 118^{mc},9, ou à près de trois fois le volume primitif. Ce résultat concorde avec ceux de l'expérience journalière des fabricants de gaz. On peut donc dire, non-seulement que l'oxyde hydraté devient anhydre lors de la révivification, mais aussi que l'oxyde anhydre est le plus actif des deux, bien que cela dépende moins de son état de déshydratation que d'un arrangement moléculaire particulier, analogue à celui de la mousse de platine, de cobalt, de nickel et de quelques autres substances, dans lesquelles une grande surface est mise en contact avec le gaz.

Un des plus grands inconvénients du procédé de purification à l'oxyde de fer est la tendance qu'a le sulfure de fer à s'enflammer. Quand cela se produit et qu'on n'y remédie pas aussitôt, le feu se propage dans toute la masse ; il se produit alors des vapeurs d'acide sulfureux, qui rendent l'air impropre à la respiration à une distance considérable, et l'oxyde de fer est en grande partie perdu. Ce n'est que par un soin extrême qu'on peut éviter cet accident, qui provient probablement de la même cause qui détermine l'ignition du fer métallique à l'état de division extrême, tel qu'il se forme par la réduction de l'oxyde de fer au rouge sombre par le gaz hydrogène.

Les actions chimique et moléculaire, qui ont lieu quand le sesqui-oxyde de fer est mis en contact avec le gaz impur, puis soumis à l'action de l'air atmosphérique, ne sont pas encore bien déterminées. D'après la théorie, il ne faut pas plus de 7^{kil},240 d'oxyde de fer pour enlever tout l'hydrogène sulfuré produit par une tonne de houille ; mais, pratiquement, il en faut quatre fois autant. L'oxyde de fer peut servir plusieurs fois de suite, jusqu'à ce que la quantité de soufre qu'il renferme devienne assez considérable pour envelopper les particules d'oxyde métallique, pendant la révivification, et empêcher leur action ultérieure sur le gaz impur ; il faut alors renouveler l'oxyde.

L'usage de la chaux est indispensable pour enlever l'acide carbonique du gaz, après son passage sur l'oxyde de fer.

Les avis des savants, qui ont été entendus dans le procès engagé sur la validité du brevet de M. Hills, confirment tout ce que nous venons de dire sur le procédé de purification par l'oxyde de fer. Le point principal sur lequel M. Hills fondait sa prétention était qu'antérieurement à la date de son brevet, personne n'avait employé sciemment l'*hydrate* d'oxyde de fer à la purification du gaz, et il essayait de démontrer que les oxydes de fer, dont on s'était servi avant lui, ne pouvaient pas épurer le gaz. Il fut établi, cependant, qu'il existe certaines formes d'oxyde de fer, hydraté aussi bien qu'anhydre, qui ne se combinent pas avec l'hydrogène sulfuré ; et que l'état du sel métallique, qui le rend propre ou impropre à la purification du gaz, dépend beaucoup plus de l'arrangement mécanique des molécules que de la constitution chimique de ce sel.

MM. Lowe et Evans ont obtenu, en février 1852, un brevet pour donner à l'oxyde de fer anhydre cet état particulier. La forme du peroxyde de fer qu'ils désignent est un état dimorphe du peroxyde anhydre, produit par l'action des alcalis ou des sels alcalins sur l'oxyde de fer, à la température rouge. La description de ce brevet indique plusieurs méthodes de préparation de cette matière au moyen de la potasse ou de la soude caustique, mélangée avec l'oxyde et soumise au rouge sombre ; la chaleur seule, pourvu qu'elle n'atteigne pas le rouge blanc, est indiquée comme un moyen de donner à l'hydrate de peroxyde de fer commun, cette propriété particulière d'absorption.

Dans un rapport aux directeurs de la « Chartered Gas Company », en date du 26 janvier 1850, sur les résultats du procédé de purification du gaz de M. Laming, M. Evans décrit ainsi cette méthode, mise en pratique à l'usine de Westminster : — « La matière employée consiste en chlorure de fer décomposé par la chaux, ce qui produit du chlorure de calcium et de l'oxyde de fer. On mêle avec de l'eau et on fait absorber le mélange par de la sciure de bois, qu'on place ensuite dans un purificateur ordinaire à chaux sèche. Le soufre, contenu dans le gaz, se combine immédiatement avec l'oxyde de fer, pour former du sulfure de fer; en même temps l'ammoniaque est enlevée par le chlorure de calcium; le carbonate d'ammoniaque, que le gaz renferme, cède son acide carbonique à la chaux, et son ammoniaque se combine à l'acide muriatique. L'essai, fait sur une petite échelle avec des purificateurs d'expérience, a commencé le 8 août 1849. Le soufre et l'ammoniaque étaient complétement absorbés, mais, lorsque la matière était saturée, on l'enlevait et on en mettait de nouvelle. Si cette manière de procéder avait dû continuer, la méthode n'aurait pas réussi, à cause de la dépense; mais on observa, par hasard, que la matière avait la propriété de reprendre sa puissance de purification primitive par une exposition à l'air, et qu'en la replaçant dans le purificateur, elle épurait le gaz aussi bien que la première fois; l'expérience, répétée une seconde fois, réussit aussi bien.

Dans le cours des expériences faites à l'usine de Westminster, en décembre 1849, il survint une difficulté imprévue; la matière d'épuration épuisée ne pouvait se révivifier à l'air. M. Laming et M. Lewis Thompson se livrèrent à des recherches, qui firent découvrir que l'oxydation était empêchée par la cristallisation du chlorure de calcium, produite par le froid, et ils trouvèrent que cet effet se produisait toujours à une température inférieure à 6 degrés au-dessous de zéro.

M. Alfred King et M. Lewis Thompson ont exposé la manière dont on emploie l'oxyde de fer à l'usine à gaz de Liverpool, dans leur déposition dans le procès dont nous avons parlé. On broie dans un moulin de la couperose verte (sulfate de fer) additionnée d'eau pour en faire une sorte de pâte. On ajoute alors de la chaux éteinte dans la proportion de 1 partie pour 2 de couperose, avec de l'eau en quantité suffisante pour former une masse consistante et pâteuse. On découpe avec une bêche cette pâte en morceaux, qui se réduisent en poudre par la dessiccation, et on obtient ainsi un mélange de sulfate de chaux et de sesqui-oxyde de fer hydraté. On tamise la poudre, qu'on place dans le purificateur, où l'oxyde de fer se convertit en sulfure; et ce dernier se transforme de nouveau en oxyde de fer, avec dépôt de soufre, par une exposition à l'air. On peut répéter cette opération vingt-huit fois, et on trouve que la matière, qui contient alors 40 p. 100 de soufre, ne peut plus servir à la purification; son volume s'est accru de moitié. On cuit cette matière dans un four, et on recueille le soufre qui passe à la distillation. Pendant cette cuisson, l'oxyde de fer porté au rouge devient anhydre. Au sortir du four, la matière se refroidit à l'air; puis on la mouille avec de l'eau et on la place dans les purificateurs, pour commencer une nouvelle série d'opérations. Lorsque l'oxyde de fer a été cuit dans le four, il devient anhydre d'une manière permanente, de sorte qu'au bout de peu de temps, on n'emploie plus que de l'oxyde de fer anhydre, à l'exception des petites quantités d'oxyde neuf, qu'on ajoute de temps en temps pour remplacer celui qui se perd.

Nous avons déjà dit que la difficulté de l'épuration était due au défaut d'ammoniaque, et non à son excès, parce que la quantité que le gaz renferme n'est pas suffisante pour saturer l'hydrogène sulfuré et l'acide carbonique. Aussi a-t-on fait quelques essais pour introduire dans le gaz impur une quantité additionnelle d'ammoniaque, afin de faciliter l'épuration des acides carbonique et sulfhydrique. Ceux qui ont le mieux réussi sont ceux qu'a faits M. Laming : il a obtenu un brevet pour ce procédé, en février 1857. Il mêle au gaz impur du sulfhydrate d'ammoniaque, et fait passer le mélange dans des purificateurs à l'oxyde de fer. L'oxyde décompose le sulfhydrate d'ammoniaque introduit comme celui qui se trouve naturellement dans le gaz; l'ammoniaque, mise en liberté, s'unit à l'acide carbonique du gaz pour former du carbonate d'ammoniaque qui est retenu ensuite par le « laveur ». M. Laming, dans la description de son brevet, propose d'obtenir le sulfhydrate d'ammoniaque, qui doit être ajouté au gaz, en exposant à une température, qu'on élève graduellement jusqu'au rouge, un mélange de parties égales de carbonate d'ammoniaque et de sulfure de sodium, dans des cornues communiquant avec le tuyau d'entrée des purificateurs ; ou bien, en lavant le gaz avant son entrée dans les purificateurs à oxyde de fer, avec une dissolution de sulfhydrate d'ammoniaque assez forte pour en céder au gaz, au lieu de lui en enlever, comme cela a lieu lorsqu'on lave le gaz avec les eaux ammoniacales ordinaires, dans le but de concentrer ces dernières. La quantité de sulfhydrate nécessaire varie avec la houille distillée, mais il faut qu'elle soit assez considérable pour que le gaz, à sa sortie des purificateurs, ne contienne pas d'acide carbonique qui ne puisse être absorbé par une petite quantité d'eau.

Le coût de fabrication du sulfhydrate d'ammoniaque par la distillation du carbonate d'ammoniaque et du sulfure de sodium, rend ce procédé inapplicable industriellement. Pour compléter ce système, comme M. Laming le fait observer (1), « il faudrait un appareil qui permît de débarrasser le gaz de ses composés ammoniacaux au moyen de la plus petite quantité d'eau possible, afin que la dissolution résultante pût être mêlée avec le liquide employé à la purification. »

Nous mentionnerons, seulement pour mémoire, les nombreux procédés de purification du gaz qui ont encore été imaginés et brevetés, et dont un petit nombre seulement ont été mis en pratique. On a proposé divers moyens pour augmenter l'efficacité de la chaux, et pour éviter l'odeur produite par le dégagement de l'hydrogène sulfuré de la vieille chaux. Nous avons parlé déjà de quelques-uns de ces procédés ; celui qui promet les meilleurs résultats consiste dans l'emploi de sulfate de chaux. Un autre a pour but l'absorption de l'ammoniaque au moyen de la chaux éteinte avec de l'acide sulfurique ou muriatique étendu d'eau : M. Laming a aussi pris un brevet pour l'emploi de la chaux vive dans les épurateurs, pour absorber l'humidité du gaz. Le professeur Graham a proposé l'addition du sulfate de soude hydraté à la chaux, pour augmenter sa puissance d'absorption : cette addition, dit-il, a pour effet de prolonger l'action de la chaux jusqu'à ce que 2 équivalents d'hydrogène sulfuré aient été absorbés par 1 équivalent de chaux. La chaux se convertit en sulfate de chaux et la soude en bisulfure de sodium, qu'on peut enlever par dissolution et transformer de nouveau en soude.

L'usage de la terre et du sable ferrugineux pour la purification du gaz a été l'objet d'un brevet : leur action est principalement due à l'oxyde de fer qu'ils contiennent. L'hydrogène sulfuré agit alors de la même manière qu'avec l'oxyde de fer : il rend ces matières noires ; par leur exposition à l'air, celles-ci absorbent de l'oxygène et deviennent de nouveau propres à être employées. M. F. J. Evans a fait breveter récemment l'emploi de la tournure de fer oxydée ; et on a employé aussi avec succès, à Birmingham et dans d'autres endroits, les débris des meules employées à polir les canons de fusils.

On a employé sous différentes formes le charbon de bois, soit seul, soit combiné avec d'autres substances. M. W. Chisholm a fait breveter, comme agent épurateur puissant, un mélange de charbon de tourbe, de sel commun et de perphosphate de chaux, lorsque les circonstances permettent d'obtenir ces matières à bon marché. M. Hills, l'auteur du procédé à l'hydrate d'oxyde de fer, a fait breveter plus récemment l'application de la vapeur ou de liquides chauds à la purification du gaz ; M. Laming, dont on trouve souvent le nom dans la liste des brevetés, a proposé l'emploi de l'acide sulfurique et des phosphates d'ammoniaque.

---

(1) *Journal of Gas Lighting*, vol. VII.

Il n'y a pas moins de onze procédés de purification différents, en usage dans les usines à gaz de Londres. Les matières qui y sont employées sont indiquées dans le rapport du Comité de l'Association médicale des inspecteurs de la salubrité de Londres, après leur visite dans les usines à gaz, pendant l'automne de 1856 et le printemps de 1857. Les substances sont nommées dans l'ordre où le gaz y passe.

« 1. Lait de chaux ; chaux éteinte ; oxyde de fer.

« 2. Colonnes contenant des morceaux de briques, etc., et des plâtras; oxyde de fer; chaux éteinte.

« 3. Acide sulfurique étendu ou solution acide de sulfate d'ammoniaque ; lait de chaux ; chaux éteinte ; oxyde de fer.

« 4. Colonne à coke ; solution de chlorure de manganèse ; chaux éteinte ; oxyde de fer.

« 5. Eau ; oxyde de fer ; chaux éteinte.

« 6. Solution de chlorure de manganèse ; lait de chaux.

« 7. Oxyde de fer (de Laming) ; colonne à coke avec pluie d'eau.

« 8. Oxyde de fer (de Hills) ; chaux éteinte ; colonne à coke dans laquelle on fait passer un peu de vapeur.

« 9. Chaux éteinte ; oxyde de fer.

« 10. Colonne contenant des poteries sur lesquelles tombe de l'eau ; eau ; lait de chaux.

« 11. Colonne contenant du coke et de la tannée ; colonne à coke humide ; oxyde de fer ; chaux éteinte.

« Chlorure de manganèse. La dissolution contient environ 40 à 50 grammes de chlorure par 100 litres d'eau (densité = 1145 à 1150). Elle est contenue dans une cuve munie d'un diaphragme central ou d'une plaque, qui ne touche pas la paroi de la cuve. Le gaz arrive, par un tuyau central, au-dessous de cette plaque, et se trouve forcé de parcourir une certaine distance au contact de la dissolution ; puis il s'échappe en bulles, tout autour de la plaque, pour gagner la partie supérieure de la cuve, par où il sort. On emploie deux ou trois de ces épurateurs. Le gaz arrive d'abord dans l'épurateur le plus ancien, et passe en dernier dans celui où la solution est le plus nouvelle. Ce procédé enlève l'ammoniaque et le convertit en chlorhydrate, qu'on emporte dans des bateaux couverts, construits à cet effet. On a observé à l'usine de la « Great Central » que 1/4 à 1/5 de l'hydrogène sulfuré est ainsi enlevé.

« Plâtras ; sulfate de chaux. Ce sel agit sur le gaz par double décomposition ; la chaux se combine avec l'acide carbonique, et l'acide sulfurique s'unit à l'ammoniaque. L'oxyde de fer de Laming, préparé par la précipitation du sulfate de fer par la chaux, contient nécessairement du sulfate de chaux et agit de la même manière sur le gaz. Ce procédé est employé à l'usine de la « Chartered » pour l'épuration de l'ammoniaque.

« Oxyde de fer. La préparation de cette matière varie dans les diverses usines. L'oxyde préparé par précipitation (comme celui de M. Laming) est le plus employé. A l'usine de la « Western » on prépare l'oxyde sur place, en ajoutant des eaux ammoniacales à de la couperose verte. On mêle généralement l'oxyde à de la sciure de bois pour augmenter la surface d'action et la porosité. On le place sur quatre ou cinq claies dans des cuves étanches. Quand on emploie principalement l'oxyde pour la purification, comme à l'usine de la « Chartered, » le gaz traverse trois cuves semblables. Lorsqu'on emploie d'autres moyens simultanément, un seul purificateur à oxyde est regardé comme suffisant ; et dans quelques usines, où on emploie aussi la chaux sèche, les claies supérieures sont chargées de chaux sèche, et les claies inférieures, qui sont dans le même purificateur, sont chargées d'oxyde de fer. L'oxyde enlève l'hydrogène sulfuré, et se transforme en sulfure, qui est noir. On change l'oxyde à des intervalles variant, dans les diverses usines, de 36 heures à 10 jours. Lorsqu'on l'enlève des purificateurs, on le révivifie à l'air ; l'oxygène de l'air décompose le sulfure, rend le soufre libre, et reconstitue le peroxyde de fer. On l'humecte alors et on l'emploie de nouveau. La durée de l'exposition à l'air, pour la révivification, varie, avec l'âge de l'oxyde et le temps où il est resté dans le purificateur, de 24 heures à 14 jours. Il reprend chaque fois sa couleur rouge. La révivification peut se renouveler très-souvent. Le même oxyde peut ainsi servir pendant plusieurs mois, et jusqu'à ce que le soufre libre soit en assez grande quantité pour empêcher la révivification de l'oxyde. Le Dr. R. D. Thomson a trouvé que le soufre atteint jusqu'à 45 pour 100.

« Lait de chaux ; chaux humide. Les appareils employés pour ce procédé de purification ressemblent à ceux décrits pour l'emploi du chlorure de manganèse. Dans l'usine du Phœnix (Vauxhall), qui est un modèle comme procédé à la chaux humide, le gaz barbotte dans trois plateaux contenant de la chaux humide, et placés dans le même purificateur ; la chaux est maintenue en suspension par un agitateur, mû par une machine. Quand le lait de chaux est saturé (ce qui arrive une fois toutes les 24 heures), on le reçoit dans des citernes, où la chaux se dépose ; le dépôt s'emploie comme lut, soit seul, soit en mélange avec la chaux sèche épuisée pour lui donner plus de consistance. Le lait de chaux enlève l'acide carbonique, l'hydrogène sulfuré et l'ammoniaque.

« La chaux sèche, ou chaux éteinte, est exposée à l'action du gaz dans une cuve sur des claies, comme l'oxyde de fer. Elle enlève l'acide carbonique, le soufre et les cyanures ; et, lorsqu'on n'a pas enlevé l'ammoniaque antérieurement, elle s'en trouve fortement chargée. Au sortir des purificateurs (ordinairement tous les quatre ou cinq jours), on la met en tas dans la cour, et elle sert comme lut. »

Nous passerons maintenant aux dispositions mécaniques de la purification du gaz, et nous nous étendrons plus particulièrement sur le procédé à la chaux.

La meilleure chaux à employer pour la purification est celle qui provient de la craie, qui est le carbonate le plus pur. Les calcaires oolitique, magnésien et du lias sont de qualité inférieure, en raison des matières terreuses et étrangères qu'ils contiennent. On essaie très-facilement la chaux en la dissolvant dans un acide étendu : celle qui laisse le moins de résidu insoluble, est la meilleure.

Pour préparer la chaux pour les épurateurs à sec, on la réduit en poudre fine et on y ajoute de l'eau, jusqu'à ce qu'en la pressant dans la main, elle conserve la forme qui lui est donnée. S'il y reste des morceaux, leur surface seule agit, et il y a perte de matière.

La quantité de chaux, nécessaire pour la purification d'une certaine quantité de gaz, dépend principalement de la proportion des impuretés qui y sont contenues. En moyenne, 1 hectolitre de chaux vive hydratée épure 786 mètres cubes de gaz de houille de Newcastle ; mais il faut déterminer, dans chaque cas particulier, la quantité qui est nécessaire. Un hectolitre de chaux vive, éteinte de manière à avoir la consistance convenable, double de volume, et couvre une surface de 6 mètres carrés sur une épaisseur de $0^m,06$, qui est à peu près l'épaisseur convenable. Cependant, lorsque l'économie n'est pas la première considération, on peut réduire l'épaisseur et augmenter la surface en conséquence ; car, plus la surface est grande, mieux l'épuration s'effectue. Il faut donner à la couche de chaux une épaisseur bien uniforme ; sans quoi, le gaz s'écoule plus rapidement dans les endroits moins épais, et il se forme de fausses voies par lesquelles il passe sans s'épurer.

M. Alfred King a trouvé qu'il faut une plus grande surface d'épuration avec l'oxyde de fer qu'avec la chaux ; il a démontré aussi que l'action corrosive des sels, produits par la révivification de l'oxyde, doit empêcher l'emploi des plateaux en tôle dans les purificateurs.

La forme de ces plateaux varie : en France, on se sert d'un cadre, en fer rond de $0^m,018$, garni d'osier. Ces claies ne durent pas longtemps, mais, comme on peut les regarnir d'osier plusieurs fois, elles sont peu coûteuses, d'un très-bon effet, et obvient à l'inconvénient de la destruction du fer par l'oxyde de fer, lorsqu'on emploie cet agent. On emploie aussi des plateaux en bois, composés soit de planches percées de trous coniques, soit de barres assemblées. M. Evans a inventé une machine pour faire des plateaux analogues, et au moyen de laquelle on découpe dans un madrier une série de rainures, disposées de manière à laisser autant de pleins que de vides ; tous ces madriers sont ensuite rapprochés pour former la largeur nécessaire. Les plateaux en tôle, quand on les emploie, sont formés de plaques de tôle percées, d'environ 3 millimètres d'épaisseur ; les trous ont 9 millimètres de diamètre, et sont espacés de 25 millimètres de centre en centre ; ou bien, ils sont composés de tiges de fer rond de 9 millimètres, assemblées sur des cornières. Lorsqu'ils sont en fonte, les cadres ont 22 millimètres d'épaisseur en carré, avec quatorze barreaux par chaque 30 centimètres de largeur ; chaque barreau a 11 millimètres de largeur à la partie supérieure, 6 millimètres à la partie inférieure et 22 millimètres de hauteur.

Les figures 1 et 2 de la planche XX représentent la coupe verticale et la coupe horizontale d'un purificateur à chaux sèche, faisant partie d'un couple de trois, au travers desquels le gaz passe successivement. En d'autres termes, tout en fonctionnant ensemble, les trois épurateurs ne font qu'un seul appareil.

Le tuyau d'entrée A, qui vient du laveur, est adapté au fond du premier purificateur.

B est une plaque de tôle, placée au-dessus de l'orifice du tuyau d'entrée, et destinée à diviser le courant de gaz et à empêcher, en même temps, la chaux de tomber dans le tuyau.

C, C, C sont les couches de chaux éteinte, supportées par des claies formées d'un cadre extérieur, auquel sont fixées des tiges de fer rond d'environ 7 millimètres de diamètre ; ces tiges sont placées parallèlement entre elles, avec un petit intervalle, de manière à en faciliter le nettoyage. Ces claies sont placées l'une au-dessus de l'autre sur trois étages, espacés de 15 à 16 centimètres ; chaque claie est formée de quatre parties indépendantes, qui permettent de les enlever et de les replacer facilement.

D est le tuyau de sortie qui conduit au second purificateur. Le tuyau coudé est en tôle, et réuni à chaque extrémité par une fermeture hydraulique, ce qui permet d'enlever le tuyau lorsqu'on soulève le couvercle de l'épurateur.

K est le couvercle de l'épurateur, fermé aussi par un joint hydraulique ; *e, e* sont des tiges de fer rond de 15 millimètres, fixées par une de leurs extrémités à la bague K, et rivées par l'autre aux angles du couvercle ; une chaîne, fixée à la bague K, passe sur une poulie et porte un contrepoids : c'est au moyen de cette chaîne qu'on soulève le couvercle. Lorsque la pression sur le couvercle est plus forte qu'à l'intérieur de l'épurateur, il faudrait une force considérable pour soulever ce couvercle, si l'on n'avait pas le moyen d'équilibrer la pression : pour cela, on a ménagé des portes qu'il faut ouvrir, aussi bien pour fermer le couvercle que pour l'enlever.

F, F sont des plaques de fermeture qu'on peut enlever pour nettoyer les tuyaux.

G, G sont des espèces de verrous pour maintenir le couvercle de l'épurateur.

Les purificateurs représentés planche XXI sont destinés à de petites usines : ils n'ont que 1^{m},80 en carré. Dans les grandes usines, on emploie généralement des purificateurs de 3^{m},60 en carré ; et dans quelques-unes, comme dans celle de la « Chartered Company », à Westminster, les purificateurs ont 5^{m},40 de côté. La règle à suivre pour déterminer la dimension des épurateurs, est que chaque purificateur doit présenter 1 mètre carré de surface par 47 mètres cubes de gaz à produire par heure. Pour déterminer le diamètre convenable des tuyaux de jonction avec le purificateur, on prend pour règle de faire leur diamètre, en décimètres, égal à la racine carrée de la surface du purificateur, exprimée en mètres superficiels.

En France, on fait généralement les purificateurs de forme circulaire, au lieu de la forme rectangulaire. On y calcule leur surface sur la base de 1 mètre carré pour 1,258 kilos de houille distillée, chaque purificateur étant supposé contenir trois couches de chaux ; cela équivaut à 0^{mq},87 par tonne de houille distillée. Le couvercle du purificateur est en tôle mince ; il est muni d'un bord qui plonge dans une gorge annulaire remplie d'eau, pour former joint hydraulique. Des poignées sont fixées au couvercle pour l'enlever.

On a imaginé bien des dispositions ingénieuses pour faire passer le gaz d'un épurateur à un autre, pendant qu'on enlève la chaux épuisée pour en mettre de nouvelle. On y parvient au moyen de valves, soit hydrauliques, soit sèches. La planche XIX et les figures 56 et 57 représentent la disposition de trois épurateurs accouplés.

Dans la planche XIX, A est le tuyau qui sort du laveur et aboutit à un compartiment du distributeur hydraulique.

B est le tuyau qui conduit aux trois épurateurs en action, C, D, E; il aboutit dans le même compartiment de la valve que le tuyau A.

F est le tuyau qui mène le gaz purifié dans un autre compartiment de la valve.

Le tuyau A conduit le gaz purifié au compteur et aux gazomètres. La communication entre les tuyaux F et G est établie de la même manière qu'entre A et B.

Il est évident que la chaux, contenue dans le premier purificateur, sera épuisée avant celle des deux autres, et que celle du troisième sera comparativement intacte. Au bout de 24 heures, on ferme les tuyaux des épurateurs C, D, E en changeant la position des compartiments de la valve hydraulique et leur faisant prendre celle indiquée en lignes ponctuées figure 57 ; on fait ainsi passer le gaz par les épurateurs H, I, K.

Quand les couvercles C, D et E sont enlevés, on remplace les claies de l'épurateur C par celles de E, ou bien on y met de la chaux neuve. La chaux de C étant saturée, il faut ou la cuire pour sublimer le soufre, ou bien la mettre de côté pour la vendre comme engrais, ou l'employer de toute autre manière. La chaux de D peut être exposée à l'air pendant quelque temps, si l'on dispose d'un emplacement convenable, et, au bout d'une semaine ou deux, on peut l'employer dans le premier épurateur. Lorsque la chaux est remplacée dans le second et le troisième purificateur on place les couvercles, et ils sont prêts à fonctionner. On agit d'une manière analogue, lorsque H, I et K sont épuisés.

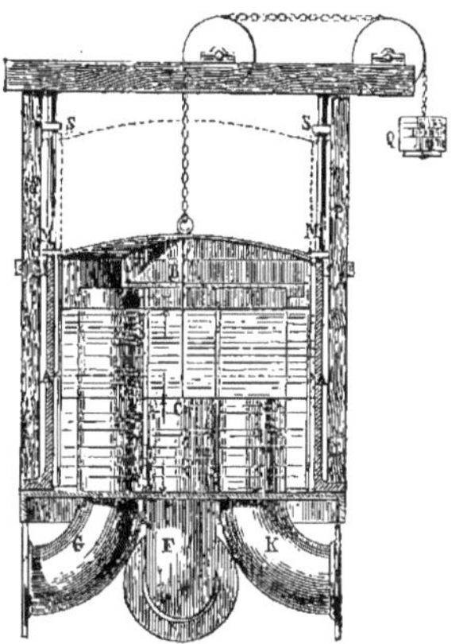

Fig. 56.

Les figures 56 et 57 représentent la valve ou distributeur hydraulique.

La cuve A, en fonte ou en tôle, a $0^{m},90$ de diamètre et $0^{m},725$ de profondeur. On la remplit généralement de goudron jusqu'à $0^{m},125$ du bord.

B est une cloche en tôle, d'un diamètre moindre que la cuve, et divisée en trois compartiments par les cloisons C, D, E, qui ont moins de hauteur que la cloche.

F est le tuyau qui arrive du laveur ou du condenseur.

G est le tuyau qui se rend au premier jeu de purificateurs.

H est le tuyau de sortie de ce jeu de purificateurs.

I est la conduite qui aboutit au compteur et aux gazomètres. Dans la position où se trouve la valve, tous ces tuyaux sont en action.

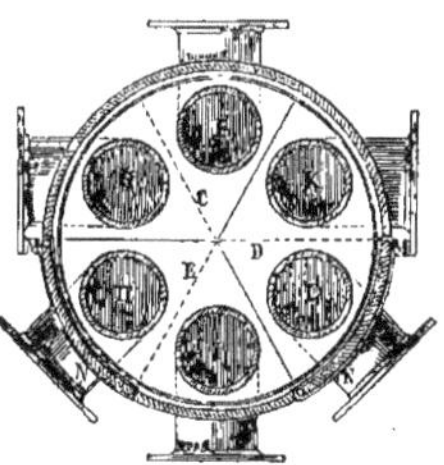
Fig. 57.

F et G, étant dans le même compartiment, communiquent ensemble ; il en est de même de H et I. Lorsque les purificateurs doivent être changés, on soulève la cloche B (*fig.* 57) jusqu'à ce que la partie inférieure C des cloisons se trouve au-dessus de l'orifice des tuyaux ; le bord de la cloche plonge encore dans le goudron (les arrêts S, fixés sur les guides, empêchent d'élever la cloche trop haut). On fait alors tourner la cloche jusqu'à ce que les cloisons prennent la position indiquée en lignes ponctuées, figure 57. La longueur de chaque rainure N indique cette position et empêche les erreurs.

K et L sont les tuyaux de jonction avec le second jeu de purificateurs ; ils sont mis en action et en communication avec F et I, lorsque la cloche B a pris la position indiquée au plan par les lignes ponctuées.

P est un bâti en bois, qui supporte les poulies et le contre-poids Q, qui facilite le soulèvement de la cloche B ; lorsque la cloche est en action, elle est maintenue en place par un verrou.

La disposition des valves se rattachant à cette partie des appareils est très-importante. Une valve hydraulique est préférable aux valves sèches, parce que, si l'ouvrier fermait les valves des épurateurs épuisés avant d'ouvrir les autres, il pourrait en résulter des conséquences sérieuses. Le passage du gaz se trouvant intercepté, la pression chasserait le goudron du barillet dans les cornues ouvertes, et il en résulterait probablement de graves dégâts. Des accidents sont arrivés par cette cause. Il n'y a aucun danger que pareille chose arrive avec un distributeur hydraulique, car il est impossible de fermer un compartiment sans en ouvrir un autre (1).

M. Alfred King, de Liverpool, entre autres ingénieuses inventions relatives à la fabrication du gaz, a imaginé une disposition de tuyaux des purificateurs, qui est très-convenable lorsque la construction de l'usine en permet l'adoption. Les purificateurs sont placés à un étage supérieur, et les conduites et les valves au-dessous, de sorte qu'elles sont en vue et qu'on peut facilement les changer et les réparer.

MM. Cockey, de Frome, ont trouvé une disposition très-simple pour les valves des purificateurs ; elle fonctionne bien et facilement. La planche XXI représente cette disposition. La figure 1 est une coupe horizontale de la valve, appliquée à un jeu de quatre épurateurs. La figure 2 est une coupe du couvercle de cette valve ; et la figure 3 est une élévation et une coupe verticale.

Le gaz entre au centre et par la partie inférieure ; il sort aussi par la partie inférieure d'un tuyau qui enveloppe le tuyau d'entrée. Les huit compartiments de la valve, A, B, C, D, E, F, G, H, communiquent avec les tuyaux qui portent les mêmes lettres et qui se rendent aux purificateurs ; les flèches indiquent la direction du gaz vers les épurateurs, et sa rentrée dans la valve. Le passage du gaz dans ces tuyaux est réglé par la position du couvercle de la valve, dont chaque compartiment met en communication les deux compartiments de la valve, au-dessus desquels il se trouve placé.

Lorsque le couvercle est tourné de manière à ce que le compartiment *a* soit au-dessus de la chambre A, le gaz, qui entre par le tuyau central, est dirigé par la chambre A dans le purificateur n° 1 ; puis il retourne, par le tuyau B, dans la chambre B, comme l'indiquent les flèches. Il passe alors, par le compartiment *b*, du couvercle, dans la chambre C, puis, au travers du tuyau C, dans le second purificateur, n° 2, d'où il se rend dans la chambre D de la valve. Il passe de la même manière dans le purificateur n° 3, d'où il se rend par le compartiment *d* du couvercle dans le tuyau de sortie de la valve. Dans la position de la valve, le purificateur n° 4 est isolé, les chambres G et H se trouvant sous le compartiment *e* du couvercle. Si l'on tourne alors le couvercle de manière à ce que le compartiment *a* se trouve au-dessus de la chambre C, le gaz passera d'abord par le puri-

(1) Le distributeur hydraulique a cependant un inconvénient grave : le gaz repassant, après son épuration, par cet appareil qui reçoit aussi le gaz impur, il en résulte que le liquide, qui forme le joint hydraulique, se trouve sursaturé d'impuretés et sâlit le gaz qui vient d'être épuré; de sorte que le gaz ne sort jamais complétement pur de cet appareil, quelque parfaitement qu'il ait été purifié d'abord. (*Note du trad.*)

ficateur n° 2, et le n° 1 sera isolé. Et ainsi de suite, de sorte que chacun des purificateurs peut être isolé à son tour.

La figure 4 est une coupe horizontale d'une autre disposition de la valve, appliquée à deux épurateurs ; la figure 5 montre les compartiments du couvercle dans cette disposition. L'entrée du gaz a lieu par le tuyau D, et lorsque le couvercle de la valve est tourné de manière à ce que le compartiment *a* soit au-dessus de A et B, le gaz est dirigé à travers le purificateur n° 1, puis, comme l'indiquent les flèches, il sort par le tuyau A, tandis que le purificateur n° 2 est isolé ; mais si le couvercle est tourné de manière à ce que le compartiment *a* se trouve au-dessus de A F, le gaz passe par le purificateur n° 2, et c'est le n° 1 qui est isolé.

Le couvercle de la valve porte des indications qui rendent sa manœuvre facile, et empêchent les erreurs. La hauteur de la valve ne dépasse pas 0^{m},45 pour un tuyau d'entrée de 0^{m},225. Cette valve de M. Cockey remplace quatre valves ordinaires.

Les autres figures de la planche représentent différentes dispositions de valves pour d'autres parties des appareils.

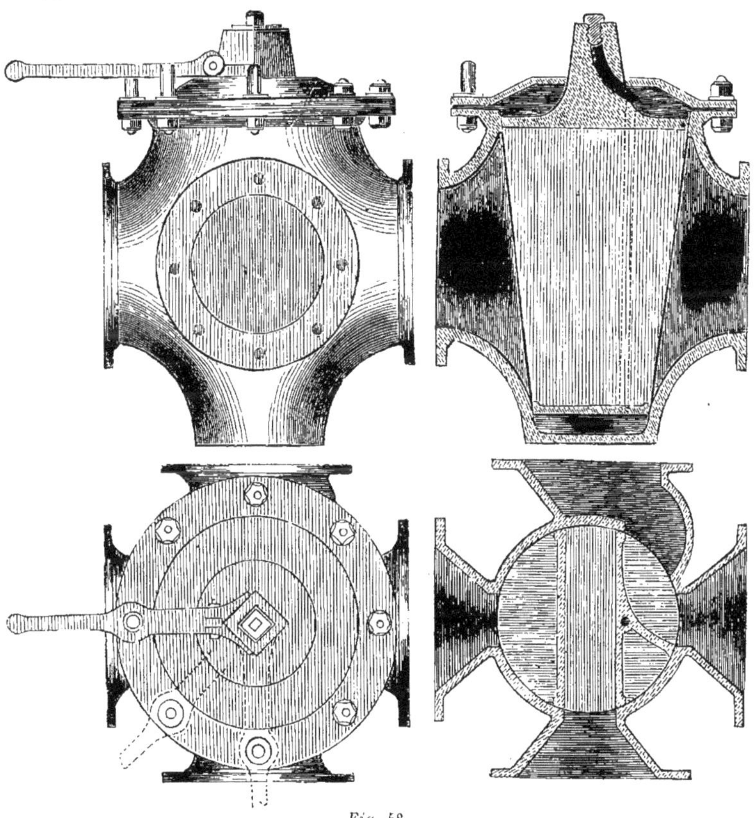

Fig. 58.

M. Georges Anderson a aussi imaginé un système de valve, au moyen duquel on peut faire passer le gaz successivement dans un nombre quelconque d'épurateurs, en commençant par le plus sale, et finissant par le plus propre, dans quelque ordre d'ailleurs que ces épurateurs se trouvent placés.

Les figures 58 et 59 représentent ces valves en élévation et en coupe, et la disposition qui permet de faire passer le gaz d'un purificateur dans un autre. Le couvercle de la valve porte trois tiges, dans l'une desquelles se fixe la poignée, suivant la position qu'on lui fait prendre. Pour établir la communication avec le tuyau qui amène le gaz impur, on place la poignée dans la position indiquée sur la figure, et les deux orifices voisins se trouvent en communication. Si l'on veut faire passer le gaz d'un purificateur dans un autre, on place la poignée à angle droit avec la position indiquée; pour l'envoyer dans le tuyau qui emmène le gaz épuré, on place la poignée dans la position intermédiaire. Ces deux dernières positions sont indiquées en lignes ponctuées. Les tuyaux de conduite du gaz pur et du gaz impur sont placés aux extrémités opposées des purificateurs, et ne peuvent jamais être mis en communication par la manœuvre de cette valve.

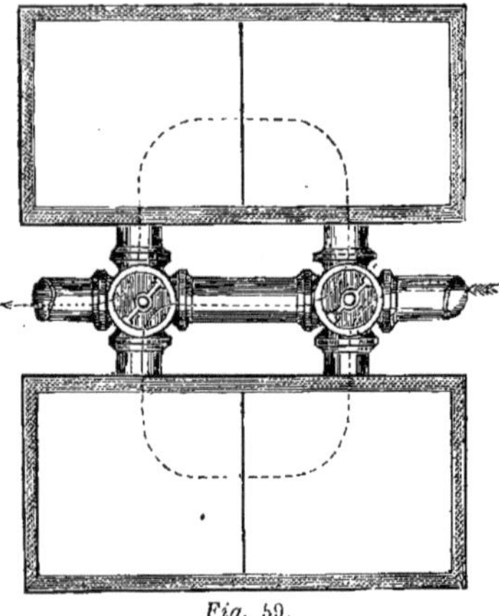
Fig. 59.

La manière dont ces valves fonctionnent, pour faire passer le gaz d'un épurateur dans un autre, se voit dans la figure 59, où la direction du gaz est indiquée par des flèches et une ligne ponctuée. On voit que le gaz impur entre d'abord dans le purificateur inférieur, qui est supposé le plus sale des deux, puis, qu'il passe, par le tuyau intermédiaire, dans le purificateur supérieur, et, de là, dans le tuyau de sortie, qui peut le conduire à d'autres épurateurs semblablement disposés.

Lorsqu'on a quatre épurateurs formant un système, comme dans la figure 60, l'un d'eux peut être isolé pour y renouveler la matière, tandis que les trois autres sont en action. Par ce moyen, chaque épurateur devient successivement le plus sale, et la chaux neuve y est substituée à la chaux épuisée; le gaz peut passer, à volonté, de l'un à l'autre, au moyen de la poignée des valves, qu'on place dans l'une ou l'autre de ses trois positions.

Ces valves, grâce à leur forme conique, sont étanches et présentent peu de frottement; la manière dont elles se manœuvrent contribue à leur propreté. Une lumière est ménagée sur le couvercle pour l'introduction de l'huile nécessaire au graissage de la valve, et cette huile ne se trouve pas en contact avec le gaz.

Le poids des couvercles des épurateurs, qui atteint 1,000 kilogrammes pour des épurateurs de 3^{m},60 de côté, nécessite l'emploi de machines spéciales pour les enlever. On emploie à cet effet des treuils, des poulies et d'autres dispositions mécaniques, mais il n'y a pas de machine moins volumineuse et plus utile que celle imaginée par MM. Cockey, et représentée figure 61.

On voit que cette machine est mise en action au moyen d'une manivelle, de roues dentées et de vis. La manivelle communique le mouvement à des vis verticales, qui entraînent des anneaux auxquels les couvercles sont suspendus par des crochets. Ce système permet d'enlever les couvercles facilement, et comme la machine roule sur des rails, on peut aisément la pousser sur le côté de l'épurateur pour enlever les claies. On place quatre épurateurs sur la même ligne, de manière à faire rouler l'appareil de l'un à l'autre sans difficulté; et, au moyen d'une courbe à l'extrémité de chaque rangée de purificateurs, l'appareil pourrait passer d'une rangée à l'autre, et tous les purificateurs seraient ainsi desservis par une seule machine.

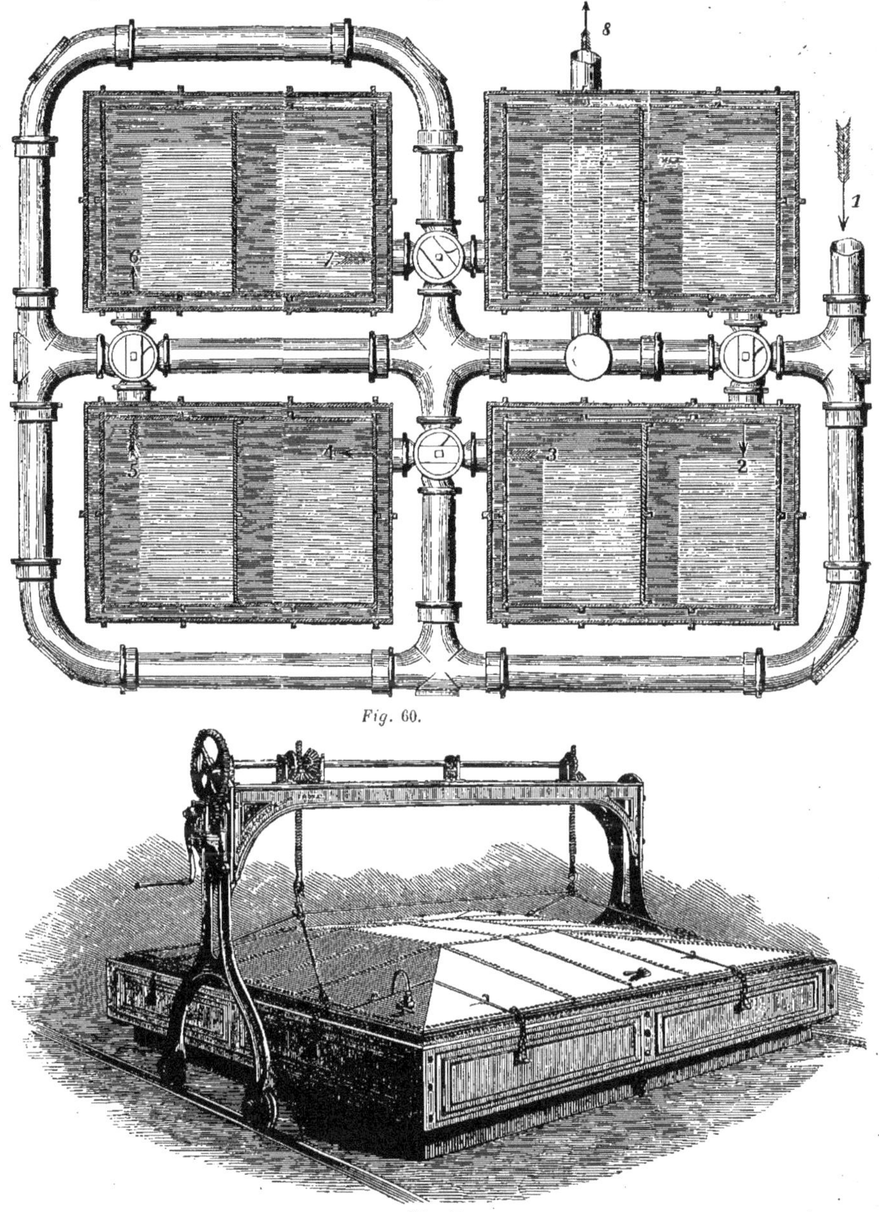

Fig. 60.

Fig. 61.

La planche XXII représente la disposition d'un purificateur à chaux humide.

La figure 1 est une coupe verticale de l'appareil, et la figure 2 un plan suivant la ligne *ab* de la figure 1.

A est le tuyau d'entrée du gaz dans la chambre B, qui, pour les dimensions indiquées dans la figure (1m,20 de diamètre), est fixée au couvercle de l'épurateur et s'appuie sur deux solives en fonte C. Au fond de cette chambre est rivée une plaque de tôle annulaire, d'un diamètre tel que son bord extérieur soit éloigné de 0m,125 de la paroi du purificateur.

D est un cercle maintenu au-dessus du fond de l'épurateur par les boulons *d, d;* son bord supérieur est au niveau de la plaque de tôle dont nous avons parlé, et son bord inférieur se trouve à 0m,100 ou 0m,125 au-dessous. Il existe entre ce cercle et le plateau un espace de 0m,009 par lequel le gaz passe et s'élève en bulles au travers de l'eau de chaux.

E est un agitateur mis en mouvement par l'arbre S : les parties *e*, *e* de cet agitateur passent par l'intervalle qui existe entre le cercle et le plateau, et se recourbent au-dessus de ce dernier ; elles ont pour but d'empêcher la chaux de se déposer et d'obstruer le passage du gaz.

F est le tuyau de sortie du gaz purifié.

G est une boîte à étoupes, à travers laquelle passe l'arbre S.

H est une roue d'angle, reliée à une roue hydraulique ou à une machine à vapeur, qui la met en mouvement.

I est un tuyau de vidange de l'eau de chaux saturée par les impuretés du gaz. Sa disposition permet d'enlever toute l'eau de l'épurateur, en ouvrant une valve placée à l'extrémité du tuyau K, sans que le gaz s'échappe, parce qu'il reste dans le tuyau I une colonne d'eau d'environ 0m,300, qui est plus que suffisante pour contre-balancer la pression du gaz contenu dans le purificateur lorsque la valve du tuyau d'entrée A est fermée, ce qui doit être fait avant d'ouvrir la valve du tuyau K.

L est un vase cylindrique, ouvert à sa partie supérieure pour remplir le purificateur ; il permet aussi de juger de la quantité d'eau nécessaire. Lorsque l'épurateur est en marche, la colonne d'eau, contenue dans ce vase, est plus élevée que le niveau de l'eau dans l'épurateur, d'une quantité qui varie avec le poids des gazomètres, et qui est ordinairement de 0m,075.

L'eau de chaux peut être préparée dans un réservoir, dont le fond se trouve au-dessus du niveau supérieur de l'eau dans le purificateur, et qui est muni d'un agitateur mû à la main ; on la conduit par un tuyau flexible dans l'un ou l'autre de ces épurateurs, en ayant soin de bien agiter le mélange auparavant. On prépare ce mélange dans les proportions de 1 mesure de chaux éteinte pour 3 d'eau. Les dimensions des épurateurs doivent être calculées pour contenir la quantité d'eau de chaux nécessaire pour épurer le gaz produit en vingt-quatre heures, sans qu'on ait besoin de les remplir plus haut que le niveau indiqué dans la planche.

Il faut quatre purificateurs, dont deux sont en marche alternativement. Quand celui par lequel le gaz passe en premier est épuisé, on le ferme et on en ouvre un troisième : le gaz passe alors en premier par l'épurateur qui se trouvait le second, et ainsi de suite. L'extrait suivant du journal de M. Clegg donne son avis sur la construction et l'usage des épurateurs à la chaux :

« Le grand principe de la construction d'un purificateur à eau de chaux, est de diviser le gaz autant que possible, sans toutefois augmenter la pression. Lorsque les épurateurs sont bien construits, il suffit de 0m,17 à 0m,20 de pression. Il en faut deux jeux, afin d'en avoir toujours un propre et tout prêt à être mis en service. C'est une économie mal entendue que de faire servir plusieurs fois le liquide, en le faisant passer d'un épurateur dans l'autre. »

La puissance d'un épurateur à l'eau de chaux est proportionnée à sa contenance, et à la hauteur d'eau ou à la pression qu'il oppose au passage du gaz. En prenant cette dernière quantité comme constante et égale à $0^{m},20$, il est facile de calculer l'autre. Ainsi 248 litres de chaux éteinte (produite par 116 litres de chaux vive) mélangés avec 765 litres d'eau, épureront 1,000 mètres cubes de gaz, si on les emploie convenablement. Dans l'exemple indiqué planche XXII, l'épurateur contient 1,422 litres qui tiennent en dissolution 468 litres de chaux hydratée, et peut épurer 1,840 mètres cubes de gaz. Deux de ces appareils épureront donc la même quantité de gaz que les trois purificateurs à chaux sèche décrits auparavant, c'est-à-dire 3,680 mètres cubes.

Pour expliquer théoriquement l'action d'un de ces purificateurs, il faut supposer le gaz si divisé, que chaque atome d'hydrogène sulfuré se trouve en contact intime avec son équivalent de chaux ; la décomposition chimique s'effectue instantanément, il se forme du sulfure de calcium, et la proportion d'eau qu'exige la dissolution de la chaux ne dépasse pas un atome. Il est impossible, en pratique, d'obtenir ce contact intime, mais on peut en approcher beaucoup en faisant passer le gaz en petites bulles au travers du liquide : ce résultat est obtenu au moyen du cercle et du plateau annulaire dont nous avons parlé, et qui laissent entre eux un intervalle de 9 à 10 millimètres, par lequel passe le gaz. Dans quelques appareils, le gaz passe par flots à travers l'eau de chaux, comme cela se passerait si l'on supprimait le plateau et le cercle : dans ce cas, la purification n'aurait pas lieu avec une hauteur d'eau double, parce que les atomes d'hydrogène sulfuré ne se trouveraient pas en contact avec leur équivalent d'atomes de chaux : une portion échapperait ainsi à l'action de la chaux. On peut donc dire que, dans la construction des purificateurs à chaux soit sèche, soit humide, le point le plus essentiel à observer est de donner une *grande surface*.

Lors même qu'on connaît bien la quantité de chaux nécessaire à l'épuration, il faut *éprouver* le gaz dans son parcours à travers les purificateurs. Quelquefois il faut faire l'essai toutes les douze heures, quelquefois plus souvent, comme dans les localités, par exemple, où la houille est inférieure et varie en qualité. Une solution saturée d'acétate de plomb dans l'eau distillée est un réactif excellent pour accuser la présence de la plus petite quantité d'hydrogène sulfuré. Le papier doit rester intact dans le courant de gaz sortant du dernier purificateur.

Les observations suivantes, présentées par le docteur Lyon Playfair devant la Société des Arts, en janvier 1852, méritent d'être rapportées : elles indiquent les différents usages auxquels on peut appliquer les résidus provenant de la purification du gaz :

« Les résidus infects de la fabrication du gaz ne paraissent pas susceptibles d'être utilisés ; et pourtant la chimie a su les rendre tous indispensables aux progrès des arts. Le goudron fétide produit la benzine, huile essentielle d'un pouvoir dissolvant considérable, qui est propre à la préparation des vernis, à la fabrication de l'huile d'amandes amères, à l'enlèvement des taches de graisse et au nettoyage des gants de peau. Le même goudron donne la naphthe, qui est un produit si important pour la dissolution du caoutchouc et de la gutta-percha. Le goudron de houille fournit encore le principal ingrédient de l'encre d'imprimerie, sous la forme de noir de fumée ; il remplace l'asphalte pour la confection des trottoirs ; chauffé au rouge avec de l'argile, il produit un charbon qui est un désinfectant énergique. Le goudron, mélangé avec les menus de houille des exploitations de mines, forme, par la pression, un excellent combustible. L'eau qui se condense avec le goudron, contient une grande quantité d'ammoniaque, qu'on transforme facilement en sulfate d'ammoniaque, sel qui a acquis aujourd'hui une grande importance dans l'agriculture, et qu'on emploie aussi dans beaucoup d'industries. On rencontre encore, dans les produits de la distillation de la houille, des cyanures qu'on transforme facilement en cette belle couleur, qu'on appelle le bleu de Prusse. La naphthaline, cet ennemi des fabricants de gaz, qui obstrue les tuyaux des usines, peut donner une magnifique matière colorante rouge, qui a beaucoup d'analogie avec la garance : ce produit acquerra donc une grande importance, bien qu'il n'existe pas encore aujourd'hui. La houille, distillée à une température inférieure à celle qui est nécessaire pour la fabrication du gaz, produit une huile qui renferme de la paraffine, et qui est très-employée pour le graissage des petites machines.

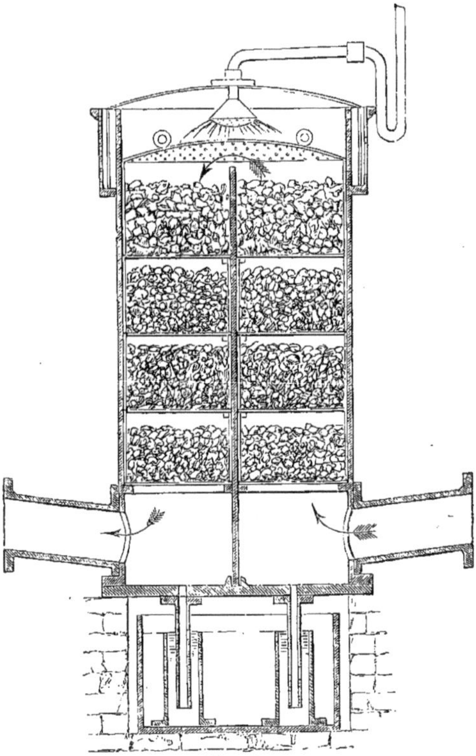

On peut croire que la naphthaline, qui se produit en grande quantité lorsqu'on distille la houille à une température trop élevée, n'est autre chose que le gaz oléfiant à l'état solide, et que l'huile de houille, dont parle le docteur Playfair, est le même produit à l'état liquide ; de sorte que ce gaz n'est obtenu à l'état gazeux que par une température convenable.

Fig. 62.

COLONNES A COKE (1).

Au sortir des purificateurs, le gaz est ordinairement soumis à l'action d'un appareil, appelé colonne à coke, et destiné à enlever l'ammoniaque qui reste dans le gaz, avant son entrée dans le gazomètre (2). Quelques ingénieurs rejettent pourtant ce procédé, parce qu'il tend à enlever en même temps quelques hydrocarbures, ce qui nuit au pouvoir éclairant du gaz.

L'action de la colonne à coke est à la fois chimique et mécanique. On peut lui donner la forme d'un purificateur à chaux sèche, mais celle indiquée figure 62 est préférable. Les cribles sont couverts d'une couche de petit coke ou d'une autre matière insoluble présentant une grande surface au contact du courant de gaz. On maintient cette matière humide au moyen d'un courant

(1) Le mot *scrubber*, qui correspond à ce que nous appelons en France une *colonne à coke*, signifie ratissoire et exprime bien l'action toute mécanique de ce genre d'appareils : j'ai cru cependant devoir traduire ce mot par le terme qui désigne généralement, chez nous, l'appareil auquel il s'applique. *(Note du trad.)*

(2) Cet appareil doit être placé avant et non après les purificateurs, et alors il complète la condensation d'une manière avantageuse: le frottement mécanique qu'il opère sur le courant de gaz fait déposer les vapeurs goudronneuses qui s'y trouvent en suspension, et empêche la détérioration rapide des matières épurantes, qui perdraient bien vite leur action si elles se trouvaient imprégnées de goudron. *(Note du trad.)*

d'eau qui arrive par un syphon, d'un réservoir situé à la partie supérieure, et s'écoule par des tuyaux plongeurs placés au fond. Un mètre cube de ces matières humides suffit largement pour enlever les vapeurs goudronneuses contenues dans 1,000 mètres cubes de gaz par jour. Lorsque la naphthaline devient gênante, on fait passer, au lieu d'eau, de la naphthe à travers la colonne. Cette naphthe peut servir plusieurs fois à la même opération (1). L'acide sulfurique très-étendu, ou plutôt l'eau légèrement acidulée, est très-efficace pour enlever l'ammoniaque : il se forme du sulfate d'ammoniaque. Les vapeurs goudronneuses se fixent sur le coke, et la porosité de la matière favorise probablement cet effet.

Lorsque le gaz est bien condensé, on place les colonnes après les purificateurs ; mais s'il retient encore du goudron, il faut les placer avant les purificateurs, parce que le goudron se déposerait sur les couches de chaux et empêcherait l'action de cette matière. La meilleure disposition consiste à placer une colonne à coke sèche ou arrosée seulement d'eau entre les condenseurs et les purificateurs, puis une seconde, arrosée d'eau acidulée, après les purificateurs. Il est inutile, dans de petites usines, d'avoir des colonnes de rechange ; leur nettoyage et le renouvellement du coke ne demandent que peu de temps, et on peut, pendant cette opération, faire passer le gaz directement.

Dans les usines d'importance moyenne, on peut donner aux colonnes une capacité qui permette de ne renouveler la matière qu'une fois par semaine, ou même à de plus longs intervalles. Les couvercles doivent être munis de portes à air, semblables à celles indiquées pour les purificateurs.

M. Lowe a inventé et fait breveter, en 1846, une colonne divisée en deux compartiments qui sont alimentés chacun par un liquide épurateur différent, et par lesquels passe le gaz. Les deux compartiments sont remplis de coke ; le compartiment supérieur est alimenté par un courant d'eau, ou d'eau légèrement acidulée, et l'inférieur par de l'eau faiblement ammoniacale. Ces liquides sont amenés de deux réservoirs séparés à deux petits tuyaux verticaux, terminés par un entonnoir et percés en sens opposé, de telle sorte que le courant d'eau les fait tourner et distribue également le liquide sur la surface du coke (2). Cette disposition permet de faire passer l'eau ammoniacale à plusieurs reprises jusqu'à ce qu'elle soit assez saturée d'ammoniaque pour avoir une valeur commerciale.

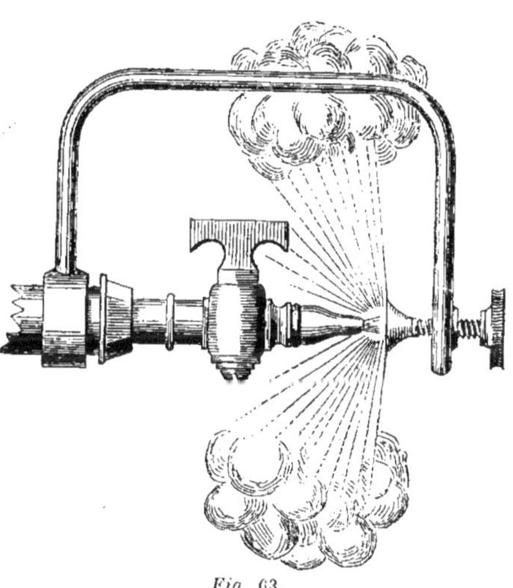

Fig. 63.

---

(1) Lorsqu'on se sert de coke dans ces colonnes, il s'empâte assez rapidement, se désagrége et obstrue le passage du gaz : il est de beaucoup préférable d'y mettre des cailloux, des débris de meulières, ou des poteries fort-cuites, et lorsque la colonne est engorgée par la naphthaline, on y fait passer un courant de vapeur, fourni par une petite chaudière locomobile. Les colonnes n'ont ainsi jamais besoin d'être vidées, tandis qu'avec le coke il faut faire cette opération, sale et incommode, une fois par an. (*Note du trad.*)

(2) Cet appareil est l'application d'un petit instrument bien connu, dans l'hydrostatique, sous le nom de *tourniquet hydraulique*. (*Note du trad.*)

M. Goldsworthy Gurney a imaginé une disposition ingénieuse qui permet de mettre le gaz en contact intime avec l'eau, et de le débarrasser de l'ammoniaque restante : cette disposition est indiquée dans la figure 63. Cet appareil consiste en un jet d'eau à une pression considérable, et dirigé contre un petit disque d'environ 6 millimètres de diamètre. Ce disque est fixé à l'extrémité d'une vis, qui permet de le placer à la distance convenable. Lorsqu'on ouvre le robinet, l'eau qui jaillit avec force se divise en pluie fine comme un brouillard, et présente la plus grande surface possible à l'action du gaz. La pression nécessaire pour produire cet effet est d'au moins 1 kilogramme par centimètre carré (1).

CHAPITRE ONZIÈME

COMPTEURS D'USINES

Le gaz épuré, avant son entrée aux gazomètres, doit être mesuré et son volume enregistré, ce qui s'opère au moyen d'un *compteur*. Ces appareils importants sont de deux sortes : le *compteur d'usine* mesure la quantité totale du gaz produit dans l'usine, avant sa distribution ; — le *compteur des abonnés* mesure les quantités de gaz fournies à chaque consommateur.

Nous nous occuperons du premier de ces appareils, nous réservant de décrire l'autre lorsque nous parlerons de la distribution du gaz.

Dans la planche XXIII, la figure 1 représente une coupe verticale et la figure 2 une vue de côté, aussi en coupe, d'un compteur d'usine, de la capacité de 5,660 litres, pouvant mesurer et enregistrer 8,500 mètres cubes de gaz par 24 heures.

La pièce principale de l'appareil est un tambour creux A A en tôle mince, tournant autour d'un axe *a*, et divisé en compartiments disposés de telle sorte, que, pendant la révolution du tambour, le gaz entre successivement dans chacune de ses chambres, et en sort après avoir été mesuré.

La partie du tambour qui contient le gaz, a la forme d'un cylindre annulaire de $0^m,45$ de largeur, $1^m,80$ de profondeur et $2^m,25$ de diamètre extérieur, comme on le verra en se reportant à la planche. Les plateaux annulaires, qui forment les deux bases de ce cylindre, ont le même diamètre extérieur que le tambour, c'est-à-dire $2^m,25$, mais ils ont $0^m,825$ de largeur ; ils font donc saillie du côté du plus petit diamètre, en laissant un cercle central de $0^m,60$ de diamètre, au travers duquel passe le tuyau d'entrée K. Le niveau de l'eau, contenue dans le tambour et la boîte extérieure du compteur, s'élève à $0^m,10$ au-dessus de la partie supérieure du cercle central, de sorte que la communication entre l'intérieur et l'extérieur du tambour est interceptée par une hauteur d'eau de $0^m,10$, qui reste la même pendant toute la révolution de ce tambour. Il s'ensuit que le gaz doit entrer dans chaque chambre, dès qu'elle présente son orifice intérieur au-dessus de la surface de l'eau.

(1) Cette pression équivaut à 1 atmosphère. (*Note du trad.*)

B, C, D, E, représentent les orifices intérieurs par lesquels s'introduit le gaz venant du tuyau d'entrée, et dont la direction est indiquée par la flèche, en B. A mesure que le gaz s'introduit dans la chambre du volant, il déplace l'eau, et la pression du gaz fait tourner le volant. Avant que B plonge dans l'eau, l'orifice C en sort, et le gaz peut entrer dans la chambre dont il fait partie ; il en est de même pour les orifices D et E, et lorsque le tambour a effectué une révolution, il a mesuré 200 pieds (5,662 litres).

La pression du gaz, qui l'a fait entrer dans les chambres du volant, l'en fait aussi sortir par les orifices extérieurs F, G, H, I, dans la direction de la flèche, en F. Chacun de ces orifices se trouve alternativement ouvert et fermé par l'eau, de la même manière que les orifices intérieurs, et il y en a toujours un, au-dessus du niveau de l'eau, par lequel le gaz s'échappe. Ces orifices doivent avoir une longueur convenable. La direction dans laquelle tourne le volant est indiquée sur la planche, par une flèche au-dessus de la boîte du compteur.

L'inclinaison des cloisons *d,d* est telle qu'elles pénètrent dans l'eau sans résistance ; et, pour la commodité de la fabrication, cette inclinaison est déterminée par l'intersection de rayons, menés à angle droit, avec les circonférences intérieure et extérieure du tambour ; cette intersection fournit deux points qu'on relie et qui donnent les lignes *dm* et *dn*. L'axe *aa*, qui supporte le volant, tourne sur des galets. L'extrémité antérieure de cet axe porte un pignon S (*fig.* 2), qui agit sur une autre roue dentée T, ayant moitié moins de dents ; à chaque demi-révolution du tambour, cette roue fera donc une révolution entière. Son axe passe au travers d'un stuffing-box, et porte à son autre extrémité une roue V, qui marque 100 pieds (2,831 litres) sur le cadran. Un pignon, placé sur l'arbre de cette dernière roue, agit sur une autre roue ayant dix fois autant de dents que le pignon, et qui marquera par conséquent les mille. Cette dernière roue en conduit une autre par l'intermédiaire d'un pignon, et ainsi de suite ; les quantités indiquées sur les cadrans vont en décuplant, jusqu'aux dizaines de millions et plus, s'il est nécessaire.

La figure 64 indique tout le système des rouages ; *a* est la première roue dentée, placée sur l'axe du volant ; *b* est la seconde roue, placée, comme la première, à l'intérieur de la boîte du compteur ; *c* est la roue placée à l'extrémité opposée de l'axe qui porte la roue *b* et qui passe au travers d'un stuffing-box, pour mettre en mouvement tout le système des rouages, qui se trouve à l'extérieur de la boîte. La roue *d*, qui est de la même dimension que *c*, porte l'index qui marque les centaines sur le cadran, et est munie de cent dents ; le pignon *e*, qui est porté par la roue *d*, a dix dents et conduit la roue *f* qui porte l'index qui marque les mille sur le cadran ; cette roue a cent dents et porte le pignon *g* qui conduit *h* dont l'index marque les dizaines de mille, etc., de sorte qu'une quantité quelconque de gaz peut être enregistrée. Si on voulait noter les unités (ce qui a lieu dans les petits compteurs), la première roue *d* conduirait un pignon *p* portant dix dents et muni d'une aiguille qui indiquerait les unités.

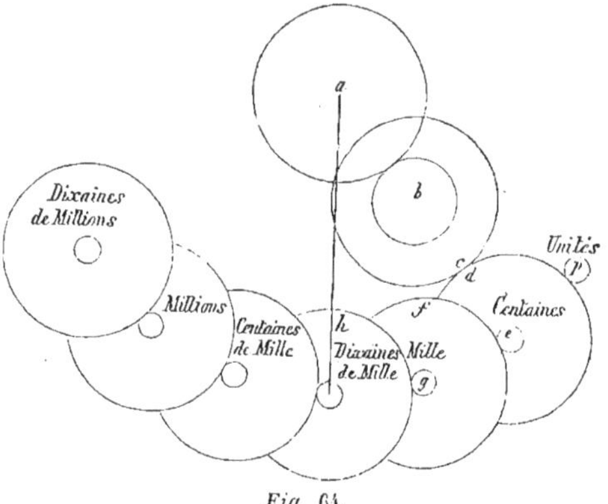

Fig. 64.

La vieille invention du *rapporteur* adapté aux compteurs d'usines est fort utile ; cette disposition sert à indiquer, en les pointant, toutes les irrégularités qui se produisent dans la production du gaz à chaque heure de la journée. Supposons, par exemple, que le directeur de l'usine veuille savoir si ses ouvriers ont fabriqué, pendant le jour ou la nuit, la quantité de gaz voulue avec une quantité de houille déterminée. Il peut trouver, à son arrivée, toutes les cornues en parfait état ; mais il ne peut savoir si elles ont continuellement été ainsi et si la quantité de gaz requise a bien été produite pendant les heures de la distribution. L'examen du rapporteur lui indiquera s'il y a eu des irrégularités, et à quelle heure elles se sont produites. Il peut ainsi savoir quelle est l'équipe d'ouvriers qui a mis de la négligence dans son service.

Le *rapporteur* est construit de la manière suivante : — au centre du cadran est fixée une plaque circulaire, en communication avec le système des rouages, et se mouvant dans un rapport déterminé avec la quantité de gaz qui passe dans le compteur. Sur cette plaque on fixe une feuille de papier, qui porte 24 divisions, qui peuvent elles-mêmes être subdivisées. Supposons que le compteur indique 3,000 mètres cubes par 24 heures, et que la plaque circulaire soit reliée, par des roues dans le rapport de 3 à 1, à celle qui marque 1,000 mètres cubes par révolution : il est évident que la distance parcourue en une heure par une des 24 divisions de la feuille de papier, depuis un certain point déterminé, indiquera la quantité de gaz fabriquée en une heure, ou $\frac{3000}{24} = 125$ mètres cubes. Au-dessus de ce disque, se trouve une horloge, dont l'aiguille des minutes porte un bras muni d'un crayon, légèrement pressé sur le disque par un ressort. Lorsque l'aiguille des minutes tourne, le crayon tracerait pendant la première demi-heure, si le papier était immobile, une ligne verticale, dont la longueur serait égale au diamètre de la circonférence décrite par le point de l'aiguille, auquel se trouve fixé le bras qui porte le crayon ; et pendant la seconde demi-heure, le crayon repasserait, en sens inverse, sur la même ligne. Si au contraire, le disque divisé tourne comme nous l'avons dit précédemment, le crayon décrira une série de lignes courbes, en rencontrant à chaque heure la circonférence du cercle ; et la distance entre chaque point de rencontre indiquera le nombre de mètres cubes de gaz produits pendant chaque heure. Si la production du gaz est régulière, la courbe tracée par le crayon le sera aussi ; si, au contraire, il y a eu négligence, on s'en apercevra par l'irrégularité de cette courbe qui indiquera aussi l'heure à laquelle elle s'est produite, et la différence de production qui en est résultée ; car, si le disque se ralentit, la courbe se rapproche

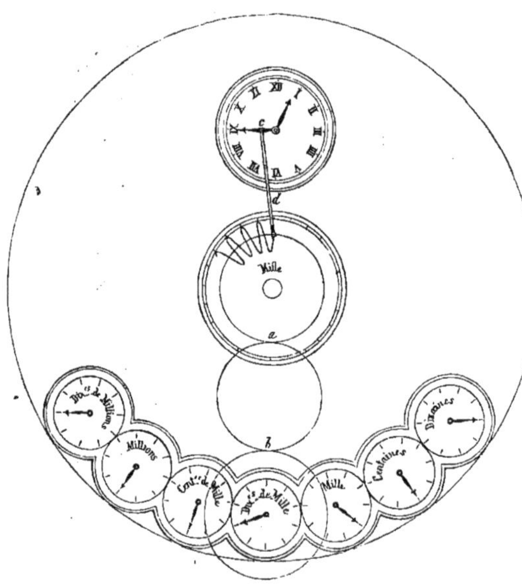

Fig. 65.

de la ligne droite, et, si sa vitesse augmente, les points d'intersection avec la circonférence s'éloignent les uns des autres.

La figure 65 fera bien comprendre la disposition du *rapporteur*.

a est le papier divisé, sur lequel le crayon trace la courbe.

b est le système de rouages, qui se relie à la roue des centaines de mille.

c est l'horloge et le point auquel le bras *d*, qui porte le crayon, est fixé à l'aiguille des minutes.

M. Lowe a installé cet appareil aux « Chartered Works » en 1823, et, depuis, il est devenu d'un usage général.

Il est moins nécessaire, dans la construction d'un compteur d'usine, d'obtenir un courant de gaz constant et régulier que pour les compteurs d'abonnés, dans lesquels il est indispensable d'éviter l'oscillation de la flamme. On adopte cependant fréquemment la disposition de ces derniers compteurs que nous décrirons plus loin, pour mesurer le gaz avant son entrée au gazomètre. La figure 1 de la planche XXIII, dans laquelle on comprend facilement le jeu de l'appareil, ne représente pas la forme de volant adoptée aujourd'hui ; la forme saillante des orifices présente nécessairement une résistance qui nuit au mouvement dans l'eau.

Le tableau suivant indique les dimensions usuelles des tambours de compteurs d'usines, pour les quantités de gaz indiquées dans la première colonne, à la vitesse ordinaire de cent révolutions par heure : cette vitesse est regardée comme la plus convenable pour la bonne marche des compteurs. On remarquera que, dans ceux marqués d'un astérisque, le tambour a le même diamètre pour des quantités de gaz différentes, ce que l'on compense en donnant une plus grande longueur aux tambours afin de leur donner une capacité plus considérable. Les bons fabricants de compteurs rejettent ce système, parce que, lorsqu'on augmente la longueur du tambour sans augmenter son diamètre, les compteurs absorbent plus de pression. La construction des compteurs marqués par une croix est donc très-défectueuse, puisque la longueur est plus grande que le diamètre.

QUANTITÉ DE GAZ		DIAMÈTRE du TAMBOUR.	LONGUEUR du TAMBOUR.	QUANTITÉ DE GAZ		DIAMÈTRE du TAMBOUR.	LONGUEUR du TAMBOUR.
MESURÉE par heure.	PAR RÉVOLUTION en mètres cubes.			MESURÉE par heure.	PAR RÉVOLUTION en mètres cubes.		
21mc,225	212lit,25	0m,800	0m,559	339mc,776	3397lit,80	1m,950	1m,737 *
28 ,315	283 ,15	0 ,900	0 ,603	424 ,725	4245 ,00	2 ,150	2 ,025
42 ,472	424 ,50	0 ,950	0 ,837	566 ,300	5663 ,00	2 ,650	2 ,050 *
56 ,630	566 ,30	1 ,100	0 ,815	849 ,450	8494 ,50	2 ,400	3 ,025 * †
84 ,944	849 ,45	1 ,225	1 ,025	1274 ,175	12739 ,50	2 ,700	3 ,275 †
127 ,417	1273 ,50	375	1 ,187	1415 ,750	14157 ,50	2 ,850	3 ,025 †
169 ,888	1698 ,90	1 ,650	1 ,162	1698 ,900	16989 ,00	3 ,300	3 ,025
283 ,150	2831 ,50	1 ,950	1 ,525				

CHAPITRE DOUZIÈME

CITERNES ET GAZOMÈTRES

Après avoir été mesuré par le compteur, le gaz passe dans le gazomètre, où il est emmagasiné jusqu'au moment où on l'emploie.

Les gazomètres se composent de deux parties distinctes : une citerne contenant de l'eau, et la cloche ou le gazomètre lui-même, qui renferme le gaz.

La construction des citernes exige, de la part de l'ingénieur, beaucoup de science et de jugement ; elle varie, en effet, suivant la nature du sol, la valeur du terrain, les matériaux dont on peut disposer, et leur prix. Les citernes peuvent être construites soit entièrement sous le sol, soit au-dessus. Elles peuvent être creusées dans la roche solide, ou bâties en briques ou en maçonnerie, et rendues étanches au moyen d'argile pilonnée ou de ciment ; on peut encore les faire en fonte ou en tôle, et enfin combiner plusieurs systèmes.

Lorsque la roche solide se trouve près de la surface du sol, la construction de la citerne présente peu de difficultés. A Chester, M. Clegg trouva une couche de grès si solide et si imperméable, qu'il n'y eut besoin ni de maçonnerie ni d'enduit ; on n'eut qu'à creuser la citerne à pic et à boucher quelques fissures du terrain.

Lorsqu'on creuse la citerne dans un terrain moins compacte, on laisse au centre un monceau de terre avec un talus assez étendu pour éviter les éboulements ; et, dans quelques cas, il faut l'étayer. La pente du talus varie avec la nature du terrain. Le caillou se maintient bien avec la pente indiquée planche XXIV, qui représente la coupe d'une citerne de gazomètre avec les guides de la cloche. Lorsque le terrain est formé d'argile et de sable, il est préférable d'enlever entièrement le mamelon intérieur. L'argile seule se maintient avec une pente d'environ 1/2 sur 1. Dans tous les cas, il faut que la surface du mamelon soit pilonnée sur une épaisseur de $0^m,60$. Dans les citernes dont le diamètre ne dépasse pas 16 à 18 mètres, si le terrain a besoin d'être pilonné ou réclame un autre travail, il sera moins coûteux d'enlever entièrement le mamelon. Dans les terrains solides, on peut le laisser, même pour des diamètres beaucoup moindres.

Dans toutes les citernes, il faut ménager la place du tuyau qui doit amener le gaz dans le gazomètre, ainsi que de celui qui doit le conduire dans les conduites de distribution. Dans les citernes en briques, on construit un petit puits pour les recevoir, comme le montre la coupe de la planche XXIV. Ce puits peut avoir $2^m,10$ environ de diamètre ; il est construit en briques et enduit de ciment, et plus profond que la citerne du gazomètre, afin que les bâches qui reçoivent les tuyaux se trouvent au-dessous du radier.

CITERNES EN BRIQUES.

La planche XXV représente la coupe de citernes en briques de différentes dimensions, depuis 3 mètres jusqu'à $11^m,40$ de profondeur.

La figure 1 est la coupe du mur d'une citerne en briques de 3 mètres de profondeur, bâti avec du mortier ordinaire ; le fond et les côtés sont garnis d'argile pilonnée. On peut employer des murs de l'épaisseur indiquée dans la figure pour des citernes de 6 mètres de diamètre. L'assise de briques supérieure doit être posée de champ et sur un bain de ciment. Les parties, sur lesquelles reposent les guides, doivent être renforcées de manière à former une base solide, et les boulons de fondation des guides y sont noyés.

Voici la description de la construction d'une citerne de 9m,45 de diamètre, sur 3m,60 de profondeur.

Excavation. — Le sol doit être creusé à la profondeur de 4m,35 avec le diamètre voulu, en donnant aux parois une pente suffisante pour empêcher les éboulements. S'il se manifeste une tendance à l'éboulement, il faut étayer immédiatement, et placer les étais de manière à ne pas gêner la construction du mur. La fouille doit être tenue asséchée, jusqu'à ce que la citerne soit construite et les échafaudages enlevés. Le fond de la citerne et les parois extérieures des murs doivent être garnis d'argile pilonnée, de bonne qualité, dans les épaisseurs suivantes : — sur le fond de la citerne, 0m,75 ; sur les parois, 0m,75, en réduisant à 0m,45 à la partie supérieure.

Briquetage. — Les briques doivent être dures et bien cuites. Tout le mortier doit être fait avec de bonne chaux hydraulique et du sable fin de rivière, bien mêlés et travaillés, dans la proportion de 1 partie de chaux pour 2 de sable. Deux assises de deux épaisseurs de briques pour les fondations, avec une retraite d'une demi-brique à chaque assise double ; le reste du mur devra être divisé en deux parties, l'une de 2m,55 de hauteur et de deux briques d'épaisseur, l'autre de 1m,05 et d'une brique et demie ; les six dernières assises supérieures seront posées sur de bon ciment romain. La citerne doit être parfaitement cylindrique et n'avoir ni plus ni moins de 9m,45 de diamètre dans toutes les directions ; sept contre-forts équidistants seront construits sur la circonférence, pour recevoir sept pierres, comme il sera dit plus loin. Un contre-fort sera construit, à l'un des points de suspension de la cloche, et recevra un puits de 0m,225 d'épaisseur pour recevoir les contre-poids de la cloche ; il aura 0m,75 de diamètre et 1m,05 de profondeur. Deux des contre-forts seront placés aux deux autres points de suspension. Les boulons de fondation y seront noyés et scellés avec du ciment romain ; trois autres contre-forts seront aussi construits, en montant le mur de deux briques, avec une épaisseur de 0m,75.

Maçonnerie. — On taillera sept pierres, de 0m,60 sur 0m,45 et 0m,15 d'épaisseur ; elles seront posées sur ciment et porteront des trous, ménagés pour laisser passer six boulons de fondation. Trois autres pierres, de 0m,60 sur 0m,675 et 0m,10 d'épaisseur, seront préparées pour recevoir les poutres. Une autre, de 1m,80 sur 0m,60 et 0m,30, recouvrira le puits ; un trou y sera ménagé pour le passage des contre-poids, et d'autres trous pour le passage des boulons de fondation. Aux deux autres points de suspension seront placées des pierres de 0m,90 sur 0m,75 et 0m,30 d'épaisseur, avec trous pour les boulons de fondation.

La construction qui précède est la moins chère, dans le cas où la citerne ne peut être creusée dans la roche solide.

Le prix d'une citerne de 10m,80 de diamètre et de 3m,60 de profondeur est évalué à environ 4,700 francs dans ce système.

La figure 2 représente la coupe d'une citerne de 4m,50 de profondeur, construite comme celle de la figure 1, avec des murs d'une force suffisante pour un gazomètre de 18 mètres de diamètre. Dans des citernes de cette dimension, on peut laisser un mamelon au centre avec un talus, tel qu'il est représenté planche XXIV.

Le coût d'une citerne de $6^m,40$ de profondeur, pour un gazomètre de $16^m,50$ de diamètre, est d'environ 7,900 francs.

La figure 3 donne la coupe du mur d'une citerne construite à l'usine de Brighton, sans argile pilonnée ; elle a 6 mètres de profondeur et $24^m,95$ de diamètre. Dans ce cas, l'excavation était faite dans la craie solide, et pouvait être pratiquée verticalement, de telle sorte que la fouille était faite exactement du diamètre extérieur de la citerne. Les briques étaient posées sur mortier, fait de parties égales de ciment et de sable ; la cuve était formée de deux rangs de demi-briques dont tous les joints s'entre-croisaient. On avait spécifié, dans le cahier des charges, que les joints n'auraient pas plus de $0^m,006$ d'épaisseur, excepté les joints verticaux entre les deux rangs de demi-briques, qui devaient avoir $0^m,008$ d'épaisseur. L'épaisseur du mur de la citerne et des contre-forts était celle indiquée figure 3 ; la maçonnerie était massive, et il n'y avait aucun remplissage. La chemise intérieure était formée de trois rangs séparés et indépendants, d'une demi-brique d'épaisseur ; le rang extérieur était construit avant celui du milieu, et celui du milieu avec le rang intérieur, et les joints horizontaux chevauchés. L'espace, compris entre cette chemise et les parois de l'excavation, était rempli avec un béton composé de chaux du lias, mêlée avec du sable fin et des cailloux de la grosseur d'œufs de pigeon. On spécifia que le fond de la citerne serait parfaitement nivelé, et que les fissures et les irrégularités seraient garnies avec le même béton ; le radier fut construit de deux rangs de briques posées à plat sur du ciment, avec des joints horizontaux d'une épaisseur de $0^m,019$ entre les assises.

M. Barlow a construit, pour le compte de la Compagnie du gaz de Basingstoke, une citerne semblable à la précédente, creusée aussi dans la craie, mais de plus petite dimension. Son diamètre intérieur était de $9^m,45$, et sa profondeur, depuis la surface du sol jusqu'aux sept pierres placées au fond pour recevoir la cloche, de 3 mètres. Les parois étaient construites en briques posées sur du ciment de Portland ; on spécifia que les briques seraient dures, bien cuites et régulières ; on choisissait les plus dures pour les parements extérieurs, et on les plongeait dans l'eau avant de les poser. Il y a un contre-fort principal de $1^m,80$ de largeur, et cinq autres, dont deux ont $0^m,90$ de largeur, et les trois derniers $0^m,60$.

La planche XXIV représente la citerne d'un gazomètre de $7^m,50$ de profondeur et $26^m,25$ de diamètre. La pente du talus du mamelon intérieur est indiquée sur cette planche, dans l'hypothèse que la nature du terrain est favorable. Dans ces circonstances, on peut construire la citerne avec des contre-forts de $0^m,45$, espacés de 3 mètres. L'extérieur de la citerne doit être garni, sur une épaisseur de $0^m,60$, d'argile bien pilonnée. Le prix d'une semblable citerne est d'environ 18,800 francs (1).

La figure 4 de la planche XXV représente la coupe du mur d'une citerne de $8^m,10$ de profondeur, construite par M. Alfred King, à Liverpool. Le mur extérieur est construit en premier, et il est revêtu d'une chemise intérieure en briques de $0^m,225$, posées sur ciment. M. King attache une grande importance à ce mode de construction, parce qu'il permet le ravalement du mur extérieur à mesure qu'on construit le revêtement intérieur, et que celui-ci se trouve protégé en coulant du ciment entre les deux murs. De plus, comme le mur extérieur est terminé avant que le revêtement intérieur soit commencé, si le premier n'est pas parfaitement

(1) La forme et les dimensions de la citerne figurée planche XXIV donnent une idée exacte des citernes creusées dans le sol, mais son mode de construction n'est pas à recommander.

d'aplomb, ou se trouve déformé par la poussée des terres, on peut corriger ce défaut en construisant le revêtement. Pour le mur extérieur on emploie la chaux hydraulique, et, pour le revêtement, du ciment romain mélangé avec un tiers de sable. On mélange à sec alternativement deux mesures de ciment et une de sable, et on ne prend de ce mélange que ce qu'on peut employer dans le moment, pour faire le mortier, parce qu'il ne faut pas y ajouter de l'eau une seconde fois. M. King n'emploie pas de terre pilonnée sur les côtés, à moins que la fouille ne produise de l'argile; il n'en met pas non plus sous les murs, mais il donne assez d'empatement aux fondations pour fournir une base solide aux murs, et un point d'appui à la terre pilonnée qui forme le radier. Quelques-unes des citernes de l'usine de Liverpool sont creusées dans un grès très-tendre et poreux, mais assez solide cependant pour permettre de faire les parois de la fouille verticales. Dans ce cas, on fait le mur de la même épaisseur sur toute sa hauteur, et on le construit contre la roche sans pilonner de la terre entre les deux. Ces citernes ne sont pas étanches d'abord; le grès absorbe l'eau qui passe à travers la maçonnerie, qui est toujours poreuse; mais, graduellement, elles finissent par ne plus laisser passer l'eau.

La figure 5 est la coupe du mur d'une citerne de 30^{m},75 de diamètre sur 9 mètres de profondeur, construite, en 1858, par M. John Aird aux « Independent Gas-works » à Haggerston; la figure 6 est la coupe du mur d'une citerne, construite aussi par M. Aird, en 1857, à l'usine Impériale sur la « Kackney Road »; elle a 91^{m},05 de diamètre sur 11^{m},40 de profondeur. Ces deux citernes sont creusées dans l'argile de Londres. Ces murs sont construits en mortier, avec des anneaux en briques, posées sur ciment, de distance en distance pour leur donner de la force et leur permettre de résister aux mouvements auxquels l'argile de Londres est sujette.

Il est à peine nécessaire de faire observer que le prix des citernes en briques varie beaucoup. Si le terrain dans lequel la citerne, représentée planche XXIV, avait été moins favorable, l'épaisseur du mur de soutènement aurait dû être augmentée, et il en serait résulté d'autres dépenses qui en auraient peut-être élevé le prix à moitié plus de ce que nous avons indiqué. Un homme de l'art peut, en examinant le terrain dans lequel il doit construire une citerne, évaluer, à quelques francs près, la dépense.

CITERNES EN FONTE.

Bien que les citernes en briques soient moins coûteuses que les autres, lorsque le terrain est favorable pour la fouille, il y a cependant des circonstances dans lesquelles la valeur du terrain et la nature marécageuse ou instable du sol doivent faire donner la préférence aux citernes en fonte.

Les citernes, construites au-dessus du sol, sont généralement en fonte, qui forme la plus forte partie de la dépense. La planche XXV fera comprendre leur construction.

AA est une citerne en fonte, de 15^{m},30 de diamètre sur 7^{m},50 de hauteur; elle est construite par panneaux d'environ 0^{m},925 de hauteur sur 1^{m},50 de largeur, renforcés par des nervures, et réunis par des boulons et du mastic de fonte à la manière ordinaire, comme l'indique la figure 66, gravée à l'échelle de 0^{m},06 pour 1 mètre.

Dans tout vase qui contient un fluide pesant, les points les plus profonds, au-dessous de la surface, supportent une pression relativement plus considérable. On serait donc conduit à une dépense inutile, si l'on faisait la citerne d'une égale épaisseur sur toute sa hauteur; car, si les parties inférieures sont suffisamment épaisses, les parties supérieures le sont beaucoup plus qu'il n'est nécessaire. La théorie indique que, pour une citerne d'un diamètre intérieur uniforme, il faut donner une épaisseur suffisante à la partie inférieure, et la diminuer graduellement jusqu'à la partie supérieure dans le même rapport que la diminution de hauteur du fluide. En pratique, il faut modifier cette règle, car, bien que les panneaux, dont la citerne est composée, puissent être suffisamment forts pour résister à la pression de l'eau, cependant leur résistance, comme ensemble, dépend en grande partie des joints; et l'on fait venir à la fonte, sur les panneaux inférieurs, des nervures, au lieu d'augmenter à grands frais leur épaisseur. Il faut ajouter que les panneaux doivent être assemblés en *chevauchant* les joints, comme l'indique la figure.

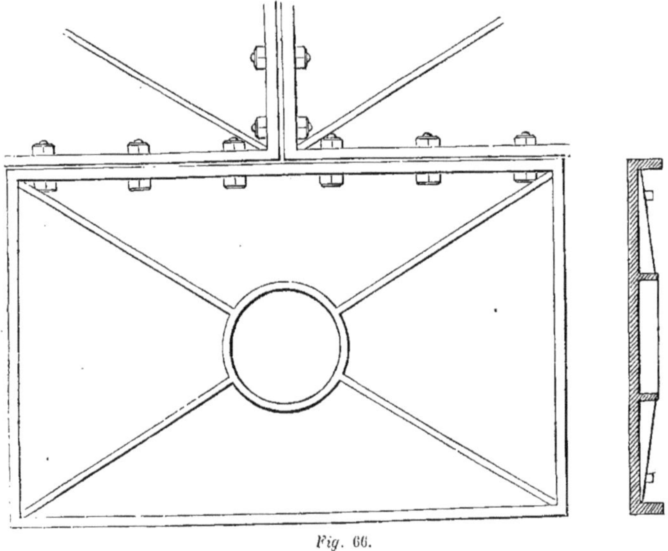

Fig. 66.

Les plaques du fond ont $0^m,009$ d'épaisseur et sont réunies de la même manière.

CITERNES ANNULAIRES.

Lorsque le sol naturel est mauvais, et qu'il serait trop dispendieux de faire, sur toute la surface que doit occuper la citerne, une fondation en béton ou d'enfoncer des pilotis, on fait la fondation annulaire, et on y établit la paroi de fonte de la citerne et un autre cylindre intérieur peu élevé, puis on garnit le fond avec de l'argile pilonnée. Pour les citernes de cette espèce, on creuse généralement toute la profondeur de la citerne, en laissant un noyau intérieur, ou bien on fait la fouille seulement sur une partie de la profondeur, et alors la paroi de fonte s'élève en partie au-dessus du niveau du sol.

CLOCHES DE GAZOMÈTRES.

Le gazomètre est, à proprement parler, une cloche qui contient le gaz, et qui monte ou descend dans l'eau contenue dans la citerne, en raison de la quantité de gaz qu'elle renferme ; cependant on désigne généralement sous le même nom la citerne et la cloche. Ces appareils furent appelés d'abord « *Gasometers* » (compteurs à gaz), mais comme aujourd'hui ils ne servent plus guère à mesurer la quantité de gaz, on les appelle plus correctement « *Gas-Holders* » (réservoirs à gaz).

Le gazomètre le plus simple et le plus généralement adopté consiste en une cloche en tôle, ouverte par en bas, et renversée dans une citerne ; cette cloche peut monter et descendre librement, et est guidée dans sa course par des tiges verticales, fixées à différents points de sa circonférence. Le diamètre et le nombre des gazomètres varient avec l'importance des usines et la place qu'ils peuvent occuper. Lorsque l'usine est située dans une ville où le terrain a beaucoup de valeur, on se sert de gazomètres doubles, rentrant l'un dans l'autre, et nommés *Gazomètres télescopiques*.

La planche XXIV représente la coupe d'un gazomètre simple, pouvant contenir 7,000 mètres cubes de gaz ; son diamètre est de $26^{m},25$, et sa hauteur est $7^{m},50$. Les côtés A, A sont en tôle n° 16 (mesure de Birmingham), pesant $12^{k},5$ au mètre carré, et rivés ensemble ; la calotte B est formée de plaques de tôle pesant $15^{k},1$ au mètre carré, ou du n° 14.

C, C, etc., sont des cercles en fer T de $0^{m},075$, placés de $1^{m},50$ en $1^{m},50$, et parfaitement rivés sur la paroi ; les rivets ne doivent pas être écartés de plus de $0^{m},075$. La calotte et les côtés sont réunis au moyen de cornières de $0^{m},075$, comme l'indique la figure 67.

Des cercles en fer plat, *d, d*, d'environ $0^{m},012$ d'épaisseur et $0^{m},075$ de hauteur, sont rivés à la calotte. Ces cercles sont distants l'un de l'autre d'environ $1^{m},80$, et renforcés par des barres de fer qui les relient l'un à l'autre.

E, E sont des tirants faits avec des tuyaux de fer, d'environ $0^{m},037$ de diamètre, et placés comme le représente la planche ; leurs extrémités sont fixées, sur les fers T des côtés et sur les cercles de la calotte, au moyen d'écrous.

G, G sont des tiges verticales, encastrées par leurs deux extrémités dans la maçonnerie de la citerne, et sur lesquelles glissent des anneaux fixés à la partie inférieure de la cloche, qui se trouve ainsi guidée dans son ascension. Elles sont placées entre les supports S, qui portent des tiges semblables, agissant de la même manière. Les anneaux servent aussi à empêcher la cloche de monter au-dessus du niveau de l'eau.

Les supports, ou *guides* S, S, au nombre de huit, sont formés de trois cadres en fonte, de $1^{m},80$ de largeur à leur base et de la même hauteur que la cloche ; ces cadres sont réunis en forme de T, comme l'indique, en plan, la figure 67. Ils sont maintenus sur la pierre qui leur sert de base par des boulons noyés dans la maçonnerie, boulonnés et scellés au plomb.

On donne souvent la préférence aux galets pour guider la cloche, au lieu d'anneaux, et ce système peut être plus avantageux parce qu'il donne moins de frottement ; leur seul inconvénient est la facilité avec laquelle ils s'échappent des guides (1). La figure ci-après représente

---

(1) Les galets perpendiculaires à la surface de la tôle présentent en effet plusieurs inconvénients ; ils exercent sur la cloche une pression considérable, au moment où ils agissent, et tendent à la déformer ; il est rare qu'ils frottent sur la partie de

un galet de ce système, roulant sur une saillie, venue de fonte au cadre central qui fait partie du guide.

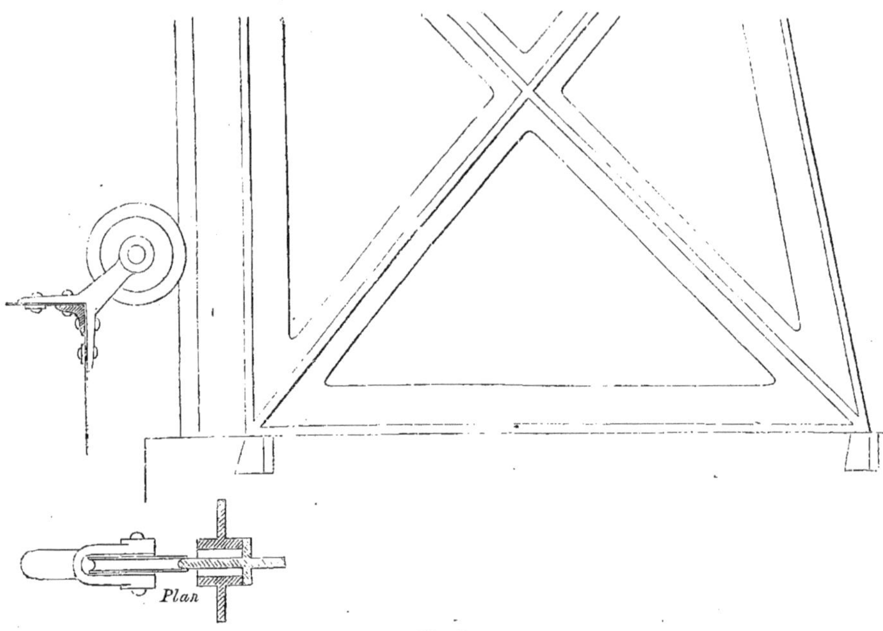

Fig. 67.

H est une armature en bois, qui doit être fixée au bas de la cloche ; son but est de régler le passage du gaz d'un gazomètre dans un autre. Lorsque cette armature est plongée dans l'eau, elle agit comme un flotteur et tend, jusqu'à un certain point, à soulever la cloche. Lorsque le gazomètre est monté jusqu'à l'extrémité de sa course, elle agit par son poids, dès qu'elle sort de l'eau, et force le gaz à se rendre dans un autre gazomètre qui n'est pas encore plein, et qui est plus léger parce que son armature en bois se trouve complétement immergée. Supposons, par exemple, que le poids du gazomètre soit de 33 tonnes, et que la pression qu'il donne soit de $0^m,06$; supposons aussi que le poids de l'armature en bois soit de $2 \frac{1}{2}$ tonnes ; alors, dès qu'elle sortira de l'eau en partie, la pression sera augmentée par le poids de toute la portion sortie de l'eau *plus* $2 \frac{1}{2}$ tonnes, *moins* le poids de l'eau déplacée par toute la portion plongée. L'augmentation de pression sera de près de $0^m,01$, et suffira pour forcer le gaz à passer dans un autre gazomètre dont l'armature en bois sera entièrement immergée. Dans ce cas, les tuyaux

---

leur gorge qui est pratiquée à cet effet, mais le plus souvent ce sont les bourrelets latéraux qui frottent sur le guide; en outre ils quittent facilement le guide. Tous ces inconvénients disparaissent en adoptant le système des galets tangents à la cloche, c'est-à-dire dont les axes sont perpendiculaires à cette cloche: alors, en effet, les galets d'un même diamètre de la cloche agissent toujours de concert perpendiculairement à ce diamètre, et sans exercer sur la cloche une pression qui tende à la déformer. Pour chaque guide, il y a un système de deux galets (cylindriques et sans gorge) en haut et en bas de la cloche ; l'un des galets d'un système est situé d'un côté du guide et l'autre se trouve de l'autre côté : ils sont donc séparés par la saillie que porte le guide, et qui sert de *rail* double. Il est impossible, lorsque ce système est bien appliqué, que les galets se dévient et quittent le guide. (*Note du trad.*)

d'entrée des gazomètres doivent être tous ouverts, et les valves ne doivent être fermées qu'en cas de réparation. Il serait même préférable alors de fermer les tuyaux d'entrée et de sortie avec de l'eau ; car, des gazomètres, de même diamètre et de même hauteur, ont cependant des poids différents, et, par conséquent, opposent à l'entrée du gaz une résistance différente ; ils ne se remplissent donc pas également. Le plus léger montera le premier ; et, si le suivant a un excédant de pression d'un peu plus de $0^m,01$, il ne commencera à s'élever que lorsque l'armature du premier sera complétement sortie de l'eau et produira, comme nous l'avons dit, une augmentation de pression de $0^m,01$.

Tous les gazomètres doivent être réglés en les chargeant, en augmentant ou en diminuant l'armature, afin que leurs pressions respectives ne varient pas de plus de $0^m,0075$. Si la capacité des gazomètres est égale à la production journalière du gaz, et que les précautions précédentes aient été prises, il n'y a rien à craindre ; il n'y aura pas de gaz perdu, et la négligence des ouvriers n'amènera pas d'accidents.

Les dimensions de l'armature H, pour un gazomètre de la dimension indiquée sur la planche, seraient de $0^m,30$ sur $0^m,30$; elle est formée de segments en bois de charpente, assemblés avec des chevilles, et fixés à la cloche à $0^m,075$ de la partie inférieure ; lorsqu'elle sort de l'eau de $0^m,25$, il reste encore $0^m,125$ de garde, ce qui est plus que suffisant, mais ce qui n'est pas trop pour éviter les accidents.

I est le tuyau d'entrée, qui est du même diamètre que celui qui vient des fours, soit $0^m,20$; il doit déboucher au-dessus du niveau de l'eau et s'élever plutôt au-dessus du bord de la citerne.

K est le tuyau de sortie, qui a $0^m,30$ et entre dans le gazomètre comme le précédent.

L, L sont des bâches, dans lesquelles se rassemblent les condensations des tuyaux ; on les enlève avec une pompe à main, dont *a* et *b* représentent les tuyaux d'aspiration.

Les gazomètres sont ou suspendus avec des contre-poids, pour diminuer leur pression, ou libres et agissant par leur propre poids. Depuis l'application des extracteurs, qui soustraient les cornues à la pression des gazomètres, on trouve inutile de les équilibrer ; mais lorsqu'on emploie des cornues de terre sans extracteur, cela est absolument nécessaire. Il faut généralement charger les gazomètres, plutôt que les équilibrer, parce que la pression, nécessaire pour envoyer le gaz dans les conduites de ville, est souvent supérieure à celle donnée par le poids du gazomètre.

Voici le poids et le prix approximatifs d'un gazomètre de $10^m,80$ de diamètre, et $3^m,60$ de hauteur, contenant 345 mètres cubes de gaz.

Poids de la tôle de la cloche, environ	3,000 kil.
Armature en bois et diagonales	1,100
Tirants et boulons	2,300
Boulons divers, trou d'homme, etc.	1,020
TOTAL	7,420 kil.
Fonte : Guides	5,200 kil.
Coût : Cloche du gazomètre, y compris le montage	5,250 fr. 00 c.
Fonte, à 187 fr. 50 c.	937 50
TOTAL	6,187 fr. 50 c.

Voici le poids d'un gazomètre de 15 mètres de diamètre et de $5^m,40$ de hauteur, contenant 1,000 mètres cubes de gaz. La calotte est en tôle n° 14, et les côtés en n° 15.

Tôle de la cloche	10,900 kil.
Armature en bois, tirants, boulons, etc	1,980
Boulons divers, trou d'homme, etc	254
TOTAL	13,134 kil.
Fonte : 5 guides	11,500 kil.
Coût : Cloche du gazomètre, y compris le montage	11,400 fr.
Fonte, à 187 fr. 50 c. par tonne	2,125
TOTAL	13,525 fr.

Voici les conditions indiquées dans le cahier des charges d'un gazomètre de 15 mètres de diamètre sur 6 mètres de hauteur : la calotte devait être en tôle n° 14, et les côtés en n° 15. Les feuilles, formant la calotte, devaient rayonner vers le sommet, et être de petite dimension. Les feuilles des côtés avaient 0^{m},60 de hauteur et 1^{m},20 de largeur, et les rivets étaient distants de 0^{m},025 de centre en centre. Les feuilles de tôle devaient être bien planes, et la flèche de la calotte devait être de 0^{m},30. Toutes les feuilles devaient être réunies avec des rivets à tête ronde, entourés d'étoupe garnie de minium ; une couche de céruse ou de minium était appliquée en dedans et en dehors, lorsque le travail était terminé. Les cornières, placées au bas et au haut de la cloche, avaient 0^{m},075 de branche ; huit cornières étaient rivées sur les parois de la cloche, et à leur extrémité étaient boulonnés huit chariots portant les galets. Il y a huit guides en fonte, avec saillies pour le roulement des galets. Ces guides ont 7^{m},80 de hauteur ; ils sont fondus en deux parties et réunis par de fortes brides boulonnées, et reposent sur huit assises en briques de 1^{m},80 de hauteur, sur lesquelles ils sont maintenus avec trois boulons scellés. Les guides ont 0^{m},30 de largeur à la base, avec une plaque de fondation s'étendant sur toute la surface de l'assise ; leur largeur au sommet est de 0^{m},15, et ils sont réunis à la partie supérieure par des barres de fer de 0^{m},075 de largeur, sur 0^{m},016. Un trou d'homme, placé au-dessus des tuyaux d'entrée et de sortie, est fixé sur la calotte avec des boulons. La pression, exercée par la cloche, ne devait pas dépasser 0^{m},75 de hauteur d'eau.

Les gazomètres que l'on construit aujourd'hui ne sont pas suspendus, mais ils sont dirigés dans l'ascension et la descente par des guides de la hauteur de la cloche, contre laquelle roulent des galets fixés à la citerne ; dans le cas de gazomètres télescopiques, des galets sont fixés sur le pourtour de la cloche extérieure pour guider celle intérieure, et sont distants d'environ 7^{m},50 à 9 mètres.

GAZOMÈTRES TÉLESCOPIQUES.

Lorsque le terrain est limité, ou que le sol est mauvais, on construit des gazomètres en deux ou plusieurs parties, qui rentrent l'une dans l'autre, comme les tuyaux d'une lunette, et qu'on appelle « gazomètres télescopiques. » Cette disposition permet d'emmagasiner une quantité de gaz beaucoup plus grande sur la même surface de terrain, avec une profondeur de citerne moins considérable.

La planche XXV représente la coupe d'un gazomètre de cette espèce, de 15 mètres de diamètre ; le cylindre extérieur a 7^{m},50 de hauteur et la cloche intérieure 7^{m},65. Le gazomètre est représenté dans une citerne en fonte, élevée sur le sol, avec colonnes, chaînes et poulies de suspension.

BB est la partie inférieure de la cloche, munie à la partie supérieure d'une gorge renversée *b*, d'environ 0^m,30 de profondeur et à 0^m,075 de largeur.

CC est la partie supérieure, munie à la partie inférieure d'une gorge correspondante, placée en sens inverse ; de sorte que, lorsque cette cloche est arrivée à l'extrémité de sa course, la gorge de la partie inférieure plonge dans l'eau que contient la gorge supérieure et forme joint hydraulique.

Dans la marche de ce gazomètre, il est évident que la partie supérieure s'élève la première, et que, lorsqu'elle a atteint la hauteur voulue, elle vient se fixer à la partie inférieure, qui s'élève avec elle. L'ensemble est guidé par des galets semblables à ceux des gazomètres ordinaires ; mais, outre ces galets, on a jugé nécessaire, pour mieux guider la partie supérieure, d'employer des contre-poids, parce que, la hauteur verticale étant très-grande, la cloche tendrait à s'incliner et à se déformer, et la résistance à l'entrée du gaz pourrait devenir très-considérable.

D, D sont les colonnes, fondues en plusieurs parties ; sur la planche elles sont représentées boulonnées à une citerne en fonte et reliées par des poutres E à la partie supérieure.

F est un des contre-poids, qu'on règle suivant les circonstances ; si l'on trouve que le poids de la cloche offre trop de résistance à l'introduction du gaz, on augmente le contre-poids jusqu'à ce que la pression soit égale à celle donnée par les autres gazomètres de l'usine, c'est-à-dire à environ 0^m,075 de hauteur d'eau. Il est souvent nécessaire d'équilibrer à la fois la cloche intérieure et le cylindre extérieur.

La figure 68 indique l'action du joint hydraulique ; *a a* représente la gorge de la partie supérieure de la cloche, et *b b* la gorge renversée de la partie inférieure, qui plonge de 0^m,30 dans l'eau contenue dans *a*. Le galet, qui guide la partie supérieure dans son ascension et sa descente, est indiqué en *c*; et *d* est le galet, fixé à la citerne, qui guide le cylindre extérieur.

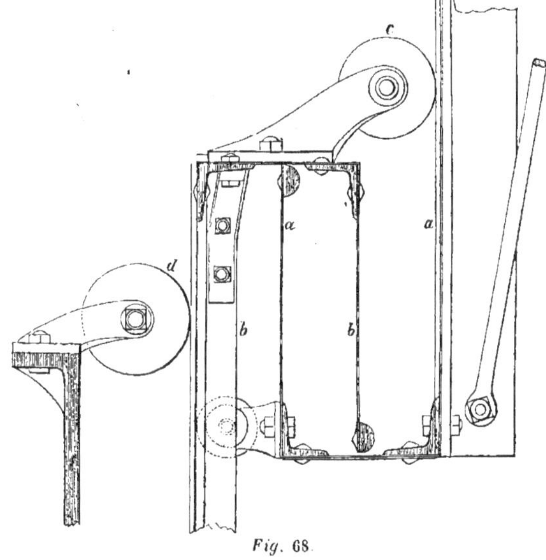

Fig. 68.

La seule objection à l'emploi des gazomètres de cette espèce est leur prix, qui est plus élevé que celui des gazomètres ordinaires. Ils montent et descendent avec la même précision et peuvent être construits avec la même exactitude ; l'entretien est le même, et ils peuvent être réparés aussi facilement. Ils sont employés dans beaucoup d'usines de Londres, et fonctionnent aussi bien que les gazomètres simples.

M. Pigott a imaginé un perfectionnement dans la construction des gazomètres télescopiques, par lequel les différentes parties s'assemblent et s'accrochent en sortant de la citerne, et se détachent en descendant. Cette disposition a pour but de remédier à l'inconvénient qu'on reproche souvent aux gazomètres télescopiques, de donner un excès brusque de pression lorsque la partie inférieure est soulevée seulement par la cloche supérieure. Cette inégalité de pression peut être diminuée par l'emploi d'un contre-poids, mais on ne peut rendre la pression uniforme sans courir le danger d'équilibrer la portion inférieure de la cloche et de faire descendre la cloche supérieure dans la citerne avant l'autre, auquel cas, le joint hydraulique n'existant plus, le gaz s'échapperait. L'invention de M. Pigott obvie à la fois aux inconvénients de la variation de la pression et au danger de la séparation des deux cloches. M. Pigott fixe au cylindre extérieur des pênes à ressort, qui sont mis en action par des plans inclinés fixés sur la cloche intérieure, lorsque celle-ci s'élève ; et, lorsqu'elle est arrivée à l'extrémité de sa course, les deux parties se trouvent solidement fixées l'une à l'autre. Lorsque la cloche descend, les pênes se desserrent, et la cloche intérieure se trouve libre avant que le cylindre extérieur n'atteigne le fond de la citerne.

Des gazomètres télescopiques en trois parties ont été construits et ont bien fonctionné à Worcester et ailleurs ; mais on ne doit pas recommander leur emploi, excepté dans des circonstances toutes particulières, car ils demandent, dans l'ajustement des guides, des soins plus grands que les gazomètres ordinaires.

M. Walter Mabon, de Manchester, a inventé une double cornière à rainure pour les joints hydrauliques des gazomètres télescopiques, qui est une grande amélioration sur le système ordinaire des gorges faites avec deux fers cornières réunis par une plate-bande. Ces cornières doubles ont $0^{m},15$ de largeur et $0^{m},075$ de profondeur, et sont fixées au cylindre extérieur par des rivets.

La pression d'un gazomètre dépend de sa surface et du poids de la cloche. Par exemple, un gazomètre de 30 mètres de diamètre a $706^{mq},5$ de surface ; une couche d'eau, de $0^{m},14$ de hauteur et de la même surface, pèsera le même poids que la cloche, soit 98,910 kilos. La pression que cette cloche donnera sera donc égale à une colonne d'eau de 14 centimètres.

On trouvera de même que la pression d'un gazomètre de 26 mètres de diamètre, pesant 38 tonnes, sera de $0^{m},071$.

Un mètre cube d'eau de rivière pèse 1,048 kilos.

On trouve la pression ou la hauteur d'eau en millimètres, nécessaire pour soulever un gazomètre, au moyen de la formule $h = \frac{p}{a}$, dans laquelle p est le poids du gazomètre en kilogrammes, et a la surface horizontale, exprimée en mètres carrés.

Pour trouver le poids d'un gazomètre, en connaissant la pression qu'il donne, l'équation devient $p = a\,h$.

On peut employer la méthode suivante, qui est plus générale, pour déterminer la pression donnée par un gazomètre d'un certain diamètre et d'un poids donné :

On multiplie le poids du gazomètre en kilogrammes par 1,273, et on divise le produit par le carré du diamètre exprimé en mètres, et le quotient est la pression en millimètres de hauteur d'eau. Supposons qu'on cherche, par exemple, la pression donnée par un gazomètre de 12 mètres de diamètre, pesant 9,000 kilos. On aura :

$$\frac{9000 \times 1,273}{12 \times 12} = 79 \text{ millimètres.}$$

On peut démontrer cette règle comme suit :

Posons p = poids en kilogrammes,
d = diamètre en mètres,
h = pression en millimètres.

Exprimée algébriquement, cette règle devient :

$$h = \frac{p \times 1,273}{d^2}.$$

On sait, d'après les lois de l'hydrostatique, que la quantité d'eau déplacée par un corps flottant a un poids égal à celui de ce corps; donc, puisque la pression donnée au gaz est égale à la différence de hauteur de l'eau à l'intérieur et à l'extérieur de la cloche, la question revient à trouver la hauteur d'une colonne d'eau cylindrique, dont la base est égale à la surface de la cloche, et le poids en kilogrammes $= p$.

Comme 1,000 kilogrammes correspondent à 1 mètre cube d'eau, alors 1,000 p = le nombre de mètres cubes d'eau contenus dans la colonne, et cette quantité, divisée par la surface, donnera la hauteur demandée, exprimée en mètres. Mais, comme cette hauteur est demandée en millimètres, il faut diviser le nombre par 1000, et l'on a :

$$h = \frac{1000 \times p}{1000 \times \text{surface}}, \quad \text{ou} \quad h = \frac{p}{\text{surface}}.$$

En substituant à la surface d'une colonne cylindrique sa valeur en fonction du diamètre, ou $\frac{\pi d^2}{4}$ (π étant la circonférence d'un cercle dont le diamètre est l'unité), elle deviendra :

$$h = \frac{p}{\frac{1}{4}\pi d^2} = \frac{4p}{\pi d^2}$$

ou, ce qui est la même chose,

$$h = \frac{1,273 \times p}{d^2} \text{ (la valeur de } \pi \text{ étant } 3,14159, \ \frac{4}{\pi} = 1,273),$$

et cette équation exprime algébriquement la règle énoncée.

Réciproquement, il peut se présenter les questions suivantes :

1° Étant donnés le diamètre et la pression, trouver le poids; l'équation devient $p = \frac{hd^2}{1,273}$, c'est-à-dire qu'il faut multiplier le carré du diamètre par la pression en millimètres, et diviser le produit par 1,273, et l'on a le poids en kilogrammes.

2° Étant donnés le poids et la pression, trouver le diamètre; l'équation devient $d = \sqrt{\frac{1,273 p}{h}}$; c'est-à-dire, qu'il faut multiplier le poids par 1,273, diviser le produit par la pression en millimètres, et extraire la racine carrée du quotient : cette racine carrée exprime en mètres le diamètre cherché.

On ne tient pas compte, dans cette règle, de la légèreté du gaz contenu dans la cloche, ni du poids perdu par les côtés qui plongent dans l'eau. Ces deux causes diminuent peu la pression : elles varient toutes deux suivant la hauteur du gazomètre au-dessus de l'eau de la citerne, et la dernière dépend des côtés de la cloche. On les néglige généralement en pratique, mais la formule suivante permettra de faire les corrections au besoin :

1° On divise la hauteur en mètres de la partie de la cloche qui est au-dessus de l'eau par 1,500, et l'on a la diminution de pression en millimètres, occasionnée par la moindre densité du gaz, pour la hauteur à laquelle se trouve la cloche.

2° Supposons la cloche à la même hauteur ; on multiplie la hauteur de cloche qui se trouve *au-dessous* de l'eau, en mètres, par le poids *des côtés de la cloche en kilogrammes*, et par 0,162, et le produit forme le dividende ; le diviseur est le produit du carré du diamètre par la *hauteur totale* du gazomètre ; le quotient exprime la diminution de pression causée par la perte de poids du fer dans l'eau. En additionnant ces deux corrections et soustrayant leur somme de la pression déterminée par la règle précédemment indiquée, on aura la pression corrigée pour la hauteur à laquelle se trouve la cloche.

Ainsi, supposons que le poids des côtés soit de 4,000 kilogrammes, et que leur hauteur totale soit de 6 mètres, on demande la diminution de pression lorsque la cloche sera à la moitié de sa course.

La première correction est $\frac{3}{1,5} = 2$ millimètres.

La seconde est : 3=hauteur en mètres, au-dessous de l'eau, multipliée par 4,000 kilogrammes, poids des côtés = 12,000, qui, multiplié par 0,162, donne 1944 ; le carré du diamètre, 12 mètres, est 144 qui, multiplié par la hauteur totale (6^m) de la cloche, donne 864 ;

$$\frac{1944}{864} = 2,25 \text{ millimètres.}$$

Et l'on a : 77 millimètres, pression trouvée d'abord, moins 4,25. [2 + 2,25, corrections] = 72,75, pression donnée par le gazomètre à moitié de sa course.

Ces règles peuvent s'exprimer algébriquement comme suit :

Posons H = la hauteur totale en mètres,
h = la hauteur au-dessus de l'eau,
P = le poids des côtés en kilogrammes,
et C, c = les corrections cherchées en millimètres.

La première règle s'exprimera par........ $C = \frac{h}{1,5}$;

La seconde, par........................ $c = \frac{0,162 \times P(H - h)}{Hd^2}$,

Et la pression corrigée, par.............. $h - C - c$.

CHAPITRE TREIZIÈME

RÉGULATEUR D'USINE

Le régulateur est un appareil destiné à régler la sortie du gaz des gazomètres dans les conduites de ville ; il fonctionne avec une perfection supérieure aux valves, qui toutes réclament l'intervention d'un ouvrier. On n'apprécie pas assez l'utilité de cet appareil. Si c'était une machine compliquée, ou coûteuse de premier établissement et d'entretien, on comprendrait que son adoption rencontrât des objections ; mais sa simplicité est extrême, son action certaine et constante, et son prix peu élevé.

La vitesse d'écoulement du gaz dans les conduites varie d'abord avec leur hauteur et leur étendue. Dans un lieu déterminé, un tuyau donnera, avec une certaine pression du gaz à l'usine, une flamme de $0^m,025$ de hauteur, et, dans un endroit dont l'altitude sera différente, il produira une flamme d'une hauteur double. En outre, si, dans le parcours de la conduite, il se trouve des coudes, des angles ou des étranglements, la vitesse du gaz y variera beaucoup plus que si le tuyau était rectiligne et d'un diamètre uniforme. Si le tuyau possède une grande longueur et un diamètre uniforme, mais qu'il soit inégalement pourvu de branchements, les brûleurs seront alimentés d'une manière différente ; ceux qui sont placés à l'origine de la conduite, recevront plus de gaz que ceux situés à l'extrémité.

Indépendamment de ces différences, provenant de la diversité des positions, il y aura toujours, dans la pression, une grande variation, résultant de ce que les différents consommateurs, alimentés par la même conduite ou le même système de tuyaux, se serviront du gaz pendant des périodes de temps différentes. Par exemple, lorsqu'on a un certain nombre de becs à alimenter, et que la moitié des consommateurs éteint avant les autres, il en résulte que la pression du gaz augmente et que ces derniers sont obligés de régler leurs becs ; la perte de gaz produite par cette augmentation de pression, tant par les fuites que par les lanternes publiques, est toujours considérable, quel que soit le soin qu'on prenne à l'usine.

L'inégalité de pression, ainsi produite, se fait surtout sentir dans le voisinage des grands établissements, qui sont branchés sur les mêmes tuyaux. Lorsque ces établissements sont éclairés, les flammes sont basses et faibles dans les maisons voisines, souvent même de manière à porter préjudice aux clients ; mais dès qu'on y éteint le gaz, la pression s'élève dans la conduite, et les flammes des boutiques et des maisons voisines s'élèvent à une hauteur exagérée, en produisant une grande quantité de fumée, provenant de l'imparfaite combustion du gaz. Le régulateur obvie à tous ces inconvénients, inhérents aux différences de pression du gaz dans les conduites.

Il est vrai qu'à un certain instant de la soirée, lorsqu'un certain nombre de becs doivent être éteints, on peut fermer en partie la valve de sortie de l'usine, mais l'effet de cette manœuvre est toujours imparfait ; tandis que le régulateur, qui agit de lui-même, règle l'écoulement du gaz suivant le besoin (1).

L'éclairage des localités ne réclame ordinairement qu'une conduite principale, partant de l'usine, et, par conséquent aussi, un seul régulateur. Si plusieurs conduites sont nécessaires, il faut un régulateur pour chacune d'elles.

On trouve à Lisbonne l'exemple d'une ville, dans laquelle il y a trois conduites d'alimentation distinctes ; certaines parties de la ville sont élevées, et les maisons sont bâties en amphithéâtre, les unes au-dessus des autres ; mais peu de villes présentent ces particularités. Quel que soit d'ailleurs le nombre des conduites principales, il est utile de les munir toutes d'un régulateur.

La planche XXVI représente une coupe verticale et un plan d'un régulateur pour une émission de gaz de 8,500 mètres cubes par 24 heures.

---

(1) Le régulateur est un appareil indispensable dans une usine bien installée, mais son effet n'est pas aussi complet que ndique l'auteur de cet ouvrage. On règle cet appareil, aux différentes heures de la consommation, et son action consiste *maintenir, à la sortie de l'usine, une pression constante*, quelles que soient d'ailleurs les variations de pression qui se odulsent, soit à l'intérieur de l'usine, par le changement des gazomètres en service, soit sur le réseau des conduites par ite de l'allumage ou de l'extinction des brûleurs ; c'est déjà un grand point, mais là se borne l'effet de cet appareil, et la est si vrai qu'on est obligé de le régler, comme nous l'avons dit, aux différentes heures de la soirée, de manière à *varier pression à la sortie de l'usine*, suivant les besoins probables de la consommation, approximativement connus par expéence. Le dernier degré de la perfection, dans la distribution du gaz, consiste à maintenir, sur la plus grande partie du rimètre, une pression *constante*, quelles que soient les variations de la consommation. J'ai étudié, dans ce but, un système appareils électriques, qu'il serait trop long de décrire ici, et qui a pour effet d'indiquer par des signaux, à l'usine, le oindre écart qui se produit dans la pression qu'on veut maintenir dans les conduites, de sorte qu'on peut régler en conséence la pression à la sortie de l'usine, au moyen du régulateur ordinaire. J'ai décrit ce système dans une notice intitulé : *otice sur le moniteur électro-magnétique de pression ou de niveau, à maxima et minima.* Système breveté (s. g. d. g.) en ance, en Angleterre et en Belgique, Paris, 1859. La description des appareils, avec gravures, se trouve aussi dans le *actical mechanic's Journal*, juin 1859. (*Note du trad.*)

AA est une cuve en fonte, de $1^m,60$ de diamètre et de $1^m,35$ de profondeur ; elle contient de l'eau, dans laquelle plonge la cloche régulatrice BB.

C est un cône en fonte, parfaitement tourné, et fixé à la partie supérieure de la cloche.

D est le tuyau d'entrée ; il porte à sa partie supérieure une plaque percée d'une ouverture, qui a la même dimension que la base du cône, de sorte que, si le cône s'élève assez haut, il ferme complétement l'entrée du gaz.

E est le tuyau de sortie ; son diamètre dépend de la distance à laquelle il doit porter le gaz dans les conduites de ville.

La cloche B, plongée dans l'eau, perd une portion de son poids égale au poids de l'eau déplacée ; de plus, la densité du gaz contenu dans la cloche varie avec l'immersion de cette cloche ; donc, en donnant au contre-poids F un poids convenable, on aura un régulateur de pression. Supposons, par exemple, que la cloche pèse 500 kilogrammes, et qu'elle perde 50 kilos par son immersion dans l'eau ; supposons, en outre, que la partie de la chaîne, égale à la hauteur dont la cloche peut s'élever, pèse 25 kilos, et que le contre-poids en pèse 475.

Alors, le poids réel de la cloche immergée est	450 kil.
A quoi il faut ajouter la portion de la chaîne qui vient accroître le poids de la cloche	25
Le total correspond au poids actuel du contre-poids	475 kil.
Si la cloche se trouve hors de l'eau, son poids réel est alors	500 kil.
Et ce poids est contre-balancé par le contre-poids	475 kil.
et la portion de la chaîne qui est passée de l'autre côté de la poulie, et qui agit dans le même sens	25
TOTAL	500 kil.

C'est ainsi que, le poids de la cloche et son contre-poids se contre-balançant, la pression du gaz, contenu sous la cloche, reste égale ; et, en augmentant ou diminuant le contre-poids, on peut diminuer ou augmenter cette pression.

Il y a diverses méthodes pour équilibrer le poids de la cloche. Quelques fabricants forment, au bas de la cloche, un réservoir d'air d'une capacité suffisante pour la faire flotter ; d'autres emploient un balancier, mobile sur un axe et portant, à chaque extrémité, un quart de cercle, à chacun desquels se trouvent suspendus, par des chaînes, le contre-poids et la cloche.

Le régulateur agit de la manière suivante : — Le tuyau de sortie est relié aux conduites de ville, et le tuyau d'entrée au gazomètre. Il est évident que, si la densité du gaz dans le tuyau d'entrée s'accroît par une raison quelconque, une plus grande quantité de gaz passera autour du cône, par la plaque *d* ; il en résultera que la cloche s'élèvera, et diminuera la section de l'ouverture annulaire de *d*. Si, au contraire, la densité du gaz diminue dans le tuyau d'entrée, la cloche descendra ; de telle sorte que, quelle que soit la densité du gaz dans les gazomètres, la pression restera uniforme dans la cloche, et, par conséquent, la vitesse d'écoulement du gaz sera régulière dans les tuyaux : car, quand l'orifice annulaire *d* laisse entrer plus de gaz que ne l'exige l'alimentation, la cloche monte et diminue la section de cet orifice ; quand, au contraire, le tuyau d'entrée ne fournit pas assez de gaz, le gaz s'écoule dans les tuyaux, et la cloche descend : la section de l'orifice devient plus considérable et laisse entrer la quantité de gaz nécessaire.

L'action du régulateur est donc constante, et assure une émission régulière suffisante.

CHAPITRE QUATORZIÈME

INDICATEURS DE PRESSION

Chaque conduite principale de sortie de l'usine doit être munie d'un *indicateur de pression*, qui permette de régler la pression du gaz dans les conduites suivant les besoins des différentes heures de la nuit. L'indicateur de pression est, pour le directeur de l'usine, un instrument aussi indispensable que le *rapporteur* du compteur d'usine. Voici sa construction : — Une petite cloche, d'environ $0^m,30$ de diamètre, peut se mouvoir dans une cuve à eau; elle monte ou descend suivant la pression qui existe dans la conduite à laquelle l'indicateur est relié par un petit tuyau; une tige, placée à la partie supérieure de cette cloche, porte un crayon qui trace la pression sur une feuille de papier tendue sur un cylindre. Ce cylindre tourne autour de son axe et est mis en mouvement par une horloge; il fait une révolution en 12 heures. Si la feuille de papier porte des divisions horizontales, dont l'écartement correspond à la quantité dont s'élève ou s'abaisse la cloche pour un accroissement ou une diminution de pression de 1 millimètre; si, en outre, il y a des lignes verticales, correspondantes aux heures, on comprend que la ligne tracée par le crayon donnera tous les renseignements désirables. La cloche doit être munie d'un réservoir d'air, calculé de telle sorte que, lorsqu'elle est complètement immergée, elle se trouve en équilibre avec la pression atmosphérique, et, lorsqu'elle atteint son maximum de hauteur, elle indique une pression égale à la plus forte pression nécessaire pour alimenter les conduites. Ainsi, en supposant que la course de la cloche soit de 20 centimètres et que la pression màxima soit de 200 millimètres, si le papier est divisé, dans sa hauteur, par 200 lignes horizontales, chaque division correspondra à un millimètre de pression.

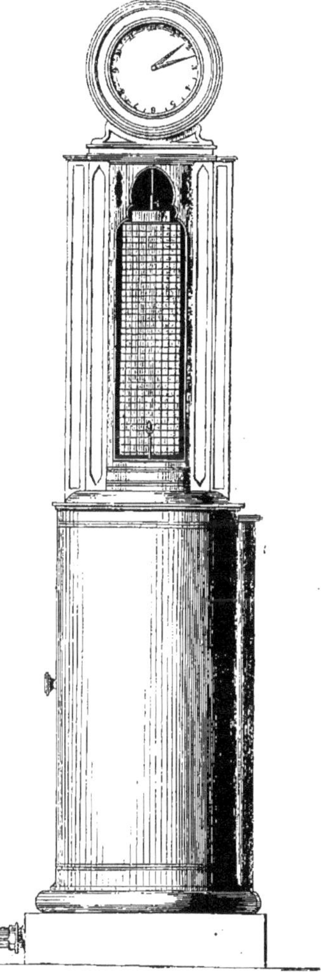

Fig. 69.

La figure 69 représente l'élévation d'un de ces appareils. On voit le cylindre que fait mouvoir l'horloge, recouvert par une feuille de papier portant des lignes horizontales et verticales, destinées à indiquer les variations de la pression aux différentes heures. La tige qui porte le crayon, et qui monte ou descend suivant la pression du gaz, se projette, dans la figure, sur la partie inférieure du cylindre. On voit, au bas de l'indicateur, le tuyau qui doit établir la communication entre la cloche et la conduite, au delà du régulateur. Cet indicateur de pression a été inventé par M. S. Crosley, en 1824, et appliqué, pour la première fois, par M. G. Lowe, à l'usine de la « Chartered Gas Company ».

Dans l'indicateur de pression inventé par M. Wright, et représenté fig. 70, le tracé de la courbe des pressions se fait sur un cercle de papier, tournant autour de son centre, au lieu de se faire sur un cylindre qui tourne autour de son axe. Ce disque de papier fait une révolution par 24 heures et est mis en mouvement par une horloge. Des cercles concentriques et des rayons y sont tracés et correspondent, les uns aux différentes pressions, les autres aux différentes heures; le crayon, fixé à la tige de la cloche, trace, comme précédemment, les indications de la pression.

Ces courbes, qui indiquent les pressions aux différentes heures du jour et de la nuit, sont des documents importants à conserver. Elles sont de la plus grande utilité pour indiquer la pression qu'il y a lieu de donner suivant les besoins de la consommation.

Outre ces instruments, destinés à enregistrer la pression, on se sert d'autres indicateurs, qui montrent la pression du gaz à un moment donné. Le plus simple de ces *manomètres* consiste en un tube de verre recourbé en deux branches verticales, remplies en partie avec de l'eau colorée. L'une des extrémités de ce tube est mise en communication avec le gaz de la conduite, dont la pression chasse le liquide d'une branche dans l'autre, jusqu'à ce que la colonne d'eau soulevée fasse équilibre à la pression du gaz dans la conduite.

Fig. 71.

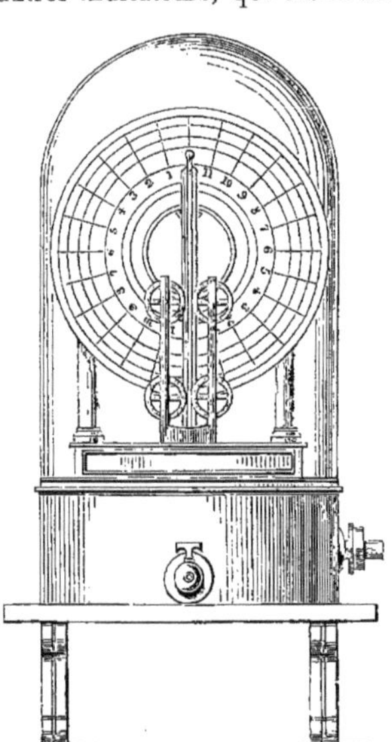

Fig. 70.

La *différence de niveau du liquide* dans les deux branches indique la pression. La figure 71 représente un manomètre de cette espèce, dont la disposition est très-convenable. On peut enlever les tubes de verre pour nettoyer, ce qu'il est très-difficile de faire avec un simple tube recourbé. La longueur des tubes et l'étendue de l'échelle dépendent, bien entendu, de la pression que le manomètre doit pouvoir indiquer.

M. King a inventé une autre disposition de manomètre (*fig.* 72), qui permet de lire la pression d'un coup d'œil et sans un examen attentif. Un flotteur, qui monte ou descend suivant la pression, est relié à un contre-poids par une corde qui passe sur une petite poulie, sur laquelle est fixée une aiguille; les variations de la pression sont donc amplifiées et indiquées sur un cercle gradué.

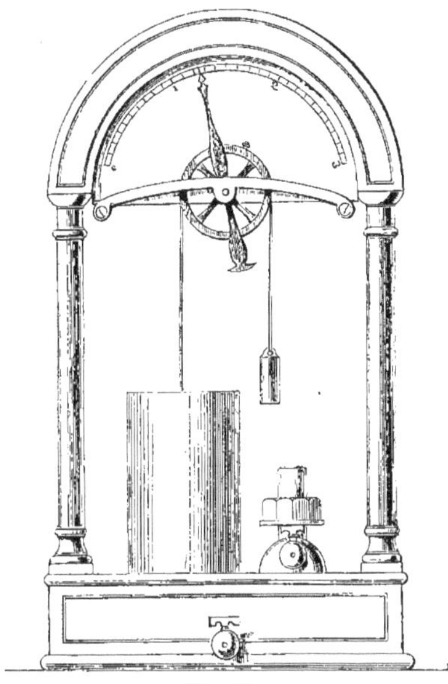

Fig. 72.

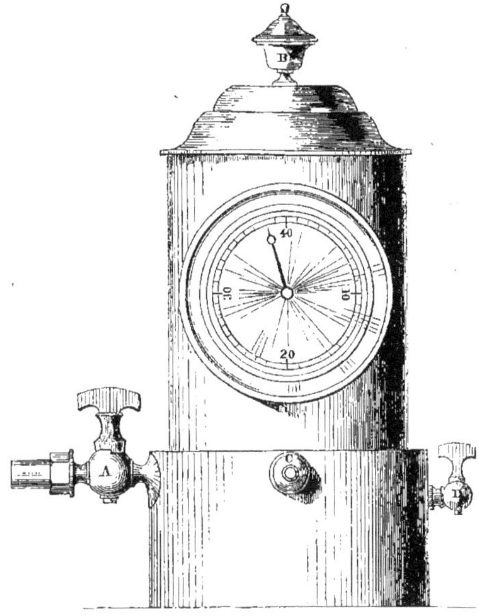

Fig. 73.

M. Scholefield, de Paris, a inventé un manomètre qui repose sur le même principe que celui de M. King; la pression y est indiquée par une aiguille tournant sur un cadran, comme le montre la figure 73. Le flotteur est muni d'une crémaillère qui agit sur une roue dentée, à laquelle est fixée l'aiguille, de sorte que, quand le flotteur monte ou descend, l'aiguille tourne dans un sens ou dans l'autre. Le couvercle B s'enlève pour l'introduction de l'eau; on met l'instrument en communication avec la conduite au moyen du raccord à robinet A. Le robinet D est destiné à laisser écouler l'eau en excès.

On a imaginé plusieurs systèmes pour avertir, par le moyen d'une sonnerie, quand la pression varie au delà de certaines limites. Un des plus ingénieux, sinon le plus simple, est le manomètre électrique de M. Breguet, de Paris. A cet effet M. Breguet relie l'aiguille du manomètre de M. King (*fig.* 72) à l'un des pôles d'une pile voltaïque, et, lorsque la pression augmente ou diminue au delà d'une certaine limite, l'extrémité de l'aiguille touche un fil qui est en communication avec l'autre pôle de la pile. Par ce moyen, un électro-aimant est immédiatement mis en action, et fait agir une sonnerie semblable à celle des télégraphes électriques.

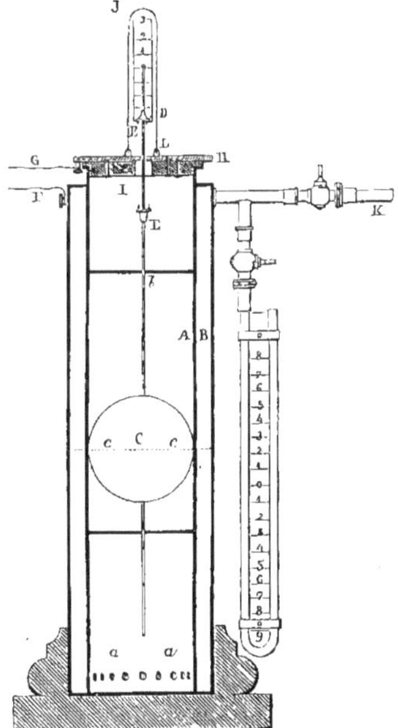

Fig 74.

M. F. J. Evans a modifié cet appareil pour l'appliquer à régler l'action des exhausteurs (*fig.* 74). Deux cylindres concentriques A et B communiquent entre eux par les trous *a*, *a*. Le cylindre A contient un flotteur sphérique C, muni d'une tige centrale, qui est guidée en *bb*. F est un fil de cuivre communiquant avec l'un des pôles d'une pile ; G est le fil qui communique avec l'autre pôle : il est fixé à la plaque de cuivre H, qui est isolée électriquement du reste de l'appareil par le plateau de bois I. Les pièces R portent les fils de platine, de sorte que, quand le flotteur C occupe ses deux positions extrêmes, les fils de platine, en touchant la plaque de cuivre H, ferment le circuit électrique, et l'électro-aimant d'une sonnerie est mis en action. Les autres parties de l'appareil sont une cloche en verre J, recouvrant une échelle graduée sur laquelle on lit la pression ; K est le tuyau qui communique avec le tuyau de sortie du barillet ; et *cc* indique la ligne de flottaison du flotteur C.

CHAPITRE QUINZIÈME

ÉQUILIBRE DES FLUIDES

Bien que les différents appareils, dont nous avons déjà parlé, fonctionnent d'après les lois de l'hydrostatique et de l'hydrodynamique, on peut très-bien comprendre leur action sans avoir recours à la théorie des lois de l'équilibre et du mouvement des fluides élastiques et non élastiques, non plus qu'aux diverses formules qui permettent d'en calculer les effets.

Par exemple, pour comprendre l'action d'un gazomètre, il suffit de savoir, en pratique, que la pression du gaz, sur la surface de l'eau de la citerne, déplace une hauteur d'eau égale au poids de la cloche, et soulève cette dernière jusqu'à ce que le gaz cesse d'entrer ; puis, si l'on ferme l'entrée et la sortie, la cloche reste à la même hauteur, tant que la température ne change pas. L'action des appareils de cette nature est liée aux lois suivantes :

1. La surface d'un fluide, contenu dans un vase ou dans plusieurs vases communiquants, est horizontale.

2. La pression se transmet également dans toutes les directions, et agit normalement à la surface, en chacun des points du vase.

3. La pression d'un fluide sur la base horizontale d'un vase est proportionnelle à cette base et à la hauteur verticale du fluide, et indépendante de la forme du vase.

4. Quand les hauteurs d'un même fluide sont égales, les pressions sont proportionnelles aux bases ; quand les bases sont égales, elles varient comme les hauteurs ; enfin, quand les hauteurs et les bases sont égales simultanément, les pressions sur les fonds horizontaux sont égales, quelles que soient d'ailleurs la forme et la capacité des deux vases (1).

---

(1) Le principe, énoncé dans les nos 3 et 4, est le principe de Pascal, connu sous le nom de *Paradoxe hydrostatique*. (*Note du trad.*)

5. Dans des vases différents, contenant des fluides différents, les pressions sont entre elles comme les surfaces des fonds, multipliées par la profondeur du liquide et par sa densité.

6. Si deux fluides (non susceptibles de se mélanger) sont en équilibre dans un tube recourbé, leurs hauteurs verticales, mesurées au-dessus de leur surface horizontale de séparation, sont en raison inverse de leurs densités.

7. — 1° Les densités des corps sont dans le rapport de leurs poids, lorsque leurs volumes sont égaux.

2° Quand les poids sont égaux, les densités sont en raison inverse des volumes.

3° Quand les densités sont égales, les poids sont proportionnels aux volumes.

4° Quand les volumes et les densités sont inégaux à la fois, les poids des corps sont proportionnels à leurs volumes et à leurs densités.

8. Un solide, dont la densité est plus grande que celle d'un fluide, s'enfonce dans ce fluide ; si sa densité est moindre, il flotte à la surface.

9. Le poids total d'un corps flottant sur un fluide, est égal au poids du fluide déplacé.

Le rapport du volume entier du corps flottant à celui de la partie immergée est donc égal au rapport de la densité du fluide à la densité du corps.

Nous avons décrit précédemment la manière de déterminer la densité d'un gaz. Nous indiquerons maintenant les méthodes qui doivent être employées pour trouver la densité des liquides et des solides, qu'il peut souvent être utile de connaître.

Quand le corps est plus lourd que l'eau (l'eau est prise comme terme de comparaison pour les liquides et les solides, comme l'air l'est dans le cas des gaz), on le pèse dans l'eau et hors de l'eau, et la différence des poids exprime la perte de poids qu'il éprouve par son immersion. Ainsi, si son poids est 5 hors de l'eau, et 3 dans l'eau, la perte de poids sera 2. La règle à suivre pour trouver la densité du corps sera : — La perte de poids dans l'eau, 2, est au poids absolu, 5, comme la densité de l'eau, 1, est à 2, 5, densité cherchée du corps.

Quand le corps est plus léger que l'eau, on l'attache à un corps assez lourd pour que l'ensemble plonge dans l'eau. On pèse séparément le corps plus lourd que l'eau, puis l'ensemble des deux corps, hors de l'eau et dans l'eau, et l'on trouve pour chacun la perte de poids produite par l'immersion. On soustrait le poids, trouvé dans l'eau, du poids trouvé dans l'air, et on soustrait le plus petit reste du plus grand. On pose alors la proportion : — Le dernier reste est au poids du corps léger dans l'air, comme la densité de l'eau est à la densité du corps.

Supposons que le corps lourd pèse 7, hors de l'eau, et 3 dans l'eau ; la perte de poids sera 4 ; supposons aussi que le corps léger pèse 0,65 hors de l'eau, et 0,27 dans l'eau, la perte de poids sera 0,38. En soustrayant 0,38 de 3,00, on a 2,62.

Alors, 2,62, dernier reste, est à 0,65, poids du corps léger dans l'air, comme 1, densité de l'eau, est à 0,24, densité cherchée du corps.

Quand on cherche la densité d'un liquide, on prend un morceau d'une substance solide de densité connue, qu'on pèse dans l'air et dans ce liquide ; on prend la différence des deux pesées, et on dit : Le poids total ou absolu est à la perte de poids, comme la densité du solide est à la densité du liquide.

Soit 2,31 la densité d'une substance connue ; supposons que son poids dans l'air soit 5, et dans le liquide 3,2 : la perte de poids est 1,8. Alors le poids total, 5, est à la perte de poids, 1,8, comme la densité connue, 2,31, est à la densité cherchée du liquide, 0, 83.

CHAPITRE SEIZIÈME

VALVES

Nous avons déjà décrit plusieurs espèces de valves, destinées à établir ou intercepter la communication entre les tuyaux qui amènent le gaz aux purificateurs et ceux par lesquels il en sort ; les valves que nous allons décrire sont destinées à ouvrir ou fermer la communication entre les gazomètres et les conduites de ville, ou entre deux conduites. Les figures 75 et 76 représentent deux valves hydrauliques, convenables pour cet objet.

Les avantages des valves hydrauliques sont leur prix peu élevé, leur durée, et leur certitude d'action. La figure 75 est la coupe d'une valve de cette espèce. Elle se compose d'un cylindre A A, imperméable à l'air, et contenant un peu d'eau ou de goudron. B est le tuyau d'entrée, qui communique avec le gazomètre ; C est le tuyau de sortie, qui mène le gaz aux conduites de ville ; D est une cloche, de $0^m,25$ de hauteur, munie d'une tige qui passe au travers d'un stuffing-box, et

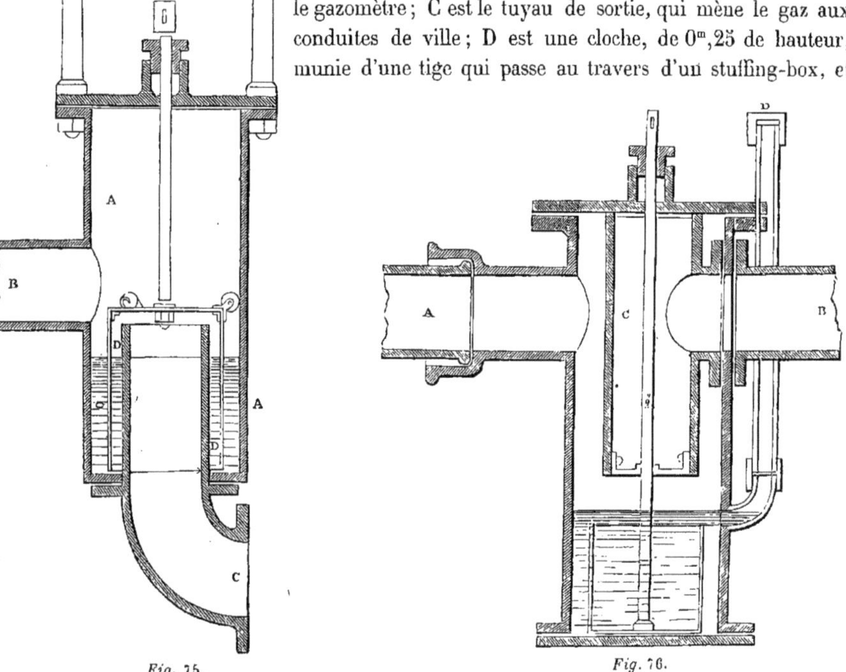

Fig. 75. *Fig.* 76.

qui sert à l'élever ou à l'abaisser. Lorsque la cloche se trouve dans la position indiquée dans la figure, il est évident que la communication entre les tuyaux d'entrée et de sortie est interceptée par la pression d'une colonne d'eau de $0^m,25$ de hauteur. Lorsque, au contraire, on élève la cloche, au moyen de la crémaillère et du pignon, au-dessus de l'orifice du tuyau de sortie, le gaz passe librement. Ce genre de valve peut être appliqué avec avantage entre les gazomètres et les conduites, et aussi pour les purificateurs à l'eau de chaux. Il faut que la cloche soit assez élevée pour que la *garde* soit suffisante.

La figure 76 représente une valve analogue, qui diffère seulement par sa construction, la boîte hydraulique servant de bâche à condensation. A est le tuyau d'entrée ; B est le tuyau de sortie, fixé sur le cylindre extérieur et communiquant avec le tuyau intérieur C, qui est ouvert à sa partie inférieure et fermé à sa partie supérieure par le couvercle de la boîte, venu de fonte avec lui.

La cloche, qui est au fond, agit lorsqu'on la soulève, en plongeant l'extrémité ouverte du tuyau C dans le goudron qu'elle contient. D est un petit tuyau, par lequel on enlève l'excès de goudron avec une pompe à main.

Cette dernière forme de valve hydraulique peut être employée dans les rues, et la cloche peut être soulevée au moyen d'une vis pratiquée sur la tige, et agissant dans un écrou fixé au fond de la cloche, qui, ne pouvant tourner, s'élève ou s'abaisse suivant le sens dans lequel tourne la vis. Comme on est obligé de placer, de distance en distance, sur la longueur des conduites, des bâches pour recevoir l'eau de condensation de ces conduites (et une certaine quantité de goudron et d'huile, qui reste encore dans le gaz après un parcours de quelques kilomètres), on peut facilement les transformer en valves et les faire ainsi servir à deux fins.

La planche XXVII représente une valve sèche.

La figure 1 est une élévation, et la figure 2 un plan au-dessus du couvercle du stuffing-box. La figure 3 est une coupe verticale ; la figure 4, une coupe horizontale, et la figure 5 une vue par derrière de la valve.

A est une plaque en fonte, parfaitement plane, au moyen de laquelle on ouvre ou ferme le passage du gaz en l'élevant ou l'abaissant ; elle est pressée par le ressort B contre la partie C de la boîte de la valve qui est plane aussi.

Le disque est soulevé ou abaissé au moyen de la crémaillère et du pignon, le ressort le maintenant exactement appliqué contre la partie plane C.

D est une tige qui passe à travers un stuffing-box et qui est maintenue par une vis dans la rainure venue de fonte à la partie postérieure du disque A ; la même vis sert à fixer le ressort.

Les colonnes et la traverse qui supporte le pignon ne sont employées que dans les usines. Dans les rues, on adopte la disposition représentée figures 6 et 7. Le pignon et la crémaillère sont alors enfermés dans une boîte en fonte, dont le couvercle est assujetti par 4 ou 5 chevilles de $0^m,012$ enfoncées dans les côtés : on y ménage un trou pour le passage de l'axe du pignon ; cette disposition empêche les dents et le stuffing-box de se salir. La position qu'on donne à la valve est représentée plus clairement fig. 77.

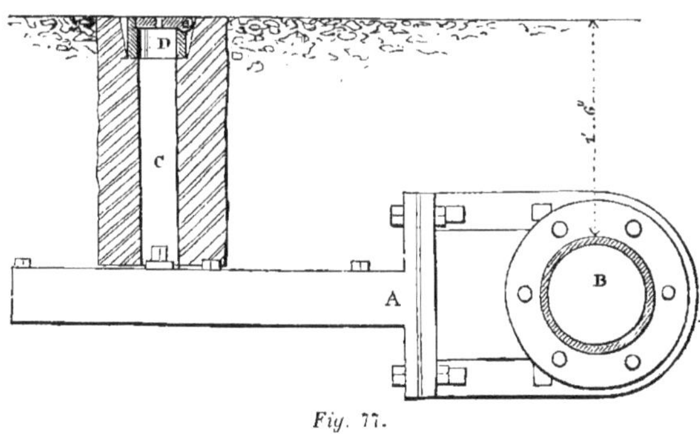

Fig. 77.

On voit en A la valve couchée ; B est la coupe de la conduite ; C est un bloc en bois creux (dit *bouche à clé*), au travers duquel on passe la clef pour manœuvrer la valve ; D est un couronnement en fonte, fermé par un bouchon, et solidement fixé à la bouche à clé.

Les figures 78 et 79 représentent une coupe longitudinale et un plan de la valve sèche, construite par MM. Bryan, Donkin et compᵉ., et qui est maintenant la plus généralement employée. Dans la coupe, la valve est indiquée fermée (*fig.* 78), la crémaillère étant serrée à fond par le pignon. Les lignes ponctuées montrent l'autre position de la valve.

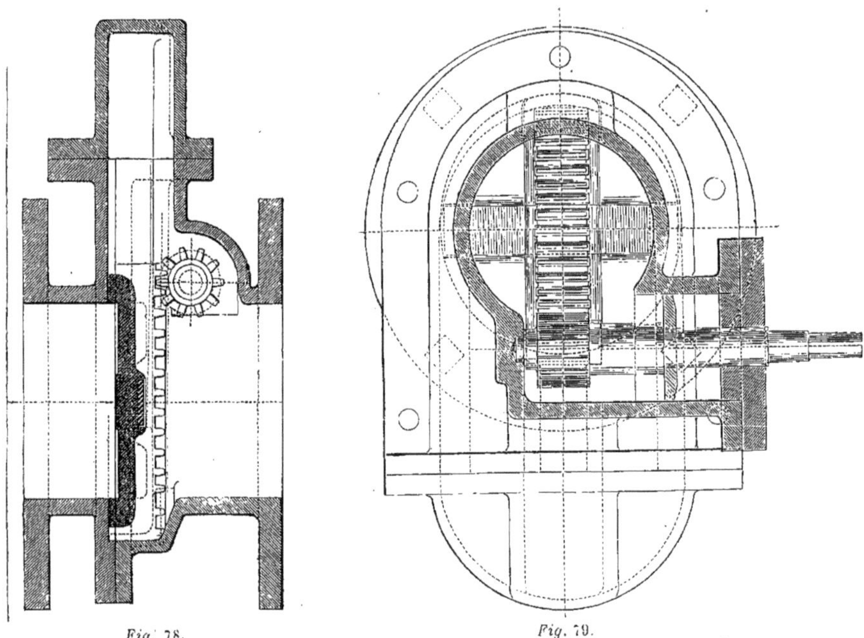

Fig. 78. *Fig.* 79.

S'il n'existe pas de valve près du lieu où une conduite a besoin de réparations, on peut avoir recours au moyen simple et ingénieux imaginé par M. G. Lowe. Supposons, par exemple, qu'il s'agisse de remplacer un tuyau brisé ou de faire une jonction avec un autre ; on perce un trou d'environ $0^m,037$ de diamètre à la partie supérieure du tuyau, de chaque côté de l'endroit où doit se faire le travail, et on introduit par ces trous des vessies vides (1), munies de petits tubes et de robinets. On gonfle ces vessies en y insufflant de l'air par les tubes, et elles forment alors une fermeture temporaire parfaite. La réparation faite, on enlève les vessies et on bouche les trous soit avec une pièce vissée, soit en y chassant un bouchon en bois.

(1) Lorsque les conduites atteignent un certain diamètre, les vessies ne sont plus assez grandes, et il faut employer des ballons en caoutchouc, ou mieux en toile enduite de cette matière, le caoutchouc seul étant généralement trop cassant pour cet usage. (*Note du trad.*)

CHAPITRE DIX-SEPTIÈME

CONDUITES DE VILLE

On donne le nom de *conduite-maîtresse* à tout tuyau destiné à porter le gaz de l'usine à l'endroit à éclairer, et ce terme s'applique spécialement aux tuyaux sur lesquels sont branchées des ramifications plus petites.

Avant leur pose, tous les tuyaux doivent être *essayés ;* c'est-à-dire qu'on doit y comprimer de l'eau à une pression mesurée par une colonne d'eau de 75 à 90 mètres. On s'aperçoit qu'un tuyau est défectueux parce que l'eau en sort, en proportion de l'étendue de la fissure qui y existe ; quelquefois cependant, le défaut n'est indiqué que par une légère ligne d'humidité extérieure, qui est le signe d'une gerçure ou d'un autre défaut à cet endroit. Lorsqu'en augmentant la pression cette humidité n'augmente pas, le tuyau pourra peut-être servir, parce qu'une fissure de cette importance n'occasionnera pas de fuite ; mais si elle s'ouvre sous l'influence de la pression, il faut rejeter le tuyau ; car, quoiqu'une fissure très-petite puisse être d'abord imperméable au gaz, lorsque le tuyau est resté quelque temps sous terre, exposé à l'humidité et au froid, cette fissure augmente bientôt et le tuyau perd.

En été, si l'on essaie le tuyau avec de l'eau *froide,* la vapeur atmosphérique qui se condense à sa surface peut induire les ouvriers en erreur, et leur faire rejeter des tuyaux qui cependant sont bons. Il est donc nécessaire, pendant les mois d'été, d'essayer les tuyaux avec de l'eau ayant la même température que l'air.

Un ouvrier expérimenté distingue parfaitement un bon tuyau d'un tuyau défectueux par la différence du son produit par le choc d'un marteau. Un bon tuyau résonne sous le coup du marteau, tandis qu'un tuyau fêlé rend un son discordant. Les irrégularités dans l'épaisseur de la fonte peuvent aussi se découvrir de cette manière (1). Il faut cependant toujours essayer les tuyaux, et avec soin, car chaque fuite est une perte constante de gaz et d'argent pour le fabricant.

EMBOITURES.

Les n°s 1, 2 et 3 de la figure 80 représentent les coupes des emboîtures de tuyaux de différentes dimensions, à l'échelle de 0^{m},25 pour 1 mètre. Le n° 1 s'applique à des conduites de 0^{m},225 à 0^{m},600 de diamètre. L'épaisseur du métal, qui est indiquée dans la coupe, est celle reconnue suffisante dans la pratique (2) ; on fait quelquefois les tuyaux de l'épaisseur indiquée par la ligne extérieure : la raison qu'on en donne est « que le métal plus mince se fend en faisant les joints. »

---

(1) Il faut exiger que les tuyaux soient fondus verticalement : l'épaisseur est ainsi plus uniforme, et la densité du métal plus grande.

(2) Cette épaisseur, qui est la plus généralement employée, est de 15 millimètres : elle est exagérée, à mon avis ; une épaisseur moitié moindre serait parfaitement suffisante. Seulement on emploie les tuyaux de cette épaisseur, parce que ce sont ceux qu'on trouve couramment dans le commerce. (*Note du trad.*)

C'est une opinion erronée, car la force dépend de l'épaisseur du bourrelet de *a* en *b*. La profondeur de ces emboîtures est de 0m,112.

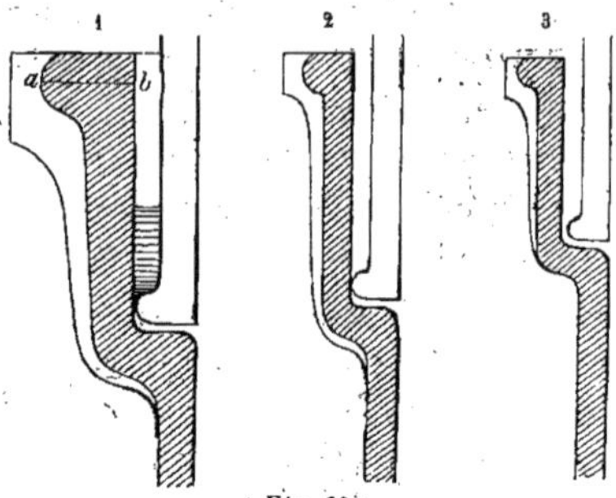

Fig. 80.

Le n° 2 est une coupe des emboîtures de tuyaux de 0m,100 à 0m,200 de diamètre ; leur profondeur est de 0m,100.

Le n° 3 est l'épaisseur des emboîtures pour les tuyaux d'un diamètre inférieur ; la profondeur est de 0m,075.

La gorge de l'emboîture doit être un peu plus forte que le reste du tuyau, comme l'indique le n° 1.

Les poids et dimensions des conduites de gaz ordinaires sont comme suit :

DIAMÈTRE.	LONGUEUR.	ÉPAISSEUR.	POIDS PAR LONGUEUR de tuyau.	COUT PAR MÈTRE.	PRIX PAR TONNE.
0m,050	1m,800	0m,006	19k,041	1f,72	16f,00
0 , 075	1 , 800	0 , 012,5	44 , 439	2,74	16,00
0 , 100	2 , 700	0 , 009,3	69 , 837	4,23	16,00
0 , 125	2 , 700	0 , 009,3	88 , 893	5,72	16,00
0 , 150	2 , 700	0 , 009,3	120 , 633	7,33	16,00
0 , 175	2 , 700	0 , 012,5	155 , 559	8,47	14,76
0 , 200	2 , 700	0 , 012,5	180 , 957	10,07	14,76
0 , 225	2 , 700	0 , 012,5	206 , 355	11,68	14,76
0 , 250	2 , 700	0 , 012,5	232 , 225	13,85	14,76
0 , 300	2 , 700	0 , 012,5	330 , 204	18,31	14,76
0 , 350	2 , 700	0 , 015,6	393 , 669	22,09	14,76
0 , 400	2 , 700	0 , 015,6	488 , 904	27,09	14,76
0 , 450	2 , 700	0 , 018,7	558 , 756	31,37	14,76
0 , 500	2 , 700	0 , 018,7	673 , 047	37,08	14,76
0 , 600	2 , 700	0 018,7	838 , 134	47,04	14,76

L'espace annulaire qui existe entre le cordon d'un tuyau et l'emboîture de l'autre doit être d'environ 0m,012 pour les tuyaux d'un fort diamètre, et ne doit pas être moindre que 0m,009 pour ceux d'un petit diamètre. Le diamètre des emboîtures doit être calculé sur ces données.

Le prix par mètre de tuyau, au taux de 16 francs et 14 francs 76 par 1,000 kilos, est donné dans le tableau précédent, parce que ce renseignement peut être utile ; mais il ne faut le regarder que comme approximatif, puisque le prix de la fonte est essentiellement variable. Les coudes et les pièces spéciales ont des prix particuliers, excepté dans des marchés importants, où l'on peut spécifier des conditions générales.

POSE DES TUYAUX.

Dans l'industrie du gaz on ne néglige aucune économie, et l'on est souvent très-satisfait de voir baisser le prix de revient du mètre cube de gaz de 3/10 de centime. C'est là, sans doute, une ambition très-louable ; mais, dans neuf cas sur dix, tous ces efforts sont annihilés par l'énorme quantité de gaz qui se perd par les conduites ; heureux ceux qui ne perdent que 15 p. 100, car beaucoup perdent 20, et quelques-uns jusqu'à 25 p. 100. Cette perte provient d'une des trois causes suivantes, ou des trois à la fois : — 1° Les tuyaux eux-mêmes peuvent être défectueux et avoir été mis en place sans un essai préalable. — 2° Ils peuvent avoir été posés par des entrepreneurs, et joints sans la surveillance toute spéciale que cette opération réclame. Les conséquences qui en résultent sont souvent que les joints manquent de plomb ; il arrive quelquefois même que des bouts de tuyaux sont laissés entièrement ouverts. — 3° La troisième cause de perte est souvent due à la précipitation avec laquelle les compagnies sont forcées de compléter leur travail ; et, lors même qu'elles font poser leurs tuyaux en régie, elles n'ont pas le temps de les essayer ni de surveiller le travail. On comble la tranchée, on refait le pavage, et la précipitation exagérée des opérations empêche l'inspecteur de vérifier si le travail est convenablement exécuté.

Le coût de la pose des tuyaux varie beaucoup ; il dépend de la nature du sol, du mode de pavage de la chaussée, de la profondeur de la tranchée, du nombre des jonctions et des branchements, et de beaucoup d'autres circonstances. Les tableaux qui suivent donnent : le premier, le coût de la pose des conduites de Liverpool ; le second, les prix donnés par M. Croll dans son Rapport sur le compte-rendu de la Compagnie du « Great Central Gas Consumers' ».

Le premier tableau donne les détails du prix de revient total de la pose de tuyaux de différents diamètres, depuis 0m,050 jusqu'à 0m,600, y compris le coût de la fonte, la quantité et le prix du plomb nécessaire aux joints, les frais de transport, de terrassement et de pose des tuyaux.

CONDUITES.	DIAMÈTRE.	POIDS par mètre.	PRIX par 1000 kil.	PRIX par mètre.	POIDS DU PLOMB par joint.	COUT DU PLOMB p. mètre.	TRANSPORT par mètre.	TERRASSE par mètre.	POSE des TUYAUX.	PRIX TOTAL par mètre.
Longueur : 2m,70. y compris les emboitures.	0m,600	253k,680	212f,50	58f,66	14k,128	2f,97	1,039	6f,19	1f,15	70f,00
	0 , 450	164 , 892	212,50	51,86	9 , 513	1,94	0,663	4,12	0,85	59,43
	0 , 400	141 , 336	212,50	32,08	8 , 490	1,80	0,577	3,67	0,69	38,81
	0 , 350	115 , 968	212,50	26,59	7 , 472	1,57	0,462	3,21	0,53	32,36
	0 , 300	96 , 036	212,50	21,52	5 , 688	1,15	0,375	2,75	0,39	26,18
	0 , 250	76 , 104	212,50	16,82	3 , 652	0,77	0,288	2,40	0,28	20,55
	0 , 200	54 , 360	212,50	12,59	2 , 970	0,62	0,231	2,06	0,22	15,72
	0 , 150	37 , 146	225,00	8,81	2 , 148	0,46	0,172	1,83	0,16	11,43
	0 , 125	30 , 804	225,00	6,43	1 , 897	0,39	0,115	1,71	0,16	8,80
	0 , 100	22 , 650	225,00	5,44	1 , 751	0,37	0,115	1,60	0,14	7,66
	0 , 075	15 , 855	225,00	4,01	1 , 214	0,25	0,085	1,37	0,11	5,82
	0 , 050	9 , 966	225,00	2,43	0 , 789	0,25	0,057	1,03	0,11	3,87

DIAMÈTRE.	PRIX DE LA POSE PAR MÈTRE COURANT.	DIAMÈTRE.	PRIX DE LA POSE PAR MÈTRE COURANT.
0m, 600	14f,44	0m, 150	2f,53
0 , 450	11,34	0 , 125	2,17
0 , 350	6,65	0 , 100	1,83
0 , 250	4,58	0 , 075	1,60
0 , 200	3,55	0 , 050	1,10
0 , 175	3,09		

Le reblocage et le pavage se payent à raison de 2f,06 par mètre.

Dans la pose des tuyaux, il faut avoir soin de les placer sur un terrain solide, et de les faire reposer sur toute leur longueur. Il faut les poser en ligne droite, lorsque la rue le permet ; lorsque les rues sont courbes, il faut placer le plus possible les tuyaux parallèles au trottoir, et, lorsque cela se peut, du côté de la rue où il doit y avoir le plus de branchements ; il faut éviter, autant que possible, le voisinage des conduites d'eau et des égouts. La profondeur des tuyaux au-dessous du niveau de la chaussée doit être d'au moins 0^{m},45, et leur pente doit être d'au moins 1 sur 100. Avant de descendre les tuyaux dans la tranchée, il faut les balayer intérieurement pour enlever les ordures ou les pierres qui peuvent s'y être introduites. On les descend un à un pour les mettre en place, puis on fait les joints par une des méthodes que nous allons décrire.

JOINTS EN PLOMB.

Pour faire les joints au plomb, on enfonce d'abord, au fond de l'emboîture, une garniture de chanvre blanc ; puis on en ajoute d'autres en chanvre goudronné, qu'on serre fortement, en laissant un vide convenable pour le plomb : les quantités de métal nécessaires sont indiquées dans le tableau suivant :

DIAMÈTRE.	POIDS DU PLOMB.	PROFONDEUR DU PLOMB.	DIAMÈTRE.	POIDS DU PLOMB.	PROFONDEUR DU PLOMB.	DIAMÈTRE.	POIDS DU PLOMB.	PROFONDEUR DU PLOMB.
0^{m}, 037	0^{k}, 566	0^{m}, 034	0^{m}, 175	3^{k}, 963	0^{m}, 050	0^{m}, 325	9^{m}, 513	0^{m}, 059
0 , 050	0 , 792	0 , 037	0 , 200	4 , 756	0 , 053	0 , 350	10 , 645	0 , 059
0 , 062	1 , 019	0 , 040	0 , 225	5 , 662	0 , 053	0 , 375	11 , 778	0 , 062
0 , 075	1 , 245	0 , 040	0 , 262	6 , 568	0 , 056	0 , 400	12 , 910	0 , 062
0 , 100	1 , 812	0 , 043	0 , 275	7 , 474	0 , 056	0 , 425	14 , 043	0 , 062
0 , 125	2 , 491	0 , 047	0 , 300	8 , 380	0 , 059	0 , 450	14 , 722	0 , 065
0 , 150	3 , 171	0 , 050						

Le plomb doit être coulé dans le joint au moyen d'une garniture d'argile ou d'un anneau articulé ; ce dernier est préférable et le joint est plus sûr et plus régulier. Il faut que toute la quantité de plomb soit introduite en une seule fois ; on le *mate* ensuite avec un matoir convenable et des marteaux de poids variables ; pour les tuyaux de grand diamètre on prend des marteaux pesants, et pour ceux de petite dimension, des marteaux à main de 700 à 900 grammes. Quand le plomb est maté bien également, on arrase le plomb au niveau du bord de l'emboîture. Il faut bien surveiller les ouvriers qui font les joints, car, si le travail est fait à forfait, ils sont portés à frauder sur la quantité de plomb.

JOINTS TOURNÉS ET ALÉSÉS.

Beaucoup d'ingénieurs donnent la préférence aux tuyaux dont les extrémités sont tournées et les emboîtures alésées ; ils s'ajustent exactement et le joint est rendu étanche en enduisant les extrémités avec un mélange de céruse et de minium, avant de les emboîter. On les met en place avec quelques coups de marteau ou d'un lourd maillet. Un des grands avantages de ce système est la facilité avec laquelle on enlève les tuyaux quand il faut les remplacer, ce qui arrive souvent ; tandis que, lorsque les joints sont en plomb, il faut briser les tuyaux pour les enlever, ce qui est une grande perte de fonte et de main-d'œuvre. La figure 81 représente la coupe d'une emboîture de ce genre.

La figure 82 représente les coupes des tuyaux que M. King a employés à Liverpool. Leurs bons résultats sont constatés par une expérience de plusieurs années. Ce qui les distingue principalement des tuyaux ordinaires, tournés et alésés, c'est que le diamètre de l'emboîture est assez large pour permettre de faire un joint en plomb, en cas de besoin.

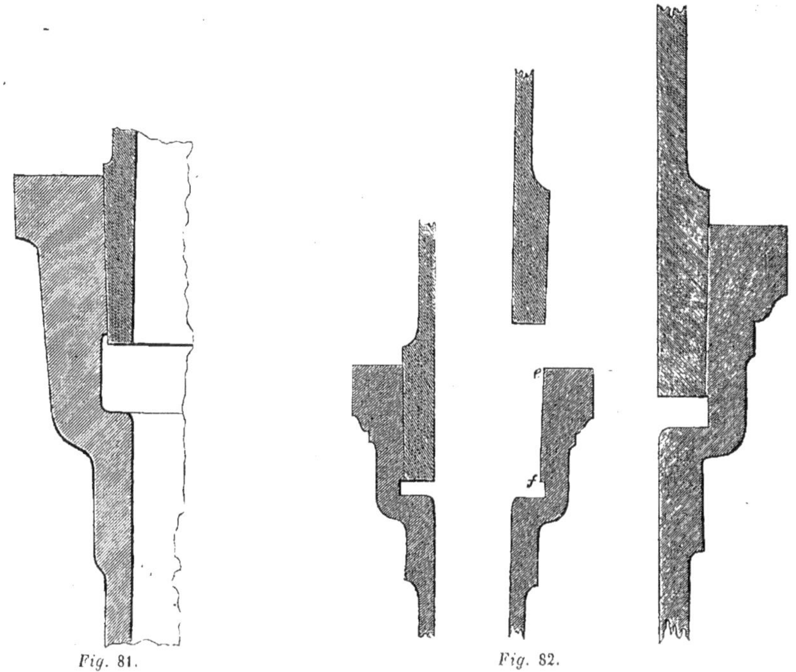

Fig. 81. *Fig.* 82.

Le tableau suivant indique les dimensions des parties coniques tournées et alésées, pour des tuyaux de 0^m,075 à 0^m,600.

DIAMÈTRE DU TUYAU.	PLUS PETIT DIAMÈTRE de la PARTIE TOURNÉE.	PLUS GRAND DIAMÈTRE de LA PARTIE TOURNÉE.	HAUTEUR de LA PARTIE TOURNÉE.	HAUTEUR DE LA PARTIE ALÉSÉE. *cf*
0^m, 075	0^m, 105	0^m, 10875	0^m, 060	0^m, 0525
0 , 200	0 , 235	0 , 240	0 , 080	0 , 070
0 , 300	0 , 342,5	0 , 34850	0 , 095	0 , 080
0 , 375	0 , 420	0 , 42650	0 , 105	0 , 090
0 , 600	0 , 652	0 , 66050	0 , 135	0 , 120

JOINTS ÉLASTIQUES.

Les joints élastiques pour tuyaux à gaz coûtent beaucoup meilleur marché que ceux en plomb, et possèdent encore d'autres avantages.

Supposons deux tuyaux ordinaires, emboîtés tout à fait comme pour faire un joint au plomb ; on enfonce au fond de l'emboîture, sur une épaisseur d'environ 0^m,05 de l'étoupe bien enduite de mastic; puis on serre de la corde goudronnée vers le bord de l'emboîture, de manière à bien remplir l'espace annulaire, mais seulement à une profondeur telle qu'il reste entre les deux garnitures un espace d'environ 32 millimètres. A la partie supérieure de l'emboîture, à l'endroit où les extrémités de la corde se joignent, on en enlève une partie pour former une *cuvette*, comme si l'on devait faire un joint en plomb. On prend deux parties de suif de Russie fondu et une partie d'huile végétale commune, et l'on coule le mélange chaud dans la cuvette; il remplira l'espace compris entre les deux garnitures. Comme il n'y a pas de retrait au refroidissement, ce joint est parfaitement étanche.

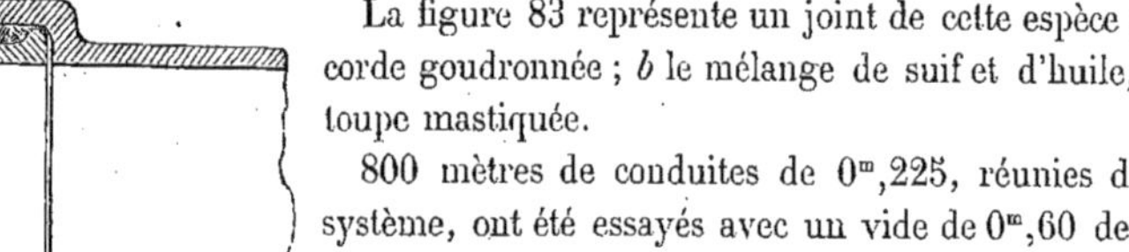

Fig. 83.

La figure 83 représente un joint de cette espèce ; *a* est la corde goudronnée ; *b* le mélange de suif et d'huile, et *c* l'étoupe mastiquée.

800 mètres de conduites de 0^m,225, réunies d'après ce système, ont été essayés avec un vide de 0^m,60 de hauteur de mercure et reconnus parfaitement étanches.

Lorsqu'on a posé une certaine longueur de conduite, il faut l'essayer, avant de combler la tranchée, afin de s'assurer que tous les joints sont hermétiques. Le meilleur moyen consiste à se servir d'un gazomètre portatif d'environ 0^m,90 de diamètre, roulant sur un chariot et rempli d'air; on le met en communication avec la conduite à essayer au moyen d'un tube. Ce gazomètre doit exercer une pression au moins quadruple de celle que le gaz doit avoir dans la conduite. Si la conduite est étanche, la cloche restera stationnaire; si elle ne l'est pas, la cloche descendra en proportion de l'importance des fuites. Il est rare qu'on fasse cet essai, parce qu'il occasionne un peu d'embarras et de dépense; mais lorsqu'un ingénieur veut faire fonctionner son usine économiquement, il doit exiger que les conduites soient essayées par longueurs de 400 mètres. La manière économique avec laquelle on travaillera dans l'usine, ne compensera jamais le défaut de soins apporté dans la pose des conduites.

Pour éviter l'obstruction des tuyaux par la condensation de l'eau et d'autres matières, il faut placer un *syphon* à tous les endroits où il existe une contre-pente. Ces syphons, qui sont des réservoirs, doivent avoir au moins deux fois le diamètre des tuyaux sur lesquels ils sont branchés, et quatre fois ce diamètre en profondeur. Ces appareils fournissent la meilleure indication sur le bon ou le mauvais état du réseau des conduites. Dans les endroits où les tuyaux sont en bon état, on observe que, sur une longueur de 800 mètres de conduites, de 0^m,075 de diamètre, il ne se dépose pas plus d'un litre d'eau de condensation dans l'espace d'une année ; tandis que, s'il y a des fuites, les syphons doivent être pompés, surtout dans les temps humides, une fois par quinzaine. Les pertes de gaz qui se font par les conduites sont beaucoup plus importantes qu'on ne se l'imagine généralement; et, pour chasser l'air des tuyaux défectueux, il faut souvent maintenir une alimentation constante de gaz, qui est dépensé en pure perte.

Dans les rues larges, où il y a des deux côtés des maisons éclairées, il est quelquefois plus économique de poser des conduites séparées de chaque côté, au lieu d'une conduite unique et d'un fort diamètre, parce qu'alors on peut employer des tuyaux beaucoup plus petits et que les branchements sont plus courts. C'est une considération dont il faut tenir compte lors de l'établissement des devis.

CHAPITRE DIX-HUITIÈME

DISTRIBUTION DU GAZ DANS LES CONDUITES

Lorsqu'on se propose d'éclairer au gaz une ville ou un quartier, il faut commencer par rechercher le nombre des brûleurs, tant publics que particuliers, que l'on devra alimenter, et cela avec toute la précision que les circonstances permettent; on recherche aussi la durée de l'allumage et la quantité de gaz qui sera consommée par heure, en tenant compte de l'augmentation probable qui résultera de l'extension de la ville. On pourra alors déterminer facilement l'importance à donner à l'usine, ainsi que nous le dirons plus loin ; et il restera à fixer la situation la plus convenable qu'elle devra occuper. La position la meilleure est sur le bord d'une rivière navigable, d'un canal ou d'un chemin de fer, et *au point le plus bas* de la ville. Il est impossible d'indiquer une règle positive sur le choix de la situation, parce que la valeur des terrains, les difficultés d'acquisition, etc., pourront être des obstacles ; mais il y a convenance à placer l'usine de façon à ce qu'un embranchement de chemin de fer puisse y arriver. La construction d'une usine sur un sol marécageux entraînera des dépenses assez fortes en fondations, mais cela est de peu d'importance si l'on a, en compensation, une bonne position sous le rapport du niveau. Il faut se procurer un plan de la ville, ou le lever, avec les différentes rues et passages. On fait un nivellement des différents points, en en rapportant les hauteurs à la margelle du gazomètre comme plan de comparaison ; on indique sur le plan toutes les conduites avec leurs branchements, les valves et les régulateurs (s'il est nécessaire d'en placer). La disposition des conduites doit être telle qu'elle permette la libre circulation du gaz, en donnant partout une pression sensiblement uniforme. Tous les tuyaux, situés au même niveau, doivent être reliés entre eux, et il ne faut pas placer d'autres valves que celles qui sont nécessaires pour isoler les conduites à réparer. Pour alimenter un lieu élevé, on place un régulateur au point de séparation avec le niveau inférieur. Les conduites qui alimentent ce lieu élevé, partent du régulateur qui est placé dans un *regard*, ou cave construite pour le recevoir.

L'importance de l'usine peut se calculer de la manière suivante :

Supposons que le nombre des lanternes publiques soit de 1,000, consommant chacune 140 litres à l'heure, et qu'elles brûlent depuis le coucher jusqu'au lever du soleil ; supposons aussi que les brûleurs particuliers soient au nombre de 7,000, consommant aussi chacun 140 litres à l'heure, et qu'ils soient allumés depuis le coucher du soleil jusqu'à 9 heures du soir.

La plus forte consommation de gaz aura lieu vers le 21 décembre, où la nuit dure 16 heures 15 minutes; les becs publics, indiqués ci-dessus, brûleront 2,275 mètres cubes, et les becs particuliers 5,047 mètres cubes, soit en total 7,322 mètres cubes; en ajoutant à ce nombre $\frac{1}{6}$ pour le coulage, il faudra que l'usine puisse fournir 8,542 mètres cubes par vingt-quatre heures. Il faut s'arranger de manière à ce que toutes les cornues soient en service pendant cette saison, et l'on profite des longs jours pour faire les réparations et remplacer les cornues ; le nombre des cornues à établir est donc celui qui est susceptible de fournir cette quantité de gaz ; on en ajoute quelques-unes en plus, en cas d'accident, et l'on ménage de la place dans l'atelier pour les agrandissements futurs. Si la charge de chaque cornue est de 100 kilos de houille produisant $25^{mc},5$, il faudra 18 fours à 5 cornues, et on en ajoutera $\frac{1}{10}$ en sus, comme réserve. La dimension du gazomètre est une considération importante ; on ne peut guère la calculer, et c'est une question qu'il faut laisser entièrement au jugement de l'ingénieur ; l'extension probable de l'usine doit déterminer les dimensions du gazomètre, car il est moins coûteux d'en établir un de dimensions trop fortes, dans de certaines limites, que d'être obligé plus tard d'en construire un second. L'accroissement probable de l'usine devant principalement servir de guide, il est impossible de donner une règle à suivre à cet égard, et l'on peut dire seulement que cette question doit être étudiée avec soin. La capacité minima que doive avoir un gazomètre, pour une usine comme celle dont nous nous occupons, est de 2,830 mètres cubes, c'est-à-dire égale à la production du gaz pendant 7 heures 45 minutes. Mais, même sans prévision d'accroissement de l'usine, cette capacité serait une limite dangereuse, et il serait convenable de la porter au moins à 3,540 mètres cubes.

Il suffit généralement, et c'est toujours convenable lorsque cela est possible, de n'avoir qu'une conduite-maîtresse partant de l'usine ; il y a cependant des circonstances où il est nécessaire d'en placer plusieurs, mais la localité seule peut fixer à cet égard.

Les tableaux suivants seront utiles à consulter : — Le premier donne le nombre d'heures pendant lesquelles on brûle le gaz par mois, par trimestre et par année ; le second indique la quantité de gaz que brûle un bec par mois pendant la durée moyenne de l'allumage depuis le coucher du soleil.

DURÉE MOYENNE DE L'ALLUMAGE, DEPUIS LE COUCHER DU SOLEIL.

DURÉE DE L'ALLUMAGE.		JUILL.	AOUT.	SEPT.	OCT.	NOV.	DÉC.	JANV.	FÉVR.	MARS.	AVRIL.	MAI.	JUIN	TRIMESTRES 2me	3me	4me	1er	TOTAL de l'année *.
Du coucher du soleil à	6h.	»	»	2	31	62	80	65	33	4	»	»	»	»	2	173	102	277
	7	»	14	22	62	92	111	96	61	31	4	»	»	4	36	265	188	493
	8	»	40	52	93	122	142	127	89	62	28	4	»	32	92	357	278	759
	9	13	71	82	124	152	173	158	117	93	58	29	8	95	166	449	368	1078
	10	41	102	112	155	182	204	189	145	124	88	60	38	186	258	541	458	1443
	11	75	133	142	186	212	235	220	173	155	118	91	68	277	350	633	548	1808
	12	106	164	172	217	242	266	251	201	186	148	122	98	368	442	725	638	2173
Toute la nuit.....		217	307	345	421	478	527	512	411	382	295	242	195	732	869	1421	1305	4327
Le matin depuis...	4h.	»	16	48	80	110	137	137	98	71	28	2	»	30	64	327	306	727
	5	»	»	18	49	80	106	106	70	40	3	»	»	3	18	235	216	472
	6	»	»	»	18	50	75	75	42	9	»	»	»	»	»	143	126	269
	7	»	»	»	»	20	44	44	14	»	»	»	»	»	»	64	58	122

* On a déduit un septième pour les dimanches.

MOIS.	HEURE MOYENNE du COUCH. DU SOLEIL.	DURÉE MOYENNE de LA NUIT.	NOMBRE D'HEURES DE NUIT PAR MOIS.	CONSOMMATION DE GAZ D'UN BEC PAR MOIS, SUR LE PIED DE 140 LITRES A L'HEURE *. BECS PUBLICS.	BECS PARTICULIERS.
Janvier.......	4h 13'	15h 42'	486h 42'	68mc,138	20mc,998
Février.......	5 7	14 9	396 12	55 , 468	15 , 423
Mars.........	6 6	12 8	376 8	52 , 658	12 , 735
Avril.........	6 57	10 12	306 0	42 , 840	8 , 716
Mai..........	7 46	8 29	263 0	36 , 820	5 , 433
Juin	8 16	7 28	224 0	31 , 360	1 , 698
Juillet........	8 2	7 46	240 46	33 , 707	4 , 245
Août.........	7 16	9 27	292 57	40 , 893	7 , 641
Septembre....	6 20	11 20	340 0	47 , 600	11 , 320
Octobre	5 21	13 9	407 39	57 , 071	16 , 017
Novembre....	4 25	15 10	455 0	63 , 700	19 , 470
Décembre.....	3 49	16 12	502 12	70 , 300	22 , 753
Total pour une année........			4290h 36'	600mc,555	146mc,449

* Les becs publics brûlant depuis le coucher jusqu'au lever du soleil, et les becs particuliers depuis le coucher du soleil jusqu'à 9 heures.

La disposition des ramifications des conduites, ou conduites secondaires, est assez simple et ne demande qu'un peu de bon sens ; mais la détermination du diamètre des conduites principales doit être faite avec soin et il faut tenir compte des besoins auxquels elles devront satisfaire ultérieurement. Il faut admettre en principe, qu'une conduite, d'un diamètre un peu plus fort que le strict nécessaire, est économique, parce que la diminution de pression qui en sera la conséquence, réduira les fuites, ce qui produira une économie supérieure à l'intérêt de l'argent dépensé en excès pour l'accroissement du diamètre de la conduite. Supposons, par exemple, qu'il faille dépenser 243 mètres cubes par heure, à une distance de 910 mètres du gazomètre à travers un tuyau de 0m,175, ce qui exigera une pression de 0m,025 d'eau ; si la consommation du gaz vient à augmenter, et qu'il faille fournir 339 mètres, la pression nécessaire sera double. Or, 910 mètres de conduite de 0m,175 coûteraient 10,625 francs, et la même longueur de conduite de 0m,200 (diamètre nécessaire pour dépenser ces 339 mètres avec 0m,025 de pression) coûterait 12,500 francs, c'est-à-dire 1,875 francs en plus. Admettons que cette somme représente un intérêt annuel de 187f,50, et que le coût du gaz soit de 0f,06 par mètre cube, l'intérêt serait entièrement compensé par une économie de gaz de 3,125 mètres cubes par an, ou de 357 litres par heure. En supposant que la quantité de gaz perdue par la conduite de 0m,175 soit le $\frac{1}{10}$ de la quantité qui y passe, ou de 24mc,3, on perdrait, avec la pression additionnelle de 0m,025, 40mc,4 sur 339, au lieu de 33,9 qui seraient perdus avec un tuyau de 0m,200 et une pression de 0m,025 seulement, ce qui ferait une perte nette en argent d'environ 200 francs par an, de sorte que la conduite de 0m,200 pourrait coûter 3,875 francs (au lieu de 1,875) de plus que celle de 0m,175, sans qu'il y eût désavantage pour la compagnie.

Le meilleur moyen de faire le projet de distribution du gaz dans une ville est de la diviser en quartiers, de manière à ce que les rues principales les divisent à peu près également, puis la conduite maîtresse, qui suit la rue principale, doit être d'un diamètre suffisant pour alimenter les tuyaux plus petits du quartier qu'elle dessert. On peut donc considérer une ville d'une certaine étendue comme un grand nombre de petites villes, et l'on évite ainsi toute confusion et presque toute chance d'erreurs. Si l'on mène, à angle droit sur les artères principales, des lignes imaginaires à des distances convenables en y indiquant la quantité de gaz à dépenser, on simplifie encore l'opération. Ainsi, représentons par la figure suivante un quartier, divisé

1	2	3	4
141,5 mètres cubes.	113,2 mètres cubes.	84,9 mètres cubes.	56,6 mètres cubes.
A			B
5	6	7	8
141,5 mètres cubes.	113,2 mètres cubes.	56,6 mètres cubes.	42,45 mètres cubes.

longitudinalement par la rue AB, et par 1, 5, 2, 6, etc... les subdivisions de ce quartier, dans lesquelles sont indiquées les quantités de gaz nécessaires par heure dans chacune; nous supposerons aussi que l'écartement des lignes transversales soit de 273 mètres. La conduite en A devra dépenser la quantité de gaz nécessaire au quartier entier, c'est-à-dire $749^{mc},95$ par heure, avec une pression de $0^{m},025$, et son diamètre sera de $0^{m},225$. A l'emplacement de la seconde subdivision, elle ne devra plus dépenser que 749,95 — 283 = $466^{mc},95$, et son diamètre sera de $0^{m},200$. A la troisième subdivision, la dépense devra être de 466,95 — 226,4 = $240^{mc},55$, et le diamètre sera de $0^{m},150$. Enfin, à la quatrième subdivision, la dépense n'étant plus que de $99^{mc},05$, le diamètre sera de $0^{m},100$. En pratique, le calcul n'est peut-être pas aussi simple que cela, à cause des différences de niveau, des coudes, et d'autres circonstances locales dont il faut tenir compte, mais cet exemple indique le principe général. Si, au delà de B, la ville s'étend ou doit s'étendre et être éclairée au gaz, il faut y faire attention dans le calcul. On peut considérer la conduite maîtresse, qui part de l'usine, comme s'étendant seulement jusqu'à la première conduite de jonction, où le diamètre change d'après la règle que nous avons indiquée.

On sait généralement dans quelle direction la ville doit prendre de l'extension ou de l'importance, et il n'est pas difficile de disposer les conduites de manière à satisfaire au surcroît de dépense qui aura lieu de ce côté. Les tuyaux latéraux, quel que soit leur diamètre, doivent être reliés entre eux de manière à former un *réseau*. On ne peut obtenir autrement une pression régulière; le manque de gaz en un point est suppléé par le gaz venant d'un autre point où il se trouve en excès, et l'alimentation se trouve ainsi constante. La pression du gaz dans les conduites varie suivant leur niveau au-dessus ou au-dessous d'une ligne donnée, dans la proportion de $0^{m},0083$ pour 10 mètres. Ainsi, aux points élevés de 10 mètres *au-dessus* de cette ligne, la pression est plus forte de $0^{m},0083$, et elle est inférieure de $0^{m},0083$ aux points situés à 10 mètres *au-dessous* de la même ligne. Si ces points sont reliés entre eux, l'équilibre s'établira dans une certaine mesure, ainsi qu'aux points intermédiaires.

Les inconvénients, qui résultent du manque de gaz en certains endroits du périmètre et de son excès dans d'autres, sont souvent très-grands, et quelquefois l'air atmosphérique peut prendre la place du gaz. Un excès de pression entraîne, comme nous l'avons déjà fait remarquer, une perte de gaz qui est nuisible de toute manière. Tous ces défauts disparaissent avec un système de conduites permettant une circulation parfaite du gaz.

Si le niveau moyen d'un quartier est à plus de 9 mètres au-dessus du niveau des conduites inférieures qui l'alimentent, il faut régulariser la pression au moyen d'un petit régulateur, analogue à celui figuré planche XXVI. On n'a besoin de ce régulateur que lorsque le niveau du quartier supérieur est uniforme, et qu'on ne peut régulariser la pression en jonctionnant les conduites avec celles d'un niveau inférieur. Si deux quartiers d'une ville sont situés l'un au-dessus de l'autre, en amphithéâtre, il vaut mieux les éclairer avec des conduites distinctes.

Ce petit nombre d'exemples fera comprendre la disposition la plus convenable à donner aux conduites de distribution. Bien que la pratique soit nécessaire, la théorie rendra de grands services pour déterminer les diamètres des conduites, nécessaires pour distribuer, sous une certaine pression et sur une longueur donnée, des quantités de gaz déterminées. On trouvera beaucoup d'intérêt dans les observations suivantes de M. G. A. Jermyn, dont l'expérience a souvent été mise à profit pour la distribution économique du gaz dans les villes.

« Dans l'éclairage d'une ville par le gaz, il n'y a pas d'étude qui demande plus d'attention que celle de la disposition des conduites principales, de leurs ramifications et des appareils qui y sont reliés, afin que toutes les parties soient en rapport parfait avec la dimension du réservoir qui les alimente. A cet effet, il faut avoir un plan de la ville, indiquant non-seulement les longueurs et largeurs des rues, mais aussi les différences de niveau, qui influent sur beaucoup de points du problème à résoudre. Lorsqu'on a déterminé le nombre des brûleurs de chaque rue, on en déduit le diamètre de la conduite, en tenant compte de la pression qui résulte de la différence du niveau, rapporté à la margelle du gazomètre comme plan de comparaison. Des erreurs, qui ont entraîné des dépenses constantes et bien des inconvénients, ont eu lieu, par suite de l'inobservation de cette règle, dans les travaux de plusieurs grandes compagnies, et beaucoup de ces irrégularités sont arrivées à ma connaissance ; par exemple, dans une rue de 2400 mètres de longueur, où il aurait suffi d'un ou au plus deux siphons pour recevoir les condensations, on a découvert jusqu'à 12 de ces appareils, ce qui résulte évidemment de ce qu'on n'avait pas de plan convenablement fait pour déterminer l'emplacement des siphons; les 10 siphons en excès auraient payé la dépense d'un plan.

« L'expérience a démontré combien il était important d'avoir un tracé exact de toutes les portions de la canalisation, et ce qu'il faut, c'est un *plan dessiné sur une grande échelle*, et non pas une *description écrite.*

« Pour faire le nivellement, on donne le « *coup d'arrière* » sur la margelle d'une des citernes de gazomètre de l'usine et l'on prend pour *stations* les points d'intersection des axes des rues. On indique en marge sur le plan le niveau et la distance de ces points à partir de l'usine, en indiquant la cote de niveau en rouge ; on la rapporte au plan de comparaison, en faisant précéder les nombres, qui représentent les cotes au-dessus de ce plan, du signe +, et ceux qui représentent les cotes au-dessous de ce plan , du signe —. S'il y a de la place sur le plan, on indique la cote à l'endroit même auquel elle se rapporte, en l'entourant d'un petit cercle.

« Les tuyaux doivent être tracés sur le plan d'une manière bien apparente ; les valves, les siphons, les branchements doivent être indiqués, ainsi que la position des conduites d'eau, des égouts, etc., qui passent dans la même rue.

« On trace les conduites toujours de la même couleur; le bleu d'outre-mer est la meilleure, parce qu'elle ne passe pas et qu'on peut l'enlever facilement par le lavage, en cas de corrections; on évite ainsi de gratter, ce qui est inévitable lorsque les lignes sont tracées avec une couleur qui a du corps. On indique les valves par une croix bleue, et les siphons par un petit cercle, en marquant la direction de l'écoulement des condensations par des flèches. Si le plan est à une petite échelle, on inscrit le nom des rues sur la ligne des maisons, et on ne met sur l'emplacement des rues que ce qui a rapport aux conduites et aux appareils. Les observations nécessaires sont inscrites en marge et on met des signes qui renvoient aux appareils correspondants. Les jonctions sont indiquées, et lorsque deux tuyaux se croisent, on note celui qui se trouve au-dessus ou au-dessous de l'autre. On avait l'habitude de faire ressortir les différents diamètres des conduites au moyen de couleurs différentes ; c'est une très-mauvaise méthode, parce que les couleurs simples sont en petit nombre et susceptibles de se ternir, et même de se modifier complétement sous certaines influences. Il est bien préférable de dessiner les lignes avec de l'outre-mer en leur donnant des épaisseurs différentes, et de marquer le diamètre à l'encre rouge en mettant des croix aux points où le diamètre change. Il est bon aussi de montrer la position des becs publics, et les limites des quartiers. Chaque plan doit être accompagné d'un carnet, dans lequel les noms des rues sont inscrits par ordre alphabétique, ainsi que les différents niveaux rapportés au plan de comparaison ; on y met aussi diverses observations sur les travaux, les difficultés qu'on a rencontrées, le prix de la pose, etc..., et les dates.

« Si la ville présente deux niveaux différents, ou qu'une des parties soit assez élevée pour exiger l'emploi d'un régulateur-compensateur, il faut l'indiquer sur le plan en l'entourant d'une ligne (jaune, par exemple); et alors il faut marquer les niveaux des quartiers inférieur et supérieur par rapport à leur régulateur respectif, outre les niveaux par rapport au plan de comparaison primitif; on marque les cotes en marge en les distinguant par les lettres M (margelle) et R (régulateur), de la manière suivante : $\frac{10,25}{M}$ $\frac{2,25}{R}$, ou $\frac{M}{10,25}$ $\frac{R}{2,25}$. La première notation signifie que le point est à $10^m,25$ au-dessus de la margelle du gazomètre et à $2^m,25$ au-dessus du régulateur-compensateur; la seconde signifie que les niveaux sont au-dessous de ces points de repère. »

CHAPITRE DIX-NEUVIÈME

MOUVEMENT DES GAZ DANS LES TUYAUX

Nous essaierons dans ce chapitre d'expliquer les lois qui régissent le mouvement des gaz dans les tuyaux. Trois méthodes se présentent pour traiter les questions de cette nature.

La première est celle des mathématiques pures, qui établissent des formules basées seulement sur la théorie; mais, comme l'expérience n'y vient pas en aide aux considérations théoriques, il ne faut pas s'étonner que les formules soient souvent en défaut dans la pratique.

La seconde est celle de l'homme pratique, mais sans instruction, qui, connaissant un résultat produit dans des circonstances données, en déduit vaguement certaines règles à suivre dans d'autres conditions; mais ses conclusions, ne s'appuyant sur aucun principe, se trouvent souvent erronées.

La troisième méthode est la combinaison des deux autres, qui corrige les défauts de chacune d'elles. Les résultats de l'expérience permettent de corriger les déductions de la théorie, et réciproquement la théorie est un guide utile qui vient en aide à l'expérience. C'est cette dernière méthode que nous suivrons : c'est-à-dire que nous exposerons d'abord les principes généraux qui régissent le mouvement des fluides dans les tuyaux ; puis, les rapprochant des données de l'expérience, nous en tirerons les règles à suivre dans la pratique.

PRINCIPES GÉNÉRAUX.

Supposons un tuyau droit horizontal, d'un diamètre uniforme, bien uni intérieurement, ouvert à l'une de ses extrémités, et alimenté par l'autre avec un fluide soumis à une certaine pression ; et faisons d'abord abstraction des frottements. Le fluide parcourra le tuyau et sortira par l'extrémité ouverte avec une vitesse qui dépendra de la pression. Or, les lois de la mécanique nous apprennent que cette vitesse est la même que celle que prendrait un corps pesant, tombant d'une hauteur égale à celle de la colonne du fluide en question, qui produirait la pression donnée.

Nous pouvons exprimer cela sous la forme algébrique : — Supposons toutes les dimensions prises en mètres, et la pression en kilogrammes. Posons p = pression sous laquelle le fluide entre dans le tuyau, exprimée en kilogrammes par mètre carré.

S = poids d'un mètre cube du fluide, en kilogrammes.

La hauteur, en millimètres, d'une colonne du fluide qui produirait la pression p est évidemment égale à $\frac{p}{S}$.

Soit v = vitesse du fluide qui parcourt le tuyau, exprimée en mètres par seconde ; et $g = 9,8088$ = force de la pesanteur (1).

Or, comme la vitesse qu'acquiert un corps tombant d'une certaine hauteur est égale à la racine carrée de la hauteur, multipliée par $\sqrt{2g}$, nous avons :

$$v^2 = 2g\frac{p}{S} \qquad \text{(I)}$$

qui détermine la vitesse produite par une pression donnée ; ou,

$$p = \frac{S}{2g}v^2 \qquad \text{(II)}$$

qui détermine la pression correspondante à une vitesse donnée.

Il faut maintenant tenir compte de l'effet du frottement du fluide contre la paroi du tuyau. Nous pouvons indifféremment estimer la diminution de vitesse qui aura lieu sous une pression constante, ou l'augmentation de pression qui sera nécessaire pour conserver la même vitesse. Nous prendrons cette dernière méthode de calcul, qui est la plus convenable.

Le frottement des fluides sur les solides est soumis à des lois toutes différentes de celles qui règlent le frottement des solides l'un sur l'autre. Les premières n'ont pas été aussi bien étudiées que les dernières, mais nous pouvons considérer les principes suivants comme suffisamment établis pour le but que nous nous proposons.

1. Le frottement d'un fluide sur un solide est indépendant de la pression à laquelle ce fluide est soumis. Ainsi, le frottement de l'eau dans un tuyau, sous une pression de 1,000 kilogrammes par mètre carré, n'est pas plus considérable que pour une pression de 10 kilogrammes seulement.

2. Le frottement est proportionnel à la surface de la paroi. Ainsi, le frottement de l'eau, dans un tuyau de 100 mètres de longueur, sera deux fois plus grand que dans un tuyau de 50 mètres de longueur ; ou bien, si la circonférence d'un tuyau est double (sa longueur restant la même), le frottement sera double aussi. Si donc l représente la longueur d'un tuyau et c sa circonférence intérieure, le frottement sera proportionnel à lc.

3. Le frottement varie avec la vitesse, dans un rapport qui n'est pas déterminé d'une manière bien précise. Toutefois on peut admettre, comme une règle suffisamment exacte en pratique, que le frottement varie comme le *carré* de la vitesse moyenne (2) du fluide, ou comme v^2. Ainsi, lors-

(1) g est l'accélération de la vitesse, due à l'action de la pesanteur. (*Note du trad.*)

(2) Les molécules fluides, qui se trouvent au centre du tuyau, ont une vitesse plus grande que celles qui sont contre la paroi ; la vitesse *moyenne* est celle qui, multipliée par la section du tuyau, donne la quantité de gaz qui y passe. Dubuat a trouvé que, pour l'eau, la résistance additionnelle augmente avec la vitesse, de telle sorte que le frottement varie comme $v^2 + bv$ (b étant une fraction constante). Quand la vitesse est peu considérable, comme dans les rivières, etc..., il est nécessaire de tenir compte de ce fait.

que la vitesse de l'eau dans un tuyau est double, le frottement devient quadruple, et ainsi de suite.

4. Le frottement est aussi proportionnel au poids spécifique du fluide, c'est-à-dire qu'il varie comme S. Il ne paraît pas dépendre de la nature des substances en contact, du moins lorsque le fluide est dans un état de fluidité parfaite, et que la surface du solide est unie et ne présente pas d'obstacle à l'écoulement du fluide.

Pour exprimer ces lois algébriquement, posons $f =$ la force nécessaire pour vaincre le frottement, occasionné par l'écoulement d'un fluide pesant S kilogrammes par mètre cube, et ayant une vitesse v dans un tuyau, dont la longueur est l et la circonférence c. Soit aussi M une quantité constante, qui devra être déterminée par expérience, et qui est le *coefficient de frottement*. Alors,

$$f = \mathrm{M} l c \mathrm{S} v^2. \qquad \text{(III)}$$

Or, cette force doit être obtenue en augmentant la pression du fluide dans le réservoir; posons $p' =$ la pression, ainsi ajoutée, en kilogrammes par mètre carré, et soit $a =$ la section du tuyau. La force additionnelle qui en résultera, pour produire l'écoulement du fluide, sera $= ap'$. Mais cette quantité doit être égale à f; d'où

$$ap' = \mathrm{M} l c \mathrm{S} v^2, \quad \text{ou}$$

$$p' = \mathrm{M} l \frac{c}{a} \mathrm{S} v^2. \qquad \text{(IV)}$$

Si nous ajoutons cette pression à celle de l'équation II, nous aurons la pression totale à l'origine du tuyau. Soit P cette pression totale, exprimée en kilogrammes par mètre carré. Alors,

$$\mathrm{P} = p' + p = \frac{\mathrm{S}}{2g} v^2 + \mathrm{M} l \frac{c}{a} \mathrm{S} v^2; \quad \text{ou}$$

$$\mathrm{P} = \mathrm{S} v^2 \left(\frac{1}{2g} + \mathrm{M} l \frac{c}{a} \right) \qquad \text{(V)}$$

qui est l'expression générale du mouvement d'un fluide dans un tuyau.

Si le tuyau est circulaire, et que son diamètre intérieur soit d, alors $c = \pi d$ (π étant égal à 3,1416), et $a = \frac{1}{4} \pi d^2$; d'où $\frac{c}{a} = \frac{4}{d}$; substituant cette valeur dans la dernière équation, donnant à g sa valeur connue, et réduisant, on obtient :

$$\mathrm{P} = \mathrm{S} v^2 \left(4\mathrm{M} \frac{l}{d} + 0{,}0509 \right). \qquad \text{(VI)}$$

DONNÉES FOURNIES PAR L'EXPÉRIENCE.

La dernière expression donne la relation qui existe, d'après les principes généraux, entre les quantités qui entrent dans le calcul, et qui sont : les dimensions du tuyau, la pression et la vitesse. Il faut maintenant la comparer avec les résultats de l'expérience, afin non-seulement d'apprécier sa valeur dans l'application pratique, mais aussi de déterminer un élément de calcul très-important, c'est-à-dire le *coefficient de frottement*, M, dont la valeur est encore inconnue, et que la théorie ne nous permet pas de trouver.

La manière d'y parvenir est très-simple. Il n'y a qu'à rassembler quelques expériences bien faites et dans des circonstances différentes, mettre la valeur des quantités données dans l'équation VI, et on en déduira celle du coefficient M. Si cette valeur est sensiblement la même pour chaque expérience, cela prouvera que l'équation générale est exacte, et, en même temps, la valeur ainsi obtenue permettra d'exprimer les lois énoncées sous une forme pratique convenable.

Nous prendrons deux expériences faites, l'une sur l'air, et l'autre sur l'hydrogène protocarboné.

1. D'Aubuisson rapporte dans son « *Hydraulique* » (art. 525), des expériences faites par M. Girard sur l'écoulement de l'air d'un gazomètre, à l'un des hôpitaux de Paris. La pression était de $0^m,002488$ de mercure, soit $31^k,108$ par mètre carré ; le tuyau avait $0^m,01579$ de diamètre et la longueur avait varié, dans différentes expériences, de 6 à 128 mètres. Pour $85^m,06$ de longueur, la dépense était de $0^{mc},000409$ par seconde, ce qui donne une vitesse de $2^m,11$ par seconde. Un mètre cube d'air pèse $1^k,293$; donc

$$31,108 = 1,293 \times \overline{2,11}^2 \times \left(4M \frac{85,06}{0,01579} + 0,0509\right),$$

d'où l'on tire :

$$M = 0,00021.$$

2. Une expérience faite à l'usine à gaz de Westminster, et rapportée par M. Hawksley dans le compte rendu de la Société des ingénieurs civils, 1845, p. 283, a donné : Sous une pression de $0^m,026$ d'eau (soit 26 kilogrammes par mètre carré), un tuyau de $0^m,450$ de diamètre et de 1,609 mètres de longueur débitait 1,868 mètres cubes de gaz de houille par heure. La densité du gaz était de 4/10 de celle de l'air atmosphérique, et pesait donc $0^k,5172$ par mètre cube. et la vitesse était de $3^m,26$ par seconde. Donc, l'équation devient :

$$25 = 0,5172 \times \overline{3,26}^2 \times \left(4M \frac{1609}{0,45} + 0,0509\right),$$

d'où l'on tire :

$$M = 0,00026.$$

On voit que ces expériences donnent pour M une valeur à peu près égale dans les deux cas ; on peut donc en conclure que les principes, sur lesquels la formule est basée, sont justes, et qu'on peut les mettre en pratique.

FORMULES PRATIQUES.

Il nous reste à donner aux formules précédemment établies une forme convenable pour la pratique.

La pression, à laquelle les gaz sont soumis, se mesure généralement en hauteur d'eau, les manomètres étant construits d'après ce principe ; si donc on représente la pression en *millimètres d'eau* par h, on aura $P = h$. En outre, la densité du gaz n'est pas donnée ordinairement en kilogrammes par mètre cube, mais elle est rapportée à la densité de l'air. Soit δ la densité d'un gaz, celle de l'air étant 1. Alors, comme 1 mètre cube d'air pèse $1^k,293$,

$$S = 1,293 \times \delta.$$

Substituant ces valeurs dans la formule et résolvant l'équation par rapport à v, on trouve :

$$\text{(VII)} \qquad v = 27,8 \sqrt{\frac{hd}{\delta(l + 50,9d)}}$$

le diamètre du tuyau étant exprimé en mètres, et la vitesse en mètres par seconde.

Mais on rendra la formule encore plus pratique en la modifiant de manière à donner la *quantité* de gaz Q écoulée à l'heure, au lieu de la vitesse ; on a alors :

(VIII) $$Q = 78600 d^2 \sqrt{\frac{hd}{\delta(l + 50{,}9d)}},$$

ou, si la conduite a une longueur 400 ou 500 fois plus considérable que son diamètre,

(IX) $$Q = 78600 d^2 \sqrt{\frac{hd}{\delta l}}.$$ (1)

CHANGEMENT DE DIRECTION DE LA CONDUITE.

Nous avons supposé que le tuyau était parfaitement horizontal ; mais, comme ce cas arrive rarement en pratique, il est nécessaire de rechercher quel sera l'effet des changements de position.

Nous trouvons la clef de ce problème dans le principe général que nous avons énoncé plus haut : le frottement est indépendant de la pression à laquelle le fluide est soumis. Il en résulte nécessairement que, quelle que soit la position du tuyau, le frottement sera le même, pourvu que les autres éléments du calcul ne changent pas.

Supposons, par exemple, qu'une conduite d'eau, partant d'un réservoir, descende à une grande profondeur, puis remonte, le frottement ne sera pas plus considérable dans les parties inférieures de la conduite, pour une même longueur, que dans les parties supérieures, bien que la pression hydrostatique y soit pourtant bien plus grande ; et le frottement total du tuyau (en faisant abstraction, pour le moment, des courbures) sera le même que s'il était horizontal. Ainsi, il n'y a pas de différence dans la valeur du frottement lorsque le tuyau est horizontal, vertical ou incliné.

Il faut observer toutefois que, lorsque les deux extrémités de la conduite ne sont pas au même niveau, et que le fluide qui la parcourt est ou plus léger, ou plus lourd que l'air atmosphérique, il faut tenir compte de cette différence de niveau dans l'estimation de la pression motrice. Supposons, par exemple, qu'une conduite d'eau, partant d'un réservoir à 3 mètres au-dessous de sa surface, descende à 4^m,50 avant de laisser sortir l'eau ; la *hauteur de charge* effective est 3 + 4,50, ou 7^m,50. De même, si un tuyau de gaz, partant d'un gazomètre, débouche à 6 mètres plus haut, l'aspiration produite par la légèreté d'une colonne de gaz de 6 mètres de hauteur vient s'ajouter à la pression du gazomètre.

Il y a encore une autre considération à observer. Nous avons supposé l'extrémité du tuyau ouverte, ou ce qui revient au même, la pression a été supposée égale à zéro à cette extrémité. Cette hypothèse n'est pas nécessaire à l'application de la formule ; car, si la sortie du tuyau est soumise à une certaine pression, il n'y a qu'à prendre la *différence* entre les pressions aux deux extrémités de la conduite et à introduire cette quantité dans la formule.

La règle suivante devra donc être suivie, quelle que soit la position de la conduite, ou la pression à laquelle le fluide est soumis :

Soustraire de la pression à l'origine de la conduite, celle qui existe à sa sortie ; puis ajouter ou

---

(1) En prenant pour δ, densité du gaz, le nombre 0,42 qui est assez près de la vérité pour le gaz de houille ordinaire on arrive à la formule très-simple :

$$Q = 122800 \sqrt{\frac{hd^5}{l}},$$

dont on pourra se servir dans la pratique. (*Note du trad.*)

soustraire, suivant les circonstances, l'action d'une colonne du fluide d'une hauteur égale à la différence de niveau des deux extrémités de la conduite : le résultat sera la pression effective qui devra être introduite dans les formules.

CAUSES QUI INFLUENT SUR L'ÉCOULEMENT DES FLUIDES.

Nous avons supposé jusqu'ici que la conduite était droite et nous avons fait abstraction de toutes les causes qui pouvaient entraver l'écoulement du gaz, sauf le frottement contre les parois. Il y a cependant, dans la pratique, d'autres causes qui viennent compliquer la question ; et, bien que la plupart d'entre elles soient peu susceptibles d'être soumises au calcul, il est bon cependant de les indiquer.

Comme règle générale, on peut dire que toutes les causes qui tendent à produire des remous, ou à agiter les particules du fluide, doivent inévitablement ralentir la vitesse et diminuer la dépense. Chaque molécule de matière, une fois mise en mouvement, tend à continuer sa route en ligne droite, avec une certaine impulsion, ou *force vive*, qu'elle a reçue à son départ. Donc, toutes les fois que le libre mouvement d'une portion du fluide se trouve gêné dans la conduite, les molécules sont agitées, une partie de la *force vive* est absorbée ou détruite, et il en résulte une diminution de vitesse, qui ne peut être compensée que par une nouvelle impulsion. Lorsqu'on étudie le mouvement de l'eau dans un canal découvert, on observe de suite le remarquable effet des remous sur le ralentissement de la vitesse ; et il est évident que si les mêmes causes se produisent dans des tuyaux, où la vitesse est généralement beaucoup plus considérable, les mêmes effets auront lieu d'une manière plus marquée.

Voici les principales causes qui influent sur l'écoulement du gaz dans les conduites :

1. La manière dont l'eau sort du réservoir dans la conduite peut être une cause de *perte de charge*. Si l'on pratique dans la paroi mince d'un réservoir un trou rond (*orifice en mince paroi*), la quantité d'eau qui s'écoulera ne sera que les $\frac{6}{10}$ de celle résultant, d'après les équations I et II, de la hauteur de charge et de la section de l'orifice ; cette diminution est causée par ce qu'on appelle la *contraction de la veine*. Si, maintenant l'on adapte à l'orifice un tuyau ou *ajutage*, dont la longueur soit environ double ou triple du diamètre, la quantité d'eau s'élèvera à $\frac{8}{10}$ environ. Si, enfin, l'ajutage est évasé, suivant une courbe particulière, le débit de l'eau atteindra presque la dépense théorique.

Ainsi, la forme de l'orifice d'entrée de la conduite influe sur la dépense ; et comme, en pratique, la question se complique encore par les valves et robinets, il est impossible de poser une règle certaine. Il faut remarquer cependant que, comme cette cause n'affecte que le second terme du dénominateur de l'équation VII, on peut la négliger, si le tuyau est d'une longueur considérable en proportion de son diamètre.

2. Les *coudes* des tuyaux diminuent la vitesse, et, par suite, il y a *perte de charge*. Il est évident que, si une conduite présente un coude aigu et que le fluide soit animé d'une grande vitesse, les molécules, détournées subitement de la ligne droite, suivant laquelle elles se meuvent naturellement, tourbillonneront, s'entre-choqueront ; et, comme nous l'avons expliqué, une partie de la *force vive* sera absorbée et la vitesse réduite en conséquence.

L'augmentation de la résistance, occasionnée par les coudes, a été étudiée par les mathématiciens, mais avec peu de succès. La formule ordinaire, qu'on trouve dans les auteurs anglais, est a suivante :

Soit v = la vitesse du fluide dans le tuyau ; φ = l'angle du coude ; et h = la hauteur d'eau nécessaire pour vaincre l'accroissement de résistance causée par le coude ; on a la formule

$$h = Av^2 \sin \varphi$$

dans laquelle A est une constante.

Il suffit d'un peu d'attention pour voir que cette formule est inapplicable et absurde.

D'abord, tous ceux qui ont employé des tuyaux savent bien que, dans quatre-vingt-dix-neuf cas sur cent, les coudes ne présentent pas d'angles aigus, mais qu'ils sont, au contraire, plus ou moins obtus ; et l'expérience et le bon sens apprennent que plus le rayon de la courbe est grand, moins elle influe sur la vitesse de l'écoulement ; si bien que, lorsque l'angle est très-obtus, la perte de charge peut être regardée comme nulle. Or, la formule précédente ne tient pas compte du rayon de la courbe, et elle donnerait la même résistance pour un coude à angle aigu et pour une courbe d'un rayon quelconque.

En second lieu, il est évident que deux coudes d'un angle donné, et placés à la suite l'un de l'autre, donneront une résistance double de celle que donnerait l'un d'eux seul ; du moins, il est difficile de trouver une raison pour qu'il n'en soit pas ainsi ; mais cela n'est pas d'accord avec la formule qui veut qu'un coude de 90° ne donne qu'une résistance de 40 pour 100 supérieure à celle d'un coude de 45° !

Enfin, au delà de 90°, le sinus *diminue*, tandis que l'angle *augmente ;* de sorte que, d'après la formule, lorsque le coude a plus de 90°, la résistance deviendrait moindre à mesure que la courbure serait plus grande, jusqu'à 180° (la courbure devenant un demi-cercle) où la résistance deviendrait nulle !

Il est vraiment étonnant qu'une formule aussi vicieuse, et produisant des résultats aussi évidemment absurdes, ait été acceptée. Le fait est que les auteurs anglais qui ont traité de l'hydraulique ont confondu, en empruntant à Dubuat les observations sur la résistance des coudes, la quantité qu'il appelle l'*angle de réflexion*, avec l'angle de la courbure ; ils ont donc mal interprété ses idées, et ont donné une formule inapplicable. On peut démontrer aisément qu'une application juste des principes de Dubuat sur les coudes conduit à une formule exempte des défauts de la précédente, et qui pourrait s'appliquer au cas en question ; mais comme, malheureusement, nous ne pouvons la soumettre à l'expérience, nous nous trouverions en désaccord avec le principe que nous avons posé, en en recommandant l'emploi dans la pratique. Le petit nombre d'expériences qui ont été faites sur l'effet des coudes, n'a pas conduit à des résultats satisfaisants ; et M. d'Aubuisson, dont les recherches sur les fluides font autorité, a été obligé d'avouer que ses essais, pour arriver à l'établissement d'une formule, avaient été vains.

Nous sommes porté à croire que, dans les circonstances ordinaires, lorsque les coudes ont un rayon de courbure suffisamment grand en proportion du diamètre du tuyau, la résistance est négligeable ; mais qu'au contraire elle peut être considérable si l'angle est aigu et la vitesse très-grande.

3. Les *étranglements* dans les conduites occasionnent aussi une perte de charge. Si, en un point de la conduite, la section diminue, la vitesse augmente et produit un accroissement de frottement correspondant. En outre, si la contraction est brusque, il y a une perte de charge, résul-

tant du remous produit par le passage des molécules dans l'étranglement et leur rentrée dans le tuyau, qui reprend son diamètre primitif. On amoindrit cet effet, lorsque la contraction est nécessaire, en diminuant graduellement la section du tuyau, et supprimant les angles brusques et aigus ; à cet effet, on se sert de tuyaux coniques. La perte de charge est alors peu considérable. M. d'Aubuisson a trouvé, dans une expérience faite sur la distribution d'eau de Toulouse, qu'un rétrécissement des $\frac{94}{100}$ de la section du tuyau, en un point, ne diminue la dépense que de $\frac{1}{100}$.

4. Il est étonnant, mais pourtant exact, que l'*élargissement* de la conduite produise souvent une perte de charge plus grande qu'un étranglement. Venturi a trouvé que cinq forts élargissements consécutifs dans une conduite diminuaient la dépense de près de 40 pour 100. La cause en est évidemment due au remous produit par le changement de direction et de vitesse des molécules dans ces élargissements. On peut diminuer cet effet en prenant la précaution que nous avons indiquée plus haut, c'est-à-dire en n'effectuant les changements de diamètre qu'aussi graduellement que possible.

5. D'autres causes encore influent, à un moindre degré, sur l'écoulement du gaz dans une conduite : ce sont, par exemple, les irrégularités de forme de la conduite ; les saillies ou vides accidentels ; la rugosité de la paroi ; la forme particulière ou la disposition des robinets ou des valves ; les incrustations qui se forment sur la paroi intérieure des tuyaux ; les dépôts qui se produisent dans la partie inférieure ; les fuites ; ou (dans les distributions d'eau) l'air qui se rassemble à la partie supérieure, etc. Toutes ces causes influent plus ou moins sur la vitesse de l'écoulement, suivant leur degré d'importance dans chaque cas particulier.

Or, comme il est impossible de calculer les effets de ces différents accidents, qui se présentent, à un degré plus ou moins grand, dans l'écoulement du gaz à travers des tuyaux, il faut se contenter des formules qui donnent des résultats suffisamment approchés dans la pratique. On ne peut s'attendre à ce que les résultats de l'expérience et du calcul concordent absolument, et il faut accepter une approximation raisonnable. L'homme de l'art sait qu'il doit prendre, dans ses calculs, une marge suffisante pour tenir compte des causes accidentelles, et qu'en prenant pour guide des formules générales assez exactes, il arrivera à un résultat satisfaisant.

Nous ferons observer que, lorsque l'expérience vient en aide au calcul, on introduit insensiblement dans le calcul l'effet produit par toutes les causes que nous avons énoncées. Car, si les expériences sont faites sur une assez grande échelle, il faut que le résultat soit plus ou moins influencé par les irrégularités qui existent ; et la quantité constante qu'on déduit de la moyenne des expériences, ainsi faites, introduit dans la formule l'effet moyen des accidents qui se rencontrent dans la pratique. Un expérimentateur habile et instruit conduit toujours ses expériences dans ce but.

Il y a encore un point important, que n'ont pas toujours en vue les mathématiciens, c'est qu'il est bien préférable d'avoir une formule *simple* (pourvu qu'elle soit, bien entendu, assez près de la vérité), que de rechercher, par une formule compliquée, un degré d'exactitude qu'on ne peut, d'ailleurs, espérer atteindre. L'homme pratique emploiera une formule simple, tandis qu'une formule compliquée l'épouvantera. La même raison doit engager à prendre, autant que possible, pour coefficients, des nombres ronds, au lieu de fatiguer la patience du calculateur par un grand nombre de décimales inutiles.

COMPARAISON DES FORMULES AVEC LES RÉSULTATS DE L'EXPÉRIENCE.

Nous allons maintenant analyser les résultats de l'expérience, comparés avec ceux fournis par les formules. Il est à regretter qu'on ait fait si peu d'expériences sur ce sujet ; car, bien que les résultats concordent assez bien, il faut se rappeler que les coefficients constants, qui entrent dans les équations, sont le résultat d'un très-petit nombre de données ; et il est possible que des expériences plus nombreuses et plus variées donneraient un degré d'approximation plus grand. Aussi engageons-nous nos lecteurs à publier les expériences qui leur seraient connues ; car c'est par la comparaison d'un grand nombre de ces expériences, faites dans des circonstances tout à fait différentes, qu'on pourra obtenir des formules pratiques d'une application et d'une exactitude convenables (1).

EXPÉRIENCES SUR L'AIR ATMOSPHÉRIQUE.

N°	DIAMÈTRE de LA CONDUITE.	LONGUEUR de LA CONDUITE.	PRESSION D'EAU.	QUANTITÉ D'AIR ÉCOULÉE.	QUANTITÉ CALCULÉE d'après L'ÉQUATION IX.	DIFFÉRENCE P. 100.
1	0m,015	6m, 580	0m,033,5	5mc,179	4mc,885	5,6
2	—	37 , 474	—	2 , 065	2 , 047	0,8
3	—	56 , 668	—	1 , 754	1 , 665	5,0
4	—	85 , 002	—	1 , 471	1 , 359	7,6
5	—	108 , 766	—	1 , 188	1 , 202	1,1
6	—	126 , 132	—	1 , 103	1 , 116	1,1
7	—	128 , 874	—	1 , 095	1 , 104	0,8

Les expériences ci-dessus ont été faites par M. Girard, à Paris, et sont relatées dans l'*Hydraulique* de d'Aubuisson, art. 525.

EXPÉRIENCES SUR LE GAZ DE HOUILLE.

N°	DIAMÈTRE de LA CONDUITE.	LONGUEUR de LA CONDUITE.	PRESSION en HAUTEUR D'EAU	DENSITÉ SPÉCIFIQUE DU GAZ. Air = 1.	QUANTITÉ de GAZ ÉCOULÉE.	QUANTITÉ CALCULÉE D'APRÈS L'ÉQUATION IX.	DIFFÉRENCE P. 100.
1	0m,015	37m,474	0m,033,5	0,559	2mc,801	2mc,739	2,2
2	0 , 015	56 , 668	0 , 033,5	0,559	2 , 349	2 , 227	5,1
3	0 , 015	85 , 002	0 , 033,5	0,559	2 , 072	1 , 818	12,2
4	0 , 015	108 , 766	0 , 033,5	0,559	1 , 596	1 , 607	0,7
5	0 , 015	126 , 132	0 , 033,5	0.559	1 , 484	1 , 493	0,6
6	0 , 450	1608 , 640	0 , 025,0	0,4	1848 , 000	2104 , 000	13,8
7	0 , 012	9 , 140	0 , 031,25	0,4	3 , 360	3 , 625	7,8
8	0 , 012	53 , 926	0 , 031,25	0,4	1 , 680	1 , 492	11,1
9	0 , 250	91 , 400	0 , 075,0	0,4	3130 , 000	3518 , 000	12,4
10	0 , 250	1608 , 640	0 , 075.0	0,4	840 , 000	838 , 500	0,1
11	0 , 050	22 , 850	0 , 012,5	0.528	45 , 640	44 , 720	0,0
12	0 , 650	2860 , 820	0 , 020,0	0,42	2884 , 000	3453 , 000	19,8
13	0 , 650	3930 , 200	0 , 056,25	0,42	4900 , 000	4942 , 000	0,8
14	0 , 650	3930 , 200	0 , 011,87	0,42	40 , 000	2270 , 000	1,2

(1) Pour ceux de nos lecteurs qui seraient peu familiers avec le langage algébrique, voici, en langage ordinaire, l'usage de la formule IX : 1° Multiplier la pression en millimètres par le diamètre de la conduite en mètres ; 2° Multiplier la longueur de la conduite, en mètres, par la densité spécifique du gaz. Diviser le premier de ces produits (1°) par le dernier, et extraire la racine carrée du quotient ; 3° Multiplier le carré du diamètre de la conduite, en mètres, par le coefficient 78600, et multiplier le produit par le résultat de (2°). Le produit sera la quantité de gaz dépensée en mètres cubes par heure.

EXEMPLES NUMÉRIQUES SUR L'ÉCOULEMENT DU GAZ DANS LES CONDUITES.

TROUVER LA QUANTITÉ DE GAZ ÉCOULÉE.

On demande de trouver la quantité de mètres cubes de gaz, d'une densité spécifique de 0,42, que débitera une conduite de $0^{m},15$ de diamètre et de 1,608 mètres de longueur, sous une pression de $12^{mm},5$.

La formule est :

$$Q = 78600 d^2 \sqrt{\frac{hd}{\delta l}}.$$

Ce qui signifie : multiplier la pression, en millimètres d'eau, par le diamètre du tuyau, exprimé en mètres ; diviser le produit par la densité du gaz multipliée par la longueur de la conduite, en mètres ; extraire la racine carrée du quotient, et la multiplier par la quantité constante 78600 et par le carré du diamètre, en mètres, et l'on obtiendra le nombre de mètres cubes dépensés à l'heure. Ainsi,

$$hd = 12,5 \times 0,15 = 1,875,$$

$$\sqrt{\frac{hd}{\delta l}} = \sqrt{\frac{1,875}{0,42 \times 1608}} = 0,05269,$$

$$78600 d^2 \sqrt{\frac{hd}{\delta l}} = 78600 \times \overline{0,15}^2 \times 0,05269 = 93^{mc},183 = Q.$$

Pour trouver la quantité de gaz dépensée par une conduite de toute autre longueur, les autres conditions restant les mêmes, on a :

La quantité de gaz cherchée est à la quantité de gaz donnée, comme la racine carrée de la longueur de la nouvelle conduite est à la racine carrée de la longueur de la conduite donnée.

Si l'on veut déterminer la pression, en millimètres d'eau, nécessaire pour faire écouler une certaine quantité de gaz d'une densité donnée, par heure, à travers une conduite dont les dimensions sont connues, on a :

$$Q = 78600 d^2 \sqrt{\frac{hd}{\delta l}}$$

ou

$$Q^2 = \overline{78600}^2 d^4 \cdot \frac{hd}{\delta l} = \frac{\overline{78600}^2 d^5}{\delta l} \times h,$$

d'où

$$h = \frac{Q^2 \delta l}{\overline{78600}^2 d^5}.$$

C'est-à-dire que, pour trouver la pression : il faut multiplier le carré de la quantité de mètres cubes à écouler par heure par la densité spécifique du gaz, et par la longueur de la conduite en mètres ; diviser le produit par le carré de la constante 78600, multiplié par la cinquième puissance du diamètre, exprimé en mètres ; et le quotient représente la pression cherchée.

Exemple : Soit une conduite de 1,608 mètres de longueur et de $0^{m},25$ de diamètre ; on demande la pression en millimètres d'eau, nécessaire pour écouler 840 mètres cubes de gaz d'une densité de 0,4.

$$\frac{Q^2 \delta l}{\overline{78600}^2 d^5} = \frac{705,600 \times 0,4 \times 1608}{6,177,960,000 \times 0,0009765} = \frac{453840000}{6033160} = 75^{mm},2.$$

TROUVER LE DIAMÈTRE.

On cherche le diamètre d'une conduite susceptible d'écouler, sur une longueur connue, une quantité de gaz donnée, sous une pression déterminée ; nous avons :

$$Q = 78600 d^2 \sqrt{\frac{hd}{\delta l}},$$

$$\text{ou} \quad Q^2 = \frac{\overline{78600}^2 h}{\delta l} \times d^5,$$

$$\text{d'où} \quad d = \sqrt[5]{\frac{Q^2 \delta l}{\overline{78600}^2 h}},$$

ce qu'on ne peut calculer qu'avec l'aide de la table de logarithmes. On a :

$$\log d = \frac{1}{5}(2 \log Q + \log \delta + \log l - 2 \log 78600 - \log h).$$

Exemple : On demande le diamètre d'une conduite de 1,608 mètres de longueur, capable de dépenser, par heure, 1,848 mètres cubes de gaz, d'une densité de 0,4, avec une pression de 25 millimètres.

$2 \log Q = 2 \log 1848$	.... =	6,5334040
$\log \delta = \log 0,4$	.... =	$\bar{1}$,6020599
$\log l = \log 1608$	.... =	3,2062860
		9,3417499
$2 \log 78600$..... = 9,7908450 $\log h = \log 25$ = 1,3979400	.... =	11,1887850
	DIFFÉRENCE. .... =	$\bar{2}$,1529649

$$\frac{\bar{2},1529649}{5} = \bar{1},6305929 = 0^{m},427 = \log d$$

$$\text{ou} \quad d = 0^{m},43 \text{ environ.}$$

On trouvera dans le tableau suivant les dépenses de gaz, sous une pression de 25 millimètres, pour des conduites variant de 0^{m},05 à 0^{m},60 de diamètre. Si l'on veut trouver la dépense d'une conduite de même diamètre, mais sous une autre pression, on la déterminera facilement par le calcul, en s'appuyant sur ce principe que, toutes choses égales d'ailleurs, la dépense varie proportionnellement à la racine carrée de la pression.

DÉPENSES DE GAZ,

D'UNE DENSITÉ DE 0,42, EN MÈTRES CUBES PAR HEURE, SOUS UNE PRESSION DE 25 MILLIMÈTRES DE HAUTEUR D'EAU.

LONGUEUR de LA CONDUITE.	DIAMÈTRE DE LA CONDUITE.															
	0m,050	0m,075	0m,100	0m,125	0m,150	0m,175	0m,200	0m,225	0m,250	0m,300	0m,350	0m,400	0m,450	0m,500	0m,550	0m,600
mètres.	m. cub.	m. cub.	m. cub.	m. cub.	m. cub.	m. cub.	m. cub.	m. cub.	m. cub.	m. cub.	m. cub.	m. cub.	m. cub.	m. cub.	m. cub.	m. cub.
20	76,758	211,51														
30	62,672	172,70	354,53	619,33												
40	54,276	149,56	307,03	536,36	846,07											
50	48,545	133,77	274,61	479,73	756,75	1112,55	1553,48									
100	34,327	94,59	194,18	339,22	535,10	786,69	1098,45	1474,56	1918,94							
200	24,272	66,88	137,30	239,87	378,38	556,28	776,73	1042,60	1356,89	2140,42	3146,77					
300	19,818	54,61	112,11	195,85	308,94	454,20	634,20	851,35	1107,90	1747,64	2569,34	3587,56	4815,94			
400	17,163	47,29	97,09	169,61	267,55	393,35	549,23	737,28	959,47	1513,50	2225,10	3106,92	4170,79	5427,70	6887,91	
500	15,351	42,30	86,84	151,70	239,30	351,82	491,25	659,45	858,17	1353,72	1990,19	2778,91	3730,42	4854,57	6160,73	7657,79
600	14,014	38,61	79,27	138,49	218,45	321,16	448,45	601,99	783,40	1235,74	1816,78	2536,79	3405,38	4431,59	5623,95	6990,58
700	12,974	35,75	73,39	128,21	202,25	297,34	415,18	557,33	725,29	1144,10	1682,02	2348,61	3152,78	4102,86	5206,77	6472,02
800	....	33,44	68,65	119,93	189,19	278,14	388,36	521,34	678,44	1070,20	1573,39	2196,92	2949,18	3837,87	4870,49	6054,02
900	....	31,53	64,72	113,07	178,36	262,23	366,15	491,52	639,64	1009,00	1483,40	2071,28	2780,48	3618,38	4591,94	5707,78
1000	....	29,91	61,40	107,27	169,21	248,77	347,36	466,30	606,82	957,22	1407,28	1964,99	2637,80	3432,70	4356,29	5414,88
2000	....	....	....	75,85	119,65	175,91	245,62	329,73	429,08	676,86	995,09	1389,45	1865,21	2427,28	3080,36	3828,80
3000	....	....	....	61,93	97,69	143,63	200,55	269,22	350,35	552,05	812,49	1134,48	1522,93	1981,89	2515,10	3126,28
4000	....	....	....	....	84,60	124,38	173,68	233,15	303,41	478,61	703,64	982,49	1318,90	1716,35	2178,15	2707,44
5000	....	....	....	....	....	111,25	155,34	208,54	271,37	420,00	[illegible]	878,77	1179,66	1535,15	1948,10	2421,60
10000	....	....	....	....	....	....	109,84	147,45	191,89	302,70	445,02	621,38	834,14	1085,53	1377,58	1712,33

Les tableaux suivants donnent la dépense de gaz, en mètres cubes par heure, de tuyaux de différents diamètres et de diverses longueurs, sous des pressions différentes. Les diamètres varient de 27 millimètres à 90 centimètres ; les longueurs varient de 10 à 10,000 mètres, et les pressions de 2 à 50 millimètres (1).

DÉPENSES DE GAZ, EN MÈTRES CUBES PAR HEURE,

A TRAVERS DES TUYAUX DE DIFFÉRENTS DIAMÈTRES ET DE DIVERSES LONGUEURS, SOUS DES PRESSIONS DIFFÉRENTES.

(La densité du gaz est évaluée à 0,4, celle de l'air étant 1.)

DIAMÈTRE DU TUYAU = $0^{m},027$.

Longueur en mètres............	10	20	30	50	75	100	150
	m. cub.	m. cub.	m cub.	m. cub.	m. cub.	m. cub.	m. cub.
Quantité de gaz dépensé sous 2 millimètres.	6,579	4,652	3,798	2,942	2,402	2,080	1,698
— — 3 —	8,057	5,697	4,652	3,603	2,942	2,548	2,080
— — 4 —	...	...	...	4,165	3,401	2,945	2,405
— — 5 —	...	...	...	...	...	3,289	2,686

DIAMÈTRE DU TUYAU = $0^{m},054$.

Longueur en mètres............	50	75	100	150	200	300	500
	m cub.	m. cub.	m. cub.	m. cub.	m. cub.	m. cub.	m. cub.
Quantité de gaz dépensé sous 2 millimètres.	16,643	13,589	11,769	9,609	8,322	6,794	5,263
— — 3 —	20,384	16,643	14.414	11,769	10,192	8,321	6,446
— — 4 —	...	...	...	13,589	11,769	9,609	7,443
— — 5 —	...	...	...	...	...	10,743	8,322

DIAMÈTRE DU TUYAU = $0^{m},081$.

Longueur en mètres............	100	250	500	1000	1250	1500
	m. cub.	m. cub.	m. cub.	m. cub.	m. cub.	m. cub.
Quantité de gaz dépensé sous 2 millimètres.	32,431	20,511	14,503	10,255	9,172	8,373
— — 3 —	39,720	25,121	17,763	12,560	11,234	10,255
— — 4 —	...	29,007	20,511	14,503	12,972	11,842
— — 5 —	...	...	22,932	16,215	14,503	13,240
— — 6 —	...	...	...	17,763	15,888	14,503
— — 7 —	...	...	...	...	17,161	15,665
— — 8 —	...	...	...	...	18,346	16,747
— — 9 —	...	...	...	...	19,458	17,763
— — 10 —	...	...	...	...	...	18,724
— — 20 —	...	...	...	...	...	26,480
— — 30 —	...	...	...	...	...	32,431

DIAMÈTRE DU TUYAU = $0^{m},108$.

Longueur en mètres............	100	250	500	1000	1250	1500
	m. cub.	m cub.	m. cub.	m. cub.	m. cub.	m. cub.
Quantité de gaz dépensé sous 2 millimètres.	66,575	42,106	29,773	21,053	18,830	17,189
— — 3 —	81,538	51,569	36,465	25,784	23,062	21,052
— — 4 —	...	59,547	42,106	29,773	26,630	24,309
— — 5 —	...	...	47,076	33,287	29,773	27,179
— — 6 —	...	...	51,569	36,464	32,615	29,773
— — 7 —	...	...	...	39,386	35,228	32,159
— — 8 —	...	...	...	42,106	37,660	34,379
— — 9 —	...	...	...	...	39,945	36,464
— — 10 —	...	...	...	...	42,106	38,437
— — 20 —	...	...	...	...	59,547	54,358
— — 30 —	...	...	...	...	72,927	66,575

(1) Tous ces nombres sont calculés d'après la formule $Q = 122812\sqrt{\frac{hd^5}{l}}$. *(Note du trad.)*

DIAMÈTRE DU TUYAU = $0^{m},135$.

Longueur en mètres............	100	250	500	1000	1250	1500
	m. cub.	m. cub.	m. cub.	m. cub.	m. cub.	m. cub.
Quantité de gaz dépensé sous 2 millimètres.	116,30	73,556	52,012	36,778	32,895	30,029
— — 3 —	...	...	63,701	45,043	40,288	36,778
— — 4 —	...	...	73,556	52,012	46,521	42,467
— — 5 —	...	...	...	58,151	52,012	47,480
— — 10 —	...	...	...	82,238	73,556	67,147
— — 20 —	...	...	...	...	104,025	94,960
— — 30 —	...	...	...	...	127,400	116,300
— — 50 —	...	...	...	...	...	150,146

DIAMÈTRE DU TUYAU = $0^{m},162$.

Longueur en mètres............	250	500	1000	1250	1500	2000
	m. cub.	m. cub.	m. cub.	m. cub.	m. cub.	m. cub.
Quantité de gaz dépensé sous 2 millimètres.	116,03	82,046	58,015	51,887	47,369	41,023
— — 3 —	...	...	71,054	63,552	58,015	50,242
— — 4 —	..	...	82,046	73,384	66,990	58,015
— — 5 —	...	...	...	82,046	74,897	64,863
— — 10 —	...	...	...	116,030	105,921	91,730
— — 20 —	...	...	...	...	149,795	129,726
— — 30 —	...	...	...	...	183,460	158,881
— — 50 —	...	...	...	...	...	205,115

DIAMÈTRE DU TUYAU = $0^{m},200$.

Longueur en mètres............	250	500	1000	1250	1500	2000
	m. cub.	m. cub.	m. cub.	m. cub.	m. cub.	m. cub.
Quantité de gaz dépensé sous 2 millimètres.	196,49	138,94	98,249	87,877	80,220	69,473
— — 3 —	...	...	112,033	107,627	98,249	85,086
— — 4 —	...	...	138,945	124,276	113,449	98,249
— — 5 —	...	...	...	138,945	126,839	109,846
— — 10 —	...	...	...	191,499	179,378	155,345
— — 20 —	...	...	...	...	253,679	219,692
— — 30 —	...	...	...	...	310,692	269,067
— — 50 —	...	...	...	...	...	347,364

DIAMÈTRE DU TUYAU = $0^{m},250$.

Longueur en mètres............	500	1000	1250	1500	2000	2500
	m. cub.	m. cub.	m. cub.	m. cub.	m. cub.	m. cub.
Quantité de gaz dépensé sous 2 millimètres.	242,73	171,63	153,51	140,14	121,36	108,55
— — 3 —	...	...	188,01	171,63	148,64	132,94
— — 4 —	...	...	217,10	198,18	171,63	153,51
— — 5 —	...	...	...	221,58	191,89	171,63
— — 10 —	...	...		313,36	271,37	242,72
— — 20 —	...	...	...	...	304,85	343,27
— — 30 —	...	...	...	...	470,04	420,41
— — 50 —	...	...	...	...	...	542,75

DIAMÈTRE DU TUYAU = $0^{m},300$.

Longueur en mètres............	500	1000	1250	1500	2000	2500
	m. cub.	m. cub.	m. cub.	m. cub.	m. cub.	m. cub.
Quantité de gaz dépensé sous 2 millimètres.	382,89	270,74	242,16	221,06	191,44	171,23
— — 3 —	...	...	296,58	270,74	234,47	209,71
— — 4 —	...	...	342,46	312,62	270,74	242,16
— — 5 —	...	...	...	349,52	302,70	270,74
— — 10 —	...	...	...	494,30	428,08	382,89
— — 20 —	...	...	...	...	605,40	541,48
— — 30 —	...	...	...	...	741,46	663,18
— — 50 —	...	...	...	...	...	856,16

DIAMÈTRE DU TUYAU = $0^m,500$.

Longueur en mètres	500	1000	1500	2000	2500	3000
	m. cub.	m. cub.	m. cub.	m. cub.	m. cub.	m. cub.
Quantité de gaz dépensé sous 2 millimètres.	1373,0	970,91	792,74	686,54	614,06	560,55
— — 3 —	...	...	970,91	840,83	752,06	686,54
— — 4 —	...	...	1121,10	970,91	868,41	792,74
— — 5 —	...	...	...	1085,51	970,91	886,31
— — 10 —	...	...	...	1335,15	1373,08	1253,44
— — 20 —	...	...	...	...	1941,82	1772,64
— — 30 —	...	...	...	...	2378,24	2171,03
— — 50 —	...	...	...	...	...	3503,49

DIAMÈTRE DU TUYAU = $0^m,700$.

Longueur en mètres	500	1000	2000	3000	4000	5000
	m. cub.	m. cub.	m. cub.	m. cub.	m. cub.	m. cub.
Quantité de gaz dépensé sous 2 millimètres.	3184,3	2251,6	1592,1	1299,9	1125,8	1006,9
— — 3 —	...	...	1949,9	1592,1	1378,8	1233,2
— — 4 —	...	...	2251,6	1838,4	1592,1	1424,0
— — 5 —	...	...	...	2055,4	1780,0	1592,1
— — 10 —	...	...	...	2906,8	2517,4	2251,6
— — 20 —	...	...	...	...	3560,1	3184,3
— — 30 —	...	...	...	...	4360,3	3899,9
— — 50 —	...	...	...	...	...	5034,8

DIAMÈTRE DU TUYAU = $0^m,900$.

Longueur en mètres	1000	2000	3000	4000	5000	10000
	m. cub.	m. cub.	m. cub.	m. cub.	m. cub.	m. cub.
Quantité de gaz dépensé sous 2 millimètres.	4220,4	2984,3	2436,7	2110,2	1887,4	1334,6
— — 3 —	5169,0	3655,0	2984,3	2584,5	2311,6	1634,5
— — 4 —	...	...	3446,0	2984,3	2669,2	1887,4
— — 5 —	...	...	...	3336,5	2984,3	2110,2
— — 10 —	...	...	...	4718 6	4220,4	2984,3
— — 20 —	...	...	...	...	5968,6	4220,4
— — 30 —	...	...	...	...	7310,0	5169,0
— — 50 —	...	...	...	...	...	6673,1

TABLEAU DES RACINES CARRÉES DE LA DENSITÉ DU GAZ,

DEPUIS 0,350 JUSQU'A 0,700.

0,350 — 0,5916	0,410 — 0,6403	0,470 — 0,6856	0,530 — 0,7280	0,590 — 0,7681	0,650 — 0,8062
0,355 — 0,5958	0,415 — 0,6442	0,475 — 0,6892	0,535 — 0,7314	0,595 — 0,7713	0,655 — 0,8093
0,360 — 0,6000	0,420 — 0,6481	0,480 — 0,6928	0,540 — 0,7348	0,600 — 0,7746	0,660 — 0,8124
0,365 — 0,6041	0,425 — 0,6519	0,485 — 0,6964	0,545 — 0,7382	0,605 — 0,7778	0,665 — 0,8155
0,370 — 0,6083	0,430 — 0,6557	0,490 — 0,7000	0,550 — 0,7416	0,610 — 0,7810	0,670 — 0,8185
0,375 — 0,6124	0,435 — 0,6595	0,495 — 0,7035	0,555 — 0,7449	0,615 — 0,7842	0,675 — 0,8216
0,380 — 0 6164	0,440 — 0,6633	0,500 — 0,7071	0,560 — 0,7483	0,620 — 0,7874	0,680 — 0,8246
0,385 — 0,6205	0,445 — 0,6671	0,505 — 0,7106	0,565 — 0,7517	0,625 — 0,7905	0,685 — 0,8276
0,390 — 0,6245	0,450 — 0,6708	0,510 — 0,7141	0,570 — 0,7549	0,630 — 0,7937	0,690 — 0,8306
0,395 — 0,6285	0,455 — 0,6745	0,515 — 0,7176	0,575 — 0,7583	0,635 — 0,7969	0,695 — 0,8337
0,400 — 0,6325	0,460 — 0,6782	0,520 — 0,7212	0,580 — 0,7616	0,640 — 0,8000	0,700 — 0,8367
0,405 — 0,6364	0,465 — 0,6819	0,525 — 0,7246	0,585 — 0,7648	0,645 — 0,8031	

TABLEAU DES RACINES CARRÉES DES PRESSIONS,

DE $0^{mm},2$ A 6^{mm}.

MILLIMÈTRES.	RACINES CARRÉES.	MILLIMÈTRES.	RACINES CARRÉES.	MILLIMÈTRES.	RACINES CARRÉES.
$0^{mm},2$	0,4472	$2^{mm},2$	1,4832	$4^{mm},2$	2,0493
0 , 4	0,6324	2 , 4	1,5491	4 , 4	2,0976
0 , 6	0,7745	2 , 6	1,6123	4 , 6	2,1447
0 , 8	0,8944	2 , 8	1,6733	4 , 8	2,1908
1 , 0	1,0000	3 , 0	1,7320	5 , 0	2,2360
1 , 2	1,0954	3 , 2	1,7888	5 , 2	2,2803
1 , 4	1,1832	3 , 4	1,8439	5 , 4	2,3238
1 , 6	1,2649	3 , 6	1,8974	5 , 6	2,3664
1 , 8	1,3416	3 , 8	1,9493	5 , 8	2,4083
2 , 0	1,4142	4 , 0	2,0000	6 , 0	2,4494

CHAPITRE VINGTIÈME

APPAREILS A GAZ

Les Compagnies de gaz, à peu d'exceptions près, laissent aux soins d'*appareilleurs* l'installation des appareils à gaz dans l'intérieur des maisons; et, si ces entrepreneurs étaient tous capables et honnêtes, il n'y aurait aucun inconvénient à ce système ; mais beaucoup d'entre eux ne paraissent pas se douter qu'un tuyau de gaz doive avoir certaines dimensions, être fait d'une matière déterminée, placé dans une position particulière, ou même qu'il doive être étanche ; aussi les Compagnies ont-elles eu tort d'abandonner tout contrôle sur leurs travaux ; car l'imperfection des appareils a eu pour effet d'empêcher l'emploi général du gaz dans les habitations. Il ne serait peut-être pas bon que les Compagnies eussent à leur charge un grand nombre d'appareilleurs ; il en résulterait des inconvénients qu'il vaut mieux éviter, et de petites Compagnies ne pourraient même pas employer constamment un seul de ces ouvriers ; mais, grande ou petite, une Compagnie pourrait accorder, à un certain nombre d'appareilleurs, un privilége qu'ils perdraient lorsque la malfaçon de leur travail aurait occasionné quelque accident. Il est difficile de trouver une objection à ce système, qui pourtant ne sera jamais adopté ; et les consommateurs doivent sauvegarder eux-mêmes leurs intérêts, en n'employant que des appareilleurs capables, qui existent en certain nombre à Londres et dans toutes les grandes villes.

Un chapitre sur les appareils à gaz peut paraître superflu, mais cet ouvrage serait incomplet sans quelques détails sur ce sujet.

Toutes les Compagnies de gaz posent, à leurs frais, une certaine longueur de tuyau partant de la conduite principale. A Londres et dans beaucoup d'autres villes, elles posent le branchement jusqu'au mur de la maison. Dans les villes de province, elles ne le posent ordinairement que jusqu'au trottoir, ou elles placent seulement un certain nombre de mètres à partir de la conduite ; le reste du branchement est à la charge de l'abonné. Les branchements se composent de tubes de fer, vissés l'un au bout de l'autre, et posés avec une légère pente vers la conduite. La fabrication de ces tubes a atteint aujourd'hui une grande perfection, depuis que M. Russell, qui le premier les a appliqués, a commencé à en fabriquer.

Pour les changements de direction ou pour la jonction du branchement principal avec les tuyaux intérieurs, on se sert de coudes, de pièces en forme de T ou de croix, qui n'ont pas besoin d'être décrites.

L'appareillage intérieur doit être en plomb, jusqu'à un pouce de diamètre, où on le fait généralement en fer.

Il serait convenable de faire tous les coudes circulaires, mais souvent c'est impossible, parce que cela produirait un mauvais effet. Tous les tuyaux doivent être essayés, avant la pose, en y comprimant de l'air au moyen d'une pompe à main ; on place les tuyaux dans l'eau pendant cette opération, et les fuites sont accusées par la production de bulles d'air qui s'échappent. Si tous les tuyaux sont inclinés vers la conduite, il n'y a pas besoin de siphons ; mais s'il y a des contre-pentes, il faut y adapter un petit réservoir muni d'un robinet, afin de faire échapper les condensations qui peuvent se produire. Les tuyaux, qui amènent le gaz aux brûleurs, doivent y arriver aussi directement que possible, pour éviter les dépenses inutiles et les engorgements.

Lorsqu'on réunit deux tuyaux, la jonction doit être du même diamètre qu'eux et solidement faite. Les ouvriers ont l'habitude, pour essayer les tuyaux, de boucher l'une des extrémités et d'aspirer l'air par l'autre ; si la langue adhère à l'orifice, c'est une preuve que le vide s'est fait et que le tuyau n'est pas défectueux.

Le tableau qui suit donne le diamètre théorique des tuyaux destinés à alimenter un certain nombre de brûleurs, à une distance déterminée de la conduite de la rue. Ces diamètres sont calculés au moyen de la formule $d = \sqrt[5]{\frac{Q^2 \delta l}{78600^2 h}}$ qui est la même que celle qui nous a servi pour la détermination des quantités de gaz débitées par de larges conduites ; mais le débit réel est moindre que celui donné par le calcul. Les tuyaux du commerce ont des diamètres qui croissent de 3 en 3 millimètres, et, en prenant le diamètre courant qui suit immédiatement celui donné par le calcul, on reste dans le vrai. Ainsi, supposons qu'on ait à alimenter 100 becs placés à 30 mètres de la conduite. Le diamètre donné par le tableau est $0^m,0288$: si l'on prend un tuyau de $0^m,03$ de diamètre, il suffira ; pour 20 becs, le diamètre sera de $0^m,015$; pour 150 becs, de $0^m,036$; pour 200 becs, de $0^m,039$; et pour 300 becs, de $0^m,045$. Les pressions, longueurs de tuyaux et nombres de brûleurs, autres que ceux contenus dans le tableau, se calculeront d'après les règles posées dans le chapitre précédent.

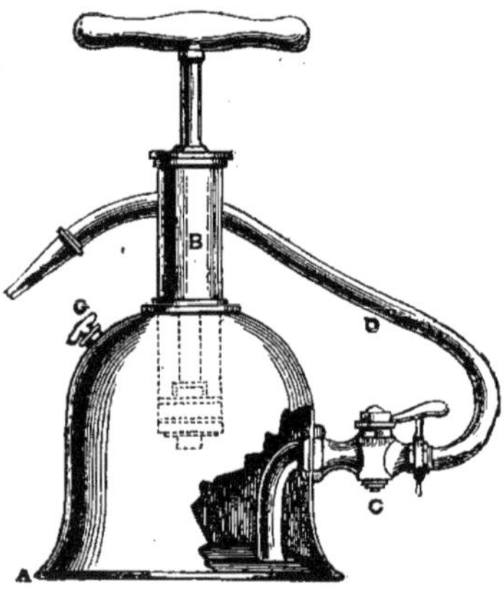

Fig. 84.

La figure ci-contre représente un appareil, imaginé par M. Hulett pour nettoyer les tuyaux obstrués. Il se compose d'un vase solide A, en forme de cloche, à la partie supérieure duquel est adaptée une petite pompe foulante B. Un tube D, fort, flexible, et muni d'un ajutage conique qui s'introduit dans le tuyau, est fixé sur le robinet C, qui est ajusté sur la paroi du vase. Lorsque le vase est rempli d'air comprimé, on ouvre le robinet, et le courant d'air chasse l'obstruction.

TABLEAU INDIQUANT LES DIAMÈTRES DES BRANCHEMENTS

NÉCESSAIRES POUR ALIMENTER UN CERTAIN NOMBRE DE BRULEURS, A DES DISTANCES DÉTERMINÉES DE LA CONDUITE.

DISTANCES des BRULEURS A LA CONDUITE.	NOMBRE DES BRULEURS, BRULANT CHACUN 150 LITRES A L'HEURE, AVEC UNE PRESSION DE 20 MILLIMÈTRES.												
	3	5	10	15	20	25	30	40	50	100	150	200	300
mètres.	cm.	cm.	cm.	cm.	cm.	cm.	cm.	cm.	cm.	cm.	cm.	cm.	cm.
2	0,41	0,50	0,66	0,78	0,88	0,96	1,03	1,22	1,27	1,67	1,97	2,21	2,60
5	0,49	0,60	0,80	0,94	1,05	1,15	1,24	1,46	1,53	2,01	2,37	2,54	3,12
10	0,56	0,69	0,92	1,08	1,21	1,33	1,43	1,68	1,76	2,31	2,72	3,05	3,59
20	0,65	0,80	1,05	1,24	1,39	1,52	1,64	1,93	2,02	2,66	3,12	3.51	4,12
30	0,70	0,87	1,14	1,35	1.51	1,65	1,78	2,09	2,19	2,88	3,39	3,80	4,47
40	0,75	0,92	1,21	1,43	1,60	1,75	1,88	2,22	2,32	3,05	3,59	4,03	4,74
50	0,78	0,96	1,27	1,49	1,67	1,83	1,97	2,32	2,43	3,19	3,75	4,21	4,95
60	0,81	0,99	1,31	1,55	1,74	1,90	2,04	2,41	2,52	3,31	3,89	4,37	5,14
70	0,84	1,03	1,36	1,60	1,79	1,96	2,11	2,48	2,60	3,41	4,01	4,50	5,30
80	0,86	1,05	1,39	1,65	1,84	2,01	2,16	2,55	2,67	3,51	4,12	4,63	5,44
90	0.88	1,08	1,43	1,68	1,88	2,06	2,22	2,61	2,73	3,59	4,22	4,74	5,57
100	0,90	1,10	1,46	1,71	1,92	2,10	2,26	2,67	2,79	3,67	4,52	4,84	5,69

CHAPITRE VINGT ET UNIÈME

COMPTEURS D'ABONNÉS

Dans l'origine de l'éclairage au gaz, il n'y avait aucun moyen de mesurer les quantités de gaz brûlé par chaque abonné, et l'on ne pouvait évaluer la consommation que par le nombre et le calibre des becs, et la durée de l'allumage. Cette méthode était nuisible à tout le monde, car les abonnés qui employaient le gaz avec mesure et pendant le temps convenu, étaient conduits à payer autant que les consommateurs qui en usaient immodérément, et l'éclairage au gaz n'aurait certainement pris qu'une extension très-limitée, si l'on n'avait trouvé un moyen de mesurer les quantités de gaz consommé par chacun. C'est donc à ceux qui ont inventé et perfectionné le compteur, qu'est due l'adoption générale de ce mode d'éclairage. Dans la description que nous allons donner de cet utile instrument, nous présenterons l'histoire de cette invention depuis son origine et les perfectionnements les plus importants qui y ont été apportés jusqu'à ce jour; nous ferons des emprunts fréquents, pour ce travail, à une série d'articles sur l'histoire du compteur, qui a été publiée dans le premier volume du *Journal of Gas-lighting*.

C'est Samuel Clegg qui a construit le premier compteur à gaz, vers l'année 1815, et c'est à lui qu'appartient le titre honorable d'inventeur de cet instrument. Le gazomètre d'expérience, dont on se sert aujourd'hui, était certainement connu bien avant M. Clegg, et pouvait être utilisé comme compteur à gaz; mais cet appareil est inapplicable pour mesurer les quantités de gaz brûlé par les abonnés. L'auteur des articles, que nous avons cités plus haut, essaie de démontrer que M. Clegg fut conduit à l'idée de son compteur à gaz par la vis d'Archimède, qui sert à élever de l'eau, ou par la *clepsydre*, instrument qui servait à mesurer le temps chez les anciens; mais l'analogie, qui existe entre la spirale inclinée, qui, par sa rotation, élève l'eau d'une façon continue, et les premiers instruments imaginés pour mesurer le gaz, en utilisant son élasticité, est si faible, qu'il est peu probable qu'elle ait suggéré l'idée de ces derniers appareils.

La position importante qu'occupait M. Clegg, comme ingénieur de la seule compagnie existant alors, et ses succès dans le perfectionnement des appareils à gaz, devaient le conduire naturellement à chercher un instrument capable de mesurer le gaz brûlé, et l'on ne peut douter qu'il n'ait apporté à cette recherche toutes les ressources de son esprit inventif, de sa science et de sa persévérance infatigable.

Il composa d'abord un compteur avec deux cloches, dont l'une recevait le gaz tandis que l'autre le dépensait : chacune d'elles s'élevait et s'abaissait alternativement ; la fermeture hydraulique des valves, qui opéraient cette action alternative, était faite au moyen du mercure. Il abandonna ce projet, et les résultats de ses expériences sont consignés dans un brevet pris en 1816, dans lequel il indique deux dispositions de compteur à gaz, dont la plus simple est la suivante :

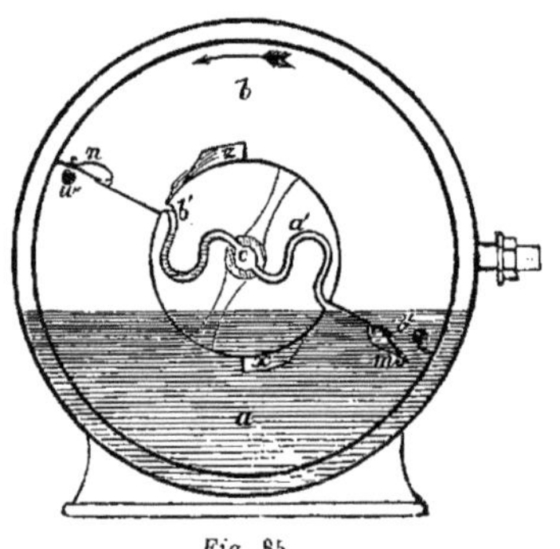

Fig. 85.

L'appareil se compose de deux chambres semi-cylindriques, *a*, *b*, figure 85, fermées de toutes parts, et liées à un axe, *c*, creux, tournant à une de ses extrémités sur un pivot, et à l'autre dans un stuffing-box. Le tuyau d'entrée était relié au stuffing-box, de sorte que l'axe creux se trouvait en communication avec lui; cet axe communiquait lui-même avec les deux chambres par les tubes courbes *a'*, *b'*. La figure indique l'un de ces tubes, *b'*, rempli d'eau : dans cet état, le gaz ne peut plus y passer. L'autre tube, *a'*, est vide et laisse libre le passage du gaz, qui entre par l'axe creux, *c*.

Les cloisons de séparation des deux chambres portent les soupapes *m*, *n*, qui sont maintenues par de petits ressorts. Lorsque ces soupapes sont ouvertes, elles laissent passer le gaz d'une chambre dans l'autre ; chacune de ces chambres est percée d'un orifice, *w* et *y*, par lequel le gaz sort dans l'enveloppe extérieure, qui renferme la roue ou *tambour*. Deux petits godets *x*, *z*, sont fixés au tambour, près des orifices des tubes courbes, pour les remplir d'eau, comme nous l'expliquerons tout à l'heure.

Dans la position qu'indique la figure, le gaz, qui s'introduit par le stuffing-box et l'axe creux, passe à travers le tube courbe *a'* et entre dans la chambre *a* ; il agit, par sa pression et son élasticité, entre la surface de l'eau et la cloison, et force le tambour à tourner dans la direction de la flèche.

Le gaz, contenu entre la cloison de gauche et l'eau, est alors chassé par l'orifice *w* dans l'enveloppe extérieure et, de là, s'en va aux brûleurs. La soupape *m*, qui est représentée ouverte, se ferme dès que la cloison s'élève au-dessus de la surface de l'eau, par l'effet du ressort ; et, lorsque la cloison, qui porte la soupape *n*, se trouve en contact avec l'eau, celle-ci s'ouvre et laisse entrer dans la chambre *b* l'eau qui chasse le gaz qui s'y trouve par l'orifice *y*. Pendant ce temps, le petit godet *x*, qu'on voit à la partie supérieure du tambour, s'est élevé en emportant une petite quantité d'eau qu'il verse dans le tube courbe *b'*, à travers lequel le gaz ne peut plus passer. La communication entre la chambre et l'axe creux se trouve donc interceptée, et, en même temps, celle entre cet axe et l'autre chambre est ouverte par le second tube, qui s'est vidé. Au moyen de cette ingénieuse disposition, le passage du gaz d'un compartiment dans l'autre se fait en temps voulu, et l'écoulement du gaz a lieu d'une manière continue.

La quantité de gaz qui passe par les deux compartiments du tambour, étant égale à la contenance de ces compartiments, peut être mesurée par le nombre des révolutions du tambour, qui est indiqué au moyen d'un index que fait mouvoir un système convenable de roues d'engrenage.

Les défauts de cet instrument se découvrent facilement, maintenant que nous connaissons les conditions nécessaires pour le mesurage du gaz pendant l'allumage. Les soupapes *m*, *n*, qui se trouvent exposées alternativement à l'action de l'eau et du gaz, ne peuvent rester longtemps en bon état ; le frottement de l'axe creux dans le stuffing-box oppose à l'écoulement du gaz une grande résistance, et la chute de l'eau des godets et la fermeture brusque des tubes *a'*, *b'*, occasionnent des oscillations dans la flamme.

Le compteur en était là, quand M. John Malam, employé à l'usine de la « Chartered Gas Company, » s'occupa de cette question. Il introduisit un nouveau principe et refit le compteur entièrement, comme on va le voir par la description suivante, qui est tirée d'un mémoire présenté par M. Malam à la Société des Arts, le 10 mars 1819.

La figure 86 est une coupe perpendiculaire à l'axe, et la figure 87 une coupe suivant cet axe. L'appareil se compose d'une roue ou *tambour*, tournant sur un axe, et entouré d'une enveloppe extérieure. Le tambour est divisé en cinq compartiments, dont l'un est au centre, et les quatre autres autour de celui-ci. Les compartiments *a*, *b*, *c*, *d*, communiquent avec la chambre centrale par les fentes *m*, *n*, *o*, *p*, et avec l'enveloppe extérieure par les fentes *w*, *x*, *y*, *z*. Ces fentes sont disposées de telle sorte que celles d'un même compartiment (telles que *m* et *w* du compartiment *a*) ne se trouvent jamais au-dessus de l'eau en même temps. Le compartiment central est muni, au centre d'un de ses côtés, d'un trou par lequel passe un tuyau coudé qui sert à l'introduction du gaz, comme l'indique la figure 87 ; ce tuyau coudé porte une petite crapaudine sur laquelle tourne l'une des extrémités de l'axe du tambour ; l'autre extrémité de cet axe tourne sur une crapaudine fixée sur l'enveloppe extérieure : de cette manière, le tambour est complétement indépendant du tuyau d'entrée. Le niveau de l'eau est assez élevé pour boucher le trou par lequel s'introduit le tuyau coudé, sans toutefois atteindre l'orifice de ce tuyau. Le gaz s'introduit par le tuyau recourbé dans le compartiment central *e*, et, comme l'ouverture centrale de ce compartiment est fermée par l'eau, il ne peut s'échapper que par celle des fentes *m*, *n*, *o*, *p*, qui se trouve au-dessus de l'eau. Dans la position représentée figure 86, le gaz entre dans le compartiment *b* par la fente *n*, et, en agissant sur la cloison de la chambre, il fait tourner le tambour dans la direction de la flèche, tandis que l'eau sort par la fente *x*. Après un quart de révolution, la fente *n* entre dans l'eau, et la fente *o* en sort, de sorte que le gaz entre dans le compartiment *c*, pendant que l'eau s'échappe par la fente *y* ; ainsi, par la rotation du tambour, chaque fente s'élève successive-

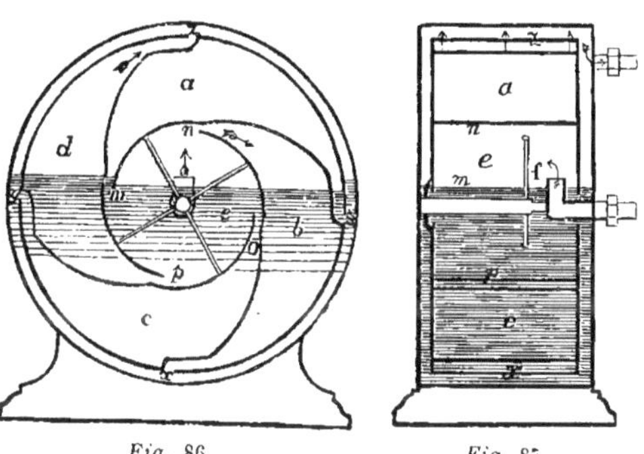

Fig. 86. Fig. 87.

ment au-dessus de l'eau, le gaz s'introduit dans la chambre correspondante et l'eau en sort. Il est donc évident que, tandis qu'une chambre se remplit de gaz, la chambre opposée le dépense en se remplissant d'eau. Ainsi, dans la figure, l'eau entre par *p* dans la chambre *d*, et le gaz s'en échappe par *z*, pour se rendre dans l'enveloppe extérieure, et, de là, aux brûleurs. La quantité de gaz qui passe par le volant à chaque révolution, est égale à la contenance des quatre chambres ; cette quantité est indiquée par l'intermédiaire d'un système d'engrenages que fait mouvoir le tambour.

Le point essentiel et ingénieux de cette invention consiste dans le tuyau coudé qui s'élève, dans la chambre centrale, au-dessus du niveau de l'eau, et qui fournit le gaz d'une manière continue pendant la révolution du tambour, en formant ce qu'on peut appeler un stuffing-box hydraulique. Le mérite de M. Clegg est d'avoir eu le premier l'idée de faire un appareil mesurant le gaz, et mis en mouvement par le gaz lui-même. On lui doit aussi l'application d'un tambour tournant, et divisé en compartiments. Il y a certainement bien plus de génie et d'originalité dans cette invention du compteur que dans tous les perfectionnements qui y ont été apportés depuis. Le compteur de M. Malam, qui a été imaginé après celui de M. Clegg, vient aussi le second comme mérite. En supprimant les ressorts, les soupapes, les tubes courbes, les godets et le stuffing-box, M. Malam n'a pas seulement rendu l'appareil plus simple, mais aussi bien plus pratique. « Ces deux hommes, comme le fait remarquer le *Journal of Gas-lighting*, n'ont pas été appréciés à leur juste valeur par leurs contemporains, et l'un d'eux, qui est le patriarche de notre industrie, est un exemple vivant du mérite non récompensé. » M. Malam n'a pas pris de brevet pour son invention, que les fabricants de compteurs ont appliquée sans rétribution, et ceux-ci ont fait de grandes fortunes, tandis que M. Malam n'a rien reçu.

Le compteur de M. Malam paraissait parfait, mais l'expérience démontra à M. Crosley, qui avait acheté le brevet de M. Clegg, qu'il y avait des perfectionnements à apporter. Ses travaux, tout en ayant moins de mérite que ceux de ses prédécesseurs, ont cependant beaucoup d'importance. Pour comprendre la valeur des perfectionnements de M. Crosley, il est nécessaire de savoir qu'il est avantageux, pour diminuer les pertes de gaz par les fuites des conduites, de livrer le gaz à une pression convenable pour l'alimentation des becs, mais aussi faible que possible. La pression à l'usine ne dépasse pas, quelquefois, 13 millimètres de hauteur d'eau, tandis que, chez le consommateur, elle n'est pas de plus de 7 millimètres. Il est donc essentiel que le compteur n'absorbe qu'une très-faible partie de la pression, et que le frottement du tambour soit constant pendant toute la révolution, afin que l'alimentation des becs soit suffisante et régulière. Quoique le compteur de Malam soit, sous ce rapport, supérieur à celui de Clegg, il est loin cependant d'être parfait. Le passage de l'eau de la chambre centrale dans les compartiments et de ces derniers dans l'enveloppe extérieure nuit à la libre rotation du tambour. La résistance de l'eau, ajoutée au frottement de l'axe du tambour, absorbe environ 7 millimètres de pression pour un tambour de $0^{m},225$ de diamètre, comptant 7 litres de gaz par minute ; et la différence de frottement aux différents points de la course du tambour s'élève à 3 millimètres de pression.

Pour obvier à ces inconvénients, M. Crosley a imaginé une disposition, au moyen de laquelle le gaz entre et l'eau sort par des fentes, situées sur les deux faces extrêmes du tambour, au lieu d'être pratiquées sur la surface cylindrique ; en outre, les cloisons des compartiments sont inclinées de manière à occasionner la moindre résistance possible dans leur passage à travers l'eau. Grâce à ces dispositions, il suffit d'une pression de 2 millimètres pour mettre le compteur en mouvement,

ɔour un tambour de même dimension et marchant à la même vitesse, et les oscillations sont presque insensibles au manomètre.

La figure 88 montre la forme du tambour, dont on a supprimé la calotte qui le ferme par devant, nais il est impossible de donner par un dessin ıne idée de la construction de ce tambour, quoique le principe en soit très-simple. Le ventilaeur rotatif peut donner une idée assez juste de a construction. Qu'on suppose deux de ces venilateurs, distants de quelques centimètres et éunis par une enveloppe cylindrique étanche; et appareil, plongé verticalement dans l'eau qui 'élève au-dessus de son axe, a de l'analogie avec e tambour du compteur de Crosley. Toutefois, ɔour que cet instrument mesure la quantité de gaz qui y passe, il fallait empêcher le gaz, qui ntre d'un côté, de s'échapper immédiatement ar l'autre; il était donc indispensable que l'enrée et la sortie du gaz ne fussent jamais en même emps au-dessus de la surface de l'eau. Ces conlitions demandaient beaucoup de connaissances mécaniques, et M. Crosley est parvenu à les remlir toutes.

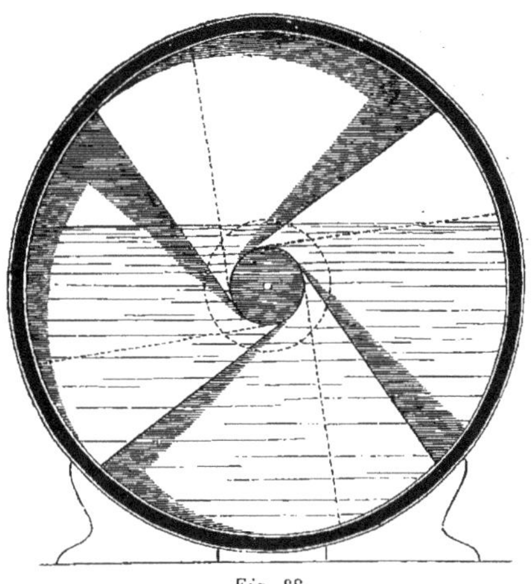

Fig. 88.

Dans la figure 88, les quatre lignes, qui rayonnent à partir du centre, représentent la projecion des fentes par lesquelles le gaz entre dans le tambour. Ces fentes sont donc ouvertes sur toute a largeur du tambour; il en règne de semblables sur l'autre face du tambour pour la sortie du ;az : elles sont indiquées en lignes ponctuées.

La figure 89 représente un tambour de compteur, en plan, en supposant enlevée la portion suérieure du cylindre qui l'enveloppe; *a* est l'enrée et *w* la sortie. La calotte convexe *k* est percée l'une ouverture centrale par laquelle s'introduit e tube recourbé qui amène le gaz, et par laquelle asse aussi l'axe du tambour. Cette ouverture doit ɔujours se trouver sous l'eau; sans quoi, le gaz asserait de l'entrée à la sortie sans faire tourner e tambour.

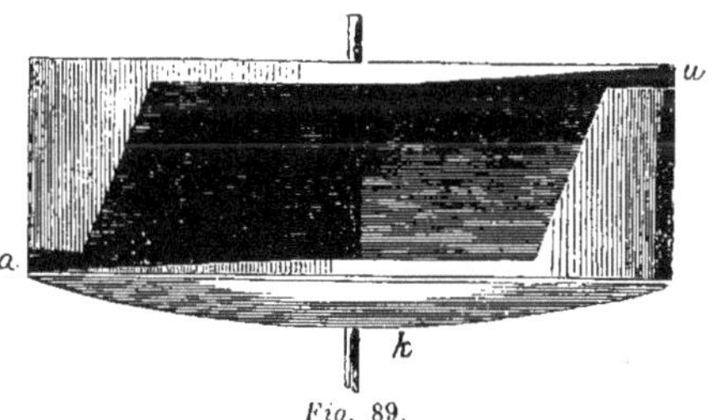

Fig. 89.

La modification la plus importante qui ait été pportée dans la forme et le mode d'action du compteur humide, après celle de M. Crosley, est due M. A. Wright : la figure 90 représente le tambour de ce compteur. Le perfectionnement de I. Wright consiste dans la suppression d'une bande de métal inutile aux fentes d'entrée et de ortie du tambour, ce qui a pour effet de diminuer le frottement, de sorte que les compteurs de etite dimension peuvent avoir un plus grand diamètre et moins de profondeur, sans qu'il en réulte une augmentation de frottement ou des oscillations dans la flamme. Cette forme de tambour éduit aussi d'environ $\frac{1}{4}$ les erreurs dans l'indication, causées par la variation du niveau d'eau.

La figure 90 est une vue de face d'un compteur de trois becs de ce système, à une échelle de $\frac{1}{4}$;

on a supposé la calotte convexe enlevée, de manière à faire voir les fentes d'entrée *a*, *b*, *c* et *d*. Les lignes ponctuées *w*, *x*, *y*, *z*, représentent les fentes de sortie qui sont sur l'autre face du tambour; les autres lignes ponctuées indiquent la position des cloisons (ou *marches*) qui séparent les quatre compartiments les uns des autres.

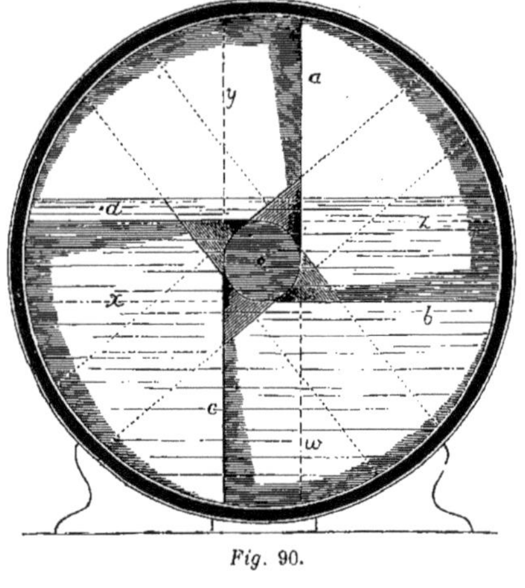

Fig. 90.

Le tambour étant dans la position représentée figure 90, le gaz, entrant dans la calotte convexe *k* (*fig.* 89) par le tuyau *c* (*fig.* 92), comme l'indique la flèche, passera par la fente d'entrée *c*, et, par sa pression, fera baisser l'eau et élever la *marche* du tambour. L'eau s'abaisse la première, et lorsqu'elle a baissé d'environ 2 millimètres, le frottement du tambour est vaincu et le compartiment s'élève au-dessus de l'eau, qui s'en échappe immédiatement ; pendant ce temps, la chambre contiguë commence à se remplir d'eau. Lorsque l'entrée *a* (*fig.* 90) arrive au-dessous de la surface de l'eau, il est évident que le gaz ne peut plus y entrer, de sorte que la contenance du compartiment entre la cloison métallique et la surface de l'eau représente la quantité de gaz livrée au brûleur.

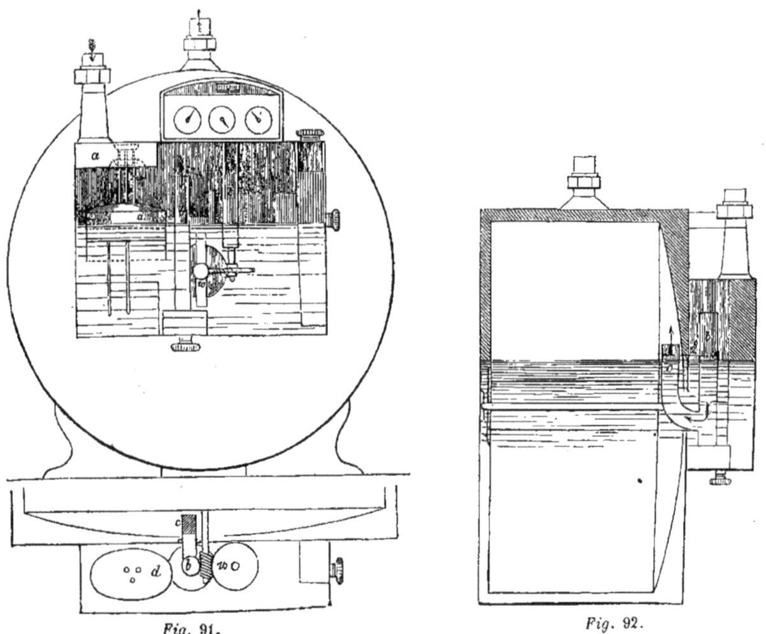

Fig. 91. *Fig.* 92.

Au moment où l'entrée *a* plonge dans l'eau, la sortie *w* se trouve à environ 25 millimètres au-dessous du niveau, et le gaz reste dans la chambre *a* jusqu'à ce que cette sortie *w* sorte de l'eau par la rotation du tambour, qui est entretenue par la pression du gaz dans la chambre *b*, qui, en outre, donne ainsi un excès de pression au gaz qui s'échappe de *w*.

Le principe du compteur humide étant expliqué, il nous reste à indiquer la construction le plus généralement adoptée aujourd'hui, et les perfectionnements les plus récents qui ont été apportés à cet appareil.

Les figures 91 et 92 représentent une coupe verticale et une coupe transversale d'un compteur ordinaire de 10 becs, ainsi que le construisait feu M. Crosley, avec l'aide de M. Clegg qui, tout en ayant cédé ses droits d'inventeur, n'a jamais cessé de s'occuper à perfectionner son œuvre. La position de l'entrée du gaz est indiquée dans la coupe transversale. La boîte *a*, dans laquelle se trouve la soupape d'entrée, n'a d'autre communication avec le reste du compteur que la soupape ; *b* est le tuyau d'entrée, qui débouche au-dessus du niveau de l'eau, en amenant le gaz dans le volant par le bras coudé ou bec *c*, qui se trouve entre la calotte convexe et les fentes d'entrée ; *d* est un flotteur fixé à la soupape d'entrée, et réglé de manière à ce que, quand l'eau descend au-dessous de l'ouverture centrale, la soupape se ferme et le gaz ne peut plus entrer dans le compteur. Les flèches indiquent la direction du gaz.

Le mouvement se transmet aux engrenages, qui conduisent les index, par une vis sans fin *n*, fixée sur l'axe du tambour ; cette vis agit sur une roue dentée dont l'axe passe à travers le tube *t*, dont l'orifice se trouve fermé par son immersion dans l'eau.

Les compartiments du tambour, qui mesurent le gaz, se trouvant limités d'un côté par l'eau, il est évident que leur capacité varie avec la hauteur du niveau de l'eau. Si le bec *c* est assez élevé pour permettre à l'eau de s'élever au-dessus du niveau normal, les compartiments contiennent moins de gaz, et les cadrans indiquent une consommation plus forte que la quantité de gaz réellement brûlée. Si, au contraire, le niveau de l'eau baisse, par suite de l'évaporation ou de toute autre cause, au-dessous du niveau normal, la contenance des compartiments se trouve augmentée, et le compteur accuse moins de gaz qu'il n'en est consommé. Cette différence de mesurage, résultant de la variation du niveau de l'eau, a été la cause de beaucoup d'ennuis, et l'on a adopté différentes dispositions pour y remédier.

On a essayé d'obvier au manque d'eau au moyen d'un réservoir construit sur le principe de ces petites fontaines intermittentes (telles qu'on en place dans la cage des oiseaux), dans lesquelles le niveau de l'eau est maintenu au-dessus de l'orifice par la pression de l'atmosphère. Lorsque le niveau de l'eau s'abaisse dans le vase qui ferme l'orifice, l'air monte dans le réservoir, et l'eau s'écoule jusqu'à ce que le niveau soit rétabli. Cette simple disposition semblait satisfaire à toutes les conditions, mais on a remarqué que, lorsque la pression atmosphérique baissait, l'air contenu dans le réservoir augmentait de volume et chassait l'eau; de sorte que, si cet effet n'était pas corrigé par un trop-plein, le compteur se trouvait rempli au-dessus de son niveau normal.

M. Esson a fait breveter récemment un perfectionnement de cette fontaine, et il remédie à l'excès d'eau qu'elle peut fournir au moyen d'un trop-plein qui maintient le niveau normal. M. Esson réunit aussi le réservoir et l'eau du compteur par un tuyau d'air qui facilite l'écoulement de l'eau, et il place le flotteur, qui règle la soupape d'entrée, dans le réservoir.

M. Alfred King, de Liverpool, emploie depuis quelques années la méthode suivante, pour maintenir le niveau constant dans les compteurs d'usines :

« Pour maintenir le niveau constant dans le tambour, dit-il, je place derrière le compteur une petite boîte en fonte, dans laquelle l'eau du compteur s'introduit par A (fig. 93). B est un tuyau, qui se visse dans le fond de la boîte, de sorte qu'on peut régler la hauteur de son orifice. C est un tuyau qui communique avec le tuyau d'entrée du compteur. Au moyen de cette disposition, le niveau de l'eau dans la boîte est le même qu'à l'intérieur du tambour. Un petit filet d'eau coule *constamment* dans le compteur. Si, par une augmentation de frottement, l'eau se trouve déprimée dans le tambour, il y a une dépression égale dans la boîte ; mais l'eau, qui coule constamment, rétablit le niveau normal. Si, au contraire, le frottement diminue, l'eau monte à la fois dans le tambour et dans la boîte, mais le niveau est encore rétabli par l'écoulement de l'excès d'eau par le tuyau B. »

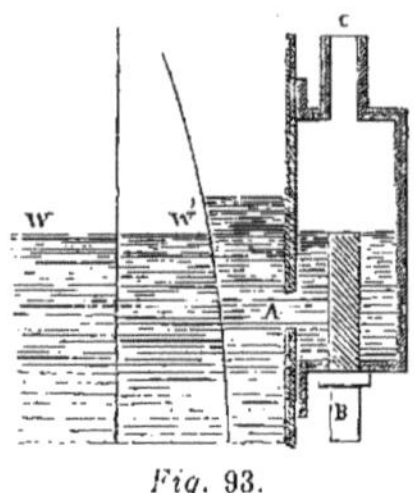

Fig. 93.

La disposition la plus simple, pour corriger la variation du niveau d'eau, consiste à couper le *bec* d'entrée du gaz à la hauteur du niveau normal, de sorte qu'un excès d'eau remplit ce tuyau et ferme l'entrée du gaz ; le flotteur à soupape ferme l'entrée du gaz lorsque le niveau de l'eau descend au-dessous du niveau normal. Mais pour mettre à exécution ces dispositions, il se présente des difficultés pratiques qui ont mis à l'épreuve l'habileté des fabricants de compteurs.

M. Edge a imaginé quelques perfectionnements destinés à corriger les défauts des compteurs humides. La soupape ordinaire monte et descend verticalement, guidée par des tiges qui sont sujettes à se rouiller et fonctionnent alors difficilement. Pour parer à cet inconvénient, M. Edge attache la soupape à un bras mobile autour d'un axe.

Un autre perfectionnement, dû à M. F. J. Evans, consiste dans l'addition d'une boîte de trop-plein, destinée à recevoir l'excès d'eau du compteur. Cette boîte est munie d'un syphon qui permet d'enlever l'eau sans que le gaz puisse s'échapper. Cette disposition a aussi l'avantage d'éviter la fraude qui consiste à prendre du gaz par la vis du syphon. La figure 94 représente une coupe

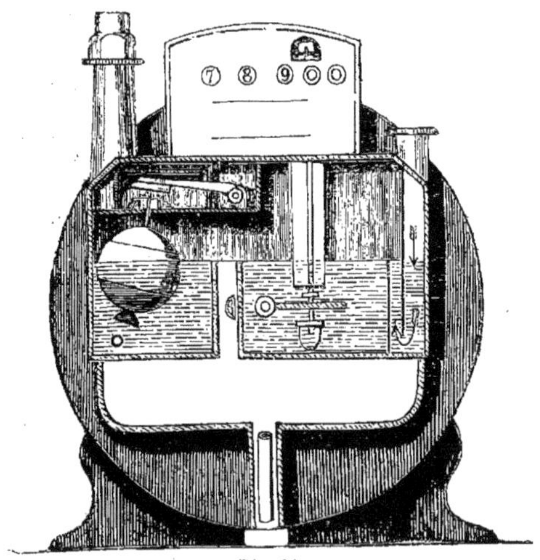

Fig. 94.

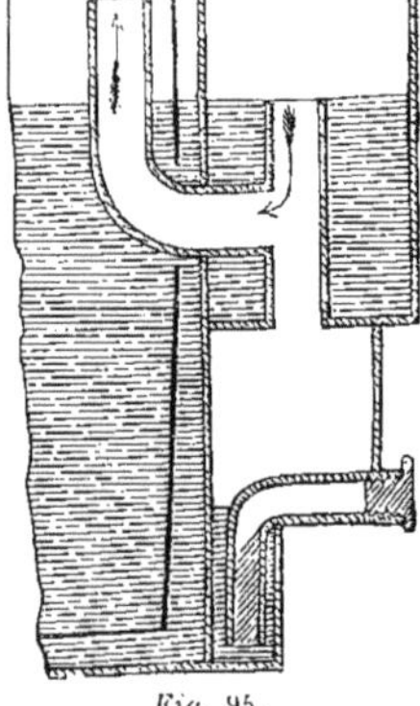
Fig. 95.

du compteur perfectionné de M. Edge, avec le flotteur et la boîte de trop-plein, dont on voit une coupe, (*fig.* 95), qui indique le mode d'action du syphon.

M. Edge a aussi apporté une modification au cadran du compteur. Au lieu d'aiguilles, fixées sur les roues d'engrenage et parcourant des cadrans, ce sont les cadrans eux-mêmes qui tournent, et on lit les chiffres à travers une petite ouverture. On obtient ainsi d'un coup d'œil le nombre de mètres cubes de gaz dépensés. Ce système est représenté figure 95.

Dans les derniers perfectionnements, apportés au compteur par MM. Crosley et Goldsmith, le niveau normal de l'eau est maintenu au moyen d'une disposition mécanique. Extérieurement au compteur se trouve fixé un petit réservoir d'eau ; deux petits tubes courbes, ou cuillers, sont fixés à un axe creux mis en mouvement par le volant ; à chaque révolution, ces tubes élèvent de l'eau qui se rend dans le compteur par l'axe creux. Un tuyau de trop-plein, qui ramène l'eau dans le réservoir, empêche le niveau de s'élever trop haut ; tandis que si, par hasard, le niveau descend trop bas, un flotteur ferme l'entrée du gaz et éteint les becs.

La figure 96 est une coupe verticale qui montre l'un de ces systèmes. La figure 97 est une coupe transversale du même compteur.

A' est l'appareil rotatif qui élève l'eau et qui est composé de deux tubes courbes, ou cuillers,

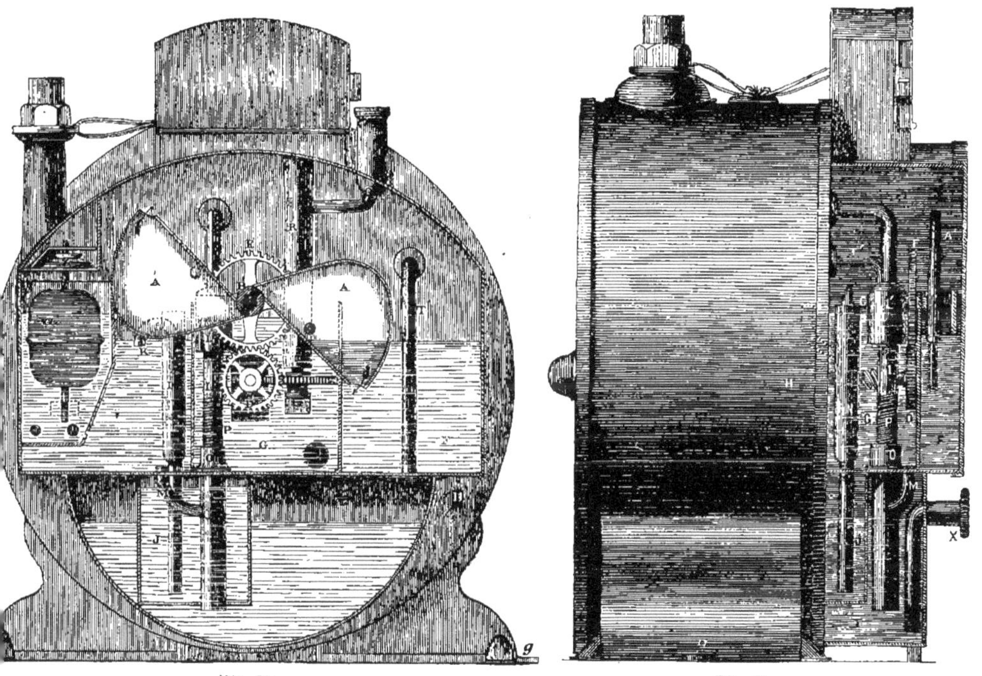

Fig. 96. Fig. 97.

fixés sur le tuyau creux B. Le mouvement est communiqué à ce système par la roue D, que porte l'axe du volant, et qui agit sur la roue dentée E, fixée sur le tuyau creux C. L'appareil tourne dans la direction des flèches, et les cuillers puisent dans le réservoir F une petite quantité d'eau qu'elles versent dans le tube creux, et, de là, dans le réservoir G, (*fig.* 97). Ce réservoir est indépendant du réservoir F, mais communique avec la chambre H du compteur, qui contient le tambour.

Par ce moyen, le niveau de l'eau est maintenu à une hauteur constante dans la chambre du tambour, et l'inspecteur n'a qu'à alimenter de temps en temps le réservoir d'eau F.

Le tuyau de trop-plein I du réservoir d'eau est réglé à une hauteur un peu inférieure à celle du niveau normal dans la chambre du compteur, et plonge à son extrémité inférieure dans la boîte hydraulique J. Un petit syphon K est adapté à la partie supérieure de ce trop-plein ; il est destiné à ramener dans le réservoir, lorsque la pression est supprimée dans le compteur, la quantité correspondante à la colonne d'eau nécessaire pour vaincre le frottement, et qui passerait dans le réservoir de trop-plein où elle serait perdue. Elle peut donc servir de nouveau lorsque le compteur se remet en marche.

I est un tuyau de trop-plein destiné à enlever l'excès d'eau de la chambre du tambour. Dans les petits compteurs, ce tuyau est recouvert d'une cloche, L', communiquant avec la chambre à gaz, mais, dans les grands compteurs, on supprime cette cloche. L'excès d'eau retourne dans le réservoir par le tube de trop-plein L et le tube N. Le tuyau, ou *syphon*, M, plonge à sa partie inférieure dans la boîte hydraulique J, de sorte que, si le compteur contient trop d'eau, celle-ci *noie* le syphon et intercepte le passage du gaz.

La hauteur du trop-plein, qui détermine le niveau de l'eau, se règle au moyen de l'écrou O, qui agit sur la portion filetée P du tuyau. Q est l'orifice par lequel on introduit l'eau ; il est relié au tube R, dans lequel passe l'arbre vertical qui transmet le mouvement aux rouages des cadrans. Le coude de jonction de Q et R, et l'arbre qui passe dans R, empêchent l'introduction d'une mèche de coton ou de toute autre chose dans le but d'ôter de l'eau. Le bouchon à vis X permet d'enlever l'excès d'eau, et on doit toujours l'ôter lorsqu'on met de l'eau dans le compteur. Le flotteur *a* agit sur la soupape d'entrée, comme dans les compteurs ordinaires.

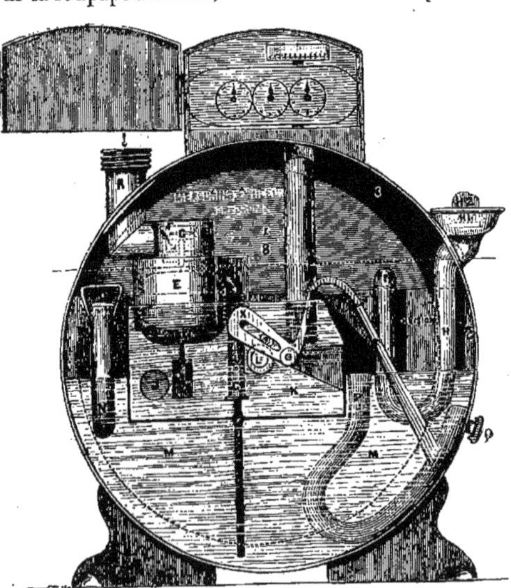

Fig. 98.

Ces compteurs n'absorbent pas plus de $1^{mm},8$ de pression. Depuis trois ans, on les emploie beaucoup et on trouve qu'ils fonctionnent parfaitement. On a ajouté d'autres dispositions pour empêcher les fraudes sur les indications du compteur.

M. Scholefield, de Paris, a récemment fait breveter un compteur-compensateur, qui, comme celui de MM. Crosley et Goldsmith, maintient le niveau de l'eau au moyen d'un appareil élévatoire. Dans ce compteur cet appareil n'est pas rotatif, mais possède un mouvement alternatif de va-et-vient, qui lui est donné par une manivelle agissant sur un levier coudé. La figure 98 représente une élévation de ce compteur, en supposant la paroi antérieure enlevée. Les dispositions, particulières au compteur de M. Scholefield, consistent d'abord dans la forme cylindrique qui est donnée à la boîte, et qui en simplifie la construction. L'intérieur est divisé sur une certaine hauteur, en deux parties principales au moyen d'une cloison ; la partie postérieure renferme le tambour, et la partie antérieure forme le réservoir d'eau, la boîte de trop-plein et de condensation. La cloche E, qui n'est pas susceptible de se corroder, et forme fermeture hydraulique en recouvrant le flotteur D et le syphon C, est une autre partie de l'invention. Cette fermeture hydraulique remplace la partie supérieure de la cloison, qui, dans les compteurs ordinaires, sépare le compartiment cylindrique qui renferme le tambour et le gaz mesuré, de la boîte antérieure qui contient le gaz non mesuré. La partie essentielle de ce compteur est la cuiller Z, fixée au levier coudé X, et qui est mue par la manivelle fixée à l'axe du tambour. L'eau, montée du réservoir M, tombe dans la boîte K, d'où elle passe dans la chambre principale par le trou J ; en même temps, l'excès se déverse par l'orifice O du tuyau régulateur N. Cet orifice se trouvant au niveau que doit avoir l'eau dans le compteur, l'excès retombe dans le réservoir M jusqu'à ce que le niveau, dans ce réservoir, atteigne l'orifice du tuyau P. Lorsqu'on met de l'eau dans le compteur, il faut ouvrir les bouchons H^2 et Q, et l'on en verse jusqu'à ce que le niveau, s'élevant en P, coule par Q, ce qui indique qu'il y en a suffisamment. Si l'on met dans le compteur plus d'eau qu'il n'en faut, elle monte dans le réservoir M et dans le syphon C, et le gaz ne peut plus passer.

M. Sanders a inventé un compteur-compensateur, dans lequel le niveau de l'eau est maintenu au moyen d'un corps flottant qui se substitue exactement à l'eau qui manque. C'est un demi-cylindre creux, en métal, et dont la densité est exactement la moitié de celle de l'eau. Il est suspendu à un axe, de telle sorte que, quand le compteur est vide, sa paroi circulaire se trouve en bas, et sa partie plane est presque horizontale. Lorsqu'on verse de l'eau dans le compteur, le flotteur semi-cylindrique s'élève, et lorsque le compteur est plein, sa paroi circulaire se trouve en haut, et la plus grande partie de son poids est reportée sur l'axe de suspension. La forme du flotteur et son mode de suspension sont disposés de manière à ce que la quantité d'eau, enlevée par l'évaporation, est remplacée par la portion du flotteur qui plonge dans l'eau, et le niveau normal est maintenu constant. La boîte, dans laquelle se trouve le flotteur, est placée sur une des faces du compteur, et le niveau de l'eau s'y trouve maintenu à la même hauteur, même si la quantité d'eau varie dans de grandes limites. L'action de ce flotteur-compensateur n'est reliée en aucune façon aux autres parties du compteur, qui peut être un compteur ordinaire ; et, si le flotteur venait, par hasard, à ne pas fonctionner, le compteur continuerait à marcher.

MM. Paddon et Ford, qui construisent le compteur de M. Sanders, ont, depuis peu, fait le flotteur d'une dimension beaucoup plus grande, et le règlent au moyen d'une vis. Ce flotteur, qui est applicable à tous les compteurs, est cylindrique, avec un fond conique ; il a pour objet d'empêcher l'action brusque et momentanée d'une haute pression, qui frappe le flotteur avant d'avoir agi sur toute la surface de l'eau.

M. Clegg a fait breveter l'année dernière un « NOUVEAU COMPTEUR A GAZ HYDRAULIQUE, » qui se compose de cinq chambres excentriques, comme le montre la figure 99, au lieu des quatre cloisons de son ancien compteur, actuellement en usage. Cette modification permet au tambour de tourner plus vite et avec moins de pression que l'ancien ; elle laisse en même temps une chambre à air centrale B, qui déplace une quantité d'eau égale au poids du tambour. L'axe ne supporte ainsi aucun poids, et en même temps le tambour, suspendu à l'une des extrémités d'un balancier, peut monter et descendre de la même manière que le niveau de l'eau. A l'autre extrémité du balancier se trouve suspendu un vase C, que M. Clegg appelle le *régulateur*, et dont le but est d'enfoncer le tambour dans l'eau, d'une quantité égale à la pression du gaz, de manière à ce que le tambour soit toujours plongé dans l'eau à la même hauteur. A cet effet, l'intérieur du régulateur reçoit du gaz à la même pression que le tambour, et sa capacité et sa position sur le balancier sont calculées de manière à agir d'une manière convenable sur le tambour. Cette disposition rend la capacité du tambour constante, quelle que soit la pression, et, comme celui-ci peut monter ou descendre suivant le niveau de l'eau, le compteur devient un instrument de mesurage exact dans toutes les circonstances, en supprimant tous les appareils additionnels, le syphon et les tuyaux de trop-plein.

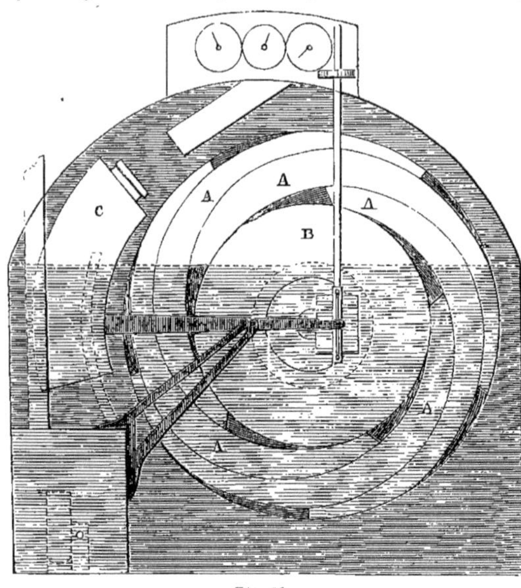

Fig. 99.

Aujourd'hui le compteur est donc parfait et on peut dire qu'il dépasse tout ce qu'on pouvait attendre de cet instrument. Ce compteur a été expérimenté à Londres par les hommes les plus compétents, qui ont reconnu sa supériorité et sa perfection ; sa fabrication est installée sur une grande échelle à l'usine de Langham, où on a construit un atelier spécial pour cet objet.

Une application plus récente du principe de la flottaison, pour obtenir un niveau constant dans le tambour, est due à M. Bartholomew ; il fait flotter le compteur tout entier dans une boîte extérieure contenant de l'eau ; et, si le niveau de l'eau baisse assez pour que l'instrument ne flotte plus, l'entrée du gaz se trouve fermée.

L'excès de pression dans les compteurs hydrauliques n'a pas pour effet de faire baisser l'eau dans la chambre du compteur, et, par suite, d'augmenter sa capacité, à moins qu'il n'y ait excès de frottement, car toute la pression à l'arrivée se transmet à la sortie, excepté celle qui est absorbée par le frottement du tambour. Cependant l'excès de frottement produit, en augmentant la capacité du tambour, le même effet que l'abaissement du niveau de l'eau, et avantage le consommateur. L'accroissement de la vitesse normale d'un compteur augmente le frottement, et tend à augmenter la capacité des compartiments du tambour. S'il tourne beaucoup plus vite, comme cela arrive lorsqu'un compteur alimente plus de becs que le nombre pour lequel il a été calculé, l'indication devient imparfaite.

Le tableau suivant donne les dimensions habituelles des tambours des compteurs humides les plus employés.

NOMBRE DE BECS.	2	3	5	10	20	30	45	50	60	80	100	150
	cm.	cm.	cm.	cm.	cm.	cm.	cm.	cm.	cm.	cm.	cm.	cm.
Diamètre du tambour....	22,5	22,5	30,75	36,875	42,85	48,675	53,75	57,50	57,50	62,00	68,875	79,75
Profondeur du tambour..	8,25	11,25	12,25	16,75	24,00	27,50	31,00	31,875	38,75	44,375	47,75	56,125
Hauteur du niveau de l'eau au-dessus de l'axe.	3,12	3,12	3,75	4,312	5,437	6,25	6,62	7,37	7,37	8,12	9,312	12,47
Diamètre de l'ouverture centrale.............	3,00	3,00	4,25	4,80	6,75	7,575	8,20	9,30	9,30	10,00	12,25	15,00
Flèche de la calotte convexe................	2,25	2,65	2,10	2,625	2,50	3,25	4,00	4,25	4,25	5,125	5,425	6,225
Épaisseur des fentes d'entrée................	0,70	0,75	0,975	1,425	1,45	1,55	2,05	2,375	2,45	2,45	3,75	4,45
Épaisseur des fentes de sortie............	1,07	1,25	1,625	2,25	2,25	2,625	3,05	3,00	3,15	3,75	4,25	5,00
	lit.	lit.	lit.	lit.	lit.	lit.	lit.	lit.	lit.	lit.	lit.	lit.
Capacité, ou quantité de gaz fournie par chaque révolution du tambour.	2,333	3,500	7,0	14,0	28,0	42,42	56,0	70,0	84,84	112,0	140,0	215,384

Les fentes d'entrée sont celles qui se trouvent sous la calotte, et les dimensions indiquées pour ces fentes sont celles près de la circonférence du tambour.

En posant les lames, qui forment les fentes, sur les cloisons du tambour, il faut avoir soin qu'elles aient la longueur convenable. Au moment où l'eau touche le bord de l'extrémité extérieure de la fente d'entrée, le bord de la fente de sortie du même compartiment doit sortir de l'eau. Si les bords sont trop longs, le gaz ne pourra s'échapper du compartiment : s'ils sont trop courts, le gaz passera directement de l'entrée à la sortie sans faire tourner le volant.

Les chances d'erreurs dans les indications des compteurs humides ordinaires, par suite de la variation du niveau de l'eau, et de la possibilité de frauder en inclinant le compteur, ont conduit les inventeurs à chercher les moyens de mesurer le gaz sans le secours de l'eau.

Le compteur sec est une combinaison du soufflet ordinaire et de la machine à vapeur, et il est intéressant d'étudier l'union de ces deux machines, et la prépondérance que prend la dernière à mesure que l'instrument se perfectionne.

Le soufflet ordinaire donne une idée simple du premier compteur sec. Lorsque la partie supérieure s'élève, il entre par la soupape une quantité d'air égale à la capacité de la chambre, et cette quantité d'air est chassée par la buse lorsque le soufflet a repris sa position primitive. Si donc on connaît la capacité du soufflet, et que le retour de l'air par la buse soit empêché par une soupape, le nombre des dilatations et des contractions du soufflet indiquera le volume d'air qui y a passé. L'air aura ainsi un écoulement irrégulier, mais si l'on combine l'action de deux ou trois soufflets semblables, l'un d'eux chassera l'air pendant que l'autre le reçoit, et l'on pourra obtenir un écoulement continu. La seule modification à apporter à un tel appareil, pour en faire un compteur à gaz, consiste à le faire fonctionner par l'action du gaz lui-même.

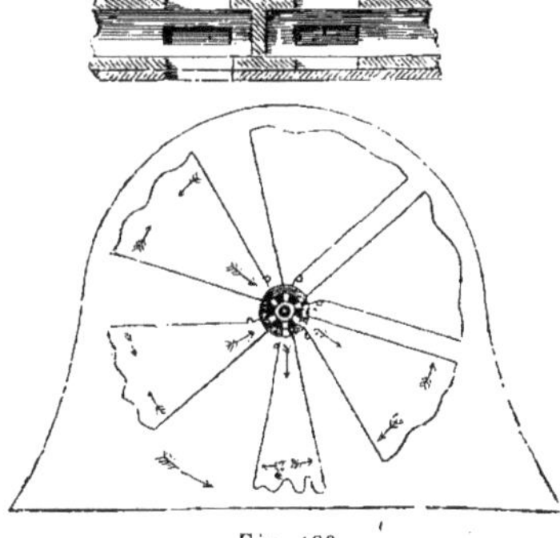
Fig. 100.

Le premier compteur sec, dont il reste des traces, a été inventé par M. John Malam qui l'a fait breveter en 1820. Il consiste en six paires de soufflets, rangés autour d'un tube creux, comme l'indique la figure 100 ; le gaz est appelé et chassé successivement par chaque paire de soufflets au moyen d'une certaine disposition de soupapes et d'ouvertures. L'axe creux se trouve fermé par une cloison intérieure disposée de telle sorte que le gaz, s'introduisant dans la paire de soufflets qui communique avec l'arrivée du gaz, s'échappe en même temps de la paire de soufflets opposée par l'ouverture du tube creux qui communique avec la sortie. Un des côtés rigides de chacune des six paires de soufflets est fixé à l'axe creux central, et les côtés mobiles, qui sont faits avec des feuilles de métal, sont reliés aux côtés fixes au moyen d'une matière flexible et imperméable. La roue, ainsi formée de soufflets, tourne sur son axe parce que l'équilibre se trouve détruit par l'entrée du gaz dans la paire de soufflets supérieure, dont le côté mobile est forcé de prendre une position inclinée. De cette manière, le gaz s'introduit successivement dans chaque paire de soufflets et produit un mouvement continu, tandis qu'il se trouve chassé par le poids des côtés mobiles des soufflets. Cet instrument ingénieux n'a jamais été employé et on peut se demander si la destruction d'équilibre, opérée par le moyen proposé, était suffisante pour vaincre le frottement de l'appareil sur le tube creux.

Depuis l'époque de cette invention jusqu'à l'année 1833, le compteur sec ne semble pas avoir été étudié. En 1833, on apporta d'Amérique un instrument de l'invention d'un intelligent ouvrier, appelé Bogardus. Ce compteur était composé d'un vase creux, parfaitement étanche, et divisé en deux compartiments par une cloison flexible, qui pouvait se mouvoir librement d'un côté à l'autre. Chacun de ces compartiments se trouvait alternativement en rapport avec l'entrée du gaz et avec les brûleurs. Les mouvements de la cloison étaient comptés au moyen d'une poulie et d'une roue à rochet agissant sur un système de rouages portant des aiguilles. Au moment où la cloison arrivait à l'extrémité de sa course, d'un côté de la chambre, la position du robinet d'entrée était changée par l'action d'un levier et d'un ressort. Le robinet avait quatre ouvertures, dont deux étaient alternativement en rapport avec le tuyau d'entrée, et les deux autres avec les deux chambres.

La figure 101 est une coupe verticale de cet appareil, indiquant la cloison arrivée à l'extrémité de sa course, avec les robinets, ressorts et leviers dans leur position au moment où l'inversion du passage du gaz va s'opérer. La figure 102 est une coupe semblable, représentant la cloison à l'extrémité de sa course de l'autre côté. Dans ces figures, *aaaa* est la boîte divisée en deux compartiments A et B par le diaphragme, qui tourne sur un pivot en *c*, près du fond de la boîte. Le tuyau *d* est réuni au branchement, et le tuyau *e* est le tuyau de sortie qui conduit le gaz aux brûleurs. Le robinet *à 4 eaux* est représenté en *f*; *g* est le ressort qui intervertit le passage du gaz; *h* et *i* sont deux leviers reliés à la clef du robinet; *k* est un bras fixé à la cloison *b*, qui agit alternativement sur les leviers *h* et *i*; *l* est un autre bras, fixé à la cloison, portant à son extrémité une goupille qui agit dans une rainure pratiquée à l'extrémité du ressort; *m* est un court levier fixé à la cloison près du pivot, et qui met en mouvement la roue à rochet *o* à travers le trou *n*; *p* et *q* sont des ouvertures pratiquées dans les deux chambres A et B pour la sortie du gaz vers les brûleurs. Au moyen de cette disposition, le gaz venant du branchement peut entrer alternativement dans chacune des deux chambres, et de là, être envoyé aux becs. La capacité des chambres étant

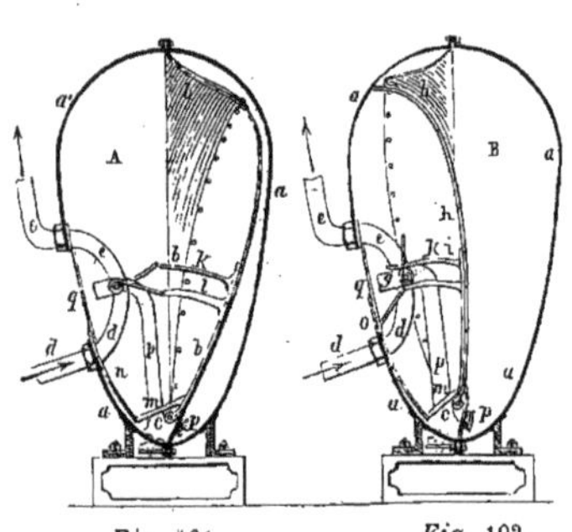

Fig. 101. *Fig.* 102.

déterminée, et le nombre des oscillations étant enregistré sur les cadrans, la quantité de gaz qui passe par le compteur se trouve connue.

Cet instrument, lorsqu'il fut importé en Angleterre et breveté, était certainement très-ingénieux, mais très-imparfait, jusqu'à ce que M. Edge y eût apporté des perfectionnements qu'il fit breveter et vendit ensuite à la « Dry meter Company. » La figure 103 représente le compteur perfectionné. La chambre du compteur était en cuir, qui est une matière défectueuse, en ce qu'elle se contracte ou se dilate sous certaines influences. Ce compteur avait aussi l'inconvénient de rendre la fraude facile, et de donner une flamme vacillante à cause de la fermeture et de l'ouverture brusques des soupapes. Tous ces défauts l'ont fait abandonner.

Fig. 103.

Bogardus inventa ensuite un autre système de compteur sec, que M. Sullivan fit breveter en Angleterre, en 1836. Dans cet appareil le mouvement de deux pistons flexibles est combiné, au moyen de leviers, de manière à imprimer un mouvement de rotation continu à une soupape par laquelle passe le gaz. La figure 104 est un plan de ce compteur, dont on a supposé le couvercle enlevé, et la figure 105 est une coupe transversale, représentant la forme des pistons flexibles. La boîte *aaaa* est divisée en deux compartiments égaux par la cloison *b;* ces compartiments sont subdivisés par les pistons flexibles *c, c.* Le compteur est donc divisé en quatre parties égales, n°s 1, 2, 3, 4, isolées les unes des autres ; chacune d'elles communique par une soupape avec la chambre n° 5, placée à la partie supérieure, et avec le branchement *c.* Les dispositions, assez compliquées, avaient pour effet de faire passer le gaz du branchement dans la chambre n° 5 par l'intermédiaire des compartiments, séparés par les pistons flexibles, dont les mouvements étaient indiqués, comme à l'ordinaire, sur des cadrans par l'intermédiaire d'engrenages. Les pistons flexibles étaient en soie huilée ou en cuir mince. Ce compteur, qui est représenté en perspective dans la figure 106, fut aussi abandonné, après des dépenses considérables faites pour le rendre pratique.

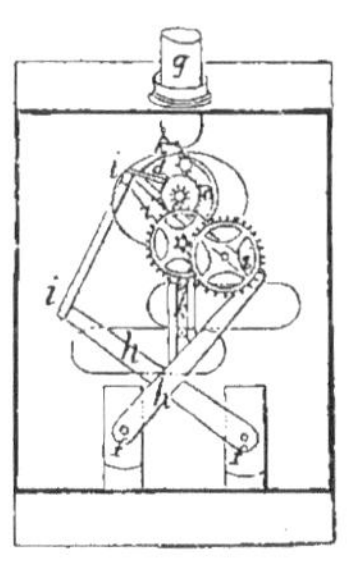

Fig. 104.

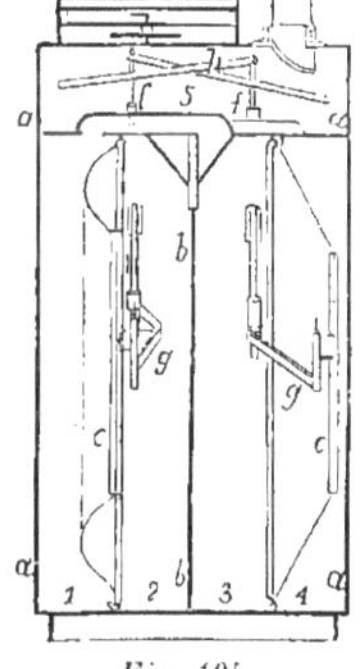

Fig. 105.

Le dernier compteur sec, qui mérite d'être décrit, a été construit par M. Defries et est maintenant généralement en usage. Cet instrument se compose de trois chambres, séparées l'une de l'autre par des cloisons flexibles en cuir, et préservées en partie de l'action chimique du gaz par des plaques métalliques. Chacune de ces cloisons se compose de trois portions triangulaires, qui forment une pyramide lorsqu'elles sont gonflées par la pression du gaz. Le centre de ces cloisons est seul mobile, les côtés sont fixes, et le gaz qui passe dans le compteur est enregistré par leur

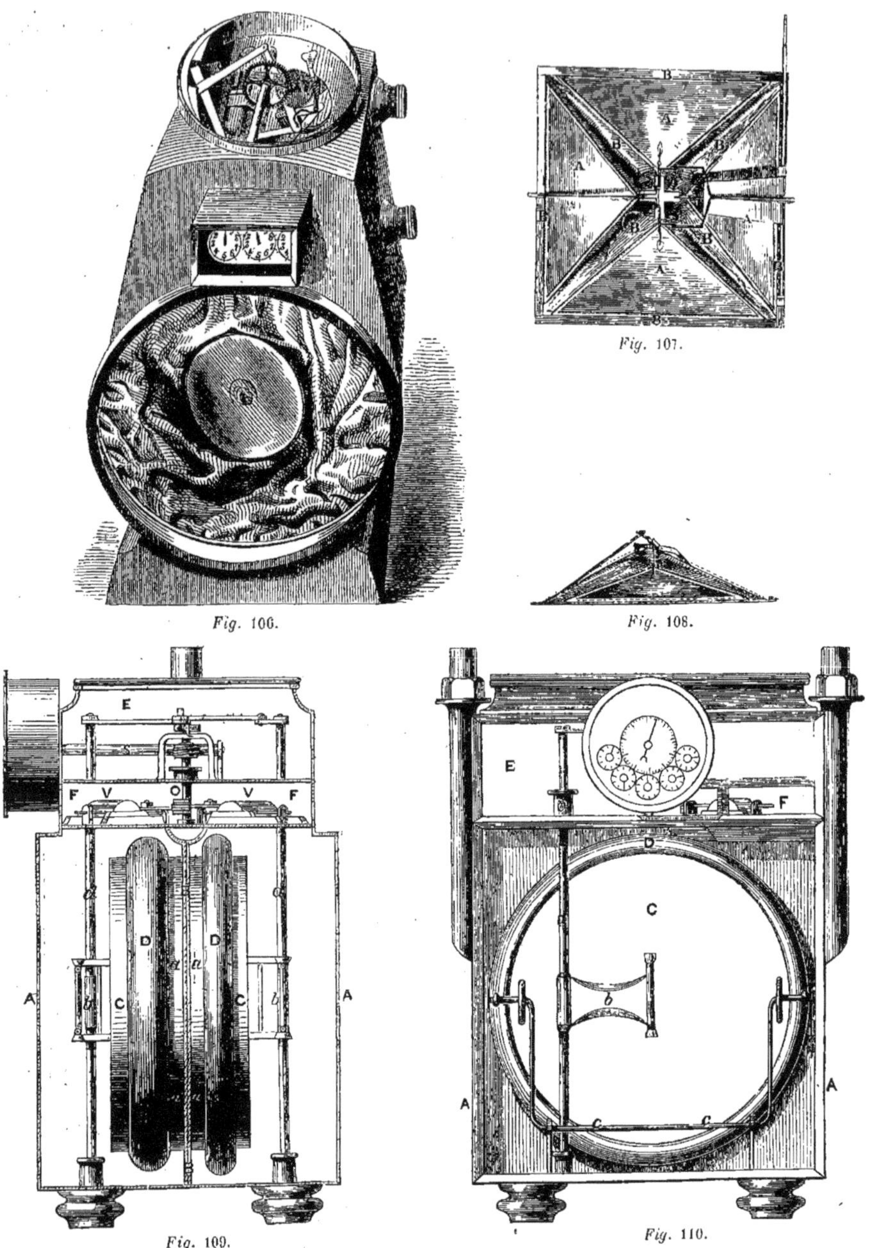

Fig. 106.

Fig. 107.

Fig. 108.

Fig. 109.

Fig. 110.

mouvement. La figure 107 est une vue de face d'une des cloisons; A,A,A,A sont les plaques métalliques, et B,B,B,B les lames de cuir. La figure 108 montre la forme pyramidale que prend la cloison d'un côté ou de l'autre de ses charnières fixes.

Dans le but de remédier aux inconvénients du compteur sec, M. Croll et M. Richard ont inventé un compteur dans lequel le gaz n'est plus compté au moyen de la dilatation et de la contraction du cuir. Dans ce compteur, le gaz est mesuré par le mouvement de va-et-vient d'un piston métallique, qui déplace une quantité de gaz égale à sa surface multipliée par sa course ; sa course est limitée par des tiges reliées aux soupapes, et dont la longueur peut être parfaitement réglée. Le cuir est seulement destiné à rendre le piston libre dans son mouvement.

Depuis le moment où ce compteur a été breveté, en 1844, on y a apporté quelques perfectionnements dans le but d'en diminuer le prix de fabrication et d'augmenter sa durée. Les plus importants de ces perfectionnements consistent dans l'emploi de métaux inoxydables, et dans la chambre des soupapes F (*fig.* 109), destinée à isoler du gaz la chambre E qui contient le mécanisme des cadrans.

Le dernier perfectionnement, breveté par M. Croll en 1858, consiste dans une modification à la soupape, qui diminue le frottement, élargit le passage du gaz et permet à la soupape de se débarrasser des dépôts qui pourraient se former sur son siége.

La chambre AA (*fig.* 109 et 110) est rectangulaire ; elle est divisée en deux compartiments par la cloison verticale BB ; chacun de ces compartiments est lui-même subdivisé par un disque circulaire c, auquel est fixée une couronne de cuir D, qui est aussi attachée à un anneau de métal a, soudé à la cloison, de manière à ce que l'espace, compris entre le disque C et la cloison, soit étanche. Chaque disque est supporté, dans son mouvement, par un bras horizontal b, et les guides verticaux d,d. Chaque guide passe à travers un stuffing-box e, dans la chambre E, située à la partie supérieure de la chambre AA, et se relie à des leviers horizontaux f, f, f (*fig.* 111) qui transmettent le mouvement à une manivelle o, qui agit sur les valves V,V, placées à angle droit l'une par rapport à l'autre. Les valves laissent passer le gaz alternativement dans chacun des compartiments où il agit sur chacun des disques, qui sont mis en mouvement par le passage du gaz dans l'un ou l'autre des compartiments.

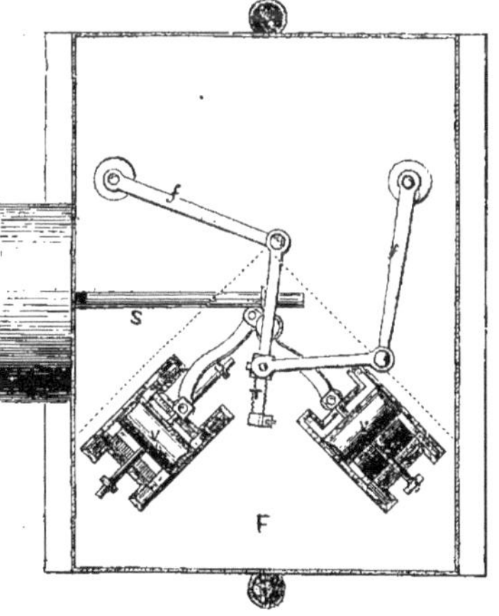

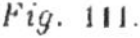
Fig. 111.

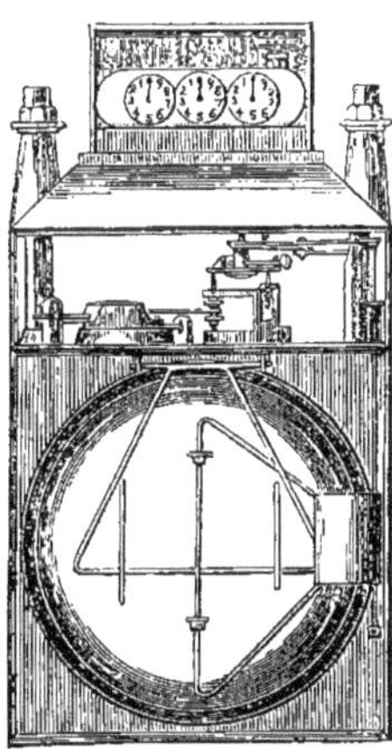
Fig. 112.

Il y a environ 130,000 compteurs de ce système en service, et beaucoup d'entre eux fonctionnent depuis quatorze ans.

Une expérience de quinze années a indiqué la meilleure espèce de cuir à employer, et celle qu'on emploie aujourd'hui est aussi durable que le fer-blanc lui-même.

Le compteur sec construit par MM. Paddon et Ford (*fig.* 112), ressemble, sous beaucoup de rapports, à celui de M. Croll. Il en diffère cependant dans la manière dont chaque compartiment est séparé ; le gaz arrive directement dans chaque chambre sans passer par des tuyaux ; le cuir est fixé dans des rainures, sans coutures, comme cela a lieu ordinairement.

M. Charles Lizars, de Paris, a fait breveter en 1849, un compteur sec, dont la partie essentielle est un perfectionnement de la valve rotative de Bogardus.

La figure 113 est un plan de ce compteur, représentant la valve avec le levier et la manivelle qui la font agir. La figure 114 montre les compartiments qui se trouvent au-dessous de la valve, qui est

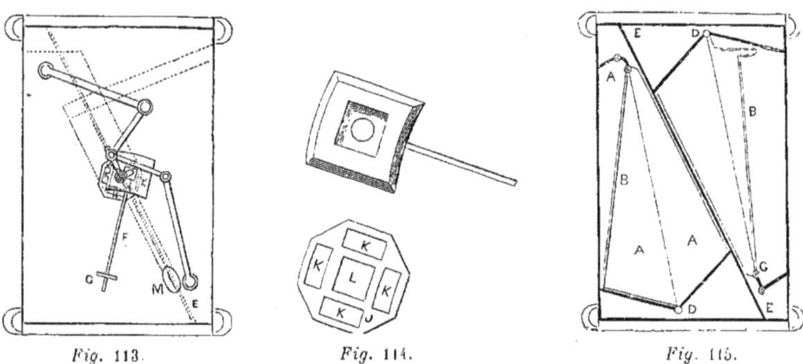

Fig. 113. *Fig.* 114. *Fig.* 115.

fixée sur un plateau, percé au centre ; la figure 115 représente une coupe du compteur, dans laquelle on voit les compartiments coniques qui le divisent, et la disposition des diaphragmes. Dans cette coupe A, A sont les compartiments, et B, B les diaphragmes, qui sont fixés en D, D. La boîte du compteur est divisée par la cloison E. Le siége de la valve est percé de cinq ouvertures, fig. 114 ; quatre de ces ouvertures, K,K,K,K, communiquent avec les compartiments coniques ; l'ouverture centrale, L, correspond à l'orifice M du tuyau par lequel le gaz arrive à la valve, d'où il passe par les ouvertures K,K,K,K successivement dans chaque compartiment, suivant la position de la valve. Quand le gaz descend par une ou deux des ouvertures K,K, et entre dans les compartiments coniques d'un côté de la cloison, le gaz, qui a été mesuré, est chassé du compartiment opposé par les ouvertures libres ; chaque ouverture sert donc alternativement d'entrée et de sortie au gaz.

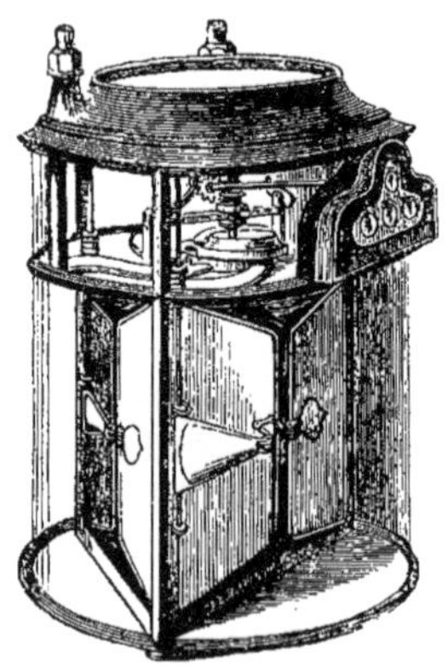

Fig. 116.

M. Hyams a apporté à la valve rotative un perfectionnement qui consiste à faire le couvercle de la chambre en verre : la surface sur laquelle agit la valve est rodée, et, pendant la marche du compteur, le couvercle possède un mouvement excentrique, qu'on peut comparer à celui d'une pierre à broyer les couleurs. Les ouvertures de la valve sont circulaires, au lieu d'être carrées comme dans le compteur de M. Lizars. Les diaphragmes du compteur de M. Hyams sont presque entièrement couverts de métal qui empêche l'action du gaz sur la matière flexible ; M. Hyams emploie généralement trois diaphragmes, afin de faciliter la continuité de l'écoulement du gaz. La figure 116 représente ce compteur.

Outre les compteurs dont nous avons parlé, comme remplissant les conditions indispensables pour mesurer exactement la quantité de gaz écoulée, il y en a beaucoup d'autres, auxquels les fabricants attribuent des avantages spéciaux, et qui fonctionnent d'une manière très-satisfaisante; mais aucun d'eux ne possède des particularités assez remarquables pour exiger une description. On a breveté des systèmes innombrables, et quelques-uns très-ingénieux, ayant pour but de faire du compteur à gaz un instrument parfait et invariable; mais quelques cas imprévus les ont rendus ou tout à fait défectueux, ou ne répondant que très-imparfaitement à l'attente de leurs inventeurs. Deux de ces systèmes méritent d'être décrits, à cause de l'originalité des principes sur lesquels ils sont fondés et qui pourront plus tard être utilisés au perfectionnement du compteur à gaz : ce sont le « *motive-power meter* » de M. Lowe, et le « *pneumatic gas-measurer* » de M. Clegg.

M. Clegg, dans son compteur pneumatique, supprime le tambour, et détermine la quantité de gaz consommée, en le faisant passer à travers un orifice de dimension connue et sous une pression déterminée ; car, sous une pression constante, la quantité de gaz est proportionnelle à la section de l'orifice.

Pour rendre la pression du gaz uniforme, on le fait passer par un régulateur A (*fig.* 117), flottant dans l'eau, et qui monte ou descend suivant la pression du gaz, en entraînant avec lui un cône qui diminue ou augmente la section de l'orifice du tuyau d'entrée B. La cloche régulatrice A doit être calculée de telle sorte que son poids soit le même, à quelque hauteur qu'elle soit plongée dans l'eau; elle est recouverte d'une autre cloche D, qui communique avec l'air extérieur. Le gaz passe à travers l'ouverture-jauge, dont la section est augmentée ou diminuée, suivant la quantité de gaz fournie aux becs, par l'action d'un tiroir E. Voici comment agit ce tiroir : — Une cloche FF, parfaitement équilibrée, et en communication avec l'air atmosphérique, recouvre l'orifice par lequel le gaz s'introduit dans cette cloche, qui monte ou descend suivant la quantité de gaz qui s'en va aux becs. Le levier et la tige H, qui sont fixés à cette cloche, transmettent le mouvement à la coulisse E. Si aucun bec n'est ouvert, le gaz qui entre remplit la cloche, et la fait monter jusqu'à l'extrémité de sa course : le levier prend la position indiquée par une ligne ponctuée, et la valve se ferme. Lorsqu'on ouvre un ou plusieurs becs, la pression intérieure baisse et la cloche descend en ouvrant la valve proportionnellement au nombre des becs ouverts. La section de la valve étant déterminée, par des expériences préalables, pour la quantité de gaz maxima que doit fournir le compteur, on croyait qu'il indiquerait exactement toutes les quantités inférieures, la pression étant uniforme et la section de l'orifice variant proportionnellement à la quantité de gaz fournie.

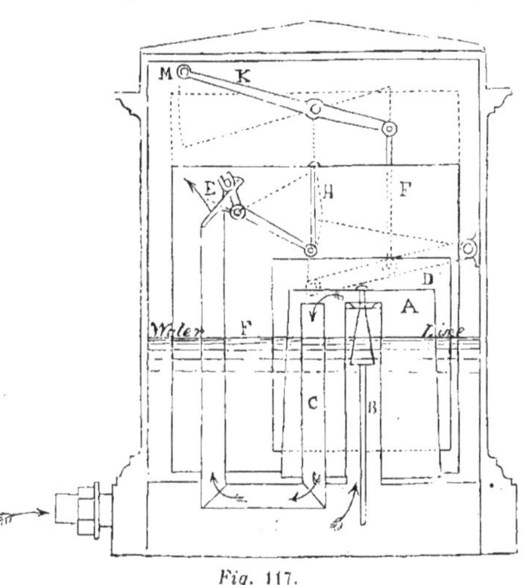

Fig. 117.

La quantité de gaz était indiquée par la transmission du mouvement de la valve à un système d'engrenages au moyen d'une disposition très-ingénieuse, mais qu'il est inutile de décrire, puisque ce compteur n'est pas en usage.

Le compteur de M. Lowe est, théoriquement, un instrument plus exact que tout autre, puisqu'il livre le gaz aux becs à une pression sensiblement égale à celle de l'atmosphère. La difficulté d'obtenir un moteur constant et économique, a seule empêché l'emploi de ce compteur ; mais dans es endroits où la pression du gaz n'est pas suffisante pour faire tourner le tambour d'un compteur ordinaire, on a vaincu cette difficulté en employant l'eau comme moteur, et ces compteurs fonctionnent parfaitement.

L'opinion des ingénieurs est très-divisée sur la valeur relative des compteurs secs et humides, lorsqu'ils sont bien construits. Le compteur sec est regardé comme ayant l'avantage de rendre la fraude plus difficile ; il a aussi le mérite de ne pas faire perdre de pouvoir éclairant au gaz, ce qui arrive lorsqu'il se trouve en contact avec l'eau ; mais sous le rapport de l'exactitude du mesurage, aucun compteur n'égale le compteur humide lorsque le niveau de l'eau est bien réglé.

CHAPITRE VINGT-DEUXIÈME

RÉGULATEURS

Il est utile d'obvier aux variations de pression qui se produisent par suite de l'allumage et de l'extinction des becs dans les boutiques, les ateliers, et les autres endroits où l'éclairage n'a lieu que pendant un très-petit nombre d'heures. Le régulateur de l'usine remédie jusqu'à un certain point à ces variations, mais pas assez cependant pour rendre la pression constante à une certaine distance de l'usine. Dès 1817, MM. Clegg et Crosley cherchèrent le moyen de régler la hauteur de la flamme par l'application d'un petit régulateur au tuyau de sortie du compteur ; M. J. Milne, d'Edimbourg, obtint ensuite un brevet pour un régulateur analogue ; mais ce n'est que depuis peu qu'on a imaginé diverses dispositions pour régler la flamme de chaque bec.

Les régulateurs d'abonnés sont construits sur le même principe que le régulateur d'usine. La pression du gaz, agissant soit sur une petite cloche flottante, soit sur un diaphragme flexible auquel est reliée une soupape, rétrécit le passage du gaz lorsque la pression est trop forte, et rend ainsi l'alimentation uniforme. Ce principe est appliqué de différentes manières, suivant que le régulateur est relié au compteur, ou que chaque bec en est muni. Les régulateurs de becs sont particulièrement utiles pour les lanternes publiques, dont les flammes varient beaucoup pendant la durée de la nuit, tandis que les autres s'emploient surtout dans les ateliers et autres bâtiments à plusieurs étages. On se plaint généralement dans les bâtiments de cette espèce de ce que l'éclairage fait défaut au rez-de-chaussée, tandis qu'il y a excès d'alimentation dans les étages supérieurs. Cela tient à ce que les étages supérieurs sont soumis à une pression atmosphérique moindre que les étages inférieurs ; une hauteur de 3 mètres correspond à une différence de pression de près de 3 millimètres de hauteur d'eau. Si une maison de six étages est alimentée par une conduite dans laquelle la pression est de 5 millimètres, et que la différence de hauteur entre les becs les plus élevés et les plus bas soit de 15 mètres, le gaz sortira des becs, au sixième étage, sous une pression de $27^{mm},5$, au cinquième sous une pression de 25 millimètres, au quatrième sous $22^{mm},5$, et ainsi de suite. Il faudrait donc placer un régulateur à chaque étage, de sorte qu'en réglant ce régulateur du sixième étage à 15 millimètres de pression, l'excédant de 12^{mm},5 se reporterait à l'étage inférieur ; le régulateur du cinquième étage, réglé aussi à 15 millimètres, enverrait l'excédant au quatrième étage, et ainsi de suite, de sorte que la pression serait uniforme dans toute la maison ; en outre, il faut placer aussi un régulateur au rez-de-chaussée pour obvier aux inégalités de pression dans la conduite extérieure. Les compagnies de gaz sont souvent forcées de donner une pression beaucoup plus forte qu'il ne faut, afin que l'éclairage soit satisfaisant dans les rez-de-chaussée ; c'est dans ce cas qu'on trouve le plus d'économie à employer ces appareils.

Beaucoup de fabriques ont, à chaque étage, un robinet-jauge destiné à réduire la pression dans les tuyaux de distribution ; en réglant ce robinet avec soin, on évite une dépense de gaz inutile, tant que la pression reste constante ; mais, si d'autres grands établissements, alimentés par la même conduite, allument après ces fabriques, ou éteignent avant elles, la pression diminue ou augmente ; et, à moins de manœuvrer le robinet à chaque changement de pression, il en résulte nécessairement soit un défaut d'éclairage, soit un excès de pression qui entraîne une dépense de gaz exagérée.

M. Hulett a imaginé des régulateurs qui peuvent régler soit tous les becs d'un établissement, soit chacun d'eux séparément. Dans les deux cas, le gaz arrive dans une petite cloche, qui monte ou descend suivant la pression, et diminue ou augmente la section de l'orifice d'entrée du gaz au moyen d'une soupape reliée à la cloche. M. Hulett remplace, dans ces appareils, l'eau par le mercure ; il évite ainsi leur arrêt, causé par l'évaporation du liquide, et la quantité de mercure, qui est nécessaire, est si minime qu'elle n'est pas dispendieuse.

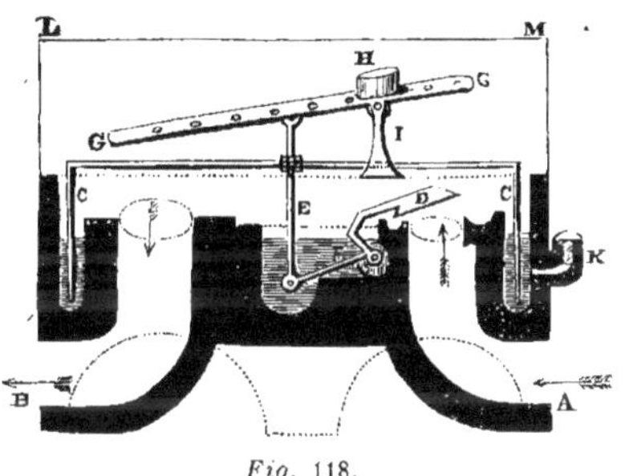

Fig. 118.

La figure 118 représente la coupe d'un de ces régulateurs pour plusieurs becs. Le gaz entre en A, dans la direction de la flèche, passe par la soupape D qui est ouverte, et agit par sa pression sur la cloche CC, qui plonge dans une gorge annulaire, contenant du mercure. Une tige E, fixée à la partie supérieure de la cloche, agit sur le levier F, et, par suite, sur la valve, en diminuant ou augmentant l'orifice d'entrée du gaz, suivant la hauteur à laquelle elle est soulevée par la pression. Un fléau, GG, relié à la tige E, sert à régler l'appareil à la pression voulue au moyen du poids H, qu'on peut faire glisser sur le fléau.

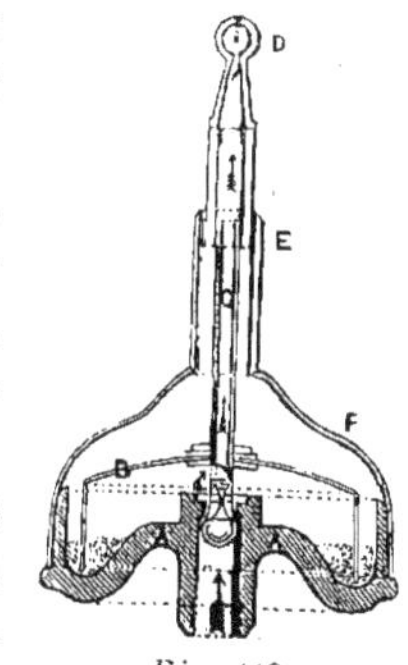

Fig. 119.

Le régulateur pour les becs publics est construit sur le même principe. Le gaz entre par l'écrou placé à la partie inférieure, et arrive au bec par une ouverture située au sommet de la cloche, qui plonge dans du mercure. La coupe (*fig.* 119) montre la construction et le mode d'action de cet appareil.

MM. Clibran, de Manchester, ont fait breveter, en juin 1858, un petit régulateur applicable à des becs isolés, et dans lequel le mercure est aussi employé pour fermer la cloche. Les modifications qu'ils ont apportées consistent principalement dans la construction de la soupape et des passages du gaz, qui sont disposés de manière à empêcher le mercure de s'y introduire et de les obstruer.

La figure 120 est une coupe verticale de l'appareil ; *a* est la boîte, *b* le siége de la soupape, *c* une cavité annulaire, qui communique par deux trous avec l'espace que laisse autour d'elle la soupape *d*, et avec le canal de sortie *e*. Dans le couvercle, *f*, se trouve une partie de ce canal de sortie ; ce couvercle peut tourner autour de la vis creuse *g*, de manière à enfermer la cloche *h*, et est maintenu en place par la vis *i*.

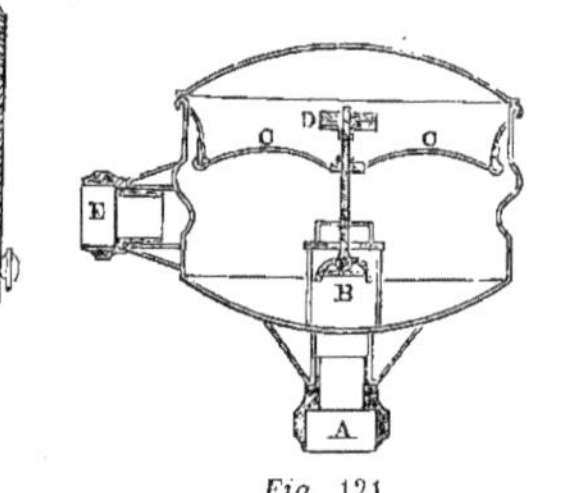

Fig. 120. *Fig.* 121.

La figure 121 représente la coupe d'un régulateur pour plusieurs becs, fabriqué par M. Bower, de Saint-Neots. Il agit au moyen d'une soupape semi-sphérique, reliée à un diaphragme flexible par une tige verticale. La tige est fixée au diaphragme par deux disques métalliques, et s'élève un peu au-dessus de ces derniers ; près de son extrémité supérieure est soudé un autre disque métallique sur lequel on peut en placer d'autres semblables en plomb, percés à leur centre d'un trou dans lequel entre la tige. Ces poids additionnels sont destinés à régler la pression, et on peut facilement les placer et les enlever en ouvrant le couvercle de l'appareil. Dans la figure ci-contre, A est l'entrée du gaz, B, la soupape, CC le diaphragme flexible, D la partie supérieure de la tige, qui reçoit les poids en plomb, et E est la sortie du gaz.

Le régulateur représenté figure 122, et imaginé par M. W. Sugg, est exclusivement destiné aux becs publics. P est l'entrée du gaz ; c'est un écrou qui se visse sur le robinet de la lanterne ; A est le diaphragme, qui est en cuir ; un disque métallique D, fixé à la partie supérieure de ce diaphragme, supporte la soupape creuse B, qui monte et descend, avec le diaphragme, dans l'intérieur de la chambre d'entrée conique C. Le tube qui mène le gaz de l'intérieur du diaphragme au bec est représenté en G ; E est l'enveloppe extérieure ; I est un poids destiné à régler la pression, et le bec se visse en H. Il est évident que, quand la pression du gaz est trop forte, le disque D s'élève, et la soupape B diminue l'orifice d'entrée de manière à régler l'écoulement du gaz et à le rendre uniforme.

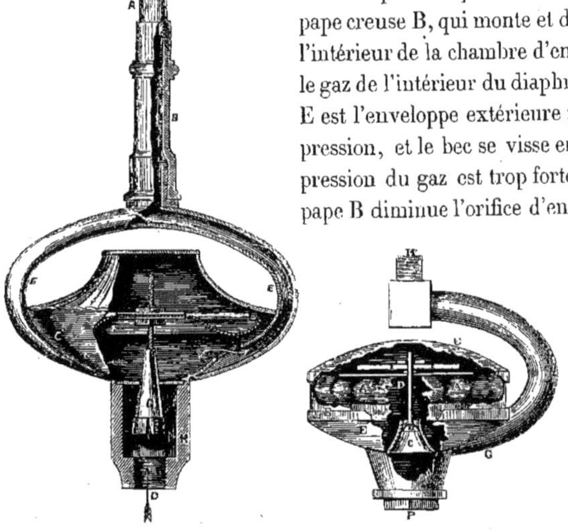

Fig. 123. *Fig.* 122.

Dans le régulateur de MM. Paddon et Ford, qui est aussi destiné aux lanternes publiques, la force magnétique est employée à ramener la soupape à sa place. Le gaz agit directement sur un diaphragme flexible, plus grand que de coutume, au centre duquel est fixée une soupape conique, qui rétrécit ou élargit l'orifice d'entrée du gaz à mesure que la pression augmente ou diminue. La soupape est en acier aimanté et fonctionne dans une boîte en fer doux ; l'action attractive de la soupape sur le er de la boîte régularise celle du diaphragme, et détermine un écoulement constant du gaz, quelle que soit la pression à l'entrée. La figure 123 donne une coupe de ce régulateur ; *c* est la soupape d'acier aimanté, et H la boîte de fer doux qui la maintient dans la position convenable.

CHAPITRE VINGT-TROISIÈME

BRULEURS

Si l'ingénieur doit s'attacher à tirer de la houille le gaz le meilleur possible, et à calculer la quantité de gaz que brûleront les becs, il ne faut pas non plus qu'il oublie que le succès de ses opérations dépend beaucoup de la manière dont le gaz est brûlé. On a pris beaucoup de brevets pour des becs perfectionnés ; quelques-uns satisfont à leur but, c'est-à-dire à la combustion complète du gaz, tandis que d'autres sont très-imparfaits, et quelques-uns reproduisent la forme employée en 1805.

Le gaz, de la qualité ordinaire de celui de Londres, exige, pour sa combustion complète, deux volumes d'oxygène pur pour se convertir en acide carbonique et en eau. L'air atmosphérique renferme environ 20 p. 100 d'oxygène ; 1 mètre cube de gaz exige donc 10 mètres cubes d'air pour sa combustion. S'il en arrive moins sur la flamme, une partie du carbone, ne trouvant pas l'oxygène nécessaire à sa transformation en acide carbonique, se dépose sous forme de fumée noire.

Si l'on élève trop haut la flamme d'un bec d'Argand, l'air qui entre par l'anneau intérieur se décompose et perd son oxygène avant d'arriver à la partie supérieure de la flamme ; le gaz brûle incomplétement, et le carbone se dépose en abondance.

S'il arrive trop d'air, on pourrait croire au premier abord qu'il n'en résulte aucun inconvénient; mais nous verrons que la quantité d'azote, qui accompagne cet excès d'air, tend à *éteindre* la flamme, et n'a aucune affinité pour les différents éléments gazeux, c'est-à-dire l'hydrogène, l'oxygène et la vapeur de carbone ; en outre, la quantité d'air, qui passe à travers la flamme sans se décomposer, tend à en baisser la température au-dessous de celle nécessaire à la combustion et, par suite, à diminuer la quantité de lumière. Pour que le gaz brûle convenablement, il faut que la quantité d'air ne soit ni plus grande ni moindre que celle nécessaire pour la formation de l'acide carbonique et de l'eau. Il n'est pas possible, en pratique, de régler l'arrivée de l'air avec cette précision ; et l'on aime mieux diminuer l'intensité de la lumière en fournissant un léger excès d'air, que de produire de la fumée en n'en donnant pas assez, ce qui est un plus grave inconvénient.

Le bec d'Argand produit une lumière plus stable que les autres, et brûle plus économiquement le gaz de houille ordinaire. Le gaz sort par une série de trous, disposés en cercle, et l'air s'introduit par le centre à l'intérieur de la flamme ; une cheminée en verre, supportée par une galerie légère, augmente le tirage et sert à diriger l'air sur la partie extérieure de la flamme. Le bec de cette espèce, percé de 15 trous sur un cercle d'un diamètre de 22 millimètres, avec une ouverture centrale de 17 millimètres sur 5 pour l'entrée de l'air, et muni d'une cheminée cylindrique de

175 millimètres de hauteur, est l'un des plus employés : il a été pris pour type. Ce bec brûle 140 litres de gaz à l'heure, sous une pression d'environ 5 millimètres.

En 1815, M. Clegg entreprit une série de recherches sur la meilleure forme à donner au bec ; le but principal, qu'il avait en vue, était de régler la quantité d'air à fournir à la flamme.

La figure 124 représente la forme de bec qui fut regardée comme la meilleure. Le brûleur était un bec d'Argand : le diamètre du cercle des trous était de 25 millimètres, et il brûlait 140 litres de gaz à l'heure avec une flamme de 75 millimètres de hauteur. La combustion complète de cette quantité de gaz exige 1,4 mètre cube d'air. L'admission de l'air était réglée par un cône extérieur supporté par la galerie sur laquelle repose la cheminée de verre. L'air, destiné à la surface intérieure de la flamme, passait dans l'espace annulaire formé par la base d'un cône renversé et l'anneau central du bec. La combustion du gaz était favorisée par le courant d'air qui se dirigeait au point *a*. La position du cône intérieur pouvait se régler de manière à diminuer ou augmenter à volonté l'orifice annulaire.

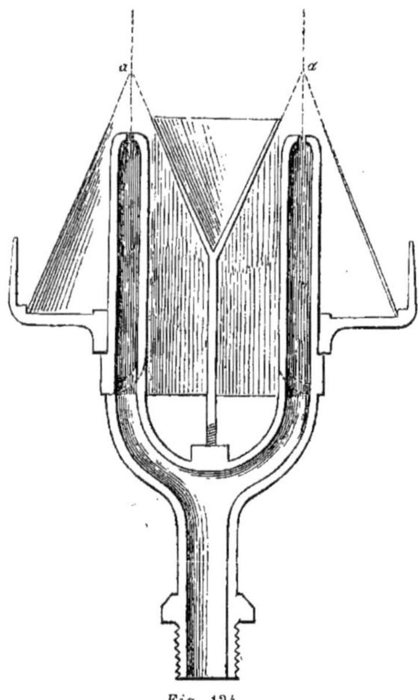

Fig. 124.

Ce brûleur a été breveté depuis, sous le nom de bec à double cône. Cette disposition mériterait bien un privilége exclusif, si elle était originale. Un bec d'Argand de 18,7 millimètres de diamètre brûle, avec une flamme de 62,5 millimètres de hauteur, 98 litres de gaz à l'heure et exige 980 litres d'air pour la combustion convenable du gaz. Un bec de 25 millimètres de diamètre brûle 49 litres de gaz à l'heure avec une flamme de 43 millimètres de hauteur, et exige 490 litres d'air pour sa combustion. La distance entre les trous doit être telle que le jet de gaz, qui sort de chacun d'eux, touche le voisin lorsque le gaz est allumé. Cette disposition donne une plus grande quantité de lumière que lorsque les trous sont plus distants. Lorque les trous sont rapprochés, on indique la dimension du bec par le diamètre de la rangée de trous ; lorsqu'ils sont distants les uns des autres de manière à ce que les jets de flamme soient distincts, on peut indiquer la dimension par le nombre des trous.

Ainsi que nous l'avons fait observer, le véritable principe d'après lequel doit être construit un bec d'Argand est de déterminer un courant d'air suffisant pour brûler le gaz complétement, sans qu'il arrive en excès. Chaque dimension de bec doit brûler avec la hauteur de flamme qui lui est le plus convenable, et les cônes doivent être réglés de manière à ce qu'en les élevant plus haut, la flamme fume.

Les compagnies de gaz françaises, lorsqu'elles fournissent le gaz sans compteur aux abonnés, emploient un bec d'Argand de vingt trous étroits, percés sur un cercle de 17,5 millimètres de diamètre, et muni d'une ouverture centrale de 12, 5 millimètres de diamètre et d'une cheminée de 225 millimètres de hauteur. Ces becs sont calculés pour brûler 126 litres de gaz par heure, et les entrées d'air à l'intérieur et à l'extérieur de la flamme sont assez étroites pour qu'elle fume beaucoup lorsqu'on veut consommer une quantité de gaz plus grande que la quantité normale.

Le bec à double cône, décrit plus haut, et qui a été breveté en 1829 par M. H. F. Bacon, est généralement connu maintenant sous le nom de bec à cône de Dixon et Hulett. Le cône, qui dirige l'air sur la partie extérieure de la flamme, est semblable à celui employé par M. Clegg dans son bec d'expérience. Il est fixé à la galerie et percé de trous à sa base pour laisser arriver de l'air en sus de celui qui s'introduit par la partie supérieure du cône. L'ouverture centrale est conique, la base du cône étant en haut. Sous ce rapport, le bec diffère de celui de M. Clegg, dont le cône intérieur était solide et renversé, et s'introduisait dans l'ouverture centrale pour renvoyer l'air contre la flamme. Les trous sont plus espacés que dans les autres becs dont nous avons parlé : il n'y en a que douze sur une circonférence de 17,5 millimètres de diamètre. Ce bec est bon lorsque la pression est constante, mais il fume dès que la pression est trop forte.

Dans un bec breveté en 1841 par M. Bynner, et construit par MM. Winfield, on a poussé encore plus loin le principe sur lequel sont construits les deux becs précédents. L'air arrive sur la partie extérieure de la flamme à travers un disque de cuivre, de 50 millimètres de diamètre, et percé de trous ; la base de la cheminée est assez large pour couvrir ce disque, et son diamètre diminue jusqu'au sommet où il est de 35 millimètres. L'air arrive aussi à l'intérieur de la flamme par un tube de cuivre extérieur, percé de trous, qui entoure la tige sur une longueur de 5 centimètres au-dessous du corps du bec. Il y a 28 jets percés sur une circonférence de 20 millimètres de diamètre, et l'ouverture centrale a 15 millimètres de diamètre. Ce bec a une forme disgracieuse, et produit une ombre étendue ; mais c'est le meilleur de cette espèce. L'admission de l'air à travers un grand nombre de petits trous rend la flamme moins sensible aux courants d'air que dans les autres becs d'Argand.

Le bec *national* (*fig.* 125) est disposé de telle sorte que la cheminée, rétrécie à la hauteur de l'orifice des jets, forme le courant d'air extérieur ; le bouton central divise l'air qui s'introduit par l'ouverture intérieure du bec, étend la flamme en nappe mince et produit une lumière très-blanche à la partie supérieure, mais une flamme bleue à la base. Ce bec donne moins de lumière, avec la même quantité de gaz, que le bec ordinaire d'Argand.

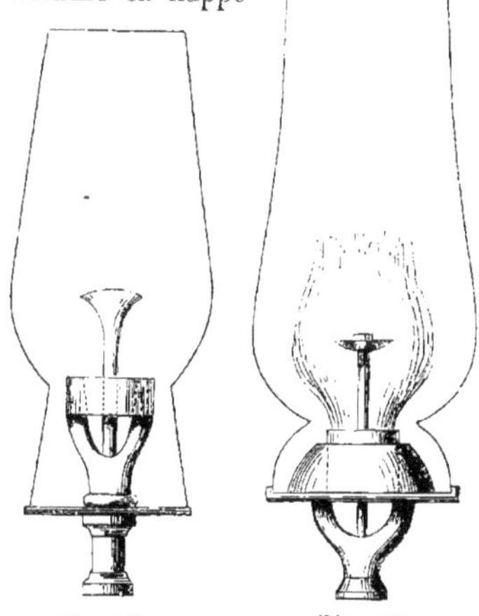

Fig. 125. *Fig.* 126.

Le bec (*fig.* 126) construit par MM. Dean et Cie est un perfectionnement du bec national. Le corps du bec est plus long, et la quantité d'air est plus limitée ; le pouvoir éclairant est meilleur en conséquence. Le gaz sort par une fente annulaire au lieu d'une série de trous ; et, lorsqu'on veut obtenir une grande quantité de lumière, sans se préoccuper de la quantité de gaz consommée, ce bec est très-bon.

Le bec de M. Guise, breveté en 1849, est une modification des deux prédécents. Le bouton est placé seulement à 12,5 mil. au-dessus des jets, et la partie inférieure de la cheminée est presque de niveau avec eux. L'air n'est donc pas renvoyé sur l'extérieur de la flamme par la contraction de la cheminée, car elle s'élargit immédiatement au-dessus de la galerie sur laquelle elle est posée, comme la cheminée de la figure 126 s'élargit au-dessus de son rétrécissement.

Dans les brûleurs précédents, le peu de longueur du corps du bec diminue le pouvoir éclairant, car il est convenable que la longueur du bec entre la tige et l'orifice des jets soit assez grande, pour que le gaz s'échauffe avant de brûler. Cet échauffement préalable du gaz s'effectue bien dans le bec inventé par M. Leslie ; car au lieu de sortir par des trous percés dans un anneau solide, le gaz s'échappe par de petits tubes capillaires de 25 millimètres de longueur. Il y a 28 de ces tubes sur un anneau de 50 millimètres de diamètre, et le gaz y parcourt une longueur de 25 millimètres. Ces tubes s'échauffent, et le gaz y prend une température élevée avant d'en sortir, mais les intervalles qui les séparent laissent arriver un excès d'air qui refroidit la flamme pendant la combustion. Ce bec donne donc une quantité de lumière inférieure à celle d'un bec d'Argand ordinaire, comme l'indiquent les observations suivantes, faites par M. Clegg.

Bec d'Argand ordinaire, 15 jets, longueur de la chambre = 42mm,5.

168 litres de gaz à l'heure égalent	17,42	bougies.
140 id. id	13,64	—

Bec de Leslie, 28 jets, longueur des tubes = 32mm,5.

168 litres de gaz à l'heure égalent	14,73	bougies.
140 id. id	11,28	—

Les expériences ont été faites le même soir avec le même gaz, au moyen du photomètre à ombres. La bougie type était celle de spermaceti, brûlant 8gr,005 à l'heure.

Le bec perfectionné de M. Goddard, qui est représenté figures 127 et 128, a le grand avantage

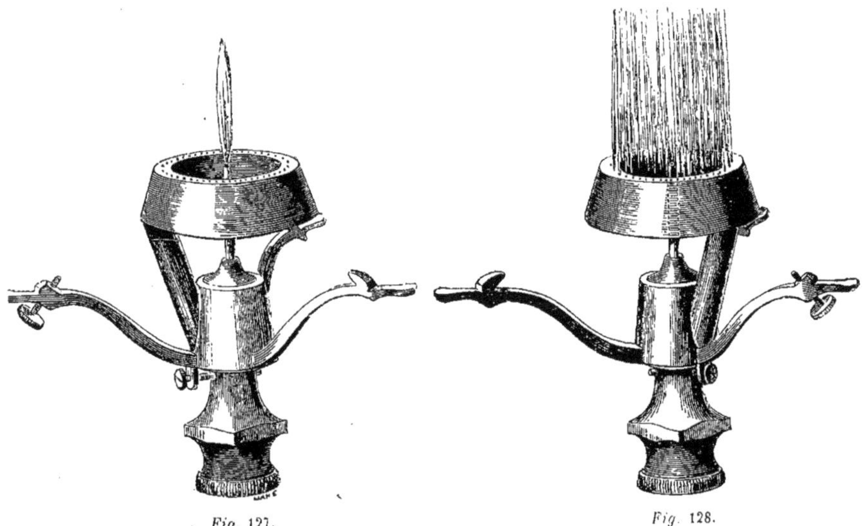

Fig. 127. *Fig.* 128.

de se convertir d'un bec d'Argand en un bec bougie. Pour le bec d'Argand, il y a 36 trous percés sur un anneau de 17mm,5 de diamètre, et alimentés par un seul tube placé sur le côté. La cheminée est portée par trois branches, qui remplacent la galerie ordinaire. Ces branches font corps avec le conduit d'entrée et le corps du bec ; au centre se trouve une ouverture conique, rodée de manière à s'ajuster sur un tube droit, qui se prolonge pour former le bec bougie. Le bec d'Argand et les branches peuvent décrire un demi-cercle sur le tube droit, et une ouverture, pratiquée dans ce tube, laisse entrer le gaz dans l'anneau qui porte les jets lorsque le conduit se trouve en face ; mais le gaz n'y entre plus, lorsqu'on tourne le bec, qui agit à la manière d'un robinet. En fermant le bec d'Argand, on ouvre le bec bougie placé au centre, qui lui-même se trouve fermé lorsque le gaz entre dans le bec d'Argand. Cette ingénieuse disposition permet d'obtenir, à volonté, soit une flamme brillante, soit une veilleuse, en tournant simplement les branches qui portent la cheminée. Cette cheminée est conique : son diamètre inférieur est de 5 centimètres, elle a $17^{cm},5$ de hauteur, et son diamètre supérieur est de $3^{cm},5$.

La figure 129 représente un bec imaginé par M. Clegg en 1813, dans le but de détruire les objections faites, par les Compagnies d'assurance contre l'incendie, à l'emploi du gaz ; le but qu'il se proposait était de fermer le bec dans le cas où la flamme viendrait à s'éteindre accidentellement. Cet appareil est trop coûteux pour être appliqué d'une manière générale, mais on peut l'employer avec avantage dans les endroits renfermés, où le dégagement du gaz d'un bec ouvert pourrait déterminer une explosion. Dans cette figure, AA est la coupe du bec d'Argand ; B est l'entrée du gaz ; C est une soupape, qui se ferme lorsque la tige D se refroidit, et intercepte l'arrivée du gaz.

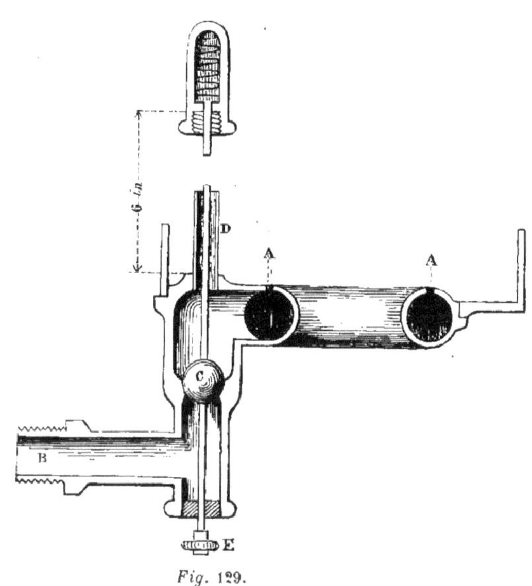

Fig. 129.

Lorsqu'on veut allumer le bec, on ouvre la soupape en poussant le bouton E. La tige D se dilate alors sous l'action de la chaleur de la flamme, et maintient la soupape dans sa position ; mais, lorsque la flamme s'éteint, la soupape descend sur son siége par suite de la contraction de la tige.

Cet ingénieux système de M. Clegg fut breveté en 1848 par M. Biddle, dans le but d'obtenir, avec un bec d'Argand, une flamme uniforme sous des pressions différentes. L'appareil de M. Biddle consiste dans une disposition dont le principe est le même que celui du pendule compensateur des horloges, et dans laquelle il utilise la différence de dilatation de deux métaux pour agir sur une soupape. Il se compose d'une tige d'acier fixée dans un tube de cuivre, placé au centre d'un bec d'Argand. La variation de la température, produite par l'augmentation ou la diminution de la flamme, fait dilater ou contracter la tige d'acier, qui agit par l'intermédiaire d'un levier sur une soupape qui règle l'entrée du gaz : les deux métaux sont combinés de manière à ce que leur dilatation détermine un écoulement régulier du gaz. Le brevet réclame, pour ce brûleur, l'avantage, non-seulement de maintenir la flamme à la hauteur voulue, quelles que soient les variations de la pression, mais aussi de fermer le bec, à la manière d'un robinet ordinaire, dans le cas où la flamme s'éteindrait accidentellement. On ouvre ou l'on ferme le bec au moyen d'un bouton placé à la partie inférieure, comme dans celui de M. Clegg, bien que cela se fasse par l'intermédiaire d'une vis au lieu du simple poids de la soupape. Les objections faites à l'emploi du bec de M. Clegg, s'appliquent à plus forte raison à celui-ci.

Un genre de bec qui produit une lumière très-vive est le double bec d'Argand, qui consiste, en somme, dans deux becs d'Argand ordinaires et concentriques : l'entrée de l'air est réglée de la même manière. L'intervalle entre les deux flammes concentriques doit être assez petit pour n'avoir pas besoin d'être ajusté, mais cependant assez grand pour qu'elles soient complétement séparées. Une cheminée en verre est un accessoire indispensable à tous les becs d'Argand.

Un bec concentrique, breveté par M. Carter, contient plusieurs anneaux de flamme, auxquels la quantité d'air nécessaire à la combustion est fournie, en réglant les arrivées d'air d'après le nombre et la dimension des jets. Les diamètres des jets, qu'il recommande pour brûler le gaz ordinaire, doivent être de 0,7 de millimètre ; les jets doivent être distants de 2^{mm},2. L'intervalle entre deux anneaux concentriques doit avoir 6 millimètres, cette dimension équivalant à environ 15 fois la surface des deux rangées de jets. Les anneaux concentriques des brûleurs croissent par 25 millimètres, le plus petit ayant 25 millimètres de diamètre, le second 50, le troisième 75, et ainsi de suite.

Dans un bec à trois flammes, comme dans tous les autres, l'alimentation d'air à l'extérieur n'est limitée que par la dimension de la partie inférieure ou du rétrécissement de la cheminée. Dans les endroits où la lumière doit être dispersée, M. Carter préfère entourer le bec de pendants en cristal, qui en augmentent l'effet par leur pouvoir de réfraction et de réflexion.

M. Clegg a fait une seconde série d'expériences avec un bec représenté figure 130, et formé de deux plaques inclinées l'une vers l'autre, de manière que le gaz se dirige vers un point P, situé à environ 18 mil. au-dessus de l'orifice des jets. L'intervalle entre les deux plaques était juste suffisant pour laisser passer la quantité d'air convenable ; et l'alimentation d'air à l'extérieur de la flamme était réglée par des plaques dont l'effet était le même que celui du cône dans le bec d'Argand. Les jets de gaz enflammés, sortant des plaques, étaient séparés par le courant d'air qui passait entre eux. Les trous de chaque plaque étaient chevauchés de telle sorte qu'un trou de l'une correspondait à l'intervalle entre deux trous de l'autre. La lumière produite était très-vive, et on ne peut attribuer ce résultat au simple règlement du courant d'air. On obtient le même effet en inclinant deux bougies l'une contre l'autre, de manière à ce que leurs flammes se touchent ; la lumière devient très-brillante, et son intensité augmente de plus d'un tiers, comme on pourra le vérifier facilement avec le photomètre. On peut donc obtenir, avec la même quantité de gaz, une plus grande quantité de lumière au moyen de cette disposition. Si l'on incline l'une vers l'autre les chambres d'un double bec d'Argand, il en résultera une intensité de lumière plus forte, avec la même quantité de gaz, qu'avec des chambres parallèles.

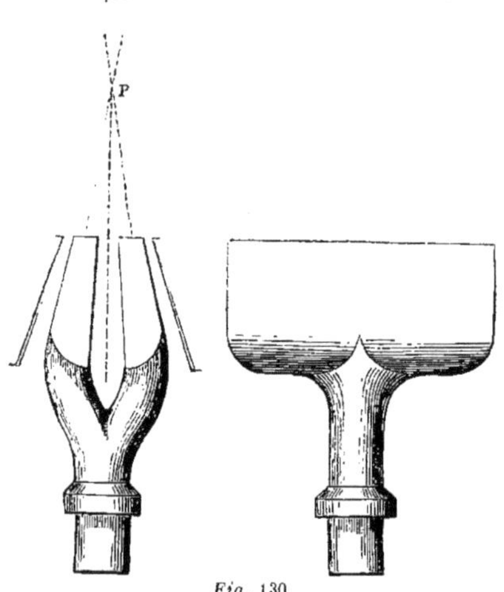

Fig. 130

On emploie beaucoup, en France, des becs d'Argand en porcelaine au lieu de métal.

En cherchant à brûler le gaz complétement, il ne faut pas oublier d'employer les moyens convenables pour porter au dehors les produits de la combustion. Un bec qui brûle 140 litres de gaz à l'heure, vicie autant d'air que deux hommes ; il est donc évident que l'atmosphère d'une chambre close serait bientôt impure, s'il n'y avait une forte alimentation d'air. Mais l'absorption de l'oxygène atmosphérique est le moindre défaut d'un bec de gaz : le produit principal de sa combustion est l'acide carbonique, qui n'est pas susceptible d'entretenir la respiration, et, s'il n'est pas chassé au dehors, il la rend impossible (1).

M. Rutter a imaginé, en 1843, un bec à ventilation qui s'est beaucoup répandu, et a donné de bons résultats. Cet appareil est représenté figure 131 : A est le tuyau d'arrivée du gaz au brûleur B ; C est la cheminée de verre ; D est une cheminée métallique, qui porte à l'extérieur les produits de la combustion ; E est un globe de verre qui entoure l'appareil : il est ouvert seulement à la partie supérieure, par laquelle entre l'air qui doit alimenter le bec. Les flèches a, b, d, indiquent la direction du courant d'air.

La figure 132 représente le bec type à ventilation, employé à la Chambre des Lords, et imaginé par le docteur Faraday. Dans cette figure, B est le bec ; C la cheminée de verre ; DD un cylindre de verre extérieur, au travers duquel passe l'air vicié, qui s'échappe par le tuyau E qui communique avec l'air extérieur. Les flèches d d montrent la direction du courant d'air. Le couvercle du cylindre de verre extérieur D est en mica. La figure inférieure est une coupe horizontale qui indique les conduits par lesquels s'échappent les produits de la combustion.

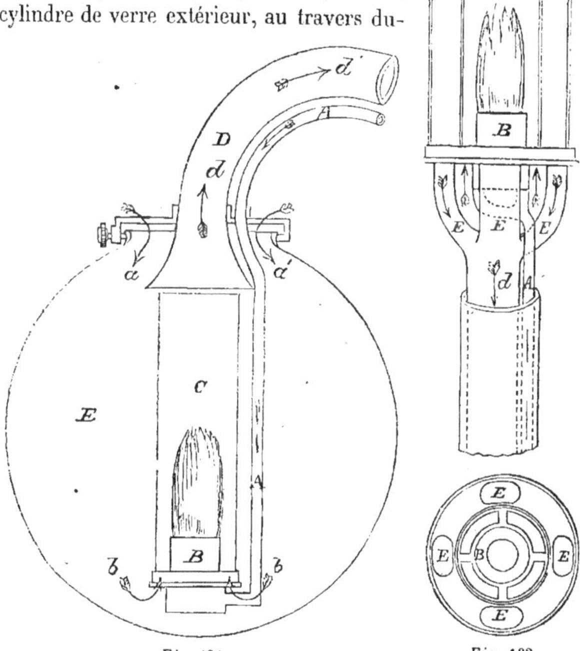

Fig. 131. Fig. 132.

La figure 133 représente une lampe à chalumeau pour laboratoire, inventée par M. Hoffmann. Le bec d'Argand ordinaire, qu'on emploie généralement pour chauffer les petits vases, ne communique pas avec le soufflet, qui exige une flamme volumineuse ; et le but de la disposition imaginée par M. Hoffmann est de faire servir un seul bec à deux usages différents. A cet effet, il a sub-

(1) Il faut bien se mettre dans l'esprit que la combustion des bougies produit un effet semblable, et même pire, lorsque leur nombre est suffisant pour donner autant de lumière qu'un bec de gaz brûlant 140 litres à l'heure.

stitué au robinet ordinaire un robinet à trois conduits, qui peut alimenter à la fois le bec d'Argand et un fort bec à un seul jet. La figure montre cette disposition. Le coude de jonction B se visse sur un pied pesant A, et une de ses extrémités reçoit un tube flexible, tandis que le robinet est fixé à l'autre extrémité. La clef D du robinet n'a qu'un conduit, et, lorsque celui-ci se trouve dans la position verticale, il alimente le bec d'Argand par le tube E. Sur le côté du robinet se trouve le petit tube F, dont le diamètre est d'environ 3 millimètres. Ce tube monte à environ 6 millimètres au-dessus du bec, auquel il est soudé. Lorsque la clef D est horizontale, le gaz n'arrive à aucun des deux becs, mais lorsqu'elle est inclinée, comme dans la figure, elle peut alimenter les deux becs à la fois ou l'un des deux alternativement, et chacun d'eux s'allumera avant que l'autre s'éteigne. Cette disposition, comme on voit, a de l'analogie avec le bec composé de M. Goddard, et tous deux peuvent servir au même objet en augmentant ou diminuant le bec à un seul jet.

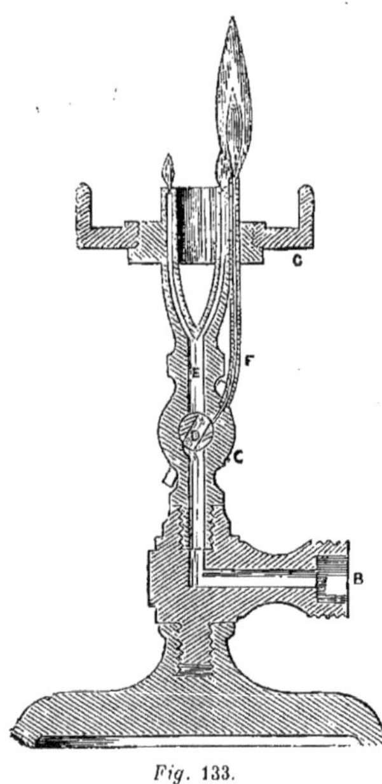

Fig. 133.

Les becs qui conviennent aux appareils exposés au vent comme les lanternes publiques, etc., etc., et qu'on emploie sans cheminée, ont des formes et des dimensions variées. On les connaît sous les noms de becs *en ailes de chauve-souris, en queue de poisson, bec-bougie* ou en *éperon de coq, double* et *triple jet, étoile* et *becs en éventail.*

Le bec en ailes de chauve-souris est principalement employé dans les lanternes publiques. Il est formé d'un mamelon creux qui est fendu à la partie supérieure par une ou plusieurs fentes étroites, par lesquelles le gaz s'échappe, et la flamme prend la forme d'ailes de chauve-souris. Ce bec brûle de 84 à 196 litres de gaz par heure avec $12^{mm},5$ de pression, suivant la dimension du mamelon et l'épaisseur de la fente. Ces becs doivent être en métal dur, pour que la fente ne s'ouvre pas ultérieurement. Ils ne donnent pas le meilleur résultat photométrique pour la quantité de gaz brûlée, mais ils répondent bien à leur but, parce qu'on peut facilement les nettoyer avec un morceau de ressort de montre, ce qui est un grand avantage lorsqu'un homme doit entretenir un grand nombre de lanternes pendant un court espace de temps. On obtient de meilleurs résultats photométriques avec des fentes larges qu'avec des fentes étroites, et avec deux ou trois fentes qu'avec une seule. On a d'abord employé, dans les lanternes publiques, des becs à un seul jet, ou à deux ou trois jets, mais on les a presque entièrement abandonnés, parce que le gaz y brûlait d'une manière très-désavantageuse.

Les becs en queue de poisson, appelés aussi *becs Manchester*, sont formés d'un tronc de cône, percé à son sommet de deux trous très-inclinés l'un vers l'autre et aboutissant à un orifice unique. Les jets de gaz se croisent immédiatement à leur sortie du bec, et forment une flamme plate. Ces becs sont très-bons pour brûler le gaz de cannel-coal, et exigent de 15 à 20 millimètres de pression pour que la flamme soit bien étalée. On les emploie aussi beaucoup pour le gaz ordinaire, au lieu de becs d'Argand, parce que, lorsque la pression dépasse 25 millimètres, ils sifflent, ce qui avertit de l'excès de pression. Diverses matières sont employées à la confection de ces becs, dans lesquels une grande quantité de gaz s'échappe par un petit espace et concentre dans le cône beaucoup de chaleur. On s'est servi de fonte, de fer, d'un alliage moins oxydable que le métal pur, de lave, de stéatite, de porcelaine, de silicate de magnésie moulé et de terre cuite. Le bronze est peu employé à cause de la facilité avec laquelle il s'oxyde.

On a beaucoup discuté sur la question de savoir quel était le meilleur bec à employer pour les différentes qualités de gaz qui se rencontrent en Angleterre. M. Barlow a fait, en 1851, de nombreuses expériences, qui sont rapportées dans le second volume du *Journal of Gas-lighting*, pour déterminer la valeur de différents becs pour la même qualité de gaz, obtenu avec de la houille de Newcastle. Les nombres suivants sont les résultats d'une série d'expériences :

BECS.	CONSOMMATION A L'HEURE. — LITRES.	VALEUR DE 100 LITRES en grammes DE SPERMACETI.	VALEUR DE 100 LITRES en BOUGIES TYPES.	VALEUR DE 238 MÈT. CUB. en kilogr. DE SPERMACETI.
1. Queue de poisson n° 3	150	63,3	8,1	150,654
2. Ailes de chauve-souris n° 5	140	66,6	8,51	158,508
3. Bec d'Argand ordinaire, 15 jets	150	78,3	10,03	186,354
4. Bec d'Argand, breveté par Platow	150	79,8	10,25	189,924
5. — — Bynner	150	83,7	11,16	199,206
6. — — Winfield	150	76,8	9,86	182,784
7. — — Leslie	114,8	84,7	10,85	201,586
8. — — Guise	150	83,6	10,70	198,968

« Quoique ces expériences, fait observer M. Barlow, indiquent la valeur relative des becs pour la combustion du gaz de houille de Newcastle, il ne faut pas les regarder comme déterminant la valeur pratique de chacun d'eux. Quelques-uns produisent des ombres qui ôtent beaucoup de lumière lorsqu'on les place à une certaine hauteur ; c'est le cas, par exemple, du n° 5, qui autrement donne les meilleurs résultats. D'autres, tels que le n° 7, exigent une pression très-constante, et l'absence des courants d'air. En tenant compte de toutes ces considérations, le n° 8 est peut-être celui qui présente le moins d'inconvénient et donne le plus de lumière pour la quantité de gaz brûlée, bien qu'il présente peu d'avantages sur l'ancien bec d'Argand, tel qu'on le construisait il y a 25 ans. »

Dans quelques expériences, faites dans la même année par M. Alfred King, sur le pouvoir éclairant du gaz de cannel du Wigan, le bec en aile de chauve-souris, brûlant 126 litres de gaz à l'heure, donnait un pouvoir éclairant de 15,4 bougies par 100 litres ; le bec d'Argand 16 jets, 14,1 bougies ; le bec d'Argand 28 jets, de Winfield, 14,2 bougies ; et son bec à 48 jets ne donnait que 11 bougies par 100 litres.

Le bec-soleil, inventé par M. King, et employé à l'éclairage des établissements publics de Liverpool, produit l'effet le plus brillant. Il consiste dans la combinaison de six becs en queue de poisson, ou plus, fixés horizontalement sur un cercle de manière à former une étoile, et plusieurs de ces étoiles sont réunies et forment une splendide constellation. Cet appareil se place ordinairement près du plafond, et deux cheminées concentriques emportent au dehors les produits de la combustion. Ces cheminées présentent une disposition remarquable, dont le but est de rendre les flammes horizontales, de manière à projeter la lumière en bas, au lieu de se recourber en l'air, comme elles le feraient si le courant d'air passait entre les jets de gaz pour se rendre dans une cheminée ordinaire. La partie inférieure de la cheminée intérieure est conique et évasée à la manière d'une trompe, et recouvre tous les becs. Elle s'élève d'environ 0^{m},90 dans la cheminée qui l'enveloppe, et qui est aussi conique à la partie inférieure. Les produits de la combustion ne passent pas librement par la cheminée centrale qui est fermée en partie par un *papillon*, disposé de manière à ne laisser passer que le quart des vapeurs et des gaz, le reste glissant sur la paroi intérieure du bas de la cheminée centrale, pour se rendre dans la cheminée extérieure qui l'emporte au dehors. Ce contre-courant d'air chaud maintient la flamme horizontale; on voit la disposition de cet appareil figure 134, qui représente un bec-soleil à 7 étoiles, vu d'en bas.

La figure 135 montre la coupe d'un bec-soleil avec quelques perfectionnements, récemment brevetés par M. Strode. Les becs en queue de poisson, disposés en cercle horizontalement, sont représentés en *a*; la cheminée intérieure *b*

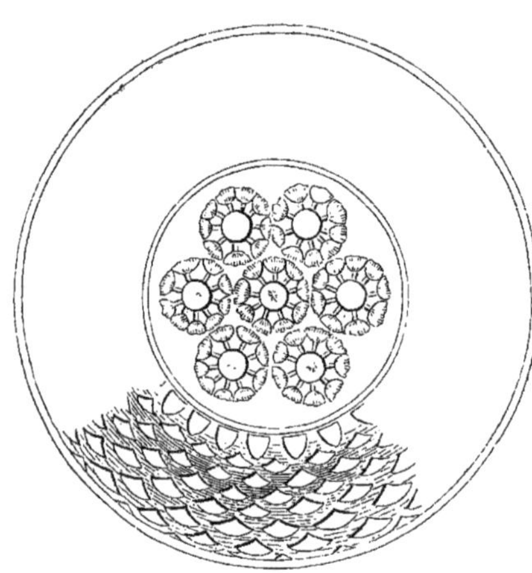

Fig. 134.

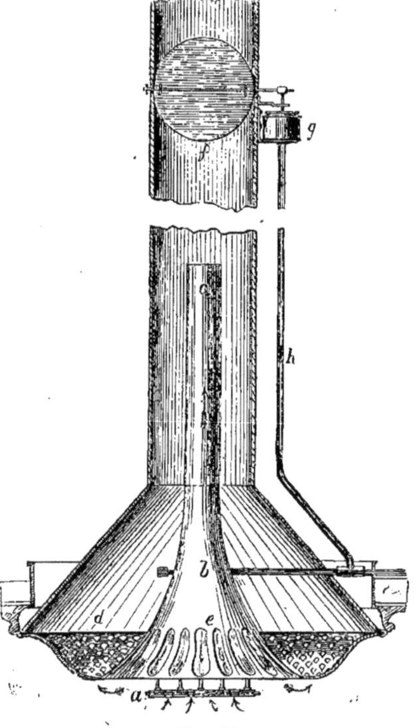

Fig. 135.

est étranglée en *c* par un papillon. Les flèches indiquent la direction de l'air qui arrive aux becs, et le retour d'une grande portion de l'air chaud qui se rend par la grille métallique dans la cheminée extérieure.

Dans le bec-soleil, que nous venons de décrire, on a reconnu quelques inconvénients, surtout lorsqu'il est placé au-dessous du plafond : l'ombre de la cheminée obscurcit la partie supérieure de la chambre, et l'air froid s'introduit lorsque le gaz n'est pas allumé. Pour obvier au premier de ces inconvénients, M. Strode a pratiqué à la partie inférieure de la cheminée, des ouvertures qu'on bouche avec du talc, comme on le voit en *e*, et il empêche l'accès de l'air froid au moyen d'un régulateur qui agit sur un papillon. Par ce moyen, dès que le gaz est ouvert, il arrive dans le tube *h* et soulève la cloche du petit gazomètre *g*, qui est plongé dans du mercure, et cette cloche, en s'élevant, ouvre le papillon *f*. Lorsqu'on ferme le gaz, l'effet contraire se produit : le papillon se ferme et l'air ne peut pas entrer.

Le bec d'essai de M. Billow (*fig.* 136) présente d'une manière brillante les effets de gaz de différents pouvoirs éclairants. L'air n'alimente que la surface extérieure de la flamme d'un anneau de jets de gaz et la surface extérieure laisse déposer le carbone non brûlé sous forme de particules dures et solides. Un petit jet de gaz central entraîne l'air de la surface intérieure de la flamme au-dessus du sommet dans l'intérieur, de manière à donner à cette flamme un mouvement giratoire et à former un anneau creux qui tourne continuellement et est chauffé au rouge. La décomposition du gaz s'opère dans cet anneau, et les particules solides de carbone, ne pouvant s'échapper, tournent et présentent l'aspect de petites étoiles ; puis, devenant plus lourdes, elles tombent dans la partie de l'anneau où la combustion s'opère, et s'échappent dans l'air.

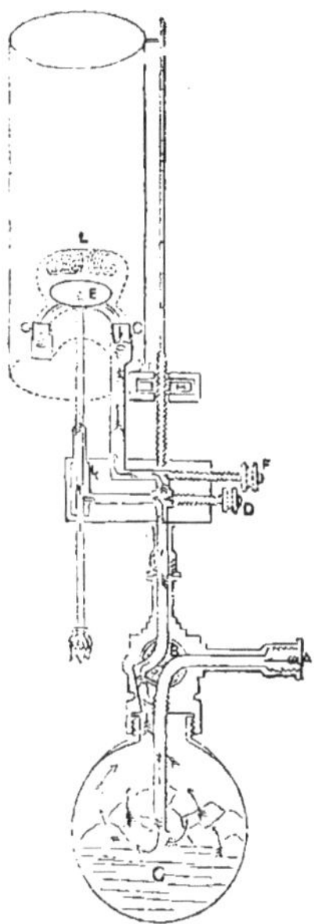
Fig. 136.

Le gaz, entrant en A, passe dans une chambre de verre C, contenant de la naphthe lorsqu'on veut l'enrichir, ou bien il arrive directement au bec si l'on tourne le robinet. Le courant de gaz du jet central sur le disque E et celui du jet annulaire G sont réglés au moyen des vis D et F. L'arrivée de l'air se règle par une vis H, qui permet d'élever ou d'abaisser la cheminée. La forme que prennent les particules de carbone se voit en L. En tournant la vis F, on fait brûler le gaz avec une flamme bleue, et on en laisse sortir une petite quantité par le jet central sur le disque, où les molécules de carbone du gaz se solidifient et ressemblent à de petites boules de feu qui tournent, en produisant un très-bel effet.

CHAPITRE VINGT-QUATRIÈME

POUVOIR ÉCLAIRANT DU GAZ

La valeur du gaz de houille dépend du pouvoir éclairant qu'il possède, après avoir subi toutes les opérations de la fabrication et de la purification, et il est important d'apprécier cet élément. Pendant longtemps, la détermination de l'intensité relative de deux flammes n'a été qu'un problème scientifique ; mais elle a pris un haut degré d'importance pratique, depuis que les actes récents du Parlement, concernant l'éclairage au gaz, ont fixé le pouvoir éclairant auquel il doit satisfaire.

Les différents moyens, adoptés pour déterminer les propriétés éclairantes du gaz, peuvent se diviser en deux méthodes distinctes : — l'une d'elles consiste dans l'examen des éléments qui composent le gaz, — l'autre est la comparaison directe de la lumière, produite par la combustion d'une quantité de gaz connue, avec une lumière type. Nous décrirons d'abord les moyens d'appréciser le pouvoir éclairant du gaz par l'examen de ses éléments constituants et de ses propriétés physiques, puis nous nous occuperons des méthodes adoptées pour la comparaison des intensités lumineuses.

ESSAI DU POUVOIR ÉCLAIRANT PAR LES MÉTHODES ANALYTIQUES.

Nous avons dit, dans le chapitre sur la purification du gaz, que la densité pouvait servir à déterminer approximativement le pouvoir éclairant, parce que les vapeurs carburées, dont dépend l'intensité lumineuse du gaz, augmentent le poids de son volume ; et, lorsqu'on s'est assuré de l'absence complète de l'acide carbonique, la détermination de la densité du gaz n'est pas un mauvais moyen d'apprécier son pouvoir éclairant. Les nombreuses expériences de M. Clegg prouvent que le pouvoir éclairant est presque proportionnel à la densité ; et que, si du gaz d'une densité de 0,300 donne une lumière égale à 6 bougies, celui d'une intensité de 0,500 en donne une égale à 10. La densité relative du gaz varie de 0,340 à 0,600 ; mais, comme son poids peut être augmenté par la présence d'acide carbonique, qui diminue beaucoup son pouvoir éclairant, on ne peut pas avoir confiance dans ce mode d'essai.

Le docteur Henry, de Manchester, a proposé de déterminer le pouvoir éclairant par la quantité d'oxygène brûlé et d'acide carbonique produit par la combustion de volumes égaux de différents gaz. Il a trouvé que 100 volumes d'hydrogène pur n'exigent que 50 volumes d'oxygène, tandis que 100 volumes de gaz oléfiant en exigent 284 pour une combustion parfaite, et que le premier ne produit pas d'acide carbonique, tandis que le second en produit 179 volumes. Les résultats de ces expériences étaient loin, cependant, d'attribuer au gaz de cannel du Wigan le pouvoir éclairant qu'il possède véritablement, car ils n'assignaient à ce gaz qu'une intensité d'un tiers supérieure à celle du gaz de houille commune de Newcastle, tandis qu'elle est presque double.

La méthode d'analyse chimique, qui consiste à condenser les vapeurs carburées par le chlore et le brôme, est la meilleure pour déterminer le pouvoir éclairant du gaz, lorsqu'on n'a pas recours à la comparaison directe des intensités.

Quand on se sert du chlore, on introduit un volume de chlore gazeux dans une éprouvette, renversée sur l'eau et contenant deux volumes de gaz. On enlève l'excès de chlore au moyen de quelques gouttes de solution de potasse. La diminution de volume qui s'est opérée, par suite de la condensation des vapeurs carburées, indique le pouvoir éclairant. L'inconvénient de ce procédé est la difficulté de la manipulation, qui est grande ; et, dans des mains inexpérimentées, les résultats sont souvent erronés. L'expérience doit être faite dans l'obscurité, ou, au moins, à la lumière d'une bougie.

L'action du brôme est la même que celle du chlore ; son emploi est plus facile et moins sujet à erreur. Le brôme a l'avantage de ne pas être influencé par la lumière directe du soleil ; et il peut servir à donner des indications immédiates, ou, avec des appareils convenables, il devient l'agent principal d'une analyse complète. Pour essayer le gaz par le brôme, on se sert d'un tube de verre d'environ $0^m,90$ de longueur et de $0^m,12$ de diamètre intérieur, fermé à l'une de ses extrémités et recourbé à l'autre. Ce tube est gradué en centimètres cubes, à partir de l'extrémité fermée. Après l'avoir rempli d'eau, on y introduit du gaz de manière à ce qu'il occupe exactement toute la partie graduée ; la partie recourbée forme fermeture hydraulique et empêche l'entrée de l'air. On introduit une petite quantité de brôme, à peu près la grosseur d'un pois, dans l'eau de la partie recourbée du tube, et, le fermant avec le pouce, on le retourne plusieurs fois de manière à mettre le gaz et le brôme en contact. La combinaison et la condensation s'opèrent rapidement, et, au bout de deux ou trois minutes, on peut retirer son pouce sous l'eau, qui remplace dans le tube le vide partiel qui s'est produit par la condensation. On ajoute alors une forte solution de potasse au liquide contenu dans le tube, puis on agite de nouveau après avoir remis le pouce sur l'extrémité, pour enlever les vapeurs de brôme. Après quelques minutes de repos, on lit sur les divisions du tube la quantité de gaz qui a été absorbée.

Lorsqu'on fait une analyse précise, il est nécessaire d'opérer sur de grandes quantités et de déterminer la densité du gaz avant et après l'action du chlore ou du brôme, de manière à apprécier le poids de la partie condensée, qui représente la valeur lumineuse du gaz, autant qu'une analyse peut la donner. En multipliant la densité de ce gaz condensé par son volume, on obtient une série de nombres qui donnent approximativement le pouvoir éclairant, en bougies de 7gr,80, de 140 litres de chaque gaz. Ainsi, par exemple, un gaz d'une densité de 0,447 a donné une condensation de 5 pour 100 et laissé un résidu gazeux de 0,328 de densité. Alors, puisqu'un litre du premier pèse 0gr,576, et que 950 centim. cub. du dernier pèsent 0gr,401, le poids de la partie condensée est égal à la différence, 0gr,175 ; la densité des 50 centim. cub. de matière condensable est donc de 3,5 ; ce nombre multiplié par 5, qui est la proportion de condensation pour 100, donne 17 bougies pour le pouvoir éclairant des 140 litres de gaz. De nombreuses expériences ont démontré que cette règle est assez exacte ; mais il reste à savoir si elle est applicable dans tous les cas (1).

PHOTOMÉTRIE.

La détermination de l'intensité relative de deux lumières par leur comparaison directe est le procédé le plus ancien et le plus généralement adopté. On avait imaginé et pratiqué, avec des résultats satisfaisants, divers moyens de comparer l'intensité lumineuse des corps célestes et des différentes sortes de flammes, longtemps avant que l'invention de l'éclairage au gaz eût donné à ces procédés une grande utilité pratique. Celsius a proposé, il y a cent ans, de comparer le pouvoir éclairant de deux flammes par la distance à laquelle l'œil peut voir distinctement de petits cercles dessinés sur du papier. M. Bouguer et M. Lambert ont établi, au milieu du siècle dernier, les vrais principes de la photométrie : le dernier a inventé un photomètre à ombres, très-analogue à celui connu sous le nom de photomètre de Rumford.

Il est impossible, en regardant directement deux corps lumineux, d'apprécier même approximativement leur intensité relative ; mais, en recevant sur une surface blanche la lumière qu'ils projettent, on peut estimer bien plus exactement leur pouvoir éclairant ; puis on juxtapose ces surfaces éclairées, au moyen d'instruments appelés photomètres, afin d'aider l'œil à juger la différence ; ou bien l'on obtient le même résultat en interposant un objet opaque, de manière à observer facilement la différence des ombres produites par chacune des lumières. C'est sur le dernier de ces principes qu'est construit le photomètre de Rumford.

Le pouvoir éclairant d'un corps lumineux est directement proportionnel à l'intensité de la lumière qu'il répand sur une surface déterminée, et inversement proportionnel au carré de la

(1) Cette règle n'est sensiblement exacte que lorsqu'on compare des gaz de même nature, et au même degré d'épuration ; ainsi, elle serait en défaut pour comparer du gaz de houille avec du gaz de tourbe, par exemple, ou du gaz de houille, épuré de l'acide carbonique, avec du gaz de houille en contenant en proportion notable. (*Note du trad.*)

distance. Si deux lumières éclairent une même surface sous une obliquité égale, et qu'on interpose, entre eux et la surface éclairée, un corps opaque, les deux ombres portées différeront en intensité, car l'ombre formée par la plus forte lumière ne sera éclairée que par la plus faible ; et inversement, l'autre ombre sera éclairée par la lumière la plus intense, c'est-à-dire que l'ombre la plus foncée correspondra à la lumière la plus vive ; mais, en éloignant celle-ci à une distance plus considérable, on peut rendre les ombres parfaitement égales. Une fois cette égalité obtenue, l'intensité des deux lumières sera proportionnelle au carré de la distance de chacune d'elles à la surface éclairée.

Si, pour que les ombres soient égales, une lampe et une bougie sont placées toutes deux à une distance 1, la lampe ne donne qu'une lumière égale à celle d'une bougie ; si la lampe est placée à une distance 2, elle donne une lumière égale à 4 bougies ; si elle est à une distance 4, sa lumière est égale à 16 bougies.

Une simple proportion donnera les intensités comparatives, pour une bougie placée à une distance quelconque. Supposons un bec placé à $1^{m},50$ de l'écran opaque, et la bougie à $0^{m},45$;

Le carré de 0,45 = 0,2025,
Le carré de 1,50 = 2,2500.

Alors on a la proportion :

0,2025, carré de la distance de la bougie : 1 : : 2,2500, carré de la distance du bec : 11,1, nombre de bougies auquel équivaut la flamme du bec.

La bougie doit être la même dans toutes les expériences, et en spermaceti (blanc de baleine) ; le bec doit brûler 140 litres de gaz par heure.

La grande difficulté des expériences photométriques est l'absence d'un terme de comparaison invariable. On a d'abord employé des bougies de cire d'une dimension et d'un poids déterminés, mais il fallait moucher et ajuster la mèche pour obtenir le maximum de lumière, et les variations de la flamme rendaient les résultats incertains. Les bougies de spermaceti sont exemptes de ces défauts, et elles sont maintenant adoptées d'une manière générale en Angleterre, comme lumière type. La dimension le plus en usage est la bougie de six à la livre, brûlant $7^{gr},80$ à l'heure (1). Il est inutile de faire observer que la flamme de la bougie doit être à la même hauteur que celle du bec à essayer et que le centre de l'écran, et, pour cela, la bougie est maintenue dans cette position au moyen d'un ressort. En France, on se sert, comme point de comparaison, de la lampe Carcel, brûlant 42 grammes d'huile de navette. Le gaz, qui arrive au bec, doit être mesuré exactement au moyen d'un compteur ou d'un gazomètre à pression constante ; et, lorsqu'on emploie le bec type, on le règle à la consommation de 140 litres à l'heure.

Les observations photométriques peuvent se faire, soit par la comparaison des lumières de deux flammes, projetées directement sur un écran, soit par celle des ombres portées. On a inventé divers instruments pour chacun de ces modes d'essai ; nous allons décrire les plus remarquables et les plus utiles.

---

(1) Les bougies de spermaceti, destinées aux expériences photométriques, sont fabriquées par MM. J. C. et J. Field, 12, Wigmore Street, Londres.

PHOTOMÈTRES A OMBRES.

Dans le photomètre de Rumford, on apprécie l'intensité relative de deux flammes par les deux ombres portées par un objet sur un écran, qui peut être blanc et opaque ou translucide. La figure 137 représente une disposition de cette espèce pour comparer le pouvoir éclairant du gaz avec la flamme d'une bougie. Elle consiste en une boîte de fer-blanc, peinte en noir à l'intérieur, excepté au fond BB qui est peint en blanc. Le petit cylindre C, dont les ombres doivent être projetées sur l'écran, est aussi peint en blanc. Le bec de gaz et la bougie sont placés de manière à ce que leurs rayons se croisent sous un angle assez fort, et projettent les ombres du cylindre assez distantes l'une de l'autre pour qu'on puisse les voir distinctement à travers l'ouverture oculaire O qui se trouve à une égale distance de chacune des ombres. Dans la disposition indiquée sur la figure, la flamme du gaz est située à une distance de l'écran, double de celle de la bougie ; et, si l'on suppose que les ombres du cylindre soient également noires, le gaz est quatre fois plus éclairant que la bougie.

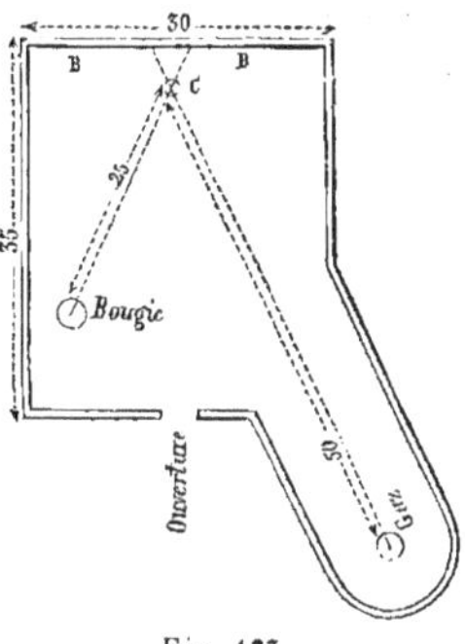

Fig. 137.

Dans ce système de photomètre, où la position des deux lumières est fixe, les intensités relatives de la bougie et du gaz s'estiment par la quantité de gaz consommée. On manœuvre le robinet du bec jusqu'à ce que les deux ombres soient égales, et la valeur comparative des deux lumières s'évalue d'après la quantité de gaz brûlée dans un temps donné. Lorsque la flamme du gaz se trouve à une distance de l'écran plus grande que $0^{m},500$, les couleurs des ombres sont différentes et il devient difficile de juger de l'égalité de leur intensité. Au lieu de l'écran blanc et opaque BB, on peut prendre un écran translucide, et l'on observe les ombres au travers, ce qui est préférable dans beaucoup de cas.

Au lieu de laisser les deux lumières dans des positions invariables, et de régler la consommation du gaz jusqu'à ce que les deux ombres soient égales, on peut maintenir la consommation normale, et rapprocher ou éloigner la bougie de l'écran jusqu'à ce que l'intensité des ombres soit la même. Dans ce cas, on place le porte-bougie dans une rainure où il peut glisser, et une échelle graduée permet d'apprécier exactement sa distance de l'écran.

Plusieurs modifications ont été apportées au photomètre à ombres, dans le but de déterminer, avec plus de facilité et d'exactitude, l'égalité d'intensité des ombres, et de se soustraire à la difficulté que donne la différence des couleurs dans cette appréciation. Parmi ces modifications, celles de M. Foucault sont les plus remarquables. La disposition de son appareil consiste principalement dans la substitution au cylindre, qui se trouve devant l'écran, d'un diaphragme opaque qui touche cet écran, de sorte que les deux ombres se touchent, au lieu d'être séparées l'une de l'autre. La figure 138 représente une coupe de ce photomètre. Le diaphragme ne fait pas saillie de plus de $0^{m},075$ sur l'écran, qui est translucide. Les deux lumières sont placées de manière à ce que les ombres, portées de chaque côté du diaphragme, aient la même largeur ; la bougie peut se mouvoir

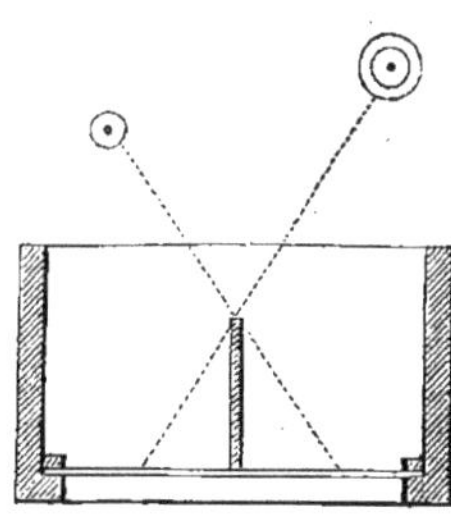
Fig. 138.

dans une rainure graduée. Les deux lumières ne produisent qu'une seule ombre sur l'écran, mais, si leur intensité est différente, une des moitiés de l'ombre sera plus noire que l'autre. On fait alors promener la bougie jusqu'à ce que l'ombre soit uniforme et qu'il n'y ait plus de ligne de séparation. Pour faciliter encore l'observation de l'égalité d'intensité, le diaphragme peut être éloigné de l'écran au moyen d'une vis, jusqu'à ce qu'une raie lumineuse vienne séparer les deux ombres ; en le rapprochant alors de nouveau, les deux ombres viennent se toucher, et la moindre différence d'intensité se découvre aisément. L'écran translucide, adopté par M. Foucault se compose de deux lames de verre, recouvertes chacune d'une légère couche d'amidon, et posées l'une contre l'autre. M. Regnault, qui a un peu modifié le photomètre de M. Foucault, remplace l'amidon par la stéarine, qui forme une couche parfaitement homogène (1).

La figure 139 représente une autre modification du photomètre à ombres, qui est aussi d'origine française. C'est une boîte pentagonale, ouverte sur deux faces, par lesquelles pénètrent les rayons des deux lumières ; une petite ouverture circulaire est pratiquée sur le côté opposé, sur lequel tombent les rayons, et cette ouverture reçoit l'écran translucide. Un diaphragme, d'environ 0m,45 de longueur, divise la boîte, et par suite l'écran, en deux parties égales. Une petite boîte, qui porte l'ouverture visuelle ou oculaire, recouvre l'écran, qui est formé de papier blanc non huilé. Entre l'écran et l'oculaire, on interpose un verre coloré. Le diaphragme est assez large pour que, quelle que soit la distance à laquelle on place les deux lumières, les ombres couvrent toujours toute la surface de l'écran ; de cette manière, il n'y a pas de pénombre qui puisse influencer l'exactitude des résultats. Le milieu coloré, qu'on interpose, est formé de deux morceaux de verre plans, entre lesquels on place une feuille mince de gélatine couleur cerise ; l'on colle les bords des deux verres pour soustraire la gélatine à l'action de l'air humide. Le but de cette disposition de photomètre est d'éviter la différence de teinte des deux ombres, qui est la principale cause d'incertitude dans la détermination des intensités relatives de flammes placées à des distances différentes.

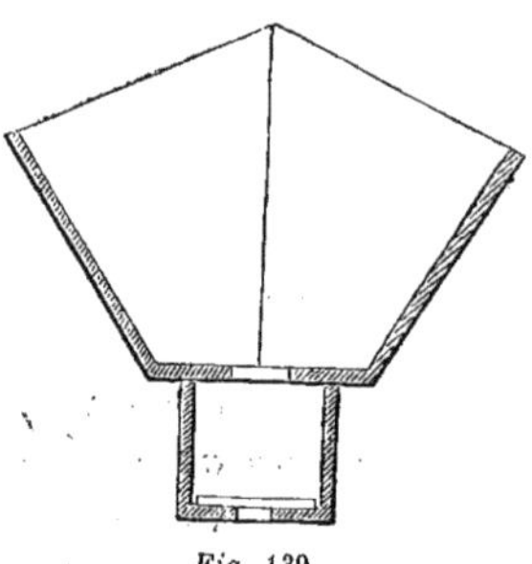

Fig. 139.

Bien que cet instrument soit classé dans les photomètres à ombres, on pourrait, peut-être avec plus de raison, le ranger dans la classe des photomètres dans lesquels on mesure l'intensité relative de deux lumières par l'observation des rayons directs ; car, les ombres du diaphragme couvrant toute la surface de l'écran, on ne peut voir la différence de lumière entre les points où les rayons sont interceptés et ceux où ils ne le sont pas ; l'intensité relative des rayons directs est donc le seul guide dans la détermination du pouvoir éclairant comparatif.

PHOTOMÈTRES RAYONNANTS.

Il y a un grand nombre de photomètres, avec lesquels on détermine le pouvoir éclairant de deux flammes, en comparant l'intensité des rayons projetés directement sur des écrans.

(1) La couche d'amidon diffuse admirablement la lumière et donne un écran d'une sensibilité excessive ; le seul inconvénient que ce photomètre possède est la difficulté avec laquelle on obtient, sur le verre, une couche d'amidon à la fois très-mince et bien homogène. (*Note du trad.*)

La figure 140 représente la forme la plus simple de ce genre de photomètre. Il se compose de deux tubes coniques, qui convergent vers le même point ; l'extrémité la plus étroite de chacun d'eux est couverte de papier blanc. On dirige vers les deux lumières les extrémités les plus larges, et l'opérateur juge sur les petits écrans de papier quelle est la lumière la plus intense. Un aide change la position de la lumière mobile jusqu'à ce que les deux écrans paraissent également éclairés, et, en mesurant les distances, on en déduit le pouvoir éclairant relatif. Il est donc nécessaire, pour opérer avec un instrument de cette espèce, de garantir l'œil des rayons directs des deux flammes et de toute lumière étrangère.

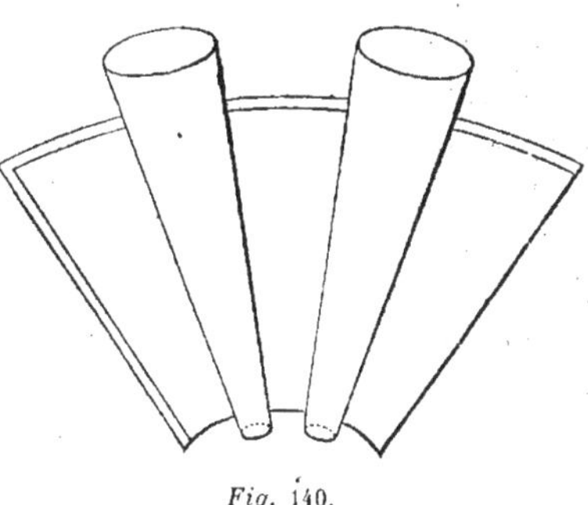

Fig. 140.

La figure 141 montre un autre photomètre très-simple, inventé dans les premiers jours de la photométrie. Une boîte rectangulaire, ouverte du côté où sont placées les lumières, porte sur sa paroi opposée un écran translucide. Un diaphragme opaque divise l'appareil en deux parties égales et se prolonge en dehors de la boîte, de manière à séparer complétement les deux lumières. Celles-ci sont placées à une égale distance de l'écran, et l'on diminue l'intensité de la lumière la plus intense en interposant entre elle et l'écran quelques lames de verre dépoli, dont on a déterminé l'effet à l'avance. Le nombre de ces verres, qu'il faut interposer pour rendre tout l'écran également éclairé, indique la différence d'intensité des deux lumières.

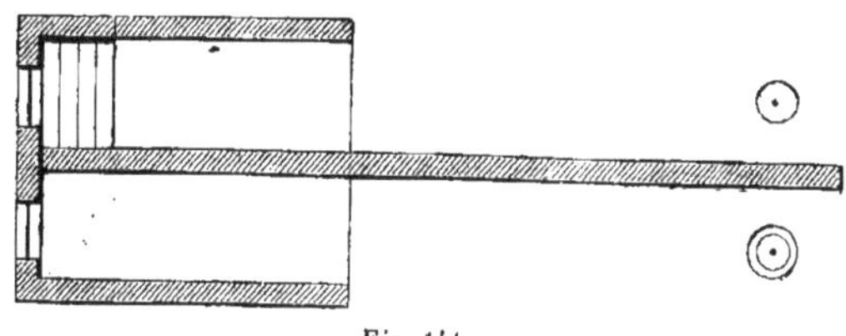

Fig. 141.

M. Lainé a perfectionné cet instrument, et il évite l'emploi des verres, destinés à obscurcir la flamme, en faisant mouvoir l'une des deux lumières, comme cela se fait ordinairement.

Il y a lieu de décrire une disposition ingénieuse, due à M. Ritchie, pour déterminer le pouvoir éclairant de deux flammes par réflexion. Une petite boîte rectangulaire, d'environ $0^{m},20$ de longueur sur $0^{m},075$ de largeur (*fig.* 142), et ouverte à ses deux extrémités, est placée sur un support à une hauteur convenable. Sur la paroi supérieure de cette boîte est pratiquée une ouverture d'environ $0^{m},037$ de longueur sur $0^{m},025$ de largeur, dont le milieu coïncide exactement avec le centre de l'appareil ; on place sur cette ouverture un morceau de gaze fine ou de papier huilé, qui forme l'écran. A l'intérieur de la boîte, deux petits miroirs sont inclinés à 45°, et leur ligne d'intersection touche l'écran en son milieu. On place l'appareil entre les deux flammes qu'on veut comparer ; leurs lumières, qui se réfléchissent sur les miroirs, tombent sur l'écran, dont les deux moitiés se trouvent inégalement éclairées si les lumières ont une intensité différente. On rapproche alors l'instrument

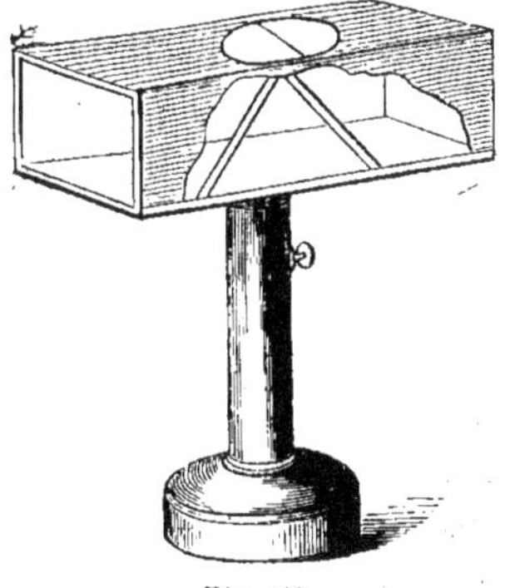

Fig. 142.

de la lumière la plus faible, jusqu'à ce que tout l'écran soit également éclairé, et on mesure les distances.

Afin d'obvier aux inconvénients qui résultent de la position incommode de l'opérateur, et de la différence de coloration des lumières, dont l'intensité est tout à fait indépendante, M. Ritchie propose de recouvrir l'écran de caractères très-fins, et, lorsqu'on peut les lire avec la même facilité sur les deux portions de l'écran, c'est que l'intensité des deux lumières est égale.

Nous devons mentionner deux méthodes ingénieuses de déterminer l'intensité d'une lumière, l'une inventée par le professeur Wheatstone, l'autre par M. Chambeyron, gérant de l'usine à gaz de la Rochelle ; bien qu'aucune d'elles ne puisse être employée pour des observations minutieuses, le principe en est nouveau et peut trouver son application dans les perfectionnements futurs du photomètre. L'appareil de Wheatstone se compose d'une boîte circulaire, qui n'est pas plus large qu'un écu de 5 schellings. A la partie supérieure de cette boîte se trouve une petite roue munie sur le bord d'un cercle d'acier ; au moyen d'engrenages mus par une manivelle, qui se trouve au-dessous, cette roue tourne excentriquement sur un axe, en même temps qu'elle parcourt le tour de la circonférence de la boîte. Comme la surface supérieure est peinte en noir mat, la réflexion de la lumière sur le cercle d'acier est très-vive, et la rotation rapide de ce cercle produit un dessin en lignes brillantes. Pour appliquer cet instrument à la détermination de l'intensité relative de deux flammes, on le place entre les deux lumières, et, en le mettant en mouvement, il décrit des lignes brillantes parallèles. Si l'une des lumières est moins vive, on place l'instrument plus près d'elle jusqu'à ce que les deux dessins paraissent également brillants, puis on mesure les distances.

Le photomètre de M. Chambeyron est encore plus petit que celui de Wheatstone, mais il a la prétention de résoudre l'important problème de déterminer le pouvoir éclairant d'une flamme sans la comparer directement à une lumière type. Une petite boîte, qui peut se mettre dans la poche d'un gilet, renferme un verre de montre argenté ou un miroir concave. Au centre, un diamant est monté sur un fil élastique mince, qui vibre au moindre contact. Lorsqu'on expose cet instrument à la lumière, les vibrations du diamant produisent sur le miroir concave des scintillations, dont l'éclat diminue avec la distance à laquelle l'appareil se trouve placé, jusqu'à ce qu'elles disparaissent entièrement. Ce point est le zéro, à partir duquel partent les autres observations. Par exemple, une bougie étant allumée, l'observateur, tenant l'instrument à la main, s'en éloigne jusqu'à ce que le diamant cesse de projeter aucune lumière sur le miroir. Il mesure exactement cette distance. Il répète l'expérience avec deux bougies allumées, puis successivement avec un nombre croissant de bougies, toujours jusqu'au moment où les scintillations du diamant disparaissent. Le résultat de ces observations étant inscrit, lorsqu'on veut déterminer le pouvoir éclairant d'un bec de gaz, il n'y a qu'à répéter l'expérience et à mesurer la distance à laquelle les scintillations s'éteignent, pour savoir le nombre de bougies auquel correspond le bec de gaz.

M. Arago a eu l'idée de déterminer les intensités relatives de deux flammes au moyen de la lumière polaire. On polarise les rayons de chaque flamme, en les faisant passer à travers des plaques de tourmaline, puis on les reçoit sur un écran ; les images colorées, ainsi produites, sont superposées, de manière à ce que le rouge de l'une tombe sur le bleu de l'autre ; toutes les autres couleurs complémentaires du spectre se superposent de la même manière. Lorsque l'intensité des deux lumières est égale, la superposition des rayons colorés produit de la lumière blanche ; mais, si l'image est colorée, il faut éloigner la flamme la plus intense jusqu'à ce que les couleurs disparaissent. M. Babinet a imaginé un appareil pour l'application convenable de ce principe. Il ressemble à un télescope à deux branches, situées à angle droit sur l'axe du tube principal. Les deux lumières à comparer sont placées de manière à ce que leurs rayons entrent par les deux extrémités du tube composé, et se réfléchissent sur l'oculaire. Les rayons de chaque lumière se polarisent en passant à travers des plaques de verre, avant d'arriver à l'œil de l'observateur. Les deux images colorées se superposent en ajustant convenablement les deux tubes, et l'on change la position de l'une des lumières jusqu'à ce que les couleurs disparaissent. Lorsqu'on a obtenu une intensité égale, on mesure la distance des deux lumières à l'instrument. Il est certain que cette méthode est théoriquement plus rigoureuse, pour déterminer l'égalité de deux lumières, que la comparaison de leur pouvoir éclairant respectif sur un écran ; mais les milieux que la lumière est obligée de traverser, et la perte qui résulte de sa réflexion produisent des erreurs plus grandes que celles auxquelles cette méthode tend à obvier.

PHOTOMÈTRE DE BUNSEN.

Le photomètre qui est maintenant en usage en Angleterre, repose sur la combinaison de la lumière transmise et réfléchie. Il est dû au professeur Bunsen, de Marbourg, et c'est M. King, de Liverpool, qui l'a importé en Angleterre. Les rayons des deux lumières à comparer sont reçus sur les côtés opposés d'un écran, dont une partie est blanche et presque opaque, et l'autre translucide. Lorsque les rayons d'une seule flamme tombent sur une des faces de l'écran, les portions, au travers desquelles la lumière passe, paraissent noires, tandis que les parties opaques semblent brillantes. Mais l'effet contraire a lieu si l'on regarde l'autre côté de l'écran, dont la partie opaque paraît noire, et la partie translucide blanche. En plaçant une autre lumière de l'autre côté de l'écran, la partie noire devient éclairée tandis que la lumière passe par l'autre portion et ajoute peu à son éclat. Ainsi la partie de l'écran, qui est blanche d'un côté, est noire de l'autre, et réciproquement. Si les deux flammes sont également intenses, la partie noire disparaît presque entièrement, car les lumières réfléchies et transmises se combinent pour éclairer également les deux surfaces. Lorsque cet effet est obtenu, en rapprochant l'écran de la flamme la plus faible, on mesure les distances dont on déduit le pouvoir éclairant relatif.

Il y a plusieurs dispositions pour la conduite des expériences photométriques par cette méthode. La plus généralement adoptée est représentée (*fig.* 143). Une barre de bois horizontale porte,

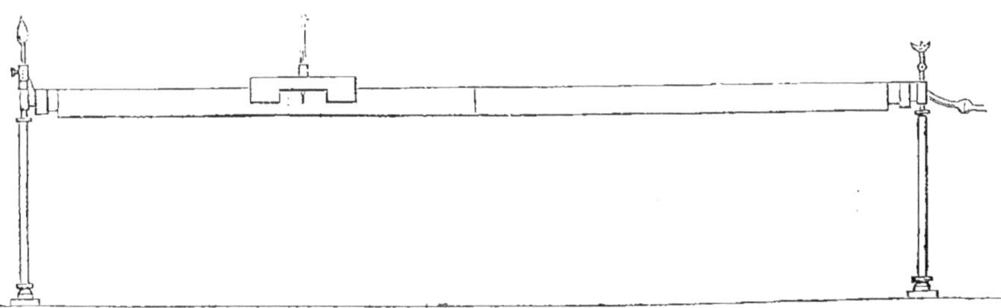

Fig. 143.

à chacune de ses extrémités, une bougie et un bec de gaz fixés à $1^m,25$ du milieu de la barre. Un curseur mobile, qui porte l'écran, parcourt la barre, et porte à sa partie inférieure, juste au-dessous de l'écran, un index qui se meut sur une échelle graduée. Les divisions commencent à partir du milieu de la barre, et, du côté où la bougie type est fixée, les graduations indiquent des bougies et dixièmes de bougie, jusqu'à neuf bougies; à partir de ce point jusqu'à 20, l'échelle indique des bougies et demi-bougies, et, depuis 20 jusqu'au bout, il n'y a que des bougies entières.

Dans les photomètres de Bunsen construits par M. Wright, l'écran est protégé des rayons étrangers par une enveloppe, noircie à l'intérieur. Elle se compose de deux tubes, larges et courts, légèrement coniques, accolés par le bord et ouverts à leurs extrémités. L'écran se trouve entre ces deux tubes, et on peut l'observer par une ouverture pratiquée sur la paroi de chacun d'eux.

MM. Church et Mann ont imaginé une modification au photomètre de Bunsen, qui en simplifie l'emploi et diminue la longueur de la barre. La figure 144 représente ce photomètre, tel qu'il est

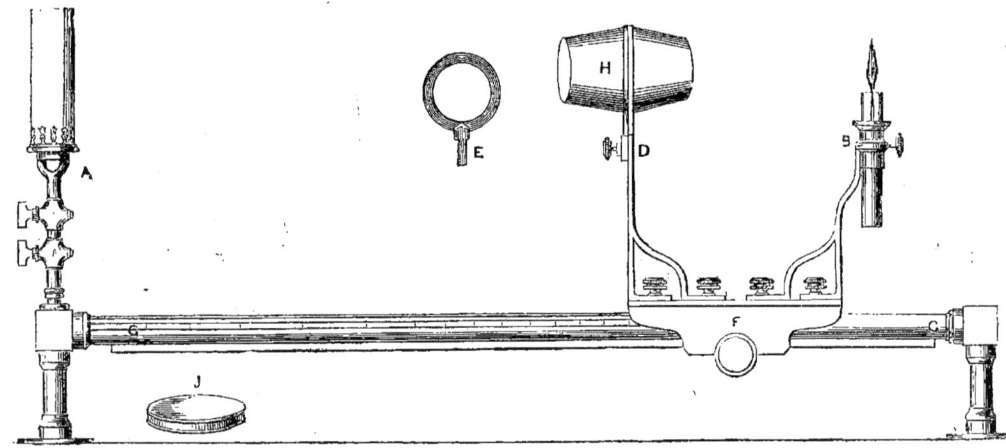

Fig. 144.

fabriqué par M. Hulett. L'écran et la bougie sont réunis sur le curseur qui parcourt la barre, et la distance de la bougie à l'écran est de 0m,25. Les avantages de cette disposition consistent dans la diminution de la longueur de la barre, qui est réduite à moitié de sa longueur ordinaire; en outre, la graduation de l'échelle est plus simple, et, comme l'éclairage de l'écran par la bougie est constant, au lieu de varier avec sa position, on détermine plus facilement l'égalité des lumières des deux côtés. Pour graduer la barre, comme la distance de la bougie à l'écran est invariable, il suffit d'élever au carré le nombre de fois dont la distance du bec de gaz à l'écran surpasse celle de la bougie, pour déterminer son pouvoir éclairant ; dans le photomètre ordinaire de Bunsen, au contraire, dans lequel les deux distances varient à la fois, la graduation est très-compliquée. Beaucoup de personnes, cependant, préfèrent la forme primitive de l'instrument, et trouvent des inconvénients à faire mouvoir la bougie.

La préparation de l'écran du photomètre est d'une grande importance, car la couleur de la partie translucide doit différer aussi peu que possible de celle de la partie opaque. Le docteur Fyfe, qui est très-compétent en photométrie, recommande le papier à lettre bleu, d'une texture bien uniforme. Pour le rendre translucide, il se sert de spermaceti dissous dans l'huile de naphthe jusqu'à consistance solide à la température ordinaire, mais fondant à la température du sang

(35°c). Il applique le mélange fluide sur le papier, qu'il expose, dans la position horizontale, au-dessus d'une lampe à esprit-de-vin, afin d'étendre uniformément le spermaceti sur la surface. La dimension du disque opaque, qu'on ménage au centre, varie suivant les fabricants et les expérimentateurs. Dans l'écran de M. Fyfe, il ne dépasse pas la dimension d'une pièce de 2 francs. M. Émile Durand, qui a fait beaucoup d'expériences photométriques, recommande l'emploi de l'acide amylique ou de l'essence de pommes de terre, comme très-supérieur à toute autre substance pour rendre l'écran translucide sans le colorer. Le docteur Leeson obvie à la différence de coloration produite par l'usage des substances grasses, en employant du papier d'épaisseurs différentes. Il découpe une étoile dans une feuille mince de papier à lettre blanc, et la place sur une feuille également mince de papier de même couleur. Quand elle est exposée à la lumière la plus forte, l'étoile paraît naturellement plus éclairée que les autres portions de l'écran ; on rapproche alors l'écran de la bougie, jusqu'à ce que les deux côtés soient également éclairés, et l'étoile devient presque invisible.

Les résultats très-dissemblables qui ont été obtenus avec le photomètre de Bunsen, par différents opérateurs d'une habileté cependant reconnue, ont jeté quelque défiance sur les expériences photométriques en général, et démontré la nécessité d'employer un système uniforme dans ce genre de recherches. Les différences d'appréciation du pouvoir éclairant du même gaz, résultant des expériences du docteur Letheby, du docteur Leeson, et de M. Warington, dans une expertise récente, se sont élevées à 25 p. 100. Ces différences résultent principalement des différents modes d'expérimentation. Dans quelques expériences, l'écran recevait les rayons réfléchis par les surfaces polies de la barre du photomètre, ou par les murs de la chambre, tandis que, dans les autres, les rayons directs des deux flammes tombaient seuls sur l'écran.

Les résultats des observations photométriques peuvent être influencés par la dimension de la chambre, la couleur des murs, la position de l'appareil dans la chambre, et, dans le photomètre de Bunsen, par la réflexion de la lumière sur la surface vernie de la barre. Il faut se mettre en garde contre toutes ces chances d'erreurs, et faire en sorte que les rayons directs de chaque flamme parviennent seuls sur l'écran. A cet effet, on doit noircir les murs, le plafond et le sol de la chambre dans laquelle on fait les expériences, et l'appareil doit y être placé au milieu. Moyennant l'observation de ces précautions, on peut avoir toute confiance dans les résultats obtenus par un opérateur soigneux et expérimenté.

CHAPITRE VINGT-CINQUIÈME

CORRECTIONS RELATIVES A LA TEMPÉRATURE

ET A L'HUMIDITÉ DU GAZ.

Les gaz se dilatent, par la chaleur, de 0,00367 de leur volume pour chaque degré du thermomètre centigrade. Le docteur Dalton et Gay-Lussac ont démontré que tous les gaz se dilataient également, pour une même augmentation de calorique, lorsqu'ils sont placés dans les mêmes circonstances. Il est donc facile de déterminer le volume qu'occupera une quantité de gaz donnée pour une température déterminée. Comme il peut être utile, dans quelques expériences, de connaître le volume qu'occuperait une certaine quantité de gaz à une température différente de celle où l'expérience est faite, nous donnerons les formules qui doivent être employées :

Soit V le volume d'un gaz à 0°, t le nombre de degrés au-dessus de zéro, et V′ le volume du gaz à t°, on a

$$V' = V(1 + 0{,}00367t)$$

ou, si c'est V qui est inconnu,

$$V = \frac{V'}{1 + 0{,}00367t}$$

Il arrive souvent que, connaissant le volume V′ d'un gaz à t°, on veut savoir son volume V″, non pas à 0°, mais à une autre température t'; alors on a : d'une part,

$$V = \frac{V'}{1 + 0{,}00367t};$$

d'autre part,

$$V'' = V\,(1 + 0{,}00367t');$$

d'où l'on tire

$$V'' = \frac{V'(1 + 0{,}00367t')}{1 + 0{,}00367t}.$$

Supposons, par exemple, qu'un gaz occupe 100 volumes à 35°; on demande le volume qu'il occupera à 15°. On a V′ = 100; t' = 15°; t = 35°.

Alors

$$V'' = \frac{100(1 + 0{,}00367 \times 15)}{1 + 0{,}00367 \times 35} = 93{,}5.$$

Pour apprécier le volume d'un gaz, il est nécessaire qu'il soit sec, parce que la vapeur augmente son volume, et que cette augmentation varie avec la température. Le docteur Dalton a donné une formule pour la correction relative à l'humidité du gaz.

Soit a = poids de 100 volumes (1 litre) d'air sec, à la pression de $0^m,76$ et à la température de 15°; p = la pression atmosphérique variable, et f = tension de la vapeur contenue dans le gaz; les formules suivantes permettront de calculer le volume, le poids et la densité des gaz secs et humides. Posons M = volume du gaz humide; D = volume du gaz sec, et V = volume de la vapeur, à la même pression et à la même température. On a :

(1) $$M = D + V,$$

(2) $$D = \frac{d - f}{p} M,$$

(3) $$V = \frac{f}{p} M;$$

(4) d'où $$M = \frac{pD}{d - f} = \frac{pV}{f}.$$

Si l'on veut déduire la densité d'un gaz sec de la densité connue ou du poids du même gaz humide, il faudra ramener le gaz à la pression de $0^m,76$; soit s = densité du gaz sec, et w = poids de 100 volumes du gaz humide; nous aurions :

(5) $$\frac{0,76-f}{0,76}sa+\frac{f}{p}\times 0,62^{*}a=w,$$

(6) d'où $$s=\frac{f}{a(0,76-f)}\left(w-\frac{f}{p}\times 0,62a\right).$$

EXEMPLES.

1. 98 volumes d'air sec + 2 volumes vapeur = 100 volumes d'air humide.

2. Étant donné $p=0,76$; $f=0,0125$, et $M=100$; alors $\frac{p-f}{p}M=D$, et le volume de l'air sec = 98,3.

3. Et $\frac{f}{p}M=V$, volume de la vapeur = 1,7.

4. Étant donné $D=100$; $p=0,76$; $f=0,01$; alors $M=\frac{pD}{p-f}$ = volume de l'air humide = 101,35.

Étant donné $V=2$; $p=0,76$; $f=0,0075$; alors $M=\frac{pV}{f}$ = volume de l'air humide = 202,6.

5. Soit $f=0,0125$; $s=1,111$; $a=1^{gr},29$; $p=0,7375$; alors w = densité ou poids d'un litre d gaz humide $=\frac{0,76-0.0125}{0,76}\times 1,111\times 1,29+\frac{0,0125}{0,7375}\times 0,62\times 1,29=1,421$.

6. Soit la valeur de f, a et p, comme ci-dessus, et $w=0,9$; alors s = densité du gaz sec $=\frac{0,76}{0,76-0,0161}\left(1,9-\frac{0,1025}{0,7375}\times 0,62\times 1,29\right)=0,905$.

Les formules précédentes s'appliquent aussi bien lorsque V est un gaz permanent, mélangé à une vapeur autre que celle de l'eau; seulement, il faut substituer au nombre 0,62 la densité de la vapeur qui existe dans le mélange.

Voici un extrait des « Manipulations chimiques » de Faraday :

« Un gaz, recueilli sur l'eau, se sature de vapeur, dont la quantité est proportionnelle à la température. Dans ce cas, une partie du volume observé, et du poids, est due à la vapeur d'eau dont il faut déterminer la quantité pour avoir le poids exact du gaz. Le tableau suivant donne la proportion, en poids, de vapeur d'eau contenue dans un mètre cube de gaz qui en est saturé à différentes températures et sous la pression barométrique moyenne de $0^{m},76$: »

TEMPÉRAT.	POIDS EN GRAMMES.	TEMPÉRAT.	POIDS EN GRAMMES.	TEMPÉRAT.	POIDS EN GRAMMES.	TEMPÉRAT.	POIDS EN GRAMMES.
0°	5,2	30°	28,51	55°	88,74	80°	199,24
5	7,2	35	37,00	60	105,84	85	221,20
10	9,5	40	46,40	65	127,20	90	251,34
15	12,83	45	58,60	70	141,96	95	273,78
20	16,78	50	63,63	75	173,74	100	295,00
25	22,01						

Au moyen de ce tableau, on peut déterminer facilement la proportion de vapeur d'eau, en

* Le nombre 0,62 est la densité de la vapeur d'eau. (*Note du trad.*)

volume, contenue dans un gaz, et par conséquent le volume du gaz sec (1). A cet effet, on détermine la température du gaz et l'on cherche le volume de vapeur d'eau correspondant. On ramène ce volume à la température moyenne ; on ramène de même le volume total à la température et à la pression moyennes, et on en soustrait le volume corrigé de la vapeur ; le reste est le volume corrigé du gaz sec. On aura de suite, au moyen du tableau, le poids du gaz sec, en soustrayant du poids du gaz humide le poids de la vapeur d'eau correspondant à la température donnée.

Supposons, par exemple, qu'on ait pesé 800 centimètres cubes d'un gaz, recueilli sur l'eau (à la température de 10^{oc} et sous une pression de 0^{m},75), et qu'on ait trouvé un poids de 1^{gr},2. On trouve, dans le tableau, qu'à la température de 10° le poids de l'eau contenue dans un mètre cube de gaz est de 9^{gr},5 ; dans 800^{cc}, il y aura donc $\frac{800 \times 9,5}{1,000,000} =$ 0^{gr},0076, et le poids du gaz sec sera 1^{gr},2 — 0;0076 = 1^{gr},1924.

Quelques expérimentateurs préfèrent dessécher le gaz avant de le peser, de manière à obtenir le poids d'un volume connu de gaz pur. On peut dessécher les gaz de différentes manières. L'une d'elles consiste à faire passer le gaz à travers un tube de verre, contenant des substances hygrométriques. C'est une méthode simple et bonne à connaître, bien qu'elle ne s'applique pas d'une manière convenable au gaz dont nous nous occupons, à cause de la difficulté qu'il y a à mesurer le gaz qui entre. Le tube a environ 0^{m},012 de diamètre et 0^{m},60 de longueur ; on le ferme à l'une de ses extrémités au moyen d'une petite boule de fil pour empêcher son contenu de tomber. On y introduit des fragments de chlorure de calcium, qu'on a fondu dans un creuset de terre et versé sur une surface métallique ou de pierre pour le solidifier. Le tube en est rempli presque entièrement et peut alors servir. On le met en communication, au moyen d'un tube en caoutchouc, ou de toute autre manière, avec le gazomètre gradué, ou autre appareil contenant le gaz, et on fait passer à travers le tube assez de gaz pour chasser tout l'air de l'appareil, avant de recueillir le gaz sec dans le ballon qui est relié au tube. Cela fait, on laisse passer le gaz lentement (100 centimètres cubes environ en 8 minutes pour un tube de la dimension indiquée). Si le tube est plus court ou d'un plus petit diamètre, il faudra mettre plus de temps. Le docteur Thomson a publié dans les « Annals of Philosophy », vol. XV, page 352, une méthode très-bonne pour peser les gaz.

CHAPITRE VINGT-SIXIÈME

PRODUITS ACCESSOIRES

Un des éléments importants de la fabrication économique du gaz est de tirer des résidus de la distillation des produits de la plus grande valeur possible ; c'est surtout de cette manière qu'on

(1) La densité de la vapeur d'eau est toujours les 5/8 de celle de l'air à la même température et à la même pression ; ainsi, pour obtenir le volume de la vapeur d'eau à une température donnée et sous la pression de 0,76, au moyen du tableau ci-dessus, il suffira de chercher la densité de l'air à cette température, sous la même pression, et de la multiplier par 5/8, puis de diviser le nombre donné dans le tableau par ce produit pour avoir le volume de la vapeur à cette température.

(*Note du trad.*)

peut espérer réduire le prix de revient du gaz. On a déjà beaucoup fait dans ce sens, mais il reste encore plus à faire, car il semble possible d'augmenter assez la valeur industrielle des résidus, surtout de ceux qui sont volatils, pour compenser le coût des matières premières nécessaires à la fabrication du gaz.

La production de la plus grande quantité de gaz possible, d'un pouvoir éclairant convenable, est le point le plus important de tous les procédés de distillation ; elle est subordonnée à la température à laquelle la distillation est faite, et à la quantité de houille chargée dans chaque cornue, dont dépend la qualité du coke, qui est le plus important de tous les produits accessoires. Cependant, il reste à trouver une méthode meilleure pour l'extinction du coke sortant des cornues, afin de diminuer sa désagrégation ; et la méthode de distillation dans de larges fours, tels que ceux de MM. Pauwels et Dubochet que nous avons décrits précédemment, mérite d'être signalée comme donnant un coke d'une qualité bien supérieure.

Le goudron, qui est le produit le plus abondant après le coke, est déjà utilisé dans une multitude d'applications ; on le convertit en un si grand nombre de substances, que ce produit est devenu un sujet important de recherches pour les chimistes ; et l'on peut prévoir qu'il acquerra un jour une grande valeur. Nous avons fait beaucoup d'emprunts, dans l'étude suivante des applications du goudron et des autres produits accessoires, aux excellents articles sur la « Chimie du gaz d'éclairage » publiés dans les premier, deuxième et troisième volumes du *Journal of Gas-lighting*.

La composition du goudron varie beaucoup avec la qualité de la houille employée et la température à laquelle s'effectue la distillation. Ainsi, les cannel-coals produisent à la fois une quantité de goudron plus grande et de meilleure qualité que les houilles bitumineuses ou collantes ; et, dans les usines où l'on distille à basse température, le goudron est meilleur et se produit en proportion plus forte que dans celles où la distillation s'opère à une température élevée. Les différences de qualité du goudron tiennent plutôt à son degré qu'à sa constitution elle-même, car tous les goudrons renferment les mêmes substances.

On peut considérer le goudron comme composé de deux fluides, chacun de composition très-complexe : le premier est un fluide volatil ou *naphthe*, et le second un composé huileux plus fixe, appelé *brai*. Chacun de ces produits est formé lui-même de plusieurs hydrocarbures, qui portent différents noms. Lorsqu'on soumet à la distillation du goudron de houille ordinaire, le produit qui passe en premier lieu est de l'huile de naphthe presque incolore. Ensuite vient une huile lourde, légèrement colorée en jaune ; après elle, passe un fluide encore plus lourd et plus coloré, qui est suivi par une substance noire et visqueuse, qui se solidifie à la température ordinaire. Les différentes substances qui composent chacun de ces produits, sont plus ou moins volatiles, mais ne peuvent cependant être séparées les unes des autres par une simple distillation. Outre l'huile de naphthe ou *benzine*, contenue dans le goudron, et la matière huileuse moins volatile qui est analogue sinon identique à l'eupione, on y rencontre aussi de la naphthaline, de la paranaphthaline, une huile qui a l'odeur de la fumée, une autre qui a la saveur brûlante et amère, et de la paraffine en petite quantité ; il y a toujours aussi une petite quantité d'ammoniaque.

Le meilleur mode de traitement du goudron consiste à le distiller dans l'appareil de Coffey, qui se compose essentiellement d'une série de plateaux, placés les uns au-dessus des autres et chauffés par un courant de vapeur qui circule au-dessous et au-dessus ; cette vapeur échauffe un petit courant de goudron qui descend sur les plateaux successifs : la benzine et l'eupione se volatilisent, et les autres produits, sauf une petite quantité de naphthaline, descendent de plateau en plateau jusqu'au fond de l'appareil. Le produit de cette distillation, qui se condense dans un serpentin, est de la benzine impure, qu'on peut purifier de la manière suivante : on ajoute à une certaine quantité de cette benzine 5 p. 100 d'huile de vitriol (acide sulfurique), et l'on agite bien le mélange à plusieurs reprises ; quand ce mélange est parfait, on ajoute environ 5 p. 100 de peroxyde de manganèse et on agite de nouveau. La naphthaline et les autres impuretés se combinent avec l'huile de vitriol et se rassemblent au fond sous forme de goudron épais ; on décante l'huile de naphthe qui surnage et on la distille à nouveau dans un vase chauffé à la vapeur ; on la sépare de l'eau qui se condense avec elle, et on l'obtient ainsi parfaitement pure et incolore. Le goudron, privé de sa benzine, est beaucoup plus épais et trop souvent considéré comme sans valeur, ou seulement employé à la conservation des bois. Mais, en le privant de l'eau qu'il contient, par une exposition prolongée à la chaleur, il donne à la distillation, et par un traitement convenable, deux substances d'une grande valeur. La première est une huile lourde et épaisse, qui est employée au graissage des machines ; l'autre est de la paraffine, qui fournit des bougies aussi belles que celles de blanc de baleine.

On introduit le liquide dans une chaudière de fonte, munie d'un réfrigérant, dont la température ne doit pas cependant être inférieure à 13°. On chauffe graduellement, et le goudron épais se sépare en trois liquides qui passent successivement à la distillation, et qu'on peut recueillir séparément. Il passe d'abord un mélange de vapeur d'eau et d'huile de naphthe, avec une huile volatile qui lui donne une teinte jaune, et une grande proportion de naphthaline ; il se condense ensuite un liquide vert, plus lourd, qui passe au rouge foncé ; puis vient un fluide épais, d'un jaune verdâtre, qui prend la consistance du beurre en se refroidissant, et qui contient de nombreux cristaux de paraffine. Le premier de ces produits est presque sans valeur, à cause de la grande quantité de naphthaline qu'il contient, mais on peut l'employer comme combustible ; les deux autres produits fournissent, par un traitement convenable, une huile propre au graissage et qui vaut l'huile de blanc de baleine la meilleure. Ce liquide, à l'état brut, est entré pendant longtemps dans la composition des graisses de voitures et autres ; on s'en est servi aussi pour la fabrication de l'encre d'imprimerie et du noir de fumée.

Le traitement ordinaire de l'huile lourde, pour la fabrication de l'huile à graisser et de la paraffine, est le suivant. On la distille une seconde fois, et l'on maintient le produit de la distillation pendant quelques heures à une température basse pour faire déposer la naphthaline, qui se sépare de l'huile. On répète cette opération deux ou trois fois, suivant la qualité de l'huile lourde qu'on traite. Celle qu'on obtient du cannel-coal exige moins de soins que celle qui provient de la houille ordinaire, et la purification est aussi plus facile lorsque le goudron a été produit à une température peu élevée. L'huile lourde récemment distillée, après le traitement précédent, possède une couleur jaune pâle ; elle présente un aspect opalin particulier à la lumière réfléchie, mais elle devient peu à peu plus foncée et prend une teinte pourpre ou vert de bouteille si intense, qu'elle paraît presque noire. On fait passer à travers l'huile de la vapeur, pendant quelques heures, pour enlever la naphthaline et l'huile légère qui peuvent s'être formées ; puis on laisse refroidir et reposer pour séparer l'eau.

L'huile décantée est mise dans une espèce de baratte où on l'agite fortement avec 10 p. 100, en volume, d'acide sulfurique concentré. Lorsque le mélange est parfait, on le verse dans un vase convenable, où on le laisse reposer pendant 24 heures. On lave ensuite l'huile successivement avec de l'eau et une solution de soude caustique, après quoi on laisse reposer pour séparer l'huile. L'huile, en grande partie épurée, possède une couleur rouge-orange. On la distille alors dans une chaudière de fonte, munie d'un serpentin en fer, et l'on reçoit séparément les produits qui passent aux différentes périodes de la distillation. Ces produits sont : 1° une huile propre à l'éclairage, dans la proportion d'environ 1/5 de l'huile soumise à la distillation ; 2° une huile lourde, propre au graissage, dans la proportion de 3/5 ; 3° le reste se compose principalement de paraffine. On purifie encore les huiles d'éclairage et de graissage en les faisant bouillir pendant une heure ou deux sur une solution d'un sel, tel que le bisulfate de potasse ou l'alun.

100 litres d'huile lourde donneront, par le procédé que nous venons de décrire, environ 12 litres d'huile à brûler, 36 litres d'huile à graisser, et 5 kilogrammes de paraffine impure, qui produiront, par une purification ultérieure, 1k,8 à 2 kilogrammes de paraffine pure.

On obtient une graisse excellente pour le graissage, en faisant bouillir 200 litres d'huile lourde avec un mélange formé de 15 kilogrammes de savon jaune pâle n° 2, dissous dans 90 litres d'eau, et de 7 kilogrammes de chlorure de baryum. On traite ce mélange par l'eau chaude et on le dessèche avant de l'ajouter à l'huile, et on agite bien jusqu'à incorporation complète. Puis on embarille la masse gélatineuse, qui est prête à servir.

La paraffine est une substance très-importante ; elle ne se rencontre qu'en petite quantité dans le goudron de houille ordinaire, mais bien plus abondamment dans le goudron provenant du Boghead ou des différentes espèces de cannel-coal. En exposant pendant quelque temps à l'action de l'air le goudron visqueux, qui reste après la distillation, et en le pressant, on en sépare un liquide huileux, et il reste une masse brune, écailleuse. En mélangeant le résidu avec son volume d'huile de vitriol concentrée, et maintenant le mélange pendant quelques heures à 104°, en l'agitant de temps à autre, on obtient une substance incolore, fluide, qui monte à la surface, et, au-dessous un liquide noir foncé. En laissant refroidir, le liquide qui surnage se solidifie ; on l'enlève et on l'agite dans l'eau pour le purifier ; et l'on jette le liquide noir, qui est formé par l'huile de vitriol et les autres impuretés. Ainsi préparée, la paraffine est parfaitement blanche, inodore, fondant à une température de 40°, mais restant fluide à une température beaucoup plus basse. Par le refroidissement elle cristallise en larges plaques, présentant l'aspect de plumes, et ressemblant beaucoup au blanc de baleine. Cette matière est préférable à toute autre pour la confection de bougies propres aux expériences photométriques, et qui brûlent avec une uniformité remarquable. Leur pouvoir éclairant est un peu supérieur aux bougies de spermaceti.

M. Quinon, de Lyon, a découvert qu'en faisant agir sur l'huile légère, ou même sur le goudron impur, l'acide azotique concentré, il se formait promptement de l'*acide picrique*, qui teint en jaune magnifique la soie et la laine. Il porte à une température de 60°, dans un grand vase, trois parties d'acide azotique, auquel il ajoute peu à peu une partie d'huile lourde, après avoir arrêté l'action de la chaleur. Il ajoute ensuite une égale quantité d'acide azotique, puis évapore le tout jusqu'à consistance sirupeuse. On emploie directement cette solution, étendue de manière à donner la teinte voulue, à une température de 15 à 40°, sans employer aucun mordant, pour teindre la soie, qu'on sèche immédiatement sans la soumettre à aucun lavage.

L'acide picrique est connu depuis longtemps par les chimistes sous différents noms, et les auteurs anglais le distinguent généralement sous celui d'*acide carbazotique*. Les substances qu'on employait pour le produire, avant l'usage du goudron, étaient l'aloès et l'indigo, qu'on soumettait à l'action de l'acide azotique. La teinte jaune que l'acide azotique produit sur la peau résulte de la production d'acide picrique. En France et à Manchester, on fabrique cet acide au moyen du goudron de houille. Les fabricants français le vendent 100 francs le kilogramme. On extrait du goudron, non-seulement la couleur jaune, mais aussi des couleurs rouges, pourpres et presque toutes celles qu'on tire de la garance et de la cochenille.

Lorsqu'on a retiré du goudron, par la distillation, les substances fluides et volatiles qu'il renferme, il reste une matière carbonée qui se prend en masse noire et dure par le refroidissement, et qui est connue sous le nom de *brai*. Cette substance est d'un usage peu répandu, quoiqu'on ait trouvé plusieurs moyens de l'utiliser. Mélangée avec des fines de houille, elle forme un combustible artificiel qui a été très-recherché. L'asphalte, dont on forme les trottoirs, se compose de sable et de pierres concassées, englobés dans du brai. On emploie aussi le brai, mêlé avec de l'asphalte et de l'huile, pour former des couvertures de toits avec du crin et de l'étoupe. On fait passer ces substances entre des laminoirs chauffés, dans un bain de matières bitumineuses, puis on les soumet à une forte pression pour rendre la matière compacte et imperméable. On soumet aussi le brai à une seconde distillation dans des fours en briques, et on obtient 25 p. 100 de ce qu'on nomme de l'*huile de coke*, 50 p. 100 de *coke de brai* et 25 p. 100 de déchet. Chaque four est chargé d'environ 2,000 kilos de brai, et la distillation dure 12 heures. L'huile de coke se mélange à l'huile de goudron pour la fabrication de la créosote ; le coke est très-bon pour les fonderies, à cause de l'absence complète du soufre.

Le noir de fumé est un produit qu'on extrait aussi du goudron, et MM. Martin et Grafton ont fait breveter des dispositions spéciales pour sa fabrication. Le goudron est d'abord lavé à l'eau de chaux pour le débarrasser des eaux ammoniacales et acides qu'il contient, et on chasse l'eau, retenue mécaniquement dans la masse, par une distillation à basse température. On introduit alors le goudron pur dans un tuyau horizontal, percé, à la partie inférieure, de trous par lesquels passent de petits ajutages à travers lesquels le goudron s'écoule. Ces ajutages sont munis de mèches pour faciliter la combustion du goudron, et l'on chauffe en outre le tuyau sur un foyer. Des hottes sont placées au-dessus des ajutages pour recevoir la fumée, qu'elles conduisent par des tuyaux dans des chambres où les particules de charbon les plus lourdes se déposent ; puis la fumée passe dans une série de manches en toile d'environ 5^{m},40 de longueur sur 0^{m},90 de diamètre, réunies alternativement en haut et en bas, de sorte que la fumée les traverse toutes et y dépose le noir de fumée le plus fin, qu'on emploie à faire des couleurs. Un procédé plus simple de fabrication du noir de fumée consiste à brûler le goudron avec la quantité d'air nécessaire pour brûler seulement l'hydrogène, et le charbon se dépose sous forme de poudre noire très-tenue.

Les ingénieurs ont essayé maintes fois, et sans succès, de convertir le goudron en gaz d'un pouvoir éclairant élevé. Pendant les quarante dernières années, on a fait des expériences de toutes sortes et breveté toute espèce de systèmes pour tirer du goudron le gaz éclairant qu'il contient. On l'a distillé à haute et à basse température ; on l'a distillé en présence de la vapeur d'eau, avec du coke, avec de la houille, avec du fil de fer, du charbon de bois, de la chaux, etc., enfin avec toutes les matières qui pouvaient aider à sa décomposition, mais aucun résultat pratique n'a été obtenu. Les expériences ont réussi sur une petite échelle, mais tous les essais faits en grand, pour la transformation du goudron en gaz, ont échoué. Des essais ont été faits pendant un an à l'usine de Curtain-Road, appartenant à la Chartered Gas Company, sous la direction de M. Lowe, mais on les a interrompus, et, depuis, ils n'ont pas été repris. Le système de M. Lowe consistait à introduire le goudron dans les cornues par un siphon pendant les trois dernières heures de la distillation.

L'utilisation de l'ammoniaque, produite pendant la distillation de la houille, est d'une grande importance dans l'industrie du gaz. Une partie de l'ammoniaque, qui sort des cornues avec le gaz, se condense par le refroidissement; l'autre portion passe à l'état gazeux et on l'extrait du gaz par la purification. Dans les deux cas, l'ammoniaque est combinée aux acides carbonique, sulfhydrique, cyanhydrique, sulfocyanique et chlorhydrique. Dans tous les bons procédés de purification, les acides doivent être séparés du gaz en même temps que l'ammoniaque et une petite quantité d'eau suffit pour les dissoudre. On enlevait d'abord l'ammoniaque au moyen de l'acide sulfurique étendu, mais les acides contenus dans le gaz se trouvaient ainsi mis en liberté et exigeaient une plus grande quantité de chaux pour leur séparation; aussi ce procédé a-t-il été abandonné.

Il résulte de nombreuses expériences que la quantité d'ammoniaque, produite par la distillation d'une tonne de houille ordinaire de Newcastle, équivaut à environ 10k,870 de sulfate d'ammoniaque; mais cette quantité varie avec la température à laquelle s'effectue la distillation; plus la température est élevée, et plus l'ammoniaque tend à se convertir en cyanogène. Plus d'un tiers de l'ammoniaque est contenu dans les eaux ammoniacales, et un peu moins des deux tiers se trouve dans le gaz impur, mais ces proportions varient avec l'efficacité des condenseurs. La quantité d'eau ammoniacale produite par tonne de houille de Newcastle est ordinairement de près de 45 litres; chaque litre produit de 74 à 81 grammes de sulfate du commerce, lorsqu'on le traite par l'acide sulfurique; on détermine la force de l'eau ammoniacale par la quantité d'acide sulfurique concentré qu'elle peut neutraliser. Cette méthode de déterminer la quantité d'ammoniaque n'est pas exacte, car elle ne donne pas la proportion qui se trouve en combinaison avec l'acide chlorhydrique, comme cela a lieu dans la houille de Newcastle (mais non dans celle du continent) et qui s'élève à 1/6 de la quantité totale; en outre, le papier de tournesol, qu'on emploie pour essayer la liqueur, peut changer de couleur sous l'action de l'hydrogène sulfuré, et induire ainsi l'opérateur en erreur. Voici une manière plus exacte de déterminer le titre d'une eau ammoniacale : — On ajoute à une quantité d'eau ammoniacale donnée, un excès d'acide chlorhydrique, et l'on chasse l'hydrogène sulfuré en faisant bouillir la liqueur pendant quelques minutes, puis on met le liquide dans une cornue de verre contenant un excès de chaux éteinte; on distille alors, en recevant les vapeurs qui se dégagent dans un vase contenant de l'eau, et refroidi avec de la glace. Lorsque la presque totalité du liquide de la cornue a passé dans le récipient, on y ajoute quelques gouttes de teinture de tournesol, qui la colorent en bleu pourpre, puis on y verse goutte à goutte de l'acide sulfurique étendu, dans la proportion de 49 grammes d'acide pour 121 d'eau, jusqu'à ce que le liquide passe au rouge. 170 grammes de l'acide étendu correspondent à 17 grammes d'ammoniaque pure. L'eau ammoniacale qu'on recueille au sortir des colonnes diffère en composition et en force de l'eau ammoniacale ordinaire, et peut s'analyser de la même manière.

L'eau ammoniacale elle-même est employée pour laver le gaz, après avoir subi une purification qui la débarrasse du soufre et du cyanogène qui sont combinés avec une partie de l'ammoniaque. On peut en séparer l'hydrogène sulfuré par l'oxyde de fer ou de manganèse, comme M. Laming l'a indiqué dans un récent brevet, puis on ajoute au liquide de la chaux éteinte, et on le soumet à la distillation. Le produit qui en résulte est une solution impure d'ammoniaque dans l'eau, et que M. Laming appelle « *eau de lavage.* »

Les sels ammoniacaux principaux, qu'on fabrique avec les eaux de condensation du gaz, sont le sulfate et le muriate. Pour la fabrication du sulfate d'ammoniaque, on emploie deux procédés :

— l'un d'eux consiste simplement à saturer l'eau ammoniacale avec de l'acide sulfurique, à évaporer la dissolution jusqu'à ce qu'elle soit près de cristalliser, et à la verser alors dans des vases convenables ; — dans l'autre méthode, on distille l'eau ammoniacale et on fait passer les vapeurs dans de l'acide sulfurique, jusqu'à ce que le sulfate d'ammoniaque se précipite de la dissolution saturée et bouillante. Dans le premier procédé, toute l'ammoniaque passe à l'état de sulfate, même celle qui se trouve à l'état de muriate dans l'eau ammoniacale. Mais on use beaucoup de combustible et les appareils se détériorent promptement ; le sel produit contient une quantité d'eau double et possède une teinte sale qui le rend peu marchand. Dans le second procédé, l'ammoniaque, combinée à l'acide muriatique, reste dans la chaudière et se trouve perdue, ou bien on l'extrait par une autre opération ; mais le sulfate d'ammoniaque produit ne contient qu'un équivalent d'eau ; il est très-pur et l'usure des appareils est insignifiante. L'application de la colonne à distillation de Coffey à la fabrication du sulfate d'ammoniaque est due à M. Laming, et l'opération se fait avec facilité et d'une manière parfaite.

Pour fabriquer le muriate d'ammoniaque, on sature l'eau ammoniacale avec l'acide muriatique, soit avant, soit après sa distillation, et on évapore à la manière ordinaire, de façon à obtenir des cristaux, qu'on sublime ensuite et qu'on transforme en sel ammoniac. On peut encore décomposer le sulfate d'ammoniaque en dissolution par du sel ordinaire, au lieu d'effectuer cette double décomposition, comme anciennement, en exposant le mélange de ces sels à la chaleur dans des pots en fonte, doublés de briques, qu'on recouvrait de cônes en plomb. Dans tous les cas, le résidu est du sulfate de soude.

Une invention, récemment brevetée par M. Laming, ouvre deux nouveaux débouchés à l'ammoniaque ; et s'il réussit, il augmentera certainement la valeur des produits accessoires. Un de ces systèmes a pour but de rendre très-solubles dans l'eau l'hydrogène sulfuré et l'acide carbonique, contenus dans le gaz impur, de manière à débarrasser celui-ci de toutes ces impuretés par des lavages méthodiques dans des colonnes, sans employer d'autres matières d'épuration. L'autre procédé consiste dans l'application de l'ammoniaque à la fabrication de la soude, et peut être pratiqué soit dans les usines à gaz, soit dans celles à soude. Les principes chimiques, sur lesquels s'appuient ces deux procédés, peuvent s'énoncer en peu de mots. On sait que l'hydrogène sulfuré (acide sulfhydrique) et l'acide carbonique ont de l'affinité pour l'ammoniaque et la soude. Bien que, à la température ordinaire, l'acide carbonique se combine plus facilement que l'acide sulfhydrique avec ces deux alcalis, l'affinité de ce dernier pour l'ammoniaque, mais non pour la soude, augmente avec la température. En s'appuyant sur ce fait, on a trouvé qu'en humectant avec de l'eau ammoniacale très-concentrée la matière poreuse, qui résulte du grillage du sulfate de soude avec une grande quantité de poussier de coke, et en chauffant ce mélange dans une cornue portée à environ 150°, le sulfhydrate d'ammoniaque se volatilise immédiatement, et l'on extrait le carbonate de soude en traitant par l'eau le résidu solide. On a trouvé qu'on pouvait obtenir ainsi de la soude de qualité supérieure, exempte de sulfure de sodium et d'autres impuretés ; en outre, le sulfhydrate d'ammoniaque se condensant dans l'eau et s'utilisant à cet état de dissolution, ce procédé est très-économique. Lorsqu'on emploie cette méthode dans les usines à soude, on peut combiner de nouveau l'ammoniaque avec l'acide carbonique, qu'on obtient en abondance par l'action de l'acide chlorhydrique sur les calcaires, cet acide étant généralement perdu dans ces fabriques ; l'ammoniaque, ainsi combinée à l'acide carbonique, peut servir de nouveau à la fabrication de la soude, au moyen du procédé que nous venons de décrire. Quand ce procédé de brication de la soude doit être appliqué dans les usines à gaz, l'inventeur propose de faire passer solution de sulfhydrate d'ammoniaque à travers une matière poreuse contenant de l'oxyde de r, qui lui enlève plus ou moins son acide sulfhydrique, puis de l'employer dans cet état pour ssoudre les deux impuretés acides du gaz, au lieu d'employer simplement l'eau ammoniacale ésulfurée ; puis on la concentre alors pour la fabrication de la soude.

Le soufre, qui est contenu dans le gaz impur à l'état d'hydrogène sulfuré, peut être extrait, à état solide et pur, de l'oxyde de fer qui a servi à la purification du gaz, par une distillation en ase clos ; ou, comme on le fait ordinairement, on peut le convertir en acide sulfurique, en faiint brûler ses vapeurs au contact de l'air.

La chaux qui a servi à l'épuration peut être employée comme engrais, et on peut aussi en xtraire différents produits qui ont une certaine valeur. Il n'y a donc aucun des produits accesires de la fabrication du gaz qui ne puisse être utilisé, et il est probable qu'avec les progrès de science ils arriveront à compenser, par leur valeur, le prix des matières premières employées nt à la fabrication qu'à l'épuration du gaz.

APPENDICE

PURIFICATION DU GAZ PAR LES OXYDES MÉTALLIQUES RÉVIVIFIÉS.

M. Laming a établi que le fer n'était ni le seul métal ni le meilleur qui pût être employé à la urification par les oxydes métalliques. Nous donnons ici, d'après ses indications, une note sur n nouvel oxyde qui peut se révivifier, et sur les principes sur lesquels son usage est fondé.

L'oxyde auquel M. Laming donne la préférence est un oxyde de manganèse ; il ne se renontre pas à l'état naturel, soit hydraté, soit anhydre, et ce n'est pas celui qu'on obtient par préipitation à l'état d'hydratation. Les oxydes naturels ont été abandonnés depuis longtemps, et oxyde obtenu par précipitation est très-difficile à révivifier. L'hydrate de protoxyde de mangaèse est le seul qui puisse exister en dissolution, et, par conséquent, c'est le seul aussi qui puisse tre précipité ; et, à cet état, le protoxyde de manganèse se combine à l'acide carbonique de préérence à l'hydrogène sulfuré, de sorte que, dans les purificateurs, c'est plutôt du carbonate que u sulfure de manganèse qui se produit. Or, le carbonate de protoxyde de manganèse, comme le arbonate de protoxyde de fer, n'est décomposé ni par l'hydrogène sulfuré du gaz impur, ni par oxygène atmosphérique ; par conséquent, l'application du protoxyde de manganèse à la puriication de l'hydrogène sulfuré, contenu dans le gaz, est d'une utilité fort limitée, et la matière ui en résulte est, en raison de sa non-révivification, encore moins applicable à cet objet.

Mais les affinités de l'acide carbonique et de l'hydrogène sulfuré pour le manganèse sont renversées pour un oxyde supérieur, dans lequel il entre 50 p. 100 d'oxygène, et plus, en sus de ce ui existe dans le protoxyde. Cette addition d'oxygène se fait aisément, en exposant à l'air le protoxyde précipité à un grand état de désagrégation, surtout dans une atmosphère chaude, et après avoir débarrassé par un lavage de la matière saline qui l'imprègne. On opère encore plus facilement cette oxydation en dissolvant du chlore dans l'eau dans laquelle se fait la précipitation, ou en combinant le chlore avec le réactif qui doit servir à effectuer cette précipitation. L'oxyde qui en résulte, lorsqu'il est bien préparé, est brun noirâtre, et, pour s'en servir, il suffit de le réduire en poudre et de le mélanger avec environ son propre volume de sciure de bois humide. Dans les purificateurs, il est très-avide d'hydrogène sulfuré, et débarrasse le gaz de cette impureté d'une manière très-rapide, en se convertissant en sulfure de manganèse hydraté, qui est une substance innocente, et qui se révivifie rapidement à l'air, soit dans les purificateurs, soit en dehors, en un oxyde brun révivifiable qui peut servir de nouveau.

L'oxyde de manganèse révivifiable peut aussi se préparer en précipitant le métal de sa solution à l'état de sulfure hydraté, et exposant ce sulfure à l'action oxydante de l'air. L'oxyde obtenu soit par ce moyen, soit par sa précipitation à l'état d'oxyde hydraté, et transformé alors en oxyde supérieur, paraît être le seul susceptible de se révivifier spontanément, et d'être, par conséquent, très-propre à la purification du gaz ; et, ainsi que l'affinité énergique du manganèse, comparée à celle du fer, pouvait le faire prévoir, il peut agir sur un courant de gaz rapide, c'est-à-dire qu'il exige des purificateurs moins grands que l'oxyde de fer. Des essais, faits avec soin, ont démontré qu'un épurateur sec, de $1^{mc},80$ suffit pour une production journalière de gaz de 4,200 mètres cubes de gaz, l'oxyde étant mélangé avec son volume de matière inerte et poreuse ; le même épurateur, muni de deux lits de matière de $0^{m},60$ d'épaisseur, placés l'un au-dessus de l'autre, n'a pas besoin d'être révivifié avant d'avoir épuré 224,000 mètres cubes de gaz. M. Laming pense même que ces résultats peuvent être dépassés, puisque l'oxyde de manganèse peut servir sans l'addition des 50 pour 100 de matière poreuse, qu'on ajoute à l'oxyde de fer. L'oxyde de manganèse a l'avantage de pouvoir être obtenu sans mélange de matières inertes ; tandis que l'oxyde de fer, qu'on n'obtient que par la décomposition de la couperose, contient un mélange de près de 200 pour 100 de sulfate de chaux inerte, qui augmente les frais de transport, et tient de la place dans les purificateurs.

Ce nouveau procédé peut se combiner avec les moyens de purification employés pour débarrasser le gaz de l'acide carbonique et de l'ammoniaque, avant qu'il n'arrive dans les purificateurs à oxyde ; M. Laming pense enlever les premières de ces impuretés à peu de frais ou même sans dépense, en perfectionnant, en outre, la manutention de l'oxyde.

USINE A GAZ DE LA « *UNITED GAS COMPANY* », A WAVERTREE, LIVERPOOL.

Nous avions l'intention de donner la description de quelques usines à gaz, de différentes dimensions, en indiquant les dispositions particulières qu'avaient nécessitées les circonstances locales ; mais cet ouvrage a tellement dépassé les limites qu'on lui avait assignées à l'origine, que nous nous bornerons à décrire l'usine de la « United Gas Company » à Wavertree, Liverpool, construite par M. Alfred King. Cet établissement est l'un des plus importants et des plus récents d'Angleterre, et on y a admirablement tiré parti du terrain. La planche XXVIII représente le plan de cette usine. L'entrée principale est en H' ; un tunnel qui communique avec le chemin de fer de Londres et du nord-ouest conduit par l'entrée de derrière A aux magasins à charbon C,C,C. Près de ces magasins se trouvent les ateliers de distillation D,D,D,D, qui contiennent les batteries de cornues doubles ; chaque batterie contient 10 fours à 7 cornues, et les 280 cornues sont capables de produire 56,000 mètres cubes de gaz par jour. De l'autre côté des ateliers de distillation, se trouvent les magasins de coke I,I,I,I. La cour des condenseurs et des colonnes K, et la chambre de l'exhausteur, sont l'une à côté de l'autre, et le gaz passe de là dans l'atelier de purification U ; les purificateurs sont au premier étage, et, au-dessous, se trouve le magasin des matières de purification. La cour W, dans laquelle on dépose l'oxyde de fer épuisé, et où on le révivifie, est placée près des épurateurs, et, à côté d'elle, se trouve la cour à goudron X. Les quatre gazomètres Z, Z, Z, Z sont à l'autre extrémité de l'usine. Ce sont des gazomètres télescopiques, et les citernes sont construites en briques en contrebas du sol. Le compteur d'usine est en B', les régulateurs en C', et le pavillon qui contient les valves d'entrée et de sortie des gazomètres est placé entre les citernes en A. Les bureaux et la maison d'habitation du régisseur, qui a deux étages, se trouvent à droite de l'entrée principale. Les autres détails sont indiqués sur le plan. Cette usine est un modèle comme disposition sur un terrain de surface limitée.

FIN.

TABLE DES MATIÈRES

TRAITÉ PRATIQUE

DE LA

FABRICATION ET DE LA DISTRIBUTION

DU GAZ D'ÉCLAIRAGE

ET DE CHAUFFAGE

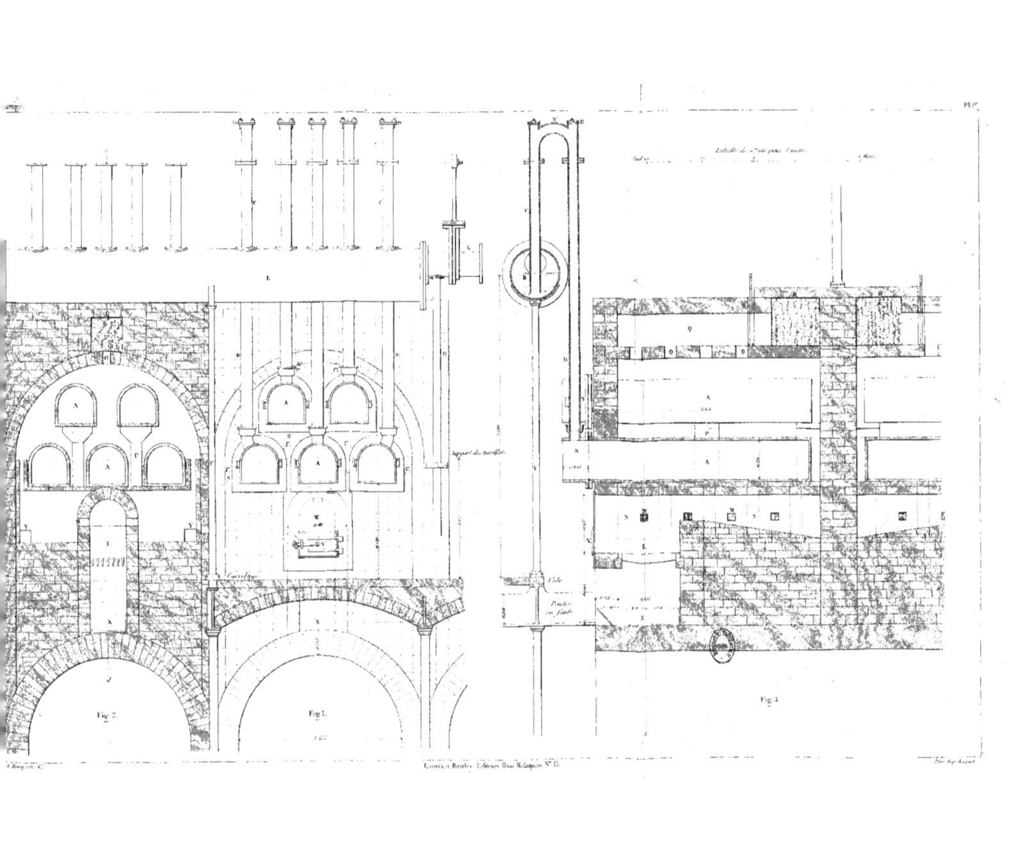
Fig. 2.
Fig. 1.
Fig. 3.
Vide
Poutre en fonte

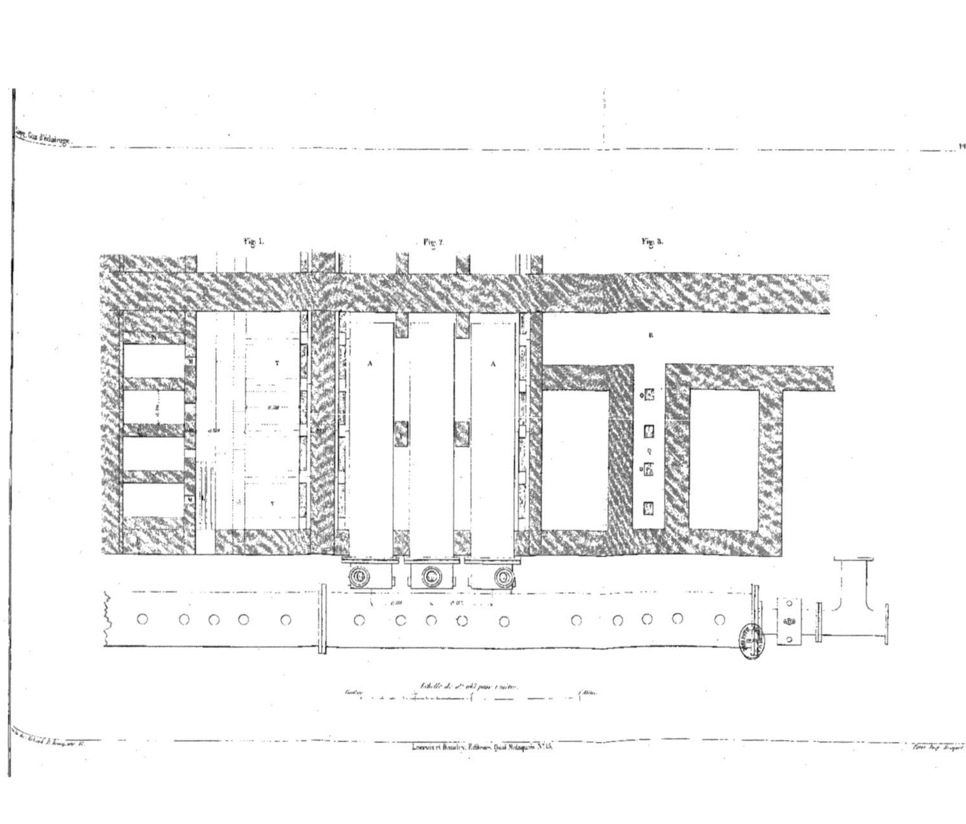

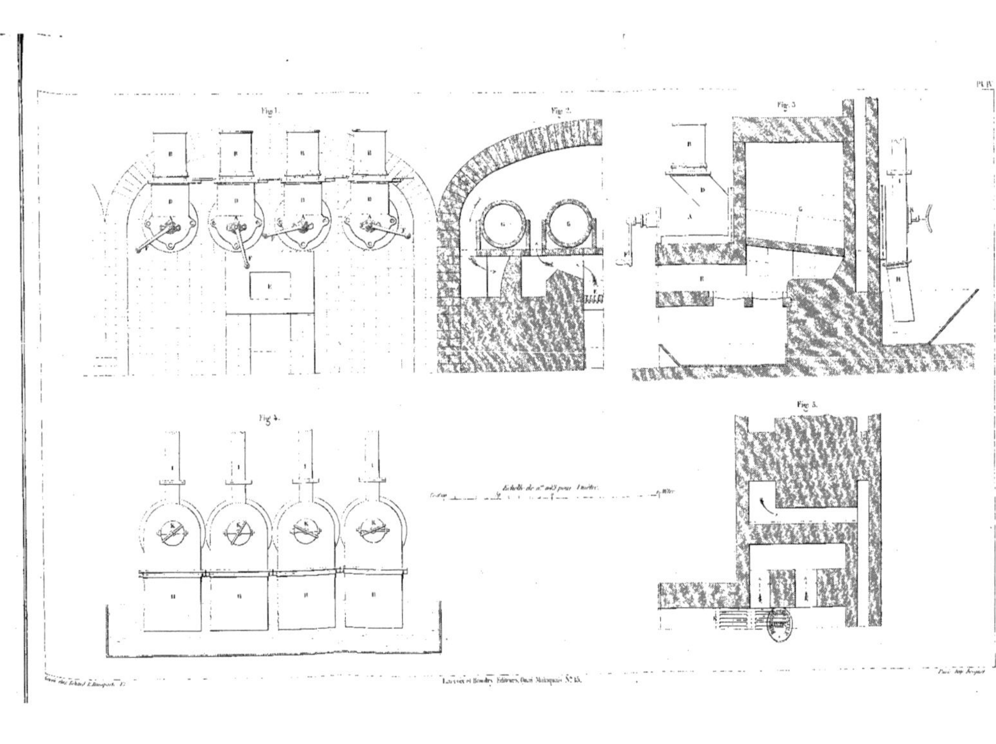

Lacroix et Baudry, Éditeurs, Quai Malaquais N° 15.

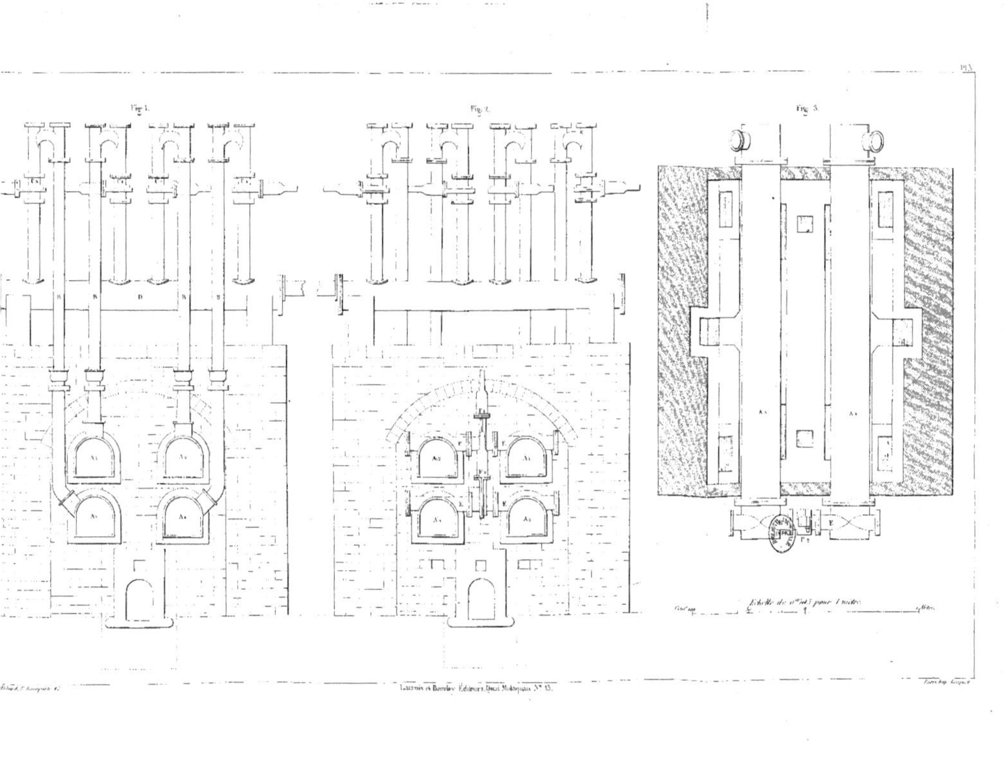

Lacroix et Baudry Éditeurs, Quai Malaquais N° 15.

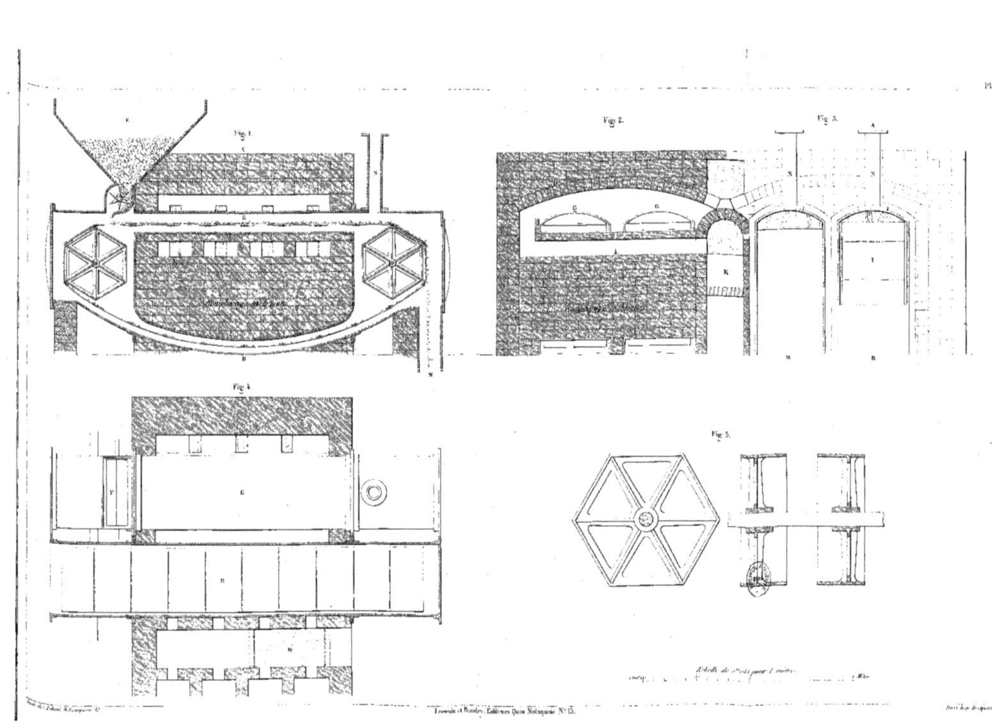

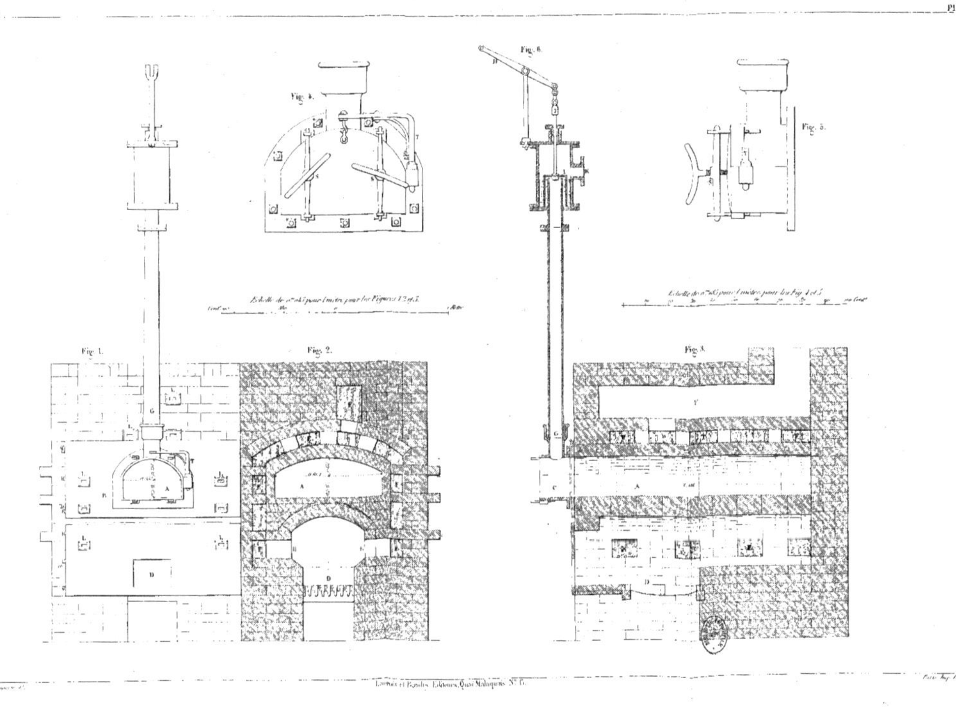

Fig. 1.
Fig. 2.
Fig. 3.
Fig. 4.
Fig. 5.
Fig. 6.
Pl. VIII

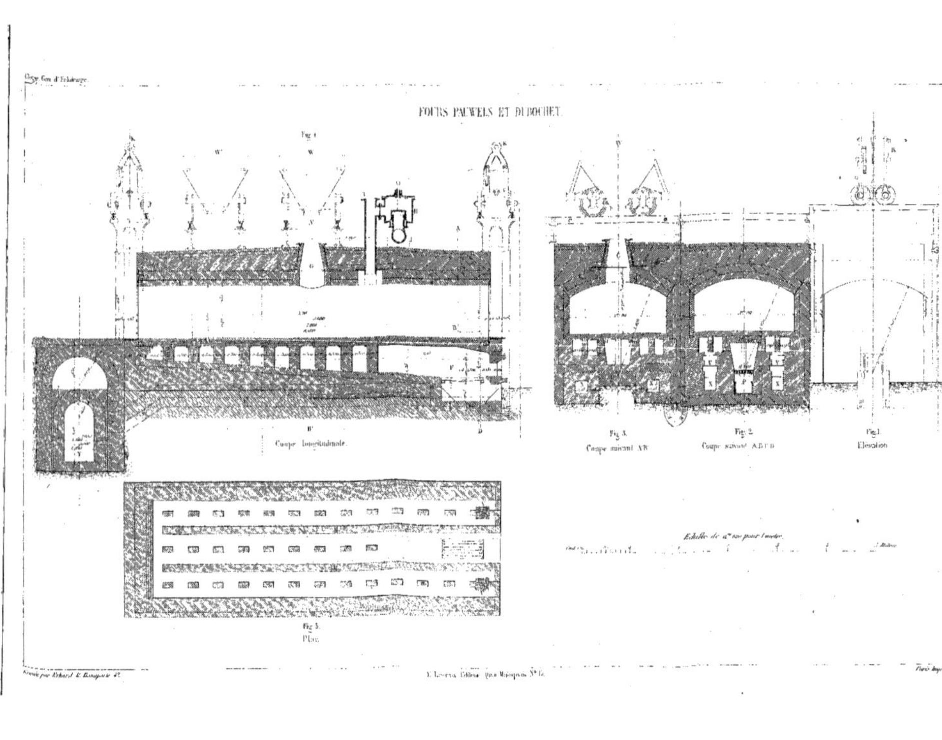

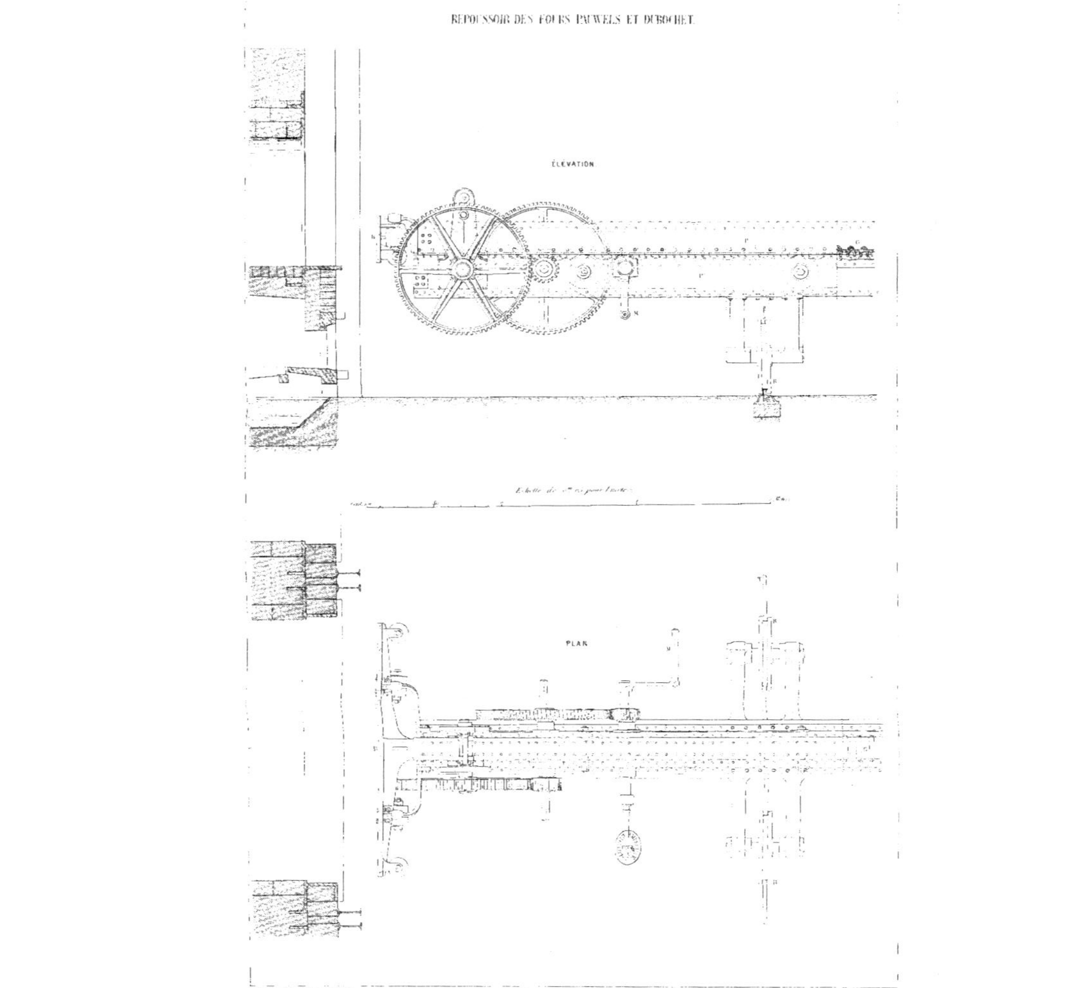
REPOUSSOIR DES FOURS PAUWELS ET DUBOCHET
ÉLEVATION
PLAN

CORNUES EN BRIQUES DE F. J. EVANS.

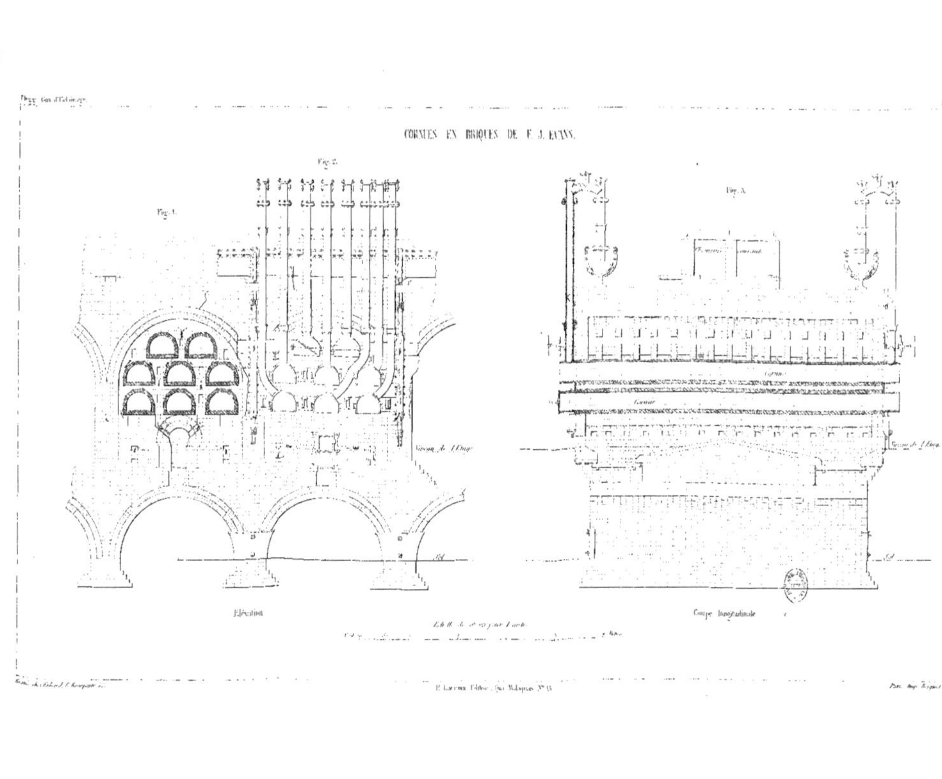

FOUR A 5 CORNUES DE CORTEEN.

Fig. 1.

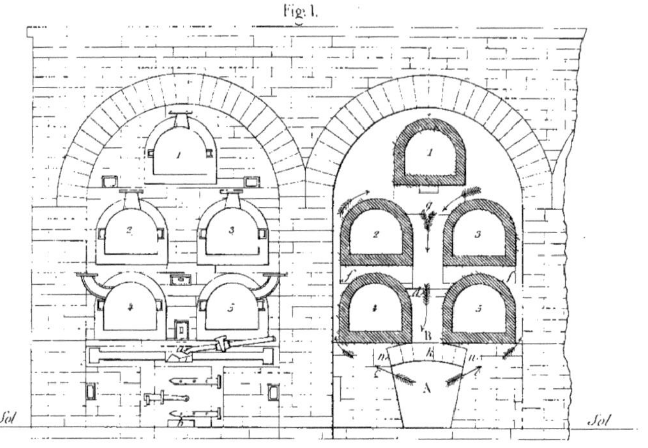

Vue de face. Coupe transversale.

Fig. 2. Fig. 3.

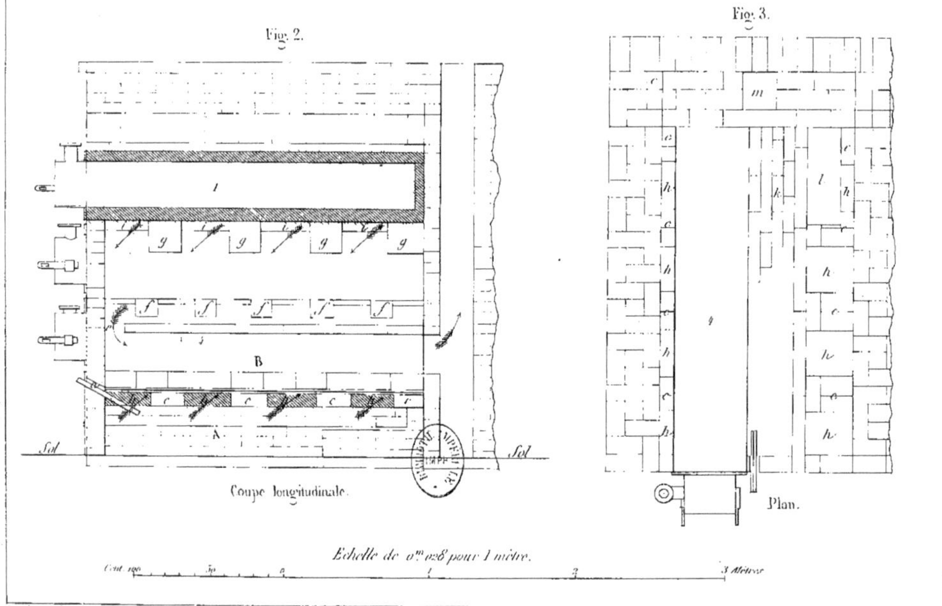

Coupe longitudinale. Plan.

Echelle de 0m,028 pour 1 mètre.

Gravé par Echard. E. Lacroix Editeur, Quai Malaquais N° 15. Paris. Imp. Becquet.

FOUR A 5 CORNUES DE COKE.

Pl. XIII.

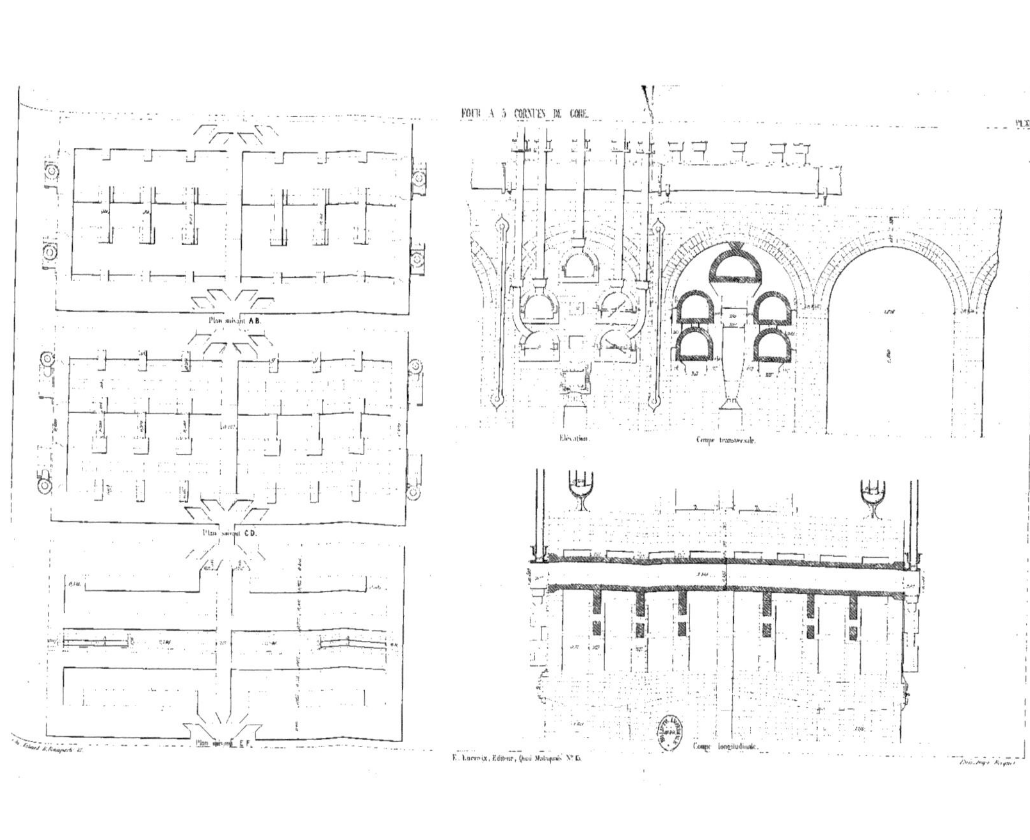

E. Lacroix, Éditeur, Quai Malaquais N° 15.

FOUR A 6 CORNUES DE ROBINSON.

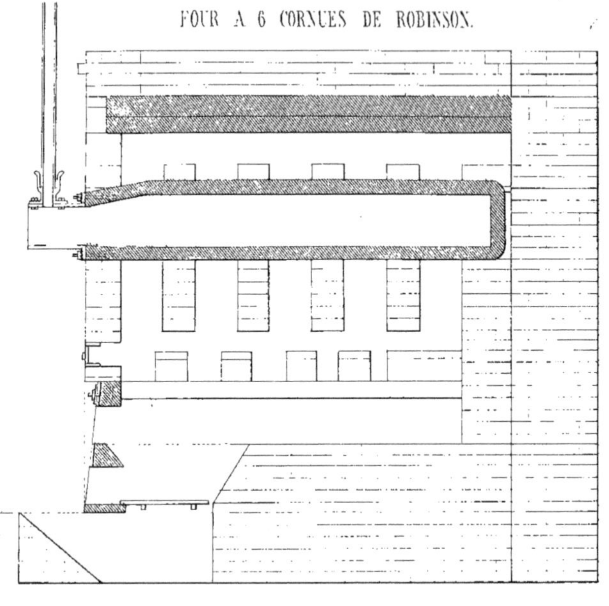

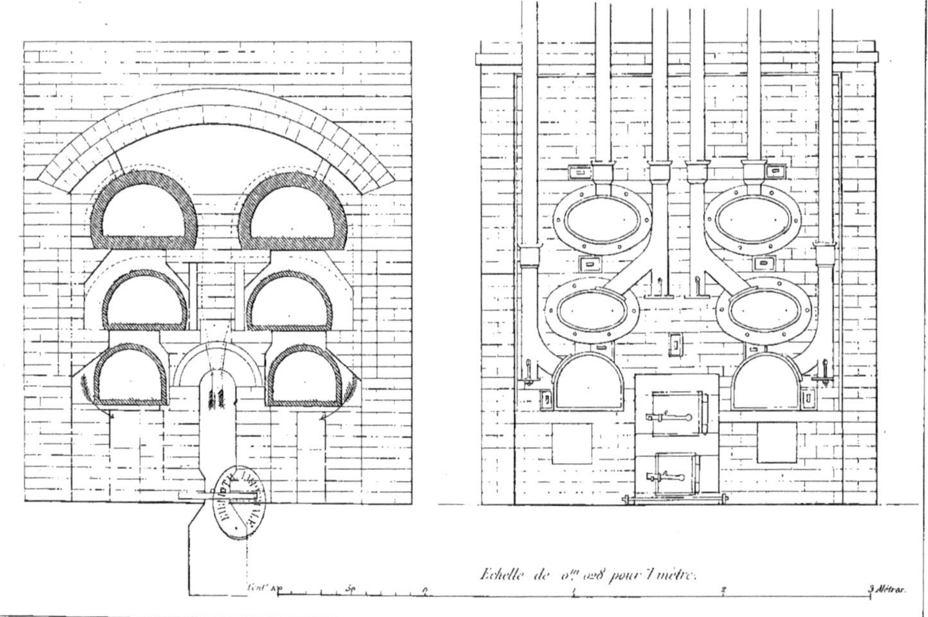

Échelle de 0m 028 pour 1 mètre.

Gravé par Erhard

E. Lacroix Éditeur, Quai Malaquais N° 15.

Paris Imp. Becquet.

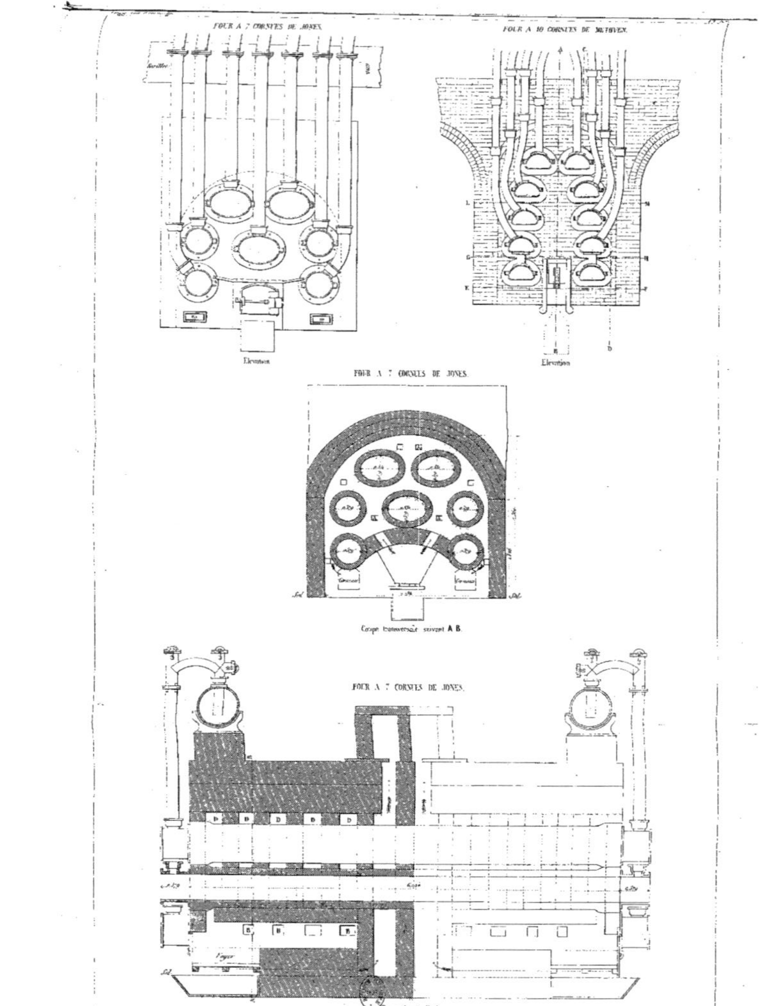
FOUR A 7 CORNUES DE JONES.
Elevation
FOUR A 10 CORNUES DE METHVEN.
Elevation
FOUR A 7 CORNUES DE JONES.
Coupe transversale suivant A B.
FOUR A 7 CORNUES DE JONES.
Foyer
Coupe longitudinale.

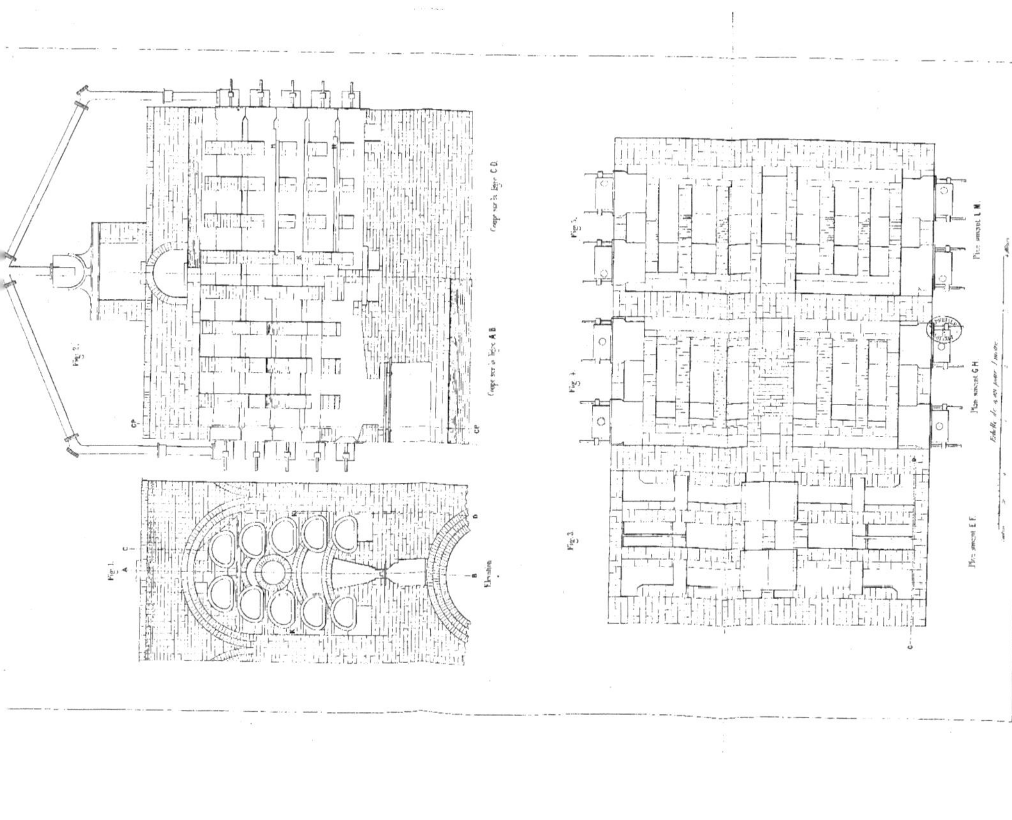

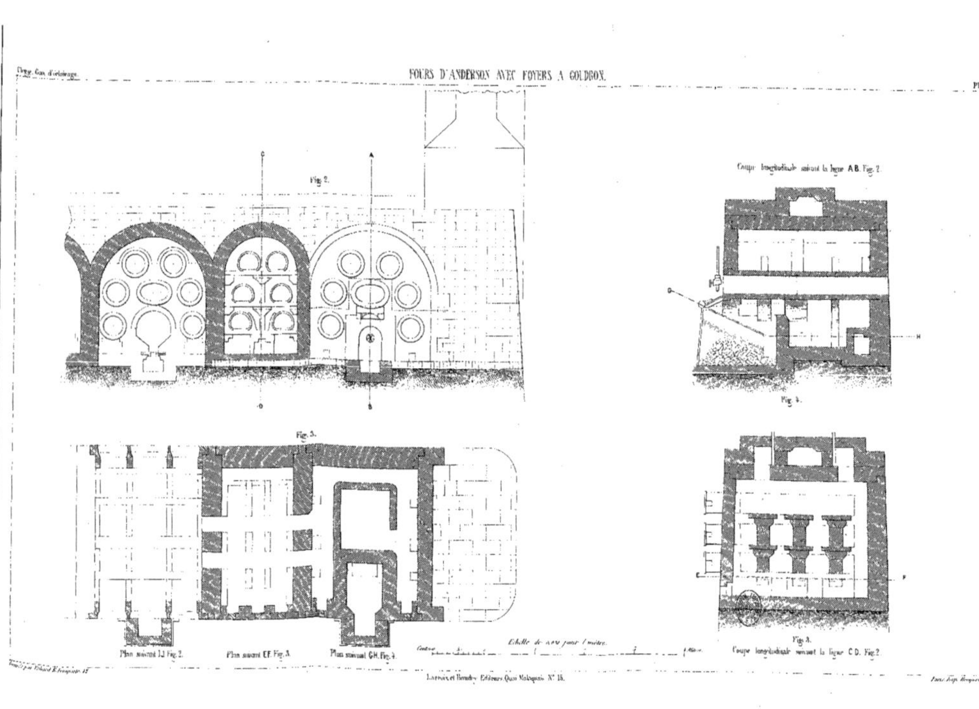
Ecl. Gaz d'éclairage.
FOURS D'ANDERSON AVEC FOYERS A GOUDRON.
Pl. XVII.
Fig. 2.
Coupe longitudinale suivant la ligne AB. Fig. 2.
Fig. 4.
Fig. 3.
Plan suivant IJ Fig. 2.
Plan suivant EF Fig. 3.
Plan suivant GH Fig. 4.
Echelle de 0,02 pour 1 mètre.
Fig. 3.
Coupe longitudinale suivant la ligne CD. Fig. 2.
Lacroix et Baudry Editeurs Quai Malaquais N° 15.

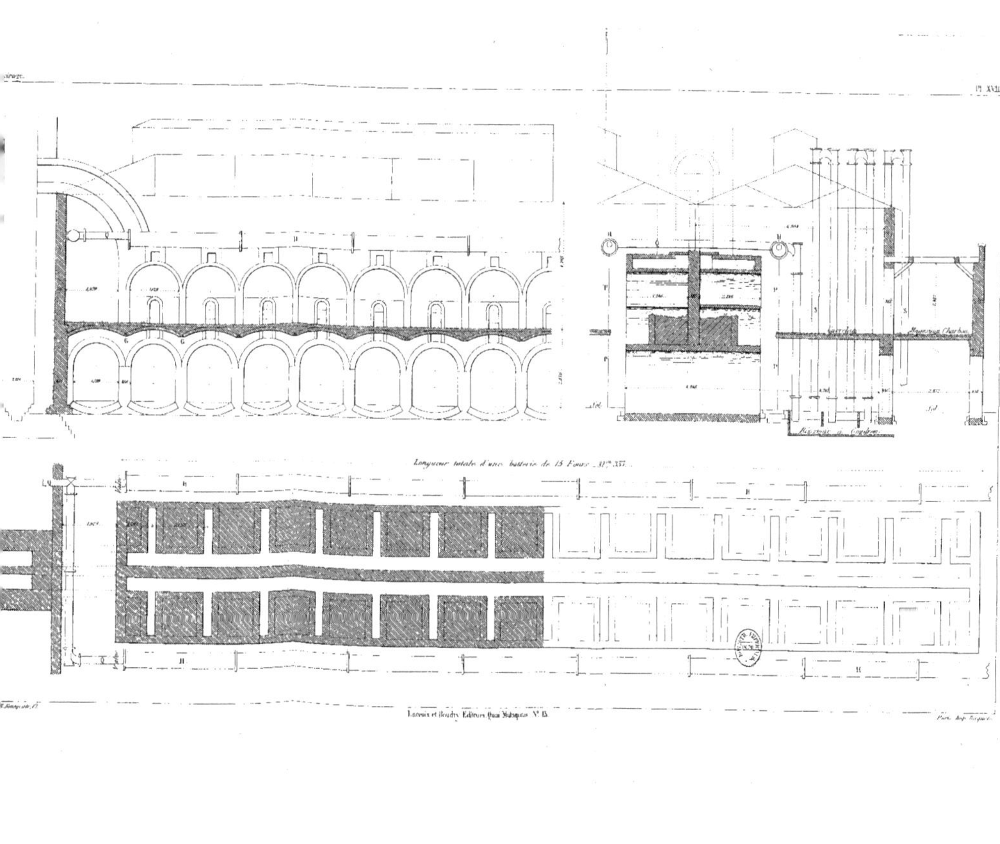

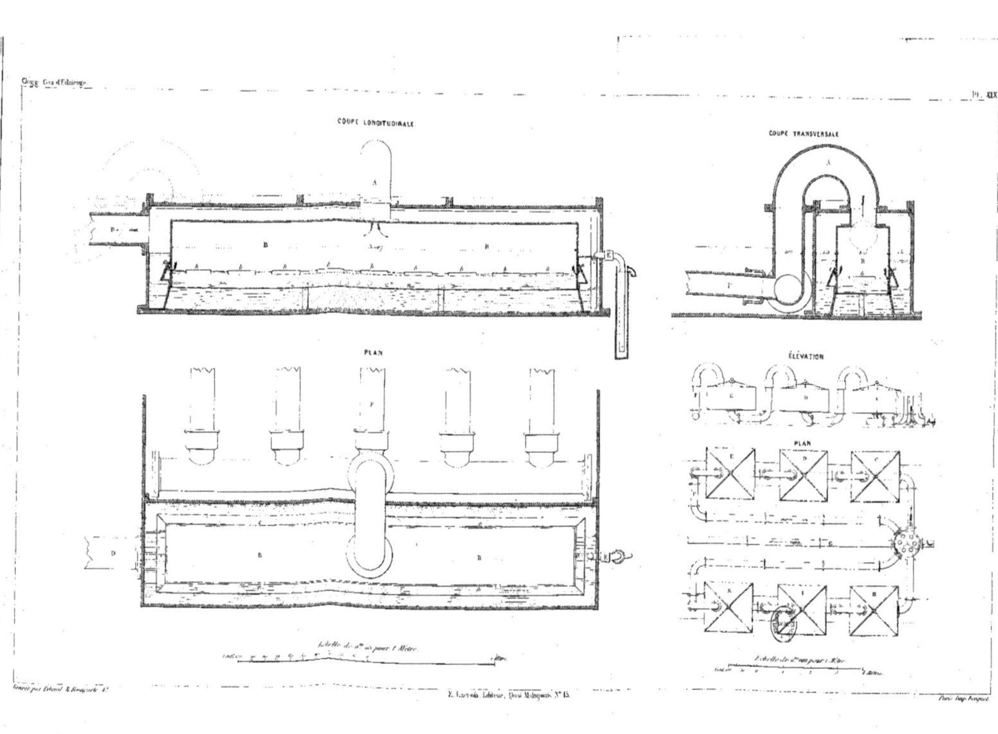

E. Lacroix, Éditeur, Quai Malaquais N° 15.

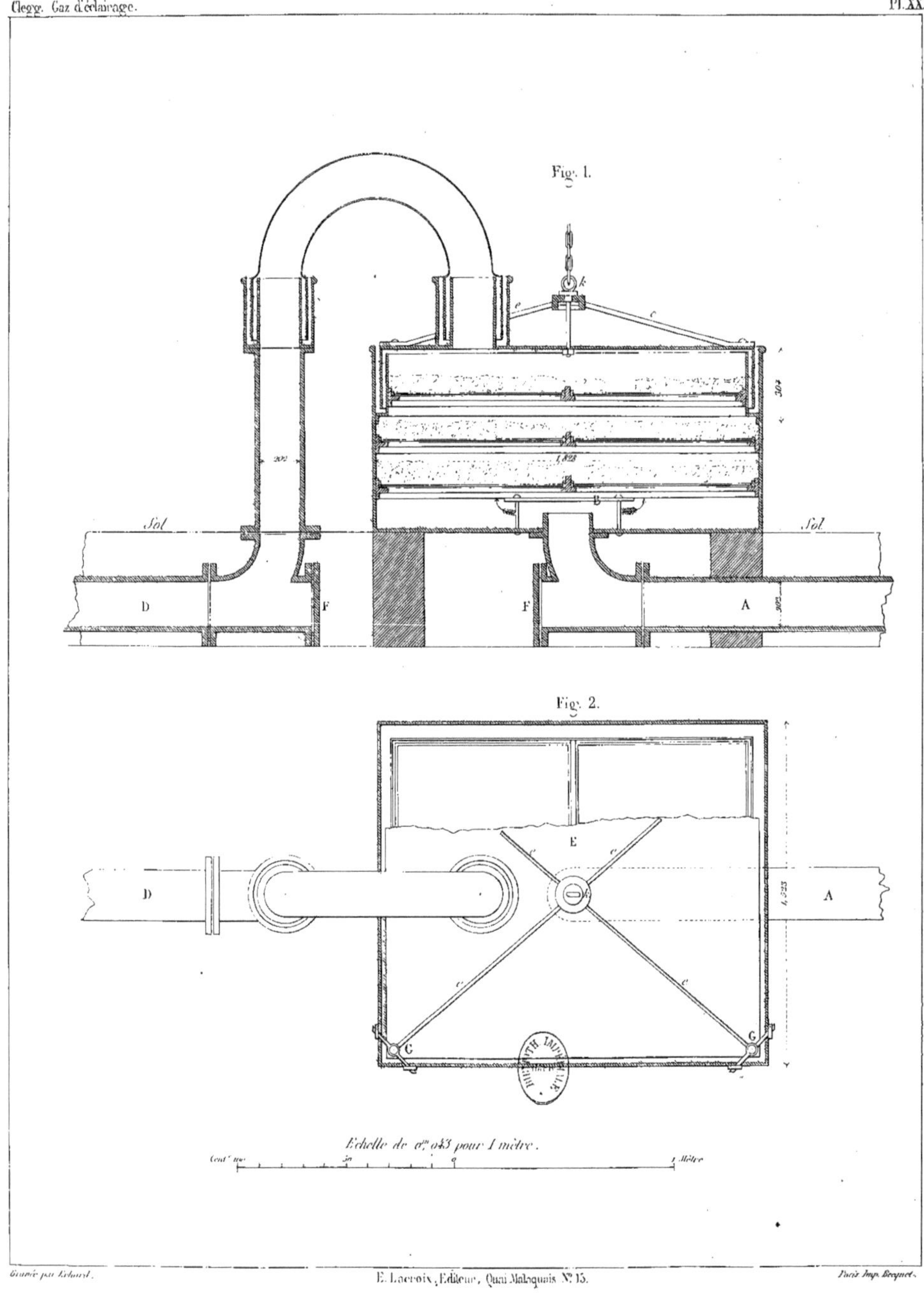
Fig. 1.
k
e
e
304
1,828
202
Sol
Sol
D
F
F
A
202
Fig. 2.
E
e
e
D
k
1,523
A
e
e
G
G
Echelle de 0m,043 pour 1 mètre.
Cent.mes
50
0
1 Mètre

VALVES DE DISTRIBUTION DE GAZ DE COCKEY

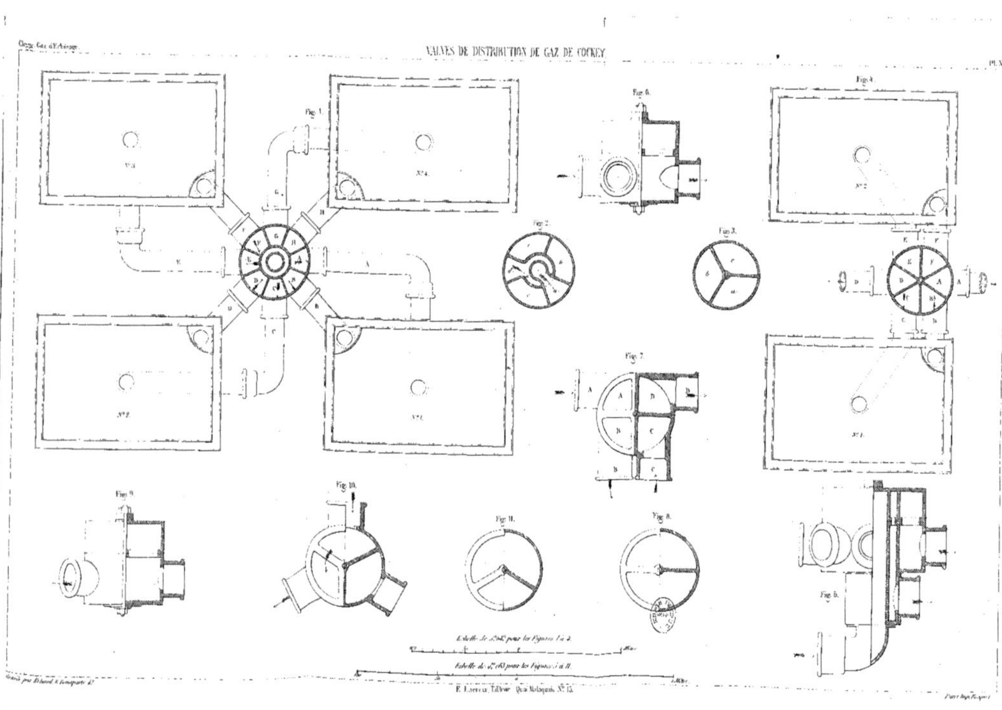

E. Lacroix, Éditeur, Quai Malaquais, N° 15.

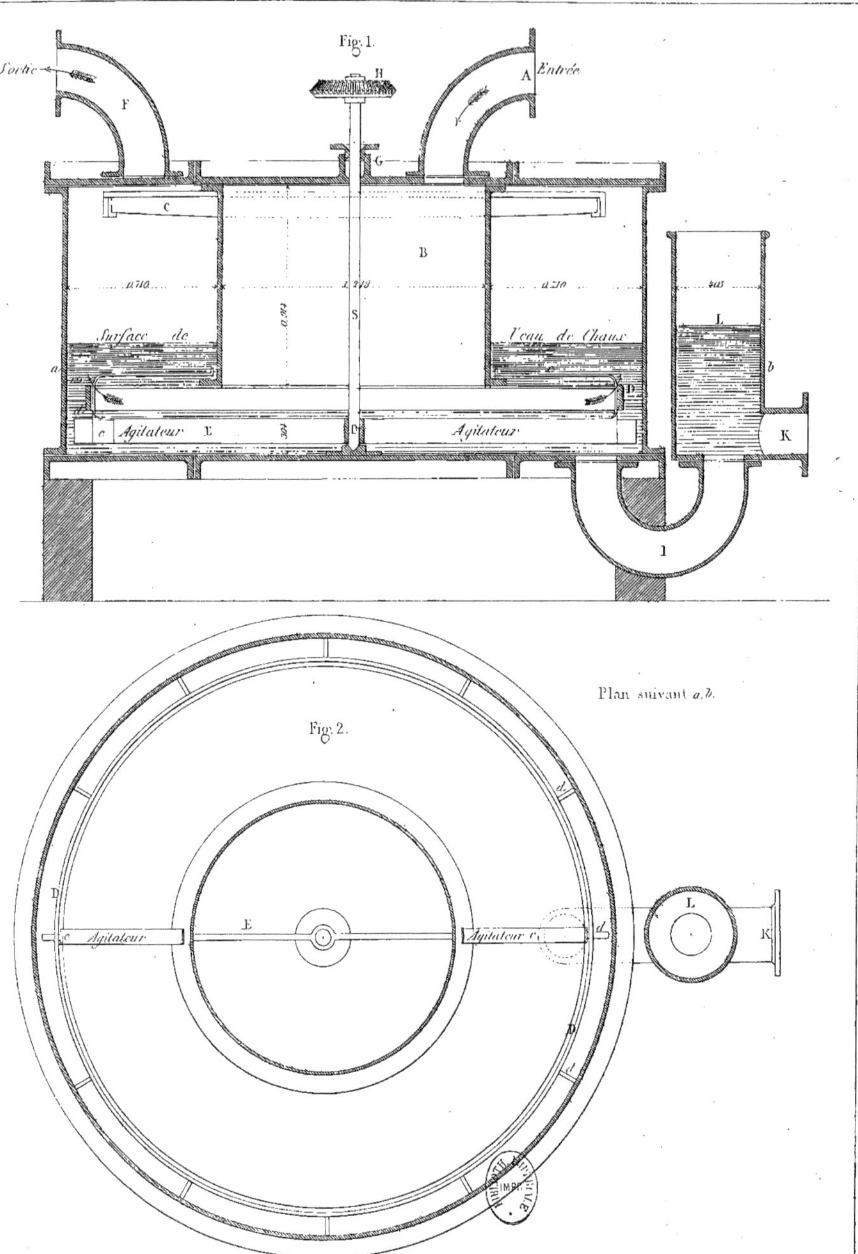

Gravé par Erhard.
E. Lacroix Editeur, Quai Malaquais N° 15.
Paris Imp. Becquet.

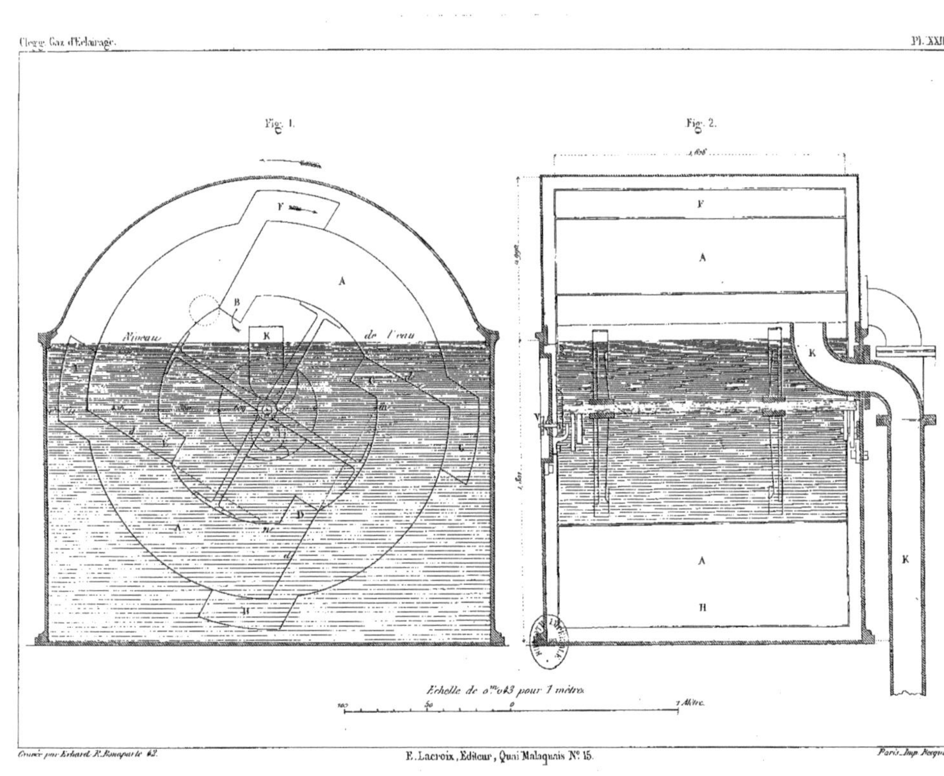

Gravé par Erhard R. Bonaparte 42. E. Lacroix, Éditeur, Quai Malaquais N° 15. Paris. Imp. Becquet.

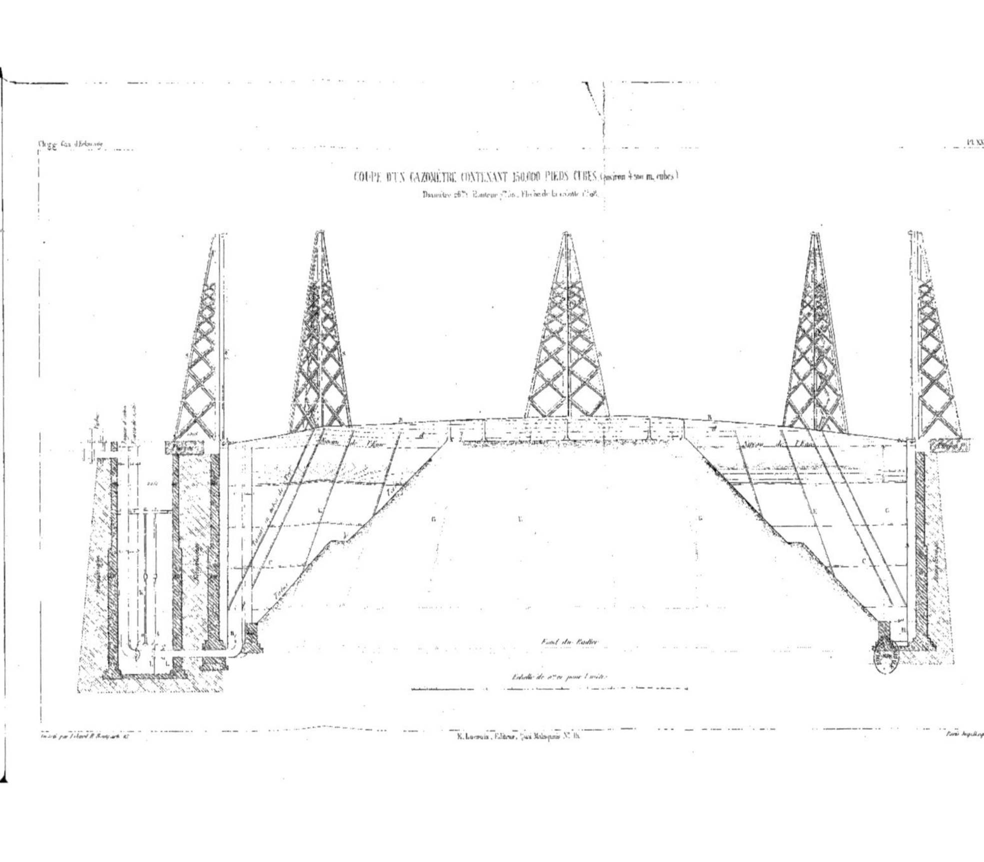

E. Lacroix, Éditeur, Quai Malaquais N° 15.

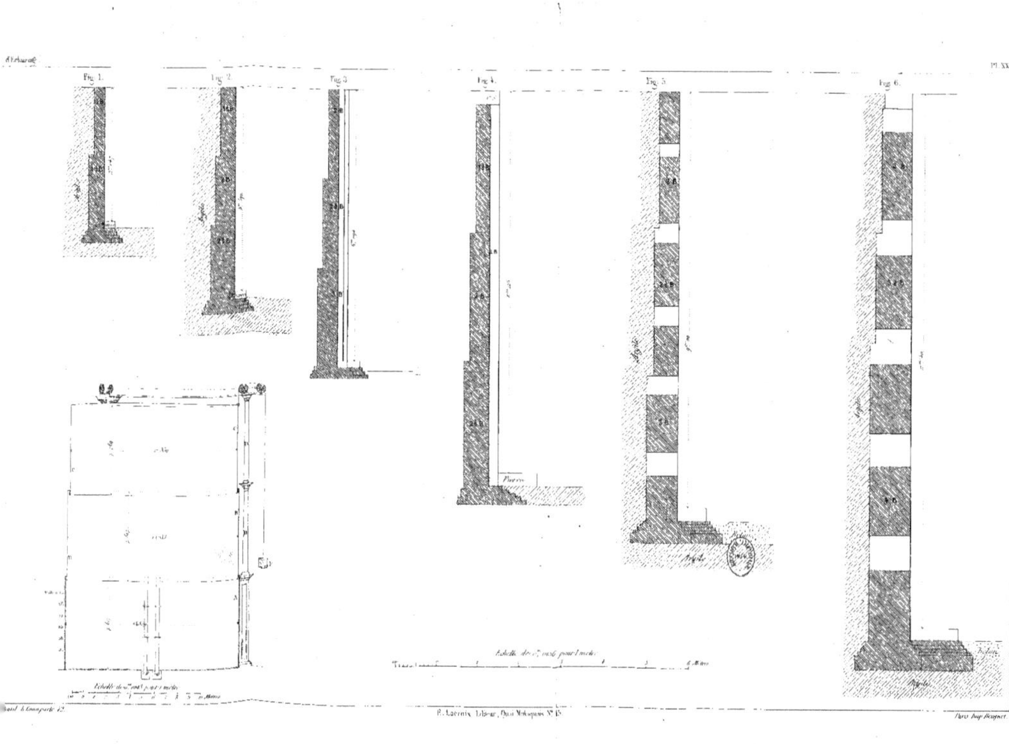

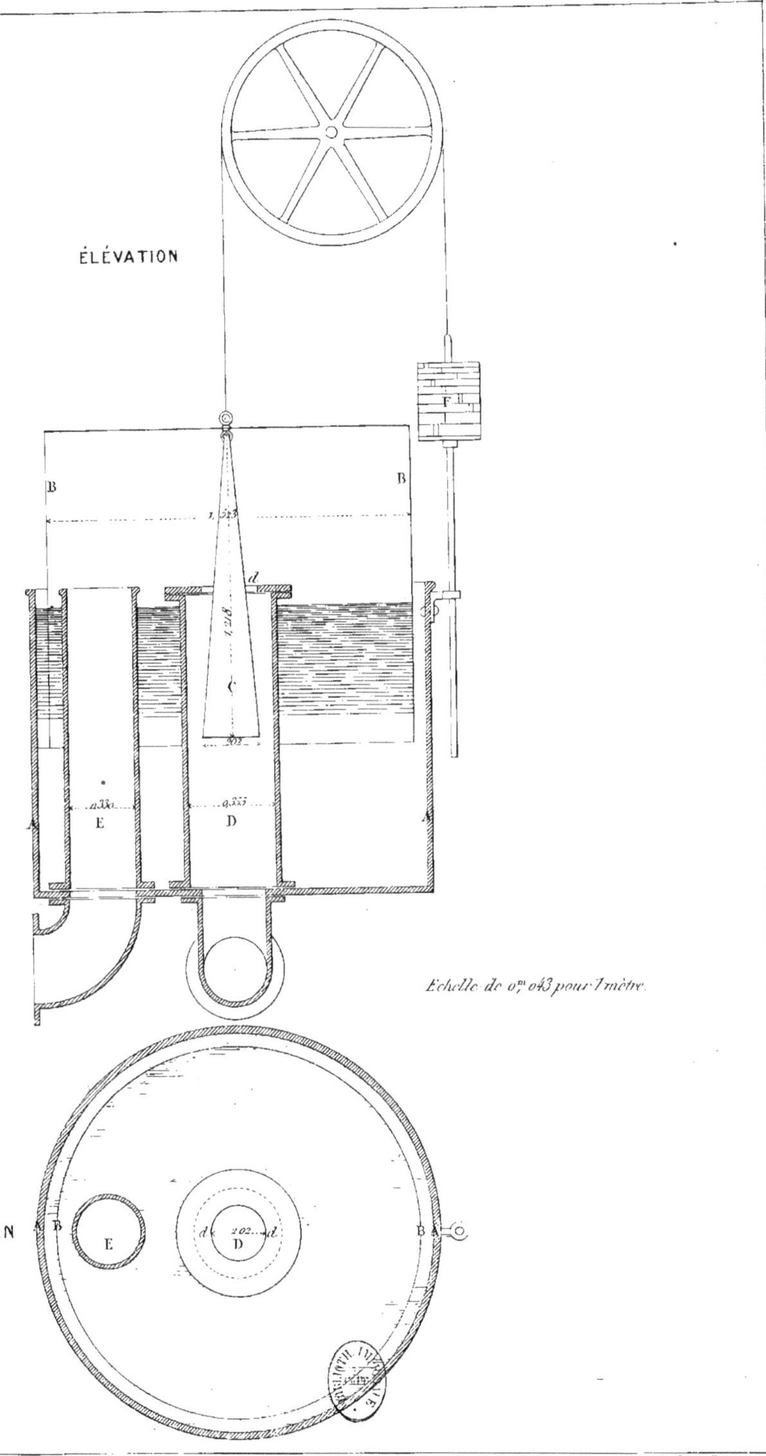
ÉLÉVATION
F
B
B
1,523
d
1,218
C
202
0,330
E
0,325
D
A
A
Echelle de 0m 043 pour 1 mètre.
PLAN
A B
E
d
202
d
D
B A

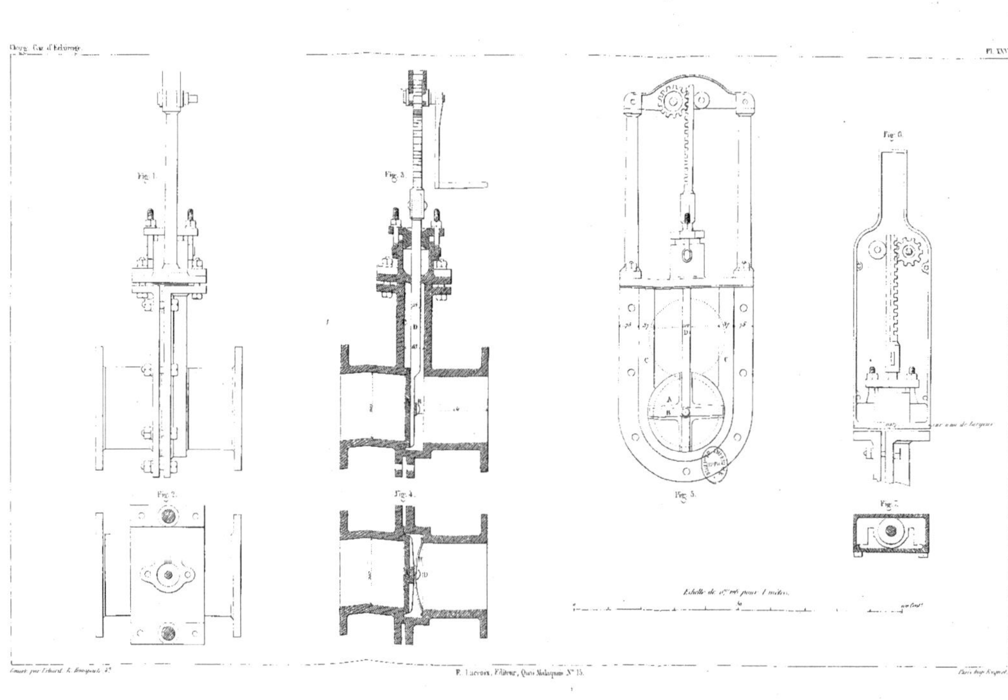

USINE DE LA "LIVERPOOL UNITED GAS LIGHT COMPANY", A WAVERTREE

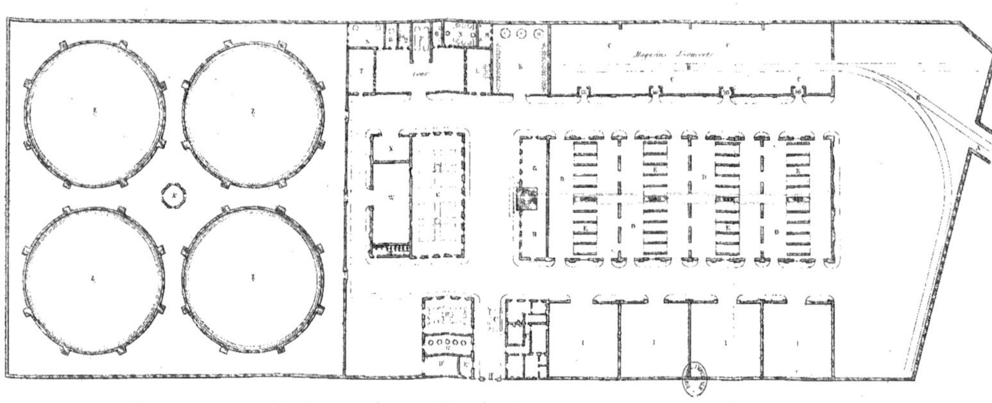

A Tunnel conduisant au Chemin de Fer.
BB Voie ferrée conduisant aux Magasins de Charbon.
CC Magasins de Charbon ...
DDDD Ateliers de Distillation } La Cheminée ... est ...
EEEE Batteries de Fours à Cornues } en lignes ponctuées.
F Cheminée.
G Lavoir pour les Ouvriers } Les réservoirs d'eau
H Magasins } se trouvent au-dessus.
IIII Magasins de Coke (découverts)
K Cour découverte pour les condenseurs et Laveurs à Coke. Les citernes à goudron et eaux ammoniacales sont au-dessous
L Atelier de Forge.
M Bâtiment des Pompes; les citernes à goudron et eaux ammoniacales sont au-dessous
N Bâtiment de l'extracteur.
O Bâtiment de la machine conduisant l'extracteur.
P Bâtiment des Chaudières.
Q Bâtiment des Machines à Vapeur pour différents usages
R Puits
S Moulin à Eau
T Atelier de Mécanicien
V Atelier de Purification. Les magasins pour les Matières épurantes ... sous les purificateurs
W Cour pour les matières d'épuration épuisées.
X Cour à goudron.
Y Urinoirs et Latrines.
ZZZZ Gazomètres
A' Bâtiment contenant les Valves d'entrée et de sortie des Gazomètres.
B' Bâtiment du Compteur
C' Bâtiment du Régulateur.
D' Magasins.
E' Logement du Concierge.
F' Bureaux et logements des employés.
G' Bascule.
H' Entrée de l'Usine.

Échelle ... pour 1 mètre
10 0 10 20 30 40 50 Mètres

Gravé chez Erhard ...

E. Lacroix, Éditeur, Quai Malaquais N° 15.

Paris Imp. ...

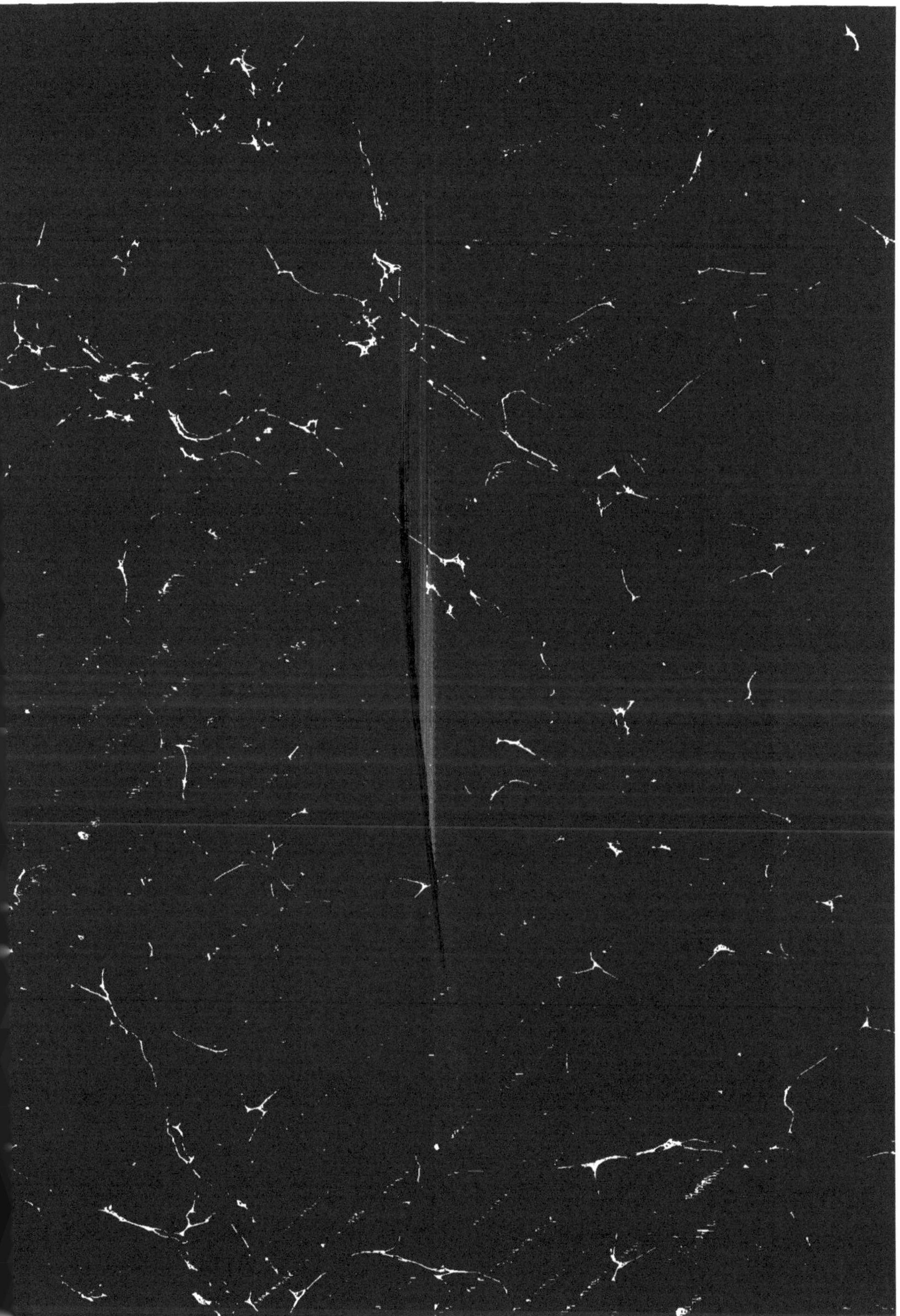

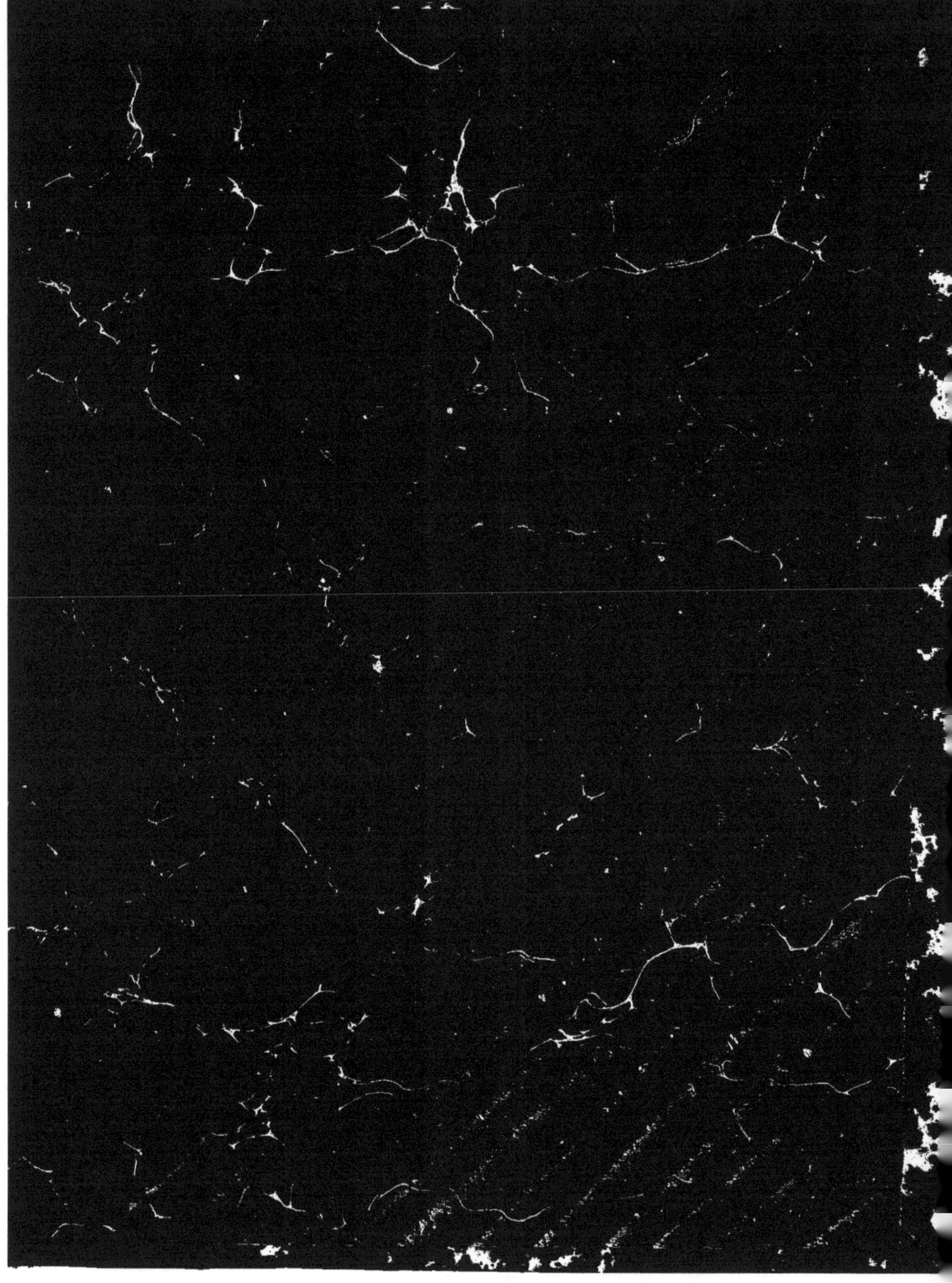

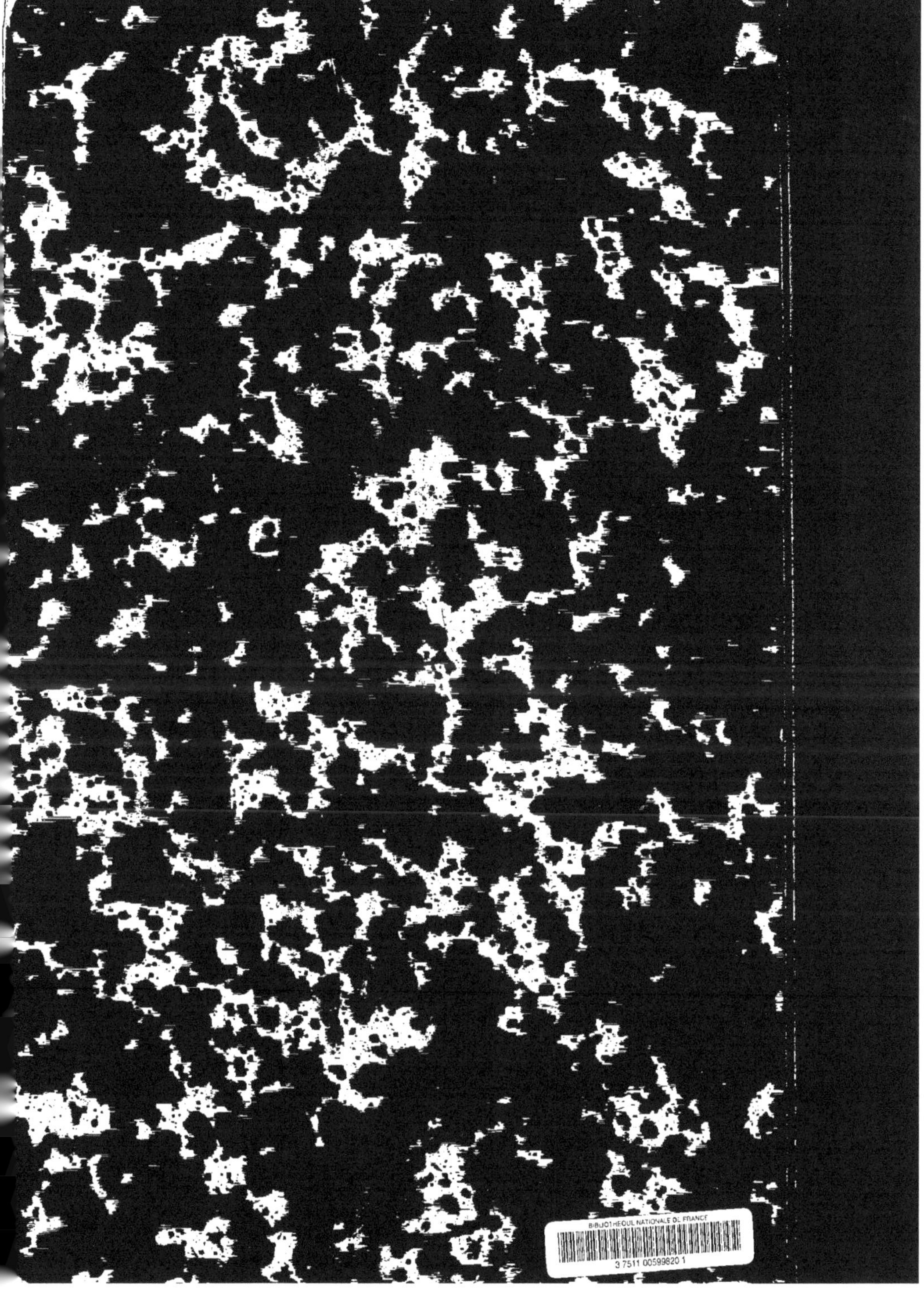

www.ingramcontent.com/pod-product-compliance
Ingram Content Group UK Ltd.
Pitfield, Milton Keynes, MK11 3LW, UK
UKHW012154240726
13966UKWH00002B/322